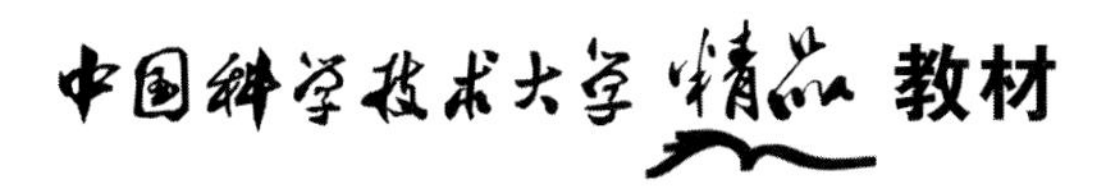

超导物理

CHAODAO WULI

第3版

张裕恒　编著

中国科学技术大学出版社

内 容 简 介

本书着重于超导电性的基本原理、概念。对超导宏观理论作了详细的阐述、讨论和比较；对超导微观理论建立的实验基础、形成超导的机制、物理图像也作了系统介绍；对超导隧道效应的各种重要实验现象、理论处理给出了仔细的描述。高温超导体的发现迄今已二十多年，虽然高温超导电性机制尚不清楚，但大量的实验结果已肯定了许多与常规超导体不同的现象，本书中也给出了介绍。本书可供大学低温、超导专业学生，研究生作为教材，也可供从事超导研究的科学工作者参考。

图书在版编目(CIP)数据

超导物理/张裕恒编著.—3版.—合肥：中国科学技术大学出版社，2009.1
(2024.9重印)
(中国科学技术大学精品教材)
“十一五”国家重点图书
安徽省高等学校“十一五”省级规划教材
ISBN 978-7-312-02177-0

Ⅰ.超… Ⅱ.张… Ⅲ.超导理论—物理学—高等学校—教材 Ⅳ.O511

中国版本图书馆CIP数据核字(2008)第164368号

中国科学技术大学出版社出版发行
安徽省合肥市金寨路96号，230026
网址 http://press.ustc.edu.cn
安徽国文彩印有限公司印刷

开本：710 mm×960 mm 1/16 印张：34 插页：2 字数：646千
1992年2月第1版 2009年1月第3版 2024年9月第6次印刷
定价：79.00元

总　　序

2008年是中国科学技术大学建校五十周年。为了反映五十年来办学理念和特色，集中展示教材建设的成果，学校决定组织编写出版代表中国科学技术大学教学水平的精品教材系列。在各方的共同努力下，共组织选题281种，经过多轮、严格的评审，最后确定50种入选精品教材系列。

1958年学校成立之时，教员大部分都来自中国科学院的各个研究所。作为各个研究所的科研人员，他们到学校后保持了教学的同时又作研究的传统。同时，根据“全院办校，所系结合”的原则，科学院各个研究所在科研第一线工作的杰出科学家也参与学校的教学，为本科生授课，将最新的科研成果融入到教学中。五十年来，外界环境和内在条件都发生了很大变化，但学校以教学为主、教学与科研相结合的方针没有变。正因为坚持了科学与技术相结合、理论与实践相结合、教学与科研相结合的方针，并形成了优良的传统，才培养出了一批又一批高质量的人才。

学校非常重视基础课和专业基础课教学的传统，也是她特别成功的原因之一。当今社会，科技发展突飞猛进、科技成果日新月异，没有扎实的基础知识，很难在科学技术研究中作出重大贡献。建校之初，华罗庚、吴有训、严济慈等老一辈科学家、教育家就身体力行，亲自为本科生讲授基础课。他们以渊博的学识、精湛的讲课艺术、高尚的师德，带出一批又一批杰出的年轻教员，培养了一届又一届优秀学生。这次入选校庆精品教材的绝大部分是本科生基础课或专业基础课的教材，其作者大多直接或间接受到过这些老一辈科学家、教育家的教诲和影响，因此在教材中也贯穿着这些先辈的教育教学理念与科学探索精神。

改革开放之初，学校最先选派青年骨干教师赴西方国家交流、学习，他们在带回先进科学技术的同时，也把西方先进的教育理念、教学方法、教学内容等带回到中国科学技术大学，并以极大的热情进行教学实践，使“科学与技术相结合、理论与实践相结合、教学与科研相结合”的方针得到进一步深化，取得了非常好的效果，培养的学生得到全社会的认可。这些教学改革影响深远，直到今天仍然受到学生的欢迎，并辐射到其他高校。在入选的精品教材中，这种理念与尝试也都有充分的体现。

中国科学技术大学自建校以来就形成的又一传统是根据学生的特点，用创新的精神编写教材。五十年来，进入我校学习的都是基础扎实、学业优秀、求知欲强、勇于探索和追求的学生，针对他们的具体情况编写教材，才能更加有利于培养他们的创新精神。教师们坚持教学与科研的结合，根据自己的科研体会，借鉴目前国外相关专业有关课程的经验，注意理论与实际应用的结合，基础知识与最新发展的结合，课堂教学与课外实践的结合，精心组织材料、认真编写教材，使学生在掌握扎实的理论基础的同时，了解最新的研究方法，掌握实际应用的技术。

这次入选的50种精品教材，既是教学一线教师长期教学积累的成果，也是学校五十年教学传统的体现，反映了中国科学技术大学的教学理念、教学特色和教学改革成果。该系列精品教材的出版，既是向学校五十周年校庆的献礼，也是对那些在学校发展历史中留下宝贵财富的老一代科学家、教育家的最好纪念。

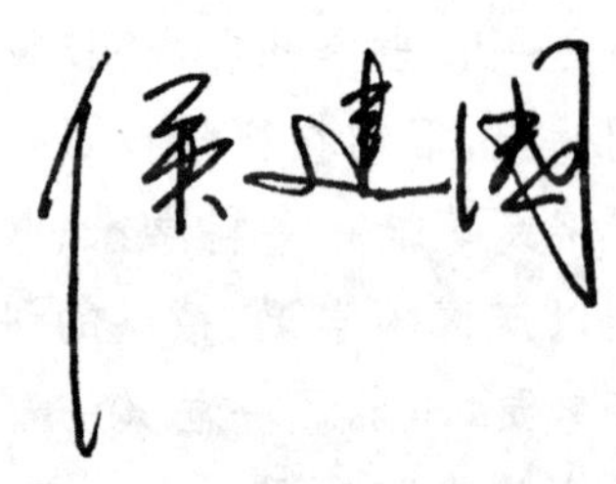

2008年8月

序　　言

自从1911年Onnes首先发现Hg在4.2 K附近电阻突然消失以来，开拓了一个新的超导物理领域。直到50年代，超导只是作为探索自然界存在的现象和规律在研究，1957年BCS理论的建立揭示了漫长时期不清楚的超导起因。1954年Matthias发现新型的A－15型超导化合物Nb_3Sn，1961年Kunzler将Nb_3Sn制成高场磁体，开辟了超导在强电中的应用，特别是1962年Josephson效应的出现，将超导应用推广到一个崭新的领域。到70年代超导在电力工业和微弱信号检测应用方面的进展显示了它无比的优越性，例如用超导线材成功地获得了17.5 T高磁场，从而在电能输送、磁流体发电、超导磁悬浮列车等方面的研究、试制不断推进；用Josephson效应做出的超导量子干涉器(简称SQUID)可分辨10^{-15} T磁场，它立即应用到国防、探矿、地震预报、生物磁学等方面，交流Josephson器件用到射电天文、电压基准监视等领域，显示出其他器件与之不可比拟的性能。但由于超导临界温度低，必须使用液氦，大大地限制了它的优越性。从70年代起人们注意力转向寻找高临界温度T_c(液氮温区)超导体，在周期表上排列、组合成各种二元、三元合金或化合物，但一直进展不大，人们又去找四元化合物，仍无成效，1973年找到的最高T_c是23.2 K的Nb_3Ge薄膜，此后到1985年这个记录一直不变。

1986年4月Bednorz和Müller开创了超导新纪元，他们发现了La－Ba－Cu氧化物超导体，其T_c超过30 K，随后朱经武等和赵忠贤等得到T_c高于90 K的Y－Ba－Cu氧化物超导体，使超导体在液氮温区的应用变为现实。

高温超导的出现已历经二十多年，虽然目前高温超导电性机制尚不清楚，甚至载流子是s波还是d波仍在争论之中，但大量实验结果已肯定它有许多与常规超导体不同的现象，例如高温超导体磁通动力学的新现象、新规律比常规超导体丰富得多；由于高温超导体的 κ 很大，常规超导薄膜中 GL 方程求解的近似前提已失效，以致超导薄膜临界磁场与厚度关系已不适用于高温超导体；高温超导体结构对 T_c 的敏感度亦是常规超导体所不具有的。高温超导薄膜 Josephson 器件的二十多年发展，迄今无论是在原理上还是在制备技术上都已获得了很大成功，产生了广阔的应用前景，故十分有必要充实 Josephson 效应的内容和二十多年来高温超导发展已被肯定的新现象、新规律，因此本人重写《超导物理》，并在此感谢阮可青老师的帮助。

本书着重于超导基础知识、基本原理、概念和物理模型，以使读者对超导有系统、深入地了解。对于其实际应用方面的问题，如 j_c 与显微结构的关系，磁通跳跃、退化和稳定，超导磁体，交流损耗等方面内容请读吴杭生、管惟炎、李宏成著《超导电性》；关于超导电子学应用方面内容请读章立源、张金龙、崔广霁著《超导物理》，崔广霁、孟小凡译《Josephson 效应的物理和应用》，或其他外国专著。

本书主要参考书为：D. Shoenberg，*Superconductivity*；F. London，*Superfluids*；D. Saint - James，E. J. Thomas，G. Sarma，*Type* Ⅱ *Superconductivity*；E. A. Lynton，*Superconductivity*；L. Sotymax，*Superconductive Tunneling and Application*；A. Barone，G. Paterno，*Physics and Applications of the Josephson Effect* 及姚希贤 1979 年 11 月在西安的“超导隧道效应基本原理与应用”讲稿。

著者水平有限，难免有误，请读者批评指正。

作者于中国科学技术大学

2008.4

目　录

第 1 章　超导电性的表征

1.1　零电阻态的发现

1908 年，Onnes 将最后一个气体氦液化成功，得到了 4.2 K 新的温区，随后他研究在这个温区中电阻率的行为。由于 Hg 易于纯化，所以他首先测量了 Hg 在 4.2 K 温区的电阻，于 1911 年发现了一个非同寻常的现象：在 4.2 K 附近 Hg 的电阻突然跳跃式下降到仪器测不到的最小值，如图 1.1 所示。突变前后，电阻值变化超过 10^4 倍。

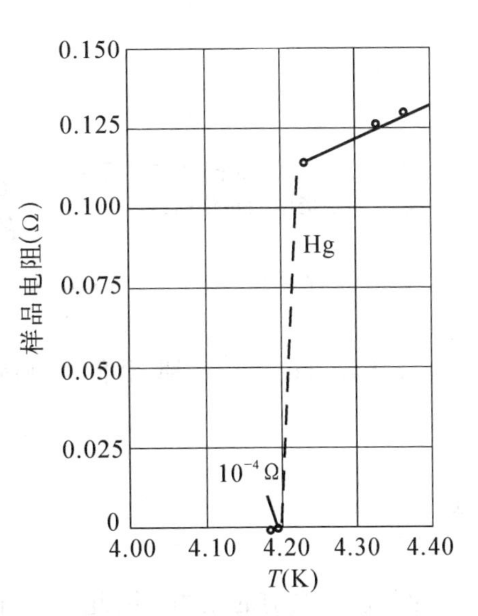

图 1.1　Onnes 观测到的 Hg 的电阻随着温度的变化

Onnes 声称他发现了物质的一个新态，他称之为超导态①。Onnes 确认这个物质的新态是零电阻态。因为任何仪器的灵敏度都是有限制的，因此实验只能确定超导态电阻的上限，而不能严格地直接证明它等于零。Onnes 当时的实验条件确定超导体 Hg 的上限是 10^{-5} Ω。

① H.K. Onnes, *Leiden Comm.*, (1911), 122b, 122c.

1.2 零电阻态遇到的困难

Onnes 发现超导态后相当长的时间里，人们在研究超导体的磁性上碰到了很大困难。沿着长圆柱形超导体的轴向加磁场 H_a，测其磁矩 M，实验指出超导体是抗磁性的，即磁矩是 $-M$，$-M$ 随 H_a 增加线性增加，当 H_a 达到某一磁场 H_c 时，超导电性消失，恢复到正常态，$-M$ 突变到零。H_a 再增加，$-M$ 保持为零；当 H_a 减小时，$-M \sim H_a$ 关系是可逆的，见图 1.2。

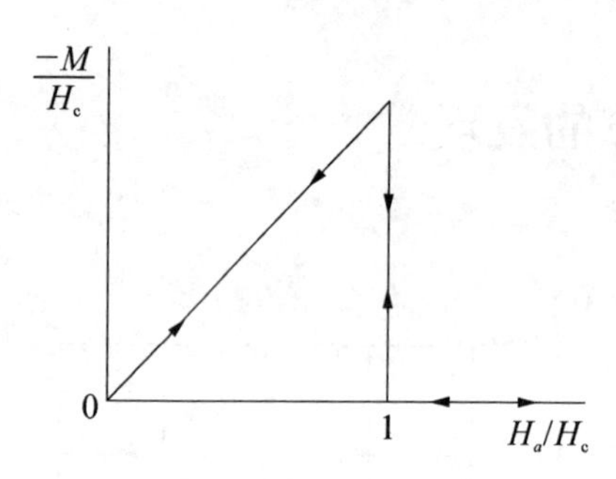

图 1.2　超导细长圆柱在平行于轴方向磁场中的磁化曲线

如何解释这个实验现象？由于超导态是零电阻态，所以把超导体归结为电阻等于零的“理想”导体。

在理想导体中，由于 $\rho = 0$，所以 $\sigma \to \infty$，则由 $\boldsymbol{j} = \sigma \boldsymbol{E}$，有

$$\boldsymbol{E} = 0 \tag{1.2.1}$$

由 Faraday 感应定律，我们立刻得到，在导体中

$$\nabla \times \boldsymbol{E} = -\frac{\partial \boldsymbol{B}}{\partial t} \tag{1.2.2}$$

如假定导磁率 $\mu = 1$，对(1.2.2)式积分，我们得到

$$\boldsymbol{B} = \mu_0 \boldsymbol{H} = \mu_0 \boldsymbol{H}_0 \tag{1.2.3}$$

$\boldsymbol{H}_0$ 是电阻消失前的磁场。因此，当导体无电阻时，导体内的磁场不论外磁场如何变化，它总是保持不变。其物理意义：由于(1.2.1)式给出导体内的 $\boldsymbol{E} = 0$，所以当外磁场改变时，按 Lenz's 定律，在导体表面上要感应出一个感生电流，以抵消外磁场的变化，这个感生电流密度 $\boldsymbol{j}$ 不受到电场的作用，同时导体又是无阻的，所以这个电流不消失，永远能保持着导体内的磁通不变。

假定一个样品在没有外磁场下失去电阻，而后再施加磁场，如上所述，导体内的磁场仍然是零，这个零场的保持并不是磁场没有进入这个理想导体，而是在表面上无电阻的环流产生的磁场正好和进入理想导体的磁场大小相等、方向相反，从而

把进入理想导体的磁场完全抵消。如图1.3(a)所示，表面电流 $\boldsymbol{i}$ 产生的磁场 $\boldsymbol{B}_i$ 恰好与外加磁场 $\boldsymbol{B}_a$ 抵消，这个表面电流通常称为屏蔽电流。持续的感生电流产生的磁场形成连续的闭合曲线，经过样品外部空间而返回[图1.3(a)]。虽然这个磁场在内部与外磁场 $\boldsymbol{B}_a$ 相等并方向相反，但是在外部并非如此，由样品表面环流产生的磁通量和外磁场的磁通量叠加而产生的净磁通量分布情况如图1.3(b)所示。这个图形的样子仿佛是样品不让外加磁场的磁通量进入它的体内，我们就说它具有完全抗磁性。

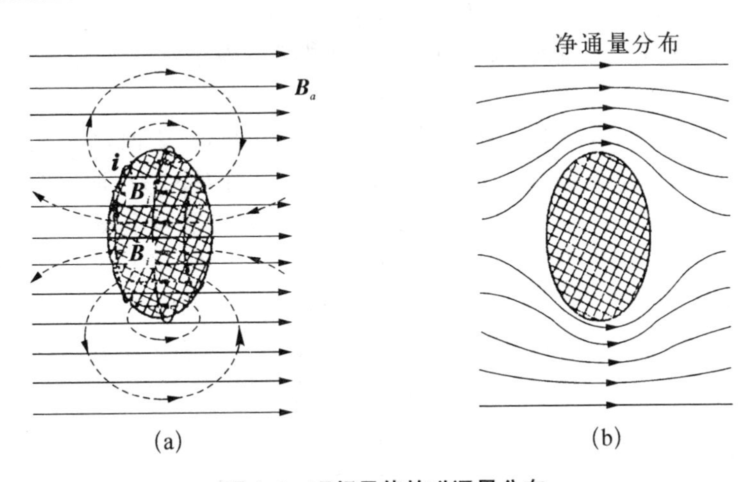

图1.3　理想导体的磁通量分布

(a) 外加磁场的磁通量；(b) 由磁化产生的磁通量

我们已经知道理想导体的完全抗磁性是由表面的持续电流产生的，那么这个表面持续电流可由 Maxwell 方程求得，因为

$$\boldsymbol{j} = \nabla \times \boldsymbol{H} \tag{1.2.4}$$

在理想导体内，这个 $\boldsymbol{H}$ 是已知的，所以 $\boldsymbol{j}$ 是可以确定的。为了简单起见，仍以细长棒为例，设 y 沿轴向，如图1.4所示，并沿 y 方向加一个磁场 $\boldsymbol{H}_a$，则 $\boldsymbol{H}_a$ 感应起一个表面电流密度 $\boldsymbol{j}$，而

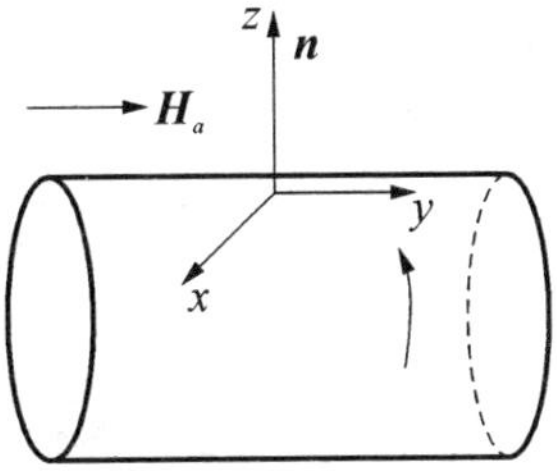

图1.4

$$\nabla \times \boldsymbol{H} = \begin{vmatrix} \boldsymbol{i} & \boldsymbol{j} & \boldsymbol{k} \\ \dfrac{\partial}{\partial x} & \dfrac{\partial}{\partial y} & \dfrac{\partial}{\partial z} \\ 0 & H_y & 0 \end{vmatrix} = -\boldsymbol{i}\frac{\partial}{\partial z}H_y$$

$$= -\boldsymbol{i}(H_a - H_0) = (\boldsymbol{H}_a - \boldsymbol{H}_0) \times (-\boldsymbol{n}) \tag{1.2.5}$$

式中的 $\boldsymbol{H}_0$ 为理想导体中原有的磁场，$\boldsymbol{n}$ 是垂直于电流包围面的单位矢量。由(1.2.4)式和(1.2.5)式得

$$\boldsymbol{j}=[(\boldsymbol{H}_a-\boldsymbol{H}_0)\times\boldsymbol{n}] \tag{1.2.6}$$

由于圆柱体表面有电流，则相应的磁矩 M 为

$$M=\int j\mathrm{d}s$$

s 是电流包围的面积。将(1.2.6)式代入上式，得到

$$M=-(H_a-H_0)s \tag{1.2.7}$$

负号表示电流方向和 x 方向相反，所以单位体积中的磁矩为

$$M=-(H_a-H_0) \tag{1.2.8}$$

由(1.2.6)式我们看到，如果初始态 $H_0=0$，则在 $H_a<H_c$ 之前，$j=-H_a$，j 的方向和 x 相反，或说 j 产生的磁场总是与 H_a 相反。但当 $H_a=H_c$ 时，理想导体要转变到正常导体，出现电阻 R，这时相应的最大电流密度 $j_m=H_c$，j 由 j_m 很快地衰减到零，理想导体中的磁场 H_0 此时不再是零而是 H_c，当 H_a 从 H_c 变到 $H_a<H_c$ 时，(1.2.6)式变成

$$j=-(H_a-H_c) \tag{1.2.9}$$

显然，(1.2.9)式给出的 j 总是正的，它表示电流方向与 x 相同。

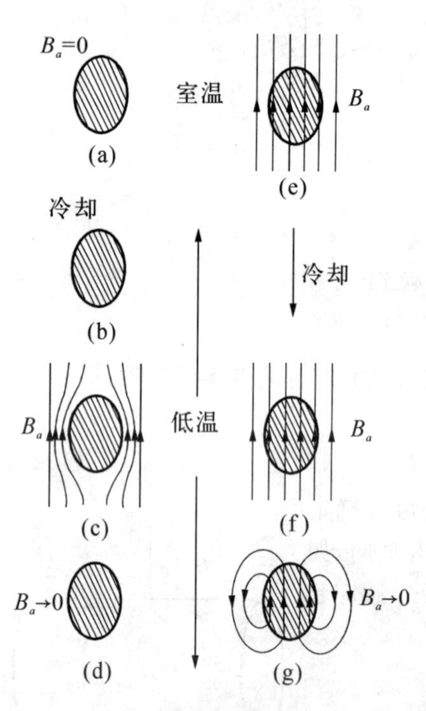

图 1.5 “理想”导体的磁性

(a)，(b) 样品在没有磁场下变为无阻；(c) 施加于无阻样品以磁场；(d) 移去磁场；(e)，(f) 产品在外加磁场中变为无阻；(g) 移去外加磁场

由上述分析可以看到，理想导体的磁性与加磁场的历史有关，图 1.5 给出了这个过程。下面我们来分析这个过程。(a)导体处在正常态，冷却到(b)为理想导体，外加磁场 $\boldsymbol{H}_a$ 则如图 1.5(c)所示磁场分布形式，这时在理想导体表面有表面电流密度

$$\boldsymbol{j}=\nabla\times\boldsymbol{H}_a \tag{1.2.10}$$

即为(1.2.4)式。当 $\boldsymbol{H}_a$ 退到零，则理想导体恢复到(b)，图 1.5 中(d)和(b)处于同一个状态。

当考虑另一种次序时，完全不同于(a)～(d)的过程，假定 $\boldsymbol{H}_a$ 先加于转变温度以上的样品上(e)，由于大多数的导体(除去铁磁

体等)都具有非常接近于1的磁导率,因而内部的磁通密度和外磁场的磁通密度实际上是相同的。加磁场感应起的面电流密度即为(1.2.4)式中给出的 $\boldsymbol{j}$,但 $\boldsymbol{j}$ 很快衰减到零。现在将样品冷却到低温,使它失去电阻,电阻的消失并不影响磁化,所以磁通量的分布保持不变[图1.5(f)]。然后我们把外加磁场 $\boldsymbol{H}_a$ 减小到零,由(1.2.4)式得到一个面电流为

$$\boldsymbol{j} = -\nabla \times \boldsymbol{H}_a \tag{1.2.11}$$

这个电流保持着理想导体内部磁通量不变,结果样品被永久磁化了[图1.5(g)]。

必须注意,在图1.5(c)和(f)中样品所处的温度条件和外加磁场条件是相同的,但磁化状态完全不同。同样(d)和(g)在外部条件相同的情况下,也表现出不同的磁化状态。我们看到理想导体的磁化状态不仅取决于外部条件,而且还取决于达到这些条件的先后次序。

如果对平行于外磁场的理想导体长圆柱从零开始加磁场直到 $H_a > H_c$,然后再退磁场到零,则在理想导体中的 B 如图1.6(b)所示,这个加磁场磁化过程产生的磁矩则由图1.6(a)给出。当圆柱导体在零场下损失其电阻时,H_a 从零增加到 H_c 以前,理想导体内 $B=0$,当 $H_a \geqslant H_c$ 时,$B=\mu_0 H_a$。对于磁矩,我们有

$$\begin{cases} M = -H_a, & H_a < H_c \\ M = 0, & H_a \geqslant H_c \end{cases} \tag{1.2.12}$$

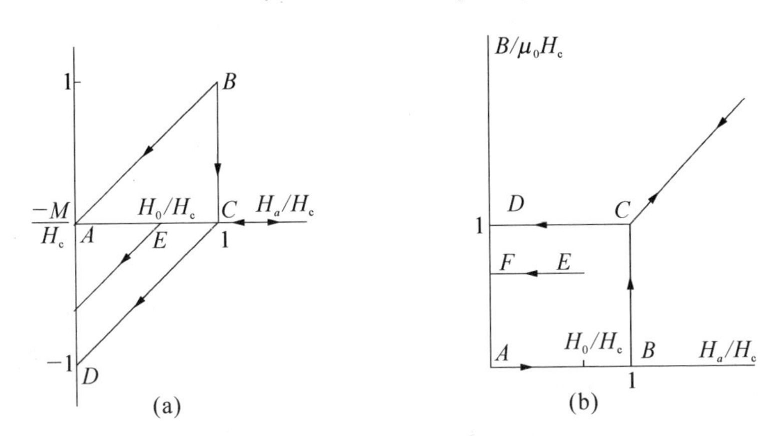

图1.6 理想导体长圆柱的磁性

(a) 磁化曲线;(b) $B \sim H_a$ 曲线

当磁场由 $H_a \geqslant H_c$ 减小到 $H_a = H_c$ 时,正常导体转变为理想导体,在理想导体中"冻结"了一个磁场 H_c,当 H_a 继续减小时,理想导体被感应起表面电流,这个电流产生的磁场抵消了外磁场 H_a 的减小,当 $H_a = 0$ 时,表面电流出现一个最

大值,以保持理想导体内的磁通量不变,同时在理想导体中“冻结”了一个顺磁磁矩。

$$M = -(H_a - H_c) = H_c \tag{1.2.13}$$

从图 1.6 上看到,很明显冻结了一个磁通和一个磁矩,$B \sim H_a$ 和 $-M \sim H_a$ 曲线都有一个滞后,其物理意义是:面积 *ABCD* 正比于当电阻恢复时引起表面电流衰减而产生不可逆 Joule 热的损失能。

零电阻态推论的图 1.6(a)与实验是不符合的,见图 1.2。这个矛盾在相当长的时间内未得到解决。

1.3 Meissner 效应

1.3.1 Meissner 效应①

上节我们用简单的电磁学基本原理推论了无阻导体的磁性能。超导电性发现后二十年来,人们一直认为磁场对超导体的作用就是如图 1.5 所示,直到 1933 年 Meissner 和 Ochsenfeld 对超导圆柱 Pb 和 Sn 在垂直其轴向外加磁场下,测量了超导圆柱外面磁通密度分布,发现了一个惊人的现象:不管加磁场的次序如何,超导体内磁场感应强度总是等于零。超导体即使在外磁场中冷却到超导态,也永远没有内部磁场,它与加磁场的历史无关。这个效应称为 Meissner 效应。

1.3.2 超导态的特殊磁性

Meissner 效应告诉人们处于超导态的材料决不允许磁场存在于它的体内,这样超导体在磁场中的行为将与加磁场的次序无关,或说与历史无关。

由图 1.7(a)~(b)可以看到,样品在无磁场下冷却,而后加磁场的过程中,样品周围磁场分布的变化与理想导体图 1.5(a)~(b)完全一样;但当导体在外磁场中被冷却到 $T < T_c$ 呈超导态后去其磁场的情况与理想导体则完全不一样。在图 1.5(f)和(g)中我们看到,当导体冷却到成为理想导体时,其内部磁场保持不变,但实

① W. Meissner and R. Ochsenfeld, *Naturwiss*, **21**(1933), 787.

验告诉我们，当导体冷却到其 T_c 以下，出现超导电性时，磁场立即被排出超导体，此时磁场分布如图 1.7(f)所示，和冷却后加磁场的图 1.7(c)完全一样。当去除磁场时，理想导体冻结了一个磁通在其内部[图 1.5(g)]，而超导体则恢复原始状态[图 1.7(g)]。

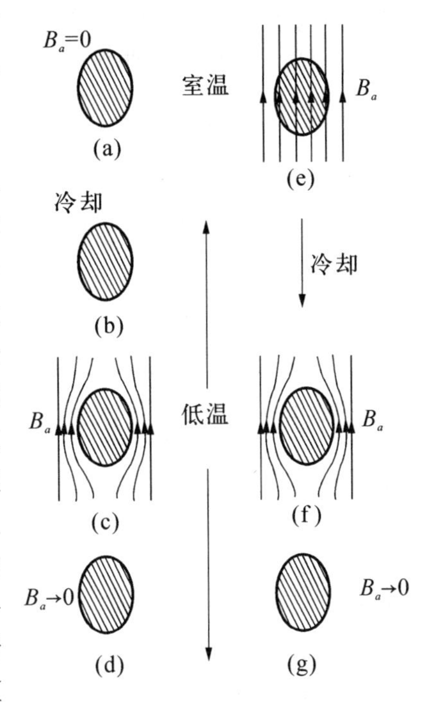

图 1.7 超导体的磁性

(a),(b) 样品在没有磁场下变为超导体;(c) 施加于超导体的磁场;(d) 移去磁场;(e),(f) 样品在外加磁场中变为超导体;(g) 移去磁场

对于超导体，例如磁场平行于轴的超导圆柱，磁场 H_a 从零增加到 $H_a \geqslant H_c$，然后再退磁场到零，其内磁感应强度 B 如图 1.8(b)所示，没有任何滞后。这个加磁场过程产生的磁化情况则由图 1.8(a)给出。由 Meissner 效应知道，当冷却到 T_c 以下导体变成超导态时，磁场立即被排出，所以在 $T < T_c$，$H_a < H_c$ 情况下，超导体中的 $B=0$，假如此时还把导体的导磁率当作 1，则在磁场中的导体一旦超导，将立即产生一个表面电流，表面电流的场抵消内部的场，以保持 B 为零，因此具有一个相应的磁矩 $M=-H_a$。假如把超导体看作永久的完全抗磁体，则 $\mu=0$，所以当 $T < T_c$ 时，导体的导磁率从 $\mu=1$ 突变为 $\mu=0$，因而磁通全部从超导体内排出，由于在此排磁过程中体系要对外做功，致使导体的磁矩由 $M=0$ 变到 $M=-H_a$。

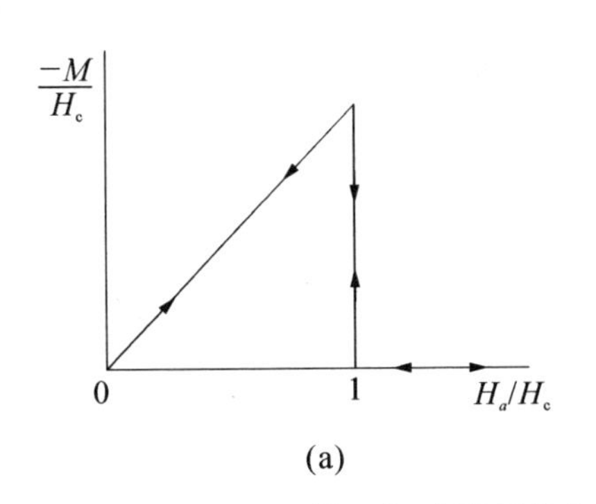

(a)

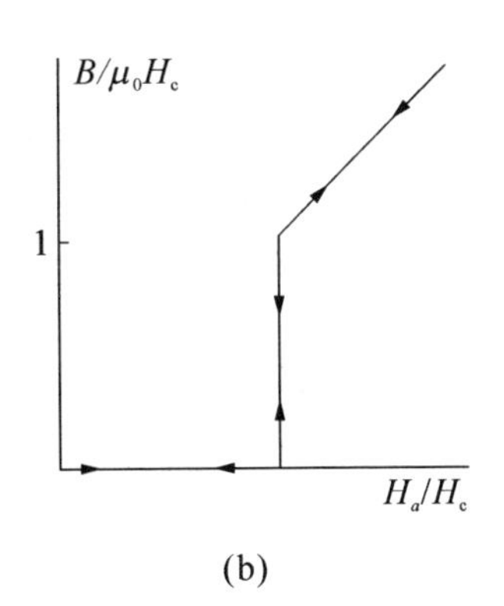

(b)

图 1.8 超导圆柱在平行磁场中的磁性

(a) 磁化曲线;(b) 在超导体中的磁感应强度

而当 $H_a=H_c$ 时，超导体要变成正常导体，所以磁场突然进入导体内，则导体内的 $B=\mu_0 H_c$，也就是超导态的表面电流突然消失，因为这个过程不存在热损耗，故 $B\sim\mu_0 H_a$，$-M\sim H_a$ 曲线都是可逆过程。

1.4 超导电性：$\rho=0,\boldsymbol{B}=0$

Meissner 效应的发现揭示了超导态的一个本质：超导体内部磁感应强度 $\boldsymbol{B}$ 必须为零，这是自然界一个特有的规律。因此，所谓超导态必须同时具备 $\rho=0$ 和 $\boldsymbol{B}=0$ 两个条件。对不同物质从 $\rho=0$、$\boldsymbol{B}=0$ 的超导态转变到 $\rho\neq0$、$\boldsymbol{B}\neq0$ 的正常态都有各自的特征参数：临界温度 T_c，临界磁场 $\boldsymbol{H}_c(T)$，临界电流密度 $\boldsymbol{j}_c$。T_c、$\boldsymbol{H}_c(T)$ 和 $\boldsymbol{j}_c(T)$ 统称超导电性。

1.4.1 临界温度 T_c

(1) 超导元素、合金和化合物

如前所述，Hg 在 4.2 K 附近（现在精确的测试结果是 4.15 K），突然消失其电阻。实验发现它不是 Hg 独有的特性，许多元素和化合物在各自特有的温度下都具有这个超导电性的性质。我们把这个电阻突然消失的温度叫做临界温度 T_c。T_c 是物质常数，同一种材料在相同的条件下有严格的确定值，到目前为止，人们发现周期表中相当一部分元素在各种条件下出现超导电性，见表 1.1～表 1.4。图 1.9 给出元素周期表中元素的超导电性，20 世纪 70 年代人们发现非晶化可改变金属和合金的 T_c，见表 1.5，不超导的半金属 Bi 非晶化后 T_c 竟达 6.1 K。对于超导合金或其化合物，其种类繁多，NaCl 结构和 A15(A_3B)型化合物有高的 T_c，见表 1.6、表 1.7。临界温度最高的是 Ge_3Nb 薄膜，它的 $T_c=23.2$ K。

表 1.1 超导元素

元 素	T_c(K)	$H_c(0)\times(10^{-4}\mathrm{T})$	晶体结构
Rh	0.000 2(外推值)		面心立方
W	0.012		体心立方
Be	0.026		六角密堆

续表

元　素	T_c(K)	$H_c(0)\times(10^{-4}T)$	晶体结构
Ir	0.14	19	面心立方
α-Hf	0.165		六角密堆
α-Ti	0.49	56	六角密堆
Ru	0.49	66	六角密堆
Cd	0.515	30	六角密堆
Os	0.65	65	六角密堆
α-U	0.68		正交晶系
α-Zr	0.73	47	六角密堆
Zn	0.844	52	六角密堆
Mo	0.92	98	体心立方
Ga	1.1	59	正交晶系
Al	1.174	99	面心立方
α-Th	1.37	162	面心立方
Pa	1.4		四角晶系
Re	1.7	193	六角密堆
Tl	2.39	171	面心立方
In	3.416	293	四角晶系
β-Sn	3.72	309	四角晶系
α-Hg	4.15	412	菱方晶系
Ta	4.48	830	体心立方
V	5.3	1 020	体心立方
β-La	5.98	1 600	面心立方
Pb	7.201	803	面心立方
Tc	8.22	1 410	六角密堆
Nb	9.26	1 950	体心立方

表1.2　高压下的超导元素

元　素		压强(kbar)	T_c(K)	元　素		压强(kbar)	T_c(K)
Cs	Ⅳ	75	1.6	As	Ⅱ	100	0.2
Ba	Ⅱ	55	1.3		Ⅲ	130	0.5
	Ⅲ	96	3.1	Sb	Ⅱ	85	3.6
	Ⅳ	100	5	Bi	Ⅱ	25	3.91
Y		150	2.5		Ⅲ	27	7.1
Ce	Ⅱ	50	1.7		Ⅳ	80	8.3
Si	Ⅱ	120	7.1	Sc	Ⅱ	130	6.8
Ge	Ⅱ	120	5.4	Te	Ⅱ	56	3.3
P	Ⅱ	170	5.8	Lu		100	0.5
	Ⅲ	200	5.4				

表 1.3　超导元素的高压相

元　素	压强(kbar)	T_c(K)	元　素	压强(kbar)	T_c(K)
La　Ⅱ	150	12	Tl　Ⅱ	45	3.3
ω-Zr	50～60	1.1	Sn　Ⅱ	113	5.3
Th　Ⅱ	35	1.45	Pb　Ⅱ	160	3.55
Ga　Ⅱ	35	6.4			

表 1.4　冷底板薄膜的临界温度

元　素	Bi	W	Be	Ga	Al	In	Sn
冷底板膜的 T_c(K)	6.0	4.1	9.3	8.4	3.3	4.25	4.7
大块材料的 T_c(K)	—	0.012	0.026	1.1	1.174	3.416	3.72

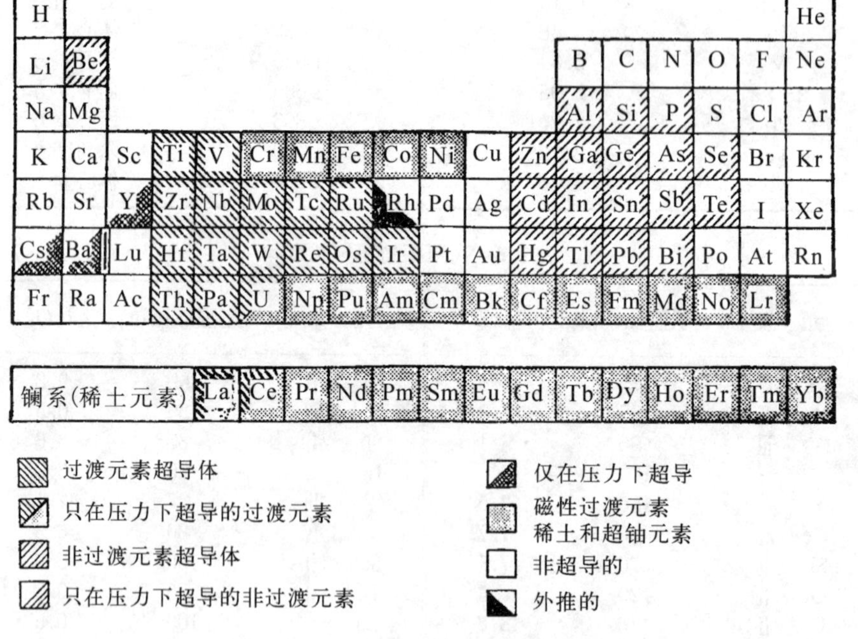

图 1.9　周期表中的超导元素

表1.5　非晶体态简单金属和合金的物理参数

非晶态金属和合金	平均价数 Z	T_c(K)	$\frac{2\Delta(0)}{k_B T_c}$	λ	晶态金属	T_c(K)	λ
Bi	5.0	6.1	4.60	2.2	Bi	不超导	
Ga	3.0	8.4	4.60	2.46	Ga	1.09	1.62
$Bc_{0.7}Al_{0.3}$	2.3	6.1	2.56	1.94 2.25	Be	0.026	
$Mg_{0.7}Zn_{0.3}$	2.0	<1.4					
$Sn_{0.9}Cu_{0.1}$	3.7	6.76	4.46	1.84	Sn	3.72	0.72
$Pb_{0.9}Cu_{0.1}$	3.7	6.5	4.75	2.0	Pb	7.19	1.55
$In_{0.8}Sb_{0.2}$	3.4	5.6	4.40	1.69	In	3.40	0.805
$Tl_{0.9}Tc_{0.1}$	3.3	4.2	4.60	1.70	Tl	3.39	1.2
$Pb_{0.75}Bi_{0.25}$	5.0	6.9	4.98	2.76			
$Sn_{0.9}Cu_{0.1}$	1.48	<1.4			Au	不超导	

表1.6　NaCl结构的超导化合物

化　合　物	T_c(K)	H_{c2}(4.2 K)(kGs)
NbN	17	140
NbC	9	
TaC	10.2	
MoC	14	

表1.7　A15结构的超导化合物

化　合　物	T_c(K)	H_{c2}(4.2 K)(kGs)
V_3Si	17.0	
V_3Ga	16.8	240
Nb_3Al	18.8	300
Nb_3Sn	18.1	245
$Nb_3(Al_{0.75}Ge_{0.25})$	21.0	420
Nb_3Ge	23.2	

1977 年 Fertig 等和 Ishikawa 等分别报道了稀土金属化合物 $ErRh_4B_4$ 和 $HoMo_6S_8$ 存在超导电性与磁有序的竞争，图 1.10 给出 $ErRh_4B_4$ 电阻重入现象。

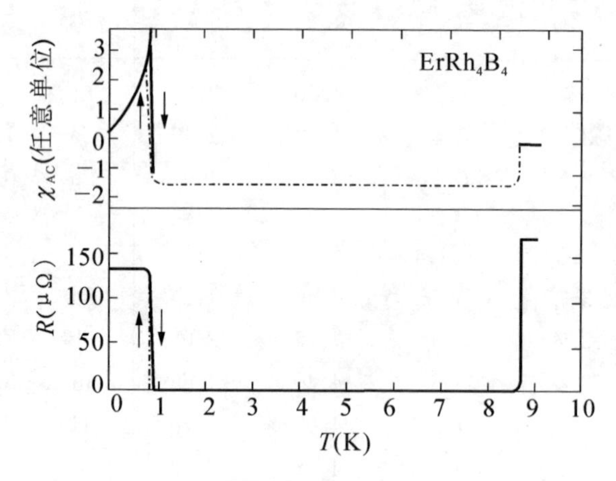

图 1.10 $ErRh_4B_4$ **的交流磁化率和电阻与温度关系**

当 $T=T_c=8.7$ K 时，样品从正常态进入超导态，而当温度继续降低到 $T=T_m=0.9$ K 时，它又返回到正常态，此时 Er 离子有序排列而呈铁磁，T_c 是超导相变温度，T_m 为磁有序温度。表 1.8 给出这类稀土合金的超导、磁有序温度。对于某些 $T_c<T_m$ 的稀土合金，例如 $Ho(Rh_{0.3}Ir_{0.7})_4B_4$ 存在超导电性与反铁磁有序共存。

表 1.8　一些稀土化合物的性质

化　合　物	T_c(K)	T_m(K)
$HoMo_6S_8$	2.0(2.15)	0.65(0.75)(F)
$ErRh_4B_4$	8.7	0.93(F)
$ErRh_{1.1}Sn_{3.6}$	1.36	0.46
$NdMo_6S_8$	3.3(3.6)	0.85(AF?)
$GdMo_6S_8$	1.1(1.4)	0.85(0.95)(AF)
$TbMo_6S_8$	1.45(1.8)	0.9(1.05)(AF)
$DyMo_6S_8$	2.05(2.15)	0.4(0.45)(AF)
$ErMo_6S_8$	2.2	0.2(AF)
$GdMo_6Se_8$	5.6	0.75(*AF*)

续表

化　合　物	T_c(K)	T_m(K)
$TbMo_6Se_8$	5.7	1.03(?)
$ErMo_6Se_8$	6.0	1.07(AF)
$NdRh_4B_4$	5.36	1.3;0.9(AF)
$SmRh_4B_4$	2.72	0.87(AF)
$TmRh_4B_4$	9.86	0.4(AF)
$Ho(Rh_{0.3}Ir_{0.7})_4B_4$	1.6	2.7(AF)
YRh_4B_4	11.34	巡游电子、反铁磁有序
$Y(Er)Rh_4B_4$		

注：F为铁磁有序；　AF为反铁磁有序。

(2) 重Fermi子超导体

1975年Andres发现化合物$CeAl_3$的低温电子比热容系数γ值为1 620 mJ/(mol·K^2)，比普通金属γ值大200倍，这说明$CeAl_3$中电子的有效质量是自由电子质量的200倍，所以称它为重Fermi子化合物。1979年Steglich发现重Fermi子化合物$CeCu_2Si_2$是超导的。表1.9给出1983年到1985年间发现的重Fermi子超导体的物理性质，1991年Steglich等又报道了两个新的重Fermi子超导体UNi_2Al_3($T_c\approx1$ K)和UPd_2Al_3($T_c\approx2$ K)。这些重Fermi子超导体虽然其超导临界温度都很低，从实用的观点看，它们的重要性并不明显，但对凝聚态物理，特别是对超导电性研究领域的发展具有十分重大的意义。

表1.9　重Fermi子超导体的低温物理性质

化合物	结构	$\gamma(0)$ [mJ/(mol·K^2)]	$\chi(0)$ (10^{-7} m^3/mol)	m^*/m_e	T_c(K)	$-dB_{c2}/dT$(T/K)	κ_{GL}
$CeCu_2Si_2$	四方	1 006	0.9	220	0.7	6	22
UBe_{13}	立方	1 100	1.9	300	0.9	26	—
UPt_3	六角	422	0.9	180	0.5	5	23
URu_2Si_2	四方	6	—	110	1.0	4	105

上述这些元素、合金、化合物 T_c 之差异是物质的特性，它们都有完整的简单结构，即使是非晶，它们的原胞也是简单的晶体结构。

(3) 高温超导体

1986 年 Bednorz 和 Müller[①] 发现 La–Ba–Cu–O 氧化物中"可能存在高温超导电性"，揭开了超导电性研究的新篇章，将超导体从金属、合金和化合物扩展到氧化物陶瓷。他们发现当温度降到 35 K 时，La–Ba–Cu–O 的电阻陡降，到 13 K 电阻完全消失。随后朱经武等[②]和赵忠贤等[③]各自独立地做出 Y–Ba–Cu–O 陶瓷超导体，其临界温度达到 90 K。

Michel 等[④]做出不含稀土元素的 Bi–Sr–Ca–Cu–O 氧化物超导体，它有两个相，临界温度分别为 85 K 和 110 K。盛正直等[⑤]发现 Tl–Ba–Ca–Cu–O 氧化物超导体，其零电阻温度 T_{c0} 为 123 K。目前最高的 T_{c0} 是 Hg–Ba–Cu–O，T_{c0} 为 135 K，高压下可达 165 K[⑥]。

通常人们把金属、合金和化合物超导体称为常规超导体，把氧化物陶瓷超导体称为高温超导体。常规超导体都是简单结构，而高温超导则是复杂的，由畸变的钙钛矿结构组成，图 1.11、图 1.12 和图 1.13 分别给出 $YBa_2Cu_3O_{7-\delta}$。(简称 Y 系 123 相)的结构图、$La_{2-x}M_xCuO_4$(简称 La 系 214 相)的结构图和 Bi 系的平均结构图，Bi 系结构特点是双 BiO 层。表 1.10 给出 La 系、Y 系等高温超导体的各种物理参数，其中 La、Y、Bi 和 Tl 系是空穴型载流，而另外两种是电子载流，图 1.14 给出电子型超导体$(Nd,Ce,Sr)_2CuO_4$ 的晶体结构。由图 1.14 可知，在共顶点的 CuO_4 平面的上、下方，Cu—O 离子的配位情况不同。在上方，沿 c 方向上有一个与 Cu 离子键合的氧离子，而在下方不存在与 Cu 离子键合的氧离子。同时，在上方，稀土离子(Nd,Ce,Sr)具有九配位的氧离子，这使得这一局部结构与 La_2CuO_4 的结构相同。而在 CuO_4 平面的下方，稀土离子(Nd,Ce)只具有八配位的氧离子，这使这一局部结构与 Ne_2CuO_4 相近。CuO_4 平面上下的氧离子分布不同，改变了晶体结构的对称性。相应地，空间群变为 p4/nmm。最后我们要指出，在 CuO_4 平面内的 Cu—O 键长为 0.19 nm，而金字塔顶上氧离子与 Cu 离子的键长约为 0.22 nm。

① J. G. Bednorz and K. A. Müller, *Z. Phys.*, **B64**(1986), 198.

② C. W. Chu, et al., *Phys. Rev. Lett.*, **58**(1987), 405.

③ 赵忠贤等，科学通报，**32**(1987)，66.

④ C. Michel, M. Hervien, M. M. Bord, A. Grandin, F. Deslands, J. Provost and B. Vaveau, *Z, Phys.*, **B68**(1987), 412.

⑤ Z. Z. Sheng, A. M. Herman, A. Elali, C. Almason, J. Estrada, T. Datta and R. J. Matson, *Phys. Rev. Lett.*, **60**(1988), 937.

⑥ S. N. Putilin, E. V. Antipov, O. Chmaissem and M. Marezio, *Nature*, **362**(1993), 226.

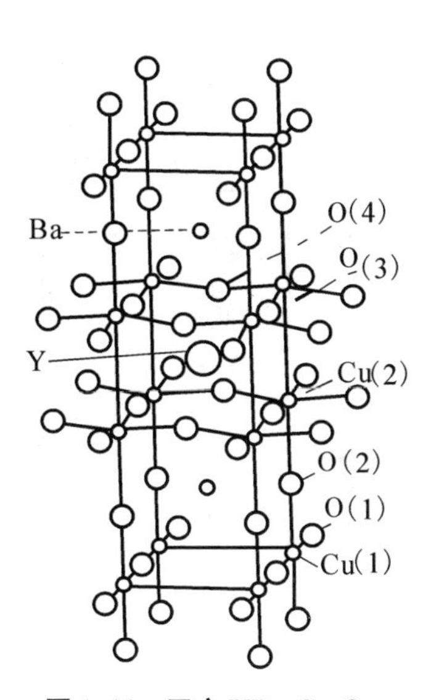

图 1.11 正交 $YBa_2Cu_3O_{7-\delta}$ 相的晶体结构

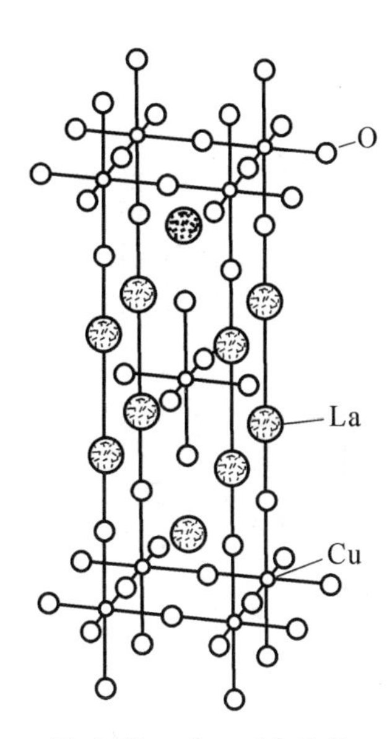

图 1.12 $La_{2-x}M_xCuO_4$ 晶体结构

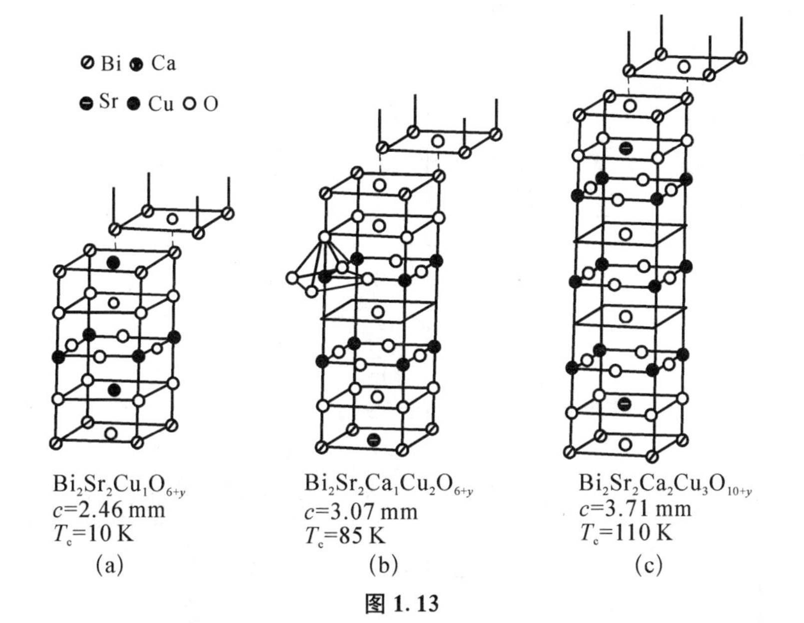

图 1.13

(a) 赝四方 $Bi_2Sr_2CuO_6$；(b) 赝四方 $Bi_2Sr_2Cu_2O_8$ 晶体结构；
(c) 赝四方 $Bi_2Sr_2Ca_2Cu_3O_{10}$ 晶体结构

表 1.10 高 T_c 氧化物超导体的物理参数

化合物	T_c(K)	载流子密度 (cm^{-3})	载流子类型	Θ (K)	γ [$mJ/(mol \cdot K^2)$]	结构类型
$La_{2-x}Sr_xCuO_4$	40	1.5×10^{21}	p	400～500	1.7～10	氧缺位钙钛矿(CuO_2 层)(T 相)
$YBa_2Cu_3O_{6.7}$	60	1.5×10^{21}	p	300～400		
$YBa_2Cu_3O_7$	90	3×10^{21}	p		3～10	同上(层+链)
$Bi_2Sr_2Ca_{n-1}Cu_nO_y$ ($n=1,2,3$)	10,85,100	$\sim10^{21}$	p	230～290	～10	同上(层)
$Tl_mBa_2Ca_{n-1}Cu_nO_y$ ($m=1,2;n=1,2,3$)	20,108,125	$\sim10^{21}$	p	238～290	<7(2 212 相)	同上(层)
$Ln_{2-x}M_xCuO_{4-y}$ Ln=Pr,Nd,Sm,Eu M=Ce,Th	≤24	$\sim10^{21}$	n	370～410	1～6	氧缺位钙钛(CuO_2 层)(T′相)
$Ba_{1-x}K_xBi(O)_3$	25～34	$\sim10^{21}$	n	～200	1.5～2.6	钙钛矿

由上述可知，存在着三种 214 类型的氧化物超导体。它们分别为$La_{2-x}M_xCuO_4$(简称 T 相)，$Nd_{2-x}Ce_xCuO_4$(T′相)和$(Nd,Ce,Sr)_2CuO_4$(T*相)。这三种氧化物超导体的结构相近，其主要差别在于 Cu—O 多面体的形状分别为 CuO_6 八面体，CuO_4 平面四边形和 CuO_5 正四方锥。在这些结构中，一个共同的特点是氧含量都十分接近理想值 4，它基本上不随合成条件和掺杂量的变化而改变。

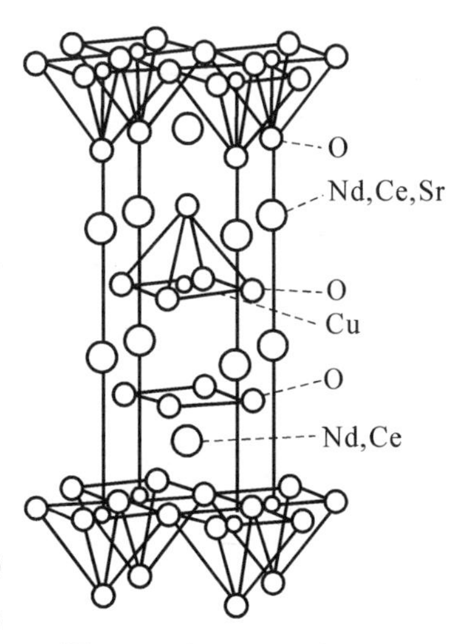

图 1.14　$(Na,Ce,Sr)_2CuO_4$ 的晶体结构

在 214 类型氧化物超导体中，富氧的$La_2CuO_{4.03}$保持正交对称性，故简称 O 相。在 O 相中多于理想配比值 4 的氧离子存在于双 La—O 层之间的间隙位。

特别值得指出的是 1990 年 Kratschmer 等制备出的C_{60}，它是由 12 个五边形，20 个六边形组成的足球状多面体，开辟了化学、物理和材料科学中一个全新的领域，这个多面体可以排成结构，例如 K_3C_{60} 可以形成面心立方，见图 1.15。Herberd 等发现并指出 K_3C_{60}为 $T_c = 18$ K 的高温超导体。随后又发现 Rb_3C_{60}，$T_c = 29$ K；$Cs_2Rb_1C_{60}$，$T_c = 33$ K。图 1.15 给出了K_3C_{60}中的钾原子处于由 C_{60}所形成的面心立方结构的 $K^+(1)$和 $K^+(2)$位置。

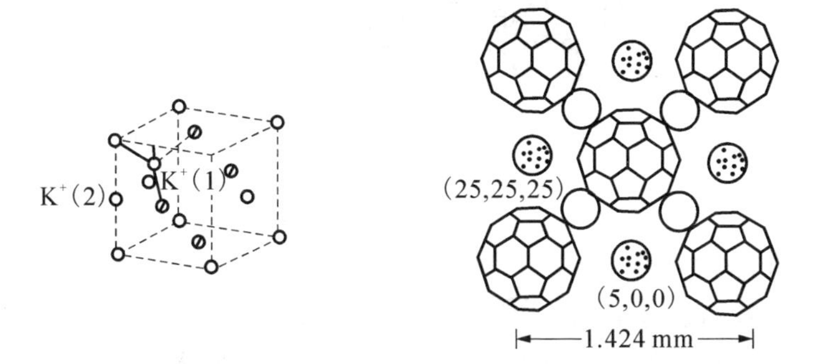

图 1.15　K_3C_{60}的晶体结构

(4) 有机超导体

另外一类超导体是在有机物中发现的，表 1.11 给出有机超导体$(TMTSF)_2X$的物理参数，图 1.16 给出其晶体结构示意图。图 1.17(参见第 19 页)给出超导 T_c 的发展史。

表 1.11 $(TMTSF)_2X$ 化合物的物理参数

$(TMTSF)_2X$ 中的 X	T_{SDW}(K) (0.1 MPa 时)	T_c(K) 最高	P_c (100 MPa)	$(dT_c/dp)P_c$ (K/MPa)
PF_6	12	1.4	6.5	-1.087×10^{-2}
AsF_6	15	1.4	9.5	
SbF_6	17	0.38	10.5	
TaF_6	11	1.35	11	
ReO_4		1.2	9.5	
ClO_4	5	1.4		

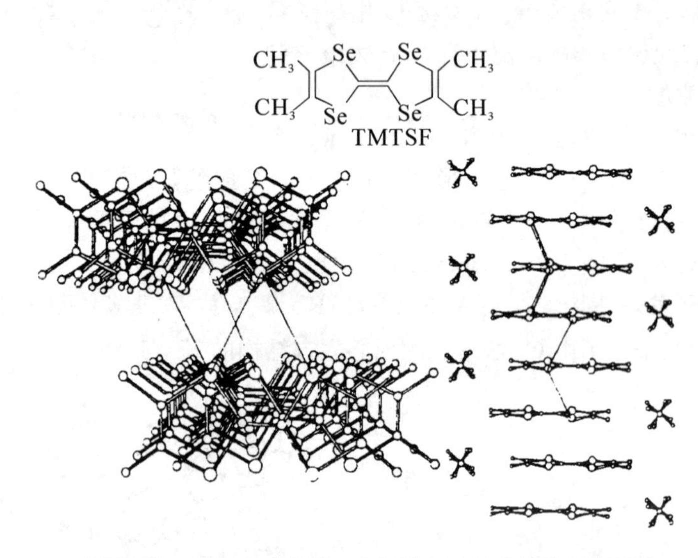

图 1.16 TMTSF 分子和$(TMTSF)_2X$晶体结构示意图

(5) 临界温度的定义

本节最后我们说明 T_c 是如何定义的。对常规超导体，前面我们已说过，某些元素和化合物在特定的温度下电阻突然消失，把这个突然消失的温度就定义为 T_c。但是由正常态到超导态的过渡，也就是电阻下降到零的过程，是在一个有限的温度间隔内完成的，这个温度间隔我们称为转变宽度 ΔT_c。ΔT_c 的大小取决于材料的纯度、晶体的完整性和样品内部的应力状态等因素。图 1.18 给出 Sn 的超导转变，1 是单晶 Sn；2 是 Sn 的多晶样品；3 是不纯 Sn 的多晶，很明显，Sn 的不同状态，ΔT_c，差得很多。“理想”的样品（高纯、单晶、无应力），其 $\Delta T_c \leqslant 10^{-3}$ K，对纯的

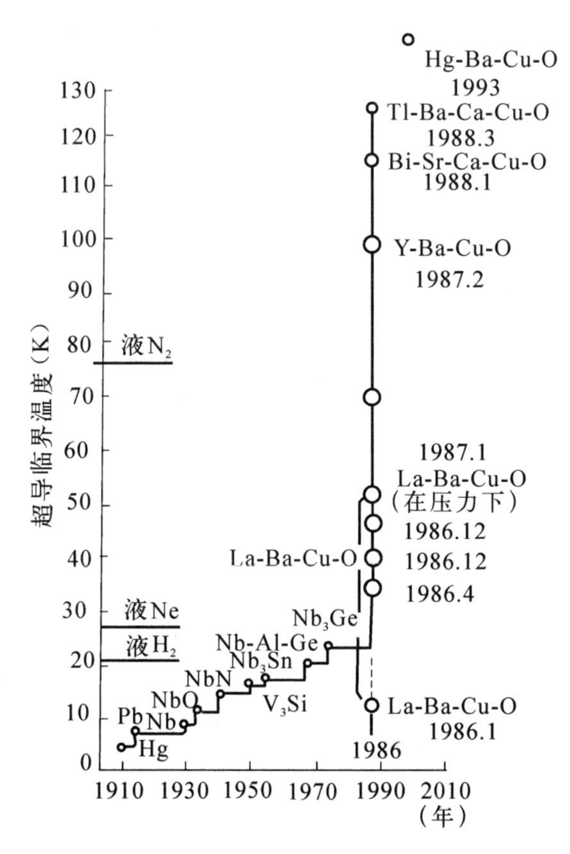

图 1.17 超导体临界温度提高的历史

Ga 样品观察到的转变只发生在 10^{-5} K 处。对于这样一些“理想”的样品 T_c 在突降处其误差小于 10^{-3} K。但对于图 1.18 中的 2、3，T_c 如何定义呢？通常把样品电阻降至 $R_n/2$ 的温度定义为它的 T_c，R_n 是正常-超导转变发生之前样品的正常态电阻。

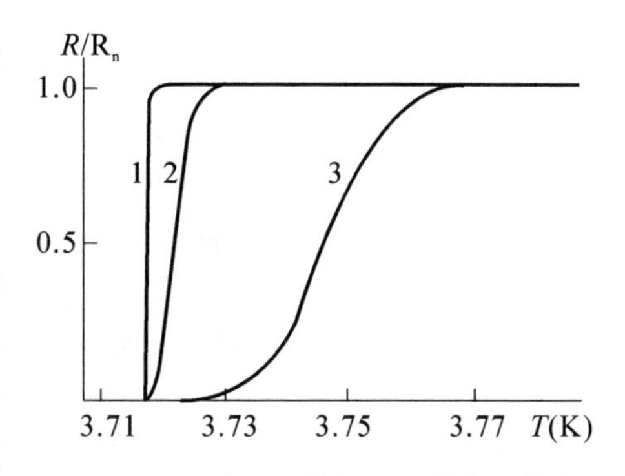

图 1.18 三种不同状态下 Sn 的超导转变

此外，测量电流的大小可对正常-超导转变有强烈的影响，图 1.19 表示的是直径为 0.32 mm 的单晶 Sn 样品的测量电流对转变曲线的影响。测量电流分别为：1 是 40 mA，2 是 20 mA，3 是 10 mA。

因此确定 T_c 时应使测量电流趋于零。对高温超导体临界温度一般指零电阻温度 T_c。图 1.20 给出典型的高温超导的 $R \sim T$ 曲线。

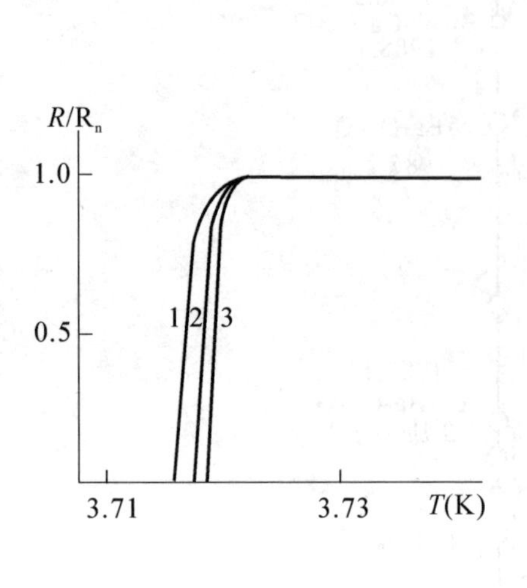

图 1.19 测量电流对 $R \sim T$ 转变的影响

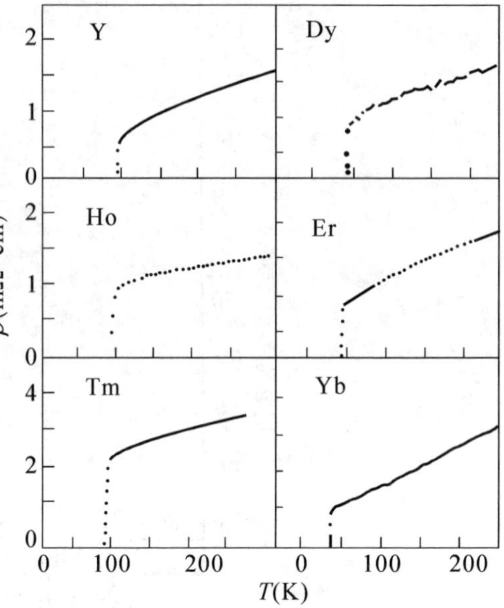

图 1.20 $LnBa_2Cu_3O_{7-\delta}$ 的 $\rho \sim T$ 转变曲线

Ln = Y、Ho、Tm、Dy、Er、Lr、Yb，从转变曲线可知，它们的转变温度 T_{co} 约为 90 K

如果把从偏离线性的温度记作 T_{onset}，降到零的温度记作 T_{co}，则 $\Delta T = T_{onset} - T_{co}$ 是一个很大的值，如果取陡降部分为 ΔT，它大约在 2～4 K。

1.4.2 临界磁场 H_c

Onnes 发现超导体之后，就立刻想到做一个没有耗损的磁体，但是他用一个磁场加到超导体上之后，当磁场达到某一定值时，超导体就恢复了电阻，回到正常态。

假如把磁场平行地加到一根细长的超导棒上，在一定的磁场强度下，棒的电阻突然恢复，使这个电阻恢复的磁场值称之为临界磁场 H_c。在 $T < T_c$ 的不同温度下，H_c 是不同的，但 $H_c(0)$ 是物质常数。

我们所说的电阻突然恢复仅发生在很纯的、无应力的金属中，而且所用的测量电流要很小，如果存在杂质和应力等，则在超导体不同处有不同的 H_c，因此转变将在一个很宽的磁场范围内完成，和定义 T_c 一样，通常我们把 $R = R_n/2$ 相应的磁场叫临界磁场。

对合金和化合物超导体以及高温超导体，它们的临界磁场转变很宽，定义临界磁场的方法也很多，除取 $R_n/2$ 定义 H_c 外，也有取 $90\% R_n$ 或者 $10\% R_n$ 定义 H_c，还有将 $R \sim H$ 转变正常态直线部分的延长线与转变主体部分（或 $R = R_n/2$ 的切线）的延长线交点相应的磁场作为 H_c，见图1.21的示意图。

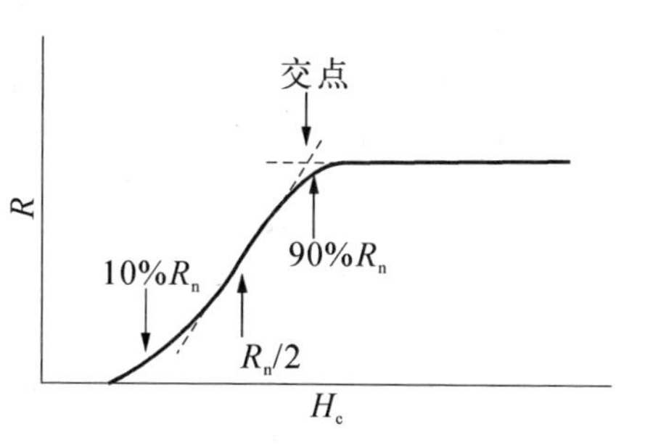

图1.21　各种定义 H_c 方法的示意图

临界磁场是每一个超导体的重要特性，在大多数情况下，由实验拟合给出 H_c 和 T 的关系很好地遵循抛物线近似关系。

$$\left.\begin{aligned} H_c &= H_c(0)\left[1-(T/T_c)^2\right] \\ h_c &= 1-t^2 \end{aligned}\right\} \tag{1.4.1}$$

式中，$h_c = H_c/H_c(0)$ 是约化磁场，$t = T/T_c$ 是约化温度，$H_c(0)$ 是0 K时的临界磁场，是物质常数（见表1.1）。

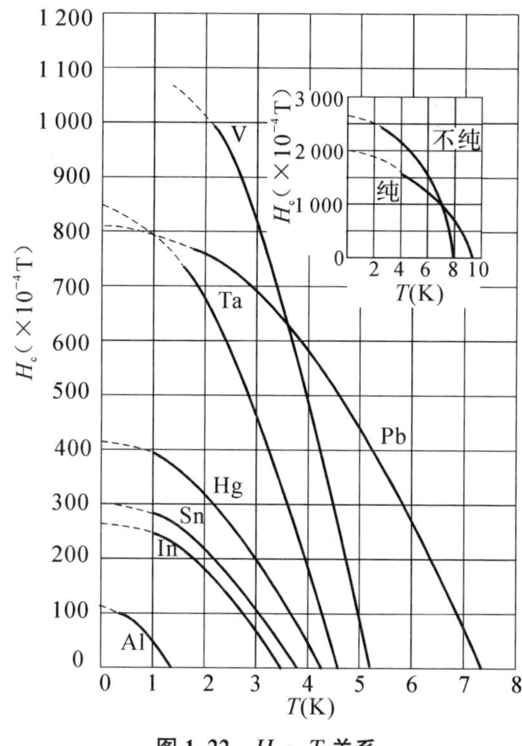

图1.22　$H_c \sim T$ 关系

对于每种实际的超导体，h_c 与 t 更精确的关系可用 t 的多项式表示出，但 t^2 项的系数与1至多只有百分之几的偏离。

图1.22给出了某些纯金属的 $H_c(T)$ 曲线，虚线是由（1.4.1）式外推得到的。对于元素Pb、Hg、In、Sn、Al而言，精密的测量表明对（1.4.1）式的偏离不超过4%。

图1.22每条曲线 $H_c(T)$ 把 $H \sim T$ 平面划分成两部分，当磁场和温度数值的交点位于 $H_c(T)$ 曲线右上方时，样品处在正常态，当这一点位于下方区域时，样品是超导态。注意，在 $T = 0$ 处，$H_c(T)$ 曲线的斜率 $\left.\dfrac{dH_c}{dT}\right|_{T=0} = 0$，而在 $T = T_c$ 处，$H_c(T_c) = 0$，$\left.\dfrac{dH_c}{dT}\right|_{T=T_c}$ 取有

限值，$\left.\frac{dH_c}{dT}\right|_{T=T_c}$ 是物质常数。

对高温超导体更为复杂。高温超导体在磁场中存在 $R\sim T$ 展宽效应，见图 1.23。用上述几种定义时，必须考虑 $R\sim T$ 展宽效应。

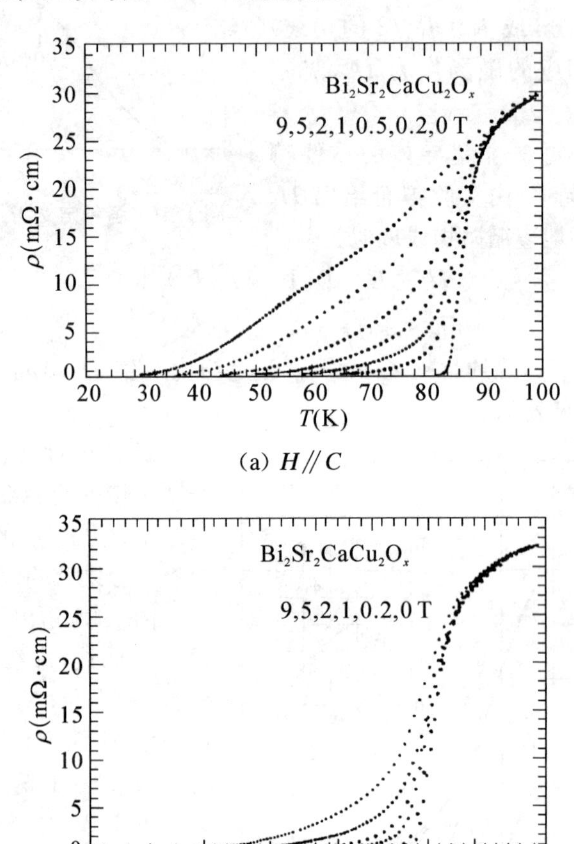

图 1.23 $Bi_2Sr_2CaCu_2O_x$ 在不同磁场下的 $R\sim T$ 转变(取自徐明博士论文)

实验上高温超导 $H_c(T)\sim T$ 关系不符合(1.4.1)式，这个问题将到第 8 章中讨论。

1.4.3 临界电流密度 j_c

实验发现当对超导线通以电流时，无阻的超流态要受到电流大小的限制，当电

流达到某一临界值 I_c 后,超导体将恢复到正常态。对大多数超导金属元素正常态的恢复是突变的,我们称这个电流值为临界电流 I_c,相应的电流密度为临界电流密度 j_c,对超导合金、化合物及高温超导体电阻的恢复不是突变,而是随 I 增加渐变到正常电阻 R_n,通常人们定义 1 μV/cm 为 RI_c。

Silsbee① 假设电流对超导电性破坏就是电流在超导体表面上产生的磁场在任一点超过临界磁场 H_c 而致。对超导金属元素 Silsbee 假设是正确的,但实验发现即使达到 I_c 后不发生热传播,完全恢复正常的电阻也不会在明确限定的电流值下出现,而是在相当大的电流范围内出现,这个问题将在第 6 章中讨论。

对超导合金、化合物和高温超导体 Silsbce 假设不适用,电流对超导态的破坏是独立机制,这个问题将在第 8 章到第 10 章中讨论。

1.5 超导态的实验观测

1.5.1 零电阻率的上限

为了能更精确地确定超导体电阻的上限,通常采用一种常用的持续电流法。它是将超导体做成一个闭合环或其他形式的闭合回路。假设此回路的电阻是 R,电感为 L,如图 1.24(a)所示,在一个均匀磁通密度 B_a 的外磁场中冷却,使导体环超导,如果这个环所包围的面积为 $\mathscr{A}$,则穿过环的磁通量 $\Phi=\mathscr{A}B_a$。

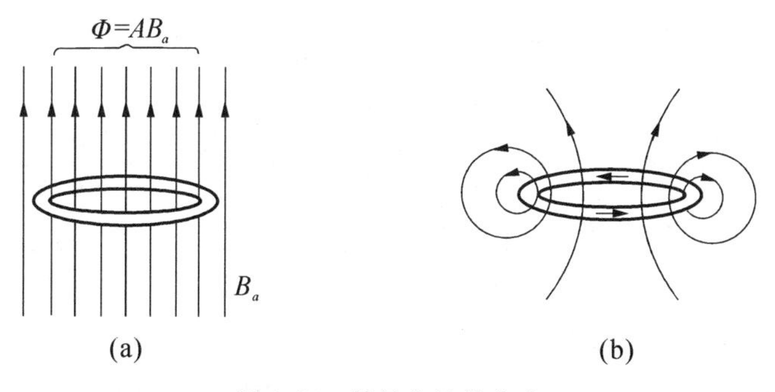

图 1.24 持续电流的产生

① F.B. Silsbee, *J. Wash. Acad. Sci.*, **6**(1916), 597.

现在假设外磁场变化到一个新值,根据 Lenz's 定律,当磁场变化时,环内要产生感生电流,这个感生电流在环内产生一个磁通以趋于抵消外加磁场变化而引起的磁通变化。磁场变化时产生的感生电动势为 $-\mathscr{A}\frac{\mathrm{d}B_a}{\mathrm{d}t}$,所以感生电流 I 为

$$-\mathscr{A}\frac{\mathrm{d}B_a}{\mathrm{d}t}=RI+L\frac{\mathrm{d}I}{\mathrm{d}t} \tag{1.5.1}$$

当外磁场停止变化时有

$$RI+L\frac{\mathrm{d}I}{\mathrm{d}t}=0$$

所以有

$$I(t)=I(0)\exp(-Rt/L) \tag{1.5.2}$$

其中 $I(0)$是初始电流,$I(t)$是在 $t>0$ 时刻的电流。显然,如果 $R\neq0$,则电流$I(t)$是随时间指数衰减的。

如果 $R=0$,则(1.5.1)式变为

$$-\mathscr{A}\frac{\mathrm{d}B_a}{\mathrm{d}t}=L\frac{\mathrm{d}I}{\mathrm{d}t} \tag{1.5.3}$$

所以有

$$LI+\mathscr{A}B_a=\mathrm{const} \tag{1.5.4}$$

而 $LI+\mathscr{A}B_a$ 是穿过回路的总磁通量,于是我们证明了穿过无阻回路的总磁通量不变。当外磁场改变时就产生一个感生电流,这个电流 I 产生的磁通正好补偿外磁通的变化,因为 $R=0$,所以感生电流将持续流动下去。即使外磁通等于零,如图 1.24(b),环内磁通仍由感生的环形电流维持。

需注意的是,我们虽证明了穿过无阻回路内包含的总磁通量不变,但由于回路中磁通量的重新分布,任一点的磁通密度 $\boldsymbol{B}_a$ 有可能改变。比较图 1.24(a)和 1.24(b),在图 1.24(a)中磁场是均匀分布的,而图 1.24(b)中离超导线近处的磁场变得较强,在环的中心磁场较弱。然而在两种情况中,总磁通量 $\left(\Phi=\iint_{\mathscr{A}}\boldsymbol{B}\cdot\mathrm{d}\mathscr{A}\right)$ 相同。

上述讨论给出了一个精确测量超导体电阻的方法。即在检测电流变化的灵敏度相同的条件下,延长观察时间 t 或减小回路的电感 L,由(1.5.1)式测电流的变化都可以使 R 的上限向较低值推移。

1914 年 Onnes① 用这种方法确定了超导 Pb 电阻率的上限为 $10^{-16}\ \Omega\cdot\mathrm{cm}$。

① H.K. Onnes, *Leiden Comm.*, (1914), 140b, 140c.

1957年Qullins在Pb环中激发起几百安培的电流，在持续两年半时间内没有发现有可观察到的电流变化，从而将超导Pb电阻率的上限改进到$10^{-21}\Omega\cdot cm$。

1962年Quinn① 用Pb膜做成电感极小($L=1.4\times10^{-13}$ H)的圆筒，只用了7个小时的观察时间，得到电阻率的上限为$3.6\times10^{-23}\Omega\cdot cm$。

近年，用超导量子干涉仪观测表明：$\rho<10^{-26}\Omega\cdot cm$。

迄今能达到的最低的正常金属低温电阻率$\rho=10^{-12}\sim10^{-13}\Omega\cdot cm$，与此相比，可以认为超导态的电阻率确实是零。

应用上述原理，另一种测量方法如图1.25所示。在一个超导回路的一小段上缠上一个加热丝，构成热开关，同时把外电源并联在超导回路上，使超导回路处于低温下。先闭合K_2，使超导回路的上臂局部升温转变到正常态，再闭合K_1，使电源E对超导回路的下臂供电，产生电流I。然后打开K_2，使回路上臂恢复超导，再打开K_1，于是在超导回路中形成了持续电流。

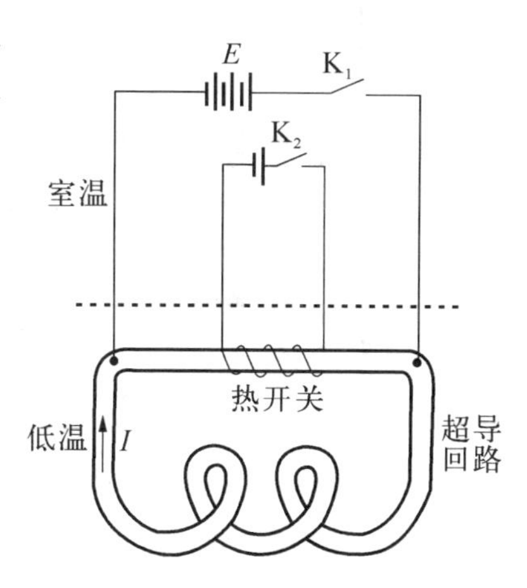

图1.25 用超导螺旋管产生持续电流示意图

1.5.2 Meissner效应的实验观察②

观察Meissner效应的实验可以分为如下三类：

(a) 测样品周围的磁场分布；

(b) 磁感应；

(c) 测样品与磁场机械力的作用。

第一种方法就是Meissner等最初发现超导体排磁通现象所用的方法，他们用的样品是一根直径为1 cm，长为13 cm的长圆柱形Sn单晶，在与圆柱垂直方向上加磁场，用一个小的探测线圈放在样品表面的各个部位测量磁场，线圈与磁通计或冲击电流计串联，线圈初始位置平行于磁场，然后让它旋转90°，从而测得磁场。

该法的改进是用Bi线做电阻器代替线圈，Bi电阻器可以做得非常小，在低温下它的阻值随磁场急剧变化。

第二种是磁感应法，它是在一个长圆柱样品上绕上一个线圈，并与冲击电流计

① D.J. Quinn, *J. Appl. Phys.*, **33**(1962), 748.

② D. Shoenberg, *Superconductivity*, Cambridge University Press, (1952).

串联,如图1.26所示。当样品在正常态时加上磁场 H_a, H_a 与圆柱的轴平行,加磁场时冲击电流计给出一个冲击偏转 α, α 的大小正比于进入样品的磁通量。然后冷却样品,当温度下降经过 T_c 时,由于样品变到超导态,样品内磁通量全部排出,冲击电流计又给出一个反向偏转 α,此后样品处在超导态,无论撤销或重新加上磁场,冲击电流计均无偏转。

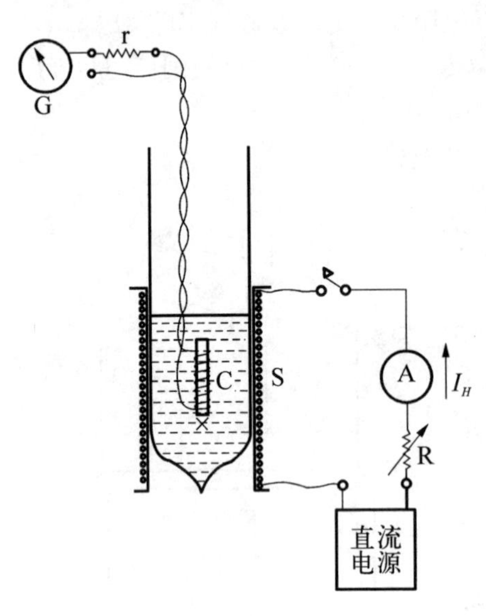

图1.26　感应法测量超导体排磁

用磁感应法还可测 T_c 和 $H_c(T)$ 的关系。在不同的温度下,令一与圆柱样品平行的小测量磁场 δH,让 δH 突然反向,同时观察电流计的偏转 α,当样品处在正常态时,α 最大,并且不随温度变化,当温度降到

$$T_c - \delta H \Big/ \left(\frac{\partial H_c}{\partial T}\right) T_c$$

附近时,α 逐渐减小到零,同时样品过渡到超导态,由曲线 $\alpha(T)$ 也可以确定样品的转变温度 T_c 及转变宽度 ΔT_c,这种方法对测量块状和粉末样品是特别有用的。

如果不是用小的测量磁场 δH,而是在样品上加一个大磁场 H_a,电流计上再接分流电路,则可用来测量 $H_c(T)$ 曲线。不用上述突然倒转 δH 的方法,令长圆柱样品在平行的均匀磁场中与探测线圈迅速相对移动(图1.27),也有同样效果。

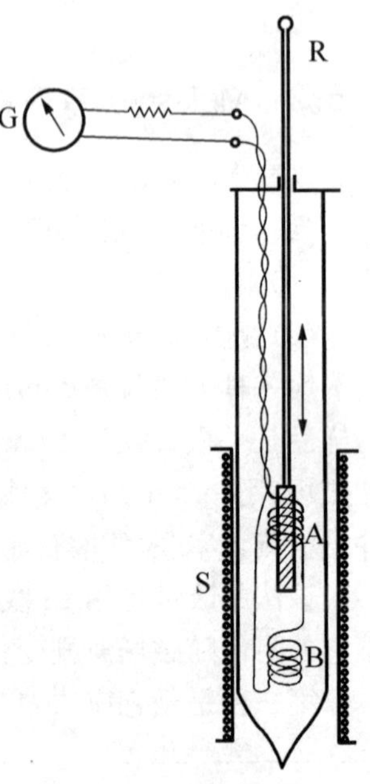

图1.27　观测 Meissner 效应的装置

设探测线圈的截面积为 S,匝数为 N,样品的截面积为 S_0,当样品处在探测线圈中时,通过探测线圈的磁通量为

$$\Phi_1 = N\mu_0 H_a(S - S_0) + NBS_0$$

H_a 是外磁场,B 是样品内部的磁感应强度,样品被拉出后,通过线圈的磁通量为

$$\Phi_2 = \mu_0 NH_a S$$

在迅速拉出样品过程中,冲击电流计的偏转为

$$\alpha \propto \Delta\Phi = \Phi_2 - \Phi_1 = (B - \mu_0 H_a) NS_0 \quad (1.5.5)$$

对于上述方法的一个改进是用两个相同而反接的探测线圈，将样品迅速从一个移入另一个，这样可以使灵敏度提高一倍。假如不移动样品，而让外磁场往返做低频扫描，则两个反接串联的探测线圈的总输出讯号将与

$$\frac{\mathrm{d}}{\mathrm{d}t}(B-\mu_0 H_a)NS_0$$

成正比，采用电子学的放大与积分线路，可在记录仪上记下样品的磁化强度 $B-\mu_0 H_a=\mu_0 M$ 的变化。

此外还要说明一点：由于探测线圈是浸在液氦中，可以大大增加线圈的匝数而不致超过电流计的临界电阻，因此磁测量有很高的灵敏度。

在介绍了磁测量之后，我们顺便将磁测量与电测量作一个比较。目前大部分都采用电测量，它的最大优点是方便，然而磁测量比电测量具有更大的优越性。

(a) 磁测量样品不要引线；

(b) 样品的形式可以具有任意形式；

(c) 电测量灵敏度达不到时，例如短粗样品正常电阻太小，而样品电流又不能任意增大，则电测量失效，这时必须用磁测量；

(d) 磁测量最大的优越性是给出体效应，而电测量是部分效应，例如样品大部分已正常，但还存在一些联通着的超导部分，用电测量则反映出样品仍是超导的。

第三种方法是磁悬浮。

因为超导体是排磁的，所以我们可以利用超导体与磁体之间机械力的作用来检验 Meissner 效应。例如用 Pb 做成一个碗，并将磁体放入其内，在 Pb 是正常态时，磁铁与 Pb 碗接触，冷却 Pb 使之进入超导态，则可观察到磁铁悬浮于碗中。见图 1.28。

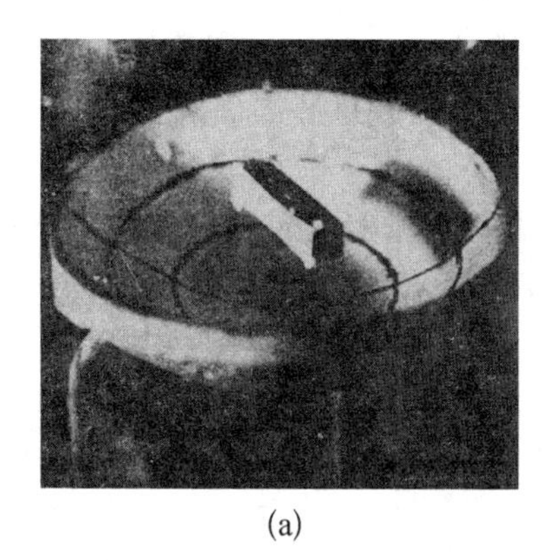
(a)

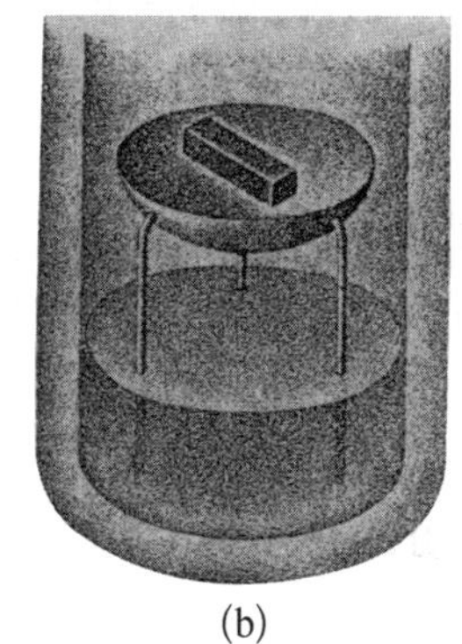
(b)

(c)

图 1.28　超导体排磁实验

(a) 超导体悬浮磁体；(b)，(c) 在两个超导 Pb 环中俘获磁场，悬浮镀在玻璃球上的空心 Pb 球

超导体悬浮实验说明超导体的 $\mu=0$。当 Pb 是正常态时，$\mu=1$，所以磁铁产生的磁通线在其周围对称分布，而当冷却使 Pb 超导时，$\mu=0$，它不让磁通线进入，因此，磁铁下空间的磁通被压缩，以致磁体上、下磁通密度不同，下部的磁力克服了磁铁的重量使之悬浮。

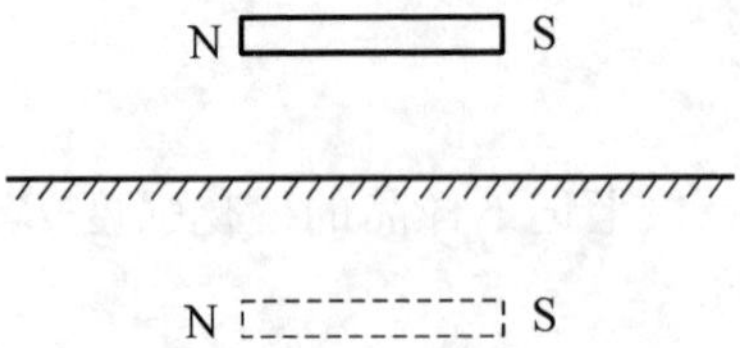

N S

N S

图 1.29　镜像法解释超导悬浮

这个悬浮现象还可以用一个简单的镜像法来理解，如图 1.29 所示，当 Pb 超导后，好像在超导体表面下方存在一个以超导面完全对称的磁铁，两个磁铁的作用造成悬浮。

1.6　超导体特殊磁性的描述

Meissner 效应给出超导体一个特有的磁性：在超导体内 $\boldsymbol{B}=0$。

因为

$$\boldsymbol{B}=\mu_0\boldsymbol{H} \tag{1.6.1}$$

所以 $\boldsymbol{B}=0$ 可以有两种描述，一是 $\mu=0$；一是 $\mu=1$，超导表面流过抗磁电流产生反向磁场将外磁场抵消。

对于 $\mu=1$ 的描述

此时面电流 $\boldsymbol{j}$ 像交变场中感应的涡旋电流一样，只不过这里的交变频率为零，且电流不随时间变化。磁矩 $\boldsymbol{M}$（单位体积）只是由电流分布诱导出的量，而没有 $(\boldsymbol{B}-\mu_0\boldsymbol{H})$ 的意义。

在这个描述方法中要注意的是：$\boldsymbol{B}$ 和 $\boldsymbol{H}$ 之间没有不同，在超导体内二者都消失，因此从外部引入的电流与加磁场感应的电流之间没有不同。

第二种方法是 $\mu=0$。

在这个描述方法中，$\boldsymbol{H}$ 被定义为

$$\boldsymbol{B}=\mu_0(\boldsymbol{H}+\boldsymbol{M})=\mu_0(1+\chi)\boldsymbol{H} \tag{1.6.2}$$

因为　　　$\boldsymbol{B}=0$

故　　　　$\chi=-1$

式中的 $\boldsymbol{M}$ 被认为是真实物体的磁矩。

与外加磁场有关的电流永远不出现，电流只能是外部引入的(或者是在环中的闭合电流)。

为了能够给出两种描述方法之间明显的不同，我们将对长超导圆柱写出两种描述，这个超导圆柱是在平行于其 z 轴的均匀场中，半径为 r，并给出有和没有外电流引进圆柱的两种情况。

$\mu=1$($\boldsymbol{n}$ 和 $\boldsymbol{z}$ 是单位矢量)

	没有外电流	有外电流 i
圆柱外	$\boldsymbol{B}=\mu_0\boldsymbol{H}=\mu_0\boldsymbol{H}_a$	$\boldsymbol{B}=\mu_0\boldsymbol{H}=\mu_0\boldsymbol{H}_a+\dfrac{\mu_0 i}{2\pi r}(\boldsymbol{n}\times\boldsymbol{z})$
圆柱内	$\boldsymbol{B}=\mu_0\boldsymbol{H}=0$	$\boldsymbol{B}=\mu_0\boldsymbol{H}=0$
表面	$\boldsymbol{j}=\boldsymbol{H}_a\times\boldsymbol{n}$	$\boldsymbol{j}=\boldsymbol{H}\times\boldsymbol{n}$

磁矩　这种描述中把传导电流和感应电流看作一样，磁矩只是该电流分布诱导出的量 $\boldsymbol{M}=\boldsymbol{n}\cdot\int\boldsymbol{i}\cdot\mathrm{d}\boldsymbol{s}$，而没有实际抗磁体磁矩的意义。

$\mu=0$

圆柱外	$\boldsymbol{B}=\mu_0\boldsymbol{H}=\mu_0\boldsymbol{H}_a$	$\boldsymbol{B}=\mu_0\boldsymbol{H}=\mu_0\boldsymbol{H}_a+\dfrac{\mu_0 i}{2\pi r}(\boldsymbol{n}\times\boldsymbol{z})$
圆柱内	$\boldsymbol{B}=0,\quad \boldsymbol{H}=\boldsymbol{H}_a$	$\boldsymbol{B}=0,\quad \boldsymbol{H}=\boldsymbol{H}_a$
表面	$\boldsymbol{j}=0$	$\boldsymbol{j}=\dfrac{i}{2\pi r}\boldsymbol{z}$

这种描述中不存在感应表面电流，电流的存在只能是引入电流。

磁矩　$\boldsymbol{M}=-\boldsymbol{H}$

超导体是磁性媒质，$\boldsymbol{M}$ 被认为是真实物体的磁矩。

$\mu=0$ 和 $\mu=1$ 是两种描述法，不能混为一谈，但两种描述法各有优缺点。

$\mu=1$ 的描述用于处理磁场中超导体的问题往往是比较复杂的，但可以得到更多的物理本质的东西。

这里需要强调的是因为没有办法测量出感应的面电流，故无法确定 μ 是等于零还是等于1，因此存在这两种描述超导体的方法。

最后我们要着重指出：$\rho=0$ 和 $\boldsymbol{B}=0$ 是超导体的两个相互独立而又紧密联系的两个基本特性，单纯的 $\rho=0$，并不能保证有 Meissner 效应，而 $\boldsymbol{B}=0$ 必须要求 $\rho=0$。因为 $\rho=0$ 是存在 Meissner 效应的必要条件，为了保证超导体内 $\boldsymbol{B}=0$，必须有一个无阻(即 $\rho=0$)的表面电流以屏蔽超导体内部，这个屏蔽外磁场的电流也叫做 Meissner 电流，这样似乎 $\boldsymbol{B}=0$ 比 $\rho=0$ 更重要，其实不然，因为 $\rho=0$，则要求

超导体内

$$\boldsymbol{E}=0 \tag{1.6.3}$$

而 $\boldsymbol{B}=0$ 只保证在超导体内没有感应电场,并不能保证任何情况下(1.6.3)式都成立。

第2章　超导体的热力学性质

2.1　超导相变热力学

从正常态到超导态或由超导态到正常态的转变是相变问题，显然亦属于热力学范畴。

在研究相变热力学之前，我们先介绍一下热力学用于超导态的发展历史。因为热力学是建立在可逆相变基础上的，而在 Meissner 效应被发现以前，Keesom①(1924 年)就企图把热力学应用于描述超导转变，但是此时一直认为超导体就是理想导体，当超导电性被破坏时，由于正常相出现电阻，与磁场相联系的电流产生热，因此超导相变是一个非平衡过程，那么用热力学去研究它似乎是不可理解的。然而 Keesom 不管这个热力学应用前提，建立起一系列的超导相变热力学的公式，这些公式恰恰与大量实验很好符合。Gorter②(1933 年)指出这些早期的热力学处理的成功强烈地说明了超导相变应该是可逆的。

这个问题的最后解决是 1933 年 Meissner 效应的发现揭示了在超导体中超流电流的消失实际上不联系任何不可逆的过程，因此 Gorter 和 Casimir③(1934 年)指出超导相变热力学处理完全和其他相变一样，早期的热力学处理是完全正确的。

2.1.1　二流体模型

我们知道在 $T<T_c$ 时，导体变为超导，是不是所有的电子 n 都变为超导电子 n_s 呢？(1.4.1)式告诉我们，如果 $T<T_c$，n 全部转变到 n_s，则 H_c 将与温度无关，

---

① W.H. Keesom, *Conger. Solvay*,(1924), 288.

② C.J. Gorter, *Arch. Mus. Teyler*, **7**(1933), 378.

③ C.J. Gorter and H.B.G. Casimir, *Physica*, **1**(1934a), 306.

但(1.4.1)式或图1.22说明，当 $T<T_c$ 时只有部分电子从 n 变到 n_s，而其余的电子还是在正常态 n_n 中，也就是说，超导体中存在两种电子：一种是超导的 n_s，另一种是正常的 n_n。

1934年Gorter和Casimir提出一个二流体模型①：

(a) 导体处于超导态时，共有化的自由电子分为两部分：一部分叫正常电子 n_n，占总数的 $1-\omega=n_n/n$；另一部分叫超流电子 n_s，占总数的 $\omega=n_s/n$，$n=n_s+n_n$。两部分电子占据同一体积，在空间上互相渗透，彼此独立地运动，两种电子相对的数目 ω 与 $(1-\omega)$ 都是温度的函数。

(b) 正常电子受到晶格散射做杂乱运动，所以对熵有贡献。

(c) 超流电子处在一种凝聚状态，即 n_s 凝聚到某一个低能态。

这个假设是有充分根据的，因为超导态处于 $H_a=H_c$ 的磁场中变为正常态，超导态的自由能比正常态低 $\mu_0H_c^2V/2$，V 是超导体的体积。设这种状态的电子不受晶格散射，又因为超导态是取低能量状态，所以对熵没有贡献，即它们的熵等于零。

(d) 由于超导相变是二级相变，所以超导态是某个有序化的状态。

按照这个模型我们立刻看到，在温度低于 T_c 以下电阻立即消失是由于低于 T_c 下出现超流电子，它的运动是不受阻的，导体中如果存在电流，则完全是超流电子运动造成的。出现超流电子后，导体内就不能存在电场，正常电子不载荷电流，所以没有电阻效应。

由上述模型很自然地得到，在 $T=T_c$ 时，电子开始凝聚，出现有序化，而 ω 则是有序化的一个量度，称为有序参量或有序度。温度愈低，凝聚的超流电子愈多，有序化愈强，到 $T=0$ 时，全部电子凝聚，则有序度为1。

2.1.2 超导体的自由能和磁化功

因为任何体系的稳定态是具有最低自由能的状态，当样品被冷却到 T_c 以下，它变成为超导态，因此在 $T<T_c$ 时，超导态的自由能一定小于正常态。为了方便起见我们讨论细长棒样品，并忽略两端的效应，设其体积是 V，沿轴向外加磁场 H_a 并设磁化是均匀的，其磁矩是 M。现使磁场从 H_a 增加到 H_a+dH_a，引起磁矩的变化是 dM，在恒定的温度下造成磁场和磁矩的这些增量，必须提供(例如用一个电池通到线圈上使它产生磁场)的总能量为

---

① C.J. Gorter and H.B. Casimir, *Physica*, **1**(1934a), 306; *Phys. Z.*, **35**(1934b), 963; *Z. Tech. Phys.*, **15**(1934b), 539.

$$dW_{总} = Vd\left(\frac{1}{2}\mu_0 H_a^2\right) + \mu_0 H_a dM \tag{2.1.1}$$

右方第一项代表在物体所占据的体积内增加的外加磁场所必须做的功,不管这个物体是否在那里,这个功是使磁场增加所必作的。第二项 $\mu_0 H_a dM$ 是为增加物体的磁矩所必须提供的能量 dW_M,即

$$dW_M = \mu_0 H_a dM \tag{2.1.2}$$

在无磁场时,Gibbs 自由能为

$$G = F + pV = U - TS + pV \tag{2.1.3}$$

式中 U 和 S 分别是内能和熵。

当加磁场时,上式应加上磁化效应项 $-\mu_0 H_a M$

$$G = U - TS + pV - \mu_0 H_a M \tag{2.1.4}$$

(2.1.4)中 pV 和 $\mu_0 H_a M$ 符号相反是因为增加磁化强度必须给物体提供能量,也就是外部对物体做功;而当它反抗外压强而增加体积时,则由物质向外做功。

条件的微小变化会造成 G 的变化为

$$dG = dU - TdS - SdT + pdV + Vdp - \mu_0 H_a dM - \mu_0 M dH_a \tag{2.1.5}$$

如果改变外加磁场 H_a 和磁化强度 M,而温度和压力保持不变(即 $dT = dp = 0$),则有

$$dG = dU - TdS + pdV - \mu_0 H_a dM - \mu_0 M dH_a \tag{2.1.6}$$

但是在 T 和 p 不变的条件下,对磁化物体有

$$dU = TdS - pdV + \mu_0 H_a dM$$

上述公式的后两项是对物体做的功,所以

$$dG = -\mu_0 M dH_a$$

于是当物体被一强度为 H_a 的磁场磁化,使其磁矩为 M 时,物质的自由能变化为

$$G(H_a) - G(0) = -\mu_0 \int_0^{H_a} M dH_a \tag{2.1.7}$$

因此,如果磁场产生正磁化,即磁化强度与磁场在同一方向的情况下,自由能降低。而对超导样品,施加一个磁场会产生负磁化,则此负磁化强度 M 恰好抵消由外磁场引起的磁能量,因此 $M = -H_a$,则单位体积自由能增加到

$$g_s(T, H_a) = g_s(T, 0) + \mu_0 \int \frac{|M|}{V} dH_a \tag{2.1.8}$$

所以磁场把自由能密度提高到

$$g_s(T, H_a) = g_s(T, 0) + \frac{1}{2}\mu_0 H_a^2 \tag{2.1.9}$$

图2.1给出了当对一个超导体施加一个磁场时,它的自由能提高到由磁化强度所产生的数值。

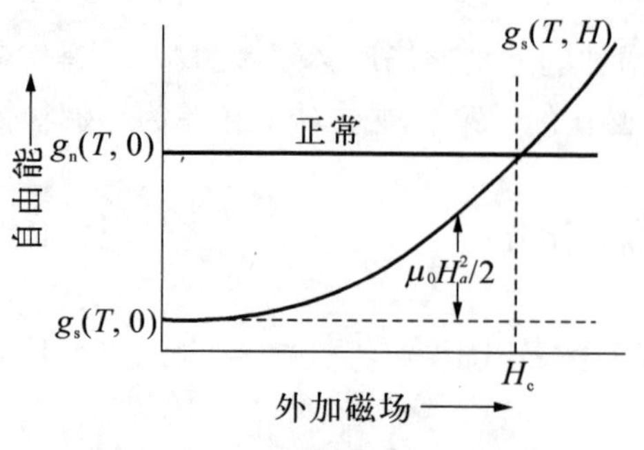

图2.1 对正常态和超导态,Gibbs自由能密度与外加磁场的关系

然而,正常态实际上是非磁性的,因而它的外加磁场中获得微不足道的磁化强度,所以施加一个外磁场虽然能够提高超导态的自由能,但并不改变正常态的自由能。如果 H_a 足够大,使 $g_s(T,H_a)$ 升高到正常态 $g_n(T,0)$ 以上,此时材料不再是超导态而是正常态。

当 $g_s(T,H_c)=g_n(T,0)$ 时,由(2.1.9)式得到

$$g_n(T,0)=g_s(T,H_c)=g_s(T,0)+\frac{1}{2}\mu_0 H_c^2$$

所以

$$H_c(T)=\left\{\frac{2}{\mu_0}[g_n(T,0)-g_s(T,0)]\right\}^{\frac{1}{2}} \tag{2.1.10}$$

2.1.3 超导体的熵和相变潜热

由2.1.1节我们知道在外磁场 H_a 中磁性物质的自由能可写成

$$G=U-TS+pV-\mu_0 H_a M \tag{2.1.11}$$

如果压力和外磁场强度保持不变,而温度变化一个量 $\mathrm{d}T$,则自由能变化为

$$\mathrm{d}G=\mathrm{d}U-T\mathrm{d}S-S\mathrm{d}T+p\mathrm{d}V-\mu_0 H_a\mathrm{d}M \tag{2.1.12}$$

但是根据热力学第一定律

$$\mathrm{d}U=T\mathrm{d}S-p\mathrm{d}V+\mu_0 H_a\mathrm{d}M$$

所以

$$\mathrm{d}G=-S\mathrm{d}T,\quad S=-\left(\frac{\partial G}{\partial T}\right)_{p,H_a} \tag{2.1.13}$$

单位体积的熵为

$$s=-\left(\frac{\partial g}{\partial T}\right)_{p,H_a} \tag{2.1.14}$$

由 $g_n-g_s=\frac{1}{2}\mu_0 H_c^2$,所以

$$s_n - s_s = -\mu_0 H_c \frac{dH_c}{dT} \tag{2.1.15}$$

由于临界磁场总是随温度的增高而减小，所以 dH_c/dT 总是负的，因此 $s_n - s_s$ 一定是正的，即超导态的熵是小于正常态的熵，也就是说超导态比正常态具有更高的有序度。

当温度升到 T_c 时，临界磁场 H_c 降为零，因此由(2.1.15)式正常态和超导态的熵差在此温度消失，另外由热力学第三定律，在绝对零度下，超导相和正常相的熵都等于零。由于 $T = 0$ K 和 $T = T_c$ 时 $s_n - s_s$ 都等于零，则熵差曲线有一个极大，图 2.2 和图 2.3 分别给出熵和熵差的实验结果。在 $T = 0$ 时 $s_n = s_s = 0$，由(2.1.15)式可得：dH/dT 在0 K一定为零。

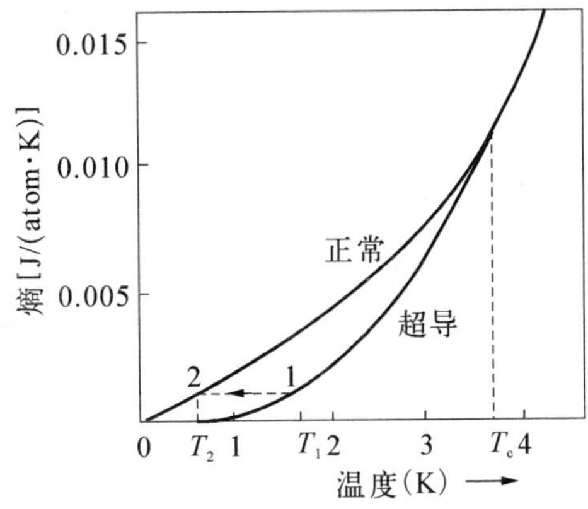

图 2.2　正常态和超导态 Sn 的熵

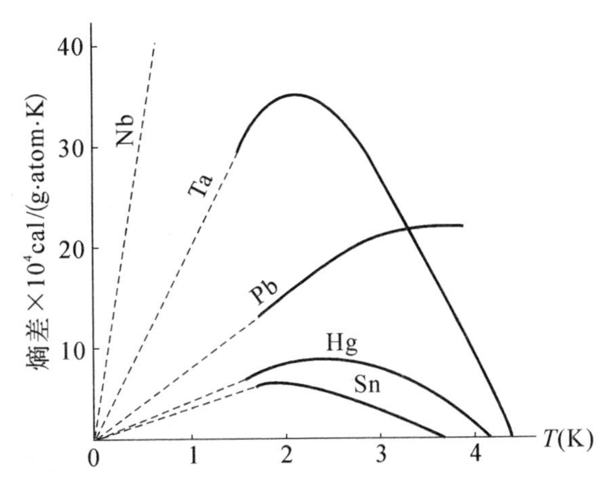

图 2.3　正常态与超导态的熵差和温度关系的实验曲线

由热力学我们知道，a 与 b 两相之间相变潜热为

$$L = vT(s_a - s_b) \tag{2.1.16}$$

s_a 和 s_b 为 a、b 两相的熵，v 为每单位质量的体积，当由正常态转变为超导态时，由(2.1.15)式和(2.1.16)式得到放出的潜热为

$$L = -vT\mu_0 H_c(T) \frac{dH_c(T)}{dT} \tag{2.1.17}$$

由于 $\mathrm{d}H_c(T)/\mathrm{d}T<0$,所以 L 总是正的,即由正常态转变到超导态要放热,由超导态变为正常态要吸热,这是一级相变的特征。

我们知道熵是有序化程度的量度,正常态是无序的,而超导态是有序的。在这个转变过程中要从无序到有序,则必然要放出热;反之有序到无序要吸收热量,电子才能从有序变为无规热运动的无序态。

在零场中,当 $T=T_c$ 时发生超导相变,由(2.1.16)式知道 $L=0$,也就是超导相变不发生潜热变化,因此零场下,$T=T_c$ 时发生的相变是高级相变。

2.1.4 超导体的比热容

由热力学知道当 Gibbs 自由能对温度的一次微商的两相差为零时,我们必须求它对温度的二次微商去研究比它高一级的相变,我们知道二级相变产生的物理量是比热容,即

$$c = vT\frac{\partial s}{\partial T} \tag{2.1.18}$$

由超导态和正常态的质量熵差 $s_n - s_s = -\mu_0 H_c \dfrac{\partial H_c}{\partial T}$,得

$$\Delta c = c_s - c_n = vT\mu_0\left\{H_c(T)\frac{\mathrm{d}^2H_c(T)}{\mathrm{d}T^2}+\left[\frac{\mathrm{d}H_c(T)}{\mathrm{d}T}\right]^2\right\} \tag{2.1.19}$$

当 $T=T_c$ 时,$H_c(T)=0$,$\mathrm{d}H_c(T)/\mathrm{d}T\neq 0$,所以 $\Delta c\neq 0$。即在 $T=T_c$ 发生相变时比热容有跳跃,因此在 $T=T_c$ 时的相变是二级相变,其比热容跳跃量为

$$\Delta c = v\mu_0 T_c\left[\frac{\mathrm{d}H_c(T)}{\mathrm{d}T}\right]^2 \tag{2.1.20}$$

这个公式叫 Rutgers 公式,它预示出在转变温度下超导体比热容的不连续值。

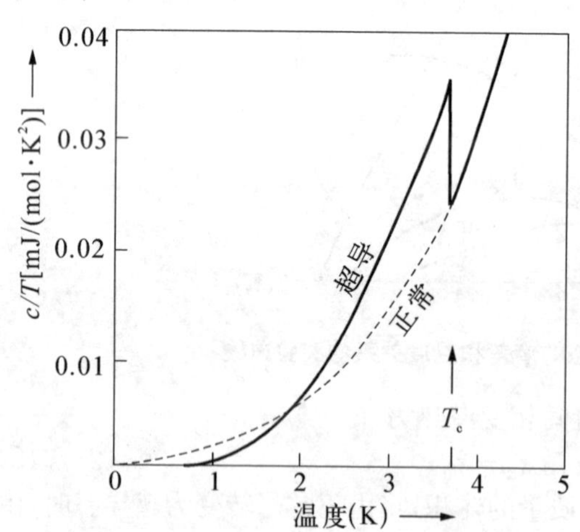

图 2.4 Sn 在正常态和超导态下的比热容

当 $T<T_c$ 时,正常态的比热容是在磁场中使 Sn 为正常态而测出的

图 2.4 给出 Sn 的正常态和超导态的比热容。在 T_c 处超导态比热容有一个跃变值。$T<T_c$ 下正常态的比热容是在磁场中使 Sn 为正常态而测出的。

表 2.1 给出三个元素的直接测量值和由 T_c 及 $\left(\dfrac{\mathrm{d}H_c(T)}{\mathrm{d}T}\right)_{T_c}$ 的数值

计算出的值，可见两者符合得很好。

表 2.1　Rutgers 公式的计算和实验值

元　素	Δc(测量值)[mJ/(mol·K)]	Δc(计算值)[mJ/(mol·K)]
In	9.75	9.62
Sn	10.6	10.56
Ta	41.5	41.6

再看(2.1.19)式，在 $T\lesssim T_c$ 时，$\Delta c=c_s-c_n>0$，在更低的某一温度时，s_n-s_s 达到极大值(图 2.3)，Δc 应变符号。假定 $H_c(T)$ 是实验上测出的准确的抛物线 $H_c(T)=H_c(0)\left[1-\left(\frac{T}{T_c}\right)^2\right]$，用(2.1.19)式很容易算出在 $T=T_c/\sqrt{3}$ 时，s_n-s_s 达到极值，Δc 变符号。图 2.5 给出了 s_n-s_s 和 Δc 与温度的理论关系。表 2.2 列出了对 Sn 样品由直接热测量和从 $H_c(T)$ 的曲线测量而得到的 Δc 值的比较。Sn 的 $T_c=3.72$ K，$T_c/\sqrt{3}$ 应为 2.15 K，从表 2.2 看到，由于这些测量是 20 世纪 30 年代进行的，在当时的测量精度下得到的这些结果的确在 2.15 K 左右变号是令人满意的。

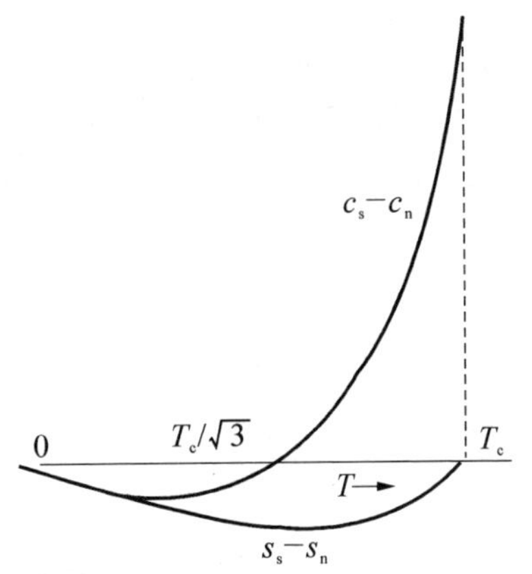

图 2.5　熵差与比热容差随温度的变化($T=T_c/\sqrt{3}$ 处在相应于 s_s-s_n 的极值)

表 2.2　对(2.1.19)式的验证

T(K)	Δc(热测量)①[cal/(mol·K)]	Δc(磁测量)②[cal/(mol·K)]
1.1	-0.35×10^{-3}	-0.33×10^{-3}
1.5	-0.25×10^{-3}	-0.22×10^{-3}
2.0	-0.04×10^{-3}	$+0.05\times10^{-3}$
2.5	$+0.60\times10^{-3}$	$+0.60\times10^{-3}$
3.0	$+0.18\times10^{-3}$	$+1.17\times10^{-3}$
3.3	$+1.51\times10^{-3}$	$+1.58\times10^{-3}$

① W. H. Keesom and P. H. Vanlaer, *Physica*, **5**(1938), 193.

② J. G. Daunt and K. Mendelssohn, *Proc. Roy. Soc.*, A **160**(1937), 127.

2.1.5 晶格比热容和电子比热容

超导体的比热容像正常金属一样由两个部分组成：晶格的贡献 c_g 和电子的贡献 c_e。对于正常金属在低温下

$$\frac{c_n}{v}=\frac{c_{en}}{v}+\frac{c_{gn}}{v}=\gamma T+A\left(\frac{T}{\Theta}\right)^3 \tag{2.1.21}$$

γ 是 Sommerfeld 常数，它正比于在 Fermi 面上的电子态密度，Θ 是 Debye 温度，A 为常数，$A=464\ \mathrm{cal/(mol\cdot K)}$。

从实验上 c_n 的两部分贡献可以作 c_n/T 与 T^2 关系图分开。图 2.6 给出正常态和超导态的 Sn 的比热容的测量结果，在 T_c 处比热容有一个跳跃，$c_s \sim T$ 曲线是在零场中测得的；$c_n \sim T$ 曲线是在 $H_a \geqslant H_c(T)$ 的磁场中测得的。由正常态比热容曲线可定出 γ 和 Θ，直线的斜率是 A/Θ，截距是 γ。

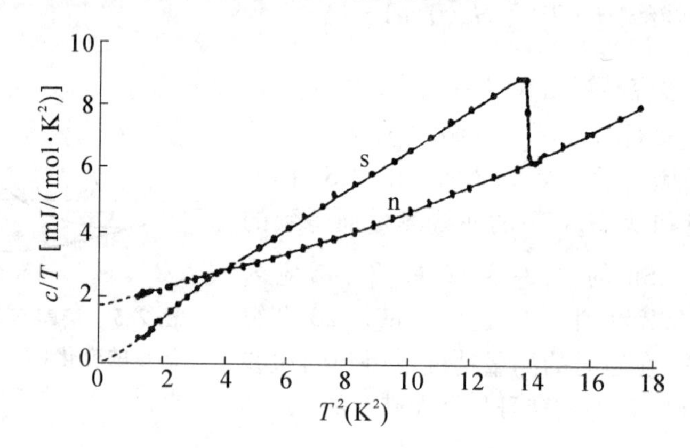

图 2.6 对于 Sn，$c_s(H_a=0)$ 和 $c_n(H_a \geqslant H_c)$ 在不同温度下的测量值

Keesom 和 Onnes① 观察了超导相变前后 Pb 的 X 射线图像，没有发现有什么不同，Wilkinson② 测量了 Pb 和 Nb 对中子的散射指出相变前后晶格点阵没有变化等等，都说明了正常-超导转变只涉及电子气体状态的改变，与晶格无关，因此，从正常态转变到超导态，晶格部分的比热容并无变化，于是有

$$\frac{c_{gs}}{v}=\frac{c_{gn}}{v}=A\left(\frac{T}{\Theta}\right)^3 \tag{2.1.22}$$

① W.H. Keesom and H.K. Onnes, *Leiden Comm.*, (1924), 1746.

② M.K. Wilkinson, et al., *Phys. Rev.*, **97**(1955), 889.

然而实验上测量到的在超导态的比热容包括了电子和晶格两部分。只从 c_s 中无法分出这两部分,但由实验上测量到的超导相和正常相比热容之差为

$$c_s - c_n = c_{es} - c_{en} \tag{2.1.23}$$

由于 $c_{en}/v = \gamma T$,所以由实验上测得的 $c_s - c_n$ 就可得到超导电子比热容 c_{es}与温度关系为

$$\frac{c_{es}}{v} = BT^3 \tag{2.1.24}$$

现在我们再来分析图2.6。超导态和正常态比热容的测量结果表明,在 T 略低于 T_c 时,超导态比热容大于正常态比热容。由 $c = vT(\partial s/\partial T)$可知,当超导态金属在这一温度被冷却时,其传导电子的熵比在这同一温度区正常态的熵更迅速地减少。因此,在冷却超导体时,除正常金属被冷却时通常出现的传导电子熵减小之外,在小于 T_c 温度下,必然开始形成某种额外形式的电子有序,这种额外的电子有序随温度下降而增加,从而对 ds/dT 做出额外的贡献,并增加比热容。由二流体模型我们知道,在 $T<T_c$ 时,$n = n_n + n_s$,n_s 是有序的超导电子,因此,如果使超导体的温度增加 ΔT,首先要给 n_s 以热量破坏 n_s'个有序的超导电子,使之变成 n_n' 个正常电子($n_s' = n_n' < n_s$),然后 $n_n + n_n'$,正常电子再获得热量作无规则热运动以升高体系的温度。

由于 c_{es}是 T 的三次方规律,而 c_{en}是 T 的一次方规律,所以在 $T \leqslant T_c$ 时,c_{es}降为很小值,甚至比正常的 c_{en}还小。

随着实验精度的提高,对超导电子比热容的测量有了更精确的结果,例如1956年Corak等对V测到的实验结果为

$$\frac{c_{es}}{\gamma T_c} = 9.17\exp(-1.50T_c/T) \tag{2.1.25}$$

这个结果将给超导理论研究以新的信息,这个问题我们将在第12章中仔细讨论。

2.2 超导相变的力学效应

迄今,我们已经研究的超导相变热力学是把压力和体积作为常数的,然而实际上临界磁场与压力和体积都稍微有关,现在我们来推导这些关系的热力学结果。

因为体积是可以改变的，所以把超导态体积记为 $V_s(H_a)$，正常态体积记作 V_n。故对于一个轴向平行于磁场的细长棒，我们有

$$G_s(H_a) = G_s + \frac{\mu_0 H_a^2}{2} V_s(H_a) \tag{2.2.1}$$

而由基本方程给出

$$G_n = G_s + \frac{\mu_0 H_c^2}{2} V_s(H_c) \tag{2.2.2}$$

因为 $\left(\frac{\partial G}{\partial p}\right)_T = V$，我们得到

$$\frac{\partial G_n}{\partial p} - \frac{\partial G_s}{\partial p} = \mu_0 H_c V_s(H_c) \frac{\partial H_c}{\partial p} + \frac{\mu_0 H_c^2}{2} \frac{\partial}{\partial p} V_s(H_c)$$

即

$$V_n - V_s(0) = V_s(H_c) \mu_0 H_c \left(\frac{\partial H_c}{\partial P}\right)_T + \frac{\mu_0 H_c^2}{2} \left(\frac{\partial V_s(H_c)}{\partial p}\right) \tag{2.2.3}$$

将(2.2.1)式对 p 偏微商得

$$\frac{\partial}{\partial p} G_s(H_a) = \frac{\partial}{\partial p} G_s + \frac{\mu_0 H_a^2}{2} \frac{\partial}{\partial p} V_s(H_a)$$

因为 H_a 是外磁场，它不随 p 变。在 $H_a = H_c$ 时得

$$V_s(H_c) = \frac{\partial}{\partial p} G_s + \frac{\mu_0 H_c^2}{2} \frac{\partial}{\partial p} V_s(H_c) \tag{2.2.4}$$

由(2.2.4)式我们看到 $+\frac{\mu_0 H_c^2}{2} \frac{\partial}{\partial p} V_s(H_c)$ 项只不过表示了超导体的磁致伸缩，也就是纯粹在超导体中由于外加磁场的压力而出现的尺寸的改变。这一项正是(2.2.3)式中的第二项，它与第一项相比是可以忽略的，因此

$$V_n - V_s = V_s \mu_0 H_c \left(\frac{\partial H_c}{\partial p}\right)_T \tag{2.2.5}$$

由

$$\left(\frac{\partial H_c}{\partial p}\right)_T \left(\frac{\partial p}{\partial T}\right)_{H_c} \left(\frac{\partial T}{\partial H_c}\right)_p = -1$$

所以

$$\left(\frac{\partial H_c}{\partial p}\right)_T = -\left(\frac{\partial H_c}{\partial T}\right)_p \left(\frac{\partial T}{\partial p}\right)_{H_c} \tag{2.2.6}$$

再注意到 $-V_s\mu_0 TH_c\left(\frac{\partial H_c}{\partial T}\right)_p$ 是潜热 L，那么(2.2.5)式恰好简化为 Clausius-Clapeyron 方程

$$\left(\frac{\partial p}{\partial T}\right)_{H_c}=\frac{L}{(V_n-V_s)T} \tag{2.2.7}$$

这里$\left(\frac{\partial p}{\partial T}\right)_{H_c}$意味着要求保持恒定不变的外加磁场恰好是临界磁场时，压力随温度的变化率。

假如我们将(2.2.5)式分别对 p 和 T 微分，则可得到在正常相和超导相中热膨胀系数和压缩系数的表达式，如果不考虑二次项，我们有

$$\frac{1}{V}\left(\frac{\partial V_n}{\partial T}-\frac{\partial V_s}{\partial T}\right)=\mu_0\frac{\partial H_c}{\partial T}\frac{\partial H_c}{\partial p}+\mu_0 H_c\frac{\partial^2 H_c}{\partial p\partial T} \tag{2.2.8}$$

$$\frac{1}{V}\left(\frac{\partial V_n}{\partial p}-\frac{\partial V_s}{\partial p}\right)=\mu_0\left(\frac{\partial H_c}{\partial p}\right)^2+\mu_0 H_c\frac{\partial^2 H_c}{\partial p^2} \tag{2.2.9}$$

因为压力对 H_c 的二次微分数据很少，又因为我们只关心数量级的大小，所以我们仅考虑 $H_c=0$ 的(2.2.8)式和(2.2.9)式的特殊形式。用体热膨胀系数 α 和体弹性模量 κ 重写(2.2.8)式和(2.2.9)式，这里

$$\alpha=\left(\frac{1}{V}\right)\left(\frac{\partial V}{\partial T}\right),\quad \kappa=-V\frac{\partial p}{\partial V}$$

那么，对 $H_c=0$，我们得到

$$\Delta\alpha=\mu_0\frac{\partial H_c}{\partial p}\frac{\partial H_c}{\partial T} \tag{2.2.10}$$

$$\Delta\kappa=\mu_0\kappa^2\left(\frac{\partial H_c}{\partial p}\right)^2 \tag{2.2.11}$$

再用

$$\left(\frac{\partial T}{\partial p}\right)_{H_c}\left(\frac{\partial H_c}{\partial T}\right)_p=-\left(\frac{\partial H_c}{\partial p}\right)_T$$

所以

$$\left(\frac{\partial T}{\partial p}\right)_{H_c}=\frac{\left(\frac{\partial H_c}{\partial p}\right)_T}{\left(\frac{\partial H_c}{\partial T}\right)_p}=T_c V\frac{\mu_0\left(\frac{\partial H_c}{\partial T}\right)_p\left(\frac{\partial H_c}{\partial p}\right)_T}{\mu_0 VT_c\left(\frac{\partial H_c}{\partial T}\right)_p^2}$$

将 $\Delta c=\mu_0 VT_c\left(\frac{\partial H_c}{\partial T}\right)^2_{T=T_c}$ 和(2.2.10)式代入上式则得

$$\left(\frac{\partial T_c}{\partial p}\right)=VT_c\frac{\alpha_n-\alpha_s}{c_n-c_s} \tag{2.2.12a}$$

同理,由 $\left(\frac{\partial H_c}{\partial p}\right)_{T_c}=-\left(\frac{\partial H_c}{\partial T}\right)_p\left(\frac{\partial T}{\partial p}\right)_{H_c}$ 得

$$\left(\frac{\partial T_c}{\partial p}\right)_{H_c}=-\frac{\left(\frac{\partial H_c}{\partial p}\right)_{T_c}}{\left(\frac{\partial H_c}{\partial T_c}\right)_p}=\frac{\mu_0\kappa^2\left(\frac{\partial H_c}{\partial p}\right)^2_{T_c}}{\mu_0\kappa^2\left(\frac{\partial H_c}{\partial T_c}\right)_p\left(\frac{\partial H_c}{\partial p}\right)_{T_c}}$$

由(2.2.10)式和(2.2.11)式得

$$\frac{\partial T_c}{\partial p}=\frac{\kappa_n-\kappa_s}{\kappa^2(\alpha_n-\alpha_s)} \tag{2.2.12b}$$

所以

$$\frac{\mathrm{d}T_c}{\mathrm{d}p}=VT_c\frac{\alpha_n-\alpha_s}{c_n-c_s}=\frac{\kappa_n-\kappa_s}{\kappa^2(\alpha_n-\alpha_s)} \tag{2.2.13}$$

这就是著名的二级相变 Ehrenfest 公式。

实验上得到,对于 Sn 压力在 1.75×10^4 N/cm^2(约 1 780 大气压)下,T_c 降低 0.1 K,H_c 大约减小 1.4×10^{-3} T,因此 $\partial H_c/\partial p\sim-10^{-7}$ T·cm^2/N。$\partial T_c/\partial p\sim-5\times10^{-6}$ K·cm^2/N。类似的结果也在其他超导金属上测到。把这些数据代入(2.2.5)式中,我们得到在较低温度下 $(V_n-V_s)/V_s\sim10^{-7}$。

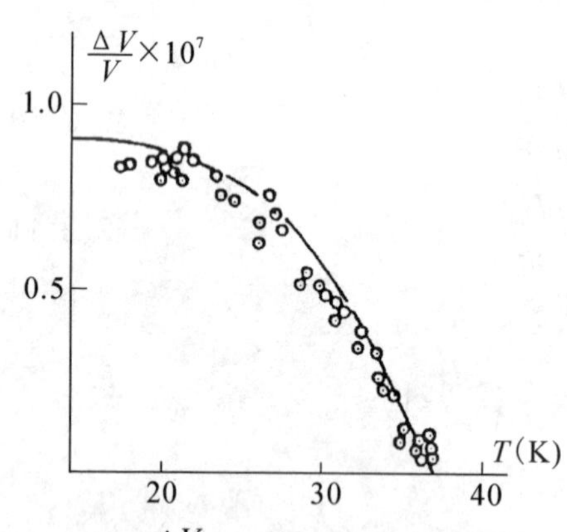

图 2.7 $\frac{\Delta V}{V}\sim T$ 的计算值与实验比较

实验表明①,一般情况 H_c 随 p 升高而下降,即 $\left(\frac{\partial H_c}{\partial p}\right)_T<0$,所以 $\Delta V<0$。即由超导转变到正常时体积增大,这也正是一级相变的特征,在 $T=T_c$ 时,$H_c=0$ 得到 $\Delta V=0$,这正是二级相变的特征。图 2.7 给出了理论和实验的比较。理论曲线

① B.G. Lasarew and A.T. Sudovstov, *Doklady Akad. Nauk.*, U.S.S.R., **69**(1949), 345.

是由(2.2.5)式算出的,理论与实验能较好地符合。

假如我们把 $\partial H_c/\partial p \sim 10^{-7}$,$\partial H_c/\partial T \sim 1.4\times10^{-2}$,$\kappa \sim 10^{-17}$代入到(2.2.10)式和(2.2.11)式中,则得到

$$\alpha_n - \alpha_s \sim 10^{-7}, \quad \frac{(\kappa_n - \kappa_s)}{\kappa} \sim 10^{-5}$$

$\Delta\alpha$,$\Delta\kappa$ 都太小,不易观察到。

2.3 热 导

因为存在着不同的热导机制,所以导热性和温度之间的关系是复杂的。这些热导机制和具体的金属以及它的纯度和温度有关,因此不能用一个“理想”的模型来描述这些复杂的热导现象。图 2.8~图 2.11 分别给出 Sn,Hg,Pb 和 Pb + 10% Bi 金属的热导与温度的关系。

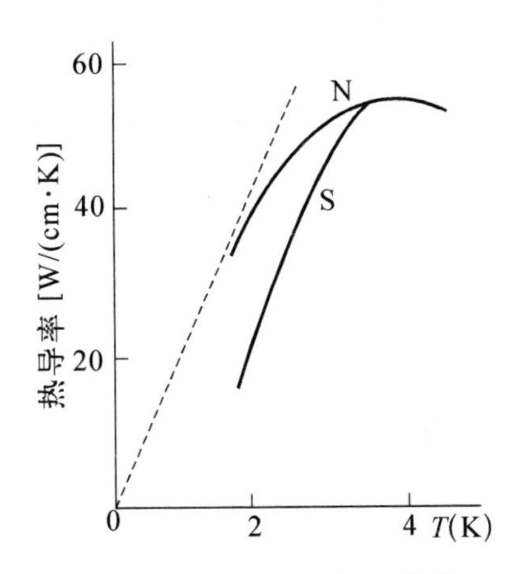

图 2.8 Sn 的热导与温度关系①(虚线是 L_0T/ρ_0)

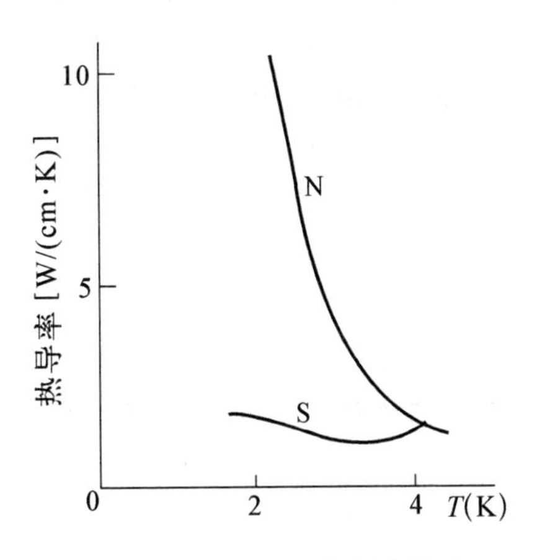

图 2.9 Hg 的热导与温度关系

① J.K. Hulm, *Proc. Roy. Soc. A*, **204**(1950), 98.

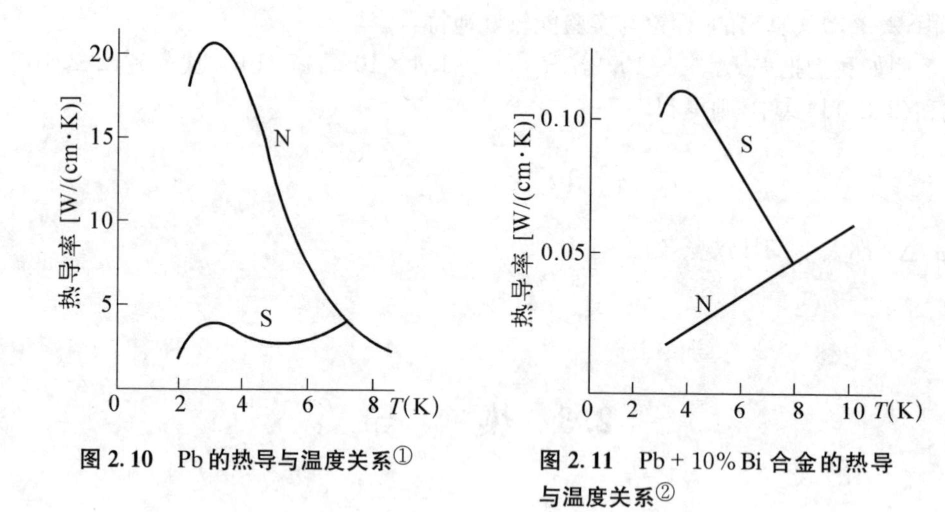

图 2.10　Pb 的热导与温度关系①

图 2.11　Pb + 10% Bi 合金的热导与温度关系②

这些不同的金属或合金的热导随温度关系的一个重要特点是在临界温度处没有热导跃变。

2.3.1　热导机制

为了解释这些非常不同的实验曲线，我们首先回顾一下热导机制。热导 κ 一般可分为两部分：电子热导 κ_e 和晶格热导 κ_g。

在通常温度下，$\kappa_e \gg \kappa_g$，所以电子热导掩盖了晶格热导；而在较低温度下，对于纯金属由于电子热导 κ_e 大于晶格热导 κ_g，因此仅考虑电子热导。

而对合金则不同，它的热导主要来自晶格。

2.3.2　低温下正常金属的热导

电子输运过程中受到两种散射机制的作用，一是晶格热振动的散射，一是缺陷、杂质的散射，所以电子的热阻 $1/\kappa_e$ 可以写成两部分

$$\frac{1}{\kappa_e} = \frac{1}{\kappa_{eg}} + \frac{1}{\kappa_{ei}} = \alpha T^2 + \frac{\beta}{T} \tag{2.3.1}$$

$1/\kappa_{eg}$ 相应于晶格振动散射的过程（αT^2），$1/\kappa_{ei}$ 是被杂质或缺陷散射的过程（β/T），β 直接与剩余电阻率 ρ_0 有关，α 由一个复杂的过程给出，但我们并不需要这

① W. J. de Haas and A. Rademakers, *Physica*, **7**(1940), 992.

② K. Mendelssohn and Olsen, *Proc. Phys. Soc. A*, **63**(1950a), 2.

些过程，这些过程涉及 Debye 温度和其他参量。

对于 κ_g 也是由两部分给出的：一是晶格波在电子上的散射，另一个是晶格波在其他晶格波上的散射。

图 2.8～图 2.10 曲线的不同是由于纯金属在某温区 αT^2 起主要作用，而在另一温区则是 β/T 起主要作用。显然(2.3.1)式的第一项热阻是由电子受声子的散射引起的，它在较高温度占主要地位，随着温度的降低声子迅速减少，第二项热阻随着第一项的减小越来越起主导地位。杂质、缺陷对电子的散射随着温度降低而增加，但它不是由于杂质、缺陷本身的变化，而是由于温度的变化引起电子平均自由程变化而致。例如随着温度的降低，电子平均自由程变长，因而杂质、缺陷对电子散射的几率增加。显然这两种散射机制中一定存在一个极值温度 T_m。

β 和 ρ_0 由著名的 Lorenz 关系给出

$$\beta=\frac{\rho_0}{L_0},\quad L_0=\frac{\pi^2\kappa^2}{3e^2} \tag{2.3.2}$$

所以

$$\frac{1}{\kappa_e}=\alpha T^2+\frac{\rho_0}{L_0 T}$$

由 $\frac{\partial}{\partial T}\left(\frac{1}{\kappa_e}\right)=0$ 得

$$T_m=\frac{\rho_0}{2\alpha L_0} \tag{2.3.3}$$

由此我们看到，假若某超导体的 $T_c>T_m$，则 κ_e 的极值就出现在 T_c 以下，如图 2.9 和图 2.10 所示；如果 $T_m<T_c$，则 κ_e 的极值就出现在 T_c 以上，如图 2.8 的情况。

对于 In、Sn，$\alpha T^2<\beta/T$，所以图 2.8 中，Sn 的热导是杂质、缺陷起主要作用，它主要反应了 β/T 的关系。

对于 Hg，$\alpha T^2>\beta/T$，则是晶格振动起主要作用，所以图 2.9 中，Hg 主要反应了 αT^2 的规律。

由于 Hg 的 Debye 温度 Θ_{Hg} 远小于 Sn、In 的 Θ_{Sn}、Θ_{In}，而 Pb 取中间值，所以对于 Pb 在实验温区(2～8 K)中，$\alpha T^2\sim\beta/T$，故图 2.10 中在高温区反映了 αT^2 关系，在低温区则是 β/T 起主导地位，在某一温度 $T=T_m$ 时，出现峰值。

对于合金 Pb+10%Bi，它的热导机制与上述三个纯金属不同，合金主要是晶格热导，κ_g 起主导作用。随着温度的降低，被散射的声子单调减少，故图 2.11 给出正常态的热导随温度线性下降。

2.3.3 超导体的热导

超导电子不携带热，因此超导体的热导仍然是正常电子的热导。在超导态情况下，由二流体模型知道，一部分电子变成超导的，随着温度降低，正常态电子减少，故纯金属正常态热导总是大于超导态热导，其热导机制仍然是正常电子的。

对于合金则不同。其热导先升高，这是由于随着温度的降低，正常电子逐步变为超导电子，则声子被电子散射的几率减少，因而热导增加。不过与此同时，可能被散射的声子(即对热导有贡献的声子)和其他产生散射的电子都在减少，所以在降到某一温度后，导热声子的减少将起主导作用，见图 2.11。

2.4 温差电效应

理论和实验都发现，在超导体中不发生温差电效应。例如，如果使两个接头保持在低于它的转变温度的不同温度下，在这两种不同超导体构成的电路中不会形成电流。假如产生一个温差电动势，那么无论这个电动势多么小，电流将会无限地增加，很快达到临界值，实验则完全不是如此。

一个检测温差电效应的灵敏的方法是：由超导 Pb－Sn 组成的回路悬于弱磁场中，当使回路处于不均匀温度时，经过几个小时没有发现系统有任何偏转，证明了温差电动势小于 10^{-15} V/K。

同样的仪器，在 Pb－Sn 组成的回路中感应起一个电流，在实验中发现这个电流是持续电流，这证明了 Paltier 效应等于零。

第 3 章　London 理论

第 1 章中我们宏观地讨论了超导体在磁场中的行为，但这些描述太简单了。首先我们回忆起用 $\mu=1$ 描述抗磁性时，得到超导体的表面存在一个感应的表面电流，这个电流严格地位于表面上，如果是这样，那么在表面层厚度 λ（趋向于 0）内要流过一个有限大小的电流，这样面电流密度 $\boldsymbol{j}=\boldsymbol{i}/\lambda\rightarrow\infty$。显然这是不可能的，电流在超导体中流动必定在载流空间中取特定的分布形式，以保证体系的能量处于最低。其次随之而来的问题是：磁场也不能说完全不能进入到超导体中，而 Meissner 效应又给出超导体内 $\boldsymbol{B}=0$，那么磁场在超导体中是如何分布的呢？磁场进入超导体多少深度后，内部的磁感应强度 $\boldsymbol{B}$ 才为零？这正是本章要研究的问题。

3.1　在超导体中的电磁基本规律

首先要指出，超导体无非是一个不同于常见的电介质、磁介质和导体的特殊电磁媒质，所以电磁场的基本规律 Maxwell 方程组仍然是适用的，Maxwell 方程组是

$$\left.\begin{aligned}&\nabla\cdot\boldsymbol{D}=\rho\\&\nabla\times\boldsymbol{E}=-\frac{\partial}{\partial t}\boldsymbol{B}\\&\nabla\cdot\boldsymbol{B}=0\\&\nabla\times\boldsymbol{H}=\boldsymbol{j}+\frac{\partial}{\partial t}\boldsymbol{D}\end{aligned}\right\}\tag{3.1.1}$$

此外还必须满足电荷守恒定律

$$\frac{\partial}{\partial t}\rho+\nabla\cdot\boldsymbol{j}=0\tag{3.1.2}$$

(3.1.1)式和(3.1.2)式是普遍公式,不同电磁媒介质的性质都反映在四个场量 $\boldsymbol{E}$、$\boldsymbol{D}$、$\boldsymbol{B}$、$\boldsymbol{H}$ 和电荷密度 ρ 以及电流密度 $\boldsymbol{j}$ 之间的关系上。

3.2 零电阻的结果

假如我们把 $\rho=0$ 的导体称为理想导体,则在理想导体中,超流电子运动不受到阻碍。如果理想导体中保持一定的电场 $\boldsymbol{E}$,则由二流体模型知道,正常电子遵从 Ohm 定律

$$\boldsymbol{j}_{\mathrm{n}}=\sigma\boldsymbol{E}, \quad \boldsymbol{j}_{\mathrm{n}}=n_{\mathrm{n}}e\boldsymbol{v}_{\mathrm{n}} \tag{3.2.1}$$

而超流电子则加速运动

$$m\frac{\partial}{\partial t}\boldsymbol{v}_{\mathrm{s}}=e\boldsymbol{E} \tag{3.2.2}$$

式中 $\boldsymbol{v}_{\mathrm{s}}$ 是超流电子速度,$\boldsymbol{v}_{\mathrm{n}}$ 是正常电子速度,m 是电子质量。这里我们假设了从 N 态变到 S 态,电子从正常电子变到超流电子其质量保证不变,e 是电荷,超流电流密度 $\boldsymbol{j}_{\mathrm{s}}$ 就是

$$\boldsymbol{j}_{\mathrm{s}}=n_{\mathrm{s}}e\boldsymbol{v}_{\mathrm{s}}$$

将此方程代入(3.2.2)式中我们得到电场产生一个持续增加的电流,其增加速率为

$$\frac{\partial}{\partial t}\boldsymbol{j}_{\mathrm{s}}=\frac{n_{\mathrm{s}}e^2}{m}\boldsymbol{E} \tag{3.2.3}$$

由 Maxwell 方程,磁场、电场和电流关系为

$$\nabla\times\boldsymbol{E}=-\frac{\partial}{\partial t}\boldsymbol{B} \tag{3.2.4a}$$

$$\nabla\times\boldsymbol{H}=\boldsymbol{j}+\frac{\partial}{\partial t}\boldsymbol{D} \tag{3.2.4b}$$

为了得到理想导体中磁场和电流关系的一些方程式,我们把理想导体看作和其他非铁磁性金属一样,是非磁性的,$\mu=1$。因此金属中的任何磁感应强度一定是由电流引起的,它影响 $\boldsymbol{B}$,并不影响 $\boldsymbol{H}$,因此在理想导体内部,我们可以用下述方程代替(3.2.4b)式

$$\nabla\times\boldsymbol{B}=\mu_0\left(\boldsymbol{j}_{\mathrm{s}}+\frac{\partial}{\partial t}\boldsymbol{D}\right)$$

$\boldsymbol{j}_s$ 是理想导体内的电流密度。此外,如果磁场不随时间迅速地变化,位移电流$\frac{\partial}{\partial t}\boldsymbol{D}$与$\boldsymbol{j}_s$ 相比可以略去不计。因此,在理想导体内部的 Maxwell 方程写成

$$\frac{\partial}{\partial t}\boldsymbol{B} = -\nabla \times \boldsymbol{E} \tag{3.2.5a}$$

$$\nabla \times \boldsymbol{B} = \mu_0 \boldsymbol{j}_s \tag{3.2.5b}$$

将(3.2.3)式代入(3.2.5a)式,得

$$\frac{\partial}{\partial t}\boldsymbol{B} = -\frac{m}{n_s e^2}\frac{\partial}{\partial t}\nabla \times \boldsymbol{j}_s \tag{3.2.6}$$

由(3.2.5b)式和(3.2.6)式消去 $\boldsymbol{j}_s$,得

$$\frac{\partial}{\partial t}\boldsymbol{B} = -\frac{m}{\mu_0 n_s e^2}\nabla \times \nabla \times \frac{\partial}{\partial t}\boldsymbol{B}$$

令 $\alpha = \frac{m}{\mu_0 n_s e^2}$,则

$$\frac{\partial}{\partial t}\boldsymbol{B} = -\alpha\, \nabla \times \nabla \times \frac{\partial}{\partial t}\boldsymbol{B} \tag{3.2.7}$$

因为$\nabla \times \nabla \times \frac{\partial}{\partial t}\boldsymbol{B} = \nabla\left(\nabla \cdot \frac{\partial}{\partial t}\boldsymbol{B}\right) - \nabla^2 \frac{\partial}{\partial t}\boldsymbol{B}$,又根据 Maxwell 方程,$\nabla \cdot \boldsymbol{B} = 0$,所以(3.2.7)式变成

$$\nabla^2 \frac{\partial}{\partial t}\boldsymbol{B} = \frac{1}{\alpha}\frac{\partial}{\partial t}\boldsymbol{B} \tag{3.2.8}$$

这就是在理想导体内由于零电阻的结果,$\boldsymbol{B}$ 必须满足的微分方程。为了了解这一方程的意义,考虑一个平面界面的半无限的理想导体(见图 3.1),平行于这个界面外加磁感应强度 $\boldsymbol{B}_a$,并令垂直于此面的方向为 x 方向,则(3.2.8)式变成

$$\frac{\partial^2}{\partial x^2}\frac{\partial}{\partial t}B = \frac{1}{\alpha}\frac{\partial}{\partial t}B \tag{3.2.9}$$

其解为

$$\frac{\partial}{\partial t}B(x) = \frac{\partial}{\partial t}B_a \exp\left(-\frac{x}{\sqrt{\alpha}}\right) \tag{3.2.10}$$

式中 $B(x)$是在理想导体内部 x 距离处的磁感应强度,这就是说,随着深入到理想导体内部,$\partial B(x)/\partial t$ 呈指数衰减。换句话说,磁感应强度的变化不能穿透到离表面很远的距离,所以在理想导体的内部足

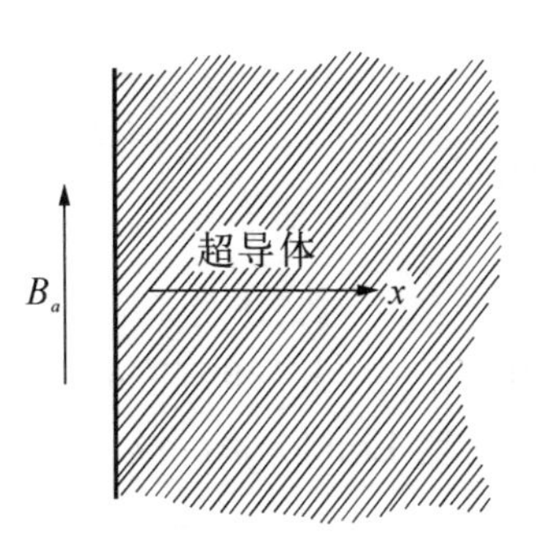

图 3.1 半无限超导体

够深处,磁感应强度的值是一个不随时间变化的常量,这正是 $\rho=0$ 的理想导体的结果。

3.3 London 方程①

上节中零电阻的结果给出的方程显然不能满足超导体,因为 Meissner 效应告诉我们在超导体内部磁感应强度 $\boldsymbol{B}$ 不仅是恒量,而且这一个恒量值永远是零。因此在超导体内,不仅 $\partial \boldsymbol{B}/\partial t$ 迅速消失,而且 $\boldsymbol{B}$ 本身也必然迅速消失。我们知道,$\boldsymbol{B}=0$ 是超导体特有的性质,显然描述这个特性的方程一定是独立于 Maxwell 方程的。F. London 和 H. London 在 1935 年提出一个唯象方程,London 兄弟指出,如果(3.2.8)式不仅适用于 $\partial \boldsymbol{B}/\partial t$,而且适用于 $\boldsymbol{B}$ 本身,只需令

$$\nabla^2 \boldsymbol{B}=\frac{1}{\alpha}\boldsymbol{B} \tag{3.3.1}$$

就可以对超导体的磁性作出合理的描述。假如这是对的,超导体内部的磁感应强度 $\boldsymbol{B}$ 就会像(3.2.10)式所描述的 $\partial \boldsymbol{B}/\partial t$ 的性能那样衰减消失,即

$$B(x)=B_a \exp\left(-\frac{x}{\sqrt{\alpha}}\right) \tag{3.3.2}$$

检验一下我们推导出(3.2.8)式的论证即可表明,假如我们处处用 $\boldsymbol{B}$ 代替 $\partial \boldsymbol{B}/\partial t$,就能推出(3.3.1)式了,如果再追溯这一论证,则(3.2.6)式应改为

$$\boldsymbol{B}=-\frac{m}{n_{\mathrm{s}}e^2}\nabla\times \boldsymbol{j}_{\mathrm{s}} \tag{3.3.3}$$

此方程和

$$\frac{\partial}{\partial t}\boldsymbol{j}_{\mathrm{s}}=\frac{n_{\mathrm{s}}e^2}{m}\boldsymbol{E} \tag{3.3.4}$$

共同组成了超导电流的电动力学,它们就叫做 London 方程。有时人们也把(3.3.4)式称为 London 第一方程,(3.3.3)式称为 London 第二方程。(3.3.4)式描述超导

---

① F. London and H. London, *Proc. Roy. Soc.*, **A155**(1935), 71.

体的零电阻性质，(3.3.3)式则描述了超导体的抗磁性。

要注意：

(a) London 方程是根据超导体的实验结果建立起来的，它只是对普通电磁学方程的限定。由于根据这些定律推导出来的超导电磁行为与实验观察到的一致，所以它是正确的。

(b) 这些方程不是由超导体的基本性质推导而来，所以不能“说明”超导电性的产生。

为了了解 London 方程的意义，考虑一个平面界面半无限超导体(见图 3.2)，则(3.3.1)式变成

$$\frac{\partial^2}{\partial x^2}B(x)=\frac{1}{\alpha}B(x)$$

其中 $B(x)$是超导体内 x 距离处的磁感应强度，此方程的解是

$$B(x)=B_a\exp\left(-\frac{x}{\sqrt{\alpha}}\right) \tag{3.3.5}$$

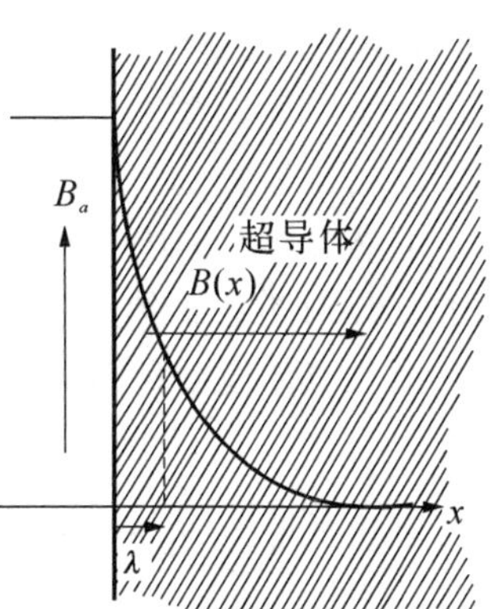

图 3.2　超导体界面处磁感应强度的变化

式中 B_a 为外磁场在表面的磁感应强度，方程(3.3.5)表明超导体内部的磁感应强度成指数地衰减，在 $x=\sqrt{\alpha}$处下降到其表面处值的 $1/e$，令$\sqrt{\alpha}=\lambda_L$这个距离叫 London 穿透深度 λ_L，即

$$\lambda_L=\left(\frac{m}{\mu_0 n_s e^2}\right)^{1/2} \tag{3.3.6}$$

λ_L的大小约为 10^{-6} cm。

现在可以把(3.3.5)式写成

$$B(x)=B_a\exp\left(-\frac{x}{\lambda_L}\right) \tag{3.3.7}$$

由此可见，London 方程预言了超导体表面的磁感应强度迅速地指数衰减。

由 Maxwell 方程$\nabla\times\boldsymbol{B}=\mu_0\boldsymbol{j}$ 知道，有 $\boldsymbol{B}$ 的地方必须有$\boldsymbol{j}$，对一维(图 3.2)情况可简化为

$$\frac{\partial B}{\partial x}=-\mu_0 j_y$$

用(3.3.7)式可得

$$j_y=\frac{B_a}{\mu_0\lambda_L}\exp\left(-\frac{x}{\lambda_L}\right) \tag{3.3.8}$$

因此我们从理论上预测了任何电流都在穿透深度内贴近表面流动。

由二流体模型可知，当 $T \approx T_c$ 时，n_s 很低，在 T_c 时，$n_s = 0$，而 London 方程给出的 λ_L 与 $n_s^{1/2}$ 成反比(见 3.3.6)式，从而预言，当 $T \rightarrow T_c$ 时，$\lambda_L \rightarrow \infty$，这正是实验观测到的结果。

我们现在可以把 London 方程写为

$$\nabla \times \boldsymbol{j}_s = -\frac{1}{\mu_0 \lambda_L^2} \boldsymbol{B} \tag{3.3.9}$$

$$\frac{\partial}{\partial t} \boldsymbol{j}_s = \frac{1}{\mu_0 \lambda_L^2} \boldsymbol{E} \tag{3.3.10}$$

显然 London 方程不能代替 Maxwell 方程，它只是对 Maxwell 方程的补充，然而 Maxwell 方程仍然适用于描述所有电流和电流产生的磁场。

由二流体模型我们知道，在一般情况下

$$\boldsymbol{j} = \boldsymbol{j}_n + \boldsymbol{j}_s$$

正常电流只遵守 Maxwell 方程和 Ohm 定律

$$\boldsymbol{j}_n = \sigma \boldsymbol{E}$$

其中 σ 是与正常电子相关的电导率。现在我们可以把适用于超导体的各方程式集中在一起。

$$\boldsymbol{j} = \boldsymbol{j}_n + \boldsymbol{j}_s \tag{3.3.11}$$

$$\boldsymbol{j}_n = \sigma \boldsymbol{E} \tag{3.3.12}$$

$$\nabla \times \boldsymbol{j}_s = -\frac{1}{\mu_0 \lambda_L^2} \boldsymbol{B} \tag{3.3.13}$$

$$\frac{\partial}{\partial t} \boldsymbol{j}_s = \frac{1}{\mu_0 \lambda_L^2} \boldsymbol{E} \tag{3.3.14}$$

由这些方程大体上可算出各种条件下超导体电流和磁场的分布。在稳态下，即当磁场和电流不随时间变化时，唯一的电流就是超流电流，即 $\boldsymbol{j}_n = 0$，这时我们只需用 London 方程(3.3.13)和 Maxwell 方程(3.2.5b)，即可导出

$$\nabla^2 \boldsymbol{B} = \frac{1}{\lambda_L^2} \boldsymbol{B} \tag{3.3.15}$$

应当指出，用来描述超导体内部磁感应强度分布的(3.3.15)式，本来只是基于对超导体的已知性质进行的推测，所以不能指望由此推导而来的 London 方程十分精确。

3.4　London方程的应用

原则上我们可以用(3.3.15)式求出任一超导体内部磁感应强度的分布，其方法是用由该物体的形状所决定的边界条件和外加磁场的形式来解此方程。

3.4.1　有限厚度的无限大超导板

设板的厚度为$2d$，x轴垂直于表面，原点位于板的中间，沿平行于板面的方向(y方向)加一个外磁场H_a，因为外磁场是均匀的，所以

$$\frac{\partial B}{\partial y}=\frac{\partial B}{\partial z}=0$$

这样，(3.3.15)式可写为

$$\frac{\mathrm{d}^2}{\mathrm{d}x^2}B(x)=\frac{1}{\lambda_{\mathrm{L}}^2}B(x)\tag{3.4.1}$$

此方程的通解为

$$B(x)=B_1\mathrm{e}^{x/\lambda_{\mathrm{L}}}+B_2\mathrm{e}^{-x/\lambda_{\mathrm{L}}}\tag{3.4.2}$$

根据对称性要求

$$B(x)=B(-x)$$

因此

$$B_1=B_2$$

而当$x=\pm d$时，$B(\pm d)=B_a=\mu_0 H_a$，所以(3.4.2)式变成

$$B(x)=\begin{cases}\dfrac{B_a}{\mathrm{ch}\left(\dfrac{d}{\lambda_{\mathrm{L}}}\right)}\mathrm{ch}\left(\dfrac{x}{\lambda_{\mathrm{L}}}\right), & -d\leqslant x\leqslant d\\ B_a, & x<-d\ \text{或}\ x>d\end{cases}\tag{3.4.3}$$

图3.3(a)给出了磁场在超导薄板内外的分布情况。

由(3.3.12)式我们注意到

$$\boldsymbol{j}_{\mathrm{n}}=\sigma\boldsymbol{E}=0$$

而(3.3.11)式中的$\boldsymbol{j}=\boldsymbol{j}_{\mathrm{s}}=(0,0,j_{\mathrm{s}})$，再由(3.3.13)式给出

$$j_s=\begin{cases}-\dfrac{B_a\operatorname{sh}\left(\dfrac{x}{\lambda_L}\right)}{\mu_0\lambda_L\operatorname{ch}\left(\dfrac{d}{\lambda_L}\right)}, & -d\leqslant x\leqslant d\\ 0, & x<-d\text{ 或 }x>d\end{cases}\tag{3.4.4}$$

图3.3(b)给出了电流在超导薄板中的分布。

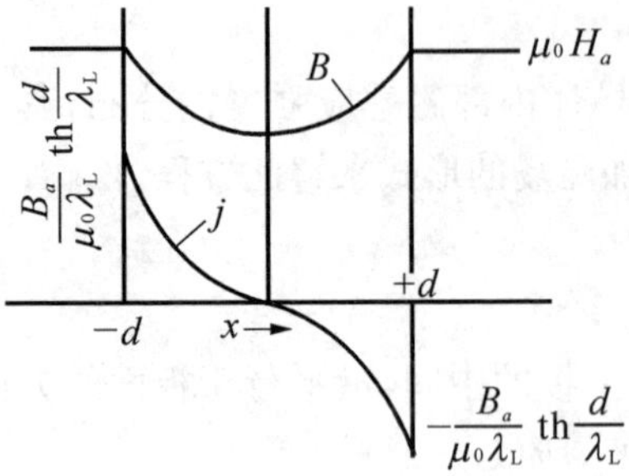

图3.3　超导薄板中磁场和电流的分布

事实上,只有在表面附近λ_L薄层中才存在磁场和电流,深入到内部时,磁场和电流实际上都不存在。从表面层中电流的方向可见,正是它使超导体内部受到屏蔽而不存在磁场。

由无限平板和这个超导薄板的例子我们可以看到London方程确实也反映了抗磁性。然而,它比前一章的描述更为深化,在超导体内并不是绝对地到处都没有磁场,而是磁场只能深入到表面约为λ_L的穿透层;屏蔽电流也不是绝对的表面电流,而是分布在表面层下λ_L层内,如取$n_s\sim10^{23}/\text{cm}^3$(金属中自由电子密度),则0 K时$\lambda_L(0)\sim1.7\times10^{-6}\text{ cm}=170\text{ Å}$,它是很小的,对大块样品来说这个表面穿透深度显然不重要。

3.4.2　在磁场中的超导球

现在我们用London方程来研究超导球内的磁场分布,将半径为R的超导球放置于外磁场$\boldsymbol{H}_a$之中。显然,在远离球时,磁场是均匀的,并且等于外加磁场$\boldsymbol{H}_a$。而在超导球的周围,超导球中的感应电流的磁场将破坏这个均匀磁场。

在球外,我们有磁态方程

$$r\geqslant R,\qquad \nabla\cdot\boldsymbol{B}=0$$

$$\nabla\times\boldsymbol{H}=\nabla\times\boldsymbol{B}=0$$

由对称性给出球外部的磁场是由恒定场H_a和偶极子(由感应电流产生的)的磁场叠加而致,这两个磁场都是平行于极轴的。在球坐标r、θ、φ中,可表示为

$$B_r=\left(B_a+\frac{1}{4\pi}\frac{2M}{r^3}\right)\cos\theta\tag{3.4.5a}$$

$$B_\theta=\left(-B_a+\frac{1}{4\pi}\frac{2M}{r^3}\right)\sin\theta,\quad r\geqslant R\tag{3.4.5b}$$

$$B_\varphi=0\tag{3.4.5c}$$

这里的 M 是感应的球的磁矩，它将被边界条件确定。

在球内 $r \leqslant R$，由电流的 London 方程

$$\nabla^2 \boldsymbol{j} = \frac{1}{\lambda_{\mathrm{L}}^2} \boldsymbol{j} \tag{3.4.6}$$

考虑到系统的对称性，我们可以预料电流只能平行于赤道，$j_\theta = 0$，$j_r = 0$，j_φ 的形式为

$$j_\varphi = f(r) \sin\theta \tag{3.4.7}$$

将(3.4.7)式代入到(3.4.6)式中得

$$f'' + \frac{2}{r} f' - \left(\frac{2}{r^2} + \frac{1}{\lambda_{\mathrm{L}}^2}\right) f = 0 \tag{3.4.8}$$

这个方程组的通解为

$$f = \frac{A}{r^2}\left(\operatorname{sh}\frac{r}{\lambda_{\mathrm{L}}} - \frac{r}{\lambda_{\mathrm{L}}}\operatorname{ch}\frac{r}{\lambda_{\mathrm{L}}}\right) + \frac{B}{r^2}\left(\operatorname{ch}\frac{r}{\lambda_{\mathrm{L}}} - \frac{r}{\lambda_{\mathrm{L}}}\operatorname{sh}\frac{r}{\lambda_{\mathrm{L}}}\right)$$

这里的 A、B 是积分常数，当 $r \to 0$ 时，B 的函数部分趋向 ∞，所以 $B = 0$，则

$$j_\varphi = \frac{A}{r^2}\left(\operatorname{sh}\frac{r}{\lambda_{\mathrm{L}}} - \frac{r}{\lambda_{\mathrm{L}}}\operatorname{ch}\frac{r}{\lambda_{\mathrm{L}}}\right)\sin\theta \tag{3.4.9}$$

再由(3.3.13)式，$\nabla \times \boldsymbol{j}_{\mathrm{s}} = -\dfrac{1}{\mu_0 \lambda_{\mathrm{L}}^2}\boldsymbol{B}$ 得

$$\begin{aligned} B_r &= -\mu_0 \lambda_{\mathrm{L}}^2 \frac{1}{r\sin\theta}\frac{\partial}{\partial\theta}(\sin\theta\, j_\varphi) \\ &= -\frac{2\mu_0 A \lambda_{\mathrm{L}}^2}{r^3}\left[\operatorname{sh}\left(\frac{r}{\lambda_{\mathrm{L}}}\right) - \frac{r}{\lambda_{\mathrm{L}}}\operatorname{ch}\left(\frac{r}{\lambda_{\mathrm{L}}}\right)\right]\cos\theta \end{aligned} \tag{3.4.10a}$$

$$\begin{aligned} B_\theta &= -\lambda_{\mathrm{L}}^2 \frac{\mu_0}{r}\frac{\partial}{\partial r}(r j_\varphi) \\ &= -\frac{\mu_0 A \lambda_{\mathrm{L}}^2}{r^3}\left[\left(1 + \frac{r^2}{\lambda_{\mathrm{L}}^2}\right)\operatorname{sh}\left(\frac{r}{\lambda_{\mathrm{L}}}\right) - \frac{r}{\lambda_{\mathrm{L}}}\operatorname{ch}\left(\frac{r}{\lambda_{\mathrm{L}}}\right)\right]\sin\theta \end{aligned} \tag{3.4.10b}$$

$$B_\varphi = 0 \tag{3.4.10c}$$

边界条件要求 B_r 和 B_θ 在 $r = R$ 处连续，所以两个边界条件正好确定两个常数 A 和 M。

$$\mu_0 A = \frac{3}{2} B_a \frac{R}{\operatorname{sh}\left(\dfrac{r}{\lambda_{\mathrm{L}}}\right)} \tag{3.4.11a}$$

$$M = -2\pi B_a R^3 \left(1 - \frac{3\lambda_{\mathrm{L}}}{R}\coth\frac{R}{\lambda_{\mathrm{L}}} + \frac{3\lambda_{\mathrm{L}}^2}{R^2}\right) \tag{3.4.11b}$$

图 3.4 给出了赤道面内磁场 B_θ 与 r 的函数关系，我们看到磁场仅仅穿透到球

表面很小的薄层中，当深度大于 λ_L，磁场实际上为零。

对于大球，也就是对 $R \gg \lambda_L$，我们得到磁矩近似为

$$M = -2\pi B_a R^3 \left(1 - \frac{3\lambda_L}{R} + \frac{3\lambda_L^2}{R^2} + \cdots\right)$$
$$\approx -2\pi B_a (R - \lambda_L)^3 \tag{3.4.12}$$

因此，感应的磁矩恰好等于半径为 $R - \lambda_L$ 的完全抗磁球的磁矩。

另一方面，对于很小的球（$R \ll \lambda_L$），我们按 R/λ_L 展开(3.4.11b)式，得

$$M = -2\pi B_a R^3 \left(\frac{R^2}{15\lambda_L^2} - \frac{2}{315}\frac{R^4}{\lambda_L^4} + \cdots\right) \tag{3.4.13}$$

由此可见，对于半径 $R \ll \lambda_L$ 的球，抗磁性变得很小。见图 3.5。

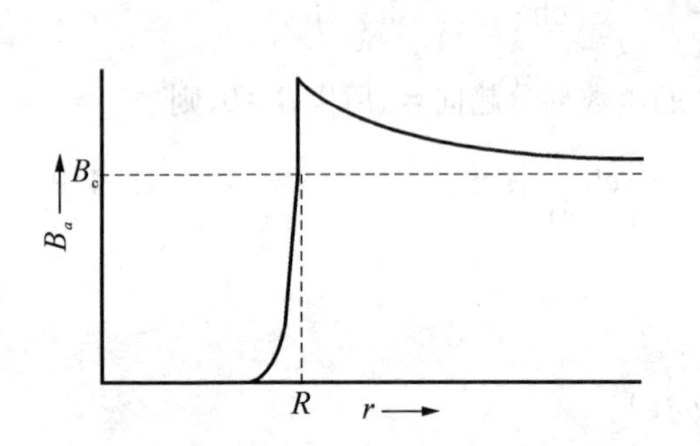

图 3.4　在半径为 R 的超导球的赤道横截面中的磁场

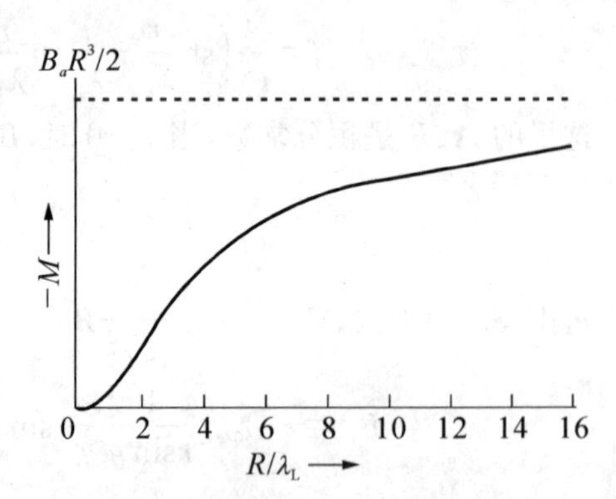

图 3.5　超导球的感应磁矩 M 与它的半径 R 和穿透深度 λ_L 的关系

3.5　穿透深度的测量

从 London 理论得出的薄膜和球的例子中我们看到磁场对超导体有一个穿透深度 λ_L。很自然，我们会想到如何从实验上测量这个 λ_L 以证明 London 理论预测的正确性。由于 $\lambda_L^2 = \dfrac{m}{\mu_0 n_s e^2}$，取 $n_s \approx 10^{23}/\mathrm{cm}^3$，$\lambda_L$ 只是千埃以内的数量级，显然要测量它是困难的，但是由 3.4 节我们得到，如果样品的尺寸很小，磁场几乎穿透样品内部，λ_L 在样品中将起很大或决定性作用，正是利用这个性质可以在实验上测量它。

3.5.1 颗粒的磁化率

Shoenberg①(1940)测量了很细小的 Hg 颗粒的性质，他确定了磁化率随温度的变化，这个测量的困难在于很难做出和测出每一个样品的尺寸大小，例如只能制备出 100 Å 到 1 000 Å 尺寸的小球。为了克服这个不同尺寸的困难，Shoenberg 用(3.4.13)式，取它的第一项，也就是

$$M = -\frac{2\pi R^5}{15\lambda_L^2}B_a$$

此时每一个颗粒的磁矩是反比于 λ_L^2 的，对每立方厘米的所有粒子的磁矩求和，即得磁化率为

$$\chi = -\frac{2\pi}{15\lambda_L^2}\sum_i R_i^5, \quad R_i \ll \lambda_L \tag{3.5.1}$$

把这个量与大块的磁化率 χ_∞ 相比，也就是把这些小颗粒集合成几个大滴，每一个滴 $R_i \gg \lambda_L$，滴的磁矩由(3.4.12)式

$$M = -2\pi B_a R_i^3$$

给出，故

$$\chi_\infty = -2\pi\sum_i R_i^3, \quad R_i \gg \lambda_L \tag{3.5.2}$$

因此，假如 $\chi/\chi_\infty \ll 1$，那么满足此问题的近似条件是完全可信的，由(3.5.1)式和(3.5.2)式得

$$\frac{\chi}{\chi_\infty} = \frac{1}{15\lambda_L^2}\frac{\sum R_i^5}{\sum R_i^3} \tag{3.5.3}$$

测量了 χ，就能用这个公式确定 λ_L。

在 Shoenberg 实验中，对于其颗粒，χ/χ_∞ 的值小于 10^{-2}，且它随着接近转变温度减小到零，这意味着定义为

$$\overline{R^2} = \frac{\sum R_i^5}{\sum R_i^3}$$

的平均值是小于 $0.15\lambda_L^2$ 的，很明显它是足够满足问题的近似值的。

图 3.6 给出了 χ/χ_∞ 随温度变化的测量结果，实验结果可以用一个令人很满意的经验关系表示。

---

① D. Shoenberg, *Proc. Roy. Soc.*, **A175**(1940), 49.

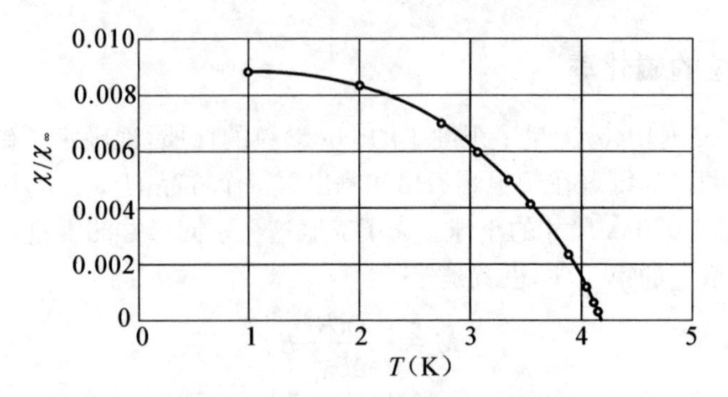

图 3.6 Hg 颗粒的磁化率与温度关系

$$\frac{\chi}{\chi_\infty}=0.009\left[1-\left(\frac{T}{T_c}\right)^4\right]$$

再由(3.5.3)式，得到

$$\lambda_L^2=\frac{7.4\,\overline{R^2}}{\left[1-\left(\frac{T}{T_c}\right)^4\right]} \tag{3.5.4}$$

如果不知道平均值$\overline{R^2}$，那么磁化率的测量只能给出一个相对值的穿透深度，也就是穿透深度比 $\lambda_L(T)/\lambda_L(T_0)$，$\lambda_L(T_0)$是选定某一标准温度 T_0 时 λ_L的值。图 3.7 给出 Hg 和 $YBa_2Cu_3O_{7-\delta}$单晶的 λ 随温度的变化。

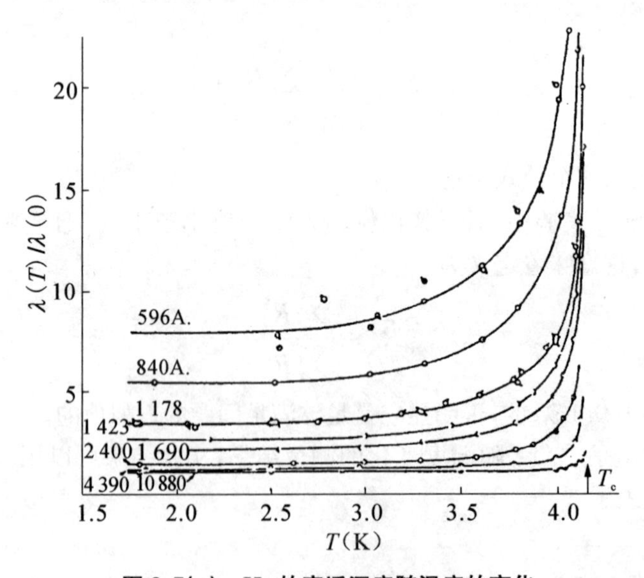

图 3.7(a) Hg 的穿透深度随温度的变化

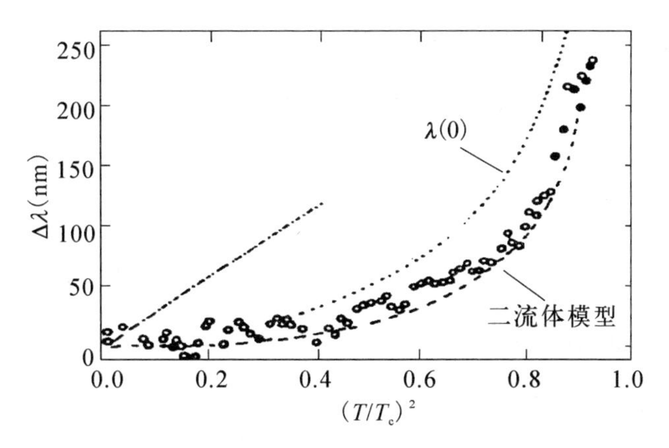

图 3.7(b) 对 $YBa_2Cu_3O_{7-\delta}$ 单晶,用直流磁化强度测量确定的 λ_{ab} 与约化温度 $(T/T_c)^2$ 的关系(其中 $\Delta\lambda=\lambda(T)-\lambda(0)$,虚线代表二流体模型在 $\lambda(0)=140$ nm 下导出的 $\Delta\lambda\sim(T/T_c)^2$;点线是在 $\lambda(0)=90$ nm 下得到的;点虚线则是在某些多晶样品和薄膜样品中观测到的行为)

3.5.2 细长圆柱的磁化率

为了得到 λ_L 的绝对数值,Desirant 和 Shoenberg① 测量了半径为 $a\approx10^{-3}$ cm 的 Hg 圆柱的磁化率,测量是在平行于圆柱轴的磁场中进行的。

对于 $a\gg\lambda_L$ 的圆柱,理论给出每厘米圆柱长的感应磁矩

$$M\approx-\pi\mu_0H_aa^2\left(1-\frac{2\lambda_L}{a}\right)\approx-\pi\mu_0H_a(a-\lambda_L)^2 \tag{3.5.5}$$

这个值与半径为$(a-\lambda_L)$的完全抗磁圆柱的值是相同的,精确地测出 a 和 M 的值后,将给出 λ_L 的绝对值,然而,因为 λ_L/a 很小($\approx10^{-2}$),因此要做到这一点是很困难的,为此用

$$\frac{[M(T)-M(T_0)]}{M(T_0)}=2\frac{[\lambda_L(T)-\lambda_L(T_0)]}{a}$$

得到 $\lambda_L(T)-\lambda_L(T_0)$,再利用前面得到的 $\lambda_L(T)/\lambda_L(T_0)$ 就可以定出 $\lambda_L(T)$ 和 $\lambda_L(T_0)$。

---

① M. Desirant and D. Shoenberg, *Nature*, **159**(1947), 201; *Proc. Phys. Soc.*, **60**(1948), 413.

3.5.3 测中空长圆柱内、外磁场法

一个中空超导薄膜圆柱，设原来没有加磁场，当圆柱进入超导态后加上一个平行于柱轴的磁场 H_a，如果中空超导膜壁的厚度 $d \gg \lambda_L$，则圆柱内部空间受到屏蔽，磁场为零，当膜圆柱的半径 $a \gg \lambda_L$，$d \sim \lambda_L$，则膜内表面场为

$$H_i = H_a \frac{2\lambda_L}{a}\left[\mathrm{sh}\left(\frac{d}{\lambda_L}\right)\right]^{-1}, \quad a \gg \lambda_L \tag{3.5.6}$$

实验上用 rf 电桥测 H_i/H_a，用光学干涉法可测膜厚 d，由(3.5.6)式即可得到 λ_L，用此法，λ_L的精度可达 0.025%①。

3.5.4 微波谐振法②

微波谐振腔的频率取决于腔的尺寸，例如边长为 b 的腔，其谐振振荡的波长 $\lambda_0 = b\sqrt{2}$，当电磁波在腔壁中的透入深度 Δr 改变时，则腔的有效尺寸跟着变化，谐振频率 ν 也变化了 $\Delta\nu$

$$\frac{\Delta\nu}{\nu_0} = \frac{\Delta r}{b}$$

如果谐振腔是正常导体，电磁波透入深度 Δr 就是趋肤深度；如果腔是超导的，当 $T \ll T_c$，由二流体模型知道，可以忽略正常电子与电磁波的作用，Δr 等于穿透深度 λ_L。当温度不很低时，正常电子的作用不能忽略，Δr 近似地为 λ_L，这个效应可用来测量穿透深度，分辨率达 0.2Å(相对精度～0.004%)。

3.5.5 电感法③

把一根长棒状样品放在内径为 a 的长螺线管初级线圈中，其单位长度的匝数为 n，绕上总数为 N 匝的次级线圈，设棒横截面的周界长度是 P，线圈与样品之间的间隙是 d，则电感量 $\mathscr{L}$ 是

$$\mathscr{L} = \mu_0 nN(2\pi ad + P\lambda) \times 10^{-9}\,(\mathrm{H})$$

式中$(2\pi ad + P\lambda)$是有磁力线通过的面积，温度改变时，a、d、P 不变，$\mathscr{L}$ 的变化来自 λ。

---

① E. Erlbach, et al., *IBM Journal*, **4**(1960), 107.

② A.B. Pippard, *LTP*, **11**(1960), 320.

③ A.L. Schawlow, *Phys. Rev.*, **109**(1958), 1856.

3.5.6 对穿透深度测量结果的分析

前面我们介绍了五种测量穿透深度的方法，但方法 1、2、3 都是以肯定 London 理论为前提的，由这些方法测量穿透深度随温度变化的相对关系是可信的，但用于测量 λ 的绝对大小时则不合适。方法 4 和方法 5 不用理论参量，则它测得的 $\lambda(0)$ 是可信的。

表 3.1 给出不同材料穿透深度的测量值与理论值，在计算理论值时，由 $\lambda_L^2 = m/\mu_0 n_s e^2$，$n_s$ 取全部传导电子密度，e 取两倍电子电荷，m 取两倍电子质量（见第 12 章）。

表 3.1　0 K 的穿透深度

元　素	Al	Cd	Hg	In	Pb	Sn	Tl	Nb
$\lambda_{测}$(Å)	500	1 300	380～450	640	390	510	920	440
λ_L(Å)	160	1 100			370	340		390

由上述看到 London 理论确实反映了超导体的电磁性质，说明 London 理论是正确的。但是实验测量结果告诉我们，London 理论却不能解释如下几个穿透深度的现象。

(1) λ 与磁场的关系

Pippard[①] 测量了穿透深度 λ 随磁场的变化，他用的超导材料是 Sn，实验结果在图 3.8 中给出，$\lambda(H_c)$是在临界磁场的 λ 值，$\lambda(0)$是零场值，从 $H_a=0$ 到 $H_a=H_c$，λ 的相对变化不超过 3%。

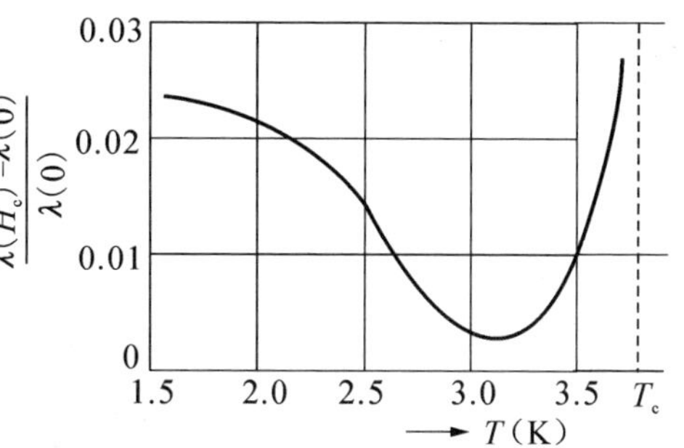

图 3.8　穿透深度随磁场的变化

(2) λ 与超导体纯度的关系

Pippard[②] 还研究了 λ 与纯度的关系，在纯 Sn 中掺入少量(0～3%)的 In 杂质，$\lambda(0)$有显著增加，图 3.9 是 Pippard 的实验结果。

---

① A. B. Pippard, *Proc. Roy. Soc.*, **A203**(1950), 210.

② A. B. Pippard, *Proc. Roy. Soc.*, **A216**(1953), 547.

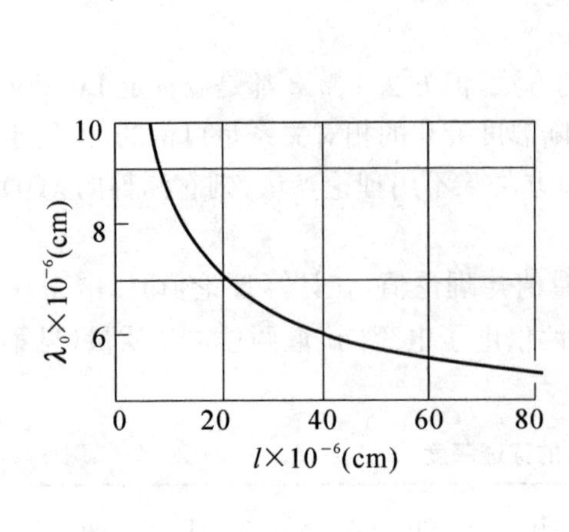

图 3.9　穿透深度与电子平均自由程的关系

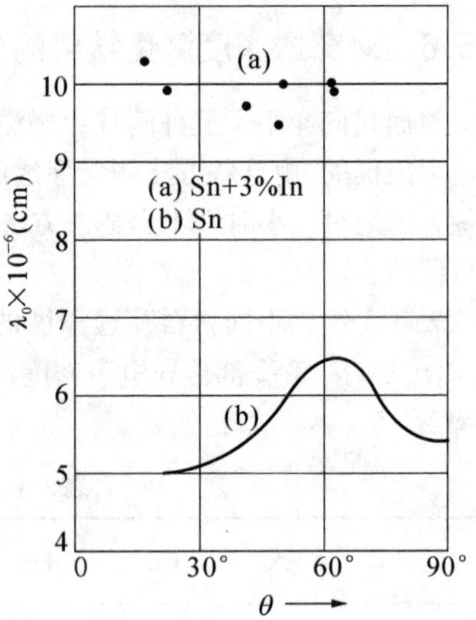

图 3.10　对纯 Sn 和 Sn+3%In 晶体，λ 随电流与四方轴之间夹角 θ 的变化

(3) λ 的各向异性

Pippard① 在测量穿透深度时发现，穿透深度 λ 与电流和正方晶相的(tetragonal)轴之间的角度有关，图 3.10(b)给出这个实验结果，这是由于 Sn 的各向异性而引起的，为了证明这个论断是正确的，Pippard 测量 Sn+3%In 的穿透深度与角度关系，发现其各向异性很小，这是由于掺杂后破坏了 Sn 的各向异性而致，见图 3.10(a)。

3.6　热力学理论得出的 $H_c(T)$，$\lambda(T)$关系和 Δc

第 2 章中我们已从实验上得到正常与超导态的比热容为

$$\frac{c_n}{v}=\gamma T+A\left(\frac{T}{\Theta}\right)^3=\gamma T+bT^3$$

① A. B. Pippard, *Proc. Roy. Soc.*, **A224**(1954), 273.

$$\frac{c_s}{v}=BT^3$$

由上述结果,我们可以从理论上推导出 $H_c(T)$、$\lambda(T)$关系和 Δc。

3.6.1 $H_c(T)$

因为

$$s_n-s_s=-v\mu_0 H_c\frac{dH_c}{dT}=-\frac{v\mu_0}{2}\frac{d(H_c)^2}{dT}$$

所以

$$\frac{\mu_0}{2}\frac{d}{dT}(H_c^2)=\frac{s_s-s_n}{v} \tag{3.6.1}$$

由

$$c=\frac{dQ}{dT}=\frac{Tds}{dT}$$

得

$$\int ds=\int\frac{c}{T}dT,\quad s_s(T)-s_s(0)=\int_0^T vBT^2 dT=\frac{v}{3}BT^3$$

同理

$$s_n(T)-s_n(0)=\left(\gamma T+\frac{1}{3}bT^3\right)v$$

由 Nernst 定理

$$s_n(0)=s_s(0)=0$$

所以

$$\frac{s_n}{v}=\gamma T+\frac{1}{3}bT^3,\quad \frac{s_s}{v}=\frac{1}{3}BT^3 \tag{3.6.2}$$

将(3.6.2)式代入(3.6.1)式得

$$\frac{1}{2}\mu_0\frac{d}{dT}(H_c^2)=\frac{1}{3}(B-b)T^3-\gamma T \tag{3.6.3}$$

因为 $T=T_c$ 时,$H_c=0$,相变没有潜热,所以 $s_s=s_n$,则由(3.6.3)式得

$$\frac{1}{3}(B-b)T_c^3-\gamma T_c=0$$

$$\frac{1}{3}(B-b)=\frac{\gamma}{T_c^2}$$

则(3.6.3)式为

$$\frac{\mu_0}{2}\frac{d}{dT}(H_c^2)=\gamma\left(\frac{T^3}{T_c^2}-T\right)$$

积分得

$$H_c^2 = \frac{2}{\mu_0}\gamma\left(\frac{1}{4}\frac{T^4}{T_c^2} - \frac{1}{2}T^2\right) + H_c^2(0) \tag{3.6.4}$$

再利用 $T = T_c$ 时，$H_c(T_c) = 0$，则由(3.6.4)式得

$$\gamma = \frac{2\mu_0 H_c^2(0)}{T_c^2} \tag{3.6.5}$$

将(3.6.5)式代入(3.6.4)式则得

$$H_c(T) = H_c(0)\left[1 - \left(\frac{T}{T_c}\right)^2\right] \tag{3.6.6}$$

(3.6.6)式就是前面所述的实验上得的临界磁场与温度关系。

由此看到，由实验上得到 $c_{cs} \sim T^3$ 的近似关系就可以得到 $H_c \sim T$ 的抛物线近似关系，而且得到 γ 与 $H_c(0)$ 和 T_c 之间的关系。我们知道 γ 是正常态的重要参量，它却和超导态的参量 $H_c(0)$、T_c 联系在一起。

3.6.2 Δc

由(2.1.20)式已给出，单位质量体积的比热容跃变为

$$\Delta c = \mu_0 T_c v \left[\frac{\mathrm{d}}{\mathrm{d}T} H_c(T)\right]_{T_c}^2$$

由(3.6.5)式和(3.6.6)式代入上式很容易得到

$$\frac{\Delta c}{T_c} = 2\gamma \tag{3.6.7}$$

但要注意：(3.6.6)式和 c_{cs} 的 T^3 规律都是近似的，这两者可以互相推导，表示两者的近似性都较好，但由这两者推导出的 $\Delta c / T_c = 2\gamma$ 却是一个灵敏参量，由(3.6.7)式知

$$\frac{\Delta c}{\gamma T_c} = 2$$

表 3.2 中给出的 $\Delta c / \gamma T_c$ 的实验值与 2 的偏差恰是不可忽视的。

表 3.2 $\dfrac{\Delta c}{\gamma T_c}$ 的实验值

超导金属	Zn	Al	Ta	Pb	Hg
$\dfrac{\Delta c}{\gamma T_c}$	1.15	1.60	1.58	2.65	2.16

3.6.3 $\lambda(T)$

二流体模型实质上是假设在 $T<T_c$ 时金属的电子被分为两群，两群各具有不同的能量。$\omega=n_s/n$ 部分电子占据着低的能态，或者说这部分电子被"凝聚"或"超导"；其余部分 $1-\omega=n_n/n$ 未被凝聚或者说是"正常"。很自然 ω 可作为有序化程度的量，称为有序参量。当 $T\geqslant T_c$ 时，$\omega=0$；当 $T=0$ K 时，$\omega=1$。我们很容易看到热力学函数不能线性地依赖于 ω，如果是线性的，则 Gibbs 单位体积自由能将被写为

$$g_s(T)=\omega g_s(0)+(1-\omega)g_n(T) \tag{3.6.8}$$

在平衡态

$$\left(\frac{\partial g_s}{\partial \omega}\right)_T=0 \text{ 或 } g_n(T)=g_s(0) \tag{3.6.9}$$

(3.6.9)式给出一个不合理的结果，因为热力学函数与 ω 的关系不可能是线性的。

为了解决这个困难，Gorter 和 Casimir 假设态函数和 ω 之间是非线性的，令

$$g_s(T)=\omega g_s(0)+(1-\omega)^r g_n(T) \tag{3.6.10}$$

r 的大小由拟合实验数据而定。

因为我们知道 $s=-\left(\frac{\partial g}{\partial T}\right)_H$，而 $c=vT\left(\frac{\partial s}{\partial T}\right)_H$，所以

$$\int \mathrm{d}s_{en}=v\int\frac{c_{en}}{vT}\mathrm{d}T$$

根据 Nernst 定理可得

$$s_{en}=\int\frac{\gamma T}{T}\mathrm{d}T=\gamma T$$

$$\int \mathrm{d}g=-\int s\mathrm{d}T\text{，则 } g_n(T)-g_n(0)=-\frac{1}{2}\gamma T^2$$

所以对正常电子

$$g_n(T)=g_n(0)-\frac{1}{2}\gamma T^2 \tag{3.6.11}$$

而在没有磁场并且处于0 K时，超导态 Gibbs 自由能为

$$g_s(0)=g_n(0)-\frac{\mu_0}{2}H_c^2(0) \tag{3.6.12}$$

将(3.6.11)式和(3.6.12)式代入(3.6.10)式，并在含 $\gamma T^2/2$ 项上取 $r=1/2$，则

(3.6.10)式可写为

$$g_s(T)=g_n(0)\omega-\frac{\mu_0}{2}H_c^2(0)\omega-\frac{1}{2}\gamma T^2(1-\omega)^{1/2} \tag{3.6.13}$$

当超导态稳定时，$g_s(T)$应最小

$$\frac{\partial g_s}{\partial\omega}=-\frac{\mu_0}{2}H_c^2(0)+\frac{\gamma T^2}{4(1-\omega)^{1/2}}=0$$

$$\omega=1-\left(\frac{\gamma T^2}{2\mu_0 H_c^2(0)}\right)^2 \tag{3.6.14}$$

在 $T=0$ 时，(3.6.14)式给出 $\omega=1$。由条件 $T=T_c$，$\omega=0$ 得

$$T_c=\left(\frac{2\mu_0}{\gamma}\right)^{1/2}H_c(0) \tag{3.6.15}$$

这正是(3.6.5)式给出的结果，将它代入(3.6.14)式则得

$$\omega=1-\left(\frac{T}{T_c}\right)^4 \tag{3.6.16}$$

则由定义 λ_L的(3.3.6)式。$\lambda_L=(m/\mu_0 n_s e^2)^{1/2}$，其中 n_s 是温度为 T 时的超导电子数，再由

$$\frac{n_s}{n}=\omega$$

当 $T=0$ 时，$n=n_s(0)$，所以

$$\lambda_L^2(T)=\frac{m}{\mu_0 n_s(0)e^2\left[1-\left(\frac{T}{T_c}\right)^4\right]}$$

令
$$\lambda_L^2(0)=\frac{m}{\mu_0 n_s(0)e^2}$$

则
$$\lambda_L(T)=\lambda_L(0)\left[1-\left(\frac{T}{T_c}\right)^4\right]^{-1/2}=\lambda_L(0)(1-t^4)^{-1/2} \tag{3.6.17}$$

这正是前面所说的实验上得到的结果。

此时我们要强调的是，当我们研究 $H_c=H_c(0)\left[1-\left(\frac{T}{T_c}\right)^2\right]$，$\lambda_L(T)=\lambda_L(0)\left[1-\left(\frac{T}{T_c}\right)^4\right]^{-1/2}$ 和 Δc 的理论规律时，是以 c_{es}随 T 的三次方规律为实验基础的，而 Gorter 和 Casimer 取 $\gamma T^2/2$ 系数$(1-\omega)^r=(1-\omega)^{1/2}$时也是符合超导态比热容的三次方规律的，如果将(3.6.16)式代入(3.6.13)式，并用(3.6.15)式和 $s=$

$-\left(\frac{\partial g}{\partial T}\right)_H$，得

$$s_{es}=\gamma T_c\left(\frac{T}{T_c}\right)^3=\gamma T_c t^3$$

所以

$$\frac{c_{es}}{v}=T\frac{ds_{es}}{dT}=3\gamma T_c\left(\frac{T}{T_c}\right)^3=3\gamma T_c t^3$$

我们已经知道 $c_{es}\propto T^3$，$H_c\propto T^2$ 都是近似结果。精确的测量给出

$$\frac{c_{es}}{\gamma T_c}=ae^{-bt}\qquad 而不是\propto t^3$$

临界磁场的精确表示应该是多项式

$$\frac{H_c(T)}{H_c(0)}=1-\sum_{n=2}^{N}a_n t^n$$

但这些近似解的结果恰恰是可以互相推导的，这说明我们所取的这些近似是合理的，与真实结果误差不大。因此二流体模型、比热容的 t^3、H_c、T^2 关系等这些唯象模型是近似正确的。

3.7 London 理论之成功与不足

London 理论的成功是给出磁场对超导体有一个穿透深度 λ_L。(3.3.7)式给出磁场在超导体中的衰减规律，(3.3.8)式指出超导体中流过的电流也只能是在沿表面 λ_L 的穿透深度内流动。London 理论揭示的 $\lambda_L(T)$ 与实验很相符。

London 理论之不足是由它得出的超导-正常相界面能一定是负的。现在考虑一个处于磁场 H_a 中的超导椭球，由于 Meissner 效应，磁场从超导体中排出，因此超导椭球使外加的均匀磁场产生畸变，椭球两极磁力线密度增加，见图 3.11(a)，因此当 $H_a<H_c$ 时，这两极的磁场已经达到 H_c，椭球两极要恢复正常，磁力线透入超导体内，致使椭球中出现一个超导芯子，见图 3.11(b)，这样超导芯子外的磁力线变疏，芯子外部正常区将在小于 H_c 的磁场中，正常区又必须变为超导态，从而引起简单解释上的矛盾。为了克服这个矛盾人们提出分层模型：即超导椭球沿磁场方向被分成许多正常-超导交错层，磁力线可从正常区透过，正常-超导交界面上

磁场保持 H_c。分层模型已为实验证实(见第 6 章)。

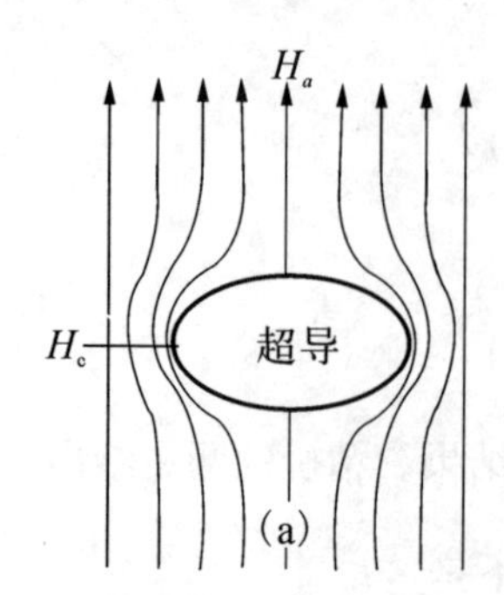

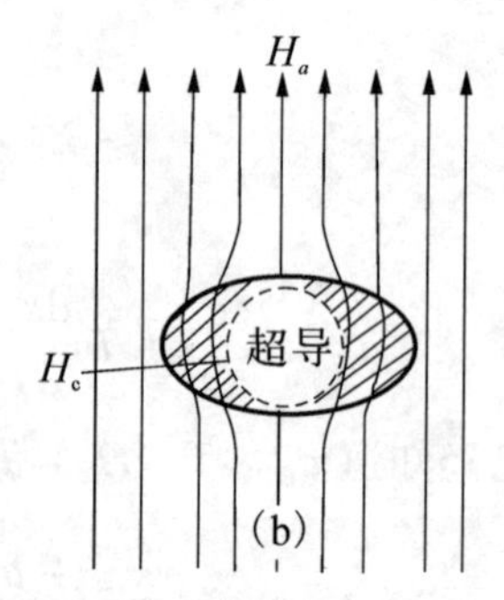

图 3.11　磁场对超导椭球的作用

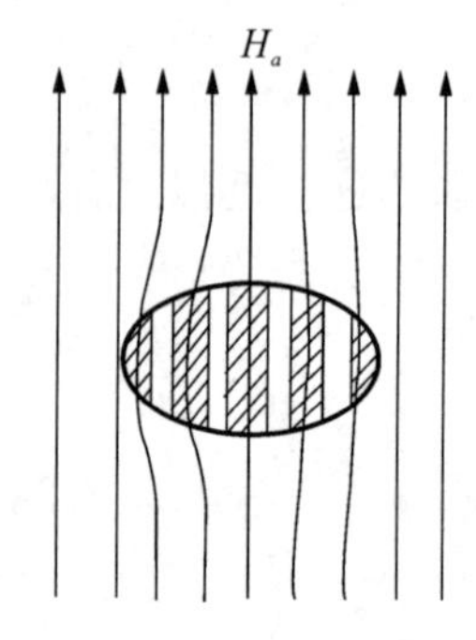

图 3.12　分层模型

尽管实验上已观察到中间态的 S、N 交替分层结构,然而按已有的概念认真考虑一下又会使我们在理论上碰到困难。如图 3.12 所示,设在某一个磁场下超导体进入分层结构,N 层厚度很小,$d_N \ll d_S$,但磁场并不只在这个很小的 d_N 层中,由于 London 理论给出磁场对超导体有一个穿透深度 λ_L,因而一旦出现 N 层,则磁场不仅在 d_N 中而且还要在超导区 d_S 中出现。

由热力学 Gibbs 函数

$$G = U - TS + PV - \int_v \int_0^{H_a} \mu_0 M \mathrm{d} H_a \mathrm{d} v \quad (3.7.1)$$

得到

$$G_n(T, P, H_a) = G_n(T, P, 0) \quad (3.7.2a)$$

$$G_s(T, P, H_a) = G_s(T, P, 0) + \frac{\mu_0 V}{2} H_a^2 \quad (3.7.2b)$$

(3.7.2a)式是没有考虑磁场对超导体有穿透的结果,即在整个超导体内 $\boldsymbol{B} = 0$ 而致。现在我们再看一个厚度为 d_S 的超导板,如果外磁场 H_a 平行于板,则由(3.4.3)式给出

$$B = \begin{cases} \mu_0 H_a \dfrac{\mathrm{ch}\left(\dfrac{x}{\lambda_L}\right)}{\mathrm{ch}\left(\dfrac{d}{\lambda_L}\right)}, & -d_S \leqslant x \leqslant d_S \\ \mu_0 H_a, & x \leqslant -d_S \text{ 或 } x \geqslant d_S \end{cases}$$

所以(3.7.1)式最后一项

$$-\int_v\int_0^{H_a}\mu_0 M\mathrm{d}H_a\mathrm{d}v = -\mu_0\int_v^{H_a}\left(\frac{B}{\mu_0}-H_a\right)\mathrm{d}H_a\int\mathrm{d}v$$

$$=\mu_0 V\frac{H_a^2}{2}\left(1-\frac{\lambda_L}{d_S}\mathrm{th}\frac{d_S}{\lambda_L}\right)$$

故

$$G_s(T,H_a)=G_s(T,0)+\mu_0 V\frac{H_a^2}{2}\left(1-\frac{\lambda_L}{d_S}\mathrm{th}\frac{d_S}{\lambda_L}\right) \tag{3.7.3}$$

比较(3.7.2)式和(3.7.3)式，显然考虑了λ_L后的$G_s(T,H_a)$低于不考虑λ_L的$c_s(T,H_a)$。因此磁场的穿透使S态的Gibbs自由能下降。这个事实表明界面的存在使体系的自由能降低，也就是形成相间界面后要释放出能量，那么从能量上有利于分裂成大量的薄畴以使相界面尽可能地大，或者说London穿透深度的存在造成负的表面能，以致分层趋向于无限分层。由此可得到结论如果表面能是负的，即使没有退磁效应，处于磁场中的超导体也应分成尽可能多的正常和超导界面层从能量上才有利，因此除非磁场等于零，否则这种结构将比纯超导态更稳定。由此推论超导体不会出现Meissner态，显然这个推论是不成立的，它不符合实验事实。因为按此推论即使在很小磁场下就应该出现分层结构，实验却给出分层结构应出现在比较高的磁场中。

第 4 章　Pippard 理论

我们知道 London 方程给出

$$\mu_0\lambda_L^2\nabla\times\boldsymbol{j}_s+\boldsymbol{B}=0$$

如果用矢势 $\boldsymbol{B}=\nabla\times\boldsymbol{A}$ 代替$\boldsymbol{B}$，同时选取规范$\nabla\cdot\boldsymbol{A}=0$，则有

$$\mu_0\lambda_L^2\boldsymbol{j}+\boldsymbol{A}=0$$

这表明电流密度 $\boldsymbol{j}$ 和矢势$\boldsymbol{A}$ 之间是局域的线性的关系，也就是说空间某一处 $\boldsymbol{r}$ 的电流密度$\boldsymbol{j}(\boldsymbol{r})$仅取决于 $\boldsymbol{r}$ 处的矢势$\boldsymbol{A}(\boldsymbol{r})$，所以称为定域或局域。这个局域理论最大的成功是揭示了磁场对超导体有一个穿透深度为 $\lambda_L=(m/\mu_0 n_s e^2)^{1/2}$，$n_s$ 是超导电子数。由二流体模型给出 $n_s(T)=\omega n_s(0)$，得到

$$\lambda_L(t)=\frac{\lambda_L(0)}{(1-t^4)^{1/2}}$$

的规律与实验很好地符合。

但是我们指出了实验上得出的λ_L还与外磁场 H_a、电子平均自由程 l 有关，并显示出λ_L的各向异性，这些都是 London 理论不能解释的，此外λ_L远小于实验值也反应了这个理论之不足。London 理论还给出界面能只能是负的。为什么 London 理论有这些不足呢？在这个理论中还应该考虑哪些物理量呢？

Pippard 研究了 London 方程不能解释的实验现象，他从λ_L与 H_a 有关出发，探讨了图 3.8 实验结果反映出的物理内涵，提出了新的相干长度(coherence length)的概念，建立了 $\boldsymbol{j}$ 和$\boldsymbol{A}$ 之间的非局域关系。

4.1 相干(相关)长度[①]

前面我们已经看到实验上得到$\lambda=\lambda(H_a)$,磁场从$H_a=0$到$H_a=H_c$,λ的最大相对变化是3%,定义

$$\varepsilon(H_a)=\frac{\lambda(H_a)-\lambda(0)}{\lambda(0)} \tag{4.1.1}$$

即$\varepsilon(H_c)=3\%$。

在$\lambda_L=(m/\mu_0 n_s e^2)^{1/2}$中,$n_s=\omega n_s(0)$,可以认为$\lambda(H_a)$是由于磁场改变引起有序度$\omega$的变化而致。即$n_s(H_a)=\omega(H_a)n_s(0)$,则

$$\frac{\lambda_L(H_a)}{\lambda_L(0)}=\left[\frac{\omega(H_a)}{\omega(0)}\right]^{-\frac{1}{2}} \tag{4.1.2}$$

由(4.1.1)式和(4.1.2)式得

$$\frac{\omega(H_a)}{\omega(0)}=[1+\varepsilon(H_a)]^{-2}\approx 1-2\varepsilon(H_a) \tag{4.1.3}$$

由于$\varepsilon(H_a)$不超过3%,所以有序度的变化最多也不过6%。

由$s=-(\partial g/\partial T)_H$和(3.6.13)式及(3.6.15)式,并注意到$\partial g_s/\partial\omega=0$,得到熵密度与有序度的关系为

$$s(\omega,T)=\frac{2\mu_0 H_c^2(0)}{T_c}t(1-\omega)^{1/2},\quad t=\frac{T}{T_c} \tag{4.1.4}$$

所以磁场导致熵密度的变化为

$$(\Delta s)_1=-\frac{\mu_0 H_c^2(0)}{T_c}\frac{t}{[1-\omega(0)]^{1/2}}\Delta\omega \tag{4.1.5}$$

将(4.1.3)式代入(4.1.5)式,并用$\omega(0)=1-t^4$,得到

$$(\Delta s)_1=\frac{2\mu_0 H_c^2(0)}{T_c}\frac{\varepsilon(1-t^4)}{t} \tag{4.1.6}$$

我们又知道正常相和超导相的熵密度差是

---

① A. B. Pippard, *Proc. Roy. Soc.*, **A203**(1950), 210.

$$s_n - s_s = (\Delta s)_{ns} = \mu_0 H_c(T)\frac{dH_c(T)}{dT}$$

$$= -\mu_0 H_c(0)(1-t^2)\frac{d}{dT}[H_c(0)(1-t^2)]$$

$$= \frac{2\mu_0 H_c^2(0)}{T_c}t(1-t^2) \tag{4.1.7}$$

(4.1.6)式和(4.1.7)式之比

$$\frac{(\Delta s)_1}{(\Delta s)_{ns}} = \varepsilon(1+t^{-2}) \tag{4.1.8}$$

这就是根据λ随磁场变化的实验结果而得出的熵密度随磁场变化的情况。因为$\lambda(H_a)$是磁场引起表面层的变化,所以$(\Delta s)_1/(\Delta s)_{ns}$也就是表面层中熵密度变化的相对值。由于ε很小,故$(\Delta s)_1/(\Delta s)_{ns}$值是很小的,最大值在$h=H_a/H_c(T)=1$,$t\sim1$时,也不过是6%。

另一方面,我们从London理论看,因为London理论给出$\lambda_L(T)=\lambda_L(0)/(1-t^4)^{1/2}$,所以对体积为$V$、表面积为$A$的长圆柱超导体,在平行磁场中的Gibbs自由能为

$$G_s(H_a) = G_s(0) - \int_0^{V-\lambda_L A} dv \int_0^{H_a} M(H_a)dH_a$$

$$= G_s(0) + (V-\lambda_L A)\frac{\mu_0}{2}H_a^2 \tag{4.1.9}$$

由$S=-(\partial G/\partial T)$

$$\lambda_L(T)A(\Delta s)_2 = S(H_a) - S(0) = \frac{\mu_0 A}{2}H_a^2\frac{\partial}{\partial T}\lambda_L(T)$$

$$= \frac{\mu_0\lambda_L(0)AH_a^2}{T_c}\frac{t^3}{(1-t^4)^{3/2}}$$

则

$$(\Delta s)_2 = \frac{\mu_0 H_a^2}{T_c}\frac{t^3}{1-t^4} \tag{4.1.10}$$

故由(4.1.10)式与(4.1.7)式之比即得在$\lambda_L A$体积中熵密度与正常-超导相熵密度差之比

$$\frac{(\Delta s)_2}{(\Delta s)_{ns}} = \begin{cases} \frac{1}{2}h^2(1+t^{-2})^{-1}, & \text{其中 } h=\frac{H_a}{H_c(T)}\text{,穿透层中} \\ 0, & \text{体内} \end{cases} \tag{4.1.11}$$

(4.1.11)式给出在$h=1$,$t\sim1$时,$(\Delta s)_2/(\Delta s)_{ns}$,达到25%,这就说明由London

理论给出的在表面层中熵密度的变化太大了。在这个穿透层中，不合理的高的熵密度的变化显然是 London 模型引起的。London 模型给出的有序度 ω 在整个超导体中包括在磁场穿透深度 λ 内都是不变的，见图 4.1，所以通常也称 London 模型为刚性模型。

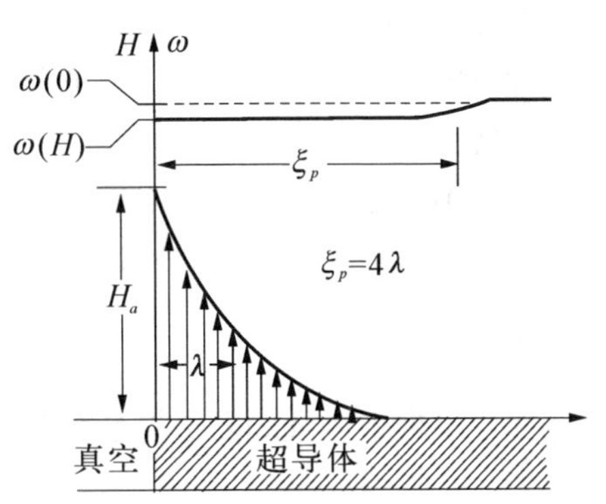

图 4.1　London 刚性模型的有序参量

London 模型得到的在穿透层中不合理的高熵密度奠定了 Pippard 修正 London 理论的基础。

Pippard 假设有序度 ω 在某一个长度 ξ_p 上是逐渐变化的，他把这个 ξ_p 叫超导波函数的相关范围或相关长度(the range of coherence)。当然热力学函数的任何改变都要扩展到有序度变化的这样一个宽度范围上，因此 ξ_p($\gg\lambda_L$)的值将相应于一个比较大的热力学变化范围。也就是说磁场导致熵的增加不仅仅在穿透层中，而是扩展到比 λ_L 大得多的深层 ξ_p 的范围中。这个结果使熵密度大大降低，为了得到合理的熵密度(～6%)，我们现在来估计磁场影响所能达到的深度 ξ_p 的大小。将(4.1.10)式乘以 λA 再除以 $\xi_p A(\Delta s)_{ns}$ 得

$$\frac{\lambda A[s(H)-s(0)]}{\xi_p A(\Delta s)_{ns}}=\frac{\lambda}{\xi_p}\frac{1}{2}h^2(1+t^{-2})^{-1} \tag{4.1.12}$$

记 $\kappa_p=\lambda/\xi_p$，并令(4.1.12)式的结果与(4.1.8)式相等

$$\varepsilon(1+t^{-2})=\kappa_p\frac{1}{2}h^2(1+t^{-2})^{-1}$$

$$\kappa_p=\frac{2\varepsilon}{h^2}(1+t^{-2})^2 \tag{4.1.13}$$

利用图 3.8 所示的 Sn 的 $\lambda(H)$ 的实验结果，按(4.1.13)式得到表 4.1，其 ξ_p 比 λ 大一个数量级，$\xi_p\sim10^{-4}$ cm。

表 4.1　对 Sn 穿透深度 λ 与 Pippard 相关长度 ξ_p 之比

T(K)	3.6	3.4	3.2
κ_p	0.15	0.068	0.035
κ_p^{-1}	6.7	14.7	28.6

对某些超导体有着十分尖锐的转变宽度 ΔT，例如许多纯的单晶样品 $\Delta T\sim$

10^{-3}K,特别是对纯的单晶 Ga,ΔT 达到 10^{-5}K。这些十分锐的超导转变给相关长度的存在以强有力的支持。用简单的统计讨论,Pippard 指出除非大块样品的超导电性只能在大于直径≈10λ(0)的整个尺寸上产生或破坏,否则涨落将引起一个较宽的转变。

由测不准原理能够进一步地估计 ξ_p 的大小,相关长度本质上是超导电子的空间限制,它必然与动量相联系,由测不准原理得

$$\xi_p \sim \Delta x \sim \frac{\hbar}{\Delta p}$$

而在超导凝聚中涉及的电子仅是在 Fermi 面上 $k_B T_c$ 范围内的那些电子,因此,

$$\Delta p \sim \frac{k_B T_c}{v_F}$$

这里的 v_F 是 Fermi 速度,所以

$$\xi_p = \alpha \frac{\hbar v_F}{k_B T_c} \tag{4.1.14}$$

式中 α 是数量级为 1 的可调节的参量,k_B 是 Boltzmann 常数。

相关长度的存在表明在 10^{-4} cm 范围内的大量超导电子是关联的,换句话说,在相干范围内的任一个电子受到矢势 $\boldsymbol{A}$ 的作用,则在整个相干范围内的所有电子都要受到影响,因此空间 $\boldsymbol{r}$ 处的电流密度 $\boldsymbol{j}(\boldsymbol{r})$ 不仅受到 $\boldsymbol{r}$ 处矢量势 $\boldsymbol{A}$ 的作用,而且受到整个相干范围内 $\boldsymbol{A}(\boldsymbol{r}')$ 的作用。这就表明 $\boldsymbol{j}$ 和 $\boldsymbol{A}$ 之间不是局域(或称定域)关系而是非局域关系。

4.2 反常趋肤效应①

超导相干长度的存在揭示了非局域性,使人们想起在正常导体中存在的非局域效应——反常趋肤效应。

我们在讨论正常金属中的 Ohm 定律时,理论计算中假定了金属内的电场是均匀的,如果电场强度 $\boldsymbol{E}$ 有变化,只要认为在电子平均两次碰撞之间,也就是在电子

① 管惟炎、李宏成、蔡建华、吴杭生,超导电性(物理基础),科学出版社,(1981),91—94.

的平均自由程 l 的尺度上电场保持不变，Ohm 定律仍然成立。

$$\boldsymbol{j}(\boldsymbol{r})=\sigma\boldsymbol{E}(\boldsymbol{r}) \tag{4.2.1}$$

但当电场变化剧烈时，金属中一点 $\boldsymbol{r}$ 处的电流密度将不仅仅取决于该点的电场强度，这时周围各处历经最后一次碰撞而来到该点的电子，由于沿途受到的加速电场不一致，则达到该点时的速度增量也不同，因此，在 $\boldsymbol{r}$ 点的电流密度将受到周围各处电场的影响，反过来说，一点的电场强度不仅仅影响该点，而且也影响到其他地方的电流密度。所影响的范围大体上遍及电子平均自由程 l 的尺度，由此可见，金属中电场的非局域效应与超导体中磁场的非局域效应很类似，电子平均自由程 l 相当于相干长度 ξ_p。

现在来考虑对 Ohm 定律的修正。我们通常说每次碰撞之后，电子速度发生任意的不规则的变化，平均起来，可以认为每次碰撞后电子的平均速度为零。关于这点，现在要作一些仔细的说明。考虑金属中某一点，假设取它为坐标原点，如果没有电场作用，在 t 时刻达到原点的电子可以来自周围各处，这些电子中的每一个在历经最后一次撞碰后，分别走过不同长短的路程从四面八方来到原点，这里有两点需要指出：第一，假如撇开电场的影响，由于碰撞的随机性，任何时刻 t 到达原点的电子的速度具有不同方向和不同大小，平均后为零，这就是前面所说的每次碰撞之后电子平均速度为零的含意。正因为这样，在没有电场作用时，金属中任何一点在任何时刻不发生电子的宏观迁移，电流密度为零。如果我们取速度坐标系，以 v_x,v_y,v_z 为坐标轴，一个速度有一定大小和方向的电子，就由这个速度空间中的一点来代表，不存在电场时，所有这些电子的分布是球对称的(图 4.2 中的虚线)，平均速度是零。电场作用造成电流，也就是在电场作用下，使电子在速度空间中的分布偏离球对称(图 4.2 实线)，造成在某一方向上发生电子的宏观迁移，然而我们要强调指出，每次碰撞都使这种偏离分布恢复为球对称；第二，再注意一个电子，经过一次碰撞后走了路程 $\boldsymbol{r}$ 来到原点，这中间不再遇到与原子的碰撞，显然 $\boldsymbol{r}$ 越长，不再遇到碰撞的可能性越小，假如电子的平均自由程是 l，令 $P(\boldsymbol{r})$ 为电子经过 $\boldsymbol{r}$ 距离不发生碰撞的几率，则 $Q=1-P$ 是一定发生碰撞的几率。考虑电子经过 $\boldsymbol{r}$ 距离后再走 $\mathrm{d}\boldsymbol{r}$ 距离，在 $\mathrm{d}\boldsymbol{r}$ 内发生碰撞的几率是 $\mathrm{d}Q=P\cdot\dfrac{\mathrm{d}r}{l}=(1-Q)\dfrac{\mathrm{d}r}{l}$，于是 $\mathrm{d}P=-P\dfrac{\mathrm{d}r}{l}$，积分得 $P=$

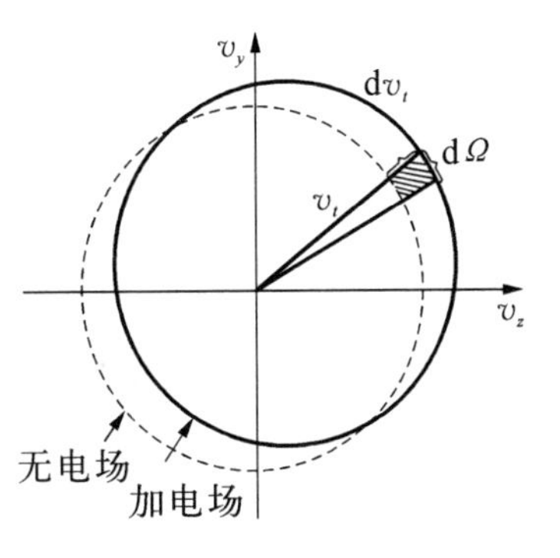

图 4.2　在速度空间中电子的分布

$P_0 e^{-r/l}$,P_0 是积分常数,当 $r=0$ 时应有 $P(\boldsymbol{r})=1$,因此 $P_0=1$。$P=e^{-r/l}$ 即为电子经过 $\boldsymbol{r}$ 距离不发生碰撞的几率。

令传导电子的平均速率为 v_F,(v_F 是速度大小的平均值,不是平均速度),电场引起的电子速度分布改变只导致 v_F 的微小变化,所以认为 v_F 固定。考虑一个历经最后一次碰撞后从 $\boldsymbol{r}$ 来到原点的电子,假如没有电场,它的速度就是在 $\boldsymbol{r}$ 方向,大小是 v_F。电子从 $\boldsymbol{r}$ 运动到 $\boldsymbol{r}+\mathrm{d}\boldsymbol{r}$ 点,经过的时间是 $\mathrm{d}t=\mathrm{d}r/v_F$,$\mathrm{d}r$ 等于 $\mathrm{d}\boldsymbol{r}$ 在 $\boldsymbol{r}$ 方向的投影。假如有电场,则在这段时间内,电子受到电场的加速而获得的速度增量为

$$\mathrm{d}\boldsymbol{v}=\frac{e}{m}\boldsymbol{E}\left(\boldsymbol{r},t-\frac{r}{v_F}\right)\mathrm{d}t=\frac{e}{m}\boldsymbol{E}\left(\boldsymbol{r},t-\frac{r}{v_F}\right)\frac{\mathrm{d}r}{v_F}$$

电场强度 $\boldsymbol{E}$ 应取 $\boldsymbol{r}$ 点和在 $t-r/v_F$ 时刻的值(如果电子在 t 时刻达到原点)。

现在计算电场所造成的电子速度分布的变化,考虑图 4.2 中速度矢量落在画斜线的那一小块体积内的电子数 $\mathrm{d}n$

$$\mathrm{d}n=\frac{n}{\frac{4}{3}\pi v_F^3}v_F^2\mathrm{d}v_r\mathrm{d}\Omega$$

$\mathrm{d}v_r$ 等于 $\mathrm{d}\boldsymbol{v}$ 在 $\boldsymbol{r}$ 方向的投影,即

$$\mathrm{d}v_r=\mathrm{d}\boldsymbol{v}\cdot\frac{\boldsymbol{r}}{r}=\frac{e}{mv_F}\frac{\boldsymbol{r}\cdot\boldsymbol{E}\left(\boldsymbol{r},t-\frac{r}{v_F}\right)}{r}\mathrm{d}r$$

n 为单位体积内的总电子数,代入前式后得到

$$\mathrm{d}n=\frac{3ne}{4\pi v_F^2 m}\frac{\boldsymbol{r}}{r}\cdot\boldsymbol{E}\left(\boldsymbol{r},t-\frac{r}{v_F}\right)\mathrm{d}r\mathrm{d}\Omega$$

因为并非所有的这些电子都能无碰撞地到达原点,所以这个式子还要加上一个修正因子 $\exp(-r/l)$

$$\mathrm{d}n=\frac{3ne}{4\pi v_F^2 m}\left[\frac{\boldsymbol{r}}{r}\cdot\boldsymbol{E}\left(\boldsymbol{r},t-\frac{r}{v_F}\right)\right]e^{-r/l}\mathrm{d}r\mathrm{d}\Omega$$

速度分布的畸变所造成的电流密度为

$$\mathrm{d}j=ev_F\mathrm{d}n=\frac{3ne^2}{4\pi v_F m}\left[\frac{\boldsymbol{r}}{r}\cdot\boldsymbol{E}\left(\boldsymbol{r},t-\frac{r}{v_F}\right)\right]e^{-r/l}\mathrm{d}r\mathrm{d}\Omega$$

$\mathrm{d}j$ 是在 $\boldsymbol{r}$ 方向,把它也用矢量表示出来时,有

$$\begin{aligned}\mathrm{d}\boldsymbol{j}&=\frac{3ne^2}{4\pi v_F m}\frac{\boldsymbol{r}}{r}\left[\frac{\boldsymbol{r}}{r}\cdot\boldsymbol{E}\left(\boldsymbol{r},t-\frac{r}{v_F}\right)\right]e^{-r/l}\mathrm{d}r\mathrm{d}\Omega\\&=\frac{3ne^2}{4\pi v_F^2 m r^4}\left[\boldsymbol{r}\cdot\boldsymbol{E}\left(\boldsymbol{r},t-\frac{r}{v_F}\right)\right]e^{-r/l}\mathrm{d}\mathscr{V}\end{aligned}$$

因为体积 $\mathrm{d}\mathscr{V}=r^2\mathrm{d}r\mathrm{d}\Omega$，将上式积分后就得到 Chambers 改正后的代替 Ohm 定律的公式

$$\begin{aligned}\boldsymbol{j}&=\frac{3ne^2}{4\pi v_{\mathrm{F}}m}\int\frac{\boldsymbol{r}}{r^4}\left[\boldsymbol{r}\cdot\boldsymbol{E}\left(\boldsymbol{r},t-\frac{r}{v_{\mathrm{F}}}\right)\right]\mathrm{e}^{-r/l}\mathrm{d}\mathscr{V}\\&=\frac{3\sigma}{4\pi l}\int\frac{\boldsymbol{r}}{r^4}\left[\boldsymbol{r}\cdot\boldsymbol{E}\left(\boldsymbol{r},t-\frac{r}{v_{\mathrm{F}}}\right)\right]\mathrm{e}^{-r/l}\mathrm{d}\mathscr{V}\end{aligned}\tag{4.2.2}$$

式中我们利用了 $\sigma^{-1}=2m/ne^2\tau$，τ 为平均两次碰撞的时间，即张弛时间或弛豫时间，并注意到碰撞时间 $\tau/2=l/v_{\mathrm{F}}$。σ 是普遍的均匀恒定电场中的直流电阻率。(4.2.2)式给出的是在原点的电流密度，在 $\boldsymbol{r}$ 处的电流密度则为

$$\boldsymbol{j}(\boldsymbol{r})=\frac{3\sigma}{4\pi l}\int\frac{\boldsymbol{R}}{R^4}\left[\boldsymbol{R}\cdot\boldsymbol{E}\left(r',t-\frac{R}{v_{\mathrm{F}}}\right)\right]\mathrm{e}^{-R/l}\mathrm{d}\mathscr{V}'\tag{4.2.3}$$

式中 $\boldsymbol{R}=\boldsymbol{r}'-\boldsymbol{r}$。

如果 $\boldsymbol{E}$ 与空间坐标无关，很容易验证(4.2.3)式将还原成 Ohm 定律(4.2.1)式。由前面的讨论可以看到，要想观察非局域效应，也就是(4.2.3)式与 Ohm 定律的差别，显然需要电子平均自由程长，且电场的时空变化剧烈。这就决定了应在低温下(此时 l 要长一些)观察高频电场在高纯金属(也是为了 l 长一些)表面的趋肤效应。按照 Ohm 定律可以算出电磁波在金属表面的趋肤深度为

$$d=\left(\frac{2}{\omega\mu_0\sigma}\right)^{1/2}$$

ω 是频率；由于 $\sigma\propto l$，$d\propto l^{-1/2}$，当 l 比较小时，这是正确的。实验发现，当 l 较大时，d 随 l 的变化偏离上述关系；当 l 很大时，d 趋向于一个与 l 无关(因而也与温度和剩余电阻率无关)的常数，这就是反常趋肤效应。

4.3　Pippard 非局域关系①②

London 理论中 $\lambda_{\mathrm{L}}(0)$是物质常数。但 1953 年 Pippard 测了一系列 Sn 的 In 稀释合金的穿透深度，实验发现随着正常金属中电子平均自由程 l 的减小，$\lambda(0)$明

---

① A.B. Pippard, *Physica*, **19**(1953), 765.

② A.B. Pippard, *Proc*, *Roy*. *Soc*., **A216**(1953), 547.

显增加，这些实验结果导致 Pippard 去修正 London 理论，他在 London 方程中引进一个穿透深度与电子平均自由程的关系，把 London 方程写为

$$\begin{aligned} \boldsymbol{j}(\boldsymbol{R}) &= -\frac{ne^2}{m}\frac{\xi_p(l)}{\xi_0}\boldsymbol{A}(\boldsymbol{R}) \\ &= -\frac{1}{\mu_0\lambda_{\rm L}^2}\frac{\xi_p(l)}{\xi_0}\boldsymbol{A}(\boldsymbol{R}) \\ &= -\frac{1}{\mu_0\lambda^2}\boldsymbol{A}(\boldsymbol{R}) \end{aligned} \tag{4.3.1}$$

式中

$$\lambda = \lambda_{\rm L}\sqrt{\frac{\xi_0}{\xi_p(l)}} \tag{4.3.2}$$

正如实验上发现的 λ 随 l 减小而增加那样，很清楚 $\xi_p(l)$ 必须随 l 的减小而减小，$\xi_p(l)$ 是与电子平均自由程 l 有关的参量。ξ_0 是超导体的一个恒量。

作为对 London 模型的第一步修正，Pippard 指出 ξ_0 是纯超导体的相干长度，而且假设当 $l\to\infty$ 时，$\xi_p(l)$ 趋向于 ξ_0；而当 $l\to 0$ 时，$\xi(l)$ 趋向于 l，因此将 $\xi_p(l)$，ξ_0 和 l 写成如下关系

$$\frac{1}{\xi_p(l)} = \frac{1}{\xi_0} + \frac{1}{\alpha l} \tag{4.3.3}$$

这里的 α 是数量级为 1 的常数，因此 $\xi_p(l)$ 是有效相干长度。这个修正很好地解释了 λ 与平均自由程 l 的关系。

然而不能满意地说明纯超导体的 $\lambda(0)$ 比 London 值 $\lambda_{\rm L}(0)$ 超过大约四到五倍。按照 Pippard 的修正，(4.3.1)式仍然暗示着 London 波函数的基本思想，也就是波函数完全是硬的，而且描述方法也还是局域的。实验上得到一个特征的相干长度 $\xi_0 \sim 10^{-4}$ cm，说明电流密度 $\boldsymbol{j}$ 和矢势 $\boldsymbol{A}$ 之间必须有一个非局域的描述，Pippard 注意到超导体中的磁场的非局域效应是十分类似于反常趋肤效应的。根据这种相似性，Pippard 提出一个唯象方程以代替 London 方程。

我们来比较 London 方程与 Ohm 定律

$$\boldsymbol{j}_{\rm s}(\boldsymbol{r}) = -\frac{1}{\mu_0\lambda_{\rm L}^2}\boldsymbol{A}(\boldsymbol{r})$$

$$\boldsymbol{j}(\boldsymbol{r}) = \sigma\boldsymbol{E}(\boldsymbol{r})$$

它们中的 $-1/\mu_0\lambda_{\rm L}^2$ 和 σ，$\boldsymbol{A}(\boldsymbol{r})$ 与 $\boldsymbol{E}(\boldsymbol{r})$ 完全相对应。因此 Pippard 将(4.2.3)式中 σ 代以 $-1/\mu_0\lambda_{\rm L}^2$，$\boldsymbol{E}$ 用 $\boldsymbol{A}$ 代替，并以 ξ_0 和 ξ_p 代替 l，对于静磁场，有

$$\boldsymbol{j}_{\mathrm{s}}(\boldsymbol{r})=-\frac{3}{4\pi\xi_0}\frac{1}{\mu_0\lambda_{\mathrm{L}}^2}\int\frac{\boldsymbol{R}}{R^4}[\boldsymbol{R}\cdot\boldsymbol{A}(\boldsymbol{r}')]\mathrm{e}^{-R/\xi_p}\mathrm{d}\mathscr{V} \tag{4.3.4}$$

这就是 Pippard 方程，式中的 ξ_p 由(4.3.3)式给出。

超导态总是出现在低温下，这时电子平均自由程主要由杂质散射决定，相干长度代表电子有序化延伸的尺度。在绝对纯的超导体中相干长度为 ξ_0。杂质散射的随机性倾向于破坏电子的有序化，所以杂质浓度高，平均自由程短时，相干长度也比纯超导体的小，当 $l\ll\xi_0$ 时，相于长度 $\xi_p(l)$将由 l 决定。

一般说来，用 Pippard 方程和 Maxwell 方程联合起来求解超导体中的磁场问题是很复杂的数学问题，所以我们先来看两种极限情况。

4.3.1 相干长度 ξ_p 很小的情况($\xi_p\ll\lambda$)

此时可以认为在 ξ_p 的尺度上 $\boldsymbol{A}$ 基本不变，由于(4.3.4)式含有指数因子 e^{-R/ξ_p}，因此该式右方对积分的贡献主要来自 ξ_p 的尺度以内，把 $\boldsymbol{A}$ 从积分号内取出，完成积分，得到

$$\boldsymbol{j}_{\mathrm{s}}(\boldsymbol{r})=-\frac{1}{\mu_0\lambda_{\mathrm{L}}^2}\frac{\xi_p}{\xi_0}\boldsymbol{A}(\boldsymbol{r}) \tag{4.3.5}$$

除了多出因子 ξ_p/ξ_0 以外，上式与 London 方程完全相同，因此，在这种情况下，磁场从导体的表面向内部仍然是指数衰减形状，只不过穿透深度不是 λ_{L} 而是 $\lambda=\lambda_{\mathrm{L}}(\xi_0/\xi_p)^{1/2}$，当 l 小时，由(4.3.3)式的 $\xi_p\approx l$。

$$\lambda=\lambda_{\mathrm{L}}\left(\frac{\xi_0}{l}\right)^{1/2},\quad \xi_p\ll\lambda \tag{4.3.6}$$

这个变化趋势符合 $\lambda\sim l$ 的实验曲线。$\xi_p\ll\lambda$ 称 London 极限。

4.3.2 $\lambda\ll\xi_p$

在 $\lambda\ll\xi_p$ 的情况下，磁场仅穿透超导体表面下很薄一层，因而大大减少(4.3.4)式右方积分的贡献，于是

$$\boldsymbol{j}_{\mathrm{s}}=-\frac{1}{\mu_0\lambda_{\mathrm{L}}^2}\frac{\xi_p}{\xi_0}\left(\frac{2\pi}{\sqrt{3}}\frac{\lambda}{\xi_p}\right)\boldsymbol{A} \tag{4.3.7}$$

由此得

$$\lambda=\left(\lambda_{\mathrm{L}}^2\xi_0\middle/\frac{2\pi}{\sqrt{3}}\right)^{1/3},\quad \lambda\ll\xi_p \tag{4.3.8}$$

由于(4.3.8)式是在 $\lambda\ll\xi_p$ 下得到的，也就是说 l 很大以致趋向无穷，故令

$$\lambda_\infty \equiv \left(\lambda_L^2 \xi_0 \Big/ \frac{2\pi}{\sqrt{3}}\right)^{1/3}$$

对于大多数超导体，ξ_0 是 10^{-4} cm 数量级，而 λ_∞ 是 $10^{-5} \sim 10^{-6}$ cm 数量级，所以(4.3.8)式适合于纯超导体的情况，它说明对于纯的超导体 $\lambda \gg \lambda_L$。

图 4.3 是与实验结果的比较，纵坐标为 $\lambda_\infty/\lambda(\xi_p)$，横坐标是 $(\xi_p/\lambda_\infty)^{1/2}$。计算曲线(实线)的左下端相应于(4.3.6)式的极限情况；而右上端相当于(4.3.8)式的极限情况。

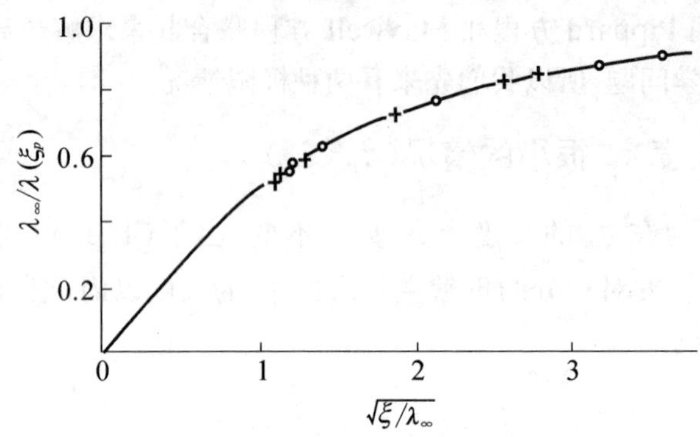

图 4.3　Pippard 理论曲线与实验比较

在 London 预言了磁场穿透效应后，实验测得的 λ 值往往比 London 理论值 λ_L 大几倍，Pippard 非定域方程解决了这个重要分歧。

4.3.3　普遍情况

一般说，联立 Pippard 方程和 Maxwell 方程求解超导体中的电磁问题除了数学上很复杂以外，还遇到了复杂的界面问题，其原因在于非局域性。在解方程时要着重研究在表面以内但距离表面不远的那些点的电流和磁场，问题在于对于这样的点 $\boldsymbol{r}$ 应在怎样的范围以内，特别是在靠表面的哪一边来计算(4.3.4)式右方的积分，这与电子在表面上被反射的情况有关。至于反射，有两种极限情况，一种是镜面反射，一种是漫反射。所谓镜面反射是指入射角等于反射角；而漫反射是指不管入射角如何，反射在半空间中几率是各处一样。

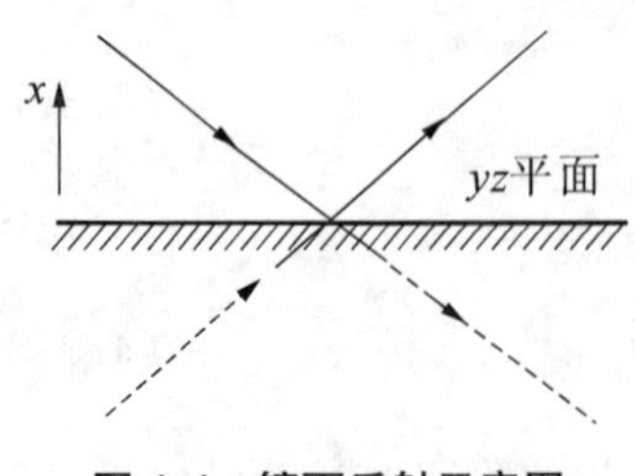

图 4.4　镜面反射示意图

现在我们讨论一个以 yz 平面为表面，占据 $x>0$ 空间半无限超导体的问题，在 $x \leqslant 0$ 的地方有沿 y 方向的磁场为 H_a。设想以 yz 为镜面，上半无限超导体以及它的像加在一起组成全空间，见图 4.4。

当一个电子从 $x>0$ 处射向 yz 平面，且在 yz 平面上按入射角等于反射角定律被反射，其效果和使电子穿过 yz 平面沿原方向向下半空间，同时这个电子的像从下半空间穿过 yz 面进入上半超导体是一样的。磁场可由分布在 yz 平面上沿 z 方向的面电流

$$j_n = 2H_a\delta(x) \tag{4.3.9}$$

代替，这里的 $\delta(x)$ 是 δ 函数。这样，原来的问题在镜面反射条件下就可以由充满全空间的超导体和它的像以及面电流(4.3.9)式来代替了。

把 $\nabla\times\boldsymbol{A}=\boldsymbol{B}$ 代入 Maxwell 方程 $\nabla\times\boldsymbol{B}=\mu_0\boldsymbol{j}$，注意到 $\nabla\cdot\boldsymbol{A}=0$，$\boldsymbol{j}=\boldsymbol{j}_n+\boldsymbol{j}_s$，则

$$\nabla^2\boldsymbol{A} = -\mu_0(\boldsymbol{j}_n+\boldsymbol{j}_s) \tag{4.3.10}$$

作 Fourier 交换，注意 $\boldsymbol{A}$，$\boldsymbol{j}_n$ 和 $\boldsymbol{j}_s$ 都在 z 方向，并且都是 x 的函数，则

$$A(x) = \frac{1}{2\pi}\int_{-\infty}^{\infty} A(k)\mathrm{e}^{ikx}\mathrm{d}k \tag{4.3.11}$$

$$j_s(x) = \frac{1}{2\pi}\int_{-\infty}^{\infty} j_s(k)\mathrm{e}^{ikx}\mathrm{d}k \tag{4.3.12}$$

将(4.3.11)式和(4.3.12)式代入(4.3.10)式得到

$$-k^2A(k) = -\mu_0 j_s(k) - 2\mu_0 H_a \tag{4.3.13}$$

以上我们利用了

$$\delta(x) = \frac{1}{2\pi}\int \mathrm{e}^{ikx}\mathrm{d}k$$

把(4.3.11)式和(4.3.12)式代入 Pippard 方程(4.3.4)式，得到

$$j_s(k) = -\left[\frac{3}{4\pi\xi_0}\frac{1}{\mu_0\lambda_L^2}\int\frac{(x'-x)^2\mathrm{e}^{ik(x'-x)-R/\xi_p}}{R^4}\mathrm{d}\mathscr{V}'\right]A(k)$$

记中括号内的量为 $K(k)/\mu_0$，则

$$\mu_0 j_s(k) = -K(k)A(k) \tag{4.3.14}$$

计算积分后得到

$$K(k) = \frac{\xi_p}{\xi_0}\frac{1}{\lambda_L^2}\left[\frac{3}{2(k\xi_p)^3}(1+k^2\xi_p^2)\arctan k\xi_p - k\xi_p\right] \tag{4.3.15}$$

把(4.3.14)式代入(4.3.13)式，解出 $A(k)$，得

$$A(k) = \frac{2H_a}{K(k)+k^2} \tag{4.3.16}$$

此式代入(4.3.11)式，就得到

$$A(x) = \frac{1}{2\pi}\int_{-\infty}^{\infty}\frac{2H_a}{K(k)+k^2}\mathrm{e}^{ikx}\mathrm{d}k \tag{4.3.17}$$

广义看 $K(k)$,称 $K(k)$为核(kernel),这里称 Pippard 核。由(4.3.17)式可得

$$H(x)=\frac{H_a}{\mathrm{i}\pi}\int_{-\infty}^{\infty}\frac{k\mathrm{e}^{\mathrm{i}kx}}{K(k)+k^2}\mathrm{d}k=\frac{2H_a}{\pi}\int_0^{\infty}\frac{k\sin kx}{K(k)+k^2}\mathrm{d}k \tag{4.3.18}$$

以上我们利用了 $K(k)$是 k 的偶函数。

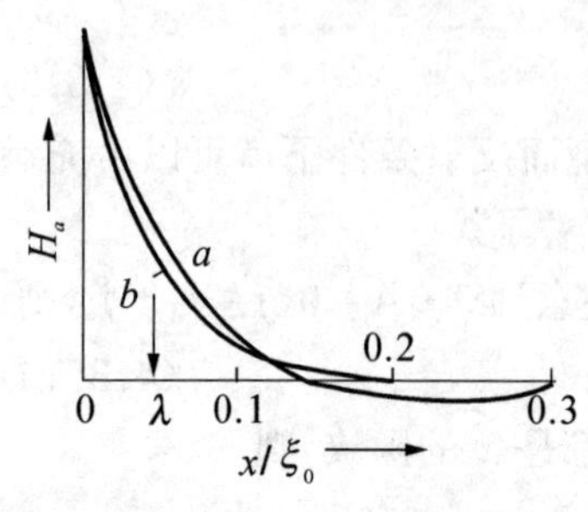

图 4.5　由 Pippard 理论和 London 理论得出的磁场在超导体中分布的比较

(a) Pippard;(b) London

图 4.5 中曲线 a 就是按(4.3.18)式画出的按照 Pippard 方程得到的磁场在超导体中的分布,计算中取 $\xi_p=13.42\lambda_\infty$,曲线 b 是按照 London 方程的指数衰减分布。由图 4.5 看出,曲线 a 在起初比曲线 b 下降慢,后来下降快。在 x/ξ_0～0.15 以后,H_a 成为负值(磁场反向),但绝对值很小。总的说来,两条曲线的区别不大,在一般的讨论磁场分布时,适当地选择 λ 值,就可以用指数分布 $H(x)=H_a\mathrm{e}^{-x/\lambda}$来足够精确地代替曲线 a。

定义穿透深度

$$\lambda=\frac{1}{H_a}\int_0^{\infty}H(x)\mathrm{d}x \tag{4.3.19}$$

由(4.3.18)式有

$$\lambda=\frac{2}{\pi}\int_0^{\infty}\frac{\mathrm{d}k}{K(k)+k^2} \tag{4.3.20}$$

在漫反射条件下,可得

$$\lambda=\frac{\pi}{\int_0^{\infty}\ln\left[1+\frac{K(k)}{k^2}\right]\mathrm{d}k} \tag{4.3.21}$$

4.4　Pippard 理论之成功与不足

Pippard 理论最重要的贡献是引进了非局域的概念,即在超导体中超导电子之间是相关(干)的,其相关范围是 ξ_p,这说明超导序参量 ω 是渐变的,而不是如图 4.1 中所指出的 London 刚性模型那样,ω 从内部一直延伸到超导表面。图 4.6 给出序参量 ω 或超导电子数、磁场对超导体的穿透在空间变化的示意图。在离表面

λ 的范围内，磁场的穿透导致这个区域为正常区，也就是 London 理论给出的抗磁能的减少区；在离表面 ξ_p 的范围内虽然是无超导电子的正常区，但它并不为磁场所穿透，所以在 $\xi-\lambda$ 区中是净的无磁场穿透的正常区。由于 $g_n - g_s = \mu_0 H_c^2/2$，所以在 $\xi-\lambda$ 区域中的自由能密度要比超导区高出 $\mu_0 H_c^2/2$，将界面能写为

$$\sigma_{ns} = \frac{\mu_0 H_c^2}{2}(\xi-\lambda) \tag{4.4.1}$$

从上式看到如果 $\xi>\lambda$，则 σ_{ns} 为正；如果 $\xi<\lambda$，则 σ_{ns} 为负。Pippard 理论最成功之处是指出界面能既可为正也可为负，Pippard 理论解决了 London 理论得到界面能只能为负，从而推论出必须无限分层的不合理结论的问题。

Pippard 理论的不足是不能解释 λ 与 H_a 有关。

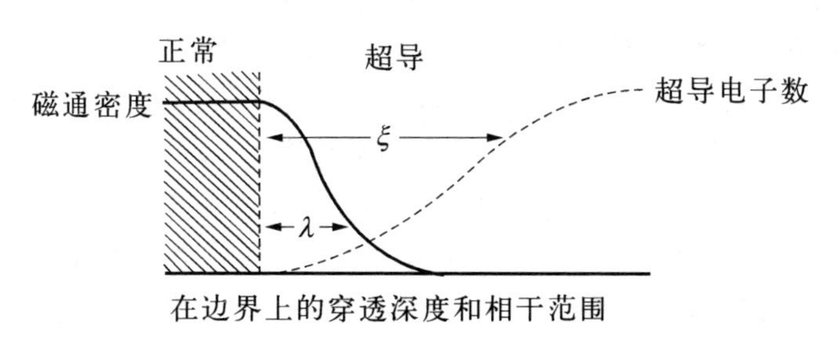

图 4.6

第 5 章　Ginzburg－Landau(GL)理论

仔细地分析 Pippard 理论的建立，我们发现一个十分有趣的问题。Pippard 研究了 London 理论的不足：因为由 London 理论得出，在穿透深度 λ_L 内，当外磁场 H_a 从零增加到 H_c 时熵密度增加了 25%，但由 $\lambda=\lambda(H_a)$ 的实验结果得出熵密度只增加了 6%。为了克服 London 理论给出的不合理的高熵密度，Pippard 提出超导电子必须是相关的，它们之间存在一个相干长度 ξ_p，熵的变化不是在 λ_L 上而是在 ξ_p 上，这样在 ξ_p 上熵的增加将可以是 6%。他还进一步分析了量子效应，证明了 ξ_p 的存在。Pippard 由此建立了非定域方程。然而这个方程恰不能解决建立理论的前提，即 λ 为什么与磁场有关，其原因是 Pippard 虽然从 $\lambda=\lambda(\boldsymbol{H}_a)$ 出发考虑了测不准关系，但他在建立方程时恰又忽略了这个测不准关系造成的不可忽略的零能。

因此我们进一步分析一下 London 和 Pippard 理论适用的范围是有必要的。在磁场作用下，超导体的超流电子密度 n_s，一般不仅依赖于温度 T，而且还应是位置 $\boldsymbol{r}$ 和磁场 $\boldsymbol{H}$ 的函数。而在 London 和 Pippard 理论中，λ_L，$\lambda=\lambda_L(\xi_0/\xi_p)^{1/2}$ 及 λ_∞ 中的 n_s 只依赖于 T，这就意味着这两个理论只有对弱磁场（$H_a\ll H_c(T)$）中的均匀超导体（n_s 与 $\boldsymbol{r}$ 无关）才适用。再则，正是由于它们只是弱场理论，显然 $\boldsymbol{j}_s$ 和 $\boldsymbol{A}$ 之间可近似为线性关系。

从图 3.8 的实验结果看到 $\lambda=\lambda(H_a)$，从(3.3.3)式和 $\boldsymbol{B}=\nabla\times\boldsymbol{A}$ 可得

$$\mu_0\lambda_L^2\boldsymbol{j}+\boldsymbol{A}=0$$

如果用实验值 $\lambda(\boldsymbol{H}_a)$ 代替 λ_L 则上式变为

$$\mu_0\lambda^2(\nabla\times\boldsymbol{A})\boldsymbol{j}+\boldsymbol{A}=0$$

显然 $\boldsymbol{j}$ 和 $\boldsymbol{A}$ 之间是非线性关系。

从研究热力学相变我们知道 H_c 是超导体的一个重要参量，因此研究在接近于 H_c 时的电流规律是重要的。而在接近 H_c 时，$\boldsymbol{j}$ 和 $\boldsymbol{A}$ 之间就不能认为是线性的。再者由测不准关系 $\xi\Delta p\approx\hbar$，得到 $(\Delta p^2)/2m\sim10^{-3}\ \mathrm{J/cm^3}$，这个值相当于

5×10^{-2} T 的磁场能,因此零点振动能是一个不可忽略的量。GL 理论正是考虑了这些而建立的。

5.1 自由能和 GL 方程

1937 年 Landau 提出的一般二级相变理论建立在如下三个基本假设的基础上(见 Laudau 和 Lifshitz，1958①)：

(a) 存在一个有序参量 Ψ,这个 Ψ 在相变时为零;

(b) 自由能可以按 Ψ 的幂次展开;

(c) 展开式的系数是 T 的有规律的函数。

按照 Landau 的这些基本假设,Ginzburg - Landau②(以下简称 GL)将超导体的自由能密度 f_s 和 Gibbs 自由能密度 g_s 写成

$$g_s = g_n + \alpha|\Psi|^2 + \left(\frac{\beta}{2}\right)|\Psi|^4 + \cdots \tag{5.1.1}$$

由于 $g = f - \boldsymbol{B}\cdot\boldsymbol{H}$,无外磁场时,$g = f$。GL 引进这个有序参量 Ψ 的物理意义是 $|\Psi|^2 = n_s$,n_s 是超导电子的密度,因此 Ψ 是一种超导电子的波函数。g_n 是正常态的 Gibbs 自由能密度。按照 Landau 的二级相变理论的假设(c),系数 α 和 β 必须有如下性质:

在 $T<T_c$ 时,$\alpha(T)$是负的,而且在 $T=T_c$ 时为零,斜率 $\mathrm{d}\alpha/\mathrm{d}T$ 在 $T=T_c$ 时保持有限,接近于 T_c,$\alpha(T)$可以写为

$$\alpha(T) = (T - T_c)\left(\frac{\mathrm{d}\alpha}{\mathrm{d}T}\right)_{T=T_c} \tag{5.1.2}$$

因为 $\beta(T)$是$|\Psi|^4$ 的系数,所以只需保留 $\beta(T)$的级数展开的第一项,即

$$\beta(T) = \beta(T_c) = \beta_c \tag{5.1.3}$$

将自由能对$|\Psi|^2$ 求极小,则给出在零场中的平衡值

$$|\Psi|^2 = -\frac{\alpha}{\beta_c} \tag{5.1.4}$$

---

① L. D. Landau and E. M. Lifshitz, *Statistical Physics*, London, Pergamon Press, (1958), 434.

② V. L. Ginzburg and L. D. Landau, *J. Exp. Theor. Phys.*, U.S.S.R., **20**(1950), 1064.

对于 $T=T_c$，方程(5.1.4)使$|\Psi|$为零。相应于(5.1.4)式的自由能为

$$g_s = g_n - \frac{\alpha^2}{2\beta_c} \tag{5.1.5}$$

我们知道 $g_n - g_s = \mu_0 H_c^2(T)/2$，所以在接近 T_c 时，从(5.1.5)式有

$$H_c^2(T) = \frac{\alpha^2}{\mu_0\beta_c} = \frac{(T_c - T)^2}{\mu_0\beta_c}\left(\frac{d\alpha}{dT}\right)^2_{T=T_c} \tag{5.1.6}$$

方程(5.1.5)和(5.1.6)给出 $g_n - g_s \approx (T - T_c)^2$，这是 Landau 二级相变理论的一般结果。(5.1.6)式给出的 $H_c(T)$ 正比于 $(T - T_c)$，它一致于 T 接近 T_c 时，H_c 随 T 的变化

$$H_c(T) = H_c(0)\left[1 - \left(\frac{T}{T_c}\right)^2\right] \tag{5.1.7}$$

方程(5.1.1)仅限于序参量 Ψ 在整个样品中是常数的情况，假如 Ψ 有一个空间变化，那么在(5.1.1)式中必须含对空间的导数项。我们知道当超导体置于磁场中，磁场将导致 Ψ 在空间的不均匀性，因此 Gibbs 自由能密度 $g_s(H_a)$ 中不仅要增加在超导体内部的磁场能密度的贡献 $B^2/2\mu_0$，而且还要附加一项与 Ψ 的梯度有关系的额外能。从量子力学知道梯度项将贡献于电子的动能密度。为了保持规范不变，GL 假设额外的能量密度项是

$$\frac{1}{2m}|-\mathrm{i}\,\hbar\nabla\Psi - e\boldsymbol{A}\Psi|^2 \tag{5.1.8}$$

矢势 $\boldsymbol{A}$ 有 $\nabla\times\boldsymbol{A}(\boldsymbol{r}) = \boldsymbol{B}(\boldsymbol{r})$，$\boldsymbol{B}(\boldsymbol{r})$ 是超导体内部的磁场，显然(5.1.8)式是考虑量子效应的结果。这个量子动能项恰自然地考虑了有效波函数梯度贡献的能量。因此(5.1.1)式将修正为

$$g_s(H_a) = f_n(0) + \alpha|\Psi|^2 + \frac{\beta}{2}|\Psi|^4 + \frac{1}{2m}|1 - i\,\hbar\nabla\Psi - e\boldsymbol{A}\Psi|^2$$

$$+ \frac{1}{2\mu_0}B^2 - \boldsymbol{B}\cdot\boldsymbol{H}_a \tag{5.1.9}$$

其中 $B^2/2\mu_0$ 是磁场能，$-\boldsymbol{B}\cdot\boldsymbol{H}_a$ 是抗磁能。对稳定态，必须由 $g_s(H_a)$ 分别对 Ψ 和 $\boldsymbol{A}$ 求极值，由常规的变分，得

$$\frac{1}{2m}(-\mathrm{i}\,\hbar\nabla - e\boldsymbol{A})^2\Psi + \alpha\Psi + \beta|\Psi|^2\Psi = 0 \tag{5.1.10a}$$

其边界条件是

$$\boldsymbol{n}\cdot(-\mathrm{i}\hbar\nabla\Psi - e\boldsymbol{A})\Psi = 0 \tag{5.1.10b}$$

$$\frac{1}{\mu_0}\nabla\times\boldsymbol{B}=-\frac{\hbar e}{2\mathrm{i}m}(\Psi^*\nabla\Psi-\Psi\nabla\Psi^*)-\frac{e^2}{m}|\Psi|^2\boldsymbol{A}=\boldsymbol{j}_\mathrm{s} \quad (5.1.11\mathrm{a})$$

其边界条件是

$$\boldsymbol{n}\times\left(\frac{\boldsymbol{B}}{\mu_0}-\boldsymbol{H}_a\right)=0 \quad (5.1.11\mathrm{b})$$

(5.1.11a)式中第二个等式是由$\frac{1}{\mu_0}\nabla\times\boldsymbol{B}=\boldsymbol{j}_\mathrm{s}$写出的。通常把(5.1.10a)式和(5.1.11a)式称之为GL方程。(5.1.10a)式称为第一GL方程,又简称GL Ⅰ;(5.1.11a)式为第二GL方程,简称为GL Ⅱ。

在弱磁场情况下,$H_a\approx0$,波函数Ψ实际上保持常数Ψ_0,也就是Ψ是刚性的,$\nabla\Psi=0$,$\Psi\approx\Psi_0$,再用$\boldsymbol{B}=\nabla\times\boldsymbol{A}$,GL Ⅱ简化为

$$\nabla^2\boldsymbol{A}\approx\frac{\mu_0 e^2}{m}|\Psi_0|^2\boldsymbol{A}=\frac{\mu_0 e^2 n_\mathrm{s}}{m}\boldsymbol{A} \quad (5.1.12)$$

这里Ψ的下标“0”表示零场的值。(5.1.12)式正是London方程。由此我们看到在弱磁场中Ψ_0延伸到整个超导体,也就是超导电子的有效波函数是硬的,GL方程即为London方程。而当磁场强时,超导电子密度n_s不仅是T的函数而且也是$\boldsymbol{r}$和$\boldsymbol{H}_a$的函数,因而$n_\mathrm{s}(T,\boldsymbol{r},\boldsymbol{H}_a)$就不能写成(5.1.12)式中的$n_\mathrm{s}$了,此时$n_\mathrm{s}$是空间的函数,那么它的有效波函数在空间就一定有梯度$\nabla\Psi$。所以我们看到GLⅡ方程是对London方程的推广,但只有这个方程还不行,这个方程没有给出n_s与$\boldsymbol{H}_a$的关系,换句话说$n_\mathrm{s}(\boldsymbol{r})$还是一个未知数。$n_\mathrm{s}(\boldsymbol{r})$如何确定构成了GL理论的核心。GL第一方程,即(5.1.10)式就是解决这个问题的方程。两个方程的联立确定了在超导体中的$\boldsymbol{A}$的分布和n_s如何随$\boldsymbol{r}$和$\boldsymbol{H}_a$变化。

另外,由(5.1.2)式、(5.1.3)式和(5.1.6)式看到只有在T接近T_c时,Landau的二级相变理论给出的对有序参量Ψ的展开才能符合超导体的临界磁场$H_\mathrm{c}(T)$随温度T的变化规律(5.1.6)式。在建立GL方程时,我们看到其本质是(5.1.8)式给出的梯度项。既然磁场使超导体产生梯度,那么它就表现出非局域的形式。但要注意,这个非局域的GL处理是在$T\to T_\mathrm{c}$时得到的,因此$\lambda\gg\xi_0$,所以可以不问超导电性的非局域的电磁性质,而认为GL理论仍属于局域范畴。

重要的是GL方程(5.1.11)给出的是非线性的行为,它使$\boldsymbol{j}$和$\boldsymbol{A}$之间必然是非线性关系。

原则上说,由GL Ⅰ、GL Ⅱ和Maxwell方程可以解出在任何磁场下的超导体内部的$\Psi(T,\boldsymbol{r},\boldsymbol{H})$以及$\boldsymbol{A}(T,\boldsymbol{r})$,但迄今对这个方程尚未找到严格解。能求解的只在如下近似情况下:

(a) 零场，$\Psi=\Psi_0$；

(b) 弱场，Ψ 缓变，近似认为$\nabla\Psi=\nabla\Psi^*=0$；

(c) 薄膜，假如膜的厚度 d 可以和相干长度 ξ 相比拟，则可近似认为 Ψ 在 d 上缓变，即$\nabla\Psi=\nabla\Psi=0$；

(d) 强场，在临界磁场下可认为 Ψ 趋向于零，则可忽略 GL Ⅰ中的高次项$|\Psi|^3$；

(e) 接近临界磁场，Abrikosov① 近似求解了 GL 方程，称为著名的 Abrikosov 理论。得到新的涡旋线的概念和磁通点阵的周期结构，大大地发展了 GL 理论。

和 London 理论一样，GL 理论也是唯象理论，是由物理直觉提出的模型而建立的。直到 1959 年 Gorkov② 用后面要介绍的、比 GL 理论晚 7 年的 BCS 微观理论，由格林函数方法，在一种严格的极限下推导出 GL 方程，指出 GL 理论有效的条件是：磁矢势 $\boldsymbol{A}$ 和序参量 Ψ 随空间位置变化缓慢。Gorkov 给 GL 理论以严格的理论基础，所以文献中也经常称 GLAG 理论。

为了了解 GL 理论参量的物理意义，本章只讨论弱磁场下和 $\kappa\gg1$ 的 GL 方程的解。薄膜中 GL 方程的解将在第 9 章讨论，强磁场下 GL 的解将在第 7 章中讨论。

5.2 在磁场中 GL 方程的解

5.2.1 $H_a\approx0$ 的情况

此时 $\Psi\approx\Psi_0$，则 GL Ⅱ为

$$\nabla^2\boldsymbol{A}=-\boldsymbol{j}_s=\frac{1}{\lambda_0^2}\boldsymbol{A} \tag{5.2.1}$$

$$\lambda_0^2=\frac{m}{\mu_0e^2\Psi_0^2}$$

λ_0 表示在零磁场中磁场对超导体的穿透深度。方程(5.2.1)和 London 方程的不同只在 λ_0，当 $\Psi_0^2=n_s$ 时，它就是 London 穿透深度 λ_L，由于 $H_a\approx0$，可以认为超导

① A.A. Abrikosov, *J. Exp. Theor. Phys.*, U.S.S.R., **32**(1957), 1442.

② L.P. Gorkov, *J. Exp. Theor. Phys.*, U.S.S.R., **37**(1959), 1407.

体内的 $\boldsymbol{B}$ 很小,近似可以忽略,即可令 $\boldsymbol{A}=0$,因此 GL Ⅱ简化为

$$\alpha\Psi+\beta|\Psi|^2\Psi-\frac{\hbar^2}{2m}\nabla^2\Psi=0 \tag{5.2.2}$$

选取 Ψ 的实数规范,引入无量纲约化波函数

$$f=\frac{\Psi}{\Psi_0} \tag{5.2.3}$$

代入上式,并将 α 前的负号放入负值的 α 内取正值,以 $|\alpha|$ 表示,根据(5.1.4)式,则(5.2.2)式简化为

$$\frac{\hbar^2}{2m|\alpha|}\nabla^2 f+f-f^3=0 \tag{5.2.4}$$

令

$$\xi^2(T)=\frac{\hbar^2}{2m|\alpha|} \tag{5.2.5}$$

因此(5.2.4)式进一步简化为

$$\xi^2(T)\nabla^2 f=-f(1-f^2) \tag{5.2.6}$$

设超导样品是半无限大样品,占满 $x>0$ 空间,则(5.2.6)式再简化为

$$\xi^2(T)\frac{\mathrm{d}^2 f}{\mathrm{d}x^2}=-f(1-f^2) \tag{5.2.7}$$

其边界条件是

$$\begin{cases} f\to 1,\dfrac{\mathrm{d}f}{\mathrm{d}x}\to 0, & \text{当 } x\to\infty \\ f\to 0, & \text{当 } x\to 0 \end{cases} \tag{5.2.8}$$

将(5.2.7)式乘以 $2\dfrac{\mathrm{d}f}{\mathrm{d}x}$ 并积分,用(5.2.8)式的边界条件,则得到

$$\xi^2(T)\left(\frac{\mathrm{d}f}{\mathrm{d}x}\right)^2=\frac{1}{2}(1-f^2)^2 \tag{5.2.9}$$

由 $f=\Psi/\Psi_0$ 值随 x 增大而增大,故取

$$\frac{\mathrm{d}f}{\mathrm{d}x}=\frac{1-f^2}{\sqrt{2}\xi(T)} \tag{5.2.10}$$

对上式积分,并用边界条件,有

$$f(x)=\mathrm{th}\frac{x}{\sqrt{2}\xi(T)} \tag{5.2.11}$$

5.2.2 弱磁场情况

现在讨论一个半无限超导体。取 x 垂直于半无限的超导表面，以超导表面为 $x=0$，x 垂直超导面向超导体内部，H_a 沿 z 轴，$\Psi(x,y,z)=\Psi(x)$，则 GL 方程变为

$$\frac{\mathrm{d}^2\Psi}{\mathrm{d}x^2}-\frac{2m}{\hbar^2}\alpha\left(1+\frac{e^2}{2m\alpha}A^2\right)\Psi-\frac{2m}{\hbar^2}\beta_c\Psi^3=0 \tag{5.2.12a}$$

$$\frac{\mathrm{d}^2A}{\mathrm{d}x^2}-\frac{\mu_0e^2}{m}\Psi^2A=0 \tag{5.2.12b}$$

如果令(5.2.12b)式中 $\lambda^2=m/\mu_0e^2\Psi^2$，则(5.2.12b)式变成(5.2.1)式的形式，λ 为穿透深度，但 λ 不同于 λ_0，λ_0 中 Ψ_0^2 是常数，而 λ 中的 Ψ^2 与磁场有关，$\lambda=\lambda(T,H_a)$，通常称它为 GL 穿透深度。λ 中的 Ψ 要由(5.2.12a)式确定。

如果令 $\kappa^2=2m^2\beta_c/\mu_0e^2\hbar^2$，并用(5.1.4)式、(5.1.6)式和 $\lambda_0^2=m/\mu_0e^2\Psi_0^2$，方程(5.2.12)简化为

$$\frac{\mathrm{d}^2\Psi}{\mathrm{d}x^2}=\frac{\kappa^2}{\lambda_0^2}\left[-\left(1-\frac{A^2}{2H_c^2\lambda_0^2}\Psi\right)+\frac{\Psi^3}{\Psi_0^2}\right] \tag{5.2.13a}$$

$$\frac{\mathrm{d}^2A}{\mathrm{d}x^2}-\frac{1}{\lambda^2}A=0 \tag{5.2.13b}$$

为了解方程(5.2.13)，我们引进无量纲参量①，令

$$f(\boldsymbol{r})=\Psi(\boldsymbol{r})/\Psi_0$$

$$\boldsymbol{r}'=\boldsymbol{r}/\lambda_0(T)\quad 则\ x'=x/\lambda_0(T)$$

$$\boldsymbol{h}(\boldsymbol{r})=\boldsymbol{H}(\boldsymbol{r})/\sqrt{2}H_c$$

$$\boldsymbol{h}(\boldsymbol{r})=\boldsymbol{A}(\boldsymbol{r})/\sqrt{2}\mu_0H_c\lambda_0(T)$$

则(5.2.13)式可写成

$$-\frac{1}{\kappa^2}\frac{\mathrm{d}^2f}{\mathrm{d}x'^2}=(1-\mathscr{A}^2)f-f^3 \tag{5.2.14a}$$

$$\frac{\mathrm{d}^2\mathscr{A}}{\mathrm{d}x'^2}=f^2\mathscr{A} \tag{5.2.14b}$$

边界条件为

---

① D. Saint-James, E. J. Thomas and G. Sarma, *Type* Ⅱ *Superconductivity*, Pergamon Press Ltd., Copyright (1969).

$$f=0, h(x')=\left.\frac{\mathrm{d}\mathscr{A}}{\mathrm{d}x'}\right|_{x'=0}=h_a，当 x'=0$$

$$f=1, h(x')=\mathscr{A}(x')=0，当 x'\to\infty$$

在弱磁场下，Ψ 变化很小，且 h_a 是小于1的量，则 $f(x')$ 可以展开为 h_a 的幂级数

$$f(x')=1+f_1(x')h_a^2+f_2(x')h_a^4+\cdots \tag{5.2.15a}$$

由于外磁场正、反方向 $f(x')$ 是一样的，考虑对称性，故展成 h_a 的偶次项，f_1 和 f_2 是待定系数。

将 $\mathscr{A}(x')$ 也在 h_a 附近展开，得

$$\mathscr{A}(x')=A_1(x')h_a+A_2(x')h_a^3+\cdots \tag{5.2.15b}$$

其中 A_1 和 A_2 也是待定的。

把(5.2.15a)式和(5.2.15b)式代入(5.2.14a)式，得

$$\frac{\mathrm{d}^2 f}{\mathrm{d}x'^2}=-\kappa^2[(-2f_1-A_1^2)h_a^2+(-2A_1A_2-f_1A_1^2-2f_2-3f_1)h_a^4+\cdots] \tag{5.2.16a}$$

而对(5.2.15a)式的两次微商得

$$\frac{\mathrm{d}^2 f}{\mathrm{d}x'^2}=\frac{\mathrm{d}^2 f_1}{\mathrm{d}x'^2}h_a^2+\frac{\mathrm{d}^2 f_2}{\mathrm{d}x'^2}h_a^4+\cdots \tag{5.2.16b}$$

比较(5.2.16a)式和(5.2.16b)式中 h_a^2 项的系数可得

$$\frac{\mathrm{d}^2 f_1}{\mathrm{d}x'^2}=\kappa^2(2f_1+A_1^2) \tag{5.2.17a}$$

把(5.2.15a)式和(5.2.15b)式代入(5.2.14b)式，比较 h_a 的系数得

$$\frac{\mathrm{d}^2 A_1}{\mathrm{d}x'^2}=A_1 \tag{5.2.17b}$$

再比较 h_a^3 的系数，得 A_2 的方程

$$\frac{\mathrm{d}^2 A_2}{\mathrm{d}x'^2}=A_2+2f_1A_1 \tag{5.2.17c}$$

方程(5.2.17a)和(5.2.17b)是联立的方程。

用 $f(x')$ 和 $\mathscr{A}(x')$ 的边界条件，由(5.2.15a)式和(5.2.15b)式可得到 f_1、A_1 和 A_2 相应的边界条件。

从(5.2.17b)式先求 A_1，这是一个二阶齐次微分方程，它的解为

$$A_1(x')=C_1\mathrm{e}^{x'}+C_2\mathrm{e}^{-x'}$$

用边界条件得 $C_1=0, C_2=-1$，则

$$A_1(x')=-e^{x'} \tag{5.2.18}$$

代入(5.2.17a)式

$$\frac{d^2 f_1}{dx'^2}-2\kappa^2 f_1=\kappa^2 e^{-2x'}$$

这是一个二阶非齐次常微分方程,它的解为

$$f_1(x')=d_1 e^{\sqrt{2}\kappa x'}+d_2 e^{-\sqrt{2}\kappa x'}+\frac{\kappa^2}{2(2-\kappa^2)}e^{-2x'}$$

利用边界条件得到

$$d_1=0,\quad d_2=-\frac{\kappa}{\sqrt{2}(2-\kappa^2)}$$

所以

$$f_1(x')=\frac{\kappa}{\sqrt{2}(2-\kappa^2)}\left(\frac{\kappa}{\sqrt{2}}e^{-2x'}-e^{-\sqrt{2}\kappa x'}\right) \tag{5.2.19}$$

把(5.2.18)式和(5.2.19)式代入(5.2.17c)式可得到 A_2 的解

$$\begin{aligned}A_2(x')=\frac{\kappa}{\sqrt{2}(2-\kappa^2)}\Bigg[&\frac{\kappa}{4\sqrt{2}}e^{-3x'}-\frac{1}{\kappa(\kappa+\sqrt{2})}e^{(\sqrt{2}\kappa+1)x'}\\&-\frac{3\kappa^3+3\sqrt{2}\kappa^2-8\kappa-4\sqrt{2}}{4\sqrt{2}\kappa(\kappa+\sqrt{2})}e^{-x'}\Bigg]\end{aligned} \tag{5.2.20}$$

这样

$$\mathscr{A}(x')=-\ h_a e^{-x'}+h_a^3 A_2(x') \tag{5.2.21a}$$

$$f(x')=1+f_1(x')h_a^2 \tag{5.2.21b}$$

把(5.2.19)式代入(5.2.21b)式就得到 Ψ 的一级近似解

$$f(x')=1+h_a^2\frac{k}{\sqrt{2}(2-\kappa^2)}\left(\frac{\kappa}{\sqrt{2}}e^{-2x'}-e^{-\sqrt{2}\kappa x'}\right)$$

即

$$\frac{\Psi(x)}{\Psi_0}=1+\frac{H_a^2}{2H_c^2(T)}\frac{\kappa}{\sqrt{2}(2-\kappa^2)}\left[\frac{\kappa}{\sqrt{2}}e^{-\frac{2x}{\lambda_0(T)}}-e^{-\sqrt{2}\kappa\frac{x}{\lambda_0(T)}}\right] \tag{5.2.22a}$$

由 $\Psi(x)$的解,我们可以看到 Ψ 不仅是温度的函数而且也是磁场H_a 和位置x 的函数。

对于 $\mathscr{A}(x)$,我们取(5.2.21a)式的第一项得一级近似解

$$\mathscr{A}(x)=\frac{H_a}{\sqrt{2}H_c(T)}e^{-\frac{x}{\lambda_0(T)}} \tag{5.2.22b}$$

(5.2.22b)式给出 $\mathscr{A}(x)$，即 $A(x)$ 是 $e^{-x/\lambda_0(T)}$ 的衰减函数. 这和 London 理论是一致的，$\lambda=\lambda_0(T)$ 与 $\boldsymbol{H}$ 和 $\boldsymbol{r}$ 无关，这再次证明了 GL 理论是局域的理论，而 London 理论是 GL 理论的弱磁场近似。

5.2.3　$\kappa\gg1$ 时 GL 方程的解析解

我们提出对于高温超导体，$\kappa\gg1$，因此可以略去 $\frac{1}{\kappa^2}\frac{d^2 f}{dx^2}$ 项，则(5.2.14a)式变为

$$1-\mathscr{A}^2=f^2 \tag{5.2.23}$$

将(5.2.23)式代入(5.2.14b)式得

$$\frac{d^2\mathscr{A}}{dx'^2}=\mathscr{A}-\mathscr{A}^3 \tag{5.2.24}$$

将(5.2.24)式乘以 $2\frac{d\mathscr{A}}{dx'}$ 并积分，得

$$\left(\frac{d\mathscr{A}}{dx'}\right)^2=\mathscr{A}^2\left(1-\frac{1}{2}\mathscr{A}^2\right)+C \tag{5.2.25}$$

用边界条件，当 $x'\to\infty$，$f\to1$，$\mathscr{A}\to0$，得 $C=0$，则(5.2.25)式变成

$$\left(\frac{d\mathscr{A}}{dx'}\right)^2=\mathscr{A}^2\left(1-\frac{\mathscr{A}^2}{2}\right) \tag{5.2.26}$$

当 $x>0$ 时，我们知道 $\mathscr{A}<0$ 及 $\frac{d\mathscr{A}}{dx'}>0$，所以

$$\frac{d\mathscr{A}}{dx'}=-\mathscr{A}\sqrt{1-\frac{\mathscr{A}^2}{2}} \tag{5.2.27}$$

积分(5.2.27)式，并用边界条件 $x=0$ 时，$h(x')=\left.\frac{d\mathscr{A}}{dx'}\right|_{x=0}=h_a$，$f=1$，得

$$\mathscr{A}(x')=-\frac{\sqrt{2}}{\mathrm{ch}(x'-v)} \tag{5.2.28}$$

再由(5.2.23)式得

$$f(x')=\sqrt{1-\frac{2}{\mathrm{ch}^2(x'-v)}} \tag{5.2.29}$$

常数 v 为

$$-\sqrt{2}\frac{\mathrm{sh}\,v}{\mathrm{ch}^2 v}=h_a \tag{5.2.30}$$

5.3 特征长度 $\lambda(T, H_a)$，$\xi(T)$ 和 GL 参量 κ

5.3.1 $\lambda(T, H_a)$

上节已经给出在弱场近似下，λ_0 就是 London 理论的结果，而一般情况下 GL 穿透深度 λ 是和 λ_L 不同的，由定义

$$\lambda = \frac{1}{H_a}\int_0^\infty H(x)\mathrm{d}x$$

因为 $\mu_0 H(x) = \mathrm{d}A(x)/\mathrm{d}x$，所以

$$\lambda = \frac{1}{H_a}\int_0^\infty \frac{1}{\mu_0}\frac{\mathrm{d}A(x)}{\mathrm{d}x}\mathrm{d}x = -\frac{A(0)}{\mu_0 H_a} \qquad (A(\infty) = 0) \tag{5.3.1}$$

而

$$\boldsymbol{A}(\boldsymbol{r}) = \mathscr{A}(\boldsymbol{r})\sqrt{2}\mu_0 H_c \lambda_0(T) \tag{5.3.2}$$

把(5.2.21a)式和(5.3.2)式代入(5.3.1)式得

$$\lambda(T, H_a) = \lambda_0(T)\left[1 + \frac{\kappa(\kappa + 2\sqrt{2})}{8(\kappa + \sqrt{2})^2}\left(\frac{H_a}{H_c}\right)^2\right] \tag{5.3.3}$$

当 $H_a = H_c$ 时，近似地用(5.3.3)式得

$$\frac{\Delta\lambda}{\lambda_0} = \frac{\lambda(T, H_c) - \lambda_0(T)}{\lambda_0(T)} = \frac{\kappa(\kappa + 2\sqrt{2})}{8(\kappa + \sqrt{2})^2} \tag{5.3.4}$$

若取 Sn 的 $\kappa = 0.165$，则

$$\frac{\Delta\lambda}{\lambda_0} \approx 0.02$$

这和 Pippard 的实验结果符合地很好。这个结果告诉我们，虽然 GL 理论是在接近于 T_c 下得出的，以致 $\lambda_0 \gg \xi_0$，使 GL 理论属于 London 极限，但它却不同于 London 理论，在 London 模型中 $\xi_0 = 0$，$\Psi = \Psi_0 =$ 常数，而 GL 理论中由于磁场的存在将使 Ψ 存在一个梯度，$\Psi(x)$ 随磁场 H_a 而变化，因而 λ 是磁场的函数。

必须指出(5.3.3)式是在 $h_a=H_a/H_c$ 小的前提下得到的，它不适用于 $H_a=H_c$ 的情况，(5.3.4)式应为

$$\frac{\Delta\lambda}{\lambda_0}=\frac{\kappa(\kappa+2\sqrt{2})}{8(\kappa+\sqrt{2})^2}\left(\frac{H_a}{H_c}\right)^2 \tag{5.3.5}$$

取 $\kappa=0.165$，则

$$\frac{\Delta\lambda}{\lambda_0}\approx 0.02\left(\frac{H_a}{H_c}\right) \tag{5.3.6}$$

(5.3.6)式只能说明 λ 是与磁场有关的，与实验定性一致，我们进一步注意到由于(5.3.3)式是对任何 κ 值都成立的，当 $\kappa\gg 1$ 时，(5.3.3)式变为

$$\lambda(T,H_a)=\lambda_0(T)\left[1+\frac{1}{8}\left(\frac{H_a}{H_c}\right)^2\right] \tag{5.3.7}$$

这意味着在高温超导体中 $\lambda(T,H_a)$ 是遵从(5.3.7)式的，如上所述，这也只能是定性说明。

我们的高 κ 解析解是对任何 H_a 都成立的，所以由此探讨 $\lambda(T,H_a)$ 关系是合适的。将(5.2.28)式代入(5.3.1)式得

$$\lambda=-\lambda_0\frac{\mathrm{ch}\,v}{\mathrm{sh}\,v} \tag{5.3.8}$$

将(5.2.30)式代入(5.3.8)式得

$$\lambda=\frac{\sqrt{2}\lambda_0}{\sqrt{1+\sqrt{1-\left(\frac{H_a}{H_c}\right)^2}}} \tag{5.3.9}$$

由(5.3.9)式给出图5.1。可见穿透深度 λ 随外场 H_a 增加而增加。当 H_a/H_c 接近于1时，λ 迅速增加。

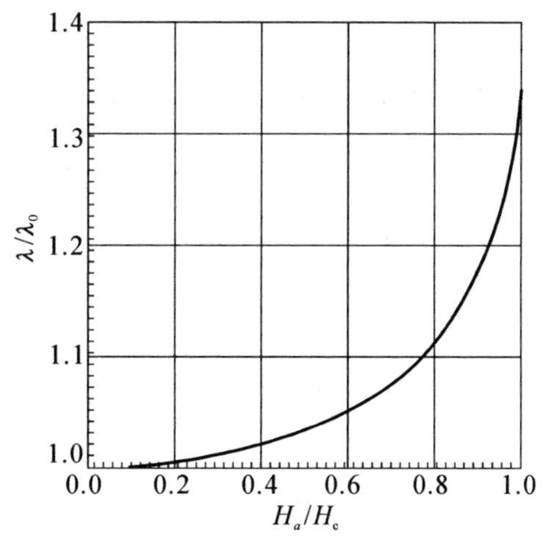

图5.1 半无穷大高温超导体的 λ 和 H_a 的理论结果

5.3.2 $\xi(T)$

由(5.2.11)式给出无限大样品表面附近 f 的空间变化曲线，如图5.2。它和第4章中所述的相干长度很类似，$\xi(T)$ 是超导有序度在空间的变化范围。我们称它为GL相干长度。

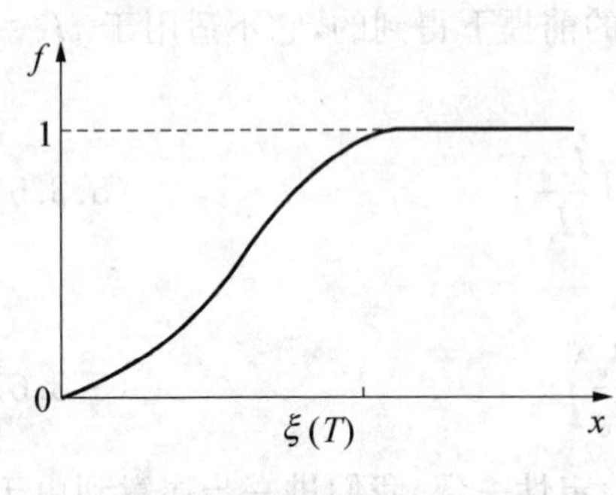

图 5.2 样品表面附近 f 的空间变化示意图

如果说表示超导体中磁场变化的特征长度是$\lambda(T)$，那么表示$\Psi(\boldsymbol{r})$变化的特征长度在$|\Delta t|\ll 1$时则是$\xi(T)$，这里$t=T/T_c$。

$\xi(T)$是T的函数，将(5.1.2)式写成

$$\alpha(T)=\alpha(T-T_c)$$

代入到(5.2.5)式中，则$\xi(T)$等于

$$\xi(T)=\xi(0)\left|\frac{T_c}{T_c-T}\right|^{\frac{1}{2}} \tag{5.3.10}$$

其中
$$\xi^2(0)=\frac{\hbar^2}{2m\alpha(0)}$$

由于$T_c/(T_c-T)\gg 1$，所以$\xi(T)\gg\xi(0)$，故GL理论的$\xi(T)$不同于Pippard的纯物质的相关长度ξ_0，ξ_0表示超导电子之间的一个相干范围，而$\xi(T)$却表示出现超导区的范围。

5.3.3 GL 参量 κ

在5.2.2中我们引入了一个理论参量κ

$$\kappa^2=\frac{2m^2\beta_c}{\mu_0 e^2\ \hbar^2} \tag{5.3.11}$$

将$\xi^2(T)=\hbar^2/2m\alpha$，$\lambda_0^2(T)=m/\mu_0 e^2\Psi_0^2(T)$，$\Psi_0^2=-\alpha/\beta_c$代入(5.3.11)式，可得

$$\kappa=\frac{\lambda_0(T)}{\xi(T)} \tag{5.3.12}$$

显然，κ是一个无量纲量。许多书中把(5.3.12)式作为κ的定义。

再用$\lambda_0(T)$和$H_c^2=\alpha^2/\mu_0\beta_c$代入(5.3.11)式得

$$\kappa=\frac{\sqrt{2}\mu_0 e}{\hbar}\lambda_0^2(T)H_c(T) \tag{5.3.13}$$

由$\lambda_0(t)=\lambda_0(0)/(1-t^4)^{1/2}$，在接近$T_c$时，

$$\lambda_0(t)=\frac{\lambda_0(0)}{2}(1-t^2)^{-1/2}=\frac{\lambda_0(0)}{2}\left(\frac{T_c}{\Delta T}\right)^{1/2},\quad \Delta T=T_c-T$$

$$H_c=\left|\frac{\mathrm{d}H_c}{\mathrm{d}T}\right|_{T=T_c}\cdot\Delta T$$

代入(5.3.13)式，得

$$\kappa=\frac{\mu_0 e}{2\sqrt{2}\hbar}\left|\frac{\mathrm{d}H_c}{\mathrm{d}T}\right|_{T=T_c}\lambda_0^2(0)\,T_c \tag{5.3.14}$$

(5.3.14)看到 κ 与温度无关,是物质常数。

5.4 两类超导体

在GL理论中,我们由解如下问题而简单地引入表面能概念①。

考虑一个无限大的超导体,这是一维问题,Ψ 仅是 x 的函数,$\boldsymbol{B}$ 的方向为 z 方向,仅是 x 的函数,即 $\boldsymbol{B}=B(x)\boldsymbol{\kappa}$,$\Psi(x)$ 和 $B(x)$ 随 x 连续变化。设样品内存在垂直于 x 方向的界面,在 $x\to\infty$ 处为超导态,在 $x\to-\infty$ 处为正常态。它具有界面条件(图5.3)为

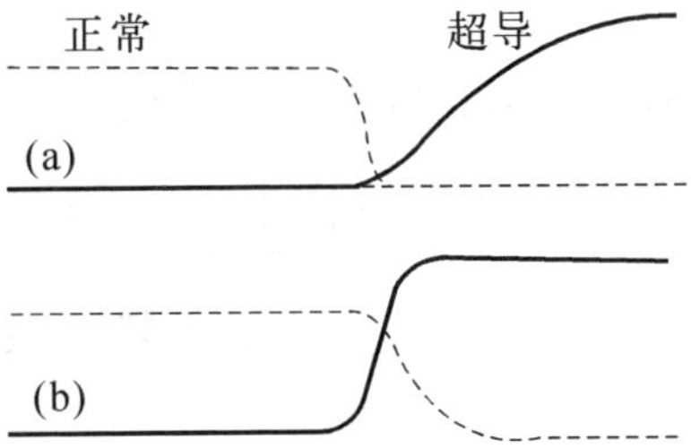

图5.3 Ψ(实线)和 h(虚线)随 x 的变化

(a) $\kappa\ll1$; (b) $\kappa\gg1$

$\Psi_{-\infty}=0, B_{-\infty}=\mu_0 H_c$,样品是正常态,当 $x\to-\infty$

$\Psi_{+\infty}=\Psi_0, B_{+\infty}=0$,样品是超导态,当 $x\to\infty$

用GL理论中Gibbs自由能表达式

$$G_s(\boldsymbol{H}_a)=\int_v \mathrm{d}v\left\{f_n(0)+\alpha|\Psi|^2+\frac{\beta}{2}|\Psi|^4 + \frac{1}{2m}|(-\mathrm{i}\hbar\nabla-e\boldsymbol{A})\Psi|^2+\frac{B^2}{2\mu_0}-\boldsymbol{B}\cdot\boldsymbol{H}_a\right\} \tag{5.4.1a}$$

对于一维,令 $\boldsymbol{B}=B(x)\boldsymbol{\kappa}$,则有

$$\boldsymbol{A}=-A(x)\boldsymbol{j}$$

$$\boldsymbol{H}_a=H_a\boldsymbol{\kappa}$$

并令垂直 x 方向的界面面积为 S,由于两相平衡,所以 $H_a=H_c$,则

$$G_s(H_c)=S\int_{-\infty}^{\infty}\mathrm{d}x\left\{f_n(0)+\alpha|\Psi|^2+\frac{\beta}{2}|\Psi|^4 + \frac{\hbar^2}{2m}\left(\frac{\mathrm{d}\Psi}{\mathrm{d}x}\right)^2+\frac{e^2A^2}{2m}|\Psi|^2+\frac{B^2}{2\mu_0}-BH_c\right\} \tag{5.4.1b}$$

---

① A. A. Abrikosov, *J. Exp. Theor. Phys.*, U.S.S.R., **32**(1957), 1442.

在零场下整个样品处于均匀超导态，Gibbs 自由能密度为 $g_s(0)$，因而上述系统无界面时 Gibbs 自由能为

$$G_s(0)=S\int_{-\infty}^{\infty}g_s(0)\mathrm{d}x=S\int_{-\infty}^{\infty}\left[g_n(0)-\frac{1}{2}\mu_0H_c^2\right]\mathrm{d}x \tag{5.4.2}$$

零场时 $g_n=f_n-\boldsymbol{B}\cdot\boldsymbol{H}_a=f_n$。

在零场时，由于自由能密度在空间中处处为 $g_s(0)$，有了界面后自由能为 $G_s(H_c)$，显然 $G_s(H_c)$ 比 $G_s(0)$ 高出的部分就是界面能，所以定义表面能密度为

$$\sigma_{ns}=\frac{1}{S}[G_s(H_c)-G_s(0)]$$

将(5.4.1b)式和(5.4.2)式代入上式得

$$\sigma_{ns}=\int_{-\infty}^{\infty}\left[\alpha|\Psi|^2+\frac{\beta}{2}|\Psi|^4+\frac{\hbar^2}{2m}\left(\frac{\mathrm{d}\Psi}{\mathrm{d}x}\right)^2+\frac{e^2A^2}{2m}|\Psi|^2+\frac{\mu_0}{2}H^2-\mu_0HH_c+\frac{\mu_0}{2}H_c^2\right]\mathrm{d}x \tag{5.4.3}$$

为了方便起见，我们仍选取 5.2 中的无量纲参数，将 GL 方程(5.1.10)式和(5.1.11)式写为

$$\left(\mathrm{i}\frac{\nabla}{\kappa}+\mathscr{A}\right)^2f=f-|f|^2f \tag{GL Ⅰ-1}$$

$$-\nabla\times\nabla\times\mathscr{A}=-\nabla\times\boldsymbol{h}=f^2\mathscr{A}+\frac{\mathrm{i}}{\kappa}(f^*\nabla f-f\nabla f^*) \tag{GL Ⅱ-1}$$

将 f 写成 $fe^{\mathrm{i}\varphi}$，则(GL Ⅰ-1)式和(GLⅡ-1)式变为

$$\left(\mathrm{i}\frac{\nabla}{\kappa}+\mathscr{A}\right)^2f=f-f^3 \tag{GL Ⅰ-2}$$

$$-\nabla\times\nabla\times\mathscr{A}=-\nabla\times\boldsymbol{h}=f^2\mathscr{A} \tag{GL Ⅱ-2}$$

由(GL Ⅰ-2)式左边交叉项

$$\frac{\mathrm{i}}{f}\frac{\nabla}{\kappa}\cdot(f^2\mathscr{A})=-\frac{\mathrm{i}}{f}\frac{\nabla}{\kappa}\cdot\nabla\times\nabla\times\mathscr{A}=0$$

并将(GL Ⅱ-2)式的$\mathscr{A}$代入(GL Ⅰ-2)式，与 $\boldsymbol{h}=\nabla\times\mathscr{A}$式消去$\mathscr{A}$，得

$$-\frac{\nabla^2}{\kappa^2}f+\frac{1}{f^3}(\nabla\times\boldsymbol{h})^2=f-f^2 \tag{GL Ⅰ-3}$$

$$f^2\boldsymbol{h}=\frac{2}{f}\mathrm{div}f\times\nabla\times\boldsymbol{h}-\nabla\times\nabla\times\boldsymbol{h} \tag{GL Ⅱ-3}$$

在(GL Ⅰ-3)式和(GL Ⅱ-3)式的推导中应用了 $\mathrm{div}\cdot\nabla=0$ 和$\nabla\times\mathrm{grad}=0$。

在一维情况下，(GL Ⅰ-3)式、(GL Ⅱ-3)式和(GL Ⅱ-2)式可写为

$$-\frac{1}{\kappa^2}\frac{\mathrm{d}^2 f}{\mathrm{d}x^2}+\frac{1}{f^3}\left(\frac{\mathrm{d}h}{\mathrm{d}x}\right)^2=f-f^3 \tag{5.4.4a}$$

$$f^2 h=-\frac{2}{f}\frac{\mathrm{d}f}{\mathrm{d}x}\frac{\mathrm{d}h}{\mathrm{d}x}+\frac{\mathrm{d}^2 h}{\mathrm{d}x^2} \tag{5.4.4b}$$

$$\mathscr{A}f^2=\frac{\mathrm{d}h}{\mathrm{d}x} \tag{5.4.4c}$$

很清楚这些量仅是 x 的函数。f 从 0 变到 1；h 从 $h_c=1/\sqrt{2}$ 变到 0。将约化量式代入(5.4.3)式则界面能将由如下形式给出

$$\sigma_{\mathrm{ns}}=H_c^2\left(\frac{\mu_0 m\beta}{e^2|\alpha|}\right)^{1/2}\int_{-\infty}^{\infty}\mathrm{d}x\left[\frac{1}{2}(1-f^2)^2+\frac{1}{f^2}\left(\frac{\mathrm{d}h}{\mathrm{d}x}\right)^2+\frac{1}{\kappa^2}\left(\frac{\mathrm{d}f}{\mathrm{d}x}\right)^2+h^2-\sqrt{2}h\right] \tag{5.4.5}$$

应用(5.4.4a)式，可将(5.4.5)式写为

$$\sigma_{\mathrm{ns}}=\frac{\mu_0 H_c^2}{2}2\lambda(T)\int_{-\infty}^{\infty}\mathrm{d}x\left[\frac{1}{2}(1-f^4)+h^2-\sqrt{2}h+\frac{1}{\kappa^2}\frac{\mathrm{d}}{\mathrm{d}x}\left(f\frac{\mathrm{d}f}{\mathrm{d}x}\right)\right] \tag{5.4.6}$$

考虑边界条件

$$f=0,\qquad \text{当 } x=-\infty$$

$$\frac{\mathrm{d}f}{\mathrm{d}x}=0,\ f=1,\qquad \text{当 } x=\infty$$

则(5.4.6)式为

$$\sigma_{\mathrm{ns}}=2\lambda(T)\frac{\mu_0 H_c^2}{2}\int_{-\infty}^{\infty}\mathrm{d}x\left[\frac{1}{2}(1-f^4)+h^2-\sqrt{2}h\right] \tag{5.4.7}$$

为了方便和习惯，引进长度 $\zeta=\sigma_{\mathrm{ns}}\Big/\frac{1}{2}\mu_0 H_c^2$，则(5.4.7)式为

$$\zeta=2\lambda(T)I \tag{5.4.8a}$$

这里的 I 是积分值

$$I=\int_{-\infty}^{\infty}\mathrm{d}x\left[\frac{1}{2}(1-f^4)+h^2-\sqrt{2}h\right] \tag{5.4.8b}$$

现在就两个极限情况计算 I：

(a) $\kappa\ll 1$

Gorkov 给出 $\kappa=\lambda_0(T)/\xi(T)$。假如 $\kappa\ll 1$，那么穿透深度 $\lambda(T)$ 将远小于相关长度 $\xi(T)$，因此我们可假设一旦 f 不等于零，则 h 就是零，则方程(5.4.4a)为

$$-\frac{1}{\kappa^2}\frac{\mathrm{d}^2 f}{\mathrm{d}x^2}=f-f^3 \tag{5.4.9}$$

也就是

$$-\frac{1}{2\kappa^2}\left(\frac{df}{dx}\right)^2=\frac{f^2}{2}-\frac{f^4}{4}+C \tag{5.4.10}$$

C 是常数。因为 $f=1$ 时，$df/dx=0$，则 $C=-1/4$，所以(5.4.10)式为

$$\frac{1}{\kappa^2}\left(\frac{df}{dx}\right)^2=\frac{1}{2}(1-f^2)^2 \tag{5.4.11}$$

这个方程的解是

$$f=0,\quad h=\frac{1}{\sqrt{2}},\quad 对\ x<0$$

$$f=\text{th}\,\frac{\kappa x}{\sqrt{2}},\quad h=0,\quad 对\ x>0$$

见图5.3(a)。有了这个解我们就可以求出积分 I 的值

$$\begin{aligned}I&=\int_{-\infty}^{\infty}dx\left[\frac{1}{2}(1-f^4)+h^2-\sqrt{2}h\right]\\&=\int_{-\infty}^{0}dx\left[\frac{1}{2}(1-f^4)+h^2-\sqrt{2}h\right]+\int_{0}^{\infty}dx\left[\frac{1}{2}(1-f^4)+h^2-\sqrt{2}h\right]\end{aligned}$$

第一个积分中，因 $x<0$，$f=0$，$h=1/\sqrt{2}$，故为零。第二个积分中 $x>0$，所以用 $h=0$，则

$$I=\frac{1}{2}\int_0^{\infty}(1-f^4)dx=\frac{1}{2}\int_0^{\infty}(1+f^2)(1-f^2)dx \tag{5.4.12}$$

再用(5.4.11)式

$$1-f^2=\frac{\sqrt{2}}{\kappa}\frac{df}{dx}$$

代入(5.4.12)式得

$$I=\frac{1}{2}\int_0^{\infty}(1+f^2)\frac{\sqrt{2}}{\kappa}\frac{df}{dx}dx=\frac{\sqrt{2}}{2\kappa}\int_0^1(1+f^2)df=\frac{2\sqrt{2}}{3\kappa} \tag{5.4.13}$$

所以界面能是

$$\sigma_{ns}=\zeta\frac{\mu_0H_c^2}{2}=\frac{4\sqrt{2}}{3}\frac{\lambda(T)}{\kappa}\frac{\mu_0H_c^2}{2}=\frac{4\sqrt{2}}{3}\xi(T)\frac{\mu_0H_c^2}{2} \tag{5.4.14}$$

因此

$$\zeta=1.89\xi(T) \tag{5.4.15}$$

因此对于 $\kappa\ll1$，界面能是正的。

(b) $\kappa \gg 1$

在这个情况下,(5.4.4a)式中的$(1/\kappa^2)(\mathrm{d}^2 f/\mathrm{d}x^2)$项可以忽略,因此

$$\left(\frac{\mathrm{d}h}{\mathrm{d}x}\right)^2 = f^4(1-f^2) \tag{5.4.16}$$

因为 h 必须随 x 的增加而减少,所以

$$\frac{\mathrm{d}h}{\mathrm{d}x} = -f^2(1-f^2)^{1/2} \tag{5.4.17}$$

从(5.4.4b)式我们得到

$$h = \frac{\mathrm{d}}{\mathrm{d}x}\frac{1}{f^2}\frac{\mathrm{d}h}{\mathrm{d}x} = -\frac{\mathrm{d}}{\mathrm{d}x}(1-f^2)^{1/2} \tag{5.4.18}$$

从(5.4.18)式代入(5.4.17)式得

$$\begin{aligned} -\frac{\mathrm{d}}{\mathrm{d}x}\frac{\mathrm{d}}{\mathrm{d}x}(1-f^2)^{1/2} &= [(-1+1-f^2)(1-f^2)^{1/2}] \\ &= -(1-f^2)^{1/2} + (1-f^2)^{3/2} \end{aligned}$$

所以 f 遵从如下方程

$$\frac{\mathrm{d}^2}{\mathrm{d}x^2}(1-f^2)^{1/2} = (1-f^2)^{1/2} - (1-f^2)^{3/2} \tag{5.4.19}$$

或令 $u=(1-f^2)^{1/2}$,则(5.4.19)式为

$$\frac{\mathrm{d}^2 u}{\mathrm{d}x^2} = u - u^3 \tag{5.4.20}$$

因此

$$\left(\frac{\mathrm{d}u}{\mathrm{d}x}\right)^2 = u^2\left(1-\frac{u^2}{2}\right) + C \tag{5.4.21}$$

很明显,积分常数等于零。由于 $\mathrm{d}u/\mathrm{d}x$ 必须是负的,所以(5.4.21)式有

$$\frac{\mathrm{d}u}{\mathrm{d}x} = -u\left(1-\frac{u^2}{2}\right)^{1/2} \tag{5.4.22}$$

则积分 I 是

$$\begin{aligned} I &= \int_{-\infty}^{\infty} \mathrm{d}x\left[2u^2\left(1-\frac{u^2}{2}\right) - \sqrt{2}u\left(1-\frac{u^2}{2}\right)^{1/2}\right] \\ &= \int_0^1 \left[2u\left(1-\frac{u^2}{2}\right)^{1/2} - \sqrt{2}\right]\frac{\mathrm{d}u}{\mathrm{d}x}\mathrm{d}x \\ &= -\frac{4}{3}(\sqrt{2}-1) \end{aligned} \tag{5.4.23}$$

所以界面能是①

$$\sigma_{\mathrm{ns}} = -\frac{8}{3}(\sqrt{2}-1)\lambda(T)\frac{\mu_0 H_c^2(T)}{2} \approx -\lambda(T)\frac{\mu_0 H_c^2(T)}{2} \tag{5.4.24}$$

因此，对于 $\kappa \gg 1$ 界面能是负的。

上面的计算给出重要结果：对于一类超导体，$\kappa \ll 1, \lambda(T) \ll \xi(T)$，界面能是正的；而对于另一类超导体，$\kappa \gg 1, \lambda(T) \gg \xi(T)$，界面能是负的。因此，人们可以预期两类超导体具有很不同的行为。

两类超导体可以由界面能等于零所相应的 κ 来区分。很清楚，假如 $I=0$ 则界面能为零，由(5.4.8b)式，当 $I=0$ 时

$$h = \frac{1}{\sqrt{2}}(1-f^2) \tag{5.4.25}$$

将(5.4.25)式代入(5.4.4a)式和(5.4.4b)式，则

$$-\frac{1}{\kappa^2}\frac{\mathrm{d}^2 f}{\mathrm{d}x^2} + \frac{2}{f}\left(\frac{\mathrm{d}f}{\mathrm{d}x}\right)^2 = f - f^3 \tag{5.4.26a}$$

$$-\frac{2}{\sqrt{2}}f\frac{\mathrm{d}^2 f}{\mathrm{d}x^2} + \frac{2}{\sqrt{2}}\left(\frac{\mathrm{d}f}{\mathrm{d}x}\right)^2 = \frac{f^2}{\sqrt{2}}(1-f^2) \tag{5.4.26b}$$

当

$$\kappa = \frac{1}{\sqrt{2}} \tag{5.4.27}$$

时，两个方程相同，所以 $\kappa = 1/\sqrt{2}$就是零界面能的条件。因此 Abrikosov② 把它作为划分第Ⅰ类和第Ⅱ类超导体的分界线。

第Ⅰ类超导体：$\kappa < 1/\sqrt{2}$，正界面能。

第Ⅱ类超导体：$\kappa > 1/\sqrt{2}$，负界面能。

Tinkham 把 Abrikosov 的这篇论文称之为开路先锋式的，他的论文开创了对第Ⅱ类超导体的研究。κ 的物理意义之重要性在于它把超导体划分为两类：第Ⅰ类和第Ⅱ类超导体，这两类有明显不同的物理性质，表 5.1 给出几种典型的元素和化合物的 GL 穿透深度 $\lambda_0(T)$、界面能密度 ζ、κ 和超导体的分类。

---

① 用 London 方程代替 GL 方程，我们发现 $\sigma_{\mathrm{ns}} = -\lambda_L \mu_0 H_c^2/2$，这里 λ_L 是 London 穿透深度。

② A.A. Abrikosov, *J. Exp. Theor. Phys.*, U.S.S.R., **32**(1957), 1442.

表 5.1 理论给出的 $\lambda_0(0)$、ζ、κ 和超导体的分类

金属	W	Al	Sn	Pb	Nb	纯 Nb_3Sn
$\lambda_0(0)(10^{-6}$ cm)	8.2	5.0	5.0	3.9	3.5	3.9
$\zeta(10^{-4}$ cm)	2.9	1.6	0.23	0.11	0.043	0.013
κ	0.003	0.03	0.2	0.3	0.9	3.0
超导体的分类	Ⅰ	Ⅰ	Ⅰ	Ⅰ	Ⅱ	Ⅱ

鉴于 κ 的重要性，下面我们再列举一些情况下 κ 与其他物理参数的关系。

从(5.3.13)式或(5.3.14)式，实验测得 $\lambda_0(T)$ 和 $H_c(T)$，就能确定 κ 值，但下一章我们将看到Ⅱ类超导体 $H_c(T)$ 不是测量量。

(1) 对于纯超导体的极限情况($l\to\infty$)

Gorkov① 理论给出

$$\xi(T)=0.74\left[\frac{T_c}{T_c-T}\right]^{1/2}\xi_0 \tag{5.4.28}$$

而

$$\lambda(T)=\frac{\lambda_L(0)}{\sqrt{2}}\left(\frac{T_c}{T_c-T}\right)^{1/2} \tag{5.4.29}$$

将(5.4.28)式和(5.4.29)式代入(5.3.12)式得

$$\kappa=\kappa_0=0.96\,\frac{\lambda_L(0)}{\xi_0} \tag{5.4.30}$$

其中 $\lambda_L(0)$ 是 $T=0$ 时的 London 穿透深度，ξ_0 是 Pippard 相干长度，$\xi_p=\xi_0$。

(2) 对于“脏”超导体的极限情况($l\ll\xi_0$)

Gorkov 给出

$$\xi(T)=0.855(\xi_0 l)^{1/2}\left[\frac{T_c}{T_c-T}\right]^{1/2} \tag{5.4.31}$$

$$\lambda(T)=0.64\lambda_L(0)\left[\frac{\xi_0}{l}\frac{T_c}{T_c-T}\right]^{1/2} \tag{5.4.32}$$

则

$$\kappa=0.75\,\frac{\lambda_L(0)}{l} \tag{5.4.33}$$

其中 l 是电子平均自由程，Pippard 相干长度 $\xi_p=l$。

---

① L. P. Gorkov, *J. Exp. Theor. Phys.*, U.S.S.R., **10**(1960), 593, 998.

Goodman① 对脏超导体($l<\xi_p$)给出更直接的经验公式

$$\kappa = \kappa_0 + 2.38\times 10^3 \rho_n \gamma^{1/2} \tag{5.4.34}$$

其中 ρ_n 是脏超导体处于正常态时的剩余电阻率($\Omega\cdot$cm),γ 是电子比热容系数($\text{J}\cdot\text{cm}^{-3}\cdot\text{K}^{-2}$)。

5.5 GL 理论的适用范围

条件 1: $\xi(T)\gg\xi_p$

Gorkov 对 GL 理论作了微观推导,指出 GL 理论能够成立的条件是:磁矢势 $\boldsymbol{A}$ 和序参量 Ψ 随空间位置变化缓慢。即要求有效波函数 $\Psi(\boldsymbol{r})$ 在数量级为 Pippard 相干长度 ξ_p 的距离上变化缓慢,即

$$\xi(T)\gg\xi_p \tag{5.5.1}$$

由(5.3.10)式知道 $\xi(T)\propto(T_c-T)^{-1/2}$。(5.5.1)式相当于要求

$$\frac{T_c-T}{T_c}\ll 1 \tag{5.5.2}$$

这正是 GL 理论建立的前提。

条件 2: $\lambda(T)\gg\xi_p$

因为$\lambda(T)$是$\boldsymbol{B}(\boldsymbol{r})$发生明显变化的尺度,所以这个条件即为$\boldsymbol{A}(\boldsymbol{r})$随空间变化缓慢。

$\lambda(T)\gg\xi_p$,也正是 Pippard 提出的局域化条件。这个条件同样要求满足(5.5.2)式的结果。

对于纯超导体,用(5.4.29)式可得

$$\xi_p\ll\lambda(T)=\frac{\lambda_L(0)}{\sqrt{2}}\left(\frac{T_c}{T_c-T}\right)^{1/2}$$

即

$$\frac{T_c-T}{T_c}\ll\left(\frac{\lambda_L(0)}{\xi_0}\right)^2$$

因此当温度 T 远离 T_c 时,GL 方程需要做进一步的修正和推广。

① B. B. Goodman, *IBM J. Res. Develop.*, **6**(1962), 63; *Phys. Rev, Lett.*, **6**(1961), 597.

第 6 章　中间态与界面能

在前面几章的讨论中，我们全都是用超导细长棒来研究超导体的磁性和力学性质的。因为这种几何形状的超导体放置在与其轴向平行的磁场中，可以认为不改变均匀磁场的分布。但任意形状的超导体放置于均匀磁场中，它将改变场的均匀分布而出现退磁现象。

6.1　在均匀磁场中超导椭球的磁性

现在我们来研究在均匀磁场中超导椭球的磁性，并把超导体作为零导磁率($\mu=0$)的物体来考虑。假设 $\boldsymbol{H}_a$ 平行于椭球的主轴，其退磁因子为 n，抗磁体内部的磁场为 $\boldsymbol{H}_\mathrm{i}$。$\boldsymbol{H}_\mathrm{i}=\boldsymbol{H}_a-n\boldsymbol{M}$。

对于导磁率为 μ 的抗磁体，由 Maxwell 方程我们有

抗磁体内部：

$$\left.\begin{aligned}&\boldsymbol{B}=\mu_0\mu\boldsymbol{H}_\mathrm{i}\\&\boldsymbol{H}_\mathrm{i}=\boldsymbol{H}_a-n\left(\frac{\boldsymbol{B}}{\mu_0}-\boldsymbol{H}_\mathrm{i}\right)\\&\boldsymbol{M}=\frac{\boldsymbol{B}}{\mu_0}-\boldsymbol{H}_\mathrm{i}\end{aligned}\right\}\tag{6.1.1}$$

抗磁体外部：

$$\boldsymbol{B}=\mu_0\boldsymbol{H}=\mu_0\boldsymbol{H}_a+\mathrm{grad}\,\varphi\tag{6.1.2}$$

式中的 φ 是$\nabla^2\varphi=0$ 的解，并要求$\nabla^2\varphi$ 要适合于在整个椭球上磁化强度$\boldsymbol{M}$ 是均匀分布的。然而我们这里只关心球内的问题，所以不必给出 φ 的详细解。

对于特殊情况 $\mu=0$，样品内部的解简化到

$$\left.\begin{aligned}&\boldsymbol{B}=0\\&\boldsymbol{H}_{\mathrm{i}}=\frac{\boldsymbol{H}_a}{1-n}\\&\boldsymbol{M}=-\frac{\boldsymbol{H}_a}{1-n}\end{aligned}\right\}\tag{6.1.3}$$

因此，椭球的退磁因子 n 越大，则 $\boldsymbol{M}\sim\boldsymbol{H}$ 的曲线斜率就越大。如果椭球的赤道半径为 b，椭球中心到极点的距离为 a，$a>b$ 见图 6.1，则退磁因子 n 为

$$n=\left(1-\frac{1}{e^2}\right)\left(1-\frac{1}{2e}\ln\frac{1+e}{1-e}\right),\quad e=\left(1-\frac{b^2}{a^2}\right)^{1/2}\tag{6.1.4}$$

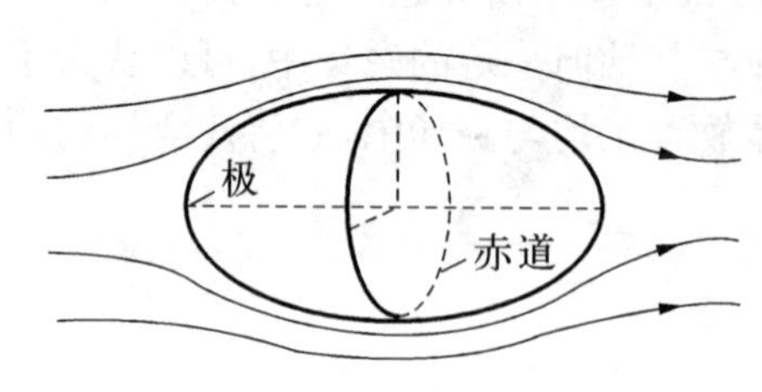

图 6.1　在均匀磁场中的超导椭球

对于长圆柱可视为拉长了的椭球，所以在纵向磁场中 $n=0$；在横向磁场中 $n=1/2$，$M=-2H_a$；对球 $n=1/3$，$M=-3H_a/2$ 等等，见表 6.1。表中没有给出椭球的情况，这是因为椭球的 a 和 b 取不同值时 n 不同。(6.1.4)式是 $a>b$ 条件下得出的，如果 $b>a$，则必须重新按电动力学的方法求解。表 6.1 中的 H_{eq} 是指由于 n 的存在在样品上达到的最大磁场值，即为(6.1.3)式第二式中的 H_{i}。

表 6.1　退磁因子

超导体的形状	外磁场取向	n	H_{eq}
球		$\frac{1}{3}$	$\frac{3}{2}H_a$
圆柱体	H_a 平行于轴	0	H_a
圆柱体	H_a 垂直于轴	$\frac{1}{2}$	$2H_a$
无限大平板	H_a 平行于板	0	H_a
无限大平板	H_a 垂直于板	1	∞

在 3.7 节中以超导椭球为例提出分层模型，在 H_a 超过 $H_{\mathrm{c}}(1-n)$ 后，出现的这种分层结构是稳定的平衡结构。人们把在 $H_{\mathrm{c}}(1-n)\leqslant H_a\leqslant H_{\mathrm{c}}$ 范围内正常态与超导态两相共存的这种态叫做中间态。假设超导椭球在沿磁场方向被分成许多

正常-超导交错层(见图3.12),在正常层中磁场可以穿过,则在正常-超导界面处的磁场值保持 H_c。这样的模型将可保证在 $H_c(1-n)\leqslant H_a\leqslant H_c$ 中有个稳定平衡的结构。我们先不去讨论这个"微观"结构的详细情况,而认为当 $H_a>H_c(1-n)$ 时产生均匀的中间态,在中间态中,B 可以是从零到 H_c 的任何值。

由于当 $H_c(1-n)<H_a<H_c$ 时,样品进入中间态,中间态时样品内正常区的磁场 $H_i=H_c$。由(6.1.1)式的第二式和第三式,令 $H_i=H_c$,则

$$B=\left[H_c-\frac{1}{n}(H_c-H_a)\right]\mu_0 \tag{6.1.5a}$$

$$M=\frac{1}{n}(H_a-H_c) \tag{6.1.5b}$$

图6.2给出超导球的 $B(H_a)$,$H(H_a)$和 $M(H_a)$的理论曲线。由于超导球的 $n=1/3$,所以

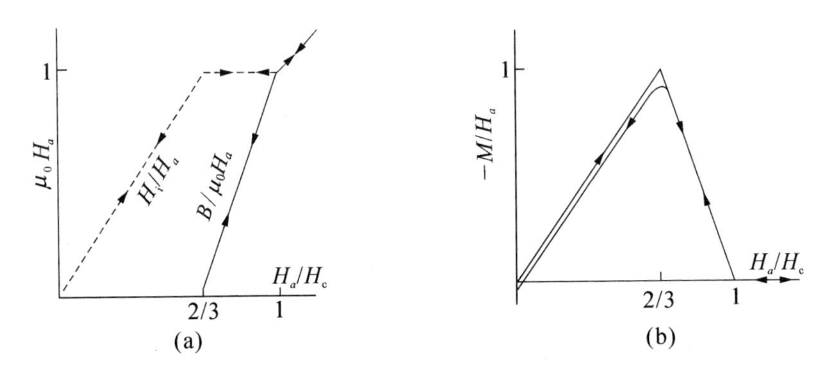

图6.2　超导球的磁性和超导球的磁感应强度

(a) $H_a<(1-n)H_c=\frac{2}{3}H_c$ 时是超导态,则由(6.1.3)式

$$B=0,\quad H_i=\frac{H_a}{1-n}=\frac{3}{2}H_a,\quad \text{见图 6.2(a)}$$

$$M=-\frac{H_a}{1-n}=-\frac{3}{2}H_a,\quad \text{见图 6.2(b)}$$

(b) $(1-n)H_c<H_a<H_c$ 时是中间态,则由(6.1.5)式

$$\frac{B}{\mu_0}=H_c-\frac{1}{n}(H_c-H_a)=3H_a-2H_c$$

$$H_i=H_c$$

$$M=\frac{H_a-H_c}{n}=3(H_a-H_c)$$

(c) $H_a > H_c$ 是正常态,则

$$B = \mu_0 H_a, \quad H_i = H_a, \quad M = 0$$

实际上这个问题的研究过程是这样的,首先实验上发现类似于上述的曲线①②③,而后为了解释它提出上述模型,Mendelssohn 等(1935 年)用 Bi 探针测定 Sn 球赤道上的磁场,指出赤道面上的磁场正好等于 H_a,而在极上的磁场是 B。

6.2 超导环的磁性

复联体与单联体有很大不同,所谓复联体是在导体中任取一回路,这回路不能收缩到一点,例如环。假如复联体不是超导的,那么与磁场有关的电流必定产生 Joule 热致使电流不能持续下去;如复联体是超导的,则电流可以不衰减地流动。

为了说明由感应引起的"持续"电流而导致的特殊磁性,我们考虑一个半径为 b 的环,环由圆截面的线做出,线的半径 a(当然 $a < b$),设环的自感是 L,当垂直于环面的磁场 H_a 改变时将激起环流 i 为

$$L\frac{\mathrm{d}i}{\mathrm{d}t} - \pi b^2 \frac{\mathrm{d}H_a}{\mathrm{d}t} = 0 \tag{6.2.1}$$

(6.2.1)式表示了环中磁通不变,积分得

$$Li = \pi b^2 (H_a - H_0) \tag{6.2.2}$$

式中 H_0 是当环中没有电流时的磁场值。

先设 $H_0 = 0$,假如没有电流流动,那么环可看作是一个在横向磁场中的细长棒(这是一个近似结果,因为细长棒和绕成环的磁矩是不等价的),由于横场中环的 $n = 1/2$,所以单位体积中的磁矩为

$$M = -\frac{H_a}{1-n} = -2H_a$$

故环的总磁矩为

$$VM = -2H_a(\pi a^2)\cdot(2\pi b) = -4\pi^2 ba^2 H_a \tag{6.2.3a}$$

---

① K. Mendelssohn and J. D. Babbitt, *Proc. Roy. Soc.* A, **151**(1935), 316.

② W. J. de Hass and O. A. Guinau, *Physica*, **3**(1936), 182, 595.

③ D. Shoenberg, *Proc. Roy. Soc.* A, **155**(1936), 712.

然而,当有环流时,环流产生的磁矩将为 $-\pi b^2 i$,由于电感 $L \sim \mu_0 b$,用这个 L 将(6.2.2)式中的 i 代入上式能够得到环流磁矩的大小量级为

$$-\pi b^2 i = -\pi b^2 \frac{\pi b^2 H_a}{L} = -\frac{\pi^2 b^3}{\mu_0} H_a \tag{6.2.3b}$$

把两个磁矩分开虽然是人为的,但却能带来很大的方便,例如(6.2.3a)式和(6.2.3b)式给出了两种不同机制产生的磁矩的量级。

从(6.2.2)式我们立即看到环的磁性从本质上不同于单联体的磁性,因为环的磁矩完全依赖于初始条件,例如,若环在零磁场(即 $H_0 = 0$)中冷却到它的转变温度以下,那么电流由 $Li = \pi b^2 H_a$ 给出,而如果在 H_0 中冷却,电流则由(6.2.2)式给出。特别是当冷却之后磁场减到零,那么电流 $-\pi b^2 H_0 / L$(相应于一个大的顺磁矩)将在环中反相流动。磁矩不是单值的,这是非常类似于理想导体的论断,磁矩是由被感应起的围绕着环的电流以保持着通过环孔的磁通不变而引起的。

单通超导体和超导环之不同是前者在任一个截面上的磁导率皆为零,而且最初穿过它不论是怎样的磁通,当它变成超导体后磁通总是完全被排出;然而后者,环横截面的大部分(也就是孔区)磁导率保留为1,因此当环变成超导时,在孔中能保持磁场 H_0。

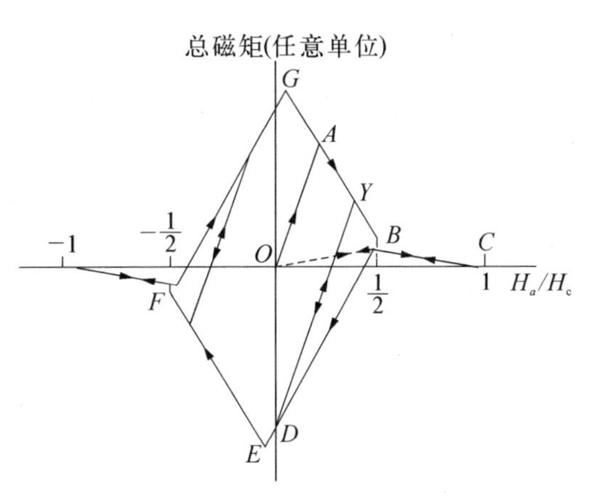

图 6.3　超导环的磁化曲线

现在我们来描述实验结果。图6.3是磁场垂直于环面,在零场中冷却,而后增加、减小磁场给出的环的磁矩。

(1) OAB 段

这一段的特点是环在 Meissner 态。

(a) OA 段

当环体在垂直于环面的磁场中,H_a 从零增加,磁矩沿 OA 变化,其中被外磁场激起的电流 i 产生的磁矩为(6.2.3b)式,H_a 使材料磁化的磁矩为(6.2.3a)式。如前面已经讨论过的

$$iS \propto b^3$$

而

$$-MV \propto ba^2$$

所以(6.2.3b)式的磁矩远大于(6.2.3a)式的磁矩,因此超导环本身的磁矩可以忽略,故总磁矩是

$$\frac{\pi^2 b^4}{L}H_a \tag{6.2.4}$$

则 OA 段的斜率是 $\pi^2 b^4/L$。

(b) AB 段

达到 A 点后，H_a 继续增加，则磁矩减小。这是因为外加磁场 H_a 和电流 i 产生的磁场在环的外边缘达到H_c，见图6.4，H_a 再增加，环要进入中间态，出现电阻，使电流减小，以保证外边缘的磁场为临界场 H_c。故在 AB 段 H_a 增加，总磁矩反而减小。

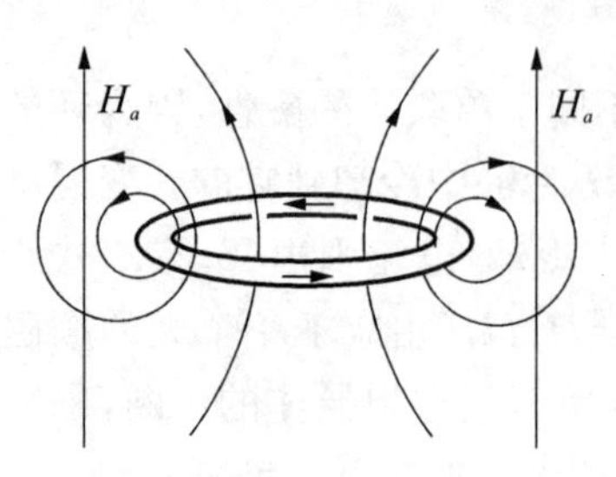

图 6.4　超导环周围的磁场

但在这一段是形成不了稳定的中间态的，因为一旦出现正常层就会产生 Joule 热损耗其电流，以使环上最大的磁场不能超过 H_c，被 Joule 热耗损后剩下的电流仍然是持续电流，直到 B 点，持续电流降为最小值，相应的磁矩当然也最小。因此 AB 段，环仍处在超导态(或 Meissner 态)。为了证明这一点，我们在 AB 段中任取一点 Y，在此点减小磁场时，引起电流的变化按 $Li=\pi b^2(H_a-H_Y)$，YX 的斜率和 OA 是一致的。由 YXD 看到当磁场减小时，由于要保持穿过环的磁通是 $\pi b^2 H_Y$，则磁场降到 X 点再继续减小，就测得反向磁矩，说明过 X 点后产生反相持续电流，而且 XYD 段是可逆的，没有 Joule 热的损耗出现。这些讨论说明 OAB 段是处在 Meissner 态。实验也完全证实了这一点。①

(c) AB 段的磁矩

在 AB 上任一点 Y 处减小磁场的曲线不按 AB 可逆返回，也说明了由 A 到 B 随着磁场增加出现了 Joule 热损耗。

为了计算 AB 段磁化曲线的斜率，我们还将应用在 AB 段环的外表面总是处在H_c。把感应电流 i 产生的磁场记为H_i'，垂直环面的外磁场 H_a 被超导环排出后畸变的磁场记为H_{eq}。则

$$H_c = H_i' + H_{eq} \tag{6.2.5}$$

其中
$$H_i' = \frac{1}{4\pi}\frac{2i}{a},\quad H_{eq} = H_a(1-n) = 2H_a$$

即
$$H_c = \frac{1}{4\pi}\frac{2i}{a} + 2H_a$$

① D. Shoenberg, *Proc. Camb. Phil. Soc.*, **33**(1937C), 577.

$$i = 4\pi a\left(\frac{1}{2}H_c - H_a\right) \tag{6.2.6a}$$

所以环的磁矩为

$$i\pi b^2 = 2\pi^2 b^2 aH_c - 4\pi^2 b^2 aH_a \tag{6.2.6b}$$

AB 段的斜率为 $-4\pi^2 b^2 a$。

(d) A 点相应的外加磁场 H_c 为

$$\left.\begin{aligned} &2H_a + \frac{1}{4\pi}\frac{2i}{a} = H_c, \quad Li = \pi b^2 H_a \\ &H_a = \frac{H_c}{2\left(1+\dfrac{b^2}{4aL}\right)} \end{aligned}\right\} \tag{6.2.7}$$

(2) BA 段

从 B 点,外加磁场 H_a 再继续增加时,由于 $H_a > H_c/2$ 环进入中间态,出现电阻,因而环电流 i 立即消失,则电流的磁矩不存在,只有环体本身的抗磁磁矩,由(6.1.5b)知道

$$M = \frac{1}{n}(H_a - H_c) = 2(H_a - H_c)$$

所以外加磁场 $H_a > H_c/2$ 后,环的磁矩为

$$-MV = 2(H_c - H_a)\cdot\pi a^2\cdot 2\pi b = 4\pi^2 a^2 b(H_c - H_a) \tag{6.2.8}$$

BC 段的斜率为 $-4\pi^2 a^2 b$。

由上一节讨论知道,这一段磁矩随 H_a 的变化曲线是可逆的,在这个情况下,复联体的环与单联体的圆柱没有不同。这一点可以由测量断开的环和不断开的环的磁矩是一样的而得到证明。

对于断开的环 OAB 段将变为 OB(虚线)段,类似于图 6.2(b),只不过是将球的退磁因子换成圆在横向磁场中的退磁因子而已。

(3) C 点以后

当外磁场 $H_a \geq H_c$ 后,环的超导电性被破坏,磁矩消失。

(4) BDE 段

当外磁场 H_a 减小到 B 点的磁场时,超导态重新恢复。外磁场 H_a 继续减小时,曲线沿 BDE 变化,它与从 Y 点减小磁场是不一样的。从 Y 点减小磁场,电流按

$$Li = \pi b^2(H_a - H_Y) \tag{6.2.9a}$$

变化,而从 B 点减小磁场则不能按公式

$$Li = \pi b^2 \left(H_a - \frac{1}{2} H_c \right) \tag{6.2.9b}$$

变化,因为此时环路中冻结了一个 $H_0 = H_c/2$ 的磁场,故 $H_a < H_c/2$ 时电流反向,这样内边缘将首先达到 H_c。如果按(6.2.9b),则内边缘的磁场将要超过 H_c。当用(6.2.9b)式给出的 i,则

$$\begin{aligned} H_{eq} + H_i' &= 2H_a - \frac{1}{4\pi}\frac{2i}{a} = 2H_a - \frac{b^2}{2aL}\left(H_a - \frac{1}{2} H_c \right) \\ &= \frac{b^2}{4aL} H_c - 2\left(\frac{b^2}{4aL} - 1 \right) H_a \end{aligned}$$

因而 $H_a < H_c/2$,而无因子量 $b^2/4aL$ 总是大于1的,故 $H_{eq} + H_i' > H_c$。为了要求内边缘的磁场等于 H_c,则要求

$$H_c = -\frac{2i}{4\pi a} + 2H_a$$

“-”号是因为电流反流,所以

$$i = -4\pi a \left(\frac{1}{2} H_c - H_a \right) \tag{6.2.10a}$$

BDE 段的磁矩为

$$i\pi b^2 = -2\pi^2 a b^2 H_c + 4\pi^2 b^2 a H_a \tag{6.2.10b}$$

则 BDE 段的斜率为 $4\pi^2 b^2 a$。

由此看到 BDE 段和 AB 段斜率相等,但符号相反。

(5) EF 段

我们首先讨论 G、E 假定是在 Y 轴上,而后再讨论它们为什么偏离 Y 轴。

从(6.2.6a)式和(6.2.10a)式我们得到,当 $H_a = 0$ 时应有最大磁矩,因为此时冻结了一个最大磁场 $H_c/2$,相应的电流为 $i = \pm 2\pi a H_c$。当 $H_a = 0$ 时,在半径为 a 的环体周围的磁场只能是环流 i 产生的,其大小为

$$|H_i| = \left| \frac{1}{4\pi}\frac{2i}{a} \right| = \left| \frac{1}{2\pi a}(\pm 2\pi a H_c) \right| = H_c$$

这个推论说明,当 $H_a = 0$ 时,为了保持 B 处的磁通不变,在环中必须流过感应电流 $i = -2\pi a H_c$,而这个 i 在环体内外边缘产生的磁场都达到 H_c。

如果反向加磁场 $-H_a$,为了保证 B 点的磁通不变,则要感应起大于 $i = -2\pi a H_c$ 的反向电流 i',显然 i' 在环体内边缘产生的磁场要大于 H_c,出现不稳定中间态,产生 Joule 损耗,减小 i',以致环内冻结不住 $H_c/2$,或者说外加的反向磁场进入环面使环面上被冻结的磁场减小了,故保持这个被减小磁场后的环面内磁通不变将不需要 $i = -2\pi a H_c$,而是小于这个电流即可。

当外加磁场为 $-H_a$ 时，由(6.2.10a)式

$$H_c=-\frac{1}{4\pi}\frac{2i}{a}+2H_a,\quad i=-4\pi a\left(\frac{1}{2}H_c+H_a\right) \tag{6.2.11a}$$

则 EF 段的磁矩为

$$i\pi b^2=-2\pi^2ab^2H_c-4\pi^2ab^2H_a \tag{6.2.11b}$$

EF 段的斜率为 $-4\pi^2ab^2$。

与(6.2.6b)式比较，我们看到这一段平行于 AB，当 H_a 到 F 点，即 $H_a=-H_c/2$ 时，(6.2.11a)式给出 $i=0$。此时外磁场使环体周围磁场达到 $|H_{eq}|=\left|\frac{1}{2}H_c\Big/\left(1-\frac{1}{2}\right)\right|=H_c$，环再次进入中间态，直到 $H_a=-H_c$ 时，环体完全转变到正常态。

(6) 关于最大的磁矩点 G 和 E

从图6.3我们看到最大磁矩点 G 和 E 是偏离 Y 轴的，这是由于上述讨论中忽略了环体的半径是有限的，如图6.5所示。

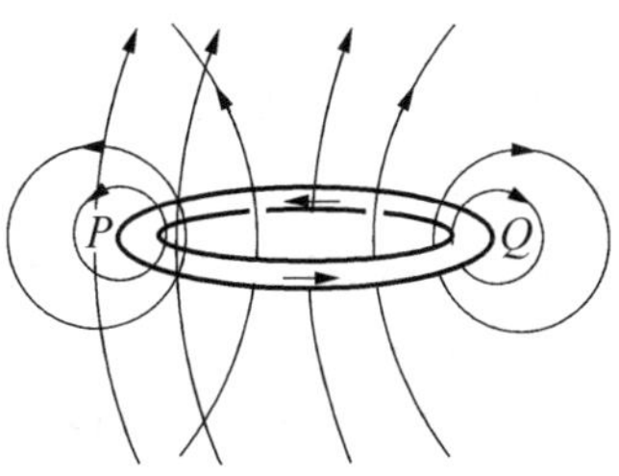

图6.5 环流 i 在环体周围产生的磁场

在上述讨论中，环上各点例如 P、Q 处电流 i 只分别在自己周围产生磁场，而没有考虑 P 处电流在 Q 处产生的磁场或 Q 处电流在 P 处产生的磁场。如果考虑这个影响，则从图6.5中我们看到 P 处除了 $H_i'=-2i/4\pi a$ 和反向外加磁场 $-H_a$ 的退磁场 $H_{eq}=-2H_a$ 外，在内边缘和外边缘还必须考虑 Q 处电流在此产生的磁场 $H_{Q'}=-\frac{1}{4\pi}\frac{2i}{a+2b}$ 和 $H_{Q''}=-\frac{1}{4\pi}\frac{2i}{a+2b+2a}$，$H_i'$ 和 $H_{Q'}$ 同向而和 $H_{Q''}$ 反向，因而内侧先达到临界磁场 H_c。当 $H_a\neq0$ 时，(6.2.11a)式应为

$$H_i+H_{eq}+H_{Q'}=H_c \tag{6.2.12}$$

若此时的感应电流记为 i'，则

$$\left.\begin{aligned}&-\frac{1}{4\pi}\frac{2i'}{a}-2H_a-\frac{1}{4\pi}\frac{2i'}{a+2b}=H_c\\&i'=\frac{4\pi a(a+2b)}{2(a+b)}\left(\frac{1}{2}H_c+H_a\right)\end{aligned}\right\} \tag{6.2.13}$$

比较(6.2.13)式和(6.2.11a)式，由于

$$\frac{a(a+2b)}{2(a+b)}=a-\frac{a^2}{2(a+b)}<a,\quad 故|i|>|i'|$$

由(6.2.13)式，当 $H_a=0$ 时

$$|i'|=\left|\frac{4\pi a(a+2b)}{2(a+b)}\frac{1}{2}H_c\right|<\left|4\pi a\ \frac{1}{2H_c}\right|$$

因此，只有加反向磁场，增加 $|i'|$ 到 $|i|$ 时，磁矩才达到最大，这样的分析使我们很容易得到 E 点应在 $-H_a\neq0$ 的某个值上出现。

6.3 Landau的中间态分层模型

我们已经知道对于退磁因子 $n\neq0$ 的超导体，在某一个外磁场 $H_a(<H_c)$ 下，样品的局部区域就达到其临界磁场 H_c，破坏了超导电性，但这局部的区域却不能简单地进入正常态，因为这将引起自相矛盾的结果，即样品的正常区存在于小于 H_c 的磁场中。

前面已经指出临界磁场 H_c 具有简单的热力学的意义，在 $H_a=H_c$ 下，超导相和正常相的Gibbs自由能相等。为了消除正常区存在于小于 H_c 的磁场中，正确的说法应是假如正常域被超导区代替，那么自由能减小，因此我们的任务是找到合适的超导、正常自由能分布以使得相应体系的自由能最小。

1937年Landau提出了分层模型，即样品进入中间态后，分成许多正常和超导的交错层，以使样品内部正常区处于临界场 H_c 中。

6.3.1 Landau不分支模型①

可以预测当平板处在中间态时，样品内部深处界面一定是平行于外磁场的，如图6.6所示。因为界面若是曲面，则会产生正常区存在于小于 H_c 的磁场中。但在边界面上这种正常-超导分层显然不对，因为在棱角处磁场有畸变而造成多余的自由能，此处的磁场一定大于 H_c，因此Landau提出在超导区表面形成圆弧形的正常区，降低了自由能，内部正常区中的磁场刚好是 H_c。

6.3.2 Landau分支模型②

上述分层模型中虽然形成圆弧正常区降低了自由能，但显然还存在矛盾，因为

① L.D. Landau, *Phys. Z. Sowjet.*, Ⅱ(1937), 129.

② L.D. Landau, *Nature*, *Load.*, **141**(1938), 688; *J. Phys.*, U.S.S.R., 7(1943), 99.

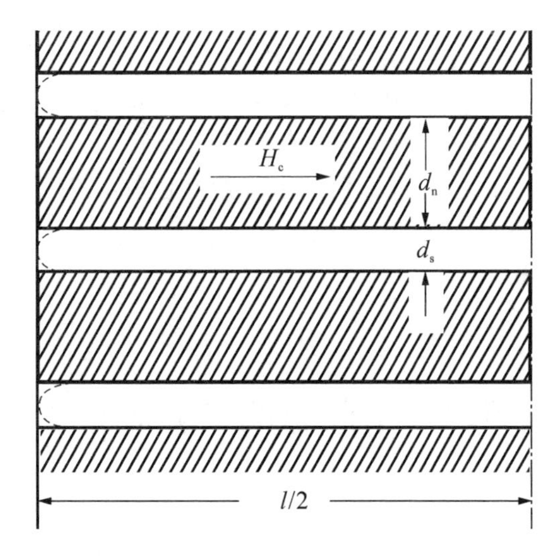

图 6.6 在中间态的平板中,正常-超导层的结构(正常层中的磁场是 H_c)

正常-超导交界的圆弧面上磁场是 H_c,则棱角区处于小于 H_c 的磁场中,为此 Landau 提出一个分支模型,即在正常区发生许多超导分支,如图 6.7 所示,这样将使进入样品的磁场在表面上处处等于临界场 H_c。

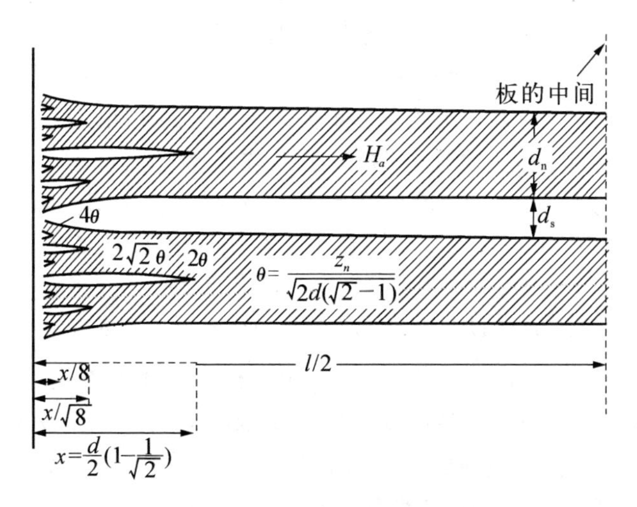

图 6.7 Landau 的中间态分支模型

假如正常层的宽度为 d_n,超导层的宽度为 d_s,$d=d_n+d_s$,则有 $BS=\mu_0 H_c S_n \Rightarrow$

$dB=\mu_0 H_c d_n$，即

$$\left.\begin{aligned} &B(d_n+d_s)=\mu_0 H_c d_n \\ &\frac{d_n}{d_s}=\frac{B}{\mu_0 H_c - B}=\frac{H_a}{H_c - H_a}, \quad (\mu=1) \end{aligned}\right\} \tag{6.3.1}$$

理论上找 d_n 与板厚度 l 之间的关系是由确定在已知几何条件下自由能的极小值而得。

6.4 中间态的实验观察

前面理论提出中间态的分层模型，因此，实验上观测中间态的结构是十分重要的。中间态的实验观察概括起来有三种方法。

6.4.1 Bi 探针法

因为 Bi 探针可以做得很小，例如可做到截面积约为 50 μm^2、长约为 150 μm^2，所以可以用它探测磁场的分布。但是 Bi 探针的长度不一定要求很短才能去分辨中间态磁场的起伏，而只用 Bi 在磁场中电阻的非线性即可判别出中间态的存在。1945 年 Shalnikov① 首先给出这种实验技术。因为 $R_{Bi}\propto H^2$，所以长的 Bi 线的电阻将正比于磁场的平方的平均值，而不是平均值的平方。现在的平均磁场是 B，而按照理论在超导区上真实的磁场是零，在正常区上是 H_c。因此假如 Bi 线已由均匀磁场标定，那么在中间态 Bi 线测到的场将大于 B。事实上，覆盖在正常区上的那一部分 Bi 线长度是 $x=B/H_c$，在超导区上的部分是 $1-x$，所以 Bi 线的电阻

$$R\propto xB_n^2+(1-x)B_s^2=xH_c^2=BH_c>B^2$$

Shalnikov 将两个单晶 Sn 半球合在一起，中间留一个缝隙，垂直空隙面加外磁场 H_a，由长的 Bi 线测量在横场缝隙中的磁场，实验证明在缝隙足够宽时测得的场是 B。测得的 $B\sim H_a$ 曲线正好是图 6.2(a)所预期的结果。但在窄的缝隙中测量给出相应于中间态部分的曲线被弯曲了，且测量值高于图 6.2(a)上给出的值，这正

① A.I. Shalnikov, *J. Phys.*, U.S.S.R., **9**(1945), 202.

是由于 $BH_c > B^2$ 而致，同时证明了中间态的磁场是不均匀的。

以后 Meshkovsky 和 Shalnikov①(1947 年)用短的 Bi 探针塞到窄缝隙中，记录下 Bi 电阻在直径上的不同位置时的电压变化曲线。图 6.8(a)和(b)是在缝隙为 0.12 mm 的两个 Sn 半球(直径为 4 cm)中测得的磁场的变化。图 6.8(a)是固定温度在 3 K，增加磁场的结果。

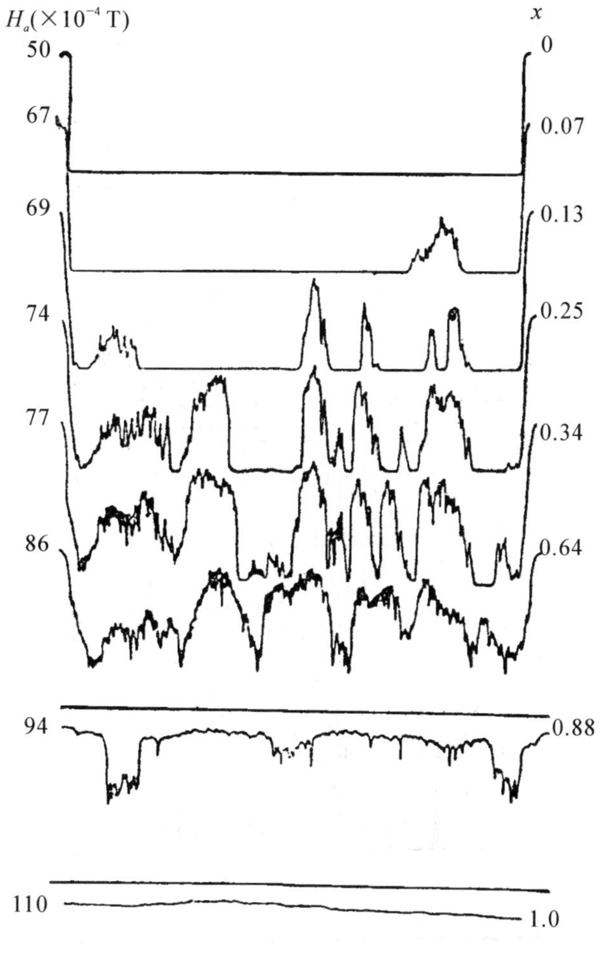

图 6.8(a)　将两个直径为 4 cm 的 Sn 半球合在一起，中间保留 0.12 mm 的缝隙，沿着缝隙的中心直径上的不同位置，测得的磁场变化(T = 3 K，增加磁场)

① A.G. Meshkovsky and A. Ⅰ. Shalnikov, *J. Phys.*, U.S.S.R., Ⅱ(1947), 1.

图 6.8(b)是固定磁场为 $H_a = 7.2 \times 10^{-3}$ T 并减小温度的结果。这些实验结果证实了中间态的分层结构。图 6.8(a)和(b)上标出的 $x = [3H_a/H_c(T)] - 2$ 是正常区占的比例。图 6.8(c)是整个缝隙面上测得的磁场分布①。它呈现出超导畴或称"岛"。这个实验结果虽然同样说明了分层模型，但它却不是 Landau 分层模型所指出的那样简单的板状层，而是复杂断面的层。

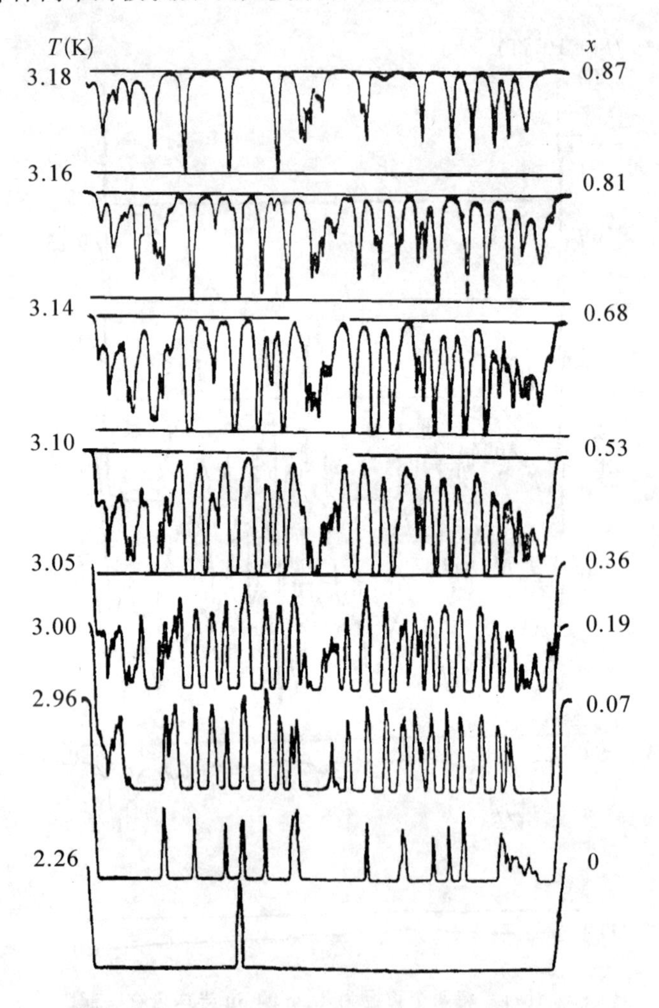

图 6.8(b) 实验与图 6.8(a)相同，只不过是固定磁场 $H_a = 7.2 \times 10^{-3}$ T，降低温度而得

① A. G. Meshkovsky. *J. Exp. Theor. Phys.*, U. S. S. R., **19**(1949), 1.

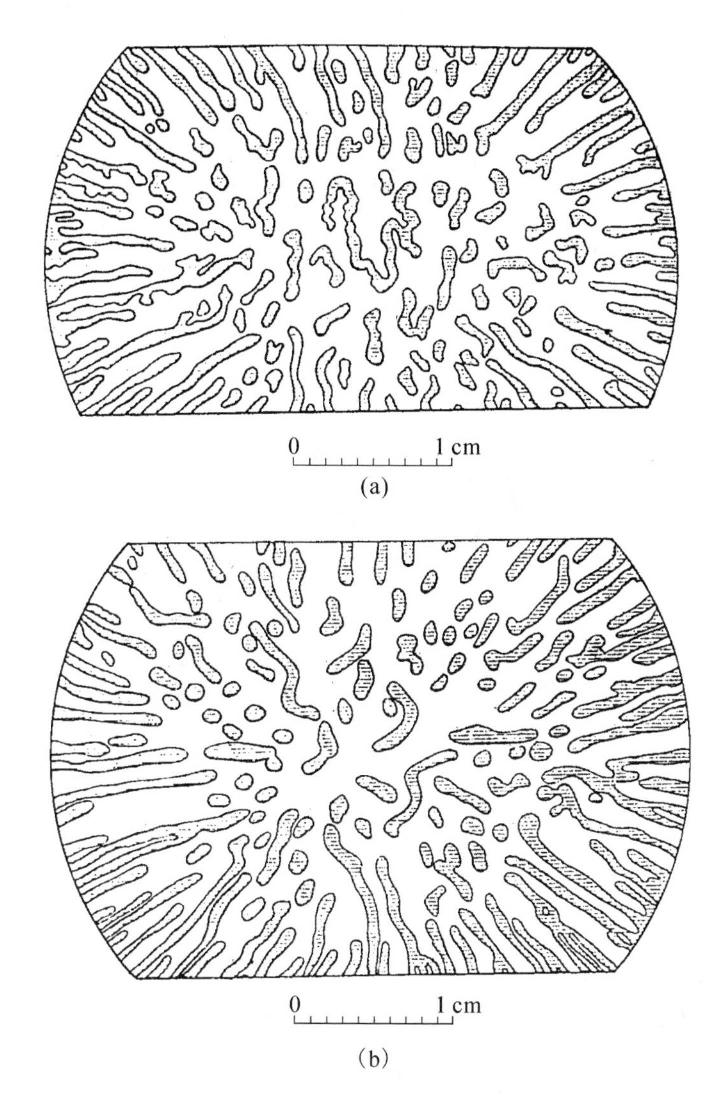

图 6.8(c) 超导畴或称“岛”

两个 Sn 半球缝隙中磁场分布图，缝隙宽度是 0.2 mm，球的直径是 4 cm

(a) $T=3$ K，增加外磁场到 $H_a=7\times10^{-3}$ T；

(b) $H_a=8.1\times10^{-3}$ T，温度降低到 $T=2.85$ K

图 6.9 是不同时间测得的结果。图 6.9(a)是一次实验相隔 20 分钟测得的结果。从图可见在细节上它们都是重复的；图 6.9(b)是三次实验测得的，总的趋势

一致而细节有变化。由于两次实验中要承受热循环,其冷热过程的应力效应会造成样品内缺陷、位错的变化,故不可避免地出现实验结果在细节上的不重复。图6.9的实验结果指出中间态是稳定的结构。

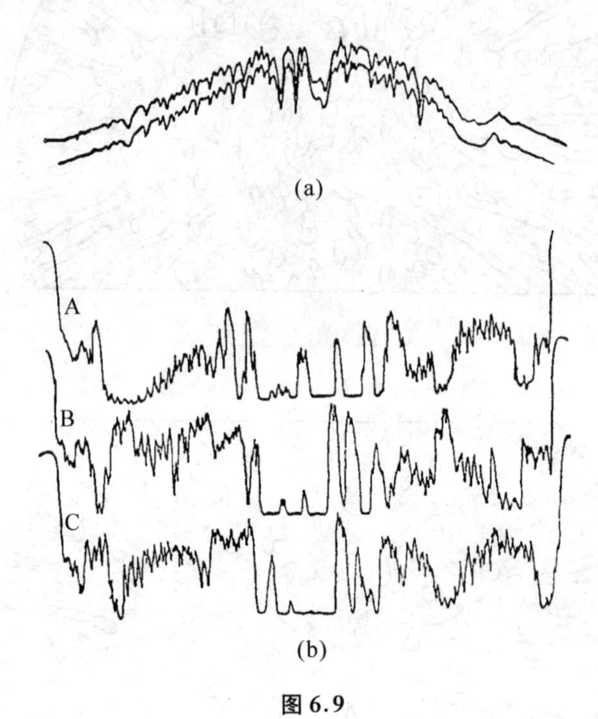

图6.9

(a) 同一次实验,相隔20分钟①;
(b) 三次实验测得的结果②

随后实验上还测量了超导球体表面的磁场分布,其结果却出人意料地与分支模型不一致,在表面上同样可分辨出的N-S交替层,如图6.10所示。

6.4.2 缀饰法——Bitter图案技术

用铁磁粉末撒在处于中间态的超导体上,则铁磁颗粒集中于N层露头处,因而可以直接观察或照相;也可以用超导粉末代替铁磁粉末,超导颗粒将被N区的磁场排斥而集中在S区。图6.11给出超导畴的粉末图案,(a)~(f)是在横场中Al

---

① A.G. Meshkovsky and A. Ⅰ. Shalnikov, *J. Exp. Theor. Phys.*, U.S.S.R., **17** (1947b) 85.
② A.G. Meshkovsky and A. Ⅰ. Shalnikov, *J. Exp. Theor. Phys.*, U.S.S.R., Ⅱ (1947a), 1.

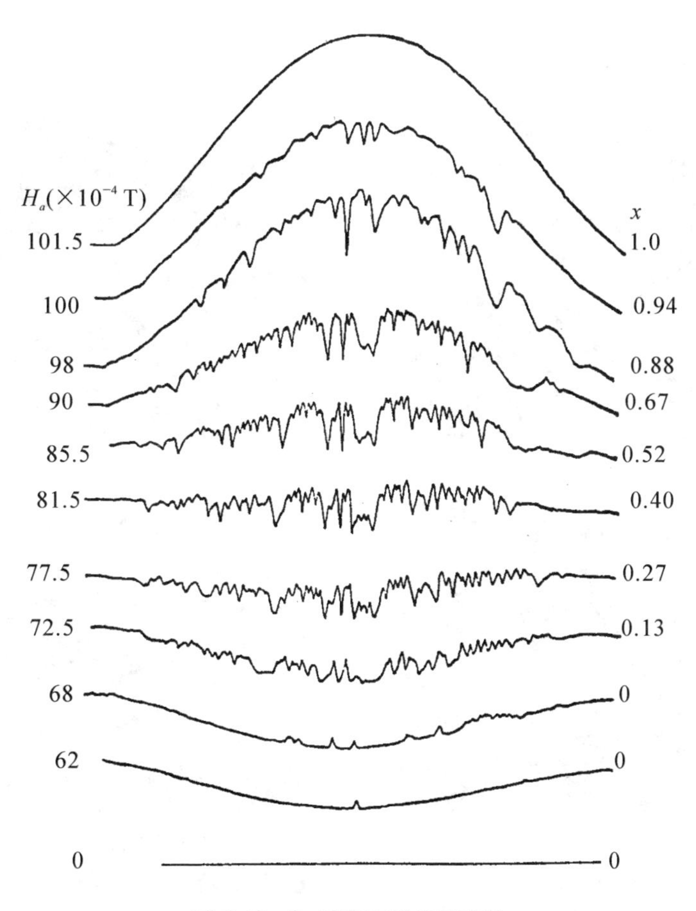

图 6.10　Sn 球表面磁化的变化

板上的 Sn 粉末①,(g)是在 Pb 球中显露出磁通俘获的 Nb 粉末②。

图 6.12(a)(参见第 123 页)是用 In 圆柱样品观察到的结果,图平面与 In 柱轴方向及磁场方向平行。实验观察到明显的分支。图 6.12(b)(参见第 123 页)为 N 层的扭曲。

6.4.3　磁光法③

当偏振光通过磁化的顺磁物质时偏振面发生旋转,这叫 Faraday 效应。磁光

---

① T. E. Faber, *Proc. Roy. Soc.*, A **248**(1958), 460.

② B. M. Baloshova and Ⅰ. W. Sharvin, *JETP*, U. S. S. R., **4**(1957), 54.

③ W, DeSorbo and W. A. Healey, *G. E. Research Lab Report*, 2743M(1961).

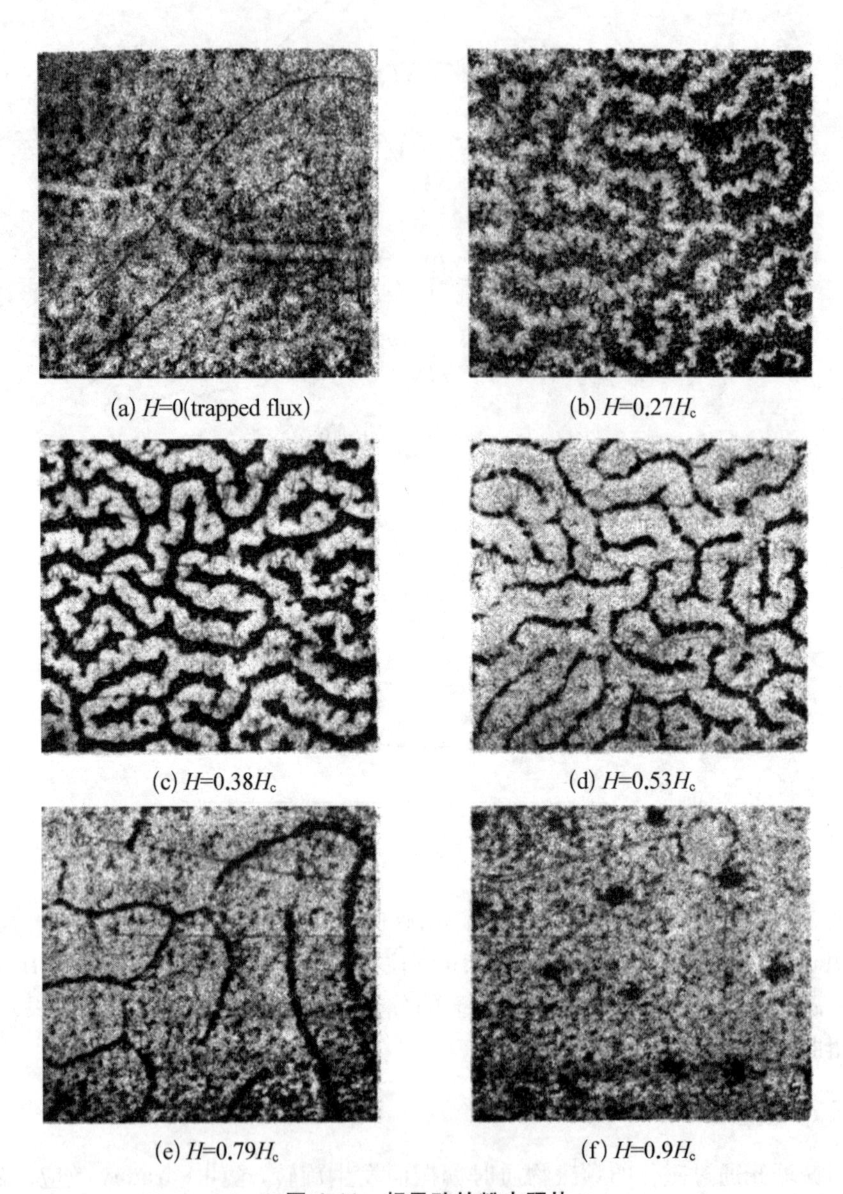

(a) H=0(trapped flux)　(b) $H=0.27H_c$
(c) $H=0.38H_c$　(d) $H=0.53H_c$
(e) $H=0.79H_c$　(f) $H=0.9H_c$

图 6.11　超导畴的粉末照片

(a)～(f)是在横场中 Al 板上的 Sn 粉末

(g)

图 6.11(续)

(g)是在 Pb 球中,显露出俘获磁通的 Nb 粉末

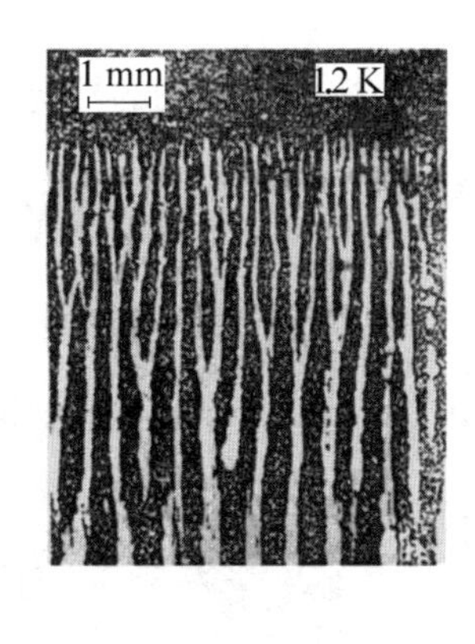

图 6.12(a)　在中间态 In 圆柱样品上观察到的分支图

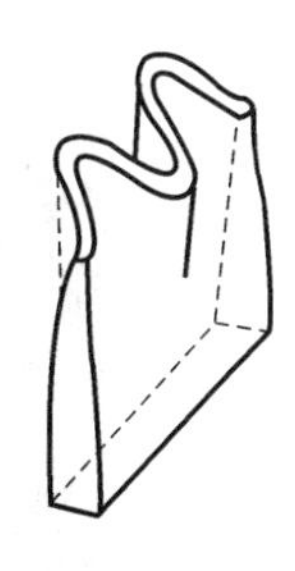

图 6.12(b)　N 层的扭曲

实验是含磷酸铈[$Ce(PO_3)_3$]的玻璃薄片(厚为 0.25 mm)为透光顺磁介质,把磷酸铈玻璃片放在处于中间态的超导体上,见图 6.13。让光通过起偏器产生偏振光,偏振光由半透明的反射镜反射投到磷酸铈玻璃片上。由于处于正常区上的顺磁介质被磁化,投射到这个区域上的偏振光的偏振面发生偏转,而在超导区上的光则不发生偏转,

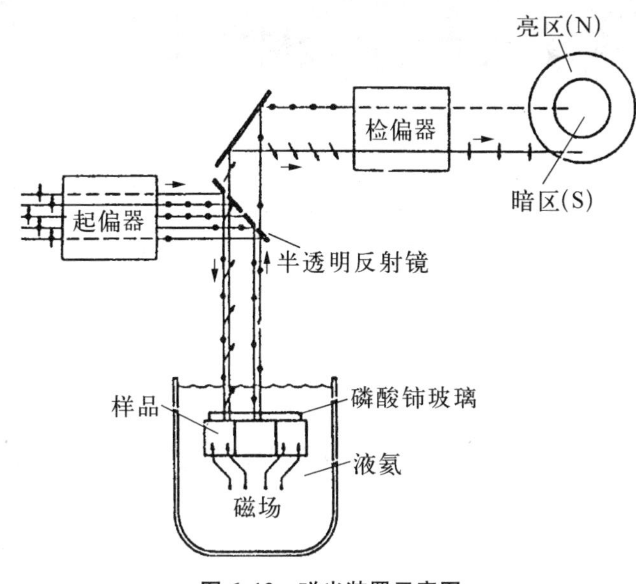

图 6.13　磁光装置示意图

这样被玻璃片反射的光将是两种偏振光，再经检偏器则可观察到中间态的N和S区。

磁光法的最大优点是能观察动态过程并连续照相记录下来。图6.14拍下的图就是用磁光法得到的加磁场和去磁场的情况。

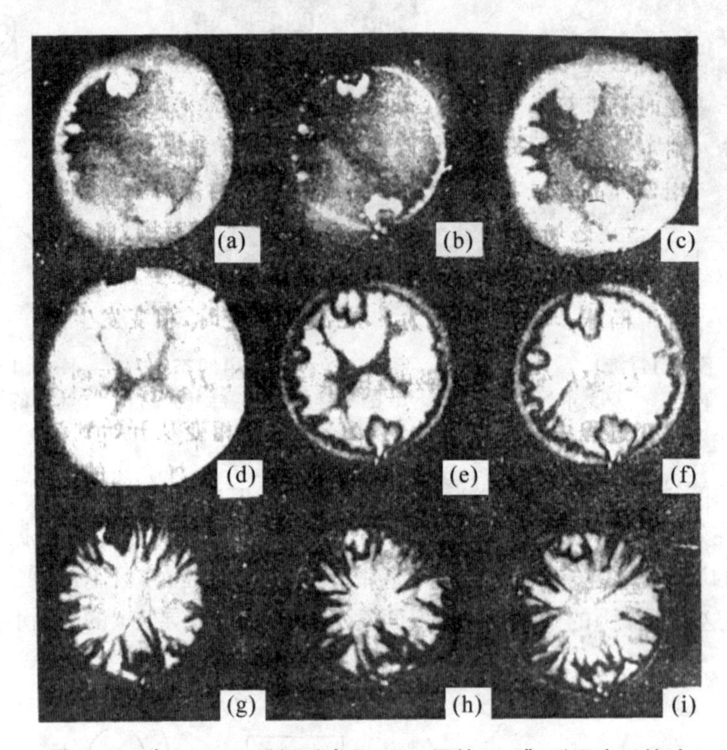

图6.14　在1.43 K，磁场垂直于1 μm厚的Pb膜，磁通穿透的动态变化情况

(a) $H_a=4\times10^{-3}$ T，Pb膜周围磁场是1.35×10^{-2} T；(b) H_a 降到0；(c) $H_a=5.9\times10^{-3}$ T，边界突然出现运动；(d) $H_a=1.9\times10^{-2}$ T；(e) H_a降到0；(f) H_a 加到4.22×10^{-2} T后，降到0；(g) 从-4.28×10^{-2} T变到0；(h) $\pm5.15\times10^{-2}$ T循环之后；(i) $\pm7.1\times10^{-2}$ T循环之后

6.5　中间态热力学

前面已经给出对于退磁因子 $n=0$ 的超导棒在磁场中发生超导相变时有潜热

发生，在 T_c 处发生相变时比热容有跃变。但如果 $n\neq 0$，则不是跃变而是逐渐地改变。实际上，在温度不变的情况下，磁场作用使样品发生超导-正常相变是有一个确定的临界磁场区间的，而在恒定磁场下的相变则有一定的转变温度范围。前者相变时界面上的磁场虽然等于 H_c，但 H_c 是逐渐变化的。

对于椭球，其退磁因子为 n，在温度不变时，相变发生在 $(1-n)H_c\leqslant H_a\leqslant H_c$ 的磁场间隔中，由 $L=-vT\mu_0 H_c\dfrac{dH_c}{dT}$ 所确定的热量在相变过程中是逐渐吸收的，Δc 仅说明相变从开始到结束的比热容差，但 Δc 的公式不能说明相变的热量是怎样变化的。为此，根据分层模型用 x 代表分层结构中正常相所占的比例，则样品的磁感应强度 B 与 H_c 之比为 x，即

$$x=\frac{B}{\mu_0 H_c}$$

设温度有一个升高，则 H_c 减小了，正常区增加了。因此，使 dx 部分从超导相变到正常相要吸收潜热 $L dx$，则中间态的比热容是

$$\begin{aligned} c&=(x+dx)c_n+(1-x-dx)c_s+L\frac{dx}{dT}\\ &=xc_n+(1-x)c_s+(c_n-c_s)dx+L\frac{dx}{dT} \end{aligned}\qquad(6.5.1)$$

如果 $c_n-c_s\ll c_s$ 和 c_n，则(4.4.1)式为

$$c=xc_n+(1-x)c_s+L\frac{dx}{dT}\qquad(6.5.2)$$

对于椭球

$$B=\mu_0\left[H_c-\frac{1}{n}(H_c-H_a)\right]$$

所以

$$\begin{aligned} c&=\frac{B}{\mu_0 H_c}c_n+\left(1-\frac{B}{\mu_0 H_c}\right)c_s+L\frac{d}{dT}\left(\frac{B}{\mu_0 H_c}\right)\\ &=c_n\left[1-\frac{1}{n}\left(1-\frac{H_a}{H_c}\right)\right]+c_s\left[\frac{1}{n}\left(1-\frac{H_a}{H_c}\right)\right]+\frac{vT\mu_0}{n}\frac{H_a}{H_c}\left(\frac{dH_c}{dT}\right)^2 \end{aligned}\qquad(6.5.3)$$

由此可知中间态的比热容既是温度 T 又是外磁场 H_a 的函数。

当 $H_a=(1-n)H_c$ 时，比热容从 c_s 突变到(将 $H_a=(1-n)H_c$ 代入(6.5.3)式)

$$c_s+\frac{vT\mu_0}{n}(1-n)\left(\frac{dH_c}{dT}\right)^2$$

而后，比热容按(6.5.3)式增加，直到磁场等于 H_c 时比热容又有一个跃变减小，从

$$c_n + \frac{vT\mu_0}{n}\left(\frac{dH_c}{dT}\right)^2$$

突然降到 c_n。

假如我们先不管比热容的测量，而只是测量由于增加磁场破坏超导电性时吸收的热量，我们将发现，当外磁场增加 dH_a 时，吸收了热量 Ldx，这里的 dx 是由于磁场的增加从超导转变到正常成为正常金属的部分，很容易看到这个热量等于

$$Ldx = -vT\mu_0 H_c \frac{dH_c}{dT} d\left(\frac{B}{\mu_0 H_c}\right) = -vT\frac{\mu_0}{n}\frac{dH_c}{dT}dH_c \tag{6.5.4}$$

由于 dH_c 的增加量不依赖于 H_c 的值，所以热量是均匀吸收的。

由(6.5.3)式看到对于细长棒，$n=0$，则比热容出现无限大的跃变。但这是不奇怪的，因为从 c_s 到 $c_s + \frac{vT\mu_0}{n}(1-n)\left(\frac{dH_c}{dT}\right)^2$ 的跃变和 $c_n + \frac{vT\mu_0}{n}\left(\frac{dH_c}{dT}\right)^2$ 到 c_n 的跃变无限接近，则相变放出的热量完全被同一磁场同一温度下另一相变而吸收，在这个极限条件下(6.5.3)式和(6.5.4)式不适用，只有

$$L = -vT\mu_0 H_c \frac{dH_c}{dT}, \quad \Delta c = vT\mu_0 H_c \frac{d^2 H_c}{dT^2} + vT\mu_0\left(\frac{dH_c}{dT}\right)^2$$

才适用。

实验结果：

前面的理论结果给出保持温度恒定，把外磁场 H_a 加到 $(1-n)H_c$，样品开始进入中间态，发生 c_s 跃变到 $c_s + \frac{vT\mu_0}{n}(1-n)\left(\frac{dH_c}{dT}\right)^2$；而当 H_a 变到 H_c 时，比热容再次发生由 $c_n + \frac{vT\mu_0}{n}\left(\frac{dH_c}{dT}\right)^2$ 到 c_n 的跃变。假如固定外磁场 H_a 而改变温度 T，比热容也会发生两个跃变，其跃变温度 T_1 和 T_2 分别由 $(1-n)H_c(T_1) = H_a$ 及 $H_c(T_2) = H_a$ 确定。

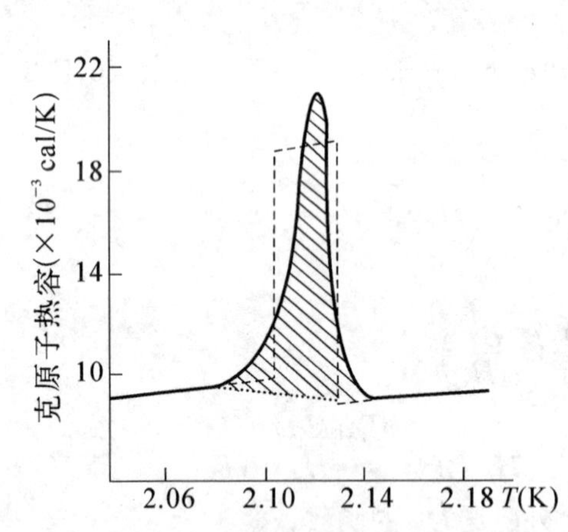

图 6.15　中间态比热容的理论与实验比较(虚线是理论曲线)

Keesom 和 Kok① 用不规则形状的 Tl 样品，在磁场中测得的比热容结果和以上讨论基本一致。图 6.15 给出测量

① W. H. Keesom and J. A. Kok, *Leiden Comm.*, (1934), 230c.

结果与计算结果的比较。

由于样品形状不规则，比热容的两次跃变被圆滑化了，如图 6.15 所示，比热容峰覆盖的温区不宽。因为温度差不大，所以可以认为 c_n 和 c_s 与温度无关，设 $c_n - c_s \ll c_n, c_s$，则由

$$c = c_s + (c_n - c_s)x + L\frac{dx}{dT}$$

得

$$\int_{T_1}^{T_2} c\,dT = \int_{T_1}^{T_2} [c_s + (c_n - c_s)x]dT + L\int_0^1 dx$$

或

$$L = \int_{T_1}^{T_2} (c - c_s)dT + (c_s - c_n)\frac{T_2 - T_1}{2} \tag{6.5.5}$$

上式约相当于图 6.15 曲线中阴影部分的面积，用这种方法定出的潜热 L 与 $L = T(s_n - s_s)$ 符合得很好。

由实验结果还可以确定任一状态下 x 的值。x 由从阴影开始到某一温度下所有的面积除以整个阴影下的面积而得。$x \sim T$ 的关系绘在图 6.16 上。

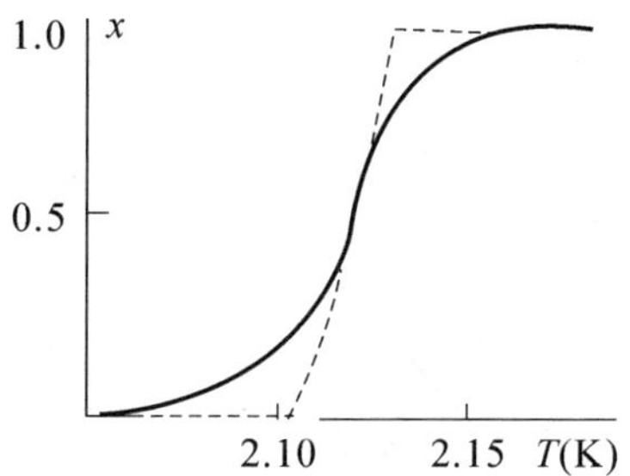

图 6.16　x 随温度 T 的变化

从上面讨论可知，在绝热条件下改变 H_a 时，可使超导体的温度变化，叫磁热效应。可利用这个原理致冷①，但此法很少用，故我们不去讨论它。

6.6　界　面　能

前面章节中 Landau 提出的中间态分层模型和更细致的分支模型已为实验证实。但图 6.10 测到 Sn 球表面 N-S 交错层是不分支的；图 6.12(a)拍摄到的 In 圆柱样品中间态的照片又给出很好的分支。先不管为什么既看到分支又看到不分

① K. Mendelssohn and J. R. Moore, *Nature*, **133**(1934), 413.

支，至少实验证实了分层模型是正确的，6.5节中中间态热力学也与实验符合得很好，似乎中间态问题已完全解决，但仔细考虑一下还存在一个很大的矛盾，3.7节中指出London理论给出的界面能是负的，因而分层愈多，则N-S交界面愈大，体系的能量就愈低，因此分层应趋向无限分层。

6.6.1 正界面能的提出

上述不合理的推论问题出现在何处呢？London提出上述论证忽略了一个主要因素，即在分层结构中，在N，S共存的界面上有一个表面能或叫界面能，而且这个能量是正的。换句话说，形成两相界面需要提供额外的能量。当然这个概念在物理学中是很平常的，在流体和其蒸气之间的界面上有表面张力就是一个例子，正是这个表面张力提供了表面能致使液滴总是倾向于使它表面积最小才稳定。

引入界面能的概念上述矛盾就不存在了，因为把S层和N层分割得愈薄，造成界面面积就愈大，每单位体积中界面能就愈高，以致割细时磁场穿透深度所带来的Gibbs自由能的下降不足以补偿界面能的增大，只有在足够强的磁场下分割到适当限度才是有利的。这样与实验的矛盾就解决了。

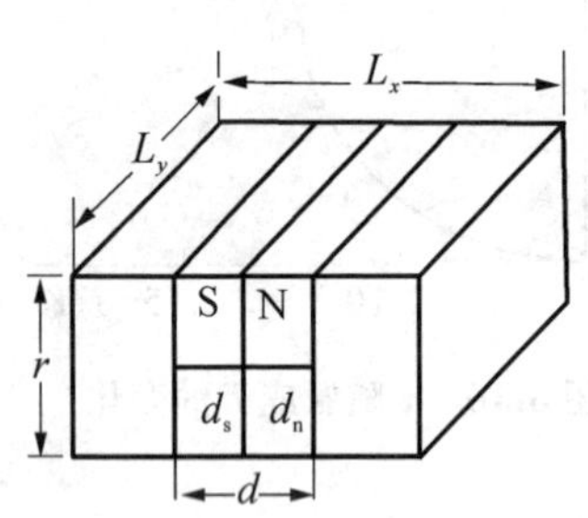

图6.17 中间态的超导平板

下面我们试作一简单的定量分析①，讨论在外磁场中的超导平板，如图6.17所示，设板的尺寸L_x，L_y很大，$d \ll L_x$或L_y。注意到中间态是以外磁场H_a为参量的，也就是以B而不是H为参量，因此我们讨论中间态结构时，要以自由能为热力学函数。以$g=G/V$表示单位体积自由能，$s=S/V$记为单位体积的熵，以$u=U/V$记为单位体积的内能，则热力学特征函数f为

$$\left.\begin{aligned} f &= u - Ts \\ \mathrm{d}f &= -s\mathrm{d}T - T\mathrm{d}s + \mathrm{d}u \end{aligned}\right\} \tag{6.6.1}$$

而由热力学第一定律

$$\mathrm{d}u = T\mathrm{d}s + H\mathrm{d}B$$

所以

$$\mathrm{d}f = -s\mathrm{d}T + H\mathrm{d}B \tag{6.6.2}$$

这里我们用T，B为独立变量，所以相应的热力学函数是f。

我们已熟知

① 管惟炎，李宏成，蔡建华，吴杭生，超导电性(物理基础)，科学出版社，(1981)，79—83.

$$g_{\mathrm{n}}(T,0)=g_{\mathrm{s}}(T,0)+\mu_0\frac{H_{\mathrm{c}}^2}{2} \tag{6.6.3}$$

将(6.6.3)式可改写为

$$g_{\mathrm{s}}(T,0)=g_{\mathrm{n}}(T,0)-\frac{\mu_0 H_{\mathrm{c}}^2}{2} \tag{6.6.4}$$

如以 $g_{\mathrm{n}}(T,0)$为起算,并注意到超导层所占的比例为 d_{s}/d,则在外磁场 H_a 中,中间态中的超导层提供的自由能密度为

$$-\frac{\mu_0 H_{\mathrm{c}}^2}{2}\frac{d_{\mathrm{s}}}{d} \tag{6.6.5}$$

实验表明 $d_{\mathrm{s}}\gg\lambda_{\mathrm{L}}$,所以不考虑磁场穿透效应。实际上,若考虑穿透深度无非是对 d_{s}、d_{n} 等参量作适当的调整。但当 $d_{\mathrm{s}}\gg\lambda_{\mathrm{L}}$ 时,调整的影响不大。

设在其正常层的磁场为 H_{n},则它提供的自由能密度就是空间的场能,即

$$\frac{\mu_0 H_{\mathrm{n}}^2}{2}\frac{d_{\mathrm{n}}}{d}$$

根据总磁通不变可知

$$H_a d=H_{\mathrm{n}} d_{\mathrm{n}}$$

所以 $H_{\mathrm{n}}=H_a d/d_{\mathrm{n}}$,代入前式,则得到正常层自由能密度的贡献为

$$\mu_0\frac{H_a^2}{2}\frac{d}{d_{\mathrm{n}}} \tag{6.6.6}$$

如果我们把 S,N 界面上每单位面积的界面能记为σ_{ns},并令

$$\zeta=\frac{\sigma_{\mathrm{ns}}}{\mu_0\dfrac{H_{\mathrm{c}}^2}{2}} \tag{6.6.7}$$

ζ具有长度的量纲。注意到界面的总数为 $2L_x/d$,而一个界面的面积是 τL_y,则总的界面能为$(2L_x/d)\cdot(\tau L_y\sigma_{\mathrm{ns}})$,所以界面能对自由密度的贡献是

$$\frac{2\dfrac{L_x}{d}\cdot\tau L_y\sigma_{\mathrm{ns}}}{V}=\frac{2\dfrac{L_x}{d}\cdot\tau L_y\sigma_{\mathrm{ns}}}{L_x L_y\tau}=\frac{2\sigma_{\mathrm{ns}}}{d}=\frac{2\zeta}{d}\frac{\mu_0 H_{\mathrm{c}}^2}{2} \tag{6.6.8}$$

最后由不分支模型看到,在靠近样品表面超导层厚度要收缩一些,或者说,它的边缘要圆滑一些,这种圆滑同时导致正常层中磁力线始端和终端散开,因而导致对自由能密度有一项修正。详细的计算给出这项的修正是

$$\frac{\mu_0 H_{\mathrm{c}}^2}{2}\cdot\frac{d}{\tau}\left(\frac{d_{\mathrm{s}}}{d}\right)^2 \mathrm{Y}\left(\frac{H_a}{H_{\mathrm{c}}}\right) \tag{6.6.9}$$

其中 $\mathrm{Y}(\eta)$是球函数,它的数值列在表 6.2 中,它的近似行为是

$$Y(\eta)\to\begin{cases}\dfrac{2\eta^2}{\pi}\ln\dfrac{0.56}{\eta}, & \eta\to 0\\ \dfrac{2\ln 2}{\pi}=0.441\,27, & \eta\to 1\end{cases}\tag{6.6.10}$$

表 6.2　Y(η)函数

η	0.1	0.2	0.3	0.4	0.5	0.6	0.7	0.8	0.9
$Y(\eta)$	0.015	0.043	0.078	0.124	0.177	0.232	0.285	0.340	0.394

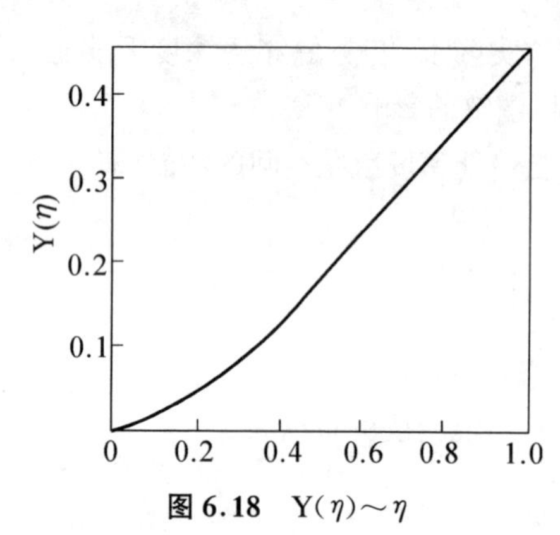

图 6.18　Y(η)～η

图 6.18 表示曲线 $Y(\eta)\sim\eta$，现在采用约化符号

$$\rho=\frac{d_s}{d},\quad \eta=\frac{H_a}{H_c}\tag{6.6.11}$$

综合(6.6.5)式、(6.6.6)式、(6.6.8)式和(6.6.9)式，得到自由能密度为

$$\frac{f}{\dfrac{\mu_0 H_c^2}{2}}=-\rho+\frac{\eta^2}{1-\rho}+\frac{2\zeta}{d}+\frac{d}{\tau}\rho^2 Y(\eta)\tag{6.6.12}$$

在给定外磁场(即 η)下，根据 f 为极小可求出 d 和 $\rho(d_s)$ 的平衡值，将(6.6.12)式对 ρ 和 d 分别求导数后得到

$$\rho=1-\eta\left(1-2\sqrt{\frac{2\zeta Y}{\tau}}\right)^{-1/2}\tag{6.6.13}$$

$$d=\frac{1}{\rho}\sqrt{\frac{2\tau\zeta}{Y}}\tag{6.6.14}$$

由(6.6.13)式和(6.6.14)式，在给定外磁场(η)下，可得到 S 层和 N 层的厚度

$$d_s=d\rho=\sqrt{\frac{2\tau\zeta}{Y}}\tag{6.6.15}$$

$$d_n=d-d_s=\left[1-\eta\left(1-2\sqrt{\frac{2\zeta Y}{\tau}}\right)^{-1/2}\right]^{-1}\cdot\eta\left(1-2\sqrt{\frac{2\zeta Y}{\tau}}\right)^{-1/2}\sqrt{\frac{2\tau\zeta}{Y}}\tag{6.6.16}$$

当 $\rho=0$ 时，超导层消失，全部转变为正常层，按(6.6.13)式，此时的磁场(记作 $H_k=\eta_k H_c$)，可由下式解出

$$\eta_k=\left(1-2\sqrt{\frac{2\zeta Y}{\tau}}\right) \tag{6.6.17}$$

其中 $Y=Y(\eta_k)$，这是一个超越方程，当 $\zeta\ll\tau$ 时，由(6.6.10b)式知

$$Y(\eta_k)\xrightarrow{\eta>1}0.44127 \tag{6.6.18}$$

则(6.6.17)式给出

$$\frac{H_k}{H_c}=\left(1-2\sqrt{\frac{2\times0.44127\zeta}{\tau}}\right)^{1/2}\approx1-0.939\sqrt{\frac{\zeta}{\tau}} \tag{6.6.19}$$

即

$$H_k=H_c\left(1-0.939\sqrt{\frac{\zeta}{\tau}}\right) \tag{6.6.20}$$

(6.6.17)式或(6.6.20)式表明 $H_k\lesssim H_c$。当然，如果平板很薄，H_k 将显著地小于H_c。

图6.19是按(6.6.17)式解得的 $\eta_k\sim\zeta/\tau$ 的曲线。$H_k<H_c$ 是不奇怪的，虽然，对于小样品磁场穿透深度大，以致Gibbs自由能下降，故必须在更高的磁场 H_{cf} 中才能使 $G_n=G_s(0)+\frac{\mu_0H_{cf}^2}{2}$，$H_{cf}>H_c$，但由于超导层端部收缩增加了表面，所以表面能增加，因而导致自由能上升，临界磁场下降。

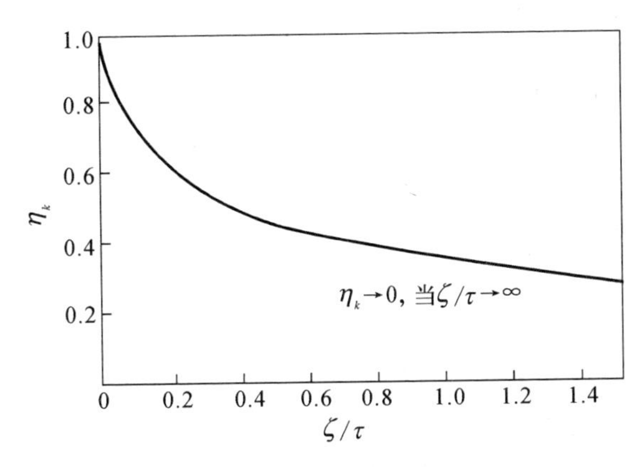

图6.19　$\eta_k\sim\zeta/\tau$ **关系**

根据以上的计算我们将可以解释为什么在图6.10中给出的对中间态的Sn球表面测量中没有观察分支。这是因为一方面无限分支导致不必要的界面能的增加；另一方面，N区并不是在 H_c 以上的磁场中才存在，所以在接近表面的薄层中，N层适当地展宽虽然使磁力线疏松，场强稍许下降，但仍保持在正常态。

当然,并不排除某些情况会出现少量分支的可能性,在(6.6.16)式中界面能的贡献为$\sim d^{-1}$,而端部效应的贡献为$\sim d/\tau$,分支会增加界面能的贡献而减小端部效应的贡献,当ζ很小时,分支有利于降低自由能。

更多的情况下,在近样品表面处N层会出现扭曲,如图6.12(b)所示。这虽然会增大表面能,但也会降低磁场能,这确实是在实验上经常观察到的情况。

一般说来ζ/τ是一个小量,由(6.6.13)式,可近似地写成$\rho = 1-\eta$,再代入(6.6.14)式,则得

$$d = \left[\frac{\tau\zeta}{z(\eta)}\right]^{1/2} \tag{6.6.21}$$

式中

$$z(\eta) = \frac{1}{2}(1-\eta)^2 \mathrm{Y}(\eta) \tag{6.6.22}$$

由拍摄到的中间态图形的实验,如图6.19所示,不分支部分确定d的平均值,就可由(6.6.21)式估算出界面能的大小,实验给出

$$\zeta = \zeta_0(1-t)^{1/2} \tag{6.6.23}$$

对于Sn和In,分别是2.3×10^{-5} cm和3.3×10^{-5} cm。

6.6.2 正负界面能的起源

从6.6.1节的讨论看到,只要存在正的界面能,中间态的问题就可得到全部解决,可是正的界面能是London的假设,而Landau理论则给出负的界面能。

为了搞清为什么界面能有正有负,我们必须了解清楚界面能的起源。在London理论中超导电子的波函数是硬的,也就是说超导态的有序度一直延伸到整个超导体,而磁场穿透深度的存在势必降低超导体的抗磁能,因而界面的出现只能导致负界面能。Pippard相关长度的存在给出了正负界面能的起源。

当超导体内存在相邻的正常区和超导区时,N和S的分界面不可能是一个截然划分的几何面,因此在面的一边的N区中,磁场充分透入,有序度为零;而在另一面的S区中,磁场对超导体存在一个穿透深度λ,再深向S区内部磁场才为零。但Pippard模型告诉我们,由于相关区的存在,有序度ω必然存在一个从N到S层的过渡,在这个过渡层中磁场连续地下降,直到为零,而有序度由零连续地上升到超导区深部的数值。磁场和有序度变化的范围有不同的大小尺度,例如,$\xi_0\sim10^{-4}$ cm,而$\lambda\sim10^{-5}\sim10^{-6}$ cm。

图6.20(a)给出N和S区间的过渡层,为了简化讨论,我们把$H(x)$和$\omega(x)$的下降和上升曲线简单地用图6.20(b)的折线代替,于是$B-B$和$C-C$分别成为

S和N两相间磁场和有序度的分界线。

注意 $B-B$ 和 $C-C$ 之间的区域，$B=0, \omega=0$，它既不同于N区（$B=\mu_0 H_a$，$\omega=0$），也不同于S区（$B=0, \omega=\omega_\infty$），它相当于无磁场时的正常区。我们知道 $g_n-g_s=\mu_0 H_c^2/2$，所以这个无磁场正常区的自由能比S区高出 $\mu_0 H_c^2/2$。由于磁场对超导体的穿透，所以把正常-超导界面 $A-A$ 推移到 $B-B$，因此，$B-B$ 和 $C-C$ 之间的过渡层应属于超导区，故高出的能量密度 $\mu_0 H_c^2/2$ 造成了界面能，由图6.20(b)可知界面能为

$$\sigma_{ns}=\frac{\mu_0 H_c^2}{2}(\xi-\lambda) \quad (6.6.24)$$

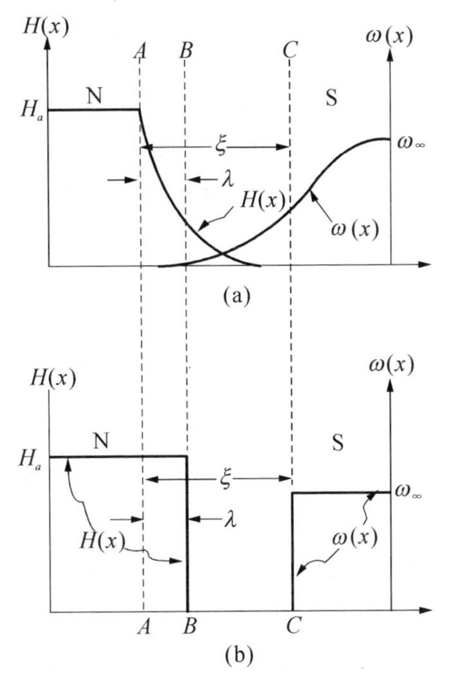

图6.20　在N-S界面上 $B(x)=\mu_0 H(x)$ 和 $\omega(x)$ 变化曲线

例如Sn，ξ 比 λ 大一个量级，所以它的 $\zeta=\sigma_{ns}/\mu_0 \frac{1}{2}H_c^2$ 也比 λ 大一个量级，即 $\xi \sim 10^{-4}$ cm，这与实验结果一致。这里清楚地给出了正表面能的起源。

我们还可以用另一种描述更为清晰地看出正表面能或负表面能的起源。如果形成稳定的边界，则超导区和正常区的Gibbs自由能必然平衡。先看超导体是刚性的情况，即超导体内绝对排磁，当磁场加到超导区，外磁场对超导体磁化做功，使超导体增加了自由能 $-\int_0^{H_a} M\mathrm{d}H_a=\mu_0 H_a^2/2$，但我们又知道，超导态是凝聚态，由于有序的超导电子的出现，超导态自由能密度要降低 $g_n-\mu_0 H_c^2/2$。当形成稳定的分层边界时，$H_a=H_c$，所以磁场对自由能密度的贡献是 $+\mu_0 H_c^2/2$，它与超导有序自由能降低的 $-\mu_0 H_c^2/2$ 抵消，所以界面能为零，如图6.21(a)所示。对于London型超导体，负的有序态的自由能一直延伸到界面，而正的磁自由能的贡献则是从边界上由零开始连续上升直到超导体的深层才为 $\mu_0 H_c^2/2$，所以界面处的总自由能总是负的，见图6.21(b)。对Pippard型超导体，有序度贡献的负的自由能从表面要延伸到 ξ_p 深度才为 $-\mu_0 H_c^2/2$，因此，它可以给出正的界面能，见图6.21(c)。

从(6.6.24)式看到当 $\xi<\lambda$ 时，σ_{ns} 为负，这就是说杂质、缺陷的存在降低了电子

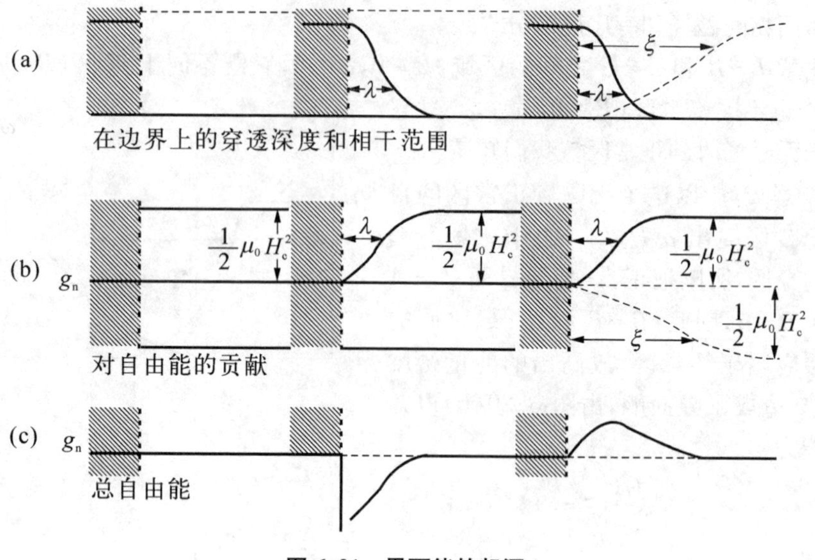

图 6.21 界面能的起源

(a) 刚性超导体；(b) London 超导体；(c) Pippard 超导体

平均自由程 l,使 $\xi_p = l \ll \xi_0$,以致 $\xi_p < \lambda$, 在图 5.6(b)中不是 N 区和 S 区之间存在一个无磁场的正常区,而是 N 区和 S 区相互交叉,也就是超导区被磁场侵占了$\lambda - \xi$ 的大小,因而使体系自由能降低了$\frac{1}{2}\mu_0 H_c^2(\lambda - \xi)$,所以界面能 $\sigma_{ns} = +\frac{1}{2}\mu_0 H_c^2(\xi - \lambda) = -\frac{1}{2}\mu_0 H_c^2(\lambda - \xi)$。因此 Pippard 模型给出正、负界面能的起源,对 $\xi > \lambda$ 的超导体界面能是正的,而对 $\xi < \lambda$ 的超导体,其界面能为负。

值得说明的是在第 5 章中 GL 理论给出 $\kappa < 1/\sqrt{2}$ 是正界面能, $\kappa > 1/\sqrt{2}$ 是负界面能,从而将超导体分成两类,但它与分层结构无关,是退磁因子 $n = 0$ 的行为,故不是中间态,这个问题将在第 7 章中仔细讨论。

6.7 横向磁场中超导线电阻的恢复

可以想象既然中间态是由正常-超导区交错而组成的,那么对在横向磁场中超导线电阻的测量一定也反映出中间态的特性,图 6.22 给出在横向磁场中多晶 Sn

线电阻的恢复①,它有如下四个特点:

(a) 电阻在接近于半临界磁场处开始转变,这也正是横向磁场中圆柱出现中间态处。实验结果使我们不得不假定中间态畴是近似地取与轴垂直的薄片形式,从而使超导层之间没有连接的通路。

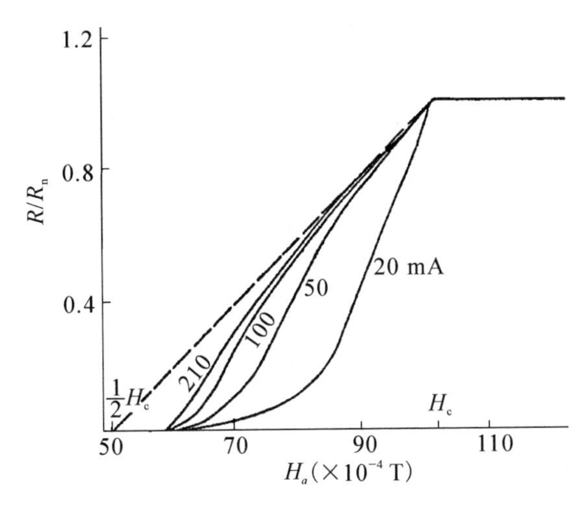

图6.22　在横向磁场中多晶Sn线电阻的恢复
(线直径是0.25 mm,$T=2.92$ K)

(b) $R\sim H_a$ 曲线的精确形状取决于探测电流的大小。这就是说简单的薄片分层模型是太简化了。前面所述的实验结果告诉我们超导畴是可以连接起来的,而由不同电流的测量结果进一步看到连接这些畴的超导丝只能容载小的电流。当电流增加时丝转变为正常态,从而增加电阻。从实验结果还可以看到随着电流的增加,趋向于正常-超导交错分层。

(c) 电阻随 H_a 平稳地增加,当 H_a 达到 H_c 时电阻完全变为正常态的电阻,这是可以理解的,因为 d_n 随 H_a 线性变化,故电阻平稳增加。

(d) 电阻的恢复在大于 $H_c/2$ 的磁场中。最早的实验中电阻的出现不是在 $H_c/2$,而是在 $0.58H_c$,相当长一段时间被人们称作"0.58迷"。后来发现这是由于实验中的圆柱线半径皆取为$\sim10^{-2}$ cm而致。实际上以后的仔细工作发现随着半径由 1.4×10^{-2} mm增到 5.3×10^{-2} mm,起始电阻从0.67改变到0.55,而且它不依赖于温度。

从相界表面能的观点看,就能够理解为什么对超导线测得的横向磁场总是略

① W.J. de Hass, J. Voogd and J.M. Jonker, *Physica*, **1**(1934), 281.

高于我们预期的 $0.5H_c$ 值时才出现电阻，$0.5H_c$ 的得出是忽略界面能只考虑退磁因子而得到的，$H_a=(1-n)H_c=0.5H_a$。如果有正的表面能，那么对中间态的 Gibbs 自由能就会有一附加的贡献，因此必须在大于 $(1-n)H_c$ 的磁场中才有附加的额外能量以贡献于正的表面能，从而产生中间态。设表面能 ζ 为正，理论上给出在正常-超导边界处磁场强度的平衡值将由下式给出①

$$H=H_c\left(1+\frac{\zeta}{2R}\right) \tag{6.7.1}$$

式中 R 是边界的曲率半径。如果正常区是一些平面薄片，则 R 应为无穷大，那就会有 $H=H_c$。实际上畴绝不是平面薄片，而总是有某种曲率，所以 ζ 若为正，则 $H>H_c$。

(6.7.1)式是 1953 年 Pippard 给出的，$\eta=H_a/H_c$ 的计算，是在 Landau 分支模型提出后(1938 年)，他②从理论上得出(1943 年)对于在横场中半径为 r 的圆柱进入中间态后的 η，假如是薄片结构，则得

$$\eta=\frac{1}{2}+1.28\left(\frac{\zeta}{r}\right)^{2/5} \tag{6.7.2}$$

如果是丝状结构，Andrew③(1948)修正了 Landau(1943)的计算结果，给出

$$\eta=\frac{1}{2}+2.31\left(\frac{\zeta}{r}\right)^{1/2} \tag{6.7.3a}$$

Kuper 计算给出④

$$\eta=\frac{1}{2}+0.42\left(\frac{\zeta}{r}\right)^{1/4} \tag{6.7.3b}$$

上述各理论公式虽有差别，但有一点共同的，即 η 必须与圆柱的尺寸有关，而且 $\eta\neq 1/2$ 是由表面能 ζ 引起的。

6.8 中间态的磁矩

前面我们研究在磁场中超导椭球、球和环的磁矩时，对于进入中间态部分都与

① A. B. Pippard, *Physica*, **19**(1953), 765.
② L. D. Landau, *J. Phys.*, U. S. S. R., **7**(1943), 99.
③ E. R. Andrew, *Proc. Roy. Soc.*, **A194**(1948b), 98.
④ C. G. Kuper, *Phil. May.*, **212**(1951), 961.

理论上的预期符合,而不必考虑在 Landau 分层模型中界面能效应。但上节研究横向磁场中圆柱的电阻时,$\eta \neq 0.5$ 而是 $\eta = 0.58$ 甚至 0.67,则必须考虑进入中间态后分层或出现畴的界面能。从理论上看这是很容易理解的,从(6.7.2)式到(6.7.3a,b)式我们看到对小样品 η 与样品尺寸明显有关,ζ 不能忽略。下面我们给出并讨论超导线状圆柱、薄方板、薄方板的磁矩。

6.8.1 在横向磁场中超导圆柱的磁化曲线①

图 6.23 给出半径为 1.5×10^{-2} cm 的超导圆柱 Sn 线的磁矩曲线,曲线有如下特点:

(a) 在高于 $H_c/2$ 的磁场中超导圆柱保持着完全超导电性,直到 $\eta = 0.60$,磁矩曲线部分地突降。正如电阻的测量结果,η 随样品半径减小而增加。

(b) 进入中间态,磁矩突然地部分下落,理论上,这与超导态和中间态自由能曲线在一个有限的角度下交叉(而不是相切)有关。图 6.24 给出超导态、中间态和正常态的熵随温度的变化关系。

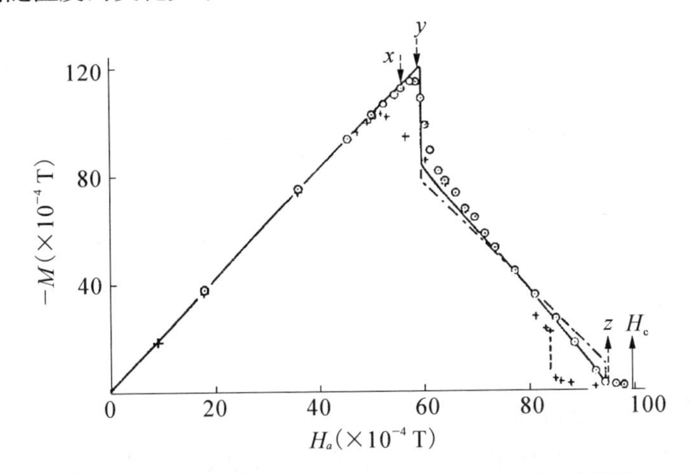

图 6.23 在 3 K 下,横向磁场中超导圆柱 Sn 线(半径为 1.5×10^{-2} cm)的磁矩曲线(⊙增加磁场,+减小磁场。实线是 Andrew 用 Landau 分支模型理论取 $\zeta = 3\times10^{-5}$ cm 作出的;虚线是 Kuper 理论取 $\zeta = 0.5\times10^{-5}$ cm 得到的。x 是首先出现电阻处;y 是电阻迅速恢复处;z 是电阻完全恢复处。点线指出 $-M$ 的不连续升起,它伴随着电阻不连续下降)

① M. Desirant and D. Shoenberg, *Proc. Roy. Soc.*, **A194**(1948), 63.

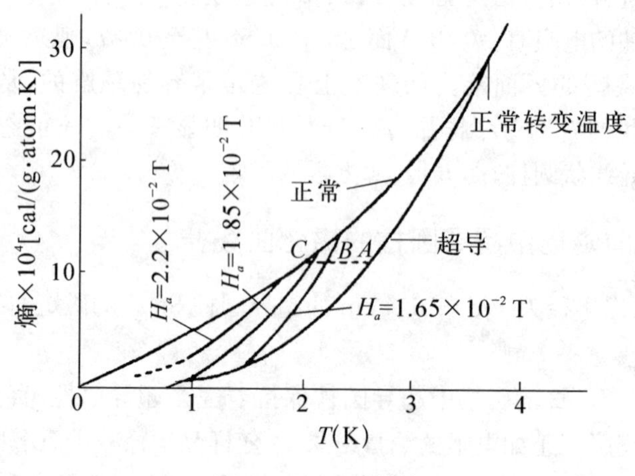

图 6.24 Sn 球的熵

(c) 在 H_a 明显地小于 H_c 时，磁矩消失(见图 6.23)。这个效应随着半径的减小越来越显著。这是由于当样品尺寸不大时，中间态单位体积的自由能要高于宏观样品的，因此正常态的自由能变成在稍微低的磁场中就等于中间态自由能之故。

对于宏观尺寸样品，ζ/r 很小，ζ 引起的表面自由能远小于体自由能，但对小样品，ζ/r 大，表面能与体自由能之比不可忽略，平衡时

$$G_n = G_s + \frac{\mu_0 H'^2}{2} + F'(\zeta\text{的贡献}) \tag{6.8.1}$$

如不考虑 ζ，则

$$G_n = G_s + \frac{\mu_0 H_c^2}{2} \tag{6.8.2}$$

由(6.8.1)式和(6.8.2)式可见 $H' < H_c$。

理论上，由于中间态和正常态自由能曲线是交叉的，也就是中间态进入正常态是一个突变过程，所以磁矩曲线应该出现一个不连续值，但实验上未发现。

(d) 在从高于 H_c 减小磁场时，存在一个小的滞后，在中间态区域中，滞后跳跃到曲线的主体部分，我们称之为“过冷”，将在下一节中讨论。

上升曲线的“尖”部分是不重复的，这意味着或者这一部分是亚稳的，或在返回的曲线上呈现出不同的结构以致不可能在“尖顶”部分排出所有的磁通。

为了把磁矩和电阻的数据联系起来，对在图 6.23 中给出磁矩曲线的样品同时进行电阻的测量，实验结果给在图 6.25 上。我们看到其关系是很密切的。

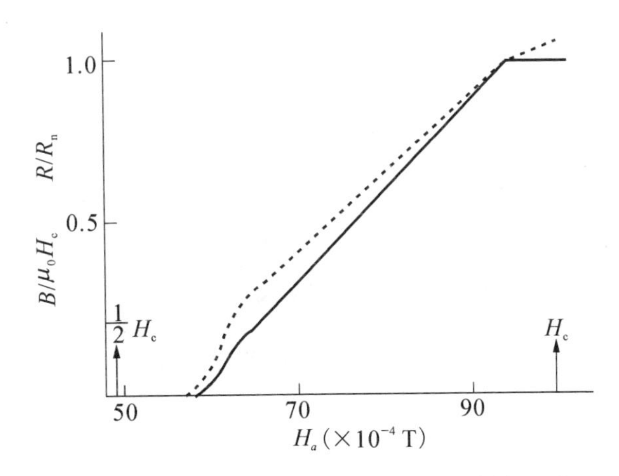

图6.25　对于图6.24中给出磁矩曲线的样品，在3.0 K时，同时测量 B/H_c(虚线)和 R/R_n(实线)随横向磁场 H_a 的关系(测量电阻所用的电流是30 mA。为了避免混乱，仅给出增加磁场的曲线，曲线纵坐标中的 R_n 是在超导转变前的正常态电阻)

显然，只有在大的测量电流情况下，电阻曲线才很接近 B 随 H_a 变化的情况，这再次表明，正常区是不连续地位于圆柱横截面上，对于小的测量电流，电阻是很小的，这正是不连续的正常区中存在超导丝载流之故。

6.8.2　在横向磁场中超导薄圆盘的磁化曲线

因为分支模型的基本理论是对板的行为而不是对线，所以Andrew和Lock①(1950)对横向磁场中薄圆盘的磁矩进行一系列的测量。图6.26上是其典型的曲线。从图上可以看到"尖角"特性比圆柱更明显。它定性地一致于分支模型，但定量上分歧很大。"尖角"部分不重复愈严重，则其回滞愈大，说明存在冻结磁通。

6.8.3　在横向磁场中超导方薄板的磁化曲线

Andrew和Lock(1950)还对方薄板进行实验。图6.27是其实验曲线，磁化曲线和电阻-磁场曲线不像圆柱那样有密切联系，而且电阻-磁场曲线强烈地依赖于电流。电阻恢复的磁场与磁矩开始下落的磁场相比，电阻恢复在较高的磁场中发生。这样说明在低场部分，中间态中的正常区域不能横切电流的路径，而且还指出中间态出现电阻并不是必然的。

① E. R. Andrew and J. M. Lock, *Proc. Phys. Soc.*, **A63**(1950), 13.

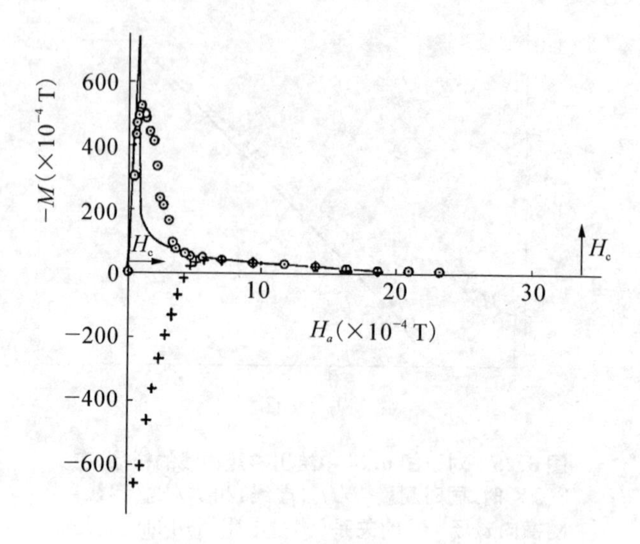

图 6.26　在 3.49 K，横向磁场中 Sn 盘（半径为 0.37cm，厚为 4.1×10^{-4} cm）的磁化曲线（⊙增加磁场，+减小磁场。实线是用 Landau 分支理论，设 $\zeta=6.3\times10^{-5}$ cm 而得）

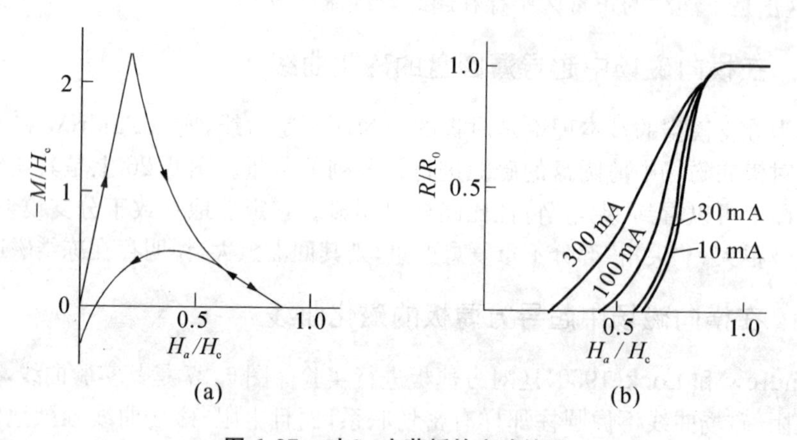

图 6.27　对 Sn 方薄板的实验结果

(a) 厚为 7.8×10^{-3} cm，面积为 0.1×0.73 cm² 薄板的磁化曲线；
(b) 厚为 7.8×10^{-3} cm，面积为 0.1×3.0 cm² 薄板的电阻-磁场曲线

从上面结果看到圆盘、方薄板比圆柱磁化曲线有明显的滞后，这是由于圆盘和方薄板在中间态容易出现冻结场。

6.9　过　冷

6.9.1　由子过冷而引起的滞后

到现在为止我们研究的都是“理想”的磁化曲线，它不存在滞后，然而对很纯样品的实验中却发现十分明显的滞后。例如上节所述横向磁场中细长 Sn 线的磁化曲线，实验上给出明显的滞后，这个滞后保留着很多类似蒸汽过冷的特点，所以我们还保留“过冷”这个名词。

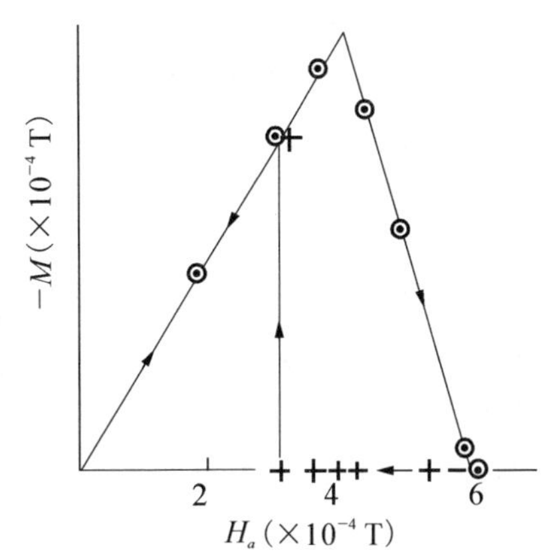

图 6.28　在 1.16K，Al 球的磁矩曲线（实验上测得大的过冷效应，⊙增加磁场；+ 减小磁场）

当磁场由高于 H_c 减小（或在稳恒磁场中降温）时，样品可在远小于 H_c 的磁场中仍然是正常态，当磁场减小到某一个值时，磁通突然从样品中排出，样品进入中间态；当样品的退磁效应足够小时，还可能直接进入纯超导态。图 6.28 是在纯 Al 球上测得的结果。当外磁场由高于 H_c 降低时，磁矩在远小于 H_c 的磁场中仍为零，当 H_a 降到某个值时，磁矩突然出现，磁矩直接进入超导态①。

6.9.2　理论分析

早在 1935 年 H. London② 就指出假如在正常-超导之间的界面上存在一个适当大的界面能，那么过冷可以到直接进入超导态。它刚好类似于蒸汽-液体转变的问题，过冷的出现是稳定相的核很困难生长而致。

我们再重新比较一下正、负界面能的结果。事实上，我们已经看到，为了解释在超导体中中间态的形貌，必须假设界面能是正的，但我们还将看到甚至在纯金属

① D. Shoenberg, *Proc. Camb. Phil. Soc.*, **36**(1940), 84.

② H. London, *Proc. Roy. Soc.*, **A152**(1935), 650.

超导体中某些小的局部区域的界面能将是负的。

若界面能是负的，则有利于分层以使自由能最小，那么分层将趋于无限，在小于临界磁场的情况下，超导体分裂成大量的正常-超导层，即在超导母体中嵌进许多很薄的正常层；而在高于 H_c 的磁场中，正常导体母体中也将要嵌入大量的超导薄层，这里说的许多是“无限多”，而薄将意味着是无限薄。但假如层量太大或太薄，那么界面能的概念将失去它的宏观意义。若是如此分层的话，将可推断它必然导致在高于临界磁场中样品保持着异常低的电阻，但实验上没有得到该结果。所以 H. London 认为存在正的界面能而不是负的界面能，由于假设界面能是正的，则对退磁系数为零的物体而言，超导相不能存在于高于 H_c 的磁场中，而正常相也不能存在于低于 H_c 的磁场中。

然而，从正常导电性转变到超导电性，必须从正常母体中一个小的超导核开始。为了了解为什么出现过冷，我们将考虑这样一个核的平衡情况。令核的体积是 V，它的表面积是 A，为了简单起见，假设它的退磁因子是零。可以预期单位表面积的表面能 σ 从一个地方到另一个地方是变化的，为了再简化，假设 σ 以及它沿着核法向变化率 $\partial\sigma/\partial n$ 在整个核表面是不变的。假如核在某个特殊的尺寸下处于平衡态，那么对核的一个小的增长或减小，样品的自由能必须保持不变。如果自由能增加，则核缩小；而当自由能减小时，核将生长。因此，假如 σ 不依赖于磁场，核的生长、平衡或缩小条件是

$$\left(g_n - g_s - \frac{\mu_0 H_a^2}{2}\right)\delta V \begin{cases} > \sigma\delta A + \dfrac{\partial\sigma}{\partial n}\delta V \\ = \sigma\delta A + \dfrac{\partial\sigma}{\partial n}\delta V \\ < \sigma\delta A + \dfrac{\partial\sigma}{\partial n}\delta V \end{cases} \tag{6.9.1}$$

这里 g_n 和 g_s 是两相单位体积自由能，$g_n - g_s = \mu_0 H_c^2/2$，用符号 $\zeta = 2\sigma/\mu_0 H_c^2$ 则

$$1 - \frac{H_a^2}{H_c^2} \begin{cases} > \dfrac{\zeta}{d} + \dfrac{\partial\zeta}{\partial n} \\ = \dfrac{\zeta}{d} + \dfrac{\partial\zeta}{\partial n} \\ < \dfrac{\zeta}{d} + \dfrac{\partial\zeta}{\partial n} \end{cases} \tag{6.9.2}$$

式中 $d = \delta V/\delta A$ 定义为超导核的尺寸，但应该注意 d 的确切的意义与生长的方式有关。对于径向生长的圆柱，$d = \delta(\pi r^2 l)/\delta(2\pi rl) = r$（$l$ 是柱长），所以 d 刚好是半径，但对纵向生长的圆柱，$d = \delta(\pi r^2 l)/\delta(2\pi rl) = (\pi r^2 \delta l)/(2\pi r\delta l) = r/2$，$d$ 是

半径的一半。按(6.9.2)式左面是大于、小于或等于右边将决定了核是生长、缩小还是平衡。

假如 ζ 处处是正的,很清楚超导核必须崩溃,即使 H_a 很小也是如此,除非 d 能够建立起足够大的值,以致(6.9.2)式的等号成立。一旦等号成立,进一步减小场,将增加(6.9.2)式左边的值,故趋向于超导核生长。而核的增长又将减小 ζ/d,则更有利于核的生长,以致可以得到出现不稳定性的结论。但上述结论是在没有考虑 $\partial\zeta/\partial n$ 的作用而得到的。如果 $\partial\zeta/\partial n$ 随着界面的向外运动而十分迅速地增加,那么在较大的 d 下(6.9.2)式不保持等式是完全可能的,只要(6.9.2)式的右边小于左边,那么核将变得不稳定,核要生长,超导电性在金属导体内迅速扩展,因此破坏了过冷。

现在的问题是必须考虑怎样的机制才能使核足够大,以致可以让核进一步增长。假如没有这样的核,那么超导相绝不会增长,因此过冷必定延续到零场。

我们知道在气-液转变中,产生足够大的核的机制是涨落效应。但是在现在情况下,涨落产生足够大的超导核的几率几乎可以忽略不计,这是因为涨落的几率正比于 $\exp\left(-\dfrac{\Delta G}{k_B T}\right)$,这里的 ΔG 涉及所考虑的核的形状。但很容易看到 ΔG 大小的量级不小于 $\mu_0(H_c^2-H_a^2)V/2$,V 是半径为 r 的球的体积。r 由下式给出

$$1-\left(\frac{H_a}{H_c}\right)^2 \sim 2\frac{\zeta}{r}$$

尽管严格地说(6.9.2)式不能用于球,而且这里还没考虑 $\partial\zeta/\partial n$ 项,但如取 ζ 为 4×10^{-5} cm,设过冷发生在 $1-(H_a/H_c)^2=0.1$,对于 $H_c=1.0\times10^{-2}$T,$T=3$ K,我们得到 $\Delta G/k_B T\sim10^8$,因此这个几率完全可以忽略。

Faber①(1952)在他的实验基础上,提出了对于出现足够大尺寸核的一个比较可能的机制。他假设的要点是任何真实的物质绝不是十分均匀的,因此假定在某一个位置上由于不均匀的应力等,ζ 是负的。这些受应力区将起着超导核的作用。事实上,前面已经谈到样品的磁转变中超导区延续到高的磁场中,正是由于样品中存在不均匀应力的结果。设负的 ζ 区在超导核上,其尺寸为 d,则不仅 ζ/d 是负的,而且 $\dfrac{\zeta}{d}+\dfrac{\partial\zeta}{\partial n}$ 也是负的。当外场 $H_a\gg H_c$ 时,$1-\left(\dfrac{H_a}{H_c}\right)^2<\dfrac{\zeta}{d}+\dfrac{\partial\zeta}{\partial n}$,故超导核不存在。

过冷过程:

---

① T. E. Faber, *Proc. Roy. Soc.*, **A214**(1952), 392.

(1) 当外磁场从高于 H_c 降低到某一个 $H_a(>H_c)$ 时，$\left|1-\left(\frac{H_a}{H_c}\right)^2\right|=\left|\frac{\zeta}{d}+\frac{\partial\zeta}{\partial n}\right|$，形成尺寸为 d 的超导核。这些负 ζ 的超导核分散在正常母体中。

(2) H_a 继续减小($\leqslant H_c$)，$1-\left(\frac{H_a}{H_c}\right)^2>\frac{\zeta}{d}+\frac{\partial\zeta}{\partial n}$，满足核增长条件，$d$ 不断增大。在此过程中，随着核的增大，即 d 大，$|\zeta/d|$ 将减小，同时由于 d 增大，超导核将逐渐扩展到超过不均匀区，负的 ζ 的绝对值不仅随之减小，而且逐渐过渡到正值。

(3) H_a 降到小于 H_c 的某个值，d 扩展到均匀区，正的 ζ 为常量。满足条件 $1-\left(\frac{H_a}{H_c}\right)^2=\frac{\zeta}{d}+\frac{\partial\zeta}{\partial n}$，从而达到平衡，出现过冷。

(4) 过冷消失是雪崩式的。由于 $H_a(<H_c)$ 继续降低，d 继续增大，ζ/d 减小，随着 d 增大，对每相同增量 Δd，d 越大，$\partial\zeta/dn$ 越小。以致 H_a 降到某一值后使 $1-\left(\frac{H_a}{H_c}\right)^2>\frac{\zeta}{d}+\frac{\partial\zeta}{\partial n}$ 总是成立的，稳定性被破坏，核长大，而核越大，$1-\left(\frac{H_a}{H_c}\right)^2$ 比 $\frac{\zeta}{d}+\frac{\partial\zeta}{\partial n}$ 大得越多，所以核雪崩式增加直到全部样品。

6.9.3 Faber 实验

Faber 在一个长为 20 cm 的 Sn 棒上绕上一个短的产生反向磁场的线圈，在另一个位置上绕上一个与电流计串联的线圈，见图 6.29。将外磁场 H_a 降低到稍低于 H_c 的某个值，使棒进入过冷态。让反向磁场在棒的某个位置继续降低，当它达到某一个临界磁场时，这个地区突然变到超导相，随后在几秒钟内超导相扩展到整个 Sn 棒。这个传播过程可由探测线圈中电流计的偏转而觉察到。

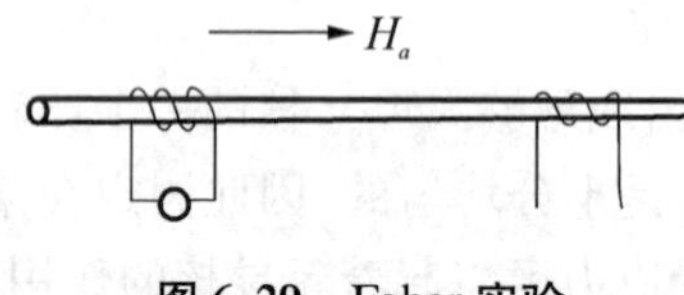

图 6.29　Faber 实验

假如反向磁场只是在一个短时间 τ 内产生，那么实验不仅可以给出核大都位于很接近表面的地方，而且能估计出核的尺寸。实验发现仅 $\tau>10^{-4}$ 秒的情况下过冷才消失，时间再短，则磁场来不及穿透到深的内部以使得核获得足够的场。

实验给出核的大小约 10^{-4} cm 的量级。

一旦核可以生长，则新产生的超导区中排出磁通要在金属中感应起涡旋电流，它限制了核的生长速度。实验给出超导相的生长速度 v 正比于$(\Delta H/H_c)^2$，这里的 ΔH 是 H_c 和大块样品中的磁场之差。

Faber的另一个观察过冷的实验是在棒上绕两个探测线圈，它们之间相隔10 cm，两个线圈是串联的，图6.30给出在两个探测线圈中，由于过冷而产生超导区扩展，从而激励起感生脉冲电动势。电动势迅速地上升是由于超导相沿着表面迅速扩展而致；缓慢的衰减相应于磁通从内部排出。

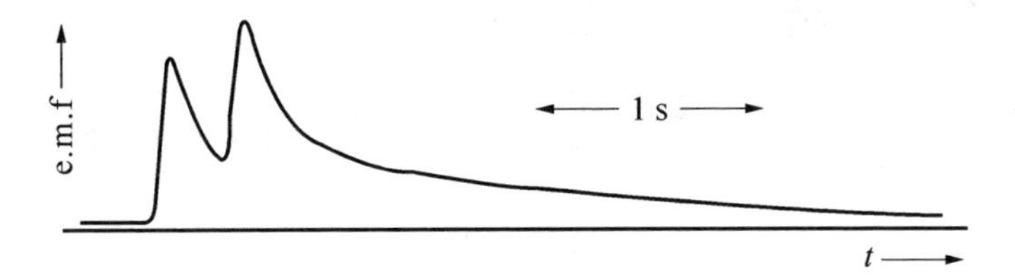

图6.30　在两个相距10 cm的串联线圈中，当正常-超导转变的传播通过它们时产生的e.m.f脉冲

第7章 混合态 理想的第Ⅱ类超导体

我们知道GL理论给出一个新的物理量κ,对$\kappa<1/\sqrt{2}$的超导体叫第Ⅰ类超导体,在前面的所有章节中,我们已详细地讨论了它们的行为。与这些行为十分不同的另一类,即$\kappa>1/\sqrt{2}$的超导体,我们称它为第Ⅱ类超导体,它的出现开拓了一个崭新的学科和应用领域。

7.1 第Ⅱ类超导体的磁性 上、下临界磁场H_{c1}和H_{c2}

(5.4.27)式给出$\kappa=1/\sqrt{2}$是具有零界面能的条件和第Ⅰ、第Ⅱ类超导体的分界。

对$\kappa<1/\sqrt{2}$的第Ⅰ类超导体,界面能是正的。在这一类超导体中,对于退磁因子为零的大样品,当外加磁场$H_a<H_c$时,超导态是稳定态,在$H_a<H_c$之前体系呈现出完全的Meissner态,磁矩为-1;当$H_a=H_c$时,体系突然变到正常态,磁矩为零,见图7.1(a)和(b)。如果退磁因子$n\neq0$,则在$(1-n)H_c<H_a<H_c$的磁场中,超导体进入分成正常-超导层的中间态,在正常-超导层界面上存在正的界面能。

而对退磁因子为零的$\kappa>1/\sqrt{2}$的第Ⅱ类超导体,其磁性与前者就大不相同了,由于这类超导体的界面能是负的,所以当外磁场达到某一个值$H_a=H_{c1}$时,出现正常-超导界面从能量上看是有利的。

在 $H_a < H_{c1}$，它具有和第Ⅰ类超导体相同的 Meissner 态的磁矩；当 $H_a > H_{c1}$ 时，磁场将进入到超导体中，但这时体系仍具有无阻的能力。我们把这个开始进入第Ⅱ类超导体的磁场 H_{c1} 叫做下临界磁场。当 $H_a > H_{c1}$ 后，磁场进入到超导体中愈来愈多，同时伴随着超导态的比例愈来愈少，故磁化曲线随着 H_a 的增加磁矩缓慢减小，直到 $H_a = H_{c2} = \sqrt{2}\kappa H_c$ 时，磁矩为零，超导体完全恢复到正常态。我们称这个 H_{c2} 为上临界磁场。相应的 $B \sim H_a$，$-M \sim H_a$ 关系绘在图 7.1(c)和(d)上，曲线是可逆的。

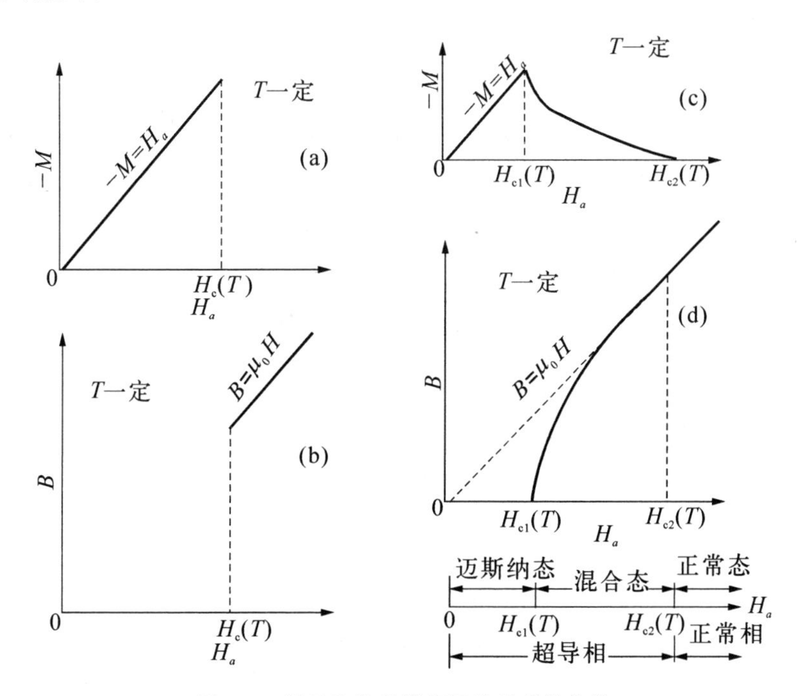

图 7.1　第Ⅰ和第Ⅱ类超导体的磁化曲线

由于第Ⅱ类超导体中，当 $H_a > H_{c1}$ 时磁场进入超导体不是退磁因子引起的，它是 $\kappa > 1/\sqrt{2}$ 的第Ⅱ类超导体的固有性质，所以它和第Ⅰ类超导体中由于退磁因子而进入分层的中间态是不同的，磁矩的减小不是出现正常层导致的，它不出现超导-正常层，而是正常和超导相互渗透的状态，所以我们称在 $H_{c1} < H_a < H_{c2}$ 区域的状态为混合态。

7.2 第Ⅱ类超导体的热力学性质

7.2.1 热力学临界磁场 H_c

在第2章中我们引进了一个热力学临界磁场 H_c 的概念，H_c 由

$$g_n(T) = g_s(T) + \frac{\mu_0 H_c^2(T)}{2} \tag{7.2.1}$$

定义。这里的 $g_n(T)$ 和 $g_s(T)$ 分别是正常态和超导态自由能密度。但必须强调指出，只有对第Ⅰ类超导体，由这个方程才定义一个精确的、有意义的临界磁场。而对第Ⅱ类超导体它仅仅是一个有用的概念，而不是实验上的测量量。

对第Ⅰ类超导体，$H_a < H_c$，$B = 0$，因此

$$\mu_0 \int_0^{H_c} M \mathrm{d} H_a = -\frac{\mu_0 H_c^2}{2} \tag{7.2.2}$$

对第Ⅱ类超导体，类似于(7.2.2)式，我们定义

$$\mu_0 \int_0^{H_{c2}} M \mathrm{d} H_a = -\frac{\mu_0 H_c^2}{2} \tag{7.2.3}$$

现在要证明(7.2.3)式中的 H_c 是热力学量。

由 Gibbs 热力学势的一般形式

$$G = F(\boldsymbol{B}) - \boldsymbol{BH} \tag{7.2.4}$$

在正常相

$$G_n = F_n(0) + \frac{1}{2\mu_0} B^2 - \boldsymbol{B H_a} \tag{7.2.5}$$

在超导相

$$\boldsymbol{G_s} = \boldsymbol{F_s}(\boldsymbol{B_s}) - \boldsymbol{B_s H_a} \tag{7.2.6}$$

式中 $\boldsymbol{B}_s$ 是超导体中的磁感应强度。现在我们要求出 $\boldsymbol{M}$，$\boldsymbol{M}$ 定义为 $\boldsymbol{B} - \mu_0 \boldsymbol{H}_a = \mu_0 \boldsymbol{M}$，由(7.2.5)式和(7.2.6)式

$$\frac{\partial}{\partial H_a}(G_n - G_s) = B_s - B = B_s - \mu_0 H_a \tag{7.2.7}$$

所以

$$\mu_0\int_0^{H_{c2}} M\mathrm{d}H_a = \int_0^{H_{c2}} (B_s - \mu_0 H_a)\mathrm{d}H_a = \int_0^{H_{c2}} \frac{\mathrm{d}}{\mathrm{d}H_a}(G_n - G_s)\mathrm{d}H_a$$
$$= (G_n - G_s)\Big|_0^{H_{c2}} \tag{7.2.8}$$

当 $H_a = H_{c2}$ 时，$G_n = G_s$；当 $H_a = 0$ 时，$G_n - G_s = -\mu_0 H_c^2/2$，故(7.2.8)式的计算结果就是(7.2.3)式。而 $H_a = 0$ 时，$G_n - G_s = -\mu_0 H_c^2/2$ 中的 H_c 是热力学临界磁场，因此我们证明了(7.2.3)式中定义的 H_c 是热力学临界磁场。进而我们看到(7.2.3)式左边积分正是 $M = f(H_a)$ 曲线下的面积，因此 H_c 是一个折合场，也就是如果延长 Meissner 态的磁化曲线到 H_c，磁矩突然消失，那么这个磁化曲线的三角形面积正好等于(7.2.3)式左边积分的第Ⅱ类超导体磁化曲线下的面积。

实验指出，$H_{ci}(T)$，$H_{c2}(T)$，$H_c(T)$ 都近似地表示为

$$H_{ci}(T) = H_{ci}(0)\left(1 - \frac{T^2}{T_c^2}\right),\quad i = 1,\ 2 \text{ 和不存在} \tag{7.2.9}$$

图 7.2(a)给出常规第Ⅱ类超导体的三个临界磁场与温度的关系的实验结果。在 $H_{c1}(T)$ 以下是 Meissner 态，$H_{c1}(T)$ 到 $H_{c2}(T)$ 之间是混合态，高于 $H_{c2}(T)$ 是正常态。$H_c(T)$ 是热力学量，它不是测量量而是推导量。

对高温超导体 $H_a(T)$ 存在一个复杂的关系，除了在 $H_{c1}(T)$ 下 Meissner 态和常规超导体一样外，在 $H_{c1}(T)$ 和 $H_{c2}(T)$ 之间存在一个新的相图区，涡旋点阵、涡旋液体和涨落区，见图 7.2(b)。

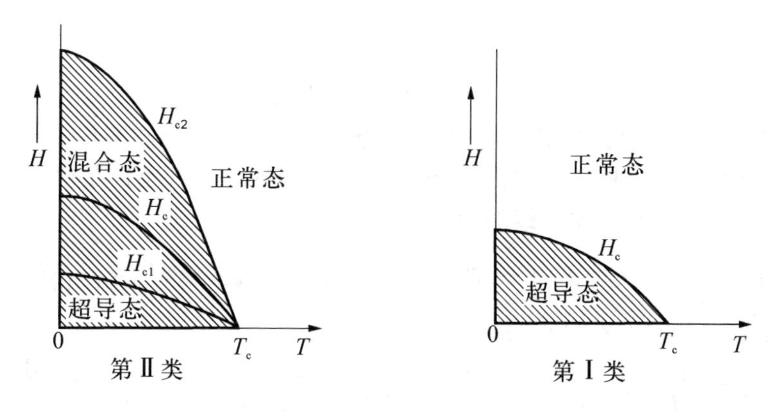

图 7.2(a)　常规第Ⅱ类超导体的 $H_{c1}(T)$，$H_c(T)$ 和 $H_{c2}(T)$ 及第Ⅰ类超导体的 $H_c(T)$

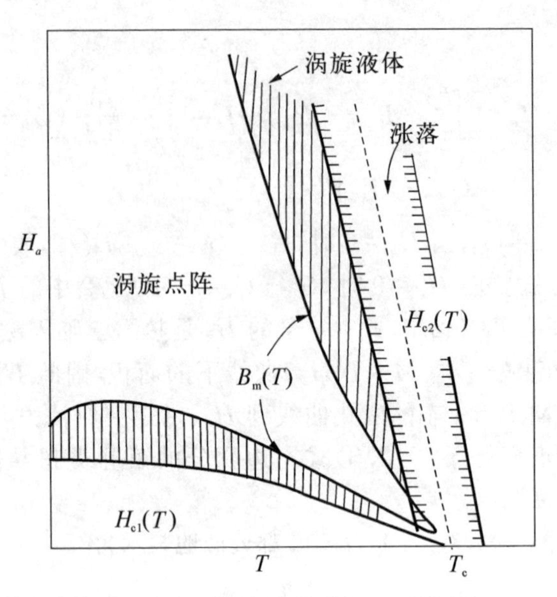

图 7.2(b)　高温超导体的 $H_a \sim T$ 相图

7.2.2　$H_{c1}(T)$和 $H_{c2}(T)$处的相变是二级相变

定义相应于相 $i[i=(\alpha)$、(β)或$(\gamma)]$的热力学势 G_i

$$G_i = F_i(T,\ B_i) - B_i H_a \tag{7.2.10}$$

固定 H_a 和 T,G_i 必须是极小,因此

$$\left(\frac{\partial G_i}{\partial B_i}\right)_{H_a,T} = 0,\quad 即\left(\frac{\partial F_i}{\partial B_i}\right)_{H_a,T} = H_a \tag{7.2.11}$$

相应的熵是

$$S_i = \left(\frac{\partial G_i}{\partial T}\right)_{H_a} = -\left(\frac{\partial F_i}{\partial T}\right) \tag{7.2.12}$$

在 i 相和 j 相之间平衡时,磁场等于临界磁场 $H_{ij}(T)$,此时两相的热力学势是相等的。假如相变是二级相变,则没有潜热,因而熵也是相等的,而且在相变中的 $B\sim H_a$ 曲线、磁化曲线也将是连续的。

假如磁场沿着 $H_a = H_{ij}(T)$曲线变化了 $\mathrm{d}H_a$,也就是 $\mathrm{d}H_a = \left(\frac{\mathrm{d}H_{ij}}{\mathrm{d}T}\right)\mathrm{d}T$,它引起 G_i 的变化可由(7.2.11)式和(7.2.12)式算出

$$\frac{\mathrm{d}G_i}{\mathrm{d}T} = \frac{\mathrm{d}F_i}{\mathrm{d}T} - B_i\frac{\mathrm{d}H_{ij}}{\mathrm{d}T} - H_{ij}\frac{\mathrm{d}B_i}{\mathrm{d}T} = \frac{\partial F_i}{\partial T} + \frac{\partial F_i}{\partial B_i}\frac{\mathrm{d}B_i}{\mathrm{d}T} - B_i\frac{\mathrm{d}H_{ij}}{\mathrm{d}T} - H_{ij}\frac{\mathrm{d}B_i}{\mathrm{d}T}$$

$$= -S_i - B_i\frac{\mathrm{d}H_{ij}}{\mathrm{d}T} \tag{7.2.13}$$

在 $H_a = H_{ij}(T)$ 的转变曲线上，$G_i = G_j$，也就是 $\mathrm{d}G_i/\mathrm{d}T = \mathrm{d}G_j/\mathrm{d}T$，假如没有潜热，则 $S_i = S_j$，因此(7.2.13)式给出

$$B_i = B_j = B \tag{7.2.14}$$

由图7.1(d)的实验曲线段上看到 B_i 和 B_j 在 H_{c1}、H_{c2} 处是连续的，这说明 H_{c1} 和 H_{c2} 处的相变确实没有发生潜热。而对第Ⅰ类超导体，从图7.1(b)上看到 B_i（B_s，超导态）$=0$，而 B_j（B_n，正常态）$= H_a = H_c$，故在 H_c 的相变点 $B_i \neq B_j$（$B_s \neq B_n$），因而由(7.2.13)式得到 $S_i \neq S_j$ 或 $S_s \neq S_n$，故有潜热发生。所以我们得到结论：第Ⅰ类超导体在 $H_c(T)$ 处发生的相变是一级相变；而第Ⅱ类超导体在 H_{c1} 和 H_{c2} 处发生的相变，即在 H_{c1} 处由 Meissner 态到混合态的相变，以及在 H_{c2} 处由混合态到正常态的相变是二级相变。

由于二级相变将发生比热容跳跃，下面我们将计算这个比热容的不连续性。

当没有潜热时，在沿着 $H_a = H_{ij}(T)$ 曲线上 $S_i = S_j$，则

$$\frac{\mathrm{d}S_i}{\mathrm{d}T} = \frac{\mathrm{d}S_j}{\mathrm{d}T} \tag{7.2.15}$$

沿着平衡曲线 $H_a = H_{ij}(T)$，熵的全微分

$$\frac{\mathrm{d}S_i}{\mathrm{d}T} = \left(\frac{\partial S_i}{\partial T}\right)_{H_a} + \left(\frac{\partial S_i}{\partial H_a}\right)_T \frac{\mathrm{d}H_{ij}}{\mathrm{d}T} \tag{7.2.16}$$

而在 i 相，固定 H_a，其比热容为

$$c_i = T\left(\frac{\partial S_i}{\partial T}\right)_{H_a} \tag{7.2.17}$$

利用(7.2.15)式和(7.2.16)式，则比热容跳跃是

$$c_j - c_i = T\left(\frac{\partial S_j}{\partial T}\right)_{H_a} - T\left(\frac{\partial S_i}{\partial T}\right)_{H_a} = T\frac{\mathrm{d}H_{ij}(T)}{\mathrm{d}T}\left[\left(\frac{\partial S_i}{\partial H_a}\right)_T - \left(\frac{\partial S_i}{\partial H_a}\right)_T\right] \tag{7.2.18}$$

微商 $\partial S_i/\partial H_a$ 能够写为

$$\left(\frac{\partial S_i}{\partial H_a}\right)_T = \left(\frac{\partial S_i}{\partial B_i}\right)_T\left(\frac{\partial B_i}{\partial H_a}\right)_T = -\left(\frac{\partial^2 F_i}{\partial B_i \partial T}\right)\left(\frac{\partial B_i}{\partial H_a}\right)_T \tag{7.2.19}$$

由(7.2.11)式，则(7.2.19)式为

$$\left(\frac{\partial S_i}{\partial H_a}\right)_T = -\left(\frac{\partial H_a}{\partial T}\right)_{B_i}\left(\frac{\partial B_i}{\partial H_a}\right)_T \tag{7.2.20}$$

另一方面，$\mathrm{d}H_{ij}(T)/\mathrm{d}T$ 由下式给出

$$\frac{\mathrm{d}H_{ij}}{\mathrm{d}T} = \left(\frac{\partial H_a}{\partial T}\right)_{B_i} + \left(\frac{\partial H_a}{\partial B_i}\right)_T \frac{\mathrm{d}B}{\mathrm{d}T} \tag{7.2.21}$$

这里 $\mathrm{d}B/\mathrm{d}T = \mathrm{d}B_i/\mathrm{d}T = \mathrm{d}B_j/\mathrm{d}T$ 是 B 沿着平衡曲线变化的(见7.2.14式)。

联立方程(7.2.20)和(7.2.21)得

$$\left(\frac{\partial S_i}{\partial H_a}\right)_T = -\frac{\mathrm{d}H_{ij}}{\mathrm{d}T}\frac{\partial B_i}{\partial H_a} + \frac{\mathrm{d}B}{\mathrm{d}T} \tag{7.2.22}$$

将(7.2.22)式代入(7.2.18)式得比热容跳跃

$$c_j - c_i = T\left(\frac{\mathrm{d}H_{ij}}{\mathrm{d}T}\right)^2\left[\left(\frac{\partial B_j}{\partial H_a}\right)_T - \left(\frac{\partial B_i}{\partial H_a}\right)_T\right] \tag{7.2.23}$$

从(7.2.23)式我们得到几个结论：

(1) 从(α)到(β)的相变，即在 $H_a = H_{c1}(T)$时，完全 Meissner 态到混合态的相变，由实验上（见图 7.1(d)）我们得到 $\partial B_a/\partial H_a = 0$，而 $\left.\frac{\partial B_\beta}{\partial H_a}\right|_{H_{c1}} = \infty$，因此在 $H_{c1}(T)$处比热容的跳变是无限的。

要从实验上测到这样一个跳变是不容易的，由于在 $H_{c1}(T)$上的比热容差无穷大，则实验上观察到的应是一个奇点，而实际上总要存在一些不可逆性，所以奇点就被磁滞效应掩盖了。在 1965 年，Meconville 和 Serin① 在 Nb 上观察到一个 λ 转变点，见图 7.3。

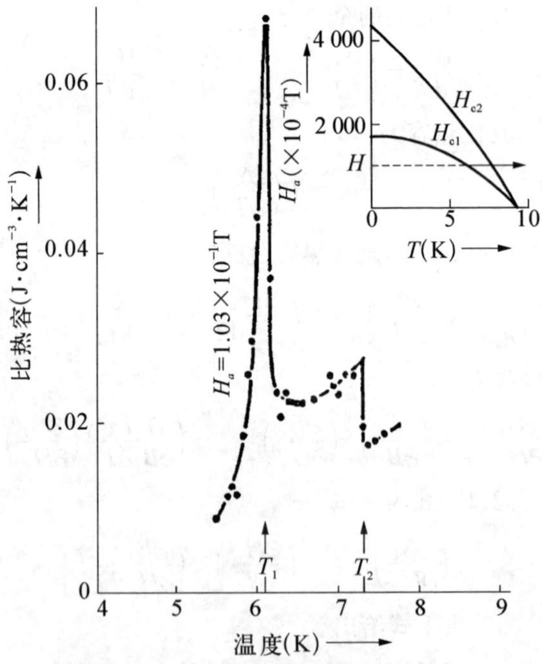

图 7.3　在恒定外磁场下测到的第Ⅱ类超导体(Nb)的比热容

① T. Meconville and B. Serin, *Phys. Rev.*, **140**(1965), 1169.

(2) 从(β)到(γ)的相变,即在 $H_a=H_{c2}(T)$ 时,混合态向正常态的相变。从实验上得到(见图7.1(d)) $\partial B_\beta/\partial H_a>1$,而 $\partial B_\gamma/\partial H_a=1$,知道 $\mathrm{d}H_{c2}(T)/\mathrm{d}T$ 的值就能算出 $c_\beta-c_\gamma$。然而将(7.2.23)式与实验比较不总是可能的,因为不是所有的测量都能得到。人们在 V_3Ga 上发现没有潜热,而有比热容跳跃,实验上测得 $c_\beta-c_\gamma$ 和 $\mathrm{d}H_{c2}(T)/\mathrm{d}T$,对于 $\mathrm{d}B/\mathrm{d}H_a$ 则是外推到 H_{c2} 的,故理论与实验结果的一致性为 10^{-1} 数量级。

7.3 Meissner 态与理想第Ⅱ类超导体的载流能力

对于第Ⅱ类超导体,其超导电性可以存在非常高的磁场($<H_{c2}$)中,而呈现 Meissner 则只能在相当低的磁场 H_{c1} 以下。表7.1中列出了一些第Ⅱ类超导体的晶体结构、T_c、$H_{c1}(0)$、$H_{c2}(0)$ 和 κ。从表中可以看到对于 κ 不是很大的超导体,如 Nb($\kappa=0.9$)、V($\kappa=1.7$),其 $H_{c2}(0)$ 比 $H_{c1}(0)$ 大得不多,而 Nb、V 的 H_{c1} 却比所有的第Ⅰ类超导体都大得多,说明 Nb、V 处于 Meissner 态的磁场区间要大得多。而对于 κ 大的超导体,$H_{c1}(0)$ 则远小于 $H_{c2}(0)$。

从表7.1我们看到这些第Ⅱ类超导体有非常高的临界磁场 $H_{c2}(0)$。那么按 Silsbee 规律可以预期临界电流 I_c 是十分高的。但实际上并非如此。对 κ 大的第Ⅱ类超导体,其 I_c 比具有相同热力学临界磁场 H_c 的第Ⅰ类超导体的临界电流要小得多。

表7.1 几种超导体的晶体结构、$H_{c1}(0)$、$H_{c2}(0)$、κ 和 T_c

超导体	晶体结构	T_c(K)	H_{c1}(10^{-1} T)	H_{c2}(10^{-1} T)	κ
Nb	体心立方	9.20	1.85	3.9	0.9
V	体心立方	5.43	1.15	2.96	1.7
Tc	六角密排	7.73		2.46	0.92
Nb-25at%Ti	体心立方	9.93	0.35	90.5	≈250
NbN	NaCl型	15.0		≈250	
Nb_3Sn	A15	18.0		245.0	45
$Nb_{0.79}Al_{0.16}Ge_{0.05}$	A15	20.0		439	
V_3Ga	A15	14.4		208	
Nb_3Al	A15	18.6		330	

当半径为 a 的圆柱流过电流 I_c 时，圆柱表面的磁场为

$$H(a)=\frac{1}{4\pi}\frac{2I}{a} \tag{7.3.1}$$

对于第Ⅰ类超导体，当电流 I 超过

$$I_c(\text{Ⅰ})=2\pi aH_c \tag{7.3.2}$$

时，圆柱表面必须变为正常，电流的流动要伴随着热损耗。

对于第Ⅱ类超导体，只要 $I/2\pi a<H_{c1}$，Meissner 效应是完全的，电流将无阻流动；当 H_a 超过 H_{c1} 时，出现能量损耗，所以第Ⅱ类超导体的临界电流 $I_c(\text{Ⅱ})$ 是

$$I_c(\text{Ⅱ})=2\pi aH_{c1} \tag{7.3.3}$$

因为 $H_{c1}(T)<H_c(T)$，所以临界电流小于 $I_c(\text{Ⅰ})$。

(7.3.3)式给出的 $I_c(\text{Ⅱ})$ 其物理过程是：当 $H_a>H_{c1}$ 时，第Ⅱ类超导体进入混合态，而混合态粗略的图像是半径很小的正常丝嵌入到超导母体中。一旦 I 大于 $I_c(\text{Ⅱ})$，在圆柱表面上出现这些正常丝要渗透到圆柱内部，最后使超导芯消失，这样向内部渗透过程中要产生热量，因此理想的第Ⅱ类超导体只具有十分小的载流能力。

7.4 H_{c1} 孤立磁通涡旋线

我们知道，当磁场加到退磁因子为零的第Ⅱ类超导体上，磁场达到 H_{c1} 时，它就开始渗透到这个第Ⅱ类超导体内部。因为磁通线必须是以量子化进入超导体的，所以在超导母体中出现一个量子化磁通量的正常芯子。H_{c1} 即为出现第一个芯子的磁场。

7.4.1 磁通涡旋线

我们已经讨论了对于复联通超导体，例如超导环，环内捕获磁通是量子化的

$$\Phi=n\phi_0,\quad n=1,2,3\cdots \tag{7.4.1}$$

在单通第Ⅰ类超导体中，Meissner 效应是完全的，因此 $n=0$。而对第Ⅱ类超导体情况则不同，在 $H_a\geqslant H_{c1}$ 后，进入混合态，磁通进入超导体，在第Ⅱ类超导体内部的这些磁通线是被超导态包围的，形成一个复联通体系，这类似于环的情况，显然被超导区包围的磁通线只能取(7.4.1)式的分立值，见图(7.4(a))；再则为了保

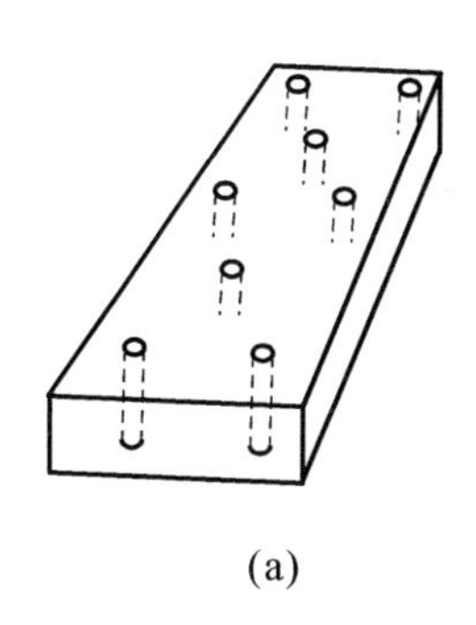

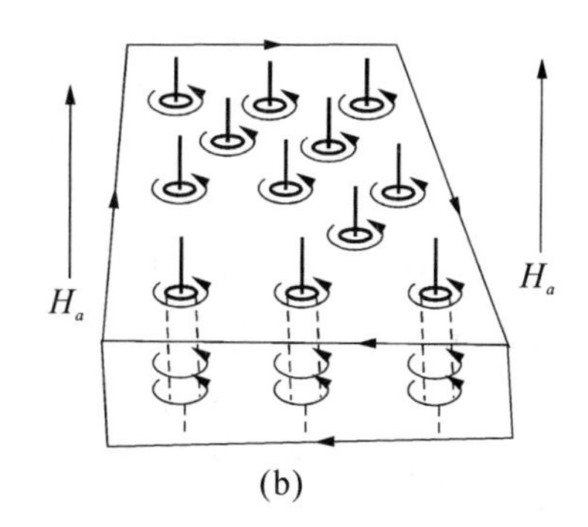

图 7.4

(a) 混合态正常芯子;(b) 混合态的涡旋结构,同时表示出正常芯子及环形的超流电流涡旋。竖线代表穿过正常芯子的磁通

持这个磁通线,磁通线外的超导区中必定存在一定分布的环形电流围绕着它,这个环形的涡旋电流产生的磁场就是正常芯子中的量子化磁通量的磁场,见图(7.4(b))。通常把正常芯子和包围它的涡旋电流整个结构称为涡旋结构或磁通涡旋线(简称涡旋线)。从(5.2.11)式知道 $\xi(T)$ 是形成超导的范围,显然它也是正常芯子的大小,即涡旋线的正常芯子的半径是 $\xi(T)$,而其环行电流围绕芯子并屏蔽了 $r \geqslant \lambda(T)$ 以外的磁场,如图 7.5。

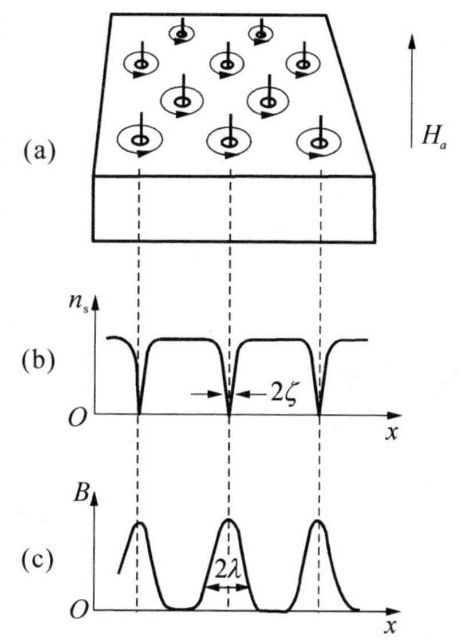

图 7.5　在强度稍大于 H_{c1} 的外加磁场中的混合态

(a) 正常芯子点阵及相关的涡旋电流;(b) 超流电子的浓度随位置的变化;(c) 磁通量密度的变化

7.4.2　London 模型的孤立涡旋线 H_{c1}

我们知道 London 方程

$$\boldsymbol{B} + \mu_0 \lambda^2 \nabla \times \boldsymbol{j}_s = 0 \qquad (7.4.2)$$

只适用于超导态。当超导体中存在正常区时,它不适用于正常区域。当 $H_a \geqslant H_{c1}$ 时,磁场开始进入到超导体内,形成孤立的涡旋线,London 方程将不适用于这个区域。Clem① 提出,对于 $\kappa \gg 1$ 的第Ⅱ类超导体,$\lambda \gg \xi$,正常芯子相对很小,因此可以把正常芯子视为一个二

① J.R. Clem, *J. Low. Temp. Phys.*, **18**(1975), 427.

维 $\delta_2(R)$函数，则(7.4.2)式可改写为

$$\boldsymbol{B}+\mu_0\lambda^2\ \nabla\times\boldsymbol{j}_s=\phi_0\delta_2(R) \tag{7.4.3}$$

式中

$$\delta_2(R)=\begin{cases}0, & |R|>\xi\\ 1, & |R|\leqslant\xi\end{cases} \tag{7.4.4}$$

ϕ_0 是涡旋线中的磁通量子。用$\nabla\times\boldsymbol{B}=\mu_0\boldsymbol{j}_s$，$\nabla\times\nabla\times\boldsymbol{f}=\Delta(\nabla\cdot\boldsymbol{f})-\nabla f^2$和$\nabla\cdot\boldsymbol{B}=0$，则(7.4.3)式可化为

$$\boldsymbol{B}-\lambda^2\ \nabla^2\boldsymbol{B}=\phi_0\delta_2(R) \tag{7.4.5}$$

这个方程通常称为 London 磁通线模型方程。

在柱坐标中，可将(7.4.5)式表示为

$$B(R)-\frac{\lambda^2}{R}\frac{\mathrm{d}}{\mathrm{d}R}\left(R\ \frac{\mathrm{d}B(R)}{\mathrm{d}R}\right)=\phi_0\delta_2(R) \tag{7.4.6}$$

由 $\boldsymbol{B}=\nabla\times\boldsymbol{A}$，$\boldsymbol{B}=B(R)\boldsymbol{k}$，则柱坐标中有

$$B(R)=\frac{1}{R}\frac{\mathrm{d}}{\mathrm{d}R}[RA(R)] \tag{7.4.7}$$

将(7.4.7)式代入(7.4.6)式，并利用(7.4.4)式在$|R|>\xi$的范围内积分，则得到

$$\frac{\mathrm{d}B(R)}{\mathrm{d}R}=\frac{1}{\lambda^2}A(R) \tag{7.4.8}$$

再将(7.4.7)式和(7.4.8)式代入(7.4.6)式，得到 $A(R)$有关的方程

$$\frac{\mathrm{d}}{\mathrm{d}R}\left[\frac{1}{R}\frac{\mathrm{d}}{\mathrm{d}R}(RA(R))\right]=\frac{1}{\lambda^2}A(R) \tag{7.4.9}$$

作变换 $R=\lambda x$，$y(x)=A(\lambda x)$，很容易看到，(7.4.9)式可化为一阶虚宗量 Bessel 方程。如不考虑这个孤立涡旋线的正常磁通线芯子内部($|R|<\xi$)的分布，在$|R|>\xi$范围显然有边界条件

$$A(R)=0,\quad R\to\infty \tag{7.4.10a}$$

$$A(R)=-\frac{\phi_0}{2\pi R},\quad R\to\xi \tag{7.4.10b}$$

从而得到(7.4.9)式的解

$$A(R)=-\frac{\phi_0}{2\pi\lambda}\mathrm{K}_1\left(\frac{R}{\lambda}\right) \tag{7.4.11}$$

K_1 是一阶虚宗量 Bessel 函数。再用递推公式

$$\frac{\mathrm{d}}{\mathrm{d}x}[x\mathrm{K}_1(x)]=-x\mathrm{K}_0(x) \tag{7.4.12a}$$

$$\frac{\mathrm{d}}{\mathrm{d}x}\mathrm{K}_0(x)=-\mathrm{K}_1(x) \tag{7.4.12b}$$

将(7.4.11)式代入(7.4.7)式，并利用(7.4.12a)式可得

$$B(R)=\frac{\phi_0}{2\pi\lambda^2}\mathrm{K}_0\left(\frac{R}{\lambda}\right) \tag{7.4.13}$$

由 $\boldsymbol{j}_s=\frac{1}{\mu_0}\nabla\times\boldsymbol{B}$，用(7.4.13)式和(7.4.12b)式得到

$$j_s(R)=-\frac{\phi_0}{2\pi\mu_0\lambda^3}\mathrm{K}_1\left(\frac{R}{\lambda}\right) \tag{7.4.14}$$

其中 K_0 是零阶虚宗量 Bessel 函数。由 K_0 和 K_1 的奇异性和渐近行为，取局域的磁感应强度在 z 方向，涡旋电流在 $\boldsymbol{\theta}$ 方向，则有

$$\boldsymbol{B}=\frac{\phi_0}{2\pi\lambda^2}\ln\left(\frac{\lambda}{R}\right)\boldsymbol{k} \tag{7.4.15a}$$

$$\boldsymbol{j}_s=\frac{\phi_0}{2\pi\mu_0\lambda^3}\frac{\lambda}{R}\boldsymbol{\theta} \tag{7.4.15b}$$

$\xi\leqslant R\leqslant\lambda$

$$\boldsymbol{B}=\frac{\phi_0}{2\pi\lambda^2}\left(\frac{\pi\lambda}{2R}\right)^{1/2}\mathrm{e}^{-R/\lambda}\boldsymbol{k} \tag{7.4.16a}$$

$$\boldsymbol{j}_s=\frac{\phi_0}{2\pi\mu_0\lambda^3}\left(\frac{\pi\lambda}{2R}\right)^{1/2}\mathrm{e}^{-R/\lambda}\boldsymbol{\theta} \tag{7.4.16b}$$

$R\gg\lambda$

我们就得到了单个孤立涡旋线的磁感应强度和包围它的超流电流在空间的分布。

对于孤立涡旋线，其能量包括磁通线芯子的能量和芯子以外区域的磁能、涡旋电流的动能。在 $\kappa\gg1$ 条件下，可以忽略磁通线芯子的能量，则长度为 L 的涡旋线的能量可写为

$$\boldsymbol{F}_1=\int_{\substack{|R|>\xi\\ Z=L}}\left(\frac{B^2}{2\mu_0}+\frac{1}{2}n_s m v_s^2\right)\mathrm{d}V \tag{7.4.17}$$

式中 $\boldsymbol{F}_1$ 表示孤立涡旋线中只有一个磁通量子 ϕ_0，式中第一项为磁能贡献，第二项为涡旋电流的贡献，n_s、m 和 v_s 分别为超导电子的密度、质量和涡旋电流中超导电子的运动速度。

$$\boldsymbol{j}_s=n_s e v_s=\frac{1}{\mu_0}\nabla\times\boldsymbol{B} \tag{7.4.18}$$

则(7.4.17)式可化为

$$\boldsymbol{F}_1=\int_{\substack{|R|>\xi\\ Z=L}}\left[\frac{B^2}{2\mu_0}+\frac{\lambda^2}{2\mu_0}(\nabla\times B)^2\right]\mathrm{d}V \tag{7.4.19}$$

利用矢量公式 $\boldsymbol{f}\cdot\nabla\times\boldsymbol{g}=(\nabla\times\boldsymbol{f})\cdot\boldsymbol{g}-\nabla\cdot(\boldsymbol{f}\times\boldsymbol{g})$ 和 Stokes 定理，上式可化为

$$\boldsymbol{F}_1=\int_{\substack{|R|>\xi\\ Z=L}}\frac{1}{2\mu_0}\boldsymbol{B}\cdot(\boldsymbol{B}+\lambda^2\nabla\times\nabla\times\boldsymbol{B})\mathrm{d}V$$

$$+\frac{\lambda^2}{2\mu_0}\oiint \boldsymbol{B}\times(\nabla\times\boldsymbol{B})\cdot \mathrm{d}\boldsymbol{\sigma} \tag{7.4.20}$$

式中 $\mathrm{d}\boldsymbol{\sigma}$ 为正常芯子的表面面积元。由(7.4.4)式和(7.4.5)式,可将(7.4.20)式化为

$$\begin{aligned} F_1 &= \frac{\lambda^2}{2\mu_0}\oiint \boldsymbol{B}\times(\nabla\times\boldsymbol{B})\cdot \mathrm{d}\boldsymbol{\sigma} \\ &= \frac{\lambda^2}{2\mu_0}\oiint \boldsymbol{B}\times\mu_0\boldsymbol{j}_{\mathrm{s}}\mathrm{d}\boldsymbol{\sigma} \end{aligned} \tag{7.4.21}$$

由于孤立涡旋线是在无限大的超导体中,我们考虑的简化模型是半径为 ξ 长度为 L 的圆柱,在上、下底面上,因为 $\boldsymbol{B}/\!/\mathrm{d}\boldsymbol{\sigma}$,所以积分贡献为0,而在超导态中 $\boldsymbol{B}$ 和 $\boldsymbol{j}_{\mathrm{s}}$ 都是零,则单位长度涡旋线的能量 F_1 仅剩下在半径为 ξ 的单位长度涡旋线正常芯子表面上的积分,即(7.4.21)式为

$$\begin{aligned} F_1 &= \frac{\lambda^2}{2\mu_0}\oiint_{|R|=\xi} \boldsymbol{B}\times\mu_0\boldsymbol{j}_{\mathrm{s}}\mathrm{d}\boldsymbol{\sigma} \\ &= \frac{\lambda^2}{2\mu_0}[B(R)\mu_0 j_{\mathrm{s}}(R)2\pi R]_{R=\xi} \end{aligned} \tag{7.4.22}$$

将(7.4.15a)式和(7.4.15b)式的 R 取为 ξ 代入上式,得

$$F_1 = \frac{\phi_0}{2\mu_0}B(\xi) = \frac{1}{4\pi\mu_0}\left(\frac{\phi_0}{\lambda}\right)^2 \ln\kappa \tag{7.4.23}$$

从热力学知道,假如 $F_{\mathrm{s}}(H_a)$ 为在 H_a 磁场中超导态的自由能,$F_{\mathrm{n}}(H_a)=F_{\mathrm{n}}$ 是正常态自由能,则涡旋线的自由能为

$$F_{\mathrm{n}}(H_a) = F_{\mathrm{s}}(H_a) + F_1 \tag{7.4.24}$$

其Gibbs自由能为

$$G_{\mathrm{n}}(H_a) = F_{\mathrm{n}}(H_a) - BH_aV \tag{7.4.25}$$

而在Meissner态时,$B=0$,则

$$G_{\mathrm{s}}(H_a) = F_{\mathrm{s}}(H_a) \tag{7.4.26}$$

当 $H_a=H_{\mathrm{c1}}$ 时,Meissner态和混合态平衡,即

$$G_{\mathrm{n}}(H_{\mathrm{c1}}) = G_{\mathrm{s}}(H_{\mathrm{c1}}) \tag{7.4.27}$$

由(7.4.24)式到(7.4.26)式,(7.4.27)式变为

$$\left.\begin{aligned} &F_{\mathrm{s}}(H_{\mathrm{c1}}) + F_1 - BH_{\mathrm{c1}}V = F_s(H_{\mathrm{c1}}) \\ &F_1 = BH_{\mathrm{c1}}V \end{aligned}\right\} \tag{7.4.28}$$

对单位长度磁通线 $BV=BS=\Phi=\phi_0$,则(7.4.28)式为

$$H_{\mathrm{c1}} = \frac{F_1}{\phi_0} \tag{7.4.29}$$

将(7.4.23)式代入上式得

$$H_{c1}=\frac{1}{4\pi\mu_0}\frac{\phi_0}{\lambda^2}\ln\kappa=\frac{H_c}{\sqrt{2}\kappa}\ln\kappa \tag{7.4.30}$$

7.4.3 GL 理论①的 H_{c1}

假设 $\boldsymbol{H}_a$ 平行于 oz 轴，仍按第5章引入的无量纲参量：

$$\Psi=\Psi_0 f;\quad \boldsymbol{r}=\lambda_0(T)\boldsymbol{\rho}$$

$$(2e/\hbar)\xi(T)\boldsymbol{A}=\boldsymbol{A}/\sqrt{2}\mu_0\lambda_0(T)H_c=\mathscr{A}$$

$$(2e/\hbar)\xi(T)\lambda_0(T)\boldsymbol{H}=(2\pi/\phi_0)\kappa\xi^2(T)\boldsymbol{H}=\boldsymbol{H}/\sqrt{2}H_c=\boldsymbol{h}$$

显然 $\boldsymbol{h}$ 和序参量 f 仅与 $\boldsymbol{r}$(或约化量 $\boldsymbol{\rho}$)有关。令 $f=f_0\mathrm{e}^{\mathrm{i}\varphi}$，重新写一维 GL 方程为

$$\frac{1}{\kappa^2}\left(\frac{1}{\rho}\frac{\mathrm{d}}{\mathrm{d}\rho}\rho\frac{\mathrm{d}}{\mathrm{d}\rho}f_0\right)-\frac{1}{f_0^3}\left(\frac{\mathrm{d}}{\mathrm{d}\rho}h\right)^2+f_0(1-f_0^2)=0 \tag{7.4.31}$$

$$\frac{1}{\rho}\frac{\mathrm{d}}{\mathrm{d}\rho}\frac{\rho}{f_0^2}\frac{\mathrm{d}}{\mathrm{d}\rho}h=h \tag{7.4.32}$$

对于一个无限大超导体，(7.4.31)式和(7.4.32)式有如下边界条件：

对 $\rho\to\infty$，体系完全是超导的，则

$$f_0=1,h=0,j=0,\qquad 当\ \rho\to\infty \tag{7.4.33}$$

由于 $\boldsymbol{j}=\nabla\times\boldsymbol{h}$，所以(7.4.33)式中，后一个条件导致

$$-\frac{\mathrm{d}h}{\mathrm{d}\rho}=0,\qquad 当\ \rho\to\infty \tag{7.4.34}$$

边界条件(7.4.33)式还不能完全确定 GL 方程的解，确定方程(7.4.31)和(7.4.32)的解必须具备四个边界条件，而这另外两个边界条件是由 $\rho\to 0$ 的行为和磁通量子化决定的。应用约化变量 $\phi=HS=(h\phi_0/2\pi\xi(T)\lambda_0(T))\cdot\pi(\lambda_0(T)\rho)^2$，$\phi$ 又可写为 $\phi=h\pi\rho^2$，所以 $\phi_0=2\pi/\kappa$，则由磁通量子化条件引出

$$\Phi=2\pi\int_0^\infty h\rho\,\mathrm{d}\rho=\frac{2\pi p}{\kappa} \tag{7.4.35}$$

式中 p 是整数，表示一根涡旋线中有 p 个磁通量子。

应用(7.4.32)式，则

$$\Phi=2\pi\int_0^\infty\left(\frac{1}{\rho}\frac{\mathrm{d}}{\mathrm{d}\rho}\frac{\rho}{f_0^2}\frac{\mathrm{d}}{\mathrm{d}\rho}h\right)\rho\,\mathrm{d}\rho=2\pi\left|\frac{\rho}{f_0^2}\frac{\mathrm{d}h}{\mathrm{d}\rho}\right|_0^\infty=-2\pi\left|\frac{\rho}{f_0^2}\frac{\mathrm{d}h}{\mathrm{d}\rho}\right|_{\rho=0} \tag{7.4.36}$$

---

① D. Saint-James, G. Sarma and E. J. Thomas, *Type* Ⅱ *Superconductivity*, pergamon press Ltd, Copyright (1969).

$\left|\dfrac{\rho}{f_0^2}\dfrac{dh}{d\rho}\right|_{\rho=\infty}=0$ 是因为由下面计算得到 $\dfrac{dh}{d\rho}=\alpha K_1(\rho)$，当 $\rho\to\infty$ 时，$K_1(\rho)\to 0$ 比 $\rho\to\infty$ 快。

由(7.4.35)式和(7.4.36)式得到第三个边界条件

$$\frac{1}{f_0^2}\frac{dh}{d\rho}=-\frac{p}{\kappa\rho}\quad (p\text{ 是整数}),\qquad \text{当 }\rho=0 \tag{7.4.37}$$

对于涡旋线，可以想像 $\rho=0$ 处 f_0 应为零，但 GL 理论中芯子内 f_0 是有分布的，$\rho=0$ 处 $f_0=0$ 必须给予严格证明，我们注意到 $(1/f_0^2)(dh/d\rho)$ 是矢势 $\mathscr{A}$ 的模，对 $\rho\to 0$，由(7.4.37)式，(7.4.31)式变为

$$\frac{1}{\kappa^2}\left(\frac{1}{\rho}\frac{d}{d\rho}\rho\frac{d}{d\rho}f_0\right)-\frac{p^2}{\kappa^2\rho^2}f_0+f_0(1-f_0^2)=0 \tag{7.4.38}$$

我们知道形式为

$$f_0=c_p\rho^p+\cdots \tag{7.4.39}$$

$$h=h_p(0)-\frac{c_p\rho^{2p}}{2\kappa}+\cdots \tag{7.4.40}$$

的正则解满足方程(7.4.38)，因此第四个边界条件是

$$f_0=0,\qquad \text{当 }\rho=0 \tag{7.4.41}$$

(7.4.39)式和(7.4.40)式中的 c_p 和 $h_p(0)$ 是常数，它由方程(7.4.31)和(7.4.32)的全积分确定。因此(7.4.33)式、(7.4.37)式和(7.4.41)式给出了 GL 方程的四个边界条件，重写为

$$\text{当 }\rho\to\infty,\quad f_0=1;\quad h=0;\quad \frac{dh}{d\rho}=0$$

$$\text{当 }\rho\to 0,\quad f_0=0;\quad \frac{1}{f_0^2}\frac{dh}{d\rho}=-\frac{p}{\kappa\rho}$$

从(7.4.39)式还可以看到，当 $\rho\to 0$ 时，对有 p 个磁通量子的孤立涡旋线芯子，其有序参量表现为 ρ^p。而对一个磁通量子的涡旋线，当 $\rho\to 0$ 时，$f_0=C_1\rho$，f_0 线性地依赖于 ρ，见图 7.6。

对于 $\rho\to\infty$，(7.4.32)式给出

$$h=\frac{1}{\rho}\frac{d}{d\rho}\rho\frac{dh}{d\rho}\quad (\rho\to\infty, f_0=1) \tag{7.4.42}$$

(7.4.42)式的解是零阶虚宗量修正的 Bessel 函数 $K_0(\rho)$，即

$$h=\alpha K_0(\rho) \tag{7.4.43}$$

式中 α 是常数，它也必须由方程的全积分确定。图 7.6 中，对于 $\rho\gtrsim 0.5$，磁场 h 就按 $K_0(\rho)$ 变化。由(7.4.43)式得

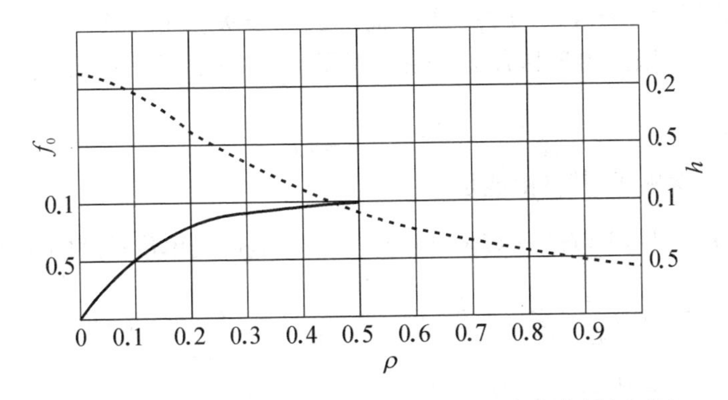

图 7.6　对于一个孤立的涡旋线（$\kappa=10$），**有序参量（实线）和磁场（虚场）的变化**（对 $\rho\approx0.5$，磁场就按 $K_0(\rho)$ 变化）

$$\frac{\mathrm{d}h}{\mathrm{d}\rho}=\alpha\frac{\mathrm{d}K_0(\rho)}{\mathrm{d}\rho}=-\alpha K_1(\rho) \tag{7.4.44}$$

$K_1(\rho)$是一阶虚宗量修正的 Bessel 函数。

系数 α 由(7.4.37)式和(7.4.44)式确定。因为只要 $r>\xi$，即 $\rho>1/\kappa$，f_0 就近似等于 1，因此由(7.4.44)式有

$$\frac{1}{f_0^2}\frac{\mathrm{d}h}{\mathrm{d}\rho}=-\alpha K_1(\rho) \tag{7.4.45}$$

对于 $\kappa\gg1/\sqrt{2}$，$\rho=1/\kappa$ 可近似认为趋向于 0，则 $K_1(\rho)\to1/\rho$，(7.4.45)式变为

$$\frac{1}{f_0^2}\frac{\mathrm{d}h}{\mathrm{d}\rho}=-\frac{\alpha}{\rho} \tag{7.4.46}$$

因此，联立方程(7.4.37)和(7.4.46)，得

$$\alpha=\frac{p}{\kappa} \tag{7.4.47}$$

为了找到最稳定的解，我们必须计算自由能。假如 $\mathscr{F}_p$ 是具有 p 个磁通量子的孤立磁通涡旋线单位长度的自由能，而 $\mathscr{F}_M$ 是磁能，那么，当

$$\mathscr{F}_p-\mathscr{F}_M\leqslant0 \tag{7.4.48}$$

时，形成涡旋线是有利的。

由(7.4.25)式知道磁能是

$$F_M=BH_aV \tag{7.4.49}$$

如果涡旋线的截面是 S，用约化量 $F_M=\left(\frac{\mu_0H_c^2}{2}\right)\mathscr{F}_M$，则

$$\mathscr{F}_M=2h_a\mathscr{B}S=2h_a\Phi=\frac{4\pi p}{\kappa}h_a \tag{7.4.50}$$

h_a 是外加磁场 H_a/H_c，$\mathscr{B}=B/\mu_0 H_c$。而形成一个涡旋线的条件是 $\mathscr{F}_p=\mathscr{F}_M$，这时的 h_a 就是 h_{c1}。因此出现具有 p 个磁通量子的一根孤立的涡旋线需要的磁场为

$$h_{c1}(p)=\frac{\kappa}{4\pi}\frac{\mathscr{F}_p}{p} \tag{7.4.51}$$

对于一个涡旋线，其自由能是

$$\begin{aligned} F &= \int[G_s(H)-G_s(0)]dv \quad (v\text{ 是涡旋线单位长度的体积}) \\ &= \int dv\left[\alpha|\Psi|^2+\frac{\beta}{2}|\Psi|^4+\frac{1}{2m}|(-\mathrm{i}\,\hbar\nabla\Psi-e\boldsymbol{A}\Psi)|^2\right. \\ &\quad \left.+\frac{B^2}{2\mu_0}+\frac{1}{2}\mu_0 H_c^2\right] \end{aligned} \tag{7.4.52}$$

这个方程和(5.4.3)式的不同在于涡旋线无抗磁能 $-BH_a$ 项。用上述无量纲约化符号，则上式为

$$\mathscr{F}=\int dv\left[\frac{1}{2}-f_0^2+\frac{1}{2}f_0^4+h^2+\left|\left(-\mathrm{i}\frac{\nabla}{\kappa}-\mathscr{A}\right)f_0\right|^2\right] \tag{7.4.53}$$

用GL方程的约化表示

$$\left(-\mathrm{i}\frac{\nabla}{\kappa}-\mathscr{A}\right)^2 f=f-|f|^2 f \tag{7.4.54}$$

则(7.4.53)式为

$$\mathscr{F}=\int dv\left[\frac{1}{2}(1-f_0^4)+h^2\right] \tag{7.4.55}$$

由于GL方程迄今未解出，(7.4.53)式的 $\mathscr{F}$ 不能严格求解，但对 $\kappa\gg 1/\sqrt{2}$，保留到 κ^{-1} 项，并忽略在变换过程中出现的面积分，在圆柱坐标系中，(7.4.55)式将写为

$$\begin{aligned} \mathscr{F} &= 2\pi\int_0^\infty\left[\frac{1}{2}(1-f_0^4)+h^2\right]\rho\,d\rho \\ &= \pi|h^2\rho^2|_0^\infty-2\pi\int_0^\infty\rho^2 h\frac{dh}{d\rho}d\rho+\pi\int_0^\infty(1-f_0^4)\rho\,d\rho \end{aligned} \tag{7.4.56}$$

应用边界条件：$\rho\to\infty$，$h\to 0$；$\rho\to 0$，h 有限，故(7.4.56)式中 $\pi|h^2\rho^2|_0^\infty=0$。为了求出(7.4.56)式的第二个积分，将 $df_0/d\rho$ 乘以(7.4.31)式，$dh/d\rho$ 乘以(7.4.32)式，相减，整理得

$$h\frac{dh}{d\rho}=\frac{1}{2\rho^2}\frac{d}{d\rho}\frac{\rho^2}{f_0^2}\left(\frac{dh}{d\rho}\right)^2-\frac{1}{2\kappa^2\rho^2}\frac{d}{d\rho}\rho^2\left(\frac{df_0}{d\rho}\right)^2-f_0(1-f_0^2)\frac{df_0}{d\rho} \tag{7.4.57}$$

将(7.4.57)式代入(7.4.56)式，则有

$$\mathscr{F}=-\pi\left|\frac{\rho^2}{f_0^2}\left(\frac{dh}{d\rho}\right)^2\right|_0^\infty+\frac{\pi}{\kappa^2}\left|\rho^2\left(\frac{dh}{d\rho}\right)^2\right|_0^\infty$$
$$+\pi\int_0^\infty\left[2\rho f_0(1-f_0^2)\frac{df_0}{d\rho}+1-f_0^4\right]\rho d\rho \tag{7.4.58}$$

再用边界条件：$\rho=0,(1/f_0^2)(dh/d\rho)=-p/\kappa\rho$ 和 $\rho\to\infty, dh/d\rho=0, h=0, f_0=1$，而 $dh/d\rho=-\alpha K_1(\rho)$，当 $\rho\to\infty$ 时，$K_1(\rho)\to 0$ 快，故

$$\mathscr{F}=\pi\int_0^\infty\left[2\rho f_0(1-f_0^2)\frac{df_0}{d\rho}+1-f^4\right]\rho d\rho$$
$$=-\frac{\pi}{2}\left|\rho^2(1-f_0^2)^2\right|_0^\infty+2\pi\int_0^\infty(1-f_0^2)\rho d\rho$$
$$=2\pi\int_0^\infty(1-f_0^2)\rho d\rho \tag{7.4.59}$$

这个式子对所有的 κ 都是适用的。

对于高 κ 值，(7.4.59)式的积分对 κ^{-1} 的一级近似可以求出。在 f_0 变化的区域中 $(1/f_0^2)(dh/d\rho)$ 仍然等于它的边界条件 $-p/\kappa\rho$，因此 f_0 遵从(7.4.38)式，在 $p/\kappa<\rho<p$ 的范围中

$$\frac{1}{\kappa^2}\frac{1}{\rho}\frac{d}{d\rho}\rho\frac{d}{d\rho}f_0\Rightarrow\frac{1}{\kappa^2}\frac{d^2}{d\rho^2}f_0$$

而 $\frac{p^2}{\kappa^2\rho^2}f_0$ 的量级为 f_0，故上式可以忽略，所以(7.4.38)式近似地写为

$$\left.\begin{aligned}&-\frac{p^2}{\kappa^2\rho^2}f_0+f_0(1-f_0^2)=0\\&f_0^2=1-\frac{p^2}{\kappa^2\rho^2}\end{aligned}\right\} \tag{7.4.60}$$

代入(7.4.59)式得

$$\mathscr{F}_p\approx 2\pi\int_{\frac{p}{\kappa}}^{p}\frac{p^2}{\kappa^2\rho}d\rho=\frac{2\pi}{\kappa^2}p^2\ln\kappa \tag{7.4.61}$$

把(7.4.61)式代入(7.4.51)式则得到第一个穿透超导体的磁场 H_{c1}，即

$$h_{c1}(p)=\frac{p}{2\kappa}\ln\kappa \tag{7.4.62}$$

我们看到当 $p=1$ 时就得到最低的穿透磁场 H_{c1}，也就是对于 $\kappa\gg 1/\sqrt{2}$ 的超导体，最稳定的解是每根涡旋线具有一个磁通量子的涡旋结构。则(7.4.62)为

$$H_{c1}(T)=\frac{1}{\sqrt{2}}H_c(T)\frac{1}{\kappa}\ln\kappa \tag{7.4.63}$$

对于一般的 κ，必须解出(7.4.31)式和(7.4.32)式的两个 GL 方程，以求得

f_0，然而，GL 方程的严格解迄今尚没有求出，因此不能给出一般 κ 下的 H_{c1} 的表达式。(7.4.63)式只是高 κ 的近似表达式。1957 年 Abrikosov[①] 在高 κ 极限下，对(7.4.59)式数值积分，得出

$$h_{c1}=\frac{1}{2\kappa}(\ln\kappa+0.081) \tag{7.4.64}$$

因此

$$H_{c1}=\frac{1}{\sqrt{2}\kappa}H_c(\ln\kappa+0.081) \tag{7.4.65}$$

这就是常用的 H_{c1} 公式。

GL 理论得出的 H_{c1} 公式(7.4.63)和 London 磁通线模型得出的公式(7.4.30)完全一致。而我们知道 London 磁通涡旋线模型是忽略了磁通涡旋线中正常芯子内磁场的分布和序参量分布的，在 $\kappa\gg1$ 条件下上述 GL 方程的近似解恰也是把芯子结构作为小量，故两个方程的结果是一致的。

7.5 混合态结构 磁通涡旋线

从图 7.1(c)和(d)的实验结果看到，对于退磁因子为零的第Ⅱ类超导体，当 $H_a>H_{c1}(T)$ 时，磁感应强度 B 可以进入超导体，而超导体仍然具有超导电性，直到 $H_a\geqslant H_{c2}(T)$ 才恢复其正常态。当 $H_{c1}<H_a<H_{c2}$ 时，磁场对超导体的透入与样品的退磁因子无关，它是这类超导体的固有特性，因此我们称这个区域的态为混合态。很自然，我们希望了解在混合态中磁场是如何分布的。

7.5.1 接近 H_{c1} 的混合态

从前节，用 London 模型和 GL 理论得到的 H_{c1} 完全一致，为了简单起见，本节只用 London 模型。

当 $H_a>H_{c1}$ 后，第Ⅱ类超导体中产生涡旋线，在涡旋线的数量少时，涡旋线之间的距离可远大于 λ，则此时涡旋线在超导体中完全无规则分布。显然，随着涡旋线的增多，必须排成点阵以使体内能量最低，否则部分地区涡旋线密度增高，造成体内能量升高。如果点阵为三角或四方，设其点阵格子的周期长度为 $a_\triangle$ 或 $a_\square$，对

① A. A. Abrikosov, *J. Exp. Theor. Phys.*, U. S. S. R., **32**(1957), 442.

三角点阵格子，近邻数 $Z_{\triangle}=6$，四方格子则为 $Z_{\square}=4$。令 n 为涡旋线密度，即单位面积上涡旋线的数目，则

$$\boldsymbol{B}=n\phi_0\boldsymbol{k} \tag{7.5.1}$$

经简单计算可知

$$a_{\triangle}=C_{\triangle}(\phi_0/B)^{1/2} \tag{7.5.2}$$

其中 $C_{\triangle}=(4/3)^{1/4}$。

$$a_{\square}=C_{\square}(\phi_0/B)^{1/2} \tag{7.5.3}$$

其中 $C_{\square}=1$，由此可见，B 增加对应于 n 增加，a 减小。

设不出现涡旋线即 Meissner 态时，体内的自由能密度为 $F_{\mathrm{s}}(H_a)$，出现涡旋线密度 n 时，体内的自由能密度为 $F_{\mathrm{m}}(H_a)$，涡旋线的相互作用能为 u_{ij}，单位长度涡旋线的能量为(7.4.23)式所示的 F_1，此处令 F_p 中的 $p=1$。则 $F_{\mathrm{m}}(H_a)$可写成

$$F_{\mathrm{m}}(H_a)=F_{\mathrm{s}}(H_a)+nF_1+\sum_{i\neq j}^{n}u_{ij} \tag{7.5.4}$$

对于 $H_a>H_{\mathrm{c1}}$ 的情况，涡旋线密度很低，从而相互作用可忽略。(7.5.4)式变成

$$F_{\mathrm{m}}(H_a)=F_{\mathrm{s}}(H_a)+nF_1 \tag{7.5.5}$$

此时携带磁通量子的涡旋线将不受阻力地进入体内，呈现无限大的磁导率。

当 H_a 增大，n 增大，以致 a 变到接近 λ 时，必须考虑涡旋线之间的相互作用力，忽略次近邻相互作用，只考虑近邻相互作用，(7.5.4)式简化为

$$F_{\mathrm{m}}(H_a)=F_{\mathrm{s}}(H_a)+nF_1+\frac{Z}{2}nu(a) \tag{7.5.6}$$

其中 Z 是近邻数，$u(a)$是距离为 a 的单位长度涡旋线之间的相互作用能。

7.5.2 近邻涡旋线的相互作用

在已经求得孤立涡旋线的磁感应强度 $\boldsymbol{B}$ 和包围它的涡旋超流电流在空间的分布之后，就可以计算两根涡旋线之间的相互作用了。

设两根涡旋线中的磁通量分别为 $\boldsymbol{B}_1$ 和 $\boldsymbol{B}_2$，它们同相平行。和电磁学中两根通电流导线受力情况相似，在第二根磁通涡旋线上受到的排斥力是第一根磁通涡旋线外的涡旋电流与第二根磁通涡旋线中的磁感应度 $\boldsymbol{B}_2$ 的电磁力。由于我们已经指出涡旋线中的磁通量是 ϕ_0（严格地计算应考虑 $\boldsymbol{B}_2$ 的分布，算出在第二根磁通涡旋线上各处受力的总和），所以

$$\boldsymbol{f}_2=\boldsymbol{j}_{\mathrm{s1}}(2)\times\frac{\phi_0}{\pi\xi^2}\boldsymbol{k} \tag{7.5.7}$$

式中 $j_{\mathrm{s1}}(2)$表示第一根涡旋线的涡旋电流在第二根涡旋线磁通芯子处的值，对于

常规超导体,$\lambda\approx\xi$,涡旋线芯子的尺寸为 ξ,在 $\pi\xi^2$ 内的磁通是 ϕ_0,所以(7.5.7)式的近似是正确的。$\boldsymbol{B}_1$ 和 $\boldsymbol{B}_2$ 间的距离是 a,所以(7.5.7)式变为

$$f_{2a}=\frac{\phi_0}{\pi\xi^2}j_{s1}(a) \tag{7.5.8}$$

将(7.4.14)式代入(7.5.8)式,得

$$f_{2a}=\frac{\phi_0^2}{2\pi^2\mu_0\xi^2\lambda^3}\mathrm{K}_1\left(\frac{a}{\lambda}\right) \tag{7.5.9}$$

我们知道距离为 a 的平行磁通线之间相互作用能定义为

$$f_{2a}=-\frac{\partial}{\partial a}u_{12} \tag{7.5.10}$$

利用(7.5.9)式,对(7.5.10)式积分得

$$u_{12}=\frac{1}{2\pi^2\mu_0\xi^2}\left(\frac{\phi_0^2}{\lambda}\right)^2\mathrm{K}_0\left(\frac{a}{\lambda}\right) \tag{7.5.11}$$

(7.5.11)式还可近似写为

$$u_{12}=\frac{1}{2\pi^2\mu_0\xi^2}\left(\frac{\phi_0^2}{\lambda}\right)^2\ln\left(\frac{\lambda}{a}\right),\quad \xi\leqslant a\leqslant\lambda \tag{7.5.12a}$$

$$u_{12}=\frac{1}{2\pi^2\mu_0\xi^2}\left(\frac{\phi_0^2}{\lambda}\right)^2\sqrt{\frac{\pi\lambda}{2a}}\mathrm{e}^{-a/\lambda},\quad a\gg\lambda \tag{7.5.12b}$$

7.5.3 接近 H_{c1} 的混合态磁化曲线

选用无磁通时的自由能为零点,由(7.5.6)式将自由能表示为

$$F=F_{\mathrm{m}}(H_a)-F_{\mathrm{s}}(H_a)=nF_1+\frac{Z}{2}nu(a) \tag{7.5.13}$$

利用(7.4.29)式和(7.5.13)式,体系 Gibbs 自由能为

$$G=F-BH_a=B\left[(H_{c1}-H_a)+\frac{Z\phi_0}{4\pi^2\mu_0\lambda^2\xi^2}\sqrt{\frac{\pi\lambda}{2a}}\mathrm{e}^{-a/\lambda}\right] \tag{7.5.14}$$

由 G 取极小值条件确定平衡态的 a,注意到 B 是 a 的函数,忽略掉与 $(a/\lambda)^{1/2}$ 有关的小量,可以得到

$$H_a-H_{c1}=\frac{Z\phi_0}{8\pi^2\mu_0\lambda^2\xi^2}\sqrt{\frac{\pi\lambda}{2a}}\mathrm{e}^{-a/\lambda} \tag{7.5.15}$$

或

$$\frac{a}{\lambda}=\ln\frac{Z\phi_0}{8\pi^2\mu_0\lambda^2\xi^2(H_a-H_{c1})}+\frac{1}{2}\ln\left(\frac{\pi\lambda}{2a}\right) \tag{7.5.16}$$

由(7.5.16)式可以解出格子常数 a。忽略(7.5.16)式第二项,则有 a 的明显解

$$\frac{a}{\lambda} = \ln \frac{Z\phi_0}{8\pi^2\mu_0\lambda^2\xi^2(H_a - H_{c1})} \tag{7.5.17}$$

对于三角形磁通格子有 $Z = Z_\triangle = 6$ 和

$$B = n\phi_0 = \frac{2}{\sqrt{3}}\frac{\phi_0}{a^2} \tag{7.5.18}$$

将(7.5.17)式代入(7.5.18)式得

$$B(H_a) = \frac{2\phi_0}{\sqrt{3}\lambda^2}\left(\ln \frac{3\phi_0}{4\pi^2\mu_0\lambda^2\xi^2(H_a - H_{c1})}\right)^{-2} \tag{7.5.19}$$

再用 $-M = H_a - B/\mu_0$，即得到 $M \sim H_a$ 关系。

图7.7给出超导 $Nb_{75}Ta_{25}$ 样品($\kappa = 3.78$，$T_c = 7.1$ K)在温度为3.85 K的 $M(H_a)$ 实验结果。图中虚线①是公式(7.5.19)的计算结果，可见在范围 $a \gg \lambda$ 内理论与实验符合得很好①。

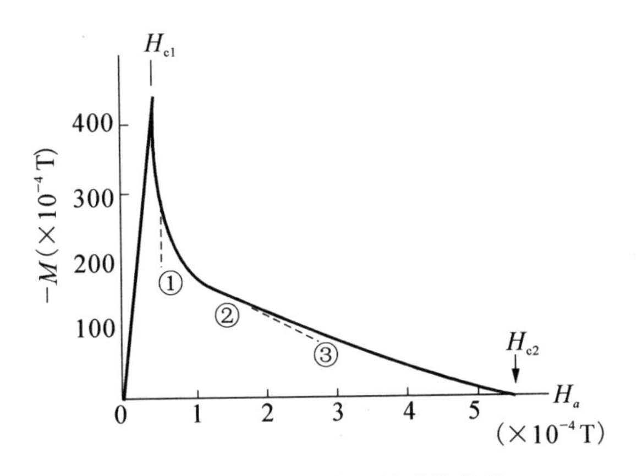

图7.7 $Nb_{75}Ta_{25}$ 合金的磁化曲线

对于 $\xi \ll a < \lambda$ 范围，更复杂的一些计算可以得到

$$H_a = \frac{B}{\mu_0} + H_{c1}\frac{\ln\left(0.23\,\frac{a}{\xi}\right)}{\ln\left(\frac{\lambda}{\xi}\right)} \tag{7.5.20}$$

图中虚线②部分是(7.5.20)式的计算结果，与实验也符合得很好②。

---

① H. Uhmaier, *Irreversible Properties of Type* Ⅱ *Superconductors*, Springer - Verlag, (1975).

② 仔细探讨，见章立源，张金龙、崔广霁，超导物理，(1987)，199—204.

7.5.4 磁通线与表面的相互作用

我们知道在 $H_a < H_{c1}$ 时，理想的第Ⅱ类超导体处于 Meissner 态，磁场对它有一个穿透深度 λ。而当 $H_a \geqslant H_{c1}$ 后磁通线由表面不断进入体内形成涡旋线，由于穿透深度内的磁感应强度 $\boldsymbol{B} = \mu_0 H_a \mathrm{e}^{-a/\lambda}\boldsymbol{k}$ 与涡旋线平行，它将对涡旋线有排斥作用，加速涡旋线向体内运动。我们关心的是表面是否与涡旋线有作用。

Bean① 等首先从理论上预言了这个相互作用，涡旋线与表面的作用是镜像吸引力。只要排斥力和吸引力不同，就出现一个势垒 ΔG，它阻止在 $H_a = H_{c1}$ 时涡旋线向超导体内运动。设 H_a 是使表面势垒 ΔG 消失的磁场，Bean 理论计算给出

$$H_{\mathrm{s}} = \frac{\kappa}{\ln\kappa} H_{c1} \tag{7.5.21}$$

这种现象是"过热"，后为实验所证实。

7.6 H_{c2}

7.6.1 强磁场中 GL 方程的解

从图 7.7 我们看到理论只做到大约 $H_a = H_{c2}/2$ 附近，在 $H_a \leqslant H_{c2}$ 阶段，超导体内的磁感应强度 B 很大，磁通线密度 n 很高，格子常数 a 很小。涡旋线的磁通线芯子占有超导体的绝大部分，因此磁通芯子部分的结构就不能作简化处理了。上述 London 磁通线模型不再适用。但我们注意到在强场中从混合态向正常态相变是连续的。图 7.7 给出 $-M \sim H_a$ 曲线在 $H_a \leqslant H_{c2}$ 时是缓变过渡的。这就预示着在磁场很高时，可以认为 $|\Psi|$ 是很小的，因此 GL 第一方程中的 $\beta|\Psi|^2\Psi$ 非线性项可以忽略，GL Ⅰ 可写成

$$\frac{1}{2m}(-\mathrm{i}\hbar\nabla - e\boldsymbol{A})^2\Psi = |\alpha|\Psi \tag{7.6.1}$$

假设 $\boldsymbol{H}_a$ 沿 z 轴，则 $\boldsymbol{A}(\boldsymbol{r}) = (0,\ \mu_0 H_a x,\ 0)$，则(7.6.1)式可写成

$$\left[-\frac{\hbar^2}{2m}\frac{\partial^2}{\partial x^2} - \frac{\hbar^2}{2m}\left(\frac{\partial}{\partial y} - \mathrm{i}\frac{e\mu_0 H_a x}{\hbar}\right)^2 - \frac{\hbar^2}{2m}\frac{\partial^2}{\partial z^2}\right]\Psi = |\alpha|\Psi \tag{7.6.2}$$

---

① C. P. Bean, et al., *Phys. Rev. Lett.*, **12**(1964), 14.

用分离变量法,令

$$\Psi(x, y, z)=e^{iky}e^{ik'z}\Phi(x) \tag{7.6.3}$$

其中 k 和 k' 是两个待定常数,$\Phi(x)$满足如下方程

$$H\Phi(x)=\varepsilon\Phi(x) \tag{7.6.4}$$

其中

$$\hat{H}=\frac{1}{2m}\hat{p}^2+\frac{1}{2}m\omega^2(x-x_0)^2 \tag{7.6.5a}$$

$$\hat{p}=-\mathrm{i}\,\hbar\frac{\partial}{\partial x} \tag{7.6.5b}$$

$$\omega=\frac{e\mu_0 H_a}{m} \tag{7.6.5c}$$

$$x_0=\frac{\hbar k_y}{e\mu_0 H_a} \tag{7.6.5d}$$

$$\varepsilon=|\alpha|-\frac{\hbar^2 k'^2}{2m} \tag{7.6.5e}$$

(7.6.4)式是谐振子的量子力学方程,ε 是本征值,则

$$\varepsilon=\left(n+\frac{1}{2}\right)\hbar\omega$$

即

$$|\alpha|-\frac{\hbar^2 k'2}{2m}=\left(n+\frac{1}{2}\right)\frac{e\,\hbar\mu_0 H_a}{m} \tag{7.6.6a}$$

因为$|\alpha|$是固定的,所以 n 和 k' 愈小,H_a 就愈大,因此 GL 方程具有 $\Psi\neq0$ 解(也就是(7.6.4)式的 $\Phi\neq0$ 解)的最大磁场值 $H_a=H_{c2}$ 是同最低本征值 $n=k'=0$,$\varepsilon=|\alpha|$ 相对应的,也就是说,在 H_{c2} 下,Ψ 的非零解表明体系处在超导态。如果磁场继续增大,则 n 和 k' 必须出现负值,即 Ψ 无非零解,(7.6.4)式只能给出 $\phi=0$ 的解。$\phi=0$ 即 $\Psi=0$,$\Psi=0$ 表示不存在有序,超导态转变到正常态。

当 $n=k'=0$ 时,(7.6.6a)式为

$$\varepsilon=|\alpha|=\frac{\mu_0 e\,\hbar}{2m}H_{c2} \tag{7.6.6b}$$

由于 $H_c^2=\alpha^2/\mu_0\beta_c$,所以(7.6.6b)式可写为

$$H_{c2}(T)=\sqrt{2}\kappa H_c(T) \tag{7.6.7}$$

式中

$$\kappa^2=\frac{2m^2\beta_c}{\mu_0 e^2\,\hbar^2}$$

用 $\phi_0=h/2e$ 和 $\xi^2(T)=\hbar^2/2m|\alpha|$,(7.6.6b)式还可写为

$$H_{c2}(T)=\frac{\phi_0}{\pi\mu_0\xi^2(T)} \tag{7.6.8a}$$

由(7.6.7)式得

$$H_c(T)=\frac{\phi_0}{\sqrt{2}\pi\mu_0\xi(T)\lambda(T)} \tag{7.6.8b}$$

相应于最低本征值(7.6.6b)式的本征函数为

$$\Phi(x)=K\exp\left[-\frac{1}{2}\frac{(x-x_0)^2}{\xi^2(T)}\right] \tag{7.6.9}$$

式中 K 是待定常数,$\xi(T)$定义为

$$\xi^2(T)=\frac{\hbar^2}{2m|\alpha|} \tag{7.6.10}$$

从(7.6.9)式和(7.6.10)式我们看到,当磁场从 $H_a>H_{c2}$减至 $H_a=H_{c2}$时出现超导区,超导区的大小约为 $\xi(T)$,中心点位于 $x=x_0$ 处,由于 k(从而 x_0)是任意的,则超导区可以在超导体内任一地方出现。

7.6.2 再论 GL 参量 κ

κ 的重要性在于它是两类不同超导体的判据参量。

当 $\kappa<1/\sqrt{2}$时,由(7.6.7)式可知 $H_{c2}<H_c$,因此存在着两个正常到超导相变的磁场:当磁场从高于 H_c 减小到热力学临界磁场 H_c 时发生相变,这个相变是一级相变;然而在 H_c 下正常相并不是绝对不稳定的,当磁场减小到小于 H_c 时,正常相仍可以以亚稳相存在,即过冷现象,直至磁场减小到 H_{c2}时,正常相才绝对不稳定,转变为超导相。所以对 $\kappa<1/\sqrt{2}$的超导体 $H_{c2}(T)$是过冷磁场。

当 $\kappa>1/\sqrt{2}$时,由(7.6.7)式给出 $H_{c2}>H_c$。当磁场从高于 H_{c2}减小到 H_{c2}时,正常相绝对不稳定,对 $H_a\leqslant H_{c2}$时超导体只能是处于超导相。由于在相变点$H_a=H_{c2}$的上下有序参量是连续地从零增加,所以相变是二级相变。

对于 $\kappa<1/\sqrt{2}$,κ 的值还可以由过冷磁场而求得。由于过冷度定义为

$$1-S_1^2=\frac{(H_c^2-H_1^2)}{H_c^2}$$

这里的 H_1 是过冷场,所以

$$S_1^2=\frac{H_1^2}{H_c^2}$$

由于,当 $\kappa<1/\sqrt{2}$时,H_{c2}就是过冷磁场 H_1,所以

$$S_1=\sqrt{2}\kappa$$

由 Faber 实验测得的 S_1：对于 Sn 是 0.164，对于 In 是 0.112，对于 Al 是 0.026，等等，就可算出 κ。

表 5.1 给出 GL 理论得出的 ξ、$\lambda_0(0)$ 和 κ 的值。κ 就是由 Faber 实验测得的。

7.7 接近 H_{c2} 的磁通涡旋线结构 Abrikosov 理论

如前所述，在接近 H_{c2} 时，不能忽略涡旋线中磁通线芯子的结构，因此 London 磁通线模型失效，必须由 GL 方程求出 Ψ 方能得到这些涡旋线内的分布。然而接近 H_{c2} 的 Ψ 要比在 H_{c2} 时的 Ψ 值大，因此又不能略去 GLⅠ中的高次非线性项。而 GL 方程迄今尚不能严格求解。能稍微简化一点的只是由于微观磁场 $\boldsymbol{h}$ 平行于外磁场 $\boldsymbol{H}_a$，假如 $\boldsymbol{H}_a$ 取 z 方向，则方程简化为二维。应用无量纲参量，则 h 和 f_0 的方程给出

$$\frac{\nabla^2}{\kappa^2}f_0-\frac{1}{f_0^3}(\nabla h)^2+f_0-f_0^3=0 \tag{7.7.1}$$

$$\nabla^2 h-\frac{2}{f_0}\nabla h\cdot\nabla f_0-f_0^2 h=0 \tag{7.7.2}$$

在这两个方程中 h 是约化场 $\boldsymbol{h}$ 的模，$\boldsymbol{h}$ 平行于 oz，当然 h 仅是 x 和 y 的函数。

Abrikosov① 注意到在接近 H_{c2} 时，f_0 的解必须保持着在 H_{c2} 时的面貌，因此可以利用微扰法求解。

在 H_{c2} 处，(7.7.1)式可以线性化为

$$\frac{\nabla^2}{\kappa^2}f_0-\frac{1}{f_0^3}(\nabla h)^2+f_0=0 \tag{7.7.3}$$

我们看到如果令

$$h=\kappa-\frac{f_0^2}{2\kappa} \tag{7.7.4}$$

将(7.7.4)式代入(7.7.2)式和(7.7.3)式，并忽略高次项，则(7.7.2)式和(7.7.3)式都变成

① A. A. Abrikosov, *J. Exp. Theor. phys.*, 32(1957), 1442.

$$\frac{\nabla^2 f_0}{\kappa^2}-\frac{(\nabla f_0)^2}{\kappa^2 f_0}+f_0=0 \tag{7.7.5}$$

所以在线性化方程后，(7.7.4)式给出 h 和f_0 的关系。

当 $f_0=0$ 时，方程(7.7.4)简化为 $h=\kappa$，也就是 $H_a=H_{c2}$。而方程(7.7.5)式等价于 GL 方程(7.7.1)的线性化。离开 H_{c2}，不能把 f_0 看作零，但仍然是小量，因此我们预期其解的形式为

$$h=\kappa'+\varepsilon_2+\varepsilon_4+\cdots \tag{7.7.6}$$

这个 h 中的$\varepsilon_2,\varepsilon_4,\cdots$是 $f_0^2,f_0^4,\cdots$的数量级。

我们清楚地看到(7.7.1)式和(7.7.2)式只是 f_0 偶次幂，所以(7.7.6)式也只引进偶次幂。将(7.7.6)式代入(7.7.1)式和(7.7.2)式，整理出 f_0 同次幂的方程为

$$\frac{\nabla^2 f_0}{\kappa^2}-\frac{(\nabla\varepsilon_2)^2}{f_0^2}+f_0=0 \tag{7.7.7}$$

$$\nabla^2\varepsilon_2-\frac{2}{f_0}\nabla\varepsilon_2\,\nabla f_0-\kappa f_0^2=0 \tag{7.7.8}$$

$$\frac{2}{f_0^3}\nabla\varepsilon_2\,\nabla\varepsilon_4+f_0^3=0 \tag{7.7.9}$$

$$\nabla^2\varepsilon_4-\frac{2}{f_0}\nabla\varepsilon_4\cdot\nabla f_0-\varepsilon_2 f_0^2=0 \tag{7.7.10}$$

我们把$\nabla\varepsilon_2$ 写为

$$\nabla\varepsilon_2=-\frac{f_0}{\kappa}\nabla f_0+\nabla\varphi_2 \tag{7.7.11}$$

它类似于(7.7.4)式，φ_2 是 x 和 y 的函数，其量级为 f_0^2，因此(7.7.7)式和(7.7.8)式为

$$\frac{\nabla^2 f_0}{\kappa^2}-\frac{(\nabla f_0)^2}{\kappa^2 f_0}+\frac{2}{\kappa f_0^2}\nabla f_0\,\nabla\varphi_2-\frac{(\nabla\varphi_2)^2}{f_0^3}+f_0=0 \tag{7.7.12}$$

$$\nabla^2\varphi_2-f_0\,\frac{\nabla^2 f_0}{\kappa}+\frac{(\nabla f_0)^2}{\kappa}-\frac{2}{f_0}\nabla f_0\,\nabla\varphi_2-\kappa f_0^2=0 \tag{7.7.13}$$

将(7.7.13)式乘以 $1/\kappa f_0$ 与(7.7.12)式相加得出

$$\frac{\nabla^2\varphi_2}{\kappa f_0}-\frac{(\nabla\varphi_2)^2}{f_0^3}=0 \tag{7.7.14}$$

φ_2 和 f_0 必须是有界函数。将(7.7.14)式乘以 f_0 对整个体积积分给出

$$\frac{1}{\kappa}\int\nabla^2\varphi_2\mathrm{d}v=\int\frac{(\nabla\varphi_2)^2}{f_0^2}\mathrm{d}v \tag{7.7.15}$$

左面的积分能够变为面积分，因为 φ_2 是有界的，所以这个面积分与右面的体积分

相比可以忽略，则(7.7.15)式有界的解要求

$$\nabla\varphi_2=0 \tag{7.7.16}$$

故 φ_2 是常数。则(7.7.11)方程的解为

$$\varepsilon_2=\varphi_2-\frac{f_0^2}{2\kappa} \tag{7.7.17}$$

这里的 f_0 就是在 H_{c2}时线性化的方程(7.7.5)中的 f_0。

因为方程(7.7.5)是线性的，所以 f_0 的规范没有确定，这个规范将由考虑对 h 的第四阶修正得到。将(7.7.16)式和(7.7.17)式代入(7.7.9)式和(7.7.10)式得到

$$-\frac{2\,\nabla f_0\,\nabla\varepsilon_4}{\kappa f_0^2}+f_0^3=0 \tag{7.7.18}$$

$$\nabla^2\varepsilon_4-\frac{2}{f_0}\nabla\varepsilon_4\,\nabla f_0+\frac{f_0^4}{2\kappa}-\varphi_2 f_0^2=0 \tag{7.7.19}$$

我们不必去解这两个方程以得到 ε_4，用这两个方程将能给出常数 φ_2 和 f_0 的规范的一个重要关系。这是由 Abrikosov 首先得到的。

将(7.7.18)式乘以 κf_0 再减去(7.7.19)式，而后对整个体积积分给出

$$\int\nabla^2\varepsilon_4\mathrm{d}v=\varphi_2\int f_0^2\mathrm{d}v-\kappa\left(\frac{1}{2\kappa^2}-1\right)\int f_0^4\mathrm{d}v \tag{7.7.20}$$

左边积分能够变成面积分，因此可以忽略，则我们得到如下关系

$$\varphi_2\,\overline{f_0^2}-\kappa\left(\frac{1}{2\kappa^2}-1\right)\overline{f_0^4}=0 \tag{7.7.21}$$

或写作 $\varphi_2\langle f_0^2\rangle-\kappa(1/2\kappa-1)\langle f_0^4\rangle=0$，这里的“$-$”或“$\langle\quad\rangle$”记作为对整个体积的平均值。

方程(7.7.21)指出 φ_2 是负的，而且它是 f_0 二次幂的量级。因此外加磁场 h 是$(\kappa+\varphi_2)$，而(7.7.21)式确定了 f_0 的规范与外加磁场的函数关系。

取到 f_0 的二次幂，我们看到微观场是

$$h=\kappa+\varepsilon_2=\kappa+\varphi_2-\frac{f_0^2}{2\kappa} \tag{7.7.22}$$

假如引入

$$\beta_A=\frac{\langle f_0^4\rangle}{\langle f_0^2\rangle^2}\quad 或\quad \frac{\overline{f_0^4}}{(\overline{f_0^2})^2} \tag{7.7.23}$$

很明显 $\beta_A>1$，借助于 f_0^2就能很容易地计算磁感应强度和自由能。

磁感应强度 $\mathscr{B}$ 是微观场 h 的平均值，由方程(7.7.22)得

$$\mathscr{B}=\left(\kappa+\varphi_2-\frac{\overline{f_0^2}}{2\kappa}\right) \tag{7.7.24}$$

再用(7.7.21)式则

$$\mathscr{B}=\left[\kappa+\varphi_2+\frac{\varphi_2}{(2\kappa^2-1)\beta_A}\right] \tag{7.7.25}$$

而从(7.4.55)式得到的自由能则为

$$\mathscr{F}=\overline{h^2}+\frac{1}{2}-\frac{\overline{f_0^4}}{2} \tag{7.7.26}$$

利用(7.7.21)式、(7.7.22)式和(7.7.25)式,(7.7.26)式变为

$$\mathscr{F}=\frac{1}{2}+\mathscr{B}^2-\frac{(\kappa-\mathscr{B})^2}{1+(2\kappa^2-1)\beta_A} \tag{7.7.27}$$

外加磁场 h_a 为

$$h_a=\frac{1}{2}\frac{\partial\mathscr{F}}{\partial\mathscr{B}}=\mathscr{B}+\frac{(\kappa-\mathscr{B})^2}{1+(2\kappa^2-1)\beta_A}=\kappa+\varphi_2 \tag{7.7.28}$$

由于外加磁场 h_a 等于$(\kappa+\varphi_2)$以及

$$\frac{\varphi_2}{\kappa}=\frac{h_a-\kappa}{\kappa}=\frac{H_a-H_{c2}}{H_{c2}} \tag{7.7.29}$$

利用外加磁场 h_a,则磁感应强度是

$$\mathscr{B}=\left[h_a-\frac{\kappa-h_a}{(2\kappa^2-1)\beta_A}\right] \tag{7.7.30}$$

故磁矩是

$$\mu=-\frac{\kappa-h_a}{\mu_0(2\kappa^2-1)\beta_A} \tag{7.7.31}$$

现在剩下的问题就是要找到遵从(7.7.5)式的 f_0 通解。方程(7.7.5)可以变成

$$\nabla^2(\ln f_0)+\kappa^2=0 \tag{7.7.32}$$

这个方程最一般解可以写为

$$\ln f_0=\frac{\kappa^2y^2}{2}+\alpha(x,\ y) \tag{7.7.33}$$

式中的 $\alpha(x,\ y)$是 Laplace 方程

$$\nabla^2\alpha(x,\ y)=0 \tag{7.7.34}$$

的一般解。从解(7.7.32)式清楚地看到几何因子 β_A 与 κ 无关。

(7.7.34)式的 $\alpha(x,\ y)$是 $z=x+\mathrm{i}y$ 的任意解析函数的实部,因为

$$\mathrm{e}^{\mathrm{Re}(\alpha+\mathrm{i}b)}=\mathrm{e}^{\alpha}=|\mathrm{e}^{\alpha+\mathrm{i}b}| \tag{7.7.35}$$

所以(7.7.33)式最一般解是

$$f_0=\mathrm{e}^{-\kappa^2y^2/2}|g(z)| \tag{7.7.36}$$

式中的 $g(z)$是 $z=x+\mathrm{i}y$ 的任意一个解析函数。

对于一个给定的 $\mathscr{B}$,(7.7.27)式的自由能是 β_A 的增函数$\left(\kappa\geqslant\frac{1}{\sqrt{2}}\right)$,因此最有利的 f_0 相应于最低的 β_A。我们知道为了增加界面能的贡献,将涡旋线周期地嵌入超导体是有利的,假设单位原胞是如图 7.8 所示的平行四边形,我们能够用一个新的坐标系 X,Y

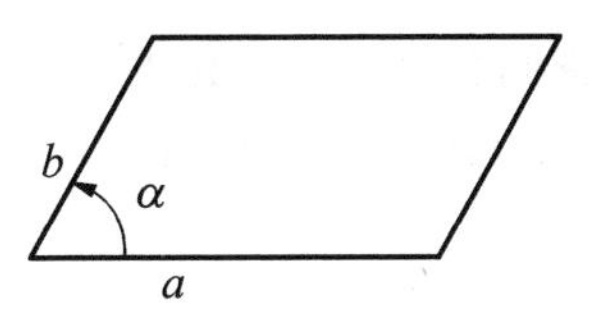

图 7.8　正常芯子周期结构的原胞

$$z=x+\mathrm{i}y=X+Y\mathrm{e}^{\mathrm{i}\alpha} \tag{7.7.37}$$

$$x=X+Y\cos\alpha \tag{7.7.38}$$

$$y=Y\sin\alpha \tag{7.7.39}$$

因此 f_0 为

$$f_0=|g(X+Y\mathrm{e}^{\mathrm{i}\alpha})|\mathrm{e}^{-\kappa^2Y^2\sin^2\alpha/2} \tag{7.7.40}$$

f_0 是 X,Y 的周期函数,X 的周期为 a,Y 的周期为 b。

假设 a 和 b 是在 X 和 Y 中最小的周期,则 $g(X+Y\mathrm{e}^{\mathrm{i}\alpha})$ 可以展开为 X 的 Fourier 级数,也就是

$$g(X+Y\mathrm{e}^{\mathrm{i}\alpha})=\sum_{n=-\infty}^{\infty}\gamma_n\exp\left\{\frac{2\pi n\mathrm{i}}{a}(X+Y\mathrm{e}^{\mathrm{i}\alpha})\right\} \tag{7.7.41}$$

式中 γ_n 是常数,因此 f_0 变成

$$f_0=\left|\sum_{n=-\infty}^{\infty}C_n\exp\left\{\frac{2\pi n\mathrm{i}}{a}(X+Y\cos\alpha)\right\}\cdot\exp\left[-\frac{\kappa^2}{2}\sin^2\alpha\left(Y+\frac{2\pi n}{a\kappa^2\sin\alpha}\right)^2\right]\right| \tag{7.7.42}$$

式中

$$C_n=\gamma_n\exp\left(\frac{2\pi^2n^2}{a^2\kappa^2}\right) \tag{7.7.43}$$

假如

$$\frac{bn}{p}=\frac{2\pi n}{a\kappa^2\sin\alpha},\ p\text{ 是整数} \tag{7.7.44}$$

则

$$C_{n+p}=C_n\exp\left(\frac{2\pi n\mathrm{i}b}{a}\cos\alpha\right) \tag{7.7.45}$$

则 f_0 是以 Y 为周期的,Y 的周期是 b。

从方程(7.7.44)导出

$$ab\sin\alpha=\frac{2\pi p}{\kappa^2} \tag{7.7.46}$$

我们看到这是单位原胞的表面。假若外加磁场等于 H_{c2}，那么在单位原胞中约化磁场 h 的磁通量是

$$\int \boldsymbol{h} \cdot \mathrm{d}\boldsymbol{\sigma} = \kappa ab\sin\alpha = \frac{2\pi p}{\kappa} \tag{7.7.47}$$

按照约化场的定义，在单位原胞中真实的磁通量是

$$\Phi_{H_{c2}} = p\phi_0 \tag{7.7.48}$$

因此 p 表示每一根涡旋线中磁通量子的数目。

我们已经知道最有利的解是相应于 $p=1$，也就是每一根涡旋线中有一个磁通量子。因此对于 $p=1$ 计算 β_A 就足够了。按照(7.7.45)式

$$C_{n+1} = C_n\exp\left(\frac{2\pi b\mathrm{i}}{a}n\cos\alpha\right) \tag{7.7.49}$$

由(7.7.49)式

$$C_n = C_{n-1}\exp\left[\frac{2\pi b\mathrm{i}}{a}(n-1)\cos\alpha\right]$$

$$C_{n-1} = C_{n-2}\exp\left[\frac{2\pi b\mathrm{i}}{a}(n-2)\cos\alpha\right]$$

$$\cdots\cdots$$

$$C_1 = C_0$$

则

$$C_n = C_0\exp\left[\frac{2\pi b\mathrm{i}}{a}\frac{1}{2}n(n-1)\cos\alpha\right] \tag{7.7.50}$$

将(7.7.50)式代入(7.7.42)式，则得到

$$f_0 = |C_0|\left|\sum_{n=-\infty}^{\infty}\exp\left\{\frac{2\pi b\mathrm{i}}{a}\frac{n(n-1)}{2}\cos\alpha\right\}\right.$$
$$\left.\cdot\exp\left\{\frac{2\pi n\mathrm{i}}{a}(X+Y\cos\alpha)\right\}\exp\left\{-\frac{\kappa^2\sin\alpha}{2}(Y+bn)^2\right\}\right| \tag{7.7.51}$$

再经过一些冗长的代数运算后得到 β_A

$$\beta_A = \frac{\langle f_0^4\rangle}{\langle f_0^2\rangle^2} = \frac{1}{\sqrt{2\pi}}|\kappa b\sin\alpha|\left\{\left|\sum_{n=-\infty}^{\infty}\exp\left(\frac{4\pi^2}{a^2\kappa^2}\frac{\mathrm{i}e^{\mathrm{i}\alpha}}{\sin\alpha}n^2\right)\right|^2\right.$$
$$\left.+\left|\sum_{n=-\infty}^{\infty}\exp\left[\frac{4\pi^2}{a^2\kappa^2}\frac{\mathrm{i}e^{\mathrm{i}\alpha}}{\sin\alpha}\left(n+\frac{1}{2}\right)^2\right]\right|^2\right\} \tag{7.7.52}$$

引进一个复变量

$$\zeta = \frac{b}{a}e^{\mathrm{i}\alpha} = \rho + \mathrm{i}\sigma \tag{7.7.53}$$

应用(7.7.46)式并令 $p=1$，β_A 则为

$$\beta_A = \sigma^{\frac{1}{2}} \left\{ \left| \sum_{n=-\infty}^{\infty} \exp(2\pi i n^2 \zeta) \right|^2 + \left| \sum_{n=-\infty}^{\infty} \exp\left[2\pi i \left(n + \frac{1}{2}\right)^2 \zeta\right] \right|^2 \right\} \tag{7.7.54}$$

如我们已经说明那样，β_A 是几何因子，不依赖于 κ，用复变量 ζ，β_A 有几何对称性：

① β_A 是ρ 的周期函数，其周期是1，也就是$\beta_A(\rho)=\beta_A(\rho+1)$；

② β_A 相对于轴$\rho=1/2$ 对称（即$\beta_A(\rho)=\beta_A(1-\rho)$）；

③ 应用Poisson和的公式能够指出$\beta_A(\zeta)=\beta_A(1/\zeta^*)$，$\beta_A$ 有一个反演，反演圆的半径是1，中心在原点。

为了解释这些对称性，我们注意到，对于给定的ζ，f_0 的单位原胞是为图7.9(a)所示的平行四边形。

很清楚，对于同样的点阵，平移 $\rho\to\rho+1$ 是新选择的一个原胞，如图7.9(b)所示。

由轴 $\rho=1/2$（也就是 $\rho\to1-\rho$）的对称性给出这样一个点阵：这个点阵是由相同对称性的原来点阵得到的，图7.9(c)。反演是由于交换 a 和b 而造成的，当然反演不改变点阵，因此上述对称性一点也不改变点阵，由于这些对称性我们就可以充分地去研究位于图7.10阴影区 β_A 的行为。

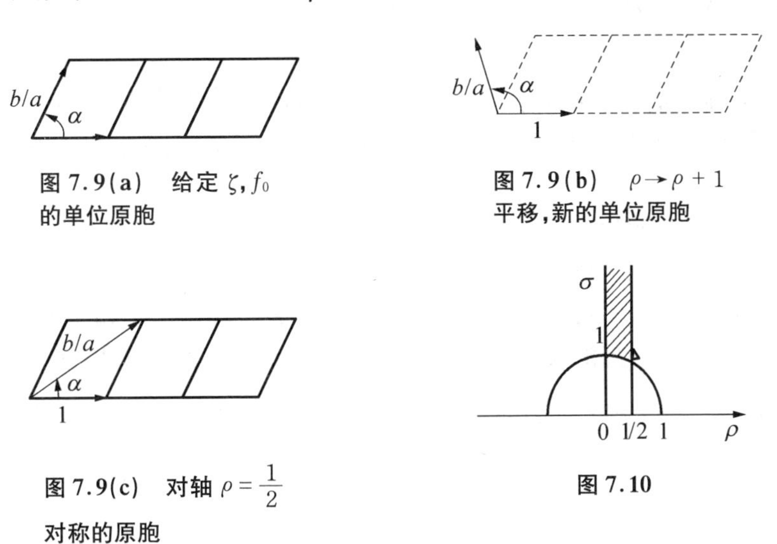

图7.9(a)　给定 ζ，f_0 的单位原胞

图7.9(b)　$\rho\to\rho+1$ 平移，新的单位原胞

图7.9(c)　对轴 $\rho=\frac{1}{2}$ 对称的原胞

图7.10

利用(7.7.52)式，对于给定的σ，当 $\rho=1/2$ 时，β_A 极小，而在 $\rho=1/2$ 线上，对于 $\sigma\geqslant\sqrt{3/2}$，$\beta_A$ 是σ 的增函数。

在孤立点 A，得到 β_A 的最小值，A 点是

$$\zeta = e^{i\pi/3}$$

这个点相应于三角形点阵。当然在 ζ 面内，在无限多个孤立点上 β_A 有相同的值，这无限多个孤立点能够用已谈到的对称性操作从 A 点推演出去，而且这些点相应于如上所述的相同的点阵。Kleiner 等①(1964)计算出了这个 β_A 的值。

$$\beta_A = 1.1596$$

在 Abrikosov② 最初的文章中，他预言了四方点阵，它相应于 $\zeta = i$(见图 7.10)，$\beta_A = 1.18$，这一点确实是 β_A 的转向点，但它相应于一个鞍点，而不是一个最小点。

由于相应于 β_A 最小值是三角形点阵，所以原胞的 α 角是 60°，$a = b$。对(7.7.51)式直接运算，可以把 f_0^2 写成两个 Fourier 级数的形式

$$f_0^2 = |C_0|^2 3^{-1/4} \sum_{m,n} (-)^{mn} e^{i\pi n/2} e^{-\pi(m^2+n^2-mn)/\sqrt{3}} e^{2\pi i(nX+mY)/a} \quad (7.7.55)$$

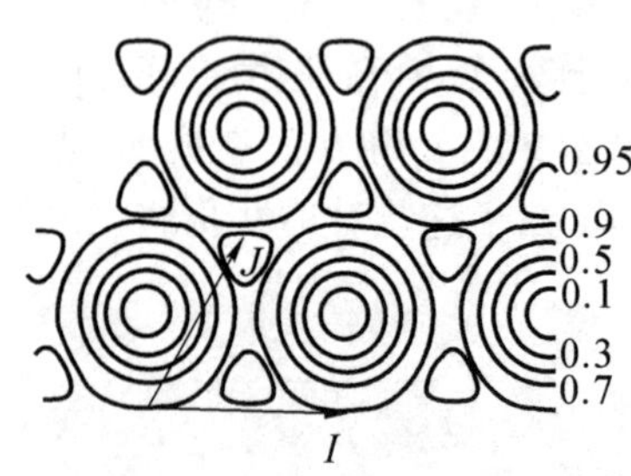

图 7.11 Kleiner 等计算出的 f_0^2 等值线图(f_0^2 的最大值标准化到 1)

从(7.7.55)式看到当平移 X 和 Y 到等价于 $X = 3a/4$，$Y = a/2$ 的这些点上，f_0^2 等于零。f_0^2 的行为就像在磁场 H 极小的这些点附近的 r^2 一样，因此是六角对称的。Kleiner 等给出了 f_0^2 的等值线图，见图 7.11。最大磁场之间的距离很明显等于点阵参数 $a = 2 \cdot 3^{-1/4}\sqrt{\pi}\kappa^{-1}$[由(7.7.43)式得到]。则两根涡旋线之间的实际距离是

$$L = \alpha\lambda(T) = 2 \cdot 3^{-1/4}\sqrt{\pi}\xi(T) \approx 2.7\xi(T) \quad (7.7.56)$$

由于涡旋线的尺度和涡旋线之间的距离都是 $\xi(T)$ 量级，因此涡旋线之间存在强烈的叠加，分立涡旋线的概念在 H_{c2} 附近已失去意义。

f_0^2 中的系数 $|C_0|^2$ 可以很容易地从(7.7.21)式中算出。正如所预计那样，它正比于 $(1 - h_a/\kappa)$。f_0^2 的级数收敛是很迅速的，因此，在很多计算中把 f_0^2 写为

$$f_0^2 = |C_0|^2 3^{-1/4} \left\{1 - 2e^{-\pi/\sqrt{3}}\left[\cos\frac{2\pi}{a}X + \cos\frac{2\pi}{a}Y + \cos\frac{2\pi}{a}(X+Y)\right]\right\} \quad (7.7.57)$$

① W. M. Kleiner, L. M. Roth and S. H. Autler, *Phys. Rev.*, **133**(1964), A1226.

② A. A. Abrikosov, *J. Exp. Theor. Phys.*, U. S. S. R., **32**(1957), 442.

7.8 在 $H_{c1}<H_a<H_{c2}$ 中间区的磁化曲线和 $H_a(T)$ 相图

7.8.1 磁化曲线

在这个区域内，涡旋线形成一个密的点阵，然而涡旋线之间的距离 a 仍然大于磁通线芯子的半径 $\xi(T)$。这个区域可以用 $\frac{1}{\xi^2(T)}\gg n\gg\frac{1}{\lambda^2(T)}$ 来表征。(7.5.4)式将改写为

$$G=\sum_i F_i+\sum_{ij}F_{ij}-BH_a \tag{7.8.1}$$

式中 F_i 是第 i 个孤立涡旋线的自由能，它被(7.4.23)式给出，而 F_{ij} 是相互作用能。这个相互作用能的叠加必须延伸到远近邻或次近邻。为了计算这个能量，我们把 $\sum\limits_{ij}$ 转变到倒格点阵中，引进磁场 h 的 Fourier 变换

$$\boldsymbol{h}_q=n\iint_{\text{胞}}\boldsymbol{h}(\boldsymbol{r})\mathrm{e}^{\mathrm{i}qr}\mathrm{d}^2\boldsymbol{r} \tag{7.8.2}$$

我们看到除了 $\boldsymbol{q}$ 等于倒格矢 $\boldsymbol{M}$ 以外，$h_q=0$。

将常规 London 方程改写为

$$\boldsymbol{h}+\lambda^2(T)\nabla\times\nabla\times\boldsymbol{h}=\phi_0\sum_i\delta^2(\boldsymbol{r}-\boldsymbol{r}_i) \tag{7.8.3}$$

式中 $\boldsymbol{r}_i$ 是第 i 根涡旋线芯子的位置。从(7.8.3)式得到 h_M 为

$$h_M=\frac{n\phi_0}{1+\lambda^2(T)\boldsymbol{M}^2} \tag{7.8.4}$$

则自由能变为

$$F=\frac{\mu_0}{2}\int[h^2+\lambda^2(T)\mid\nabla\times\boldsymbol{h}\mid^2]\mathrm{d}r=\frac{B^2}{2\mu_0}\sum_{\boldsymbol{M}}\frac{1}{1+\lambda^2(T)\boldsymbol{M}^2} \tag{7.8.5}$$

由于倒格变换是 $1/a$ 量级，因此 $M\neq0$，$\lambda^2(T)q^2\gg1$[因为 $n\gg1/\lambda^2(T)$]，所以自由能取如下形式

$$F=\frac{B^2}{2\mu_0}+\frac{B^2}{2\mu_0}\sum_{M\neq0}\frac{1}{\lambda^2(T)\boldsymbol{M}^2} \tag{7.8.6}$$

这个能量与点阵的特定形式有关,定量的结论能够用积分代替求和而得到

$$\sum_M \frac{1}{M^2} = \frac{1}{(2\pi)^2}\frac{1}{n}\int \frac{\mathrm{d}M}{M^2} = \frac{1}{2\pi n}\int_{M_{\min}}^{M_{\max}} \frac{M\mathrm{d}M}{M^2}$$

$$= \frac{1}{2\pi n}\ln\frac{M_{\max}}{M_{\min}} \tag{7.8.7}$$

很清楚 $M_{\min}$是 l/α 数量级,而当必须排除芯子的 Fourier 分量时,$M_{\max}$是 $1/\xi(T)$ 的数量级。因此

$$F = \frac{B^2}{2\mu_0} + BH_{c1}\frac{\ln\dfrac{\alpha a}{\xi(T)}}{\ln\dfrac{\lambda(T)}{\xi(T)}} \tag{7.8.8}$$

α 是数量级为 1 的数值常数。Gibbs 函数

$$G = F - BH_a$$

在

$$H_a = \frac{B}{2\mu_0} + H_{c1}\frac{\ln\dfrac{\alpha' a}{\xi(T)}}{\ln\dfrac{\lambda(T)}{\xi(T)}} \quad (\alpha' = \alpha\,\mathrm{e}^{-1/2}) \tag{7.8.9}$$

时,是一个极小。

因此磁矩 M 为

$$M = \frac{B}{2\mu_0} - H_a = -H_{c1}\frac{\ln\left\{\left[\dfrac{\alpha'}{\xi(T)}\right]\left(\dfrac{2\phi_0}{\sqrt{3}B}\right)^{1/2}\right\}}{\ln\dfrac{\lambda(T)}{\xi(T)}} \tag{7.8.10}$$

M 和 B 的对数关系非常好地一致于可逆性曲线上的实验点。图 7.7 中给出了磁矩的行为。理论曲线是图 7.7 的③部分。

7.8.2 $H_a(T)$相图

图 7.2 给出第Ⅰ类超导体、第Ⅱ类超导体和高温超导体的 $H_a \sim T$ 相图,对第Ⅰ类超导体,热力学临界场 $H_c(T)$既是测量量又是单一的临界值,$H_c(T)$是超导相和正常相的相界曲线。对第Ⅱ类超导体存在三个临界值 $H_{c1}(T)$,$H_c(T)$和$H_{c2}(T)$。$H_{c1}(T)$将 Meissner 相和混合相分开,$H_{c2}(T)$则是混合相和正常相的相界。$H_{c1}(T)$和 $H_{c2}(T)$都是测量量,$H_c(T)$不是测量量而是推导量,也不是相界,但它是有物理意义的热力学量。在 $H_{c1}(T)$和 $H_{c2}(T)$之间磁通涡旋线是稳定的,稍大于 $H_{c1}(T)$磁通涡旋线排成点阵。对高温超导体除 $H_{c1}(T)$

以下是 Meissner 态和常规第Ⅱ类超导体一样外，在 $H_{c1}(T)$ 和 $H_{c2}(T)$ 之间出现复杂情况，首先是由于高温超导 T_c 高，热涨落将起到很大作用，因此在接近 $H_{c2}(T)$ 区存在一个涨落区，温度再低一些虽然形成磁通涡旋线，但在空间中是不稳定的，像“液体”一样，所以被称为涡旋液体（Vortex Liguid），温度继续降低，这些涡旋液体才形成点阵。更新奇的是在接近 $H_{c1}(T)$ 区还存在一个涡旋液体区。

7.9 涡旋线结构的实验观测

7.9.1 中子衍射

1964 年 De Gennes 和 Matricon① 提出因为磁场 h 周期地变化将一定可导致 Bragg 峰，所以涡旋线的周期结构将可能用中子衍射而探测到。这些峰的位置取决于点阵参数 a 和点阵的对称性。

确定 a 是不容易的。因为 Bragg 角很小，Bragg 关系给出

$$\lambda_L = 2d_1\sin\theta = \sqrt{3}a\sin\theta \tag{7.9.1}$$

其中 λ_L 是中子波长，d_1 是网状线之间的距离。为了有足够的入射中子通量，λ_L 不能超过 5Å，这导致 $\theta \approx 6\times 10^{-3}$ rad(20′)。

实验被 Gribier② 等完成，他们选 Nb 作为研究对象，因为中子对它的穿透深度不是太大。图 7.12 给出这种样品得到的在 4.2 K 下的磁化曲线，磁化曲线是不可逆的。中子衍射实验分别在 1、2 和 3 区完成，2 区和 3 区存在俘获磁通。图 7.13 给出在不同外加磁场下的中子衍射图。入射中子的平均波长是 4.2Å，色散大约是 1.3Å。当外磁场增加时 a 减少，所观测到的峰向大角度移动。由实验峰值得到 d_1。在图 7.14(参见第 183 页)上表示出 $1/d_1^2$ 随磁感应强度 B 的变化。

我们看到除了接近 H_{c1} 外，$1/d_1^2$ 和 B 之间关系是线性的。由磁通量子化条件可以预言这个线性关系，因为 $\Phi = \alpha_p\phi_0$，对于四方点阵，每一根线一个磁通量子给出 $\alpha_1^s = 1$；而对三角形点阵具有一个磁通量子的 $\alpha_1^t = 2/\sqrt{3}$。由 $\Phi = \alpha_p\phi_0$ 可以得到

① P. G. De Gennes and J. Matricon, *Rev. Mod. Phys.*, **36**(1964), 45.

② D. Gribier, B, Jacrot, L. Madhav Rao and B. Farnoux, *Phys. Lett.*, **9**(1964), 106.

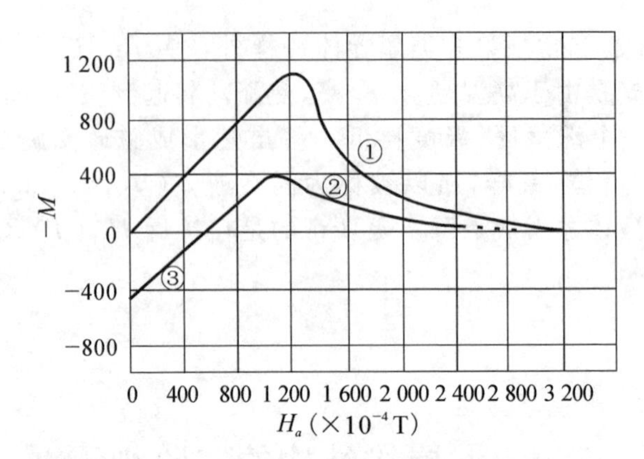

图 7.12 Gribier 等用于中子衍射的 Nb 样的磁化曲线

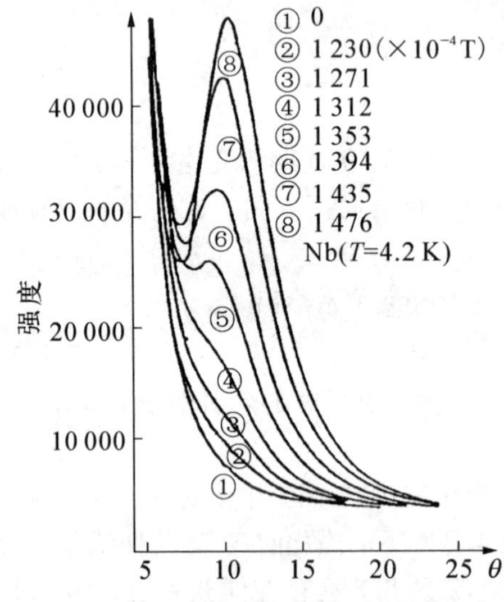

图 7.13 对图 7.12 中的 Nb 样品，在不同的外加磁场下的中子衍射图

$B=\alpha\phi_0/a^2$，故 $1/d_1^2$ 和 B 是线性关系。图 7.14 中给出斜率 α 是 $2\phi_0/\sqrt{3}$，这正是相应于三角形点阵每一根涡旋线有一个磁通量子的情况。

$(1/d_1^2)\sim B$ 在刚超过 H_{c1} 时偏离直线关系，这是由于所用的样品大，以致只有部分体积被涡旋线占据，因此磁感应强度的值估算低了。

甚至在俘获磁通区(图 7.14 区域 •，即在图 7.12 区域③)实验亦给出规整的三角形排列。

应当指出上面的实验是在远低于 T_c ($\approx$8.2 K)和低的 κ($\sim$1.4)值上做出的。在更小的 κ 物质上，例如 Pb + 2% Bi 合金 $\kappa=0.9$，则散射角比 Nb 还要小，因此它的精度不足以去区别三角点阵还是四方点阵，然而我们能够以实验数据推断每根涡旋线仅存在一个磁通量子，这些实验还指出层状模型是不正确的。

7.9.2 核磁共振[①]

利用超导体内磁场的不均匀性，还有另外一些方法可以用于研究涡旋线的结

① G. Sarma, *Compt. Rend. Acnd. Sci. Paris*, **258**(1964), 1461.

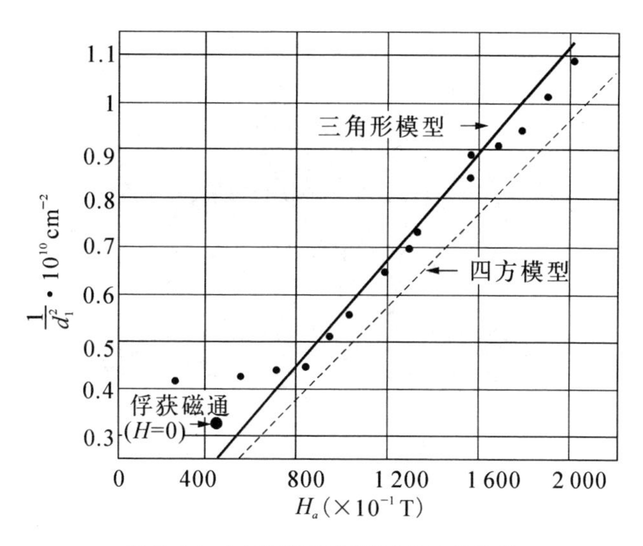

图 7.14　$1/d_1^2$ 随磁感应强度 B 的变化

构。例如 Mössbauer 效应和核磁共振。

1966 年 Delrieu 和 Wintem 观察了^{93}Nb 核在接近于 H_{c2} 的超导态的核磁共振，并计算了三角和四方点阵的涡旋线的形状与磁场分布的关系，实验结果证实点阵是三角形的排列。

7.9.3　缀饰法

Essmann① 等采用 Bitter 图案技术拍出了涡旋线结构的十分清晰的照片，图 7.15(a)。他们用 Pb+6.3%In 合金($\kappa=2$)柱，在温度为 1.2 K 时，外加平行于样品轴向的磁场，将细铁磁粒子散在样品端部的平面上，显然铁磁粒子只能集中于磁场穿透的地方，超导体的完全 Meissner 效应排出磁铁粒子，因此照片上的黑区是铁磁的集聚处，也就是穿透到超导体内磁场的出口。照片给出了十分清晰的三角形点阵。

图 7.15(b)是 Gammel② 在高温超导体 $YBa_2Cu_3O_{7-\delta}$ 上所作的缀饰法观察到的磁通格子分布，图 7.15(c)是 Murry 等③在 $Bi_2Sr_2CaCu_2O_8$ 上得到的缀饰图。

① U. Essmann and H. Trauble, *Sci*, *Am*., **224**(1971), 75.
② P. L. Gammel, et al., *Phys. Rev. Lett*., **59**(1987), 2592.
③ C. A. Murry, P. L. Gammel and J. Bishop, *Phys. Rev. Lett*., **64**(1990), 2312.

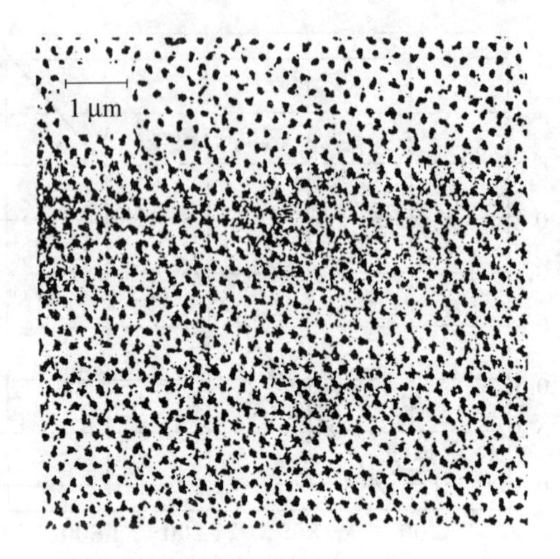

图 7.15(a)　Pb + 6.3% In 合金($\kappa = 2$)，在 1.2 K，涡旋线的排列①

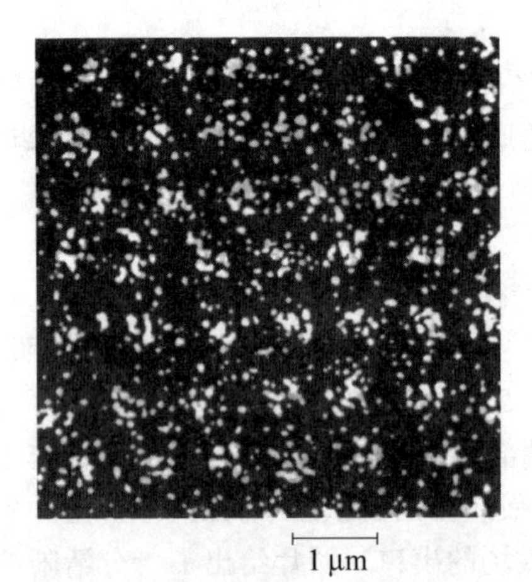

图 7.15(b)　$YBa_2Cu_3O_{7-\delta}$单晶在 1.3 mT 磁场($H /\!/ c$)下冷却到液氦温度，然后用缀饰法所观测的磁通格子图像②

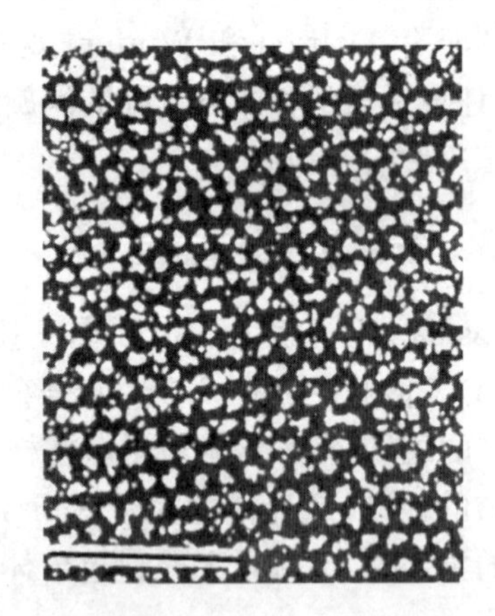

图 7.15(c)　4.2 K 时 $Bi_2Sr_2CaCu_2O_8$ 的缀饰图($\mu_0 H = 2mT$③)

① U. Essmann and H. Trauble, *Sci*, *Am*., **224**(1971), 75.
② P. L. Gammel, et al., *Phys. Rev*, *Lett*., **59**(1987), 2592.
③ C. A. Murry, P. L. Gammel and J. Bishop, *Phys. Rev*, *Lett*., **64**(1990), 2312.

从上述实验中我们看到衍射和核磁共振都是间接的测量，通过理论的帮助才给出三角点阵的结论，而 Bitter 照片让人信服地给出点阵的结构，从而直观地证明了涡旋线结构理论的正确性。

7.10　$\kappa=\dfrac{1}{\sqrt{2}}$的特殊情况

当 $\kappa=1/\sqrt{2}$时，由 $H_{c2}=\sqrt{2}\kappa H_c$，很明显 H_{c2}就等于 H_c。下面我们将证明 H_{c1}也等于 H_c。假如我们把 GL 方程(7.4.31)式和(7.4.32)式的解(7.7.22)式写成

$$h=\kappa-\frac{f_0^2}{2\kappa}\qquad(令常数\ \varphi_2=0)\tag{7.10.1}$$

当 $\kappa=1/\sqrt{2}$时，则

$$h=\frac{1}{\sqrt{2}}(1-f_0^2)\tag{7.10.2}$$

在这种情况下，(7.4.31)式和(7.4.32)式两个方程是相同的，故(7.10.2)式 h 的形式是正确的。此外(7.10.2)满足边值条件 $\rho\to\infty$时，$f_0=1$，$h=0$。

我们知道涡旋线的能量可以用 h 的磁通表示，对于 p 个磁量子的涡旋线，由(7.4.51)式给出

$$h_{c1}(p)=\frac{\kappa\mathscr{F}_p}{4\pi p}\tag{7.10.3}$$

用(7.10.2)式可以得出(7.4.59)给出的 $\mathscr{F}_p$ 的关系

$$\mathscr{F}_p=2\pi\int_0^\infty(1-f_0^2)\rho\mathrm{d}\rho=2\sqrt{2}\pi\int_0^\infty h\rho\mathrm{d}\rho\tag{7.10.4}$$

再由(7.4.35)式，则(7.10.4)式为

$$\mathscr{F}_p=\sqrt{2}\frac{2\pi p}{\kappa}\tag{7.10.5}$$

将(7.10.5)式代入(7.10.3)式则得

$$h_{c1}(p)=\frac{\kappa}{4\pi p}\frac{\sqrt{2}\ 2\pi p}{\kappa}=\frac{1}{\sqrt{2}}=H_c=h_{c2}\tag{7.10.6}$$

这个结果正是零表面能的结果。

7.11 表面超导电性①

7.11.1 磁场和表面平行的情况

在讨论过冷时,我们知道缺陷的存在有利于超导相的形成,表面可以理解为完整晶体的缺陷,因此表面有可能承受更高的临界磁场。

为了简单起见,仍考虑一个半无限大的超导体,假设它位于 $x>0$ 的空间,$x<0$ 的空间是真空或绝缘介质。设磁场平行于超导表面而沿 z 轴,$\boldsymbol{A}=(0,\ \mu_0 H x,\ 0)$,显然方程(7.6.2)式到(7.6.5)式仍然适用于现在的讨论。由于我们关心的是最低能的本征波函数,所以令(7.6.3)式中 $k'=0$,则(7.6.3)式变为

$$\Psi(x,\ y)=\mathrm{e}^{\mathrm{i}ky}\Phi(x) \tag{7.11.1}$$

$\Phi(x)$满足方程(7.6.4)式,即

$$\left[-\frac{\hbar^2}{2m}\frac{\mathrm{d}^2}{\mathrm{d}x^2}+\frac{1}{2}m\omega^2(x-x_0)^2\right]\Phi(x)=|\alpha|\Phi(x) \tag{7.11.2}$$

此时已令 $k'=0$,$\varepsilon=|\alpha|$。(7.11.2)式和前面讨论的半无限大超导体不同,$\Psi(x,y)$应满足边界条件

$$\left.\frac{\partial\Psi(x,\ y)}{\partial x}\right|_{x=0}=\left.\frac{\partial\Phi(x)}{\partial x}\right|_{x=0}=0 \tag{7.11.3}$$

当 $x_0>\xi(T)$时,可近似地看为无限大超导体的情况,(7.11.2)式最低能的本征函数为

$$\Phi(x)=K\mathrm{e}^{-\frac{1}{2}(x-x_0)^2/\xi^2(T)} \tag{7.11.4}$$

当然 $\Phi(x)$也近似地满足边界条件(7.11.3)式,见图 7.16(a),因此超导相在体内成核的最高磁场仍然是 $H_{c2}=\sqrt{2}\kappa H_c$。

当 $x_0\lesssim\xi(T)$时,(7.11.4)式不再满足边界条件,见图 7.16(b),因此在表面附近区域,方程(7.11.2)式的本征解和无限大超导体的情况是完全不同的。

由于最低能本征函数 $\Phi(x)$代表超导相开始成核时出现的超导区,所以 x 足够大时,$\Phi(x)$应趋于零。$\Phi(x)$还必须满足边界条件(7.11.3)式,因此设想在 x_0

① 管惟炎,李宏成,蔡建华,吴杭生,超导电性(物理基础),科学出版社,(1981),163.

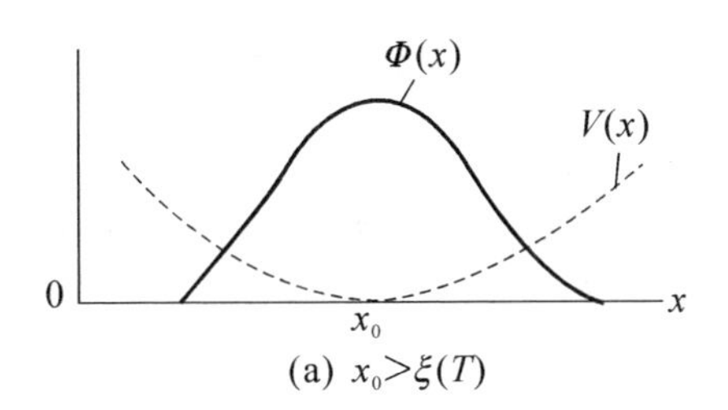

(a) $x_0>\xi(T)$

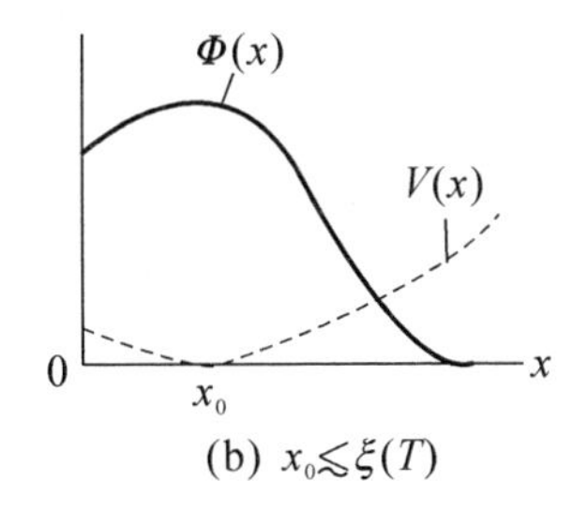

(b) $x_0\lesssim\xi(T)$

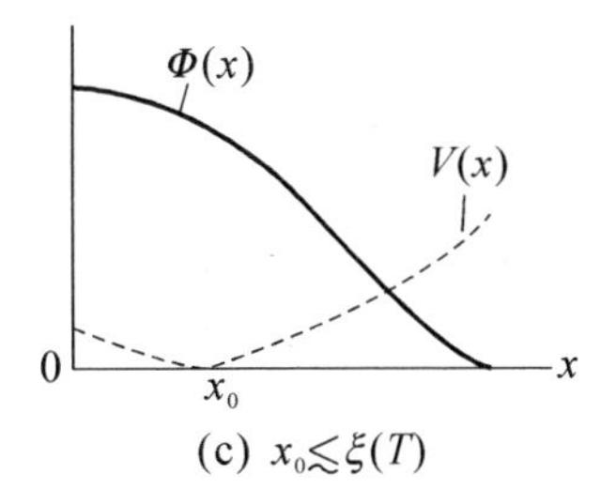

(c) $x_0\lesssim\xi(T)$

图 7.16　GL 方程在半无限超导空间中的解

附近有一个势阱，通过镜像反射把这个势阱扩大到表面之外（如图 7.16），这样就构成一个相对表面对称的势，因为一个对称势的本征函数也是对称的。所以$\Phi(x)$在 $x=0$ 处保持不变，即$\left.\dfrac{\partial\Phi(x)}{\partial x}\right|_{x=0}=0$。由于这两个性质，我们假设当 $x_0\lesssim\xi(T)$时，(7.11.2)式的最低能本征函数 $\Phi(x)$为

$$\Phi(x)=K\mathrm{e}^{-x^2/\delta^2} \tag{7.11.5}$$

见图 7.16(c)。其中 δ 和κ 是待定常数。把(7.11.2)式两边乘以 $\Phi(x)$并对 x 积分，得到

$$|\alpha|=\frac{\displaystyle\int_0^\infty\Phi(x)\left[-\frac{\hbar^2}{2m}\frac{\mathrm{d}^2}{\mathrm{d}x^2}+\frac{1}{2}m\omega^2(x-x_0)^2\right]\Phi(x)\mathrm{d}x}{\displaystyle\int_0^\infty\Phi^2(x)\mathrm{d}x} \tag{7.11.6}$$

把(7.11.5)式代入(7.11.6)式，积分不难计算出来。$|\alpha|$是 x_0 和 δ 的函数，选择 x_0 和 δ 使本征值$|\alpha|$极小，即

$$\frac{\partial}{\partial\delta}|\alpha|=\frac{\partial}{\partial x_0}|\alpha|=0$$

得

$$\delta^{-2}=\frac{\mu_0eH_a}{\hbar}\left(1-\frac{2}{\pi}\right)^{\frac{1}{2}}=\frac{1}{2\xi^2(T)} \tag{7.11.7}$$

$$x_0=\sqrt{\frac{1}{2\pi}}\delta=0.564\xi(T) \tag{7.11.8}$$

$$\Phi(x)=K\mathrm{e}^{-x^2/2\xi^2(T)} \tag{7.11.9}$$

$$|\alpha|=\left(1-\frac{2}{\pi}\right)^{1/2}\frac{\mu_0 e\hbar H_a}{2m}=0.602\frac{\mu_0 e\hbar H_a}{2m} \tag{7.11.10}$$

用严格方法得到的结果是

$$x_0=0.590\xi(T) \tag{7.11.11}$$

$$|\alpha|=0.590\frac{\mu_0 e\hbar H_a}{2m} \tag{7.11.12}$$

这说明上述解法是严格解的很好近似。

最低能本征值$|\alpha|$决定的磁场H_a就是超导相在表面附近区域中能成核的最低磁场，记为$H_{c3}(T)$，由(7.11.10)式得到

$$H_{c3}(T)=\frac{2m|\alpha|}{\mu_0 e\hbar}\frac{1}{\left(1-\frac{2}{\pi}\right)^{\frac{1}{2}}} \tag{7.11.13}$$

而$2m|\alpha|/\mu_0 e\hbar$就是H_{c2}，则

$$H_{c3}(T)=1.7H_{c2}(T)=2.4\kappa H_c(T) \tag{7.11.14}$$

对于第Ⅱ类超导体，由(7.11.14)式可见，$H_{c3}(T)>H_{c2}(T)$，当$H_a>H_{c3}$时，超导体处于正常相，磁场从H_{c3}以上减至H_{c3}，超导相便在表面附近形成核；而在体内，只有当H_a减至H_{c2}时超导相才能成核。因此$H_{c2}<H_a\leqslant H_{c3}$时，体内仍然是正常相，而紧邻表面的区域是超导相，即出现表面超导电性，表面超导层的厚度约为$\xi(T)$。

对于$\kappa>0.419$的第Ⅰ类超导体(例如Ta)，$H_{c3}>H_c$，此时在H_{c3}以上的超导体是正常相，当H_a减至H_{c3}以下，出现表面超导层，当$H_a=H_c$时，发生一级相变，$H_a<H_c$时超导相是稳定的。但要注意当$H_a=H_{c3}(>H_c)$时，超导相便在表面附近成核，所以在这一类超导体中不发生过冷现象。

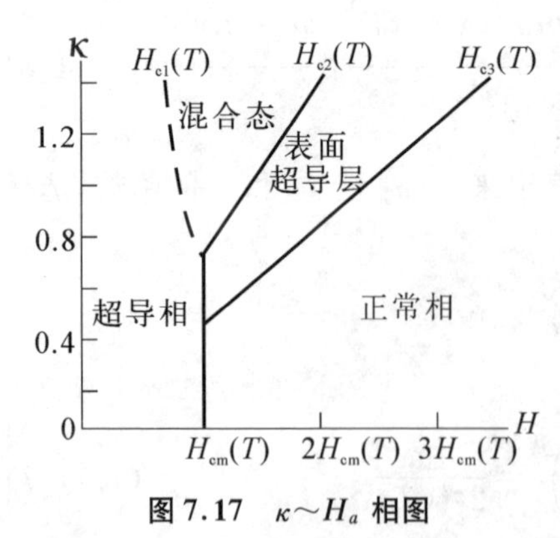

图7.17　$\kappa\sim H_a$ 相图

对于$\kappa<0.419$的第Ⅰ类超导体(例如Al、Sn等)，$H_{c3}<H_c$，因此这一类超导体不存在表面超导电性，当$H_a>H_c$时，超导体是正常相，当$H_a<H_c$时是超导相。在这一类超导体中可以发生过冷现象，但过冷磁场应是H_{c3}而不是H_{c2}。

图7.17是当$T<T_c$时，超导体的$\kappa\sim$

H_a 相图,混合态区域可简单地理解为超导相存在的区域,$\kappa \sim H_a$ 相图清楚地概括了前面得到的结论。给定一个超导体,它的 κ 等于 κ_1,在 $\kappa \sim H_a$ 相图上,过 $\kappa = \kappa_1$ 作一条水平线,那么这条水平线将被图中画出的诸条线分割成几段,每段表示不同相存在的磁场范围。

图7.18中曲线 a 是直径为0.5 mm的Nb+6.6at%In线的临界电流随外磁场的变化曲线。磁场和轴线平行,$T=4.2$ K,Nb+6.6at%In的 $\kappa=2.1$。j_c 的实验值是使样品的电阻等于正常电阻的1%时的电流,图中虚线标出样品表面总的磁场 H_{c2}(4.2 K)的位置。我们清楚地看到,当表面总的磁场超过 H_{c2}(4.2 K)后,$j_c \neq 0$,这是因为体内虽然正常,而表面存在超导层,表面超导层是具有一定的无阻传导电流能力的,当电流超过表面超导层的临界电流,一部分电流从体内流过,一部分电流(等于临界电流)从表面流过。因此实验测得的样品的电阻比正常相的电阻小,随着电流的增大,流过体内的电流也增加,从而样品的电阻也增加。只有表面总的磁场超过 H_{c3}(4.2 K)时,表面超导层消失,样品才恢复完全正常的电阻。因此图7.18中曲线 a 在 H_{c2} 以上的部分近似地代表了表面超导层的临界电流,图中的曲线 b 给出在不同磁场下使样品电阻等于正常电阻的99%的电流值,从曲线 b 可估计得到 H_{c3}(4.2 K)。

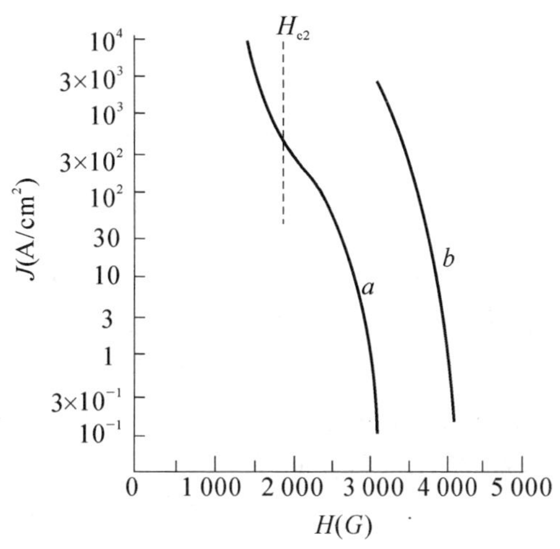

图7.18　$j_c \sim H_a$ 曲线

(a) $R=1\%R_n$;(b) $R=99\%R_n$

7.11.2　其他情况

现在讨论磁场和表面垂直的情况,重新规定坐标轴,令 z 轴垂直于表面,$z>0$ 空间是超导体,$z<0$ 空间是真空或绝缘介质,磁场仍在 z 方向上。显然(7.11.1)式和(7.11.2)式仍然适用,但边界条件应改为

$$\left.\frac{\mathrm{d}\Psi}{\mathrm{d}z}\right|_{z=0}=0 \tag{7.11.15}$$

显然(7.11.4)式总是满足边界条件(7.11.15)式的,所以 $H_{c3}=H_{c2}$,也就是说磁场垂直于表面不出现表面超导层。

对于更一般的情况,磁场和表面交 θ 角,此时表面超导体仍可存在,$H_{c3}(\theta)$ 介

于 $H_{c3}(0)=2.4\kappa H_c=H_{c3}$ 和 $H_{c3}(\pi/2)=H_{c2}$ 之间，$H_{c3}(\theta)$ 由下面近似公式给出

$$\frac{H_{c3}^2(\theta)}{H_{c2}^2}\cos^2\theta+\frac{H_{c3}^2(\theta)}{H_{c2}^2}\sin^2\theta=1 \tag{7.11.16}$$

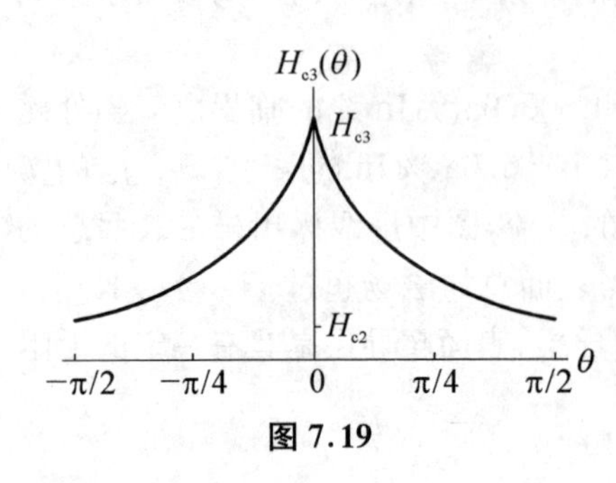

图 7.19

见图 7.19。对于第Ⅱ类超导体，当 $0\leqslant|\theta|\leqslant\pi/2$ 时，表面超导层都存在，对于 $\kappa<0.419$ 的第Ⅰ类超导体，$H_c>H_{c2}$，表面超导层只有当 θ 小于 θ_0 时才存在，其中 θ_0 是由

$$H_{c3}(\theta_0)=H_c \tag{7.11.17}$$

定义的。

以上的讨论只适用于"超导体-真空"或"超导体-绝缘体"的交界面，对于"超导体-正常金属"的交界面，边界条件(7.11.3)式不再适用，这是因为临近效应而致正常金属表面薄层不是 Ψ 绝对为零，应改用

$$\boldsymbol{n}(-\mathrm{i}\hbar\nabla-e\boldsymbol{A})\Psi=\frac{1}{b}\Psi \tag{7.11.18}$$

$\boldsymbol{n}$ 是表面法线方向的单位矢量，参量 b 依赖于正常金属的性质和厚度，显然结论完全和前者不同。图 7.20 是实验测得的 In + 6%Pb 的 H_{c2} 和 H_{c3} 随温度变化曲线，曲线 1 是未镀铜样品的 H_{c3}，应注意 H_{c2} 不受镀铜的影响。从图 7.20 看到，镀了铜后，$H_{c3}\approx H_{c2}$，表面超导层实际上不存在。

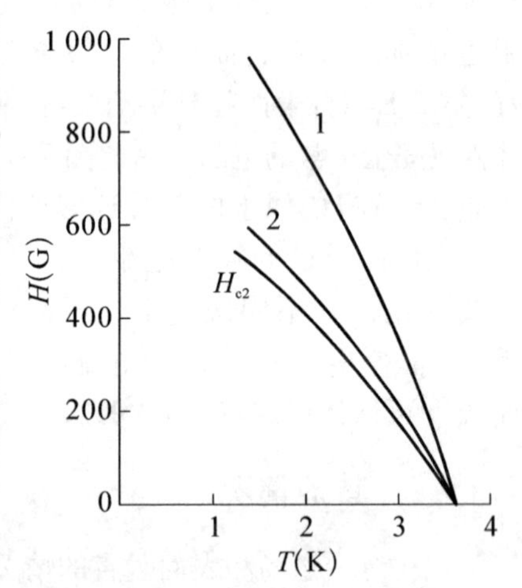

图 7.20 In + 6% Pb 镀铜与不镀铜的和 H_{c3} 和 H_{c2}

1. 未镀铜；2. 镀铜

应指出，虽然这一节讨论是半无限大超导体，但这一节的结论对于尺寸比 $2\xi(T)$ 大得多的样品仍然是对的。还应指出，对于尺寸比 $2\xi(T)$ 小的样品(例如厚度小于 $2\xi(T)$ 的超导薄膜)，将不存在超导表面层的问题，因为此时不可能区分体内和表面区域，样品或整个在正常相或整个在超导相。

第 8 章　实用超导体

前一章中我们已谈到，对于第Ⅱ类超导体当外磁场 H_a 升到高于 H_{c1} 时，不存在完全的 Meissner 效应，磁通线要进入到大块超导体中。通常当去掉磁场后，在大块物质中还残留一个俘获磁通，呈现俘获磁通最低的磁场显然就是磁通第一次进入超导体的场 H_{c1}。

可以预料在第Ⅰ和第Ⅱ类超导体的环中都会出现相同的俘获磁通现象。但必须强调指出对第Ⅱ类超导体，如果不是理想的第Ⅱ类超导体的话，还存在着单联通俘获磁通的行为。我们把这一类非理想的第Ⅱ类超导体统称为硬超导体或实用超导体。

8.1　磁通俘获和不可逆磁化

8.1.1　俘获磁通的观测

(1) 法拉第旋光实验

用图 6.13 的装置，在很好地退火的 Nb + 10% Ta 样品上观测磁通的俘获[①]，见图 8.1。

(2) 用 SQUID 测量俘获磁通

在大块物质中俘获的磁通量子可以用超导量子干涉器（第 18 章中将仔细讨论）测到。图 8.2(a) 是这种干涉仪的截面。我们知道流过 SQUID 的超流电流

① W. de Sorbo and W. A. Healey, *Cryogenics*, **4**(1964), 257.

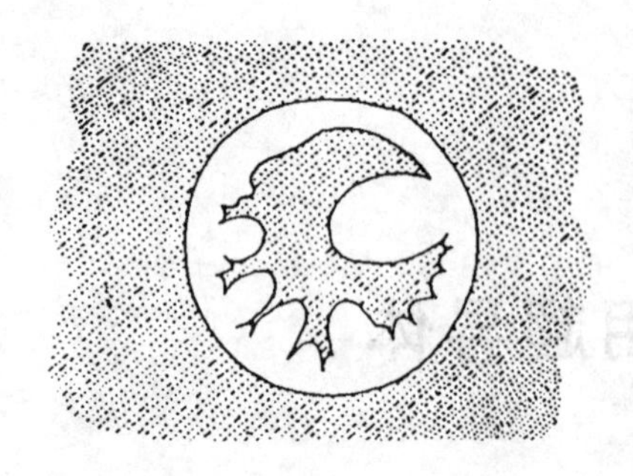

图 8.1 很好地退火的 Nb + 10%Ta 样品在加磁场 5×10^{-2} T 后,去磁场测得的图案

取决于在 SQUID 环面积 S 中的磁通,且磁通变化的周期是 $\phi_0 = h/2e$。当一个保留着俘获磁通的第Ⅱ类超导体在 SQUID 上移动时,监视 SQUID 电流的变化,可以发现超流电流是随第Ⅱ类超导体在 SQUID 上的位置而变的。图 8.2(b)给出其测量结果。实验是俘获磁通的 Nb 线在 SQUID 上移动时,测得超流电流是 Nb 线位置的函数。每一个电流峰相应于一个磁通量子,峰的位置相应于俘获磁通的位置。

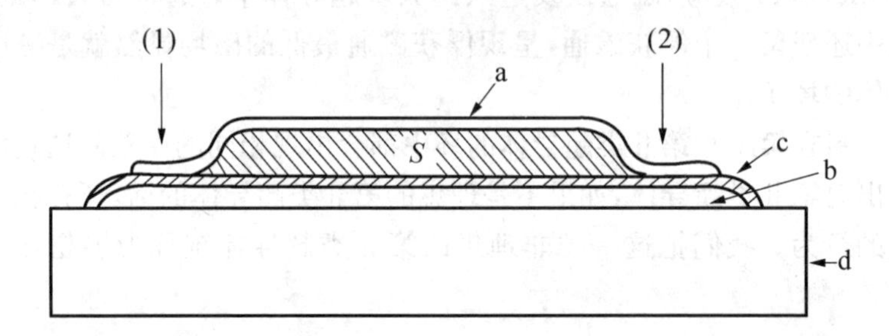

图 8.2(a) SQUID 的截面(Sn 膜 a 和 b 被绝缘层 c 分开,d 是衬底,S 是 SQUID 的面积)

从图 8.2(b)的实验结果可以看到在非理想的第Ⅱ类超导体中俘获磁通既有孤立的涡旋线,又有磁通束。

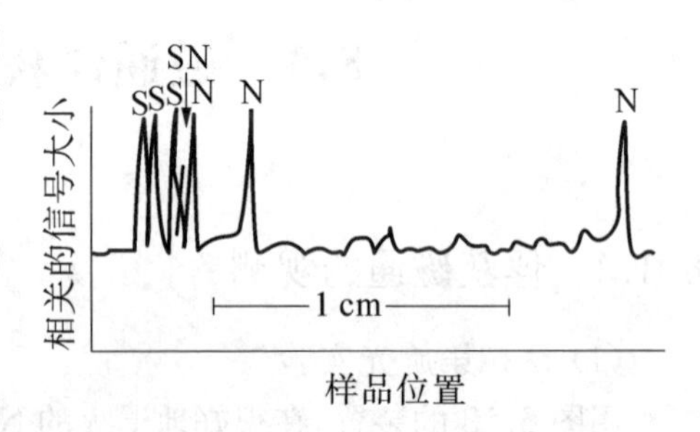

图 8.2(b) SQUID 的超流电流与 Nb 丝位置的关系(S 和 N 指出测量出的磁场的方向)

8.1.2 非理想第Ⅱ类超导体中的磁通俘获

图 8.3 给出退火、冷轧、再退火的 Nb + 8.23% In 的磁化曲线。对退火状态,由图 8.3 中的虚线给出,磁化曲线大部分是可逆的,在低磁场区稍微有点回滞,但没有磁通被俘获;当样品经过冷轧之后,出现如图 8.3 中实线所示的很大的磁化曲线的回滞。我们知道冷轧产生的高密度的位错和缺陷,从而产生俘获磁通。当然缺陷不会形成复联体,但位错是可以形成复联体的。

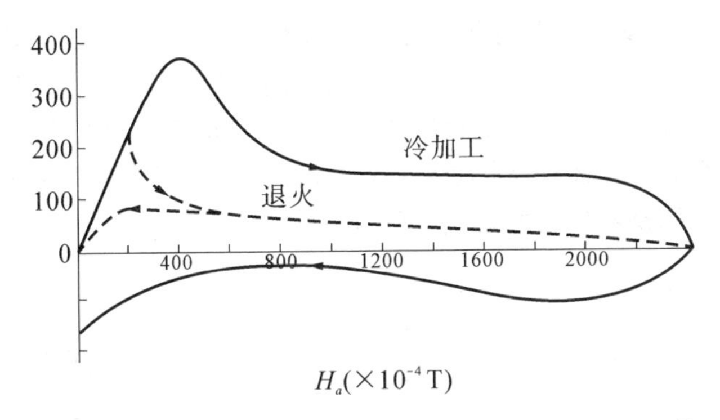

图 8.3 在 Pb+8.23%In 合金磁化曲线上冷加工的结果①

为了确切地了解俘获磁通的原因,人们人为制造高密度缺陷的材料测其磁化曲线。Pb-Bi 是低共熔合金,先将等量 Pb、Bi 熔化,而后急速淬火,则制成的第Ⅱ类超导体的母体中正常的 Bi 粒子是杂乱无规分布的,它的 $\kappa\sim12$。而当对样品进行室温时效处理时,Bi 的粒子将从体中脱熔出,虽然脱熔也造成缺陷,但比 Bi 无规分布的缺陷要少得多。图 8.4 给出急速淬火的 Pb-Bi 合金和经不同时效处理后的磁化曲线②。这个实验结果说明,在大块样品中即使不存在复联通系统,仍然存在很大的俘获磁通。

更进一步的实验是用快中子辐照超导体使材料产生许多不同类型的点缺陷,但几乎不产生位错,因而样品中不存在复联通的问题。实验得出快中子的辐照也引起磁回滞的增加,而且回滞的大小正比于中子的剂量③。

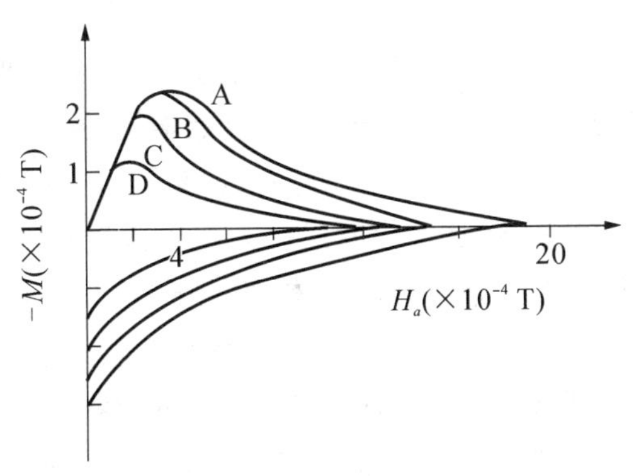

图 8.4(a) 急速淬火的低共熔 Pb-Bi 合金,经不同时间的时效处理,在 4.2 K 的磁化曲线的变化(A: 淬火;B: 1 天;C: 5 天;D: 19 天)

这些实验,特别是脱熔和中子辐照,都说明磁滞是由点缺陷引起的。由于这些实验排除了位错的存在,而只有位错线的交叉才能形成网络,脱熔和点缺陷都是孤立点,不

① J. D. Livingston, *Phys. Rev.*, **129**(1963), 1943.

② J. E. Evetts, A. M. Campbell and D. Dew-Hughes, *Phil. Mag.*, **10**(1964), 339.

③ P. S. SWartz, H. R. Hart and R. L. Fleischer, *Appl. Phys.* Lett., **4**(1964), 71.

能形成网络,因而在第Ⅱ类超导体中俘获磁通不是细丝网络系统而致。

对高温超导体,从图 8.4(b)的磁化曲线看到不论是多晶还是单晶都存在回滞曲线,迄今还无一例外,说明高温超导体从本质上就是非理想的第Ⅱ类超导体。现在已清楚知道高温超导体是层状结构,载流层之间必然是正常区或弱连接区,这就意味着整个超导体是不均匀的,必然存在钉扎效应。

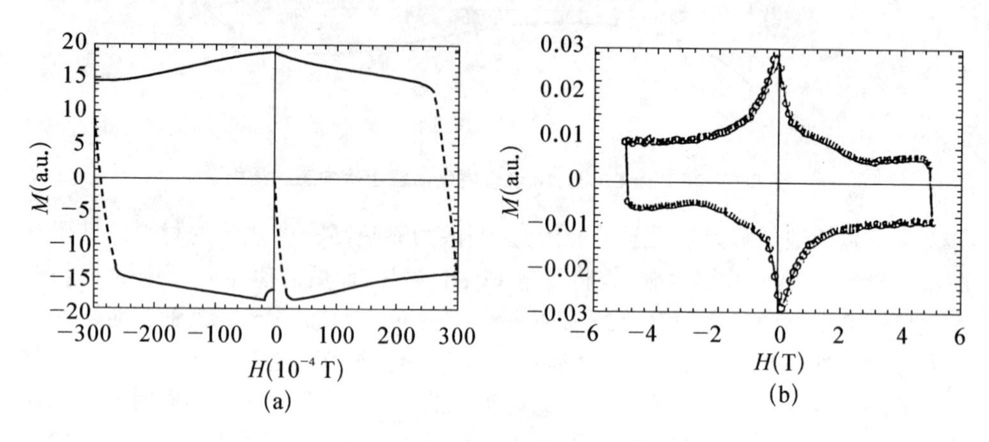

图 8.4(b) YBCO 的磁化曲线

(a) 薄膜;(b) 单晶

由于点缺陷的存在,我们就能很容易地理解这一类非理想第Ⅱ类超导体的磁滞回线。当外磁场 H_a 从零开始增加,但 $H_a<H_{c1}$ 时,超导体处在 Meissner 态,故 $-M=H_a$;而当 $H_a>H_{c1}$ 时,磁场将以磁通量子的形式进入超导体,缺陷阻碍了磁通线的进入,因此磁通线进入超导体受到"阻力",一直到磁场继续增加克服这个"阻力"后才能进入超导体,故在 $-M\sim H_a$ 曲线上,$H_a>H_{c1}$ 还要继续上升;同样,H_a 从 $H_a>H_{c1}$ 开始下降时,由于磁通线受到阻力,它又不容易排出,这就在非理想第Ⅱ类超导体中形成了部分磁通的俘获。

确切地说,磁场在穿透深度 λ 内是磁通线,在超导体内部($>\lambda$)的磁通线是涡旋线。

上述结果告诉我们实验上揭示了俘获磁通是缺陷而致,而缺陷阻碍磁通进入超导体内部的概念,就定性地说明了 $H_a>H_{c1}$ 磁化曲线还要继续上升和 H_a 降到零时存在俘获磁通①②。

---

① C. P. Bean and J. D. Livingston, *Phys. Rev. Lett.*, **12**(1964), 14.

② P. G. de Gennes, *Solid State Comm.*, **3**(1965), 127.

在 $H_a > H_{c1}$ 磁通已进入超导体之后，涡旋线之间要存在 Lorentz 力，这个力又将如何影响涡旋线运动呢？

8.2　作用在涡旋线上的力

8.2.1　Lorentz 力

我们知道外磁场对超导体总是有一个穿透深度 λ 的，在第 2 章中给出外磁场 H_a 在超导体的穿透深度中感应起的电流密度为

$$j(x) = \frac{H_a}{\lambda_L(T)} e^{-x/\lambda(T)} \tag{8.2.1}$$

当 $H_a > H_{c1}$ 后，磁场要进入到超导体内部。假如考虑一平行于表面离表面距离为 x_L 的一根涡旋线，则这根涡旋线受到穿透层中磁场的排斥力为

$$F_1 = \phi_0 j(x_L) \tag{8.2.2}$$

ϕ_0 是在 x_L 位置上的涡旋线的磁通量，显然这个 Lorentz 力的作用将使涡旋线尽量向超导体内部运动。

8.2.2　镜像力

我们又知道在超导体与真空、超导体与绝缘体或超导体与正常导体的分界面上，涡旋线存在一个镜像($x = -x_L$)，涡旋线和镜像之间存在一个吸引力

$$F_2 = -\phi_0 j_L(2x_L) \tag{8.2.3}$$

式中 $j_L(x)$ 是在距离超导体表面 x 处镜像线产生的电流密度。

从 Lorentz 力和镜像力的作用，我们看到涡旋线能否向超导体内部运动在于二者的竞争结果。镜像力造成一个势垒，它阻止涡旋线运动。由(8.2.2)式我们看到 F_1 的大小正比于 H_a，显然，增加外磁场到某一个值 H_s，使得 $F_1 \geq |F_2|$，磁通线才能进入。因此 $F_1 = |F_2|$ 给出了势垒高度。

对小的 x，测不准关系给出超流电子的速度为

$$v = \frac{\hbar}{2mx} \tag{8.2.4}$$

式中 m 是电子的质量，所以电流密度是

$$j_L(x)=n_s ev=\frac{e\hbar n_s}{2mx} \tag{8.2.5}$$

这个方程可以用的最小距离 x_L 是 $\xi(T)$，所以由 $F_1=|F_2|$ 得

$$\phi_0 j[\xi(T)]=\phi_0 j_L[2\xi(T)] \tag{8.2.6}$$

假如 $\kappa\gg 1/\sqrt{2}$，则 $\lambda(T)\gg\xi(T)$，因此 $e^{-x/\lambda(T)}\approx 1$，将(8.2.1)式和(8.2.5)式代入(8.2.6)式，得

$$\frac{H_s}{\lambda(T)}=\frac{e\hbar n_s}{4m\xi(T)}$$

也就是

$$H_s=\frac{\phi_0}{4\pi\mu_0\lambda(T)\xi(T)} \tag{8.2.7}$$

由(7.6.8b)式

$$H_s=\frac{H_c}{\sqrt{2}}>H_c \tag{8.2.8}$$

由此我们很清楚地看到进入硬超导体的磁场比 H_{c1} 高。同时也正是由于表面镜像力的存在，使得即使是最理想的第Ⅱ类超导体，在接近 H_{c1} 时也不可能完全地消除磁滞。

当外磁场大于 H_s 后由于进入硬超导体的磁通形成涡旋线，涡旋线聚集于表面附近，显然，由于涡旋线之间的 Lorentz 力的作用，使涡旋线将从密度高的区域向密度低的区域运动，对于理想的第Ⅱ类超导体这无疑是正确的。但对非理想的第Ⅱ类超导体则不然。

8.3 钉扎力和钉扎中心

8.3.1 钉扎力和钉扎中心

非理想第Ⅱ类超导体中俘获磁通是稳定的，说明在这类超导体中的涡旋线除了彼此之间存在电磁力以外，一定还存在另一种力，它克服了 Lorentz 斥力，使涡旋线不能运动，以致当外磁场 H_a 等于零，还能在超导体中残留磁通。为了证明这个合理的推论，我们回忆起理想的第Ⅱ类超导体中的涡旋线分布，它们是均匀的三

角形点阵，因为涡旋线是均匀分布的，超导体中的磁感应强度 $\boldsymbol{B}(\boldsymbol{r})$不依赖于 $\boldsymbol{r}$，图 8.5(a)给出这个结果，则

$$\mu_0 \boldsymbol{j}(\boldsymbol{r}) = \nabla \times \boldsymbol{B}(\boldsymbol{r}) = 0 \tag{8.3.1}$$

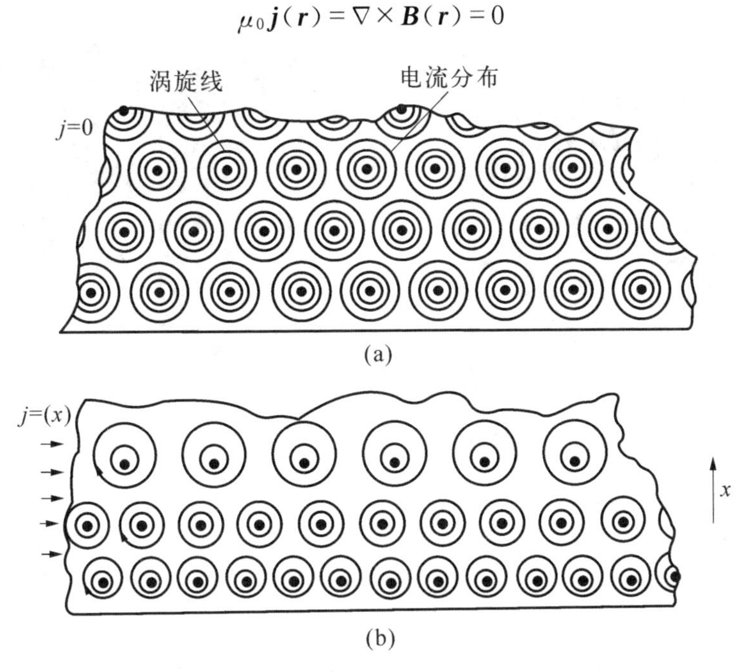

图 8.5 理想(a)和非理想(b)第Ⅱ类超导体中的涡旋线和电流分布

图 8.6 给出非理想第Ⅱ类超导体中，由 Bitter 照片拍得的涡旋线分布。图 8.6 是对常规超导体 Pb + 6.33% In；图 8.7 是对高温超导体 $YBa_2Cu_3O_{7-\delta}$单晶，图 8.7(a)是单晶中的孪晶区，箭头方向为孪晶取向，图 8.7(b)是在 1 mT 磁场中原位冷到液氦温度，磁通择优聚积于孪晶面上，无孪晶区磁通线排列也不是完全有序。图 8.6 的实验结果清楚地指出，涡旋线不是分布在整个超导体内，而是分布于样品的边缘区，其点阵仍然是近似于三角阵，但点阵常数 a 随着离开表面的距离增加而增大。在图 8.5(b)中给出其示意图。由于涡旋线分布的不均匀，因此超导体中的磁感应强度 $\boldsymbol{B}(\boldsymbol{r})$与空间位置有关，显然$\nabla \times B(r) \neq 0$，则由(8.3.1)式，$j(r) \neq 0$，这样涡旋线将受到一个从边缘向内的 Lorentz 斥力。但是实验指出在这个 Lorentz 力的作用下涡旋线却不运动，而是稳定的分布。这使我们认识到除了 Lorentz 力之外它们的确还受到一个其他力的作用。由 8.1.3 节的实验结果告诉我们，非理想第Ⅱ类超导体与理想第Ⅱ类超导体的差别，仅在于非理想第Ⅱ类超导体中存在高密度的缺陷。显然这个阻碍磁通线运动的力应来自缺陷，我们把这个

力叫做钉扎力 F_p,把缺陷就叫做钉扎中心。钉扎中心愈多,对涡旋线的阻力愈大,在磁化曲线上造成的滞后就愈大。

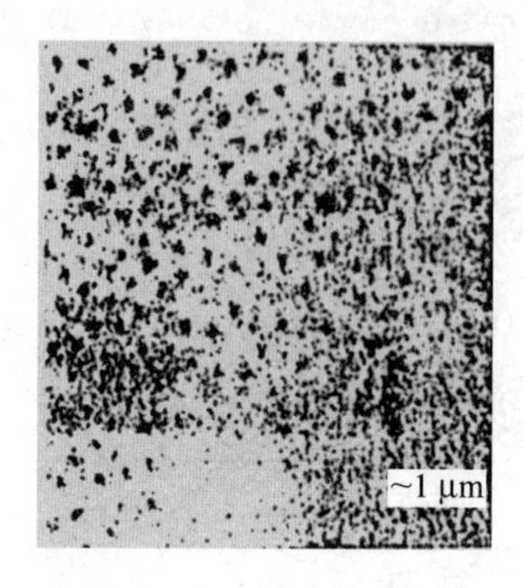

图 8.6 Pb + 6.33at% In 非理想第Ⅱ类超导体,在 H_a 稍大于 H_{c1} 后的 Bitter 照片①

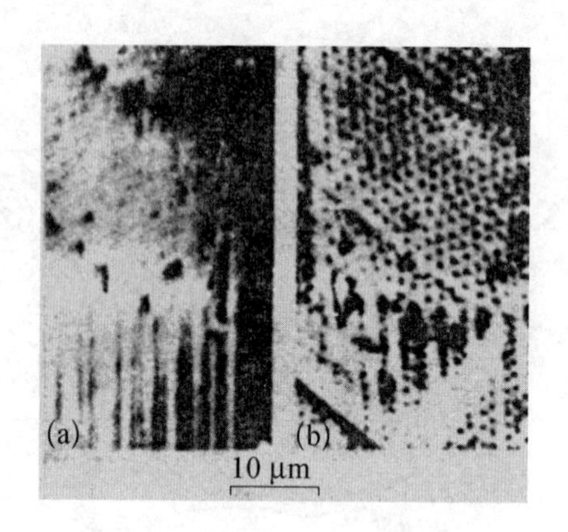

图 8.7 $YBa_2Cu_3O_7$ 单晶 ab 面上的 Bitter 图案②

8.3.2 元钉扎

(1) London 磁通线模型

如前所述,在这个模型下磁通线芯子是在 Meissner 态中出现的,这个体积为 V 的芯子是由 Meissner 态转变到正常态所致,因此需提供能量为

$$V\frac{\mu_0}{2}H_c^2 \tag{8.3.2}$$

式中 $\mu_0 H_c^2/2$ 是凝聚能。如果在芯子位置存在一个很小的正常异相粒子,体积为 v

$$v=\frac{4}{3}\pi r^3 \tag{8.3.3}$$

其中 r 是球状正常异相粒子半径,它小于 ξ,即有 $r<\xi$。则在芯子内存在上述粒子时,出现正常芯子需要提供的能量将相对减少

$$U_0=\frac{\mu_0}{2}H_c^2 v=\frac{4\pi\mu_0}{6}H_c^2 r^3 \tag{8.3.4}$$

令 U_0 是磁通线芯子与正常相小粒子的相互作用能。将其对磁通线形成的最大钉

① H. Trauble and U. Essmann, *J. Appl. Phys.*, **39**(1968), 4052.
② L. Ya. Vinikov, et al., *Solid State Commun*, **70**(1989), 1145.

扎力近似表示为

$$f_p=\frac{U_0}{\xi}=\frac{4\pi\mu_0}{6\xi}H_c^2 r^3 \tag{8.3.5}$$

在 H_a 接近 H_{c2} 时，$B=\mu_0 H_{c2}=n\phi_0$，n 为接近 H_{c2} 时的磁通线密度。在 London 磁通线模型中，ξ 是“硬”的，即正常芯子的截面积为 $\pi\xi^2$；又因为正常芯子中只有一个磁通量子，故 $n=1/\pi\xi^2$，则 $\xi=[\phi_0/\pi\mu_0 H_{c2}]^{1/2}$。再由 $H_{c2}=\sqrt{2}\kappa H_c$，将 ξ 和 H_c 代入(8.3.5)式，得

$$f_p=\frac{(\pi\mu_0)^{3/2}H_{c2}^{5/2}}{3\phi_0^{1/2}\kappa^2}r^3,\quad r<\xi \tag{8.3.6}$$

(2) GL 理论的钉扎

对于一个在涡旋线磁通芯子处的小的异相正常粒子，其体积为 v，则在 GL 理论中自由能密度的表达式为

$$f_{SH}-f_n(0)=\alpha|\Psi|^2+\frac{\beta}{2}|\Psi|^4+\frac{1}{2m}|(-i\hbar\nabla-e\boldsymbol{A})\Psi|^2+\frac{B^2}{2\mu_0} \tag{8.3.7}$$

在求其自由能以前，我们先用第 5 章的参数来表示(8.3.7)式中的 $\alpha,\beta,|\Psi|$。

我们知道在外磁场为零的情况下，由(8.3.7)式的稳定态给出

$$|\Psi_0|^2=-\frac{\alpha}{\beta_c}=\frac{|\alpha|}{\beta_c} \tag{8.3.8}$$

$$\alpha=(T-T_c)\left(\frac{\partial\alpha}{\partial T}\right)_{T=T_c} \tag{8.3.9}$$

同时还有

$$f_s(0)-f_n(0)=-\frac{\alpha^2}{2\beta} \tag{8.3.10}$$

用第 2 章热力学公式

$$g_n(T,0)-g_s(T,0)=\frac{1}{2}\mu_0 H_c^2 \tag{8.3.11}$$

零场下有 $g=f_0$，由(8.3.10)式和(8.3.11)式，超导态的凝聚能为

$$\frac{1}{2}\mu_0 H_c^2=\frac{\alpha^2}{2\beta_c}=\frac{1}{2\beta_c}\left(\frac{\partial\alpha}{\partial T}\right)^2_{T=T_c}(T-T_c)^2 \tag{8.3.12}$$

再由 $\lambda^2(T)=\dfrac{m}{\mu_0 e^2|\Psi_0|^2}$，利用(8.3.8)式有

$$\lambda^2(T)=\frac{m\beta(T)}{\mu_0 e^2|\alpha(T)|} \tag{8.3.13}$$

联立(8.3.8)式，(8.3.12)式和(8.3.13)式，可以解出

$$|\Psi_0|^2=m/\mu_0 e^2\lambda^2(T) \tag{8.3.14}$$

$$\beta(T)=(\mu_0^3e^4/m^2)H_c^2(T)\lambda^4(T) \tag{8.3.15}$$

$$\alpha(T)=-(\mu_0^2e^2/m)H_c^2(T)\lambda^2(T) \tag{8.3.16}$$

式中 $\phi_0=h/2e,\kappa=\lambda/\xi$,写成

$$|\Psi_0|^2=\frac{mH_{c2}}{e\hbar\kappa^2}=\frac{2mH_c^2}{e\hbar H_{c2}} \tag{8.3.17}$$

$$\beta(T)=\frac{\mu_0}{2}\left(\frac{e\hbar}{m}\right)^2\kappa^2 \tag{8.3.18}$$

$$\alpha(T)=-\frac{\mu_0}{2}\left(\frac{e\hbar}{m}\right)H_{c2} \tag{8.3.19}$$

我们把异相粒子对磁通的钉扎假设为存在于异相粒子的区域,其超导电性发生了显著变化。这一变化相当于 H_{c2} 是由零到 H_{c2},即

$$\left|\frac{\delta H_{c2}}{H_{c2}}\right|=1 \tag{8.3.20}$$

考虑这个异相粒子体积 v 内的 δH_{c2},$\delta\kappa$ 所引起能量的变化,用(8.3.7)式,有

$$\delta F=\int_v\left(|\Psi|^2\delta\alpha+\frac{1}{2}|\Psi|^4\delta\beta\right)\mathrm{d}v \tag{8.3.21}$$

用(8.3.17)式,(8.3.18)式和(8.3.19)式,有

$$|\Psi|^2\delta\alpha=-\mu_0H_c^2\frac{\delta H_{c2}}{H_{c2}}\left|\frac{\Psi}{\Psi_0}\right|^2 \tag{8.3.22}$$

$$\frac{1}{2}|\Psi|^4\delta\beta=\frac{1}{2}\mu_0H_c^2\ \frac{\delta\kappa^2}{\kappa^2}\left|\frac{\Psi}{\Psi_0}\right|^4 \tag{8.3.23}$$

将(8.3.22)式和(8.3.23)式代入(8.3.21)式,有

$$\delta F=\int_v\mu_0H_c^2\left(-\frac{\delta H_{c2}}{H_{c2}}\left|\frac{\Psi}{\Psi_0}\right|^2+\frac{1}{2}\frac{\delta\kappa^2}{\kappa^2}\left|\frac{\Psi}{\Psi_0}\right|^4\right)\mathrm{d}v \tag{8.3.24}$$

当外磁场接近 H_{c2} 时,可以忽略(8.3.24)式中的 $|\Psi|^4$ 项,则(8.3.24)式变为

$$\delta F=\int_v\mu_0H_c^2\left(-\frac{\delta H_{c2}}{H_{c2}}\left|\frac{\Psi}{\Psi_0}\right|^2\right)\mathrm{d}v \tag{8.3.25}$$

式中 $|\Psi/\Psi_0|^2$ 已在第7章中求出,即(7.7.57)式,重写在此

$$\left|\frac{\Psi}{\Psi_0}\right|^2=|C_0|^2 3^{-1/4}\left\{1-2\mathrm{e}^{\pi/\sqrt{3}}\left[\cos\frac{2\pi}{\alpha}X+\cos\frac{2\pi}{\alpha}Y+\cos\frac{2\pi}{\alpha}(X+Y)\right]\right\} \tag{8.3.26}$$

式中 $|C_0|^2=-1-h_a/\kappa=1-H_a/H_{c2}$。在 $\kappa\gg1$ 条件下,$\xi\ll\lambda$,我们讨论的异相粒子,其尺寸小于 ξ,因此 $|\Psi|^2$ 可近似不随空间变化,则(8.3.26)式近似为

$$\left|\frac{\Psi}{\Psi_0}\right|^2=3^{-1/4}\left(1-\frac{H_a}{H_{c2}}\right) \tag{8.3.27}$$

将(8.3.20)式和(8.3.27)式代入(8.3.25)式，得

$$\delta F=\mu_0 H_c^2 3^{-1/4}\left(1-\frac{H_a}{H_{c2}}\right)\int_v \mathrm{d}v=3^{-1/4}\mu_0\left(\frac{H_{c2}}{\sqrt{2}\kappa}\right)^2 v\left(1-\frac{H_a}{H_{c2}}\right) \quad (8.3.28)$$

对于三角形磁通点阵，点阵常数为

$$a_{\triangle}=\left(\frac{4}{3}\right)^{1/4}\left(\frac{\phi_0}{B}\right)^{1/2}=\left(\frac{4}{3}\right)^{1/4}\left(\frac{\phi_0}{\mu_0 H_a}\right)^{1/2} \quad (8.3.29)$$

则最大钉扎力可近似表示为

$$f_{\mathrm{p}}^{\mathrm{GL}}=\frac{\delta F}{a_{\triangle}}=\frac{1}{2\sqrt{2}}\frac{\mu_0^{3/2}}{\phi_0^{1/2}}\frac{H_{c2}^{5/2}}{\kappa^2}\left(\frac{H_a}{H_{c2}}\right)^{1/2}\left(1-\frac{H_a}{H_{c2}}\right)v \quad (8.3.30)$$

在高温超导体的层状结构中必然存在上述的正常区，本征钉扎理论是适用的，虽然高温超导体的各向异性使体系复杂，但并不会改变其本质。

比较(8.3.6)式和(8.3.30)式，可见它们明显不同。其原因是在接近 H_{c2} 时，London 磁通线模型失效，ξ 内的磁场和序参量不能看作不变。显然 GL 理论给出的(8.3.30)式是正确的。

8.3.3　钉扎源

上一节讨论元钉扎或本征钉扎中，没有考虑到异相正常粒子的存在造成局域能量的变化，例如异相粒子为缺陷、杂质等将会造成母体中的弹性能。

我们已经知道钉扎来自缺陷，现在的问题是缺陷为什么能钉扎磁通呢？除上述元钉扎外，另一个可能的原因是超导体与缺陷界面上的镜像吸引力，如果从广义上说缺陷是点阵中夹杂物的一种，应该说只要存在夹杂物，超导体与夹杂物的界面就要形成一个镜。

点阵中夹杂物的应力场在涡旋线上施加的力是引起钉扎的另一个可能的机制，这个区域或者是正常的或者是有较低的临界温度，故在夹杂物区域中的自由能将高于点阵的其余部分，所以它对超导电子有排斥效应，因此这个位置将有稳定和平衡涡旋线的作用。

Toth 和 Pratt① 考虑夹杂物的嵌入将引起点阵的畸变，这个畸变将在夹杂物周围的母体中产生弹性能。同时夹杂物也将受到周围母体的压力，故而存在弹力势能，由这两部分能量之和 U 对空间微分(即 $F_{\mathrm{p}}=\mathrm{d}U/\mathrm{d}x$)就可算出钉扎力，对于 Nb 他们算出平均钉扎力 $F_{\mathrm{p}}\sim 10^{-7}\,\mathrm{N/cm}$，其应变能大约是 $10^{-20}\,\mathrm{J}$/钉扎点个数。

① L. E. Toth and J. P. Praat, *Appl. Phys. Lett.*, **4**(1964), 75.

Heise[1] 提出一个方法可以从实验上估算与钉扎有关的平均自由能。假如在一个转矩丝上悬挂一个俘获磁通的第Ⅱ类超导体样品，如果把样品放到一个探测磁体中，并且将磁体旋转 θ 角，那么样品将转旋到与磁场成 α 角而静止。图 8.8(a)上给出在 0.5 T 的磁场下 α 随 θ 变化的关系，当达到 α_m 时，α 和 θ 不保持线性关系，这表明当达到 α_m 时，磁通线上产生了足够的力矩足以克服钉扎力。假如样品的磁矩是 m，那么在磁场 H_a 中的力矩则是

$$\tau = \mu_0 m H_a \sin\alpha \tag{8.3.31}$$

式中的 α 是样品和测量磁场 H_a 之间的夹角。设样品的体积为 V，样品中的磁感应强度为 B，则(8.3.31)式变成

$$\tau = BVH_a \sin\alpha \tag{8.3.32}$$

在截面为 S 的样品中，涡旋线的总数是

$$n = BS/\phi_0 \tag{8.3.33}$$

而在样品中所有钉扎点的能量是

$$E = \int_0^{\alpha_m} \tau \, d\tau \tag{8.3.34}$$

因此应用(8.3.32)式和(8.3.33)式，每一涡旋线的钉扎能为

$$E_p = \phi_0 H_a L(1 - \cos\alpha_m) \tag{8.3.35}$$

式中 L 是样品的长度。在图 8.8(b)中给出用(8.3.35)式计算的在 Nb + 25% Zr 线中 E_p 的变化随外加磁场的关系。

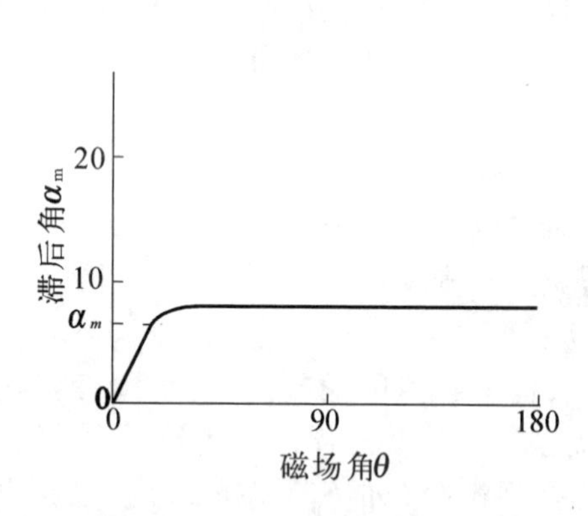

图 8.8(a)　m 和测量场 H_a 之间的角 α 与磁体角 θ 的关系，测量场为 0.5 T

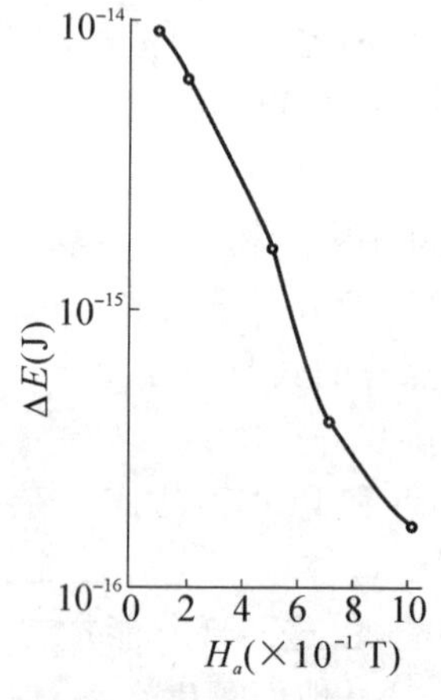

图 8.8(b)　在 Nb + 25% Zr 线中可以钉扎住一根涡旋线的能量随外加磁场的变化

① B. H. Heise, *Rev. Mod. Phys.*, **36**(1964), 64.

关于结构畸变造成的钉扎能,原理上很简单,结构畸变造成这个部分能量升高,像元钉扎一样形成一个钉扎区,但具体内容与结构畸变类型有关,请读者阅读专门讨论它的论文或专著。

8.4 Bean 模型和临界态($T=0$ K)[①]

从上两节的实验上得到阻碍涡旋线进入到硬超导体内的是缺陷而致的钉扎力,给出了钉扎力和钉扎中心的概念。Bean 于 1964 年提出一个磁通线向超导体内渗透过程的模型。当外磁场 H_a 从零开始增加时,磁场将以通常的穿透深度 λ 进入超导体。当 H_a 超过 H_{c1},严格地说应是 H_s 后,磁场将以一个一个磁通量子涡旋线的形式进入超导体内部。由于 $H_a > H_s$,所以穿透层中作用在涡旋线上的斥力 F_1 将大于穿透层的镜像吸引力 F_2,以致涡旋线要不断向超导体内运动,但它碰到缺陷后就被钉扎住了。随着外磁场的继续升高,在穿透深度到缺陷之间的空间中涡旋线密度愈来愈大,则作用在这个被钉扎的涡旋线上的 Lorentz 力也愈来愈大,当它超过钉扎力时,这个被钉扎的涡旋线便越过钉扎中心向内运动。而当它再碰到钉扎中心时,则又被钉扎住,随着外磁场的增加,跨越第一个钉扎中心的涡旋线愈来愈多,达到一定密度后,涡旋线将可跨越第二个钉扎中心,如此等等,涡旋线随外磁场 H_a 的增加不断向内部运动。显然对于某一个给定的磁场值,涡旋线有一个不再随时间变化的分布。

Bean 给出涡旋线分布不随时间变化的条件:

(a) 在超导体内,各处的钉扎力和体 Lorentz 力相等,即

$$\boldsymbol{F}_{\mathrm{p}}(\boldsymbol{r}) = \boldsymbol{F}_{\mathrm{L}}(\boldsymbol{r}) \tag{8.4.1}$$

(b) 在紧邻穿透层的区域内

$$B(0) = B_{\mathrm{r}}(H_a) \tag{8.4.2}$$

其中 $B(0)$是磁感应强度 $B(r)$在紧邻穿透层区的数值;$B_{\mathrm{r}}(H_a)$是理想第Ⅱ类超导体的磁感应强度。它的物理意义是紧邻穿透层区域内的一根磁通涡旋线,既受到穿透层的排斥,又受到其他磁通涡旋作用于其上的 Lorentz 力,两个作用力是相反

① C. P. Bean and J. D. Livingston, *Phys. Rev. Lett.*, **12**(1964), 14.

的，达到平衡后，它们的大小应相等，此时在穿透层内形成磁通涡旋线的过程也便终止了。因此它是磁通涡旋线的平衡条件。

上述磁通涡旋线渗透到超导体内过程的模型，我们通常称为Bcan模型。满足(8.4.1)式和(8.4.2)式的状态叫做临界态。在绝对零度时，临界态和平衡态是没有区别的(下节中指出在 $T \neq 0$ K时有磁通蠕动)。

根据Bean模型我们可以想到磁感应强度 $B(x)$ 在超导体中一定是逐渐减小的，图8.9(a)给出 $B(x)$ 变化的示意图。它随 x 增加而减小。由Maxwell方程得

$$-\frac{\mathrm{d}B(x)}{\mathrm{d}x}=\mu_0 j_c(x) \tag{8.4.3}$$

$j_c(x)$ 是临界态时非理想第Ⅱ类超导体中的感应电流密度，图8.9(b)是根据图8.9(a)画出的。在给定的外场力 H_a 下，由于磁通涡旋线是逐步向超导体内渗透的，所以在临界态，涡旋分布是不均匀的，离表面愈远，其密度愈小，而当离表面 Δ 距离后，涡旋线密度等于零，所以我们将 Δ 称为在超导体内的宏观穿透深度。图8.9(c)给出在半无限超导体中的磁感应强度 $B(x)$ 和感应电流密度 $j(x)$ 分布的示意图。

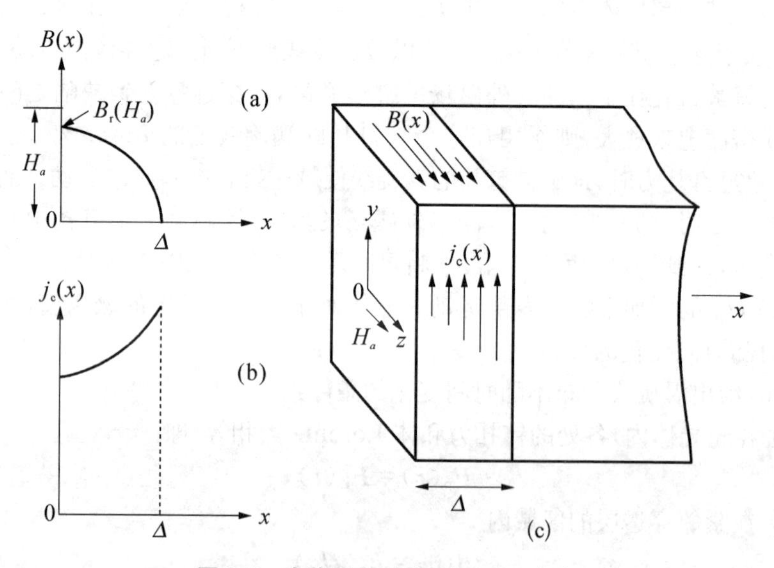

图8.9 在临界态时的 $B(x)$ 和 $j_c(x)$

如果外磁场从 H_a 增加到 $H_a+\delta H_a$，平衡条件(8.4.2)式被破坏，从穿透层继续形成涡旋线，并向超导体内部运动，这样(8.4.1)式也被破坏，从而原来的临界态不能再维持。它将要经过前面所述的一系列过程达到一个新的临界态，如图8.10所示。

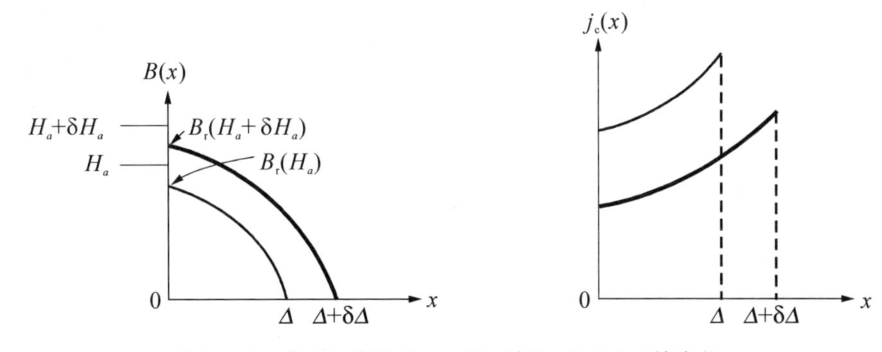

图 8.10 当 H_a 升到 $H_a+\delta H_a$ 时 $B(x)$, $j_c(x)$ 的变化

如果外磁场从 $H_a+\delta H_a$ 重新变到 H_a 时，在穿透深度中的涡旋线要排出，回到相应于 H_a 的值，虽然在 $H_a+\delta H_a$ 时已出现新的临界态，此时宏观穿透深度是 $\Delta+\delta\Delta$，在 $\Delta+\delta\Delta$ 上的涡旋线满足(8.4.1)式的力平衡条件。当磁场减小时，穿透层的排斥力虽然减小，但被钉扎的涡旋线并不能排出，因此它不回到图 8.9(a)给出的临界态，而是处于另一个临界态，如图 8.11(a)所示，$B(x)$不是从表面单调下降，而是紧靠表面上升，达到一定深度后，它才在这个位置上回到相应于 $B_r(H_a+\delta H_a)$的磁感应强度值，再向内部 $B(x)$即为 $H_a+\delta H_a$ 磁场下临界态相应的值。图 8.11(a)中的实线给出这个分布。图 8.11(b)给出在半无限超导体中的磁感应强度 $B(x)$和感应电流密度 $j_c(x)$分布的示意图。

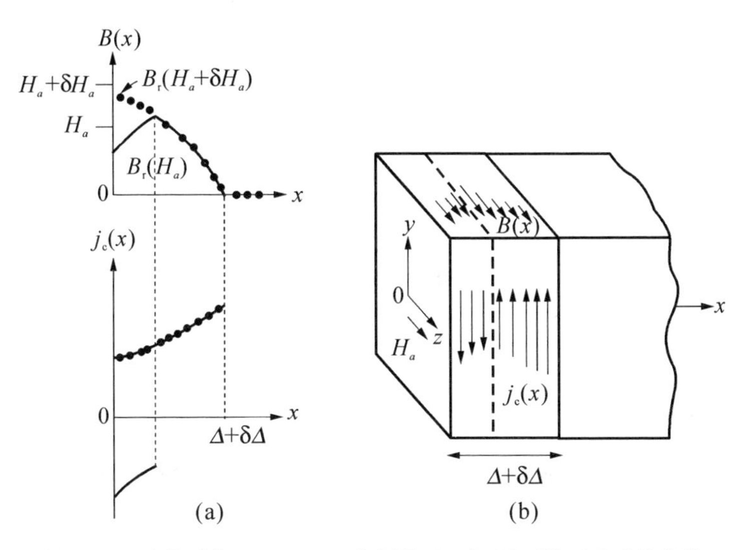

图 8.11 当外磁场 $H_a+\delta H_a$ 减小到 H_a 时，$B(x)$和 $j_c(x)$的变化

图 8.12 是根据 Bean 模型，对厚度为 $2d$ 的硬超导体的无限平板画出的在不同外磁场下 $B(x)$ 的变化，外磁场 H_a 的变化过程是从零开始增加直到接近 H_{c2}，再从 H_{c2} 逐渐减小到零；而后磁场反向，继续从零减小到接近 $-H_{c2}$，再从 $-H_{c2}$ 增至零，给出整个过程中 $B(x)$ 的变化。其相应的感应电流密度 $j_c(x)$ 很容易由(8.4.3)式给出，在图 8.12 中未画出，见图 8.9。这个感应电流密度 $j_c(x)$ 屏蔽了外磁场，致使在 H_a 较小时，使得在 $x>\Delta$ 区域 $B(x)=0$，而在 H_a 较大时，$j_c(x)$ 的屏蔽作用使超导内部出现不完全的 Meissner 效应。

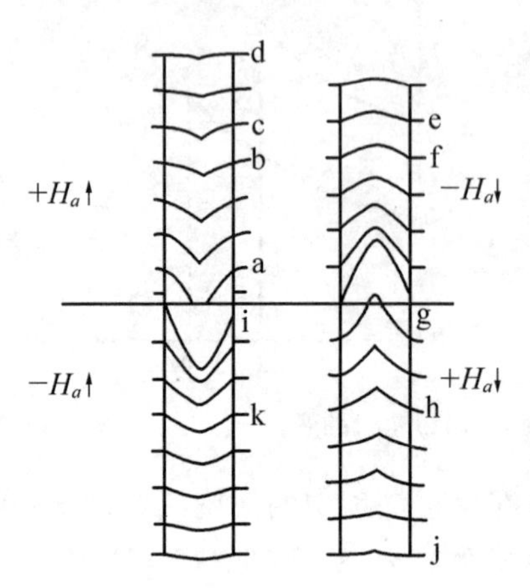

图 8.12 外磁场 H_a 由 $0\to H_{c2}\to 0\to -H_{c2}\to 0$ 过程中，在厚度为 $2d$ 的硬超导体无限平板中 $B(x)$ 的变化

方程(8.4.3)给出的是临界态下的磁感应强度 $B(x)$，所以 $j_c(x)$ 也就是临界感应电流密度。显然在空间 x 处涡旋线上受到的 Lorentz 力

$$F_L(x)=B(x)j_c(x) \tag{8.4.4}$$

也就是临界态时出现最大钉扎力 $(F_p)_m$，我们把这个最大钉扎力 $(F_p)_m$ 写作 $\alpha_c=Bj_c$。

Bean 假设 j_c 和磁场无关，即

$$j_c=\text{常数} \tag{8.4.5}$$

则 $B(x)\sim x$ 是线性关系。在这个模型下图 8.12 中磁感应强度都是折线。这个模型下 $-M$ 和 H_a 的关系和 8.1.2 节中计算的结果是一致的。

8.5 Kim-Anderson 模型

8.5.1 超导圆筒的磁化实验

Kim 等[①]测量了用 Nb 粉末压制烧结的圆筒样品的磁性。圆筒壁厚为 w，半径

① Y. B. Kim, C. F. Hempstead and A. R. Strnad, *Phys. Rev.*, **131**(1963), 2486.

为 a,长度远大于 $2a$。外磁场 H_a 平行于轴,改变 H_a 测量在筒中心处的磁场 H',其测量结果绘在图 8.13 上。

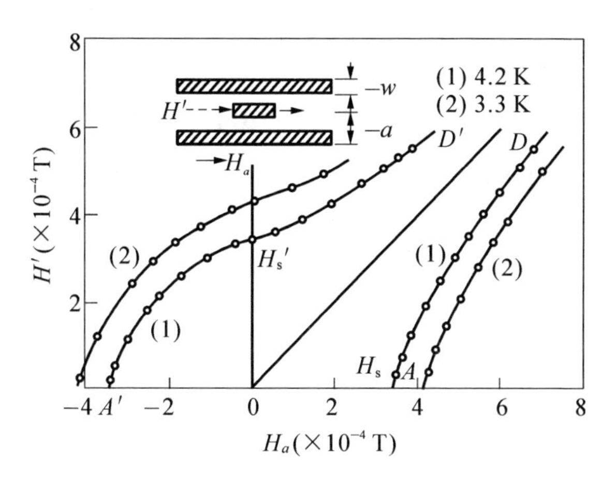

图 8.13　在 Nb + 25% Zr 筒内的磁场随外磁场的变化

当 H_a 从零开始增加时,Meissner 电流使筒内磁场 $H'=0$,此时感应电流 $j(r)$ 产生的磁场与外磁场 H_a 相反,抵消了外磁场(OA 段),即在 $0\leqslant H_a\leqslant H_A$(就是图中 H_s)内,$H'=0$。当 $H_a>H_{c1}$后超导体处于临界态,在 $H_a=H_A$ 时,$j_c(r)$分布在整个管壁上。$H_a>H_A$ 后,由于 $j_c(r)$不能增加,故磁场进入筒内,H'不再是零,而是随 H_a 升高而增加(AD 段)。当 H_a 增加至H_D 后,让 H_a 逐渐减小,那么磁场的减小将感应起一个反向电流,抵消了原来的感应电流,保持 H'不变(DD'段),当 H_a 减小到DD'线与图中对角线相交时,$H'=H_a$,此时壁中感应电流为零,当 H_a 继续减小,筒中感应起反向电流以保持筒内 H'不变,一直到 $H_a=H_{D'}$时,反向电流达到临界态,此时的感应电流 $j_c(x)$是临界电流。当 H_a 再减小直到零,筒中部分磁通要排出。当 $H_a=0$ 时,筒中俘获了一个 $j_c(x)$产生的磁通,即 $H'=H_s'$。为了使 $H'=0$,则必须加反向磁场,H'沿 $O'A'$变化。当反向磁场继续增加而后减小时,得到与图 8.13 反演对称的曲线。

8.5.2　Kim - Anderson 模型

从上面实验曲线 AD、$D'O'A'$知道,它们是硬超导体的临界态曲线,分析此结果将会给出更符合实际的信息。

由柱坐标系中的 Maxwell 方程

$$-\frac{\mathrm{d}}{\mathrm{d}r}B(r)=\mu_0 j_c(r) \tag{8.5.1}$$

Kim - Anderson 假设

$$|j_c(r)| = \frac{\alpha_c}{|B(r)| + B_0} \tag{8.5.2}$$

将(8.5.2)式代入(8.5.1)式,对壁中 $B(r)$, $j_c(r)$积分得

$$\mu_0\alpha_c w = \mp\int_{\mu_0 H_a}^{\mu_0 H'} dB(B + B_0) \tag{8.5.3}$$

式中当 $j_c(r)>0$,右边取负号,反之,应取正号。所以在第一象限,由(8.5.3)式得到

$$(\mu_0 H' + B_0)^2 - (\mu_0 H_a + B_0)^2 = \pm 2\mu_0\alpha_c w \tag{8.5.4}$$

是两条双曲线方程。

在第二象限,(8.5.3)式给出

$$(\mu_0 H' + B_0)^2 + (\mu_0 H_a - B_0)^2 = 2(\mu_0\alpha_c w + B_0^2) \tag{8.5.5}$$

是圆方程。

(8.5.4)式和(8.5.5)式是和实验符合得很好的。由此我们再看(8.5.2)式给出的 $\alpha_c = j_c(B + B_0)$,这里假设了 α_c 是不变的,因而 Kim - Anderson 假设了钉扎力与磁场无关,我们就称

$$\alpha_c = 常数 \tag{8.5.6}$$

为 Kim - Anderson 模型。

8.5.3 磁化曲线

由这个模型我们就能算出硬超导体的磁化曲线。现在我们计算相应于图 8.12 的板的磁化曲线。

将(8.5.2)式代入(8.5.1)式得

$$\frac{dB}{dx} = -\mu_0\frac{\alpha_c}{B + B_0} \tag{8.5.7}$$

注意到边值条件 $x = 0, B = \mu_0 H_a$,积分上式得

$$\frac{1}{2}B^2 + BB_0 - \frac{\mu_0^2}{2}H_a^2 - \mu_0 H_a B_0 = -\mu_0\alpha_c x$$

解出 B 得

$$B = -B_0 + (B_0^2 + \mu_0^2 H_a^2 + 2\mu_0 H_a B_0 - 2\mu_0\alpha_c x)^{1/2} \tag{8.5.8}$$

B 减到零处离表面的距离 x^* 为

$$x^* = \frac{H_a}{2\alpha_c}(\mu_0 H_a + 2B_0) \tag{8.5.9}$$

对于这种不均匀磁化的超导平板,其磁化强度定义为

$$M=\frac{1}{d}\int_0^d \frac{B}{\mu_0}\mathrm{d}x-H_a \tag{8.5.10}$$

式中 d 为板的半厚度。由(8.5.8)式和(8.5.10)式可以得到样品的磁化强度为

$$M=\frac{1}{\mu_0 d}\int_0^{x^*}\left[-B_0+(B_0^2+\mu_0^2H_a^2+2\mu_0H_aB_0-2\mu_0\alpha_c x)^{1/2}\right]\mathrm{d}x-H_a \tag{8.5.11}$$

设外磁场为 H_a^* 时，外磁场刚好穿透平板，则这个 H_a^* 可由(8.5.9)式求得

$$\mu_0H_a^*=-B_0+(B_0^2+2\mu_0\alpha_c d)^{1/2} \tag{8.5.12}$$

当外磁场 H_a 增加到超过 H_a^* 时，我们将得到如图8.12所示的一系列磁通进入板的曲线，一直到 H_{c2} 时，磁化强度为零。

对于 $H_a^*\leqslant H_a<H_{c2}$ 范围内的磁化强度 M_1 由积分(8.5.10)式得到

$$\mu_0M_1=-B_0-\mu_0H_a+\frac{2}{3}(B_0^2+\mu_0^2H_a^2+2\mu_0H_aB_0-2\mu_0\alpha_c d)^{3/2}\cdot(2\mu_0\alpha_c d)^{-1}-\frac{2}{3}(B_0^2+\mu_0^2H_a^2+2\mu_0H_aB_0)^{3/2}(2\mu_0\alpha_c d)^{-1} \tag{8.5.13}$$

由图8.14中，M_1 表示磁化曲线前四分之一循环中的磁化强度，即在图8.12中和图8.14中的oabcd的这一段磁化强度，在接近于 H_{c2} 时(8.5.13)式给出的磁化强度不为零。实际上对于邻近 H_{c2} 的外磁场，钉扎力 α_c 减到零，因此实验观察到的磁化强度在 H_{c2} 时为零。曲线oabcd清楚地表明超导体的逆磁性，因为超导体内的磁场小于外磁场。

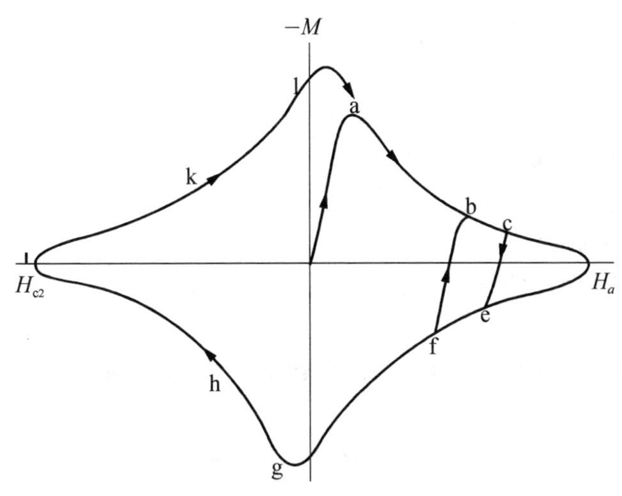

图8.14　硬超导体平板的磁化曲线(图中的字母是相应于图8.12中磁通透入的各个阶段)

在图 8.12 中 efghj 的这些磁通透入曲线是磁场减小的情况，因为此时超导体内部的净磁场强度大于外磁场，所以这些曲线表示超导的顺磁性，通过与上述逆磁性相同的计算方法得到 efghj 段的磁化强度 M_2 为

$$\mu_0 M_2 = -B_0 - \mu_0 H_a - \frac{2}{3}(B_0^2 + \mu_0^2 H_a^2 + 2\mu_0 H_a B_0 - 2\mu_0 \alpha_c d)^{3/2}$$

$$\cdot (2\mu_0 \alpha_c d)^{-1} + \frac{2}{3}(B_0^2 + \mu_0^2 H_a^2 + 2\mu_0 H_a B_0)^{3/2}(2\mu_0 \alpha_c d)^{-1} \quad (8.5.14)$$

最后，再将磁场增加便可得到一个完整的磁化曲线 abcdefghjkla。

从上述硬超导体平板的例子，我们看到磁化曲线的形状直接地取决于 α_c，也就是最大钉扎力。

8.6 一般情况的磁化曲线

Bean 模型假定 j_c 是常数，得到 $B(x) \sim x$ 是线性关系，与实际相差较远。Kim-Anderson 模型是由超导体筒冻结磁通得出比较接近实验的假设，即最大钉扎力是常数。然而这两个模型都是简化了的，正如上面谈到在 H_{c2} 时钉扎力 α_c 应为零，显然钉扎力与磁场有关。

在磁场 H_a 中一个涡旋线的自由能是 $-\phi_0 H_a$，因此单位长度上 x 分量的力是

$$(F_x)_p = -\phi_0(\partial H_a/\partial x) = -\phi_0(\partial H_a/\partial B)(\partial B/\partial x) \quad (8.6.1)$$

式中 $(\partial B/\partial x)$ 是在样品中的磁通梯度，而第一级近似的 $(\partial H_a/\partial B)$ 是可逆的 $B(H_a)$ 曲线的梯度的倒数。知道 F_x，就可以算出对于不同的外加磁场值，样品中的磁通与位置的函数关系，然后对样品的整个体积积分，就得到由于钉扎点的存在而致对 $M(H_a)$ 的贡献。

Campbell 等①假设钉扎力反比于磁感应强度

$$F_p = F_{0p}\phi_0/Bl^2 \quad (8.6.2)$$

这里的 F_{0p} 是孤立涡旋线上的钉扎力，l 是钉扎点之间的距离，将(8.6.2)式代入(8.6.1)式得

$$B^2 - B_0^2 = (2mF_{0p}/l^2)x = \beta x \quad (8.6.3)$$

① A. M. Campbell, J. E. Evetts and D. Dew-Hughes, *Phil. Mag.*, **10**(1964), 333.

式中 $m = \partial H_a / \partial B$，则 β 是一个常数，积分的边界条件是在样品表面 $B = B_0$，B_0 是在样品表面的磁感应强度值，对可逆的 $M(H_a)$ 曲线，给定了适当的值，就可以算出磁滞的形成。图 8.15 给出四种情况下由方程(8.6.3)算出的不可逆 $M(H_a)$ 曲线。

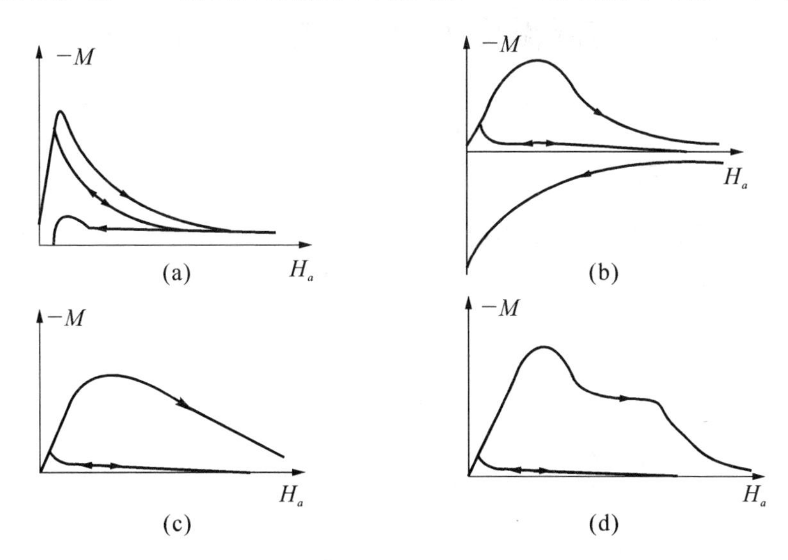

图 8.15　Campbell 等计算出的对于四种类型钉扎中心的磁化曲线

(a) 弱钉扎；(b) 强钉扎；(c) 近距离的钉扎中心；(d) 离得较远的强钉扎中心和近距离的弱钉扎中心的混合

为了与在图 8.16 中急速淬火的 Pb－Bi 合金和经不同时效处理的实验结果比较，Campbell 等调整(8.6.3)式中的常数使理论算出的磁化曲线最大值与实验值相同，从而定出常数，再由(8.6.3)式计算 $M(H_a)$ 的理论曲线。图 8.16 中给出理论结果和实验结果比较。从图中我们可以看到低磁场符合得较好，因在高磁场下涡旋线密度高，钉扎力反比于磁感应强度的假设大概是不适用的，所以在高磁场区理论与实验偏离大。

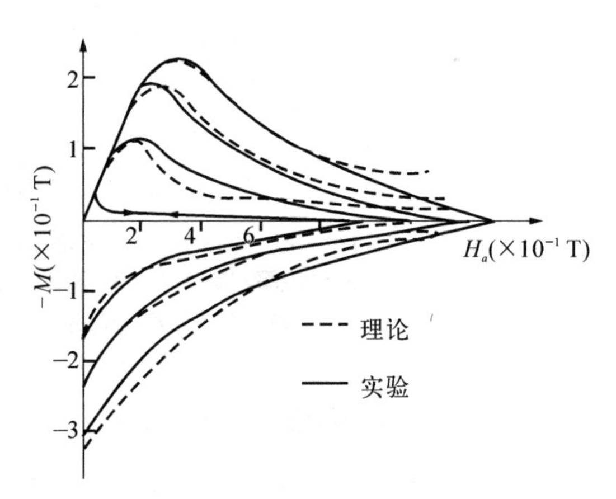

图 8.16　对不同时效处理的急速淬火 Pb－Bi 合金，磁化曲线的实验结果与 Campbell 等理论结果比较(作为理论计算基础而假设的可逆曲线是用双箭头指出的曲线)

8.7 有限温度下的磁通蠕动 临界态

8.7.1 实验现象

在前面所讲的超导圆筒冻结磁通实验中，Kim 等观测到持续电流的衰减。当固定 H_a，实验发现筒内的磁场 H' 随时间呈对数变化，图 8.17 给出这个测量结果。虽然这种衰减相当缓慢，以致实际上可以忽略，但它却反映了一个内在的物理机制。

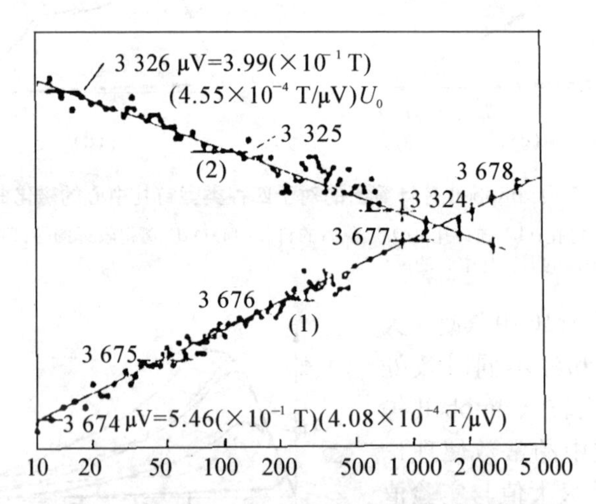

图 8.17 在 3Nb - Zr 筒中感应起的"持续"电流的衰减率用数字电位计读出 H' 探针的输出

(1) 磁化曲线屏蔽部分的点；(2) 俘获部分

8.7.2 Anderson 磁通蠕动理论①

由临界态概念给出只要一个涡旋线所受到的 Lorentz 力小于钉扎力，涡旋线就不能运动。这个概念实际上只有在 $T=0$ K 下才正确，在 $T\neq 0$ K 时必然存在

① P. W. Anderson, *Phys. Rev. Lett.*, **9**(1962), 309.

热激活，使得涡旋线即使在 $F_L<F_p$ 情况下也可以发生缓慢运动，通常称它为磁通蠕动。

这个情况可以用图8.18来说明。图8.18中的(a)是磁通涡旋线的周期结构，(b)在钉扎中心可以形成磁通束，(c)钉扎中心处对于磁通线运动来说可以看成一个位谷，设位垒的平均高度为 U_0，磁通涡旋线要运动就必须克服这个位垒。当在垂直于外磁场方向通过一个电流 j 时，磁通束将受到Lorenz力作用，其结果引起位垒结构的倾斜，见图8.18中(d)，此时的有效势将为

$$U_0-F_L\cdot X\cdot \mathscr{V} \quad (8.7.1)$$

式中 X 是磁通束所处的位谷的平均距离，即势阱宽度，$\mathscr{V}$ 是磁通束所占的体积，F_L 是单位体积内的电磁力。

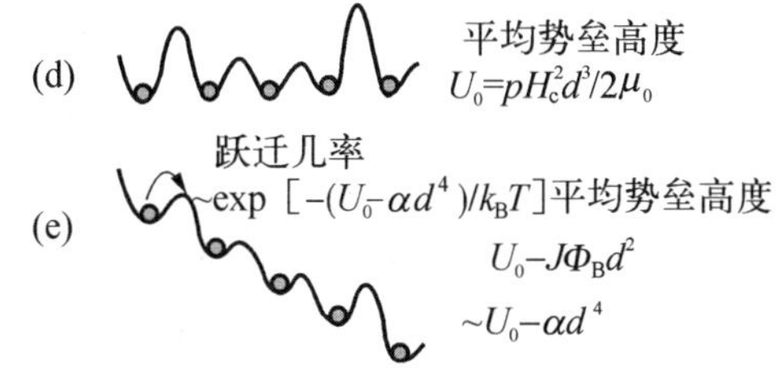

图8.18 磁通蠕动模型

我们考虑上述位于平均高度为 $U_0-F_LX\mathscr{V}$、宽度为 X 的势阱中的磁通束，当 $T=0$ K时，在小于 F_p 的外力作用下，它不能穿过势垒。而当 $T\neq0$ K时则不同，由于热涨落，它仍有一定的几率越过钉扎势垒而跳到邻近的位阱中去，即从一个钉扎中心迁移到另一个钉扎中心，这种跳跃是无规运动，所以用蠕动这个名词。磁通蠕动的速率(磁通线每秒从一个钉扎中心跳跃到相邻钉扎中心的次数) v 等于

$$v=v_0\mathrm{e}^{-(U_0\mp F_LX\mathscr{V})/k_BT} \quad (8.7.2)$$

式中 v_0 是常数，从(8.7.2)式我们可以看到当 $F_L=0$，$U_0\gg k_BT$ 时，磁通越过位垒的几率远小于1。只有在 F_L 接近 F_p 时，上述几率才有较大的值。从图8.6给出只有在涡旋线的分布不均匀时才有Lorentz力 F_L，F_L 的方向总是指向磁通密度减小的方向，所以磁通束顺着 F_L 方向运动时，激活能 $U_0\mp F_LX\mathscr{V}$ 取负，反之取正。显然磁通束顺着 F_L 方向越过位垒的几率比反方向运动大得多。

我们知道，当 $T=0$ K时，处于临界态的非理想第Ⅱ类超导体中的磁通线分布是不随时间发生变化的，在这个意义下，临界态在 $T>0$ K下是不可能存在的，因为磁通线总是以一定的几率进行蠕动的。当 $T>0$ K时，我们把满足如下条件的

状态叫临界态：

(a) 在超导体内各处都有 $v \ll 1$；

(b) 在紧邻穿透层的区域内，有满足方程 $B(0)=B_r(H_a)$。

我们注意到 v 随因子 $-\frac{1}{k_B T}(U_0 - F_L X \mathscr{V}) = -\frac{\mathscr{V}}{k_B T}(F_p - F_L)X$ 增加而指数衰减，所以要满足 $v \ll 1$ 的条件，只要 F_p 比 F_L 稍大就行了，从定量上看，$v \ll 1$ 的条件可以用

$$F_p \approx F_L$$

来代替。因此在忽略非常慢的磁通蠕动的近似下，Bean 模型对 $T>0$ K 仍然适用。

从上述讨论我们看到由于 F_L 取决于涡旋线的梯度，而磁通蠕动使磁通涡旋线的梯度减小，以致 F_L 随时间而减小。因为 F_L 是在指数中，所以 v 随时间增加急剧变小，假如我们实验测得的下限是 v_0，也就是 v_0 是平衡态时的值，那么这时的状态应是临界态。设(8.7.2)式中磁通线束所占的体积为 $\mathscr{V}=d^3$，则 $F_L X \mathscr{V} = j\Phi_B d^2$，$\Phi_B$ 是磁通束中的总磁通量，则(8.7.2)式可写为

$$v = v_0 e^{-(U_0 - j\Phi_B d^2)/k_B T} \tag{8.7.3}$$

在临界态时，对(8.7.3)式取对数得

$$j_c B = \frac{U_0}{d^4}\left(1 - \frac{k_B T}{U_0}\ln\frac{v_c}{v_0}\right) \tag{8.7.4}$$

在温度一定时，等式右面是一个常数，令为 α，则可得到

$$j_c = \frac{\alpha}{B} \tag{8.7.5}$$

加入一个修正项 B_0，则 $B \to 0$ 时不会有 $j_c \to \infty$，则

$$j_c = \frac{\alpha}{B + B_0} \tag{8.7.6}$$

这就得到上面实验所必须作的假设。

现在我们用磁通蠕动解释 Kim 等实验。

假设 $H_a > H'$，磁通蠕动将导致磁通束向筒内移动。我们知道 v 是一个磁通束跃迁一个位垒的速率，所以磁通束移动的速率将是 v 乘以磁通束数除以壁厚中的垒数。

$$\text{磁通束数} \approx 2\pi a w B/\Phi_B, \quad \Phi_B = Bd^2 = \mu_0 H^* d^2 = \frac{\mu_0}{2}(H_a + H')d^2$$

壁中垒数为 cw/d，c 是有效垒数的参数，因此蠕动速率的方程是

$$(H^*)^{-1}\frac{\mathrm{d}}{\mathrm{d}t}(H_a - H') = -\frac{\pi a}{cd}v_0\mathrm{e}^{-(U_0 - j\Phi_B d^2)/k_B T} \tag{8.7.7}$$

令

$$K_1 = \frac{\pi a v_0}{cd}\mathrm{e}^{-U_0/k_B T} \tag{8.7.8}$$

$$\alpha(t) = j(t)[B(t) + B_0] \tag{8.7.9}$$

则$\frac{\mathrm{d}}{\mathrm{d}t}|H_a - H'| = \left|\frac{\mathrm{d}H'}{\mathrm{d}\alpha}\right|\frac{\mathrm{d}\alpha}{\mathrm{d}t}$，再用(8.7.8)式，则(8.7.7)式为

$$\frac{\mathrm{d}\alpha}{\mathrm{d}t} = -H^*\left|\frac{\mathrm{d}\alpha}{\mathrm{d}H'}\right|K_1\mathrm{e}^{\alpha d^4/k_B T} \tag{8.7.10}$$

积分得

$$H^*\left|\frac{\mathrm{d}\alpha}{\mathrm{d}H'}\right|K_1\frac{k_B T}{d^4}(\mathrm{e}^{-\alpha(0)d^4/k_B T} - \mathrm{e}^{-\alpha(t)d^4/k_B T}) = t$$

则

$$\ln\left[H^*\left|\frac{\mathrm{d}\alpha}{\mathrm{d}H'}\right|K_1\frac{k_B T}{d^4}\mathrm{e}^{-\alpha(0)d^4/k_B T}\right] + \ln(1 - \mathrm{e}^{\delta\alpha d^4/k_B T}) = \ln t$$

式中 $\delta\alpha = \alpha(0) - \alpha(t)$，由于 α 的变化是很小的，故

$$\delta\alpha \approx \mathrm{const} - \left(\frac{k_B T}{d^4}\right)\ln t, \quad \delta H' = \left(\frac{\mathrm{d}H'}{\mathrm{d}\alpha}\right)\frac{k_B T}{d^4}\ln t \tag{8.7.11}$$

这正是 Kim 等实验上测得的规律。

8.7.3　高温超导热激活模型新论

(1) 高温超导体中磁通动力学的新现象

Anderson 建立的磁通蠕动理论给出 $\delta H' \propto \ln t$ 的线性关系。这个理论在超导物理中支配了二十余年。

但在高温超导发现不久，至少有四个实验现象不能为 Anderson 模型解释：实验上，$M \sim \ln t$ 偏离线性规律；$V \sim I$（或 $E \sim j$）在不同温度下的曲线上出现正、负曲率，见图 8.19；关于 $\rho(j \to 0)$ 是趋向于零还是趋向有限值的争论；$S = \frac{\mathrm{d}M}{\mathrm{d}\ln t/t} \sim T$ 关系的峰值。

图 8.19 给出 Koch 等[①]得到在不同温度 T 下的 $I \sim V$ 曲线，指出在 $T > T_M$，$\ln E \sim \ln j$ 关系出现正曲率，$T < T_M$ 为负曲率，$T = T_M$ 为一条直线，Fisher[②] 指出这是玻璃态的特征，他把 $T < T_M$ 区称为涡旋玻璃态。

---

① R. H. Koch, V. Foglietti, and M. P. A. Fisher, *Phys. Rev. Lett.*, **64**(1990), 2586.

② M. P. A. Fisher, *Phys. Rev. Lett.*, **62**(1989), 1415.

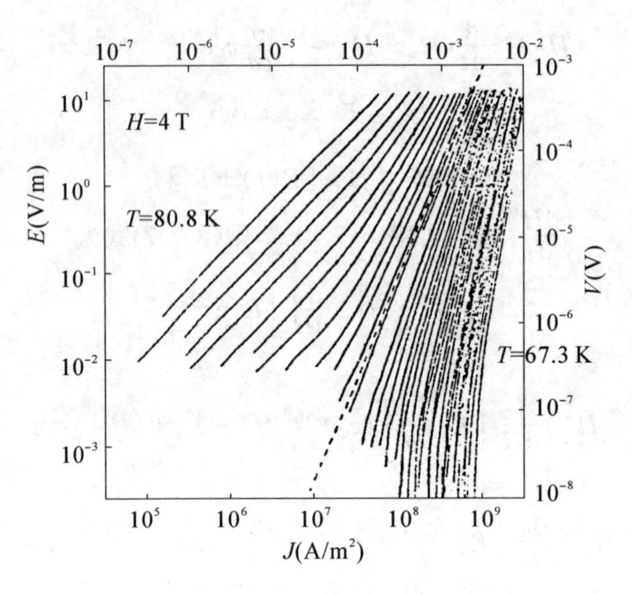

图 8.19　在 $SrTiO_3$(OCI)衬底上的 $YBa_2Cu_3O_{7-\delta}$ 薄膜在不同温度下的 $I \sim V$ 曲线

(2) 各种新模型

Griessen 等①和 van de Beek 等②用 Kim - Anderson 模型给出钉扎势 U 与电流密度 j、电场 E 与 j、$M \sim t$ 的关系。

由(8.7.3)式，当某一时刻 t 加磁场时，$v = v_0$，则(8.7.3)式中 $U_0 - j_c \Phi_B d^4 = 0$，此时 j_c 为位垒中没有磁通的最大电流，$\Phi_B d^4 = U_0 / j_c$，则

$$U = U_0\left(1 - \frac{j}{j_c}\right) \tag{8.7.12}$$

$$E \propto \exp\left[-U_0\left(1 - \frac{j}{j_c}\right)\Big/ k_B T\right] \tag{8.7.13}$$

$$M \propto \begin{cases} 1 - \dfrac{k_B T}{U_0}\ln\left(1 + \dfrac{t}{t_0}\right), & t_0 < t < t^* \\ \exp\left(-\dfrac{t}{t_0}\right), & t > t^* \\ t, & t < t_0 \end{cases} \tag{8.7.14}$$

---

① R. Griessen, J. G. Lensink, T. A. M. Schroder and B. Dam, *Cryogenics*, **30**(1990), 563.

② C. J. van de Beek, G. J. Nieuwenhuys and P. H. Kes, *Physica C*, **197**(1992), 320.

式中 $t_0=1/v_0$ 是磁场 H_a 加到超导体上的时刻，$t^*=t_0[\exp(U_0/k_B T)-1]$，$j_c$ 被 Kim - Anderson 定义为 $j_c=\alpha_c/|B(r)|+B_0$，α_c 是最大钉扎力。但理论仍给出 $M\propto\ln t$ 为线性关系，并解释不了在高温超导体中 $\ln E(j)\sim\ln j$ 正、负曲率的实验现象。

为了研究高温超导磁通动力学问题，人们提出了各种模型。

Fisher①② 提出的涡旋玻璃态模型和 Feigel'man 等将③④⑤ Larkin 等提出的集体钉扎理论引入到高温超导体中给出

$$U=U_0\left[\left(\frac{j_c}{j}\right)^{\mu}-1\right] \tag{8.7.15}$$

$$E\propto\exp(-A/j^{\mu}) \tag{8.7.16}$$

$$M\propto\left[1+\frac{k_B T}{U_0}\ln\left(\frac{t}{t_0}\right)\right]^{-\frac{1}{\mu}} \tag{8.7.17}$$

在涡旋玻璃态模型中 $\mu\leqslant1$；对集体钉扎模型 $\mu=\frac{1}{7},\frac{3}{2},\frac{7}{9},\frac{1}{2}$。

Zeldov 等⑥由不同 j 的 $\rho\sim T$ 实验结果给出 $U(j)$ 对 j 的对数关系：

$$U=U_0\ln\left(\frac{j_c}{j}\right) \tag{8.7.18}$$

由此得到

$$E\propto\left(\frac{j_c}{j}\right)^{-\frac{U_0}{k_B T}} \tag{8.7.19}$$

$$M\propto\left(1+\frac{t}{t_0}\right)^{\frac{-k_B T}{U_0}} \tag{8.7.20}$$

Hagen 和 Griessen⑦ 修正了 Kim - Anderson 热激活模型，在热激活模型中加进了激活能发布函数 $m(U^*)$，并在 Anderson 理论中加进磁通流动，给出

$$U(T,B)=U^*b(T)[1-B/B_{c2}(T)] \tag{8.7.21}$$

---

① M. P. A. Fisher, *Phys. Rev. Lett.*, **62**(1989), 1415.

② M. P. A. Fisher, D. S. Fisher and D. A. Huse, *Physica B*, **169**(1991), 85.

③ M. V. Feigel'man, V. B. Geshkenbein, A. I. Larkin and V. M. Vinokur, *Phys. Rev. Lett.*, **63**(1989), 2303.

④ M. V. Feigel'man, V. B. Geshkenbein, and V. M. Vinokur, *Phys. Rev. B*, **43**(1991), 6263.

⑤ Thomas Natterman, *Phys. Rev. Lett.*, **64**(1990), 2454.

⑥ E. Zeldov, N. M. Amer, G. Koren, A. Gupta, P. J. Garmbino and M. W. McElfresh, *Phys. Rev. Lett.*, **62**(1989), 3093.

⑦ C. W. Hagen and R. Griessen, *Phys. Rev. Lett.*, **62**(1989), 2857.

$$E=\left\{S\exp\left(\frac{U}{k_B T}\right)\left[\sinh\left(\frac{Aj}{k_B T}\right)^{-1}+\frac{B_{c2}}{Bj\rho_n}\right]\right\}^{-1} \tag{8.7.22}$$

$$M(t,T,B)=M_0\frac{b(T,B)}{a(T,B)}\int_{U_0^*}^{\infty}m(U^*)\left[1-\frac{k_B T}{U^* b(T,B)}\cdot\ln\left(1+\frac{t}{t_0}\right)\right]dU^* \tag{8.7.23}$$

尹道乐等①提出激活过程中要受到阻尼作用,他们将 Anderson 方程写为

$$E(j)=2V_0B\exp[U_0/k_BT]\exp[-W_{VS}/k_BT]\sinh[W_L/k_BT] \tag{8.7.24}$$

式中 W_L 为 Lorentz 力的功,W_{VS}是热激活运动中的粘滞耗散。

这些模型的理论结果都能给出 $E\sim j$,$M\sim t$ 关系的实验拟合。但诸模型都不完善:对玻璃态和集体钉扎模型,(8.7.15)式到(8.7.17)式中的 μ 理论要求 μ 要小于 1.5,然而实验给出的 μ 可以大于 1.5,甚至到 2,当 $T=T_M$ 时,玻璃态理论给出 $\ln E\sim\ln j$ 应是直线,但这与实验②不符合,见图 8.20;$U(j)$对数关系模型的 $E(j)\sim j$ 的关系,由(8.7.19)式给出,$\ln E\propto(U_0/k_BT)\ln(j/j_c)$无曲率;Hagen 和 Griessen 的激活能分布函数 $m(U^*)$尚未被人们接受。更重要的是,这些模型都不能给出实验上发现的在给定温度下 $\ln E\sim\ln j$ 存在正、负曲率的现象③,尹的模型虽然讨论到此问题,但公式(8.7.14)也还不能给出在给定温度下的正、负曲率表示式。

(3) 新论

我们注意到在 Anderson 理论中,理论处理上只考虑涡旋磁通线的正向跃迁,即从高势能向低势能的跃迁,而不考虑反向跃迁,即从低势能向高势能的跃迁。这对常规超导体是完全正确的,因为钉扎势高,反向跃迁几率可以忽略,这就是 Anderson 理论处理的根据。但在高温超导体中则不行,因为常规超导体的钉扎势 U_0 比高温超导体要高一个量级,因此在高温超导体中这个反向跃迁是不能忽略的。

① 高温超导体中热激活的特殊行为

Anderson 热激活模型中,跃迁速率 $v=v_+-v_-$为

$$v=2v_0\exp(-U_0/k_BT)\sinh(j\bar{B}Vx/k_BT) \tag{8.7.25}$$

式中 $V=d^3$,$x=c^{-1}d$,d 为磁通线占据的空间尺度,c 为有效势垒参数,v_+、v_-分别为正、反向跃迁速率。

---

① D. Yin, W. Schauer, V. Windte, H. Kupfer, S. Zhang, J. Chen, Z. *Phys. B*, **94**(1994), 249.

② W. Jiang, N. C. Yeh, D. S. Reed, U. Kriplani, T. A. Tombrello, A. P. Rice and F. Holtzberg, *Phys. Rev. B*, **47**(1993-Ⅰ), 8308.

③ W. Jiang, N. C. Yeh, D. S. Reed, U. Kriplani, T. A. Tombrello, A. P. Rice and F. Holtzberg, *Phys. Rev. B*, **47**(1993-Ⅰ), 8308.

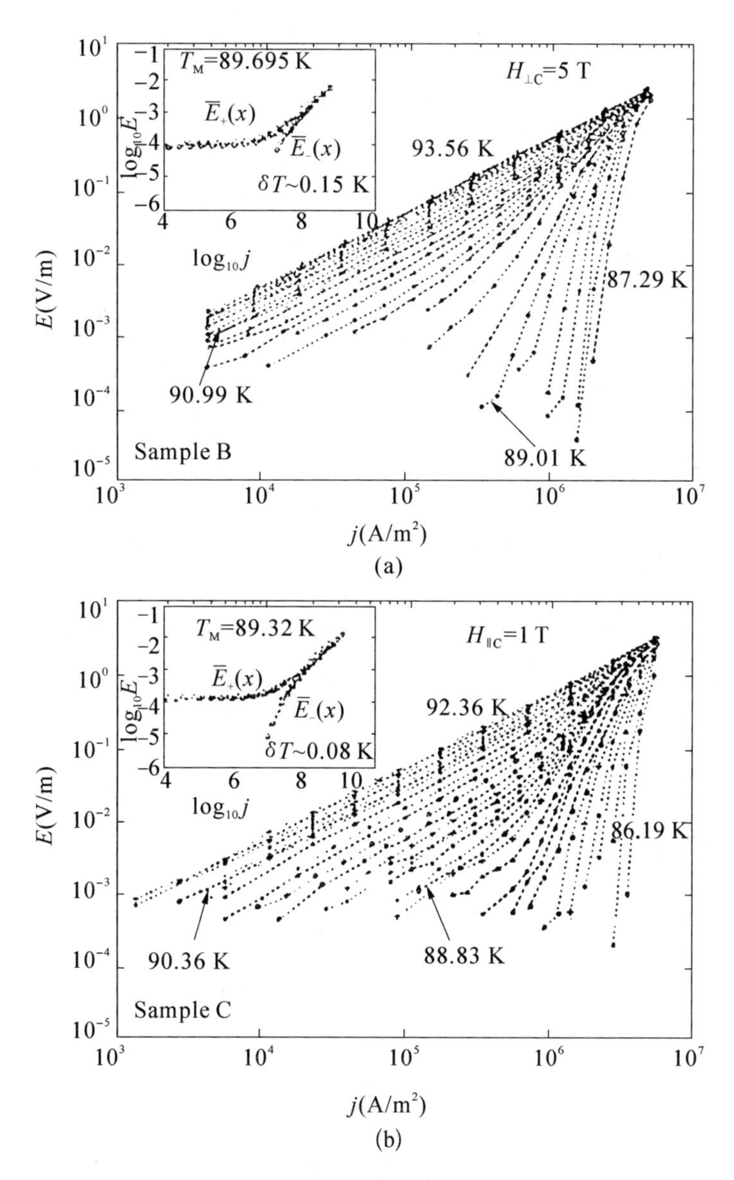

图 8.20 YBCO 单晶的 I-V 曲线

设某一 t_0 时刻加外磁场 H_a，此时超导体内各个钉扎势中尚没有磁通进入，因此 t_0 时刻只有 v_+，而无 v_-，此时要求(8.7.25)中 $v=v_0$，则(8.7.25)式中 j 定义为 j_c，有

$$-\frac{U_0}{k_B T}+\frac{j_c \overline{B} d^4}{c k_B T}=0,\quad 即\frac{\overline{B} d^4}{c}=\frac{U_0}{j_c} \tag{8.7.26}$$

(8.7.26)式代入(8.7.25)式,并令 $U=U_0\left(1-\frac{j}{j_c}\right)$,则

$$\frac{v}{v_0}=\exp\left(-\frac{U}{k_B T}\right)-\exp\left(-\frac{1+j/j_c}{1-j/j_c}\frac{U}{k_B T}\right) \tag{8.7.27}$$

在 Anderson 处理中,忽略了(8.7.27)式中第二项,即

$$v/v_0=\exp(-U/k_B T) \tag{8.7.28}$$

图 8.21 给出在 $j/j_c=0.1$ 情况下,由(8.7.27)式和(8.7.28)式给出的 $v/v_0\sim U/k_B T$ 关系,分别记为曲线 a 和 b,当 $U/k_B T$ 大时两条曲线重合,当 $U/k_B T$ 小时曲线差别很大,随着 $U/k_B T$ 的减小,曲线 b 越来越低于曲线 a,这说明反向跃迁越来越大,致使净跃迁速率减小,这个结果指出在高温超导体中反向跃迁不能忽略,这也是高温超导磁通动力学特殊行为的根源。

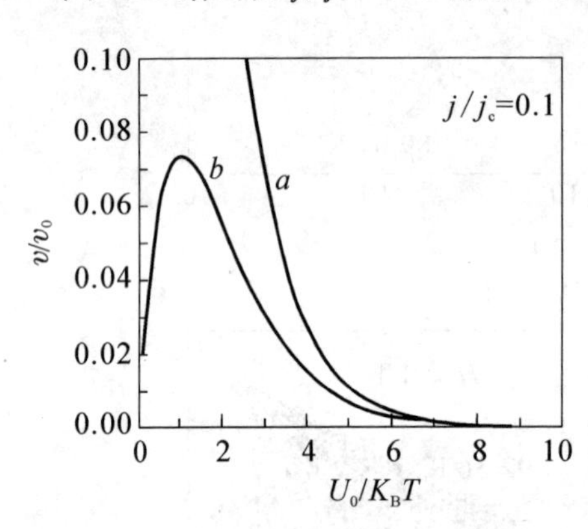

图 8.21　跃迁速率与有效势之间的关系

图 8.21 中曲线 a 只有当$U/k_B T>1$时才是有效的。

② 激活模型的新解

(a) j(或 M)$\sim\ln t$ 关系

由(8.7.27)式 $v/v_0=t_0/t$ 可得出$j\sim\ln t$ 关系。为了给出 $j\sim\ln t$ 的显式,我们将(8.7.26)式代入(8.7.25)式中的 v_+ 部分:

$$\frac{v_+}{v_0}=\exp\left[-U_0\left(1-\frac{j}{j_c}\right)\Big/k_B T\right] \tag{8.7.29}$$

则

$$\frac{j}{j_c}=1+\frac{\ln(v_+/v_0)}{U_0/k_B T} \tag{8.7.30}$$

将(8.7.30)式代入(8.7.25)式中的 v_- 部分,得

$$\frac{v_-}{v_0}=\exp\left[(-U_0/k_B T)\left(2+\frac{k_B T}{U_0}\ln\frac{v_+}{v_0}\right)\right]$$

即

$$\ln(v_+ v_-/v_0^2)=-2U_0/k_B T$$

$$v_-=\frac{v_0^2}{v_+}\exp(-2U_0/k_B T) \tag{8.7.31}$$

由 $$1/t = v = v_{+} - v_{-} \tag{8.7.32}$$

将(8.7.31)式代入(8.7.32)式得

$$\frac{1}{t} = v_{+}\left[1 - \frac{v_0^2}{v_{+}^2}\exp(-2U_0/k_{\mathrm{B}}T)\right]$$

则 $$v_{+}^2 - \frac{v_{+}}{t} - v_0^2\exp(-2U_0/k_{\mathrm{B}}T) = 0 \tag{8.7.33}$$

令 $v_0 = 1/t_0$，解(8.7.33)式代数方程得

$$\frac{v_{+}}{v_0} = \frac{1}{2}\left\{\frac{t}{t_0} + \left[\left(\frac{t_0}{t}\right)^2 + 4\exp\left(\frac{-2U_0}{k_{\mathrm{B}}T}\right)^{1/2}\right]\right\} \tag{8.7.34}$$

(8.7.34)式代入(8.7.30)式得

$$\frac{j}{j_{\mathrm{c}}} = 1 - \frac{k_{\mathrm{B}}T}{U_0}\ln\left(\frac{t}{t_0}\right) + \frac{k_{\mathrm{B}}T}{U_0}\ln\frac{1}{2}\left\{1 + \left[1 + 4\left(\frac{t}{t_0}\right)^2\exp\left(-\frac{2U_0}{k_{\mathrm{B}}T}\right)\right]^{1/2}\right\} \tag{8.7.35}$$

(b) $E(j)\sim j$ 关系

考虑 H_a 沿着中空圆筒的轴向，筒的壁厚为 w。

由 $$E(j) = 2V_0\exp(-2U_0/k_{\mathrm{B}}T)\sinh(j\bar{B}d^4/ck_{\mathrm{B}}T) \tag{8.7.36}$$

由 Maxwell 方程

$$\mu_0 j = -\frac{\mathrm{d}B}{\mathrm{d}x} \quad \begin{cases} x = 0, B = B_a \\ x = w, B = B' \end{cases} \tag{8.7.37}$$

$$\int_0^w \mu_0 j\mathrm{d}x = -\int_{B_a}^{B'}\mathrm{d}B \tag{8.7.38}$$

$$B' = B_a - \mu_0 jw \tag{8.7.39}$$

平均的磁感应强度 $\bar{B}$ 近似为 $\bar{B} = \frac{1}{2}(B_a + B') = B_a - \frac{1}{2}\mu_0 jw$，代入(8.7.36)式

$$E(j) = V_0\exp(-U_0/k_{\mathrm{B}}T)\exp\left[j(B_a - \frac{1}{2}\mu_0 jw)d^4/ck_{\mathrm{B}}T\right]$$
$$\cdot\left\{1 - \exp\left[-2j(B_a - \frac{1}{2}\mu_0 jw)d^4/ck_{\mathrm{B}}T\right]\right\} \tag{8.7.39}$$

由(8.7.38)式，令 $B' = 0$，则 $j_{\mathrm{B}} = B_a/\mu_0 w$ 为完全屏蔽中空超导圆柱空间磁场的电流。再令 $C_1^2 = j_{\mathrm{B}}^2\mu_0 wd^4/2ck_{\mathrm{B}}T$，则(8.7.39)式为

$$E(j) = V_0\exp(-U_0/k_{\mathrm{B}}T + C_1^2)\exp[-C_1^2(1 - j/j_{\mathrm{B}})^2]$$
$$\cdot\{1 - \exp[2C_1^2(1 - j/j_{\mathrm{B}})^2 - 2C_1^2]\} \tag{8.7.40}$$

③ 新解的结果

由(8.7.35)式算出对 $T = 75$ K 下不同 U_0 的 $j\sim\ln t$ 关系（见图 8.22）；由

(8.7.40)式计算出在不同温度下的 $E(j)\sim j$ 关系(见图 8.23)。

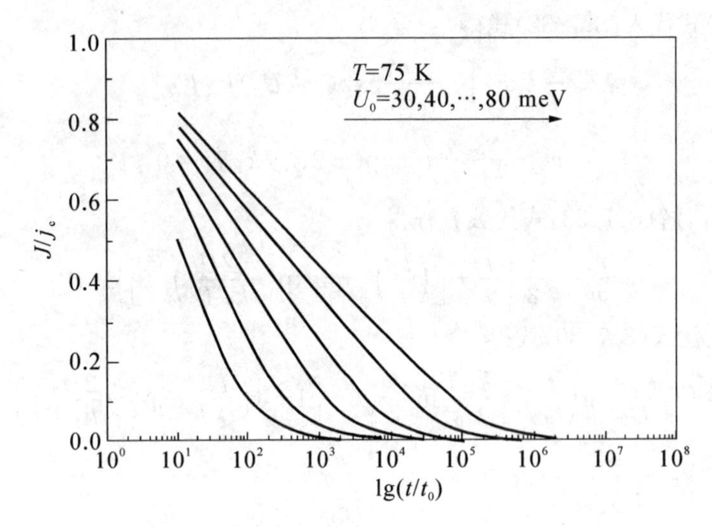

图 8.22　高温超导体的磁矩 M(或电流密度 j)与时间 t 的关系($T=75$ K)

(a) j(或 M)$\sim\ln t$ 关系

方程(8.7.35)给出 j(或 M)$\sim\ln t$ 的非线性关系。当 U_0 大时,$\exp(-2U_0/k_BT)$ 迅速减小,以致可忽略方程(8.7.35)右边的第三项,则

$$\frac{j}{j_c}=1-\frac{k_BT}{U_0}\ln\left(\frac{t}{t_0}\right) \tag{8.7.41}$$

这正是 Anderson 的结果。

从图 8.22 给出的不同 U_0 的 $j\sim\ln t$ 关系,可与实验很好拟合。U_0 大时接近直线,随 U_0 减小偏离线性越大。事实上,U_0 大时,只要时间足够长,$j\sim\ln t$ 照样偏离线性。

Griessen 将公式(8.7.14)的 $M\sim t$ 关系分作三段讨论,其原因是(8.7.14)式中的 $M\propto\lim\limits_{t\to\infty}\left[1-(k_BT/U_0)\ln\left(1+\frac{t}{t_0}\right)\right]<0$ 是不符合实验结果的。对 Hagen 和 Griessen 修正的热激活模型的公式(8.7.23),同样有不合理的结果。

本工作的(8.7.35)式给出 $t\to\infty$,$M\to0$。

从物理上看这是很合理的,不论 U_0 大小为何,只要是有限值,热激活总要出现磁通跃迁,跃迁速率取决于在超导壁中磁感应强度的梯度,随着时间增长,进入到中空圆柱空间的磁场 H' 越大,则超导壁中磁感应强度的梯度 $B_a-\mu_0H'$ 越小,产生净跃迁的驱动力越小，由于 $B_a-\mu_0 H'$ 不是随 t 线性减小，因此 $j\sim\ln t$ 是一个非线性关系。如果时间趋于无穷，则 $B'=B_a$，正、反向跃迁相等，j（或 M）将趋于零。

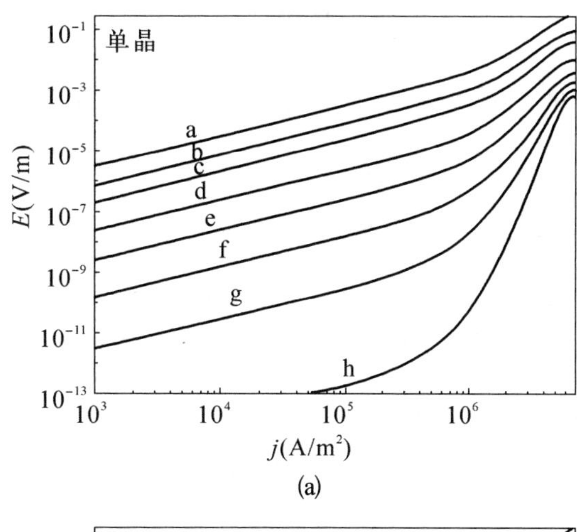

(a)

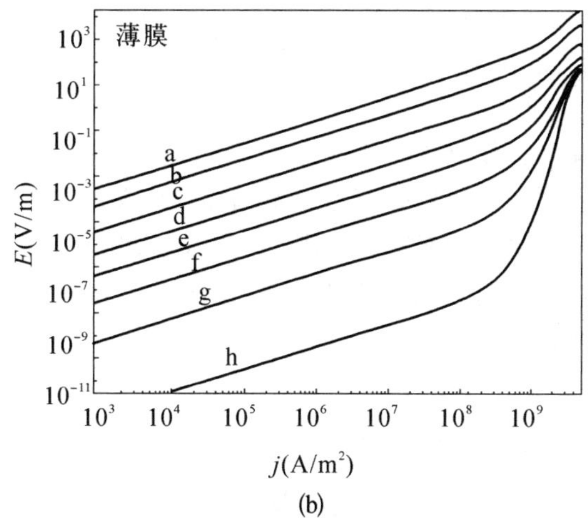

(b)

图 8.23　$E\sim j$ 关系的理论曲线

(a) $w=20\ \mu$m（单晶）的 $E\sim j$ 曲线：($c=1\times10^{-9}$, $j_B=7\times10^6$ A/m²)；(b) $w=0.3\ \mu$m（薄膜）的 $E\sim j$ 曲线：($c=7\times10^{-6}$, $j_B=5\times10^9$ A/m²)

(b) $j\to0$ 时 $E(j)$ 和电阻率 ρ 的行为

从(8.7.40)式得到

$$\lim_{j\to0}E(j)=\lim_{j\to0}V_0\exp(-U_0/k_BT+C_1^2)\exp[-C_1^2(1-j/j_B)^2]$$
$$\cdot\{1-\exp[2C_1^2(1-j/j_B)^2-2C_1^2]\}\to0 \qquad (8.7.42)$$

(8.7.42)式严格地给出 $j\to0,E\to0$。

当 $j\ll j_B$ 时,(8.7.40)式中

$$\left(1-\frac{j}{j_B}\right)^2\approx1-\frac{2j}{j_B} \tag{8.7.43}$$

将(8.7.43)式代入(8.7.40)式,取对数

$$\ln E(j)\approx\ln V_0-\frac{U_0}{k_BT}+\frac{2C_1^2}{j_B}+\frac{2C_1^2}{j_B}\ln j \tag{8.7.44}$$

(8.7.44)式给出 $\ln E(j)\sim\ln j$ 的线性关系。

定义:

$$\rho\equiv\frac{dV}{dI}\propto\lim_{j\to0}\frac{E(j)}{j} \tag{8.7.45}$$

将(8.7.40)式代入(8.7.45)式得

$$\rho=\frac{4V_0C_1^2}{j_B}\exp(-U_0/k_BT) \tag{8.7.46}$$

(8.7.44)式得到的 $E(j)\sim j$ 关系(见图8.23)与实验给出的 j 小的 $E(j)\sim j$ 关系都是线性的(见图8.24中插图),同时也说明 ρ 是有限值,(8.7.46)式的结果给出 $\rho(j\to0)$ 趋向有限值。

磁通玻璃态、集体钉扎、$U(j)$ 对数关系模型以及不考虑反跃迁的经典蠕动理论均不能解释 $j\to0$ 时的 $E(j)\sim j$ 线性关系的实验结果。

对经典蠕动理论,由于忽略反跃迁,则(8.7.40)式变为

$$E(j)=V_0\exp(-U_0/k_BT+C_1^2)\exp[-C_1^2(1-j/j_B)^2] \tag{8.7.47}$$

当 $j\to0$ 时,(8.7.47)式给出 $E(j)=$ 常量。即

$$E(j)=V_0\exp(-U_0/k_BT) \tag{8.7.48}$$

将(8.7.48)式代入(8.7.45)式得

$$\rho\equiv\lim_{j\to0}\frac{E(j)}{j}\to\infty \tag{8.7.49}$$

这显然与实验不符,也说明反跃迁是不可忽略的。

对磁通玻璃态和集体钉扎模型,由方程(8.7.16)得

$$\rho\equiv\lim_{j\to0}\frac{E(j)}{j}\propto\lim_{j\to0}\frac{\exp(-A/j^\mu)}{j}\xrightarrow{0<\mu\leqslant1}0 \tag{8.7.50}$$

值得指出的是,只有本理论是符合实验结果的。所谓的磁通玻璃态及其预言的 $\rho(j\to0)\to0$ 是与实验结果矛盾的,显然磁通玻璃态理论不能描写小 j 情况下的 $E(j)\sim j$ 关系。最近,Charalambous 等列举了薄膜、单晶的实验结果(见图8.24

中的插图)与我们理论(图 8.24)是一致的。

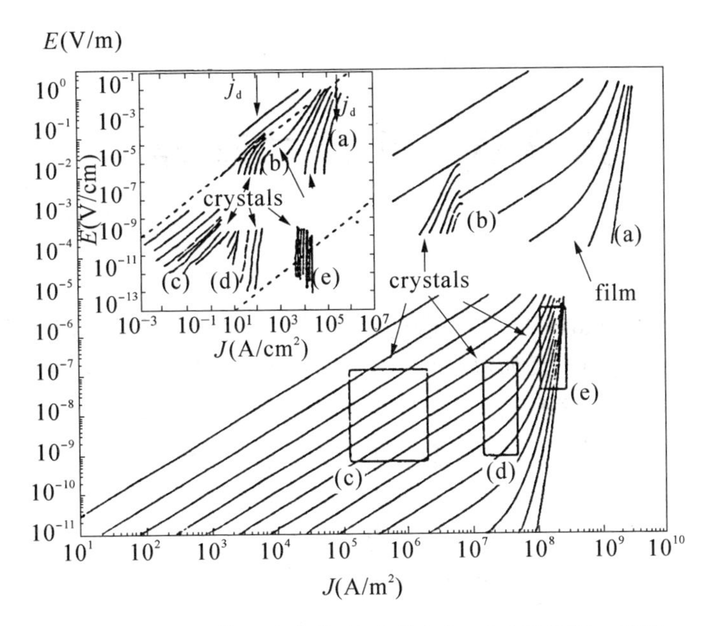

图 8.24　$E\sim j$ 的理论曲线,图中的(a)～(e)和插图中实验结果①一一对应

理论曲线参数:$U_0\approx38.8$ meV,$T_c=91$ K,(a) $c=7\times10^{-6}$,$j_B=5\times10^9$ A/m²,$w=0.3$ μm;(b) $c=1\times10^{-9}$,$j_B=9\times10^6$ A/m²,$w=20$ μm;(c)～(e) $c=7\times10^{-6}$,$j_B=8\times10^8$ A/m²,$w=20$ μm

(c) 关于正负曲率

因为

$$\frac{\partial^2 \ln E(j)}{\partial(\ln j/j_B)^2}=\frac{j}{j_B}\frac{\partial}{\partial(j/j_B)}\left[\frac{j}{j_B}\frac{\partial}{\partial(j/j_B)}\ln E(j)\right] \tag{8.7.51}$$

(8.7.51)式>0 为正曲率,<0 为负曲率,将(8.7.40)式代入(8.7.51)式,近似得

$$\begin{cases}2j<j_B & \text{为正曲率}\\ 2j>j_B & \text{为负曲率}\end{cases} \tag{8.7.52}$$

(8.7.52)式给出正、负曲率的判据。

① M. Choaralambous, R. H. Koch, T. Masselink, T. Doany, C. Feild and F. Holtzberg, *Phys. Rev. Lett.*, **75**(1995), 2578.

第9章　小尺寸超导体

在London、Pippard和GL方程建立后，我们不仅对超导体的电磁性质有了深入的了解，而且还得到一系列定量结果。但对小样品，由于不能忽略磁场对超导体的穿透深度λ，特别是当样品的尺寸可以和λ相比时，其一系列的电磁行为将不同于大块超导体。首先我们看到小样品的抗磁性大大地降低，这就必然要影响到其临界磁场；再则，在小样品中将不存在如Pippard指出的界面区，所以中间态失去其意义；如果样品的尺寸小于GL参量$\xi(T)$，那么在$H_a < H_{c2}$时，超导核的成核也将受到尺寸限制，显然小样品将不存在过冷问题，等等。

9.1　小样品中的磁场分布

我们知道在大尺寸的超导体中，其磁化强度$M = -H_a$是完全抗磁性的结果。然而，磁场总是对超导体有穿透的，因而真正抗磁的部分应是从超导体中减去这个被穿透部分之后的体积。如果超导体的尺度远小于磁场对超导体的穿透，则磁场将几乎完全穿透超导体，那么它的磁性显然与大块是不同的。

9.1.1　London理论的小样品的解

(1) 在平行表面的均匀磁场中的厚度为$2d$的平板

在3.4.1节中，(3.4.3)式已经给出在厚度为$2d$的超导板中磁场的分布为

$$H(x) = H_a \frac{\operatorname{ch}\dfrac{x}{\lambda_L}}{\operatorname{ch}\dfrac{d}{\lambda_L}} \tag{9.1.1}$$

(2) 在平行磁场中半径为 a 的圆柱

不难解出

$$H(r)=\frac{H_a \mathrm{J}_0\left(\frac{\mathrm{i}r}{\lambda_\mathrm{L}}\right)}{\mathrm{J}_0\left(\frac{\mathrm{i}a}{\lambda_\mathrm{L}}\right)} \tag{9.1.2}$$

J_n 是 Bessel 函数，$\mathrm{i}=\sqrt{-1}$。

(3) 在均匀磁场中半径为 R 的球

(3.4.10)式已经给出在超导球中磁场的分布

$$B_r=-\frac{2\mu_0 A\lambda_\mathrm{L}^2}{r^3}\left[\mathrm{sh}\left(\frac{r}{\lambda_\mathrm{L}}\right)-\frac{r}{\lambda_\mathrm{L}}\mathrm{ch}\left(\frac{r}{\lambda_\mathrm{L}}\right)\right]\cos\theta \tag{9.1.3a}$$

$$B_\theta=-\frac{\mu_0 A\lambda_\mathrm{L}^2}{r^3}\left[\left(1+\frac{r^2}{\lambda_\mathrm{L}^2}\right)\mathrm{sh}\left(\frac{r}{\lambda_\mathrm{L}}\right)-\frac{r}{\lambda_\mathrm{L}}\mathrm{ch}\left(\frac{r}{\lambda_\mathrm{L}}\right)\right]\sin\theta \tag{9.1.3b}$$

$$B_\varphi=0 \tag{9.1.3c}$$

式中

$$\mu_0 A=\frac{3}{2}\mu_0 H_a\frac{R}{\mathrm{sh}\left(\frac{R}{\lambda_\mathrm{L}}\right)}$$

9.1.2 $\kappa<1/\sqrt{2}$的超导薄膜 GL 方程的解[①]

由于 GL 方程比 London 方程要复杂得多，因此下面我们以薄膜为例，圆柱、球的解除了数学上的复杂外，不影响物理本质，所以我们就不去讨论它们了。

考虑一个在均匀外磁场 H_a 中的超导薄膜，磁场和膜面平行，超导膜的厚度为 $2d$，长和宽远大于膜厚，为了简单起见，假设都是无限大。把坐标原点取在膜的中点，x 和膜的表面垂直。y 轴和外磁场平行。设超导膜内一点(x,y,z)的磁场为 $H(x)$，显然它只依赖于 x，并平行于 y 轴，选取矢势 $\boldsymbol{A}$ 平行于 z 轴，并只是 x 的函数，$\mu_0 H(x)=-\mathrm{d}A(x)/\mathrm{d}x$，这样定义的矢势满足$\nabla\cdot\boldsymbol{A}=0$ 的规范，Ψ 也只依赖于 x，并可认为是实数。

由于薄膜在垂直膜面方向 Ψ 变化不大，故可认为$\nabla\Psi=\nabla\Psi^*=0$，GL 方程可简化为

$$-\frac{\hbar^2}{2m}\frac{\mathrm{d}^2\Psi(x)}{\mathrm{d}x^2}+\frac{e^2}{2m}A^2(x)\Psi(x)+\alpha\Psi(x)+\beta\Psi^3(x)=0 \tag{9.1.4}$$

---

① V. L. Ginzburg and L. D. Landau, *J. Exp. Theor. Phys.*, U.S.S.R., **20**(1950), 1064.

$$\frac{\mathrm{d}^2 A(x)}{\mathrm{d}x^2}=\frac{\mu_0 e^2}{2m}\Psi^2(x)A(x) \tag{9.1.5}$$

$\Psi(x)$应满足边界条件

$$\left.\frac{\mathrm{d}\Psi(x)}{\mathrm{d}x}\right|_{x=\pm d}=0 \tag{9.1.6a}$$

考虑到表面的磁场应等于外磁场 H_a，则 $A(x)$满足的边界条件是

$$-\left.\frac{\mathrm{d}A(x)}{\mathrm{d}x}\right|_{x=\pm d}=\mu_0 H_a \tag{9.1.6b}$$

由(9.1.4)式～(9.1.6)式可定出 $\Psi(x)$和 $A(x)$，但一般要数值求解。

对于 $d>\xi(T)$的超导膜，由上述方程得出的解和 London 理论解的数值相差甚小，所以我们关心的是 $d<\xi(T)$的解。

当 $d<\xi(T)$时，$\Psi(x)$近似和 x 无关，假设 $\Psi=q\Psi_0$，Ψ_0 是 $H_a=0$ 时有序参量在平衡态的值，它仅是 T 的函数，即

$$\Psi_0^2=-\frac{\alpha}{\beta_c}$$

q 是H_a 的函数，显然当 $H_a=0$ 时，$q=1$，当 $H_a\neq 0$ 时，$q<1$，将 $\Psi=q\Psi_0$ 代入(9.1.5)式，并令 $\lambda_0^2(T)=m/\mu_0 e^2\Psi_0^2$，则得到

$$\frac{\mathrm{d}^2 A(x)}{\mathrm{d}x^2}=\frac{1}{\lambda_0^2(T)}q^2 A(x) \tag{9.1.7}$$

应于边界条件(9.1.6b)式，很容易得到方程(9.1.7)的解为

$$A(x)=-\mu_0 H_a\frac{\lambda_0}{q}\frac{\mathrm{sh}\left(\frac{qx}{\lambda_0}\right)}{\mathrm{ch}\left(\frac{qd}{\lambda_0}\right)} \tag{9.1.8}$$

所以

$$H(x)=-\frac{1}{\mu_0}\frac{\mathrm{d}A(x)}{\mathrm{d}x}=H_a\frac{\mathrm{ch}\left(\frac{qx}{\lambda_0}\right)}{\mathrm{ch}\left(\frac{qd}{\lambda_0}\right)} \tag{9.1.9}$$

要最后得到 $H(x)$，必须确定 q，q 应由(9.1.4)式来定，把方程(9.1.4)两边对 x 积分，并用(9.1.6a)式的边界条件，得

$$\int_{-d}^{d}[\alpha\Psi(x)+\beta\Psi^3(x)]\mathrm{d}x=-\frac{\mu_0^2 e^2}{2m}\int_{-d}^{d}A^2(x)\Psi(x)\mathrm{d}x \tag{9.1.10}$$

把 $\Psi=q\Psi_0$ 和(9.1.8)式代入上式，积分得

$$4q^2(1-q^2)=\frac{H_a^2}{H_c^2(T)}\frac{1}{\mathrm{ch}^2\left[\frac{qd}{\lambda_0(T)}\right]}\left\{\frac{\lambda_0(T)}{2qd}\mathrm{sh}\left[\frac{2dq}{\lambda_0(T)}\right]-1\right\} \tag{9.1.11}$$

其中 $H_c^2 = \alpha^2/\mu_0\beta_c$。给定外磁场 H_a，由(9.1.11)式可定出 $q(T, H_a)$，再代入(9.1.8)式和(9.1.9)式，$A(x)$和 $H(x)$就完全确定了。

方程(9.1.11)一般只能数值求解，但在下面极限情况下可以得到解析解。

当 $d \ll \lambda_0(T)$时，$\eta = dq/\lambda_0(T)$是小量，$\operatorname{sh}\eta$ 和 $\operatorname{ch}\eta$ 可对 η 展开，(9.1.11)式给出

$$q^2 \approx 1 - \frac{1}{6}\frac{H_a^2}{H_c^2(T)}\frac{d^2}{\lambda_0^2(T)} + \cdots \tag{9.1.12}$$

9.1.3 $\kappa \gg 1$ 的高温超导膜 GL 方程的解

重写(5.2.14b)式

$$\frac{d^2\mathscr{A}}{dx'^2} = \mathscr{A} - \mathscr{A}^3 \tag{9.1.13}$$

将方程(9.1.13)乘以 $2\frac{d\mathscr{A}}{dx'}$，积分得

$$\left(\frac{d\mathscr{A}}{dx'}\right)^2 = \mathscr{A}^2\left(1 - \frac{\mathscr{A}^2}{2}\right) + C \tag{9.1.14}$$

设膜厚为 $2d$，x 轴垂直于膜面，膜中心在 $x=0$，外加磁场 H_a 平行于膜面沿 z 方向，矢势 $\boldsymbol{A}$ 为 y 方向，这时边界条件为

$$\left.\frac{d\mathscr{A}}{dx'}\right|_{x'=\pm d/\lambda_0} = h_a$$

$$\left.\frac{d\mathscr{A}}{dx'}\right|_{x'=0} = h_0\text{，即 } \mathscr{A}(0) = 0$$

令$\left.\frac{d\mathscr{A}}{dx'}\right|_{x'=0} = h_0$，$h_0$ 是膜中心的磁场，显然 h_0 只取决于 H_a。用边界条件 $\mathscr{A}(0) = 0$，则由(9.1.14)式得

$$C = \left(\left.\frac{d\mathscr{A}}{dx'}\right|_{x'=0}\right)^2 = h_0^2$$

将 C 代入(9.1.14)式得

$$\left(\frac{d\mathscr{A}}{dx'}\right)^2 = \mathscr{A}^2\left(1 - \frac{\mathscr{A}^2}{2}\right) + h_0^2 \tag{9.1.15}$$

将(9.1.15)式变成

$$\frac{d\mathscr{A}}{\sqrt{(a^2 + \mathscr{A}^2)(b^2 - \mathscr{A}^2)}} = \frac{dx'}{\sqrt{2}} \tag{9.1.16}$$

式中 $a^2 = \sqrt{1 + 2h_0^2} - 1$，$b^2 = \sqrt{1 + 2h_0^2} + 1$，(9.1.16)式是椭圆函数。

利用椭圆积分公式，在 $0 < x < b$ 区间内

$$\int_x^b \frac{\mathrm{d}x'}{\sqrt{(a^2+x'^2)(b^2-x'^2)}}=\frac{1}{\sqrt{a^2+b^2}}F\left(\arccos\frac{x'}{b},\frac{b}{\sqrt{a^2+b^2}}\right)$$

$$F(\varphi,k)=\int_0^{\varphi}\frac{1}{\sqrt{1-k^2\sin^2\varphi}}\mathrm{d}\varphi$$

式中 $\varphi=\arccos\frac{x'}{b}$，$k=\frac{b}{\sqrt{a^2+b^2}}$，因此

$$\int_0^{x'}\frac{\mathrm{d}x'}{\sqrt{(a^2+x'^2)(b^2-x'^2)}}=\int_0^b\frac{\mathrm{d}x}{\sqrt{(a^2+x'^2)(b^2-x'^2)}}-\int_{x'}^b\frac{\mathrm{d}x'}{\sqrt{(a^2+x'^2)(b^2-x'^2)}}$$

$$=\frac{1}{\sqrt{a^2+b^2}}\left[F\left(\frac{\pi}{2},\frac{b}{\sqrt{a^2+b^2}}\right)-F\left(\arccos\frac{b}{x'},\frac{b}{\sqrt{a^2+b^2}}\right)\right] \tag{9.1.17}$$

应用公式(9.1.17)，则(9.1.16)式的解，即矢势 $\mathscr{A}$ 满足的方程为：

$$F\left[\arccos\frac{\mathscr{A}}{\sqrt{1+(1+2h_0^2)^{1/2}}},\sqrt{\frac{1+(1+2h_0^2)^{1/2}}{2(1+2h_0^2)^{1/2}}}\right]$$

$$=F\left[\frac{\pi}{2},\sqrt{\frac{1+(1+2h_0^2)^{1/2}}{2(1+2h_0^2)^{1/2}}}\right]-\sqrt[4]{1+2h_0^2x'} \tag{9.1.18}$$

用边界条件 $\left.\frac{\mathrm{d}\mathscr{A}}{\mathrm{d}x'}\right|_{x'=\pm d/\lambda_0}=h_a$ 代入(9.1.15)式得到

$$h_0^2=h_a^2-\mathscr{A}^2(d/\lambda_0)\left[1-\frac{1}{2}\mathscr{A}^2(d/\lambda_0)\right] \tag{9.1.19}$$

给定 h_a，将(9.1.19)式代入(9.1.18)式可得 $\mathscr{A}(d/\lambda_0)$，则(9.1.19)式给出 h_0 和 h_a 的关系，代回(9.1.18)式便得到 $\mathscr{A}(x')$ 的解析解。

9.2 超导薄膜的磁矩

9.2.1 超导薄膜磁矩的实验结果①

外加磁场 H_a 平行于膜面，图 9.1(a)给出不同厚度的 Sn 膜在同样温度下，

① J. M. Lock, *Proc. Roy. Soc.*, **A208**(1951), 391.

图 9.1(b)给定厚度的 Sn 膜在不同温度下的磁化曲线。

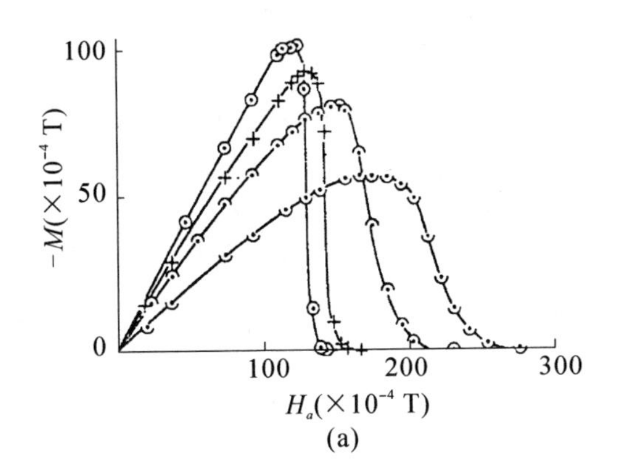

(a)

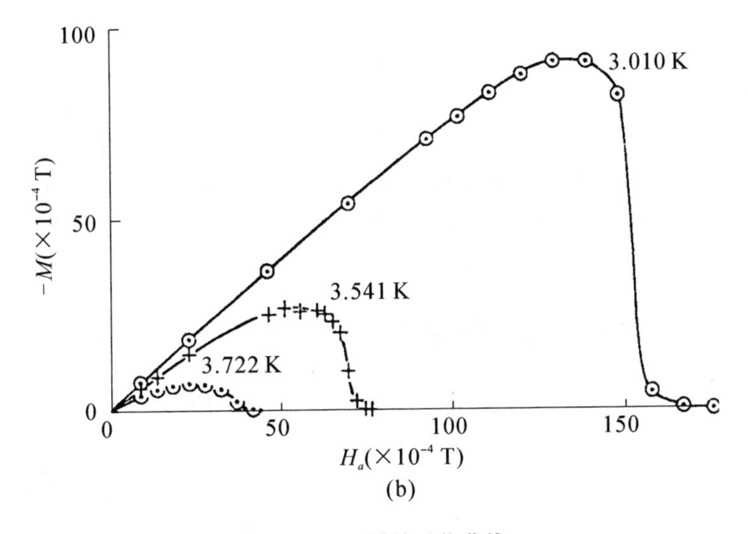

(b)

图 9.1　Sn 膜的磁化曲线

(a) 在 3 K,变化厚度:⊙　7.9×10^{-5}cm, +　5.5×10^{-5}cm,　⌒　3×10^{-5}cm,　◡　2.32×10^{-5}cm;(b) 膜厚度为 3.76×10^{-5}cm,变化温度

实验上得到的磁化曲线低磁场部分可以由(9.1.2)式描述,但有两点要注意:① 膜愈薄曲线偏离直线呈现弧形愈早,弧形的出现都在高磁场区。② 温度愈高出现弧形愈早。

9.2.2　London 理论的磁矩

单位体积的磁矩 M 为

$$M=\frac{1}{2d}\int_{-d}^{d}[H(x)-H_a]\mathrm{d}x \tag{9.2.1}$$

将(9.1.1)式代入(9.2.1)式

$$M=-H_a\left(1-\frac{\lambda_\mathrm{L}}{d}\mathrm{th}\frac{d}{\lambda_\mathrm{L}}\right) \tag{9.2.2}$$

假如我们用磁化率 $\chi=M/H_a$ 和 $\chi_0=-1$,则

$$\frac{\chi}{\chi_0}=1-\frac{\lambda_\mathrm{L}}{d}\mathrm{th}\frac{d}{\lambda_\mathrm{L}} \tag{9.2.3}$$

在两个极端条件下得到

$$\frac{\chi}{\chi_0}=1-\frac{\lambda_\mathrm{L}}{d},\quad d\gg\lambda_\mathrm{L} \tag{9.2.4a}$$

$$\frac{\chi}{\chi_0}=\frac{1}{3}\frac{d^2}{\lambda_\mathrm{L}^2},\quad d\ll\lambda_\mathrm{L} \tag{9.2.4b}$$

由 London 理论的(9.2.2)式看到,当膜的厚度 d 和温度给定后,磁化曲线的斜率就定下了,$-M\sim H_a$。曲线按这个斜率一直到其临界磁场磁矩突然消失,即 $-M\sim H_a$ 应该是三角形关系,而实验给出高磁场区偏离直线呈现弧形,London 理论在高磁场区失效,它完全不能解释高磁场区呈现的弧形。由于 London 理论是弱场理论,在 $-M\sim H_a$ 曲线呈现弧形部分已接近样品的临界磁场,所以它不适用是很自然的。

9.2.3 $\kappa<1/\sqrt{2}$的 GL 理论的磁矩

我们已经解出 $\kappa<1/\sqrt{2}$超导体的 GL 方程,其解分别由(9.1.9)和(9.1.11)式给出。利用(9.1.9)式

$$M=\frac{1}{2d}\int_{-d}^{d}[H(x)-H_a]\mathrm{d}x=-\frac{1}{2d}\int_{-d}^{d}\left[H_a-H_a\frac{\mathrm{ch}\left(\frac{qx}{\lambda_0}\right)}{\mathrm{ch}\left(\frac{qd}{\lambda_0}\right)}\right]\mathrm{d}x$$

$$=-H_a\left[1-\frac{\mathrm{th}\frac{qd}{\lambda_0}}{\frac{qd}{\lambda_0}}\right] \tag{9.2.5}$$

式中 q 由(9.1.11)式确定。图 9.2 给出对不同厚度膜的 $-M\sim H_a$ 的结果。公式(9.2.5)式给出的 $-M\sim H_a$ 曲线定性地与实验结果一致。

① 理论与实验(比较图 9.1 和图 9.2)定量上的差别是由实验中的误差而致。主要的误差是:

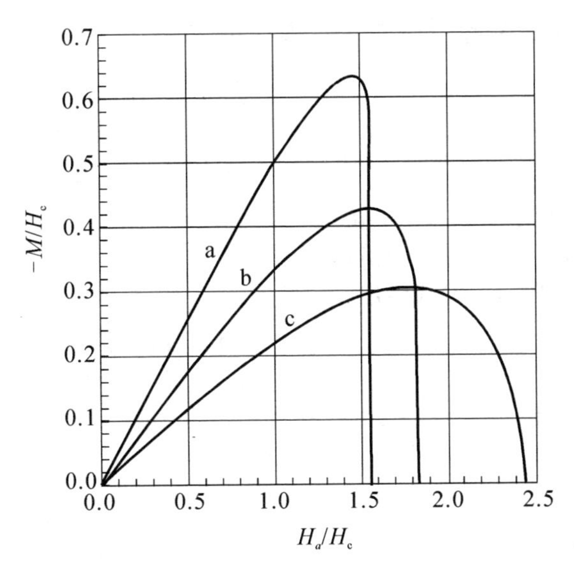

图 9.2　常规超导膜中的 $-M \sim H_a$ 曲线

a: $d/\lambda_0 = 2.05$; b: $d/\lambda_0 = 1.37$; c: $d/\lambda_0 = 1.00$

虽然膜的厚度可以较为准确地测量，但边缘效应（见图 9.3）可带来厚度的误差，以致使临界磁场的转变宽度 ΔH 加大。为此，实验上切除边缘，将可消除这个边缘厚度不均匀带来的测量误差。但对于薄的膜，制膜中必然出现不均匀，故薄膜 ΔH 大，因此随着膜厚度的减小，在高场中也将出现圆弧，见图 9.1(a)。

图 9.3　膜的边缘效应

② 膜中不可避免的应力效应将会使 T_c 拉宽一个 ΔT 的范围，由

$$H_c(T) = H_c(0)\left[1 - \left(\frac{T}{T_c}\right)^2\right]$$

得

$$\Delta H = 2H_c(0)\frac{T}{T_c^2}\Delta T \tag{9.2.6}$$

式中 $\Delta T = T_c - T$，故对同样的 ΔT，当 T 高时引起的 ΔH 大，这也是造成图 9.1 中给出在 T 高时弧形拉得长的原因。

9.2.4 $\kappa \gg 1$ 的高温超导体的 GL 理论的磁矩

由

$$\frac{M}{\sqrt{2}H_c} = \frac{1}{2d/\lambda_0}\int_{-d/\lambda_0}^{d/\lambda_0}[h(x') - h_a]\mathrm{d}x' = \frac{1}{2d/\lambda_0}\int_{-d/\lambda_0}^{d/\lambda_0}\left[\frac{\mathrm{d}\mathscr{A}(x')}{\mathrm{d}x'} - h_a\right]\mathrm{d}x'$$

$$= \frac{1}{d/\lambda_0}\left[\mathscr{A}(d/\lambda_0) - h_a\frac{d}{\lambda_0}\right] \tag{9.2.7}$$

将(9.1.19)式代入(9.1.18)式给出

$$F\left(\arccos\left\{\frac{\mathscr{A}}{\sqrt{1+[(1-\mathscr{A}^2)^2+2h_a^2]^{1/2}}}\right\}, \sqrt{\frac{1+[(1-\mathscr{A}^2)^2+2h_a^2]^{1/2}}{2[(1-\mathscr{A}^2)^2+2h_a^2]^{1/2}}}\right)\Bigg|_{x'=d/\lambda_0}$$

$$= F\left(\frac{\pi}{2}, \sqrt{\frac{1+[(1-\mathscr{A}^2)^2+2h_a^2]^{1/2}}{2[(1-\mathscr{A}^2)^2+2h_a^2]^{1/2}}}\right)\Bigg|_{x'=d/\lambda_0} - \sqrt[4]{(1-\mathscr{A}^2)^2+2h_a^2}\,x'\Big|_{x'=d/\lambda_0} \tag{9.2.8}$$

给定 $-h_a$ 值,从式(9.2.8)可以得出 $\mathscr{A}(d/\lambda_0)$,将它代入(9.2.7)式就得到图9.4的所示的 $-M\sim H_a$ 曲线。从图上可看出,$d/\lambda_0=5$ 的膜的行为与大块样品已基本相同了,其 $-M\sim H_a$ 曲线已近乎三角形,当 $H_a=H_c$ 时,$-M$ 陡然降为零;对

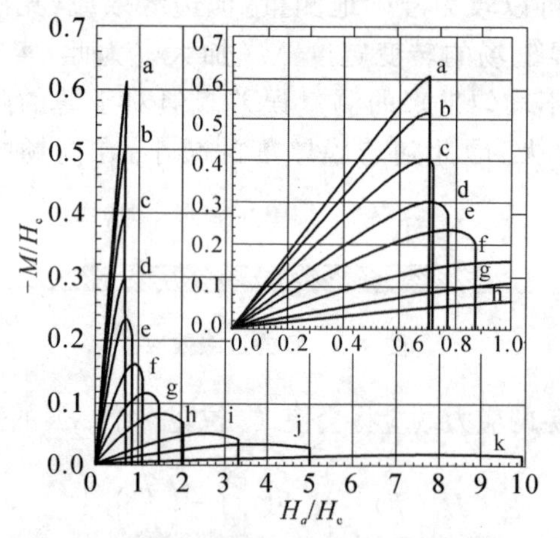

图9.4　不同厚度 $2d$ 的高温超导膜的 $-M\sim H_a$ 曲线(插图为 $H_a/(\sqrt{2}H_c)<1.0$ 部分的细节)

a: $d/\lambda_0=\infty$; b: $d/\lambda_0=10.0$; c: $d/\lambda_0=5.0$; d: $d/\lambda_0=3.0$; e: $d/\lambda_0=2.0$; f: $d/\lambda_0=1.5$; g: $d/\lambda_0=1.0$; h: $d/\lambda_0=0.7$; i: $d/\lambda_0=0.5$; j: $d/\lambda_0=0.3$; k: $d/\lambda_0=0.2$; l: $d/\lambda_0=0.1$

于 $d/\lambda_0<1$ 的薄膜，在强场下 $-M\sim H_a$ 曲线偏离线性，且在某一个 $H_a=H_{cf}$ 下曲线中断，此时方程(9.2.8)无解，相应的 $\mathscr{A}(d/\lambda_0)=1$，由(5.2.23)式给出的 $f^2=1-\mathscr{A}^2$ 知道，当 $H_a=H_{cf}$ 时 $f=0$，则体系由 Meissner 态进入正常态，由于(7.2.3)式，定义

$$\mu_0\int_0^{H_{c2}} M\mathrm{d}H_a=-\frac{\mu_0 H_{cf}^2}{2} \tag{9.2.9}$$

理论上已严格证明对于 $d/\lambda_0=\infty$ 的 H_c 是热力学量，当 $H_a<H_c$ 时相当于 Meissner 态，而当 $H_a\geqslant H_c$ 时是正常态。因此这里的 H_{cf} 定义为 $\kappa\gg1$ 超导薄膜的热力学临界磁场。

9.3　超导薄膜的临界磁场

9.3.1　超导薄膜临界磁场的实验结果

图 9.5 给出了 Appleyard 等①(1939)对 Hg 膜测量的结果，随膜厚度 d 的减小，H_{cf} 直线地增加。

9.3.2　London 理论的超导薄膜临界磁场

因为单位体积的 Gibbs 自由能是

$$g_s(T,H_a)=g_s(T,0)-\frac{\mu_0}{2d}\int_{-d}^{d}\mathrm{d}x\int_0^{H_a}M\mathrm{d}H_a \tag{9.3.1}$$

将(9.2.2)式给出的厚度为 $2d$ 的膜的磁矩代入(9.3.1)式得

$$g_s(T,H_a)=g_s(T,0)+\frac{\mu_0 H_a^2}{2}\left(1-\frac{\lambda_L}{d}\mathrm{th}\frac{d}{\lambda_L}\right) \tag{9.3.2}$$

假如在 $H_a=H_{cf}$ 时，膜转变到正常态，则 $g_s(T,H_{cf})=g_s(T,0)$。由 $g_n-g_s=\mu_0H_c^2/2$，H_c 是大块材料临界磁场，则 H_{cf} 称为膜的临界磁场，故(9.3.2)式变成

$$\mu_0\frac{H_c^2}{2}=\mu_0\frac{H_{cf}^2}{2}\left(1-\frac{\lambda_L}{d}\mathrm{th}\frac{d}{\lambda_L}\right)$$

① E. T. S. Appleyard, J. R. Bristow, H. London and A. D. Misener, *Proc. Roy. Soc. A*, **172**(1939), 540.

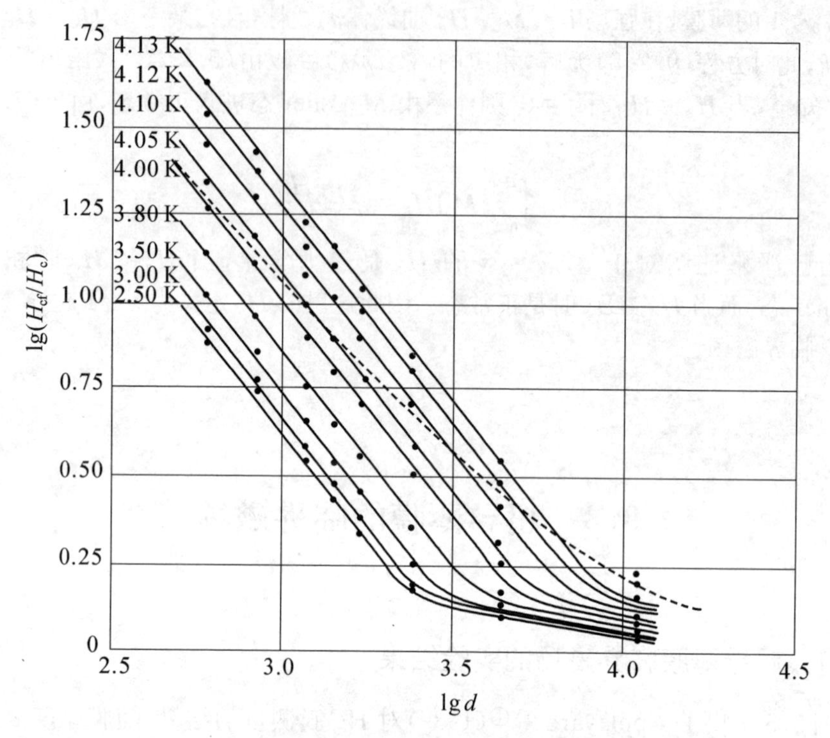

图 9.5 在不同温度下的 Hg 膜的临界磁场与膜厚度关系
(虚线是取 $\lambda_L(0)\sim10^{-4}$cm 的 London 理论曲线)

$$H_{cf} = H_c\left(1-\frac{\lambda_L}{d}\text{th}\frac{d}{\lambda_L}\right)^{-1/2} \tag{9.3.3}$$

所以

$$H_{cf} = \begin{cases} H_c\left(1+\dfrac{\lambda_L}{2d}\right), & d\gg\lambda_L \\ H_c\dfrac{\sqrt{3}\lambda_L}{d}, & d\ll\lambda_L \end{cases} \tag{9.3.4}$$

从这个结果我们看到,对于超导薄膜,其临界磁场远大于大块材料的临界磁场。这是很容易理解的,从热力学基本关系知道,$g_n=g_s+\mu_0H_c^2/2$,表明超导体在磁场中体系的抗磁能使自由能升高,当达到 H_c 时,超导态的自由能等于正常态自由能,超导态不再是稳定态,故超导态要转变到正常态。但在这个分析中没有考虑磁场对超导体的穿透而造成自由能的降低。对于大块超导体,穿透效应引起自由能的降低可以忽略,而在薄膜中则不行,由于 $d\ll\lambda_L$,磁场完全穿透到膜中,这就大大地降低了超导膜的抗磁能。因而只有在更高的磁场中才能补偿这部分降低了的能量，以致体系在更高的磁场中才能达到正常态自由能 g_n，超导态转变到正常态。

图 9.5 中虚线是由方程(9.3.4)式取 $\lambda_L(0)=10^{-4}\,\mathrm{cm}$ 画出的。理论和实验粗略地定性符合，即随膜厚度的减小，H_{cf} 升高，但定量上差距很大，从表 3.1 的测量结果，Hg 的 $\lambda_L(0)=380\sim450$ Å。而 Hg 膜，其 $T_c=4.15$ K，图 9.5 中的理论曲线 $\lambda_L(4\,\mathrm{K})=1\,027\sim1\,026$ Å。因而理论曲线中的 λ_L 比大块值大了很多，所以 H_{cf} 的实验值要比理论值高很多。如前所述其原因是 London 理论是弱场理论，严格说是零场理论，因而用它来描述强磁场必然带来误差。

9.3.3　$\kappa<1/\sqrt{2}$ 的 GL 理论的超导薄膜临界磁场

考虑一个置于均匀外磁场中的超导膜，磁场和表面平行，超导膜的厚度为 $2d$，长和宽远大于厚度，视为无限，取坐标原点在膜厚度的中间，x 轴垂直膜面，y 轴和外磁场平行，则 $\boldsymbol{A}$ 平行于 z，并且 $\boldsymbol{A}$ 和 $\boldsymbol{B}$ 都只是 x 的函数，$B(x)=-\mathrm{d}A(x)/\mathrm{d}x$，这样的定义满足 $\nabla\cdot\boldsymbol{A}=0$ 的规范，Ψ 也只依赖于 x，并可认为是实数，此时 GL 方程Ⅰ和Ⅱ将可解出，其解为(9.1.8)式、(9.1.9)式和(9.1.11)式。前面已经说过，对给定的 H_a，由(9.1.11)式可解出 q，将 q 代入(9.1.8)式和(9.1.9)式，则可得到在超导体中 $A(x)$，$H(x)$ 的变化规律。但由此操作恰得不到膜临界磁场的严格解，因为当 $H_a=H_{cf}$ 时，q 应该为零，而对于 $q=0$，(9.1.11)式将变为一个恒等式，因此 H_a 可为非零的任意值。为了解决这一困难，我们注意到在薄膜极限下，即 $d\ll\lambda_0(T)$，对任一 q 值(0 到 1 之间)，(9.1.11)可以展开为 $dq\ll\lambda_0(T)$ 的幂级数，即方程(9.2.12)，忽略高次项，有

$$q^2=1-\frac{1}{6}\frac{H_a^2}{H_c^2(T)}\frac{d^2}{\lambda_0^2(T)} \tag{9.3.5}$$

当 $H_a=H_{cf}$ 时，$q\to0$，则(8.5.1)式为

$$\frac{H_{cf}}{H_c}=\sqrt{6}\frac{\lambda_0(T)}{d} \tag{9.3.6}$$

这就是 GL 理论给出的著名的薄膜临界磁场与厚度关系的公式。

9.3.4　$\kappa\gg1$ 的 GL 理论的超导薄膜临界磁场

由图 9.4 给出不同膜厚的 $-M\sim H_a$ 关系。如前所述，对 $d/\lambda_0=5$，$-M\sim H_a$ 几乎和大块样品的结果一致，$H_a=H_c$ 时，$-M$ 突降到零，$H_a<H_c$ 时呈线性关系；对 $d<\lambda_0$ 的情况，在强场下明显偏离线性，达到某个 H_a 后曲线结束，结束点刚好相应于 $\mathscr{A}(d/\lambda_0)=1$，由(5.2.23)式可知，这时 $f=0$。这意味着此磁场下超导态恢

复到正常态，很自然定义 $\mathscr{A}(d/\lambda_0)=1$ 的磁场 H_a 为薄膜的热力学临界磁场 H_{cf}。在 H_{cf} 下，$\mathscr{A}(d/\lambda_0)=1$，表明在厚度为 $2d$ 的界面上达到临界磁场，则整个膜从 Meissner 态进入正常态。因此 $\mathscr{A}(d/\lambda_0)=1$ 的条件要求膜中任何地方的 $\mathscr{A}=1$ 和 $f=0$。用 $\mathscr{A}(d/\lambda_0)=1$ 的条件将(9.1.19)式代入(9.1.18)式，得

$$F\left[\arccos\frac{1}{\sqrt{1+H_{cf}/H_c}},\sqrt{\frac{1+H_{cf}/H_c}{2H_{cf}/H_c}}\right]=F\left[\frac{\pi}{2},\sqrt{\frac{1+H_{cf}/H_c}{2H_{cf}/H_c}}\right]-\sqrt{\frac{H_{cf}}{H_c}}\frac{d}{\lambda_0} \tag{9.3.7}$$

图 9.6 给出 $H_{cf}\sim d$ 的关系，实验上膜厚一般在 $0.1<d/\lambda<2$ 之间，从图 9.6 可看到在此范围内 $\ln H_{cf}\sim\ln d$ 是偏离线性的，而不是(9.3.6)式的对数线性关系。

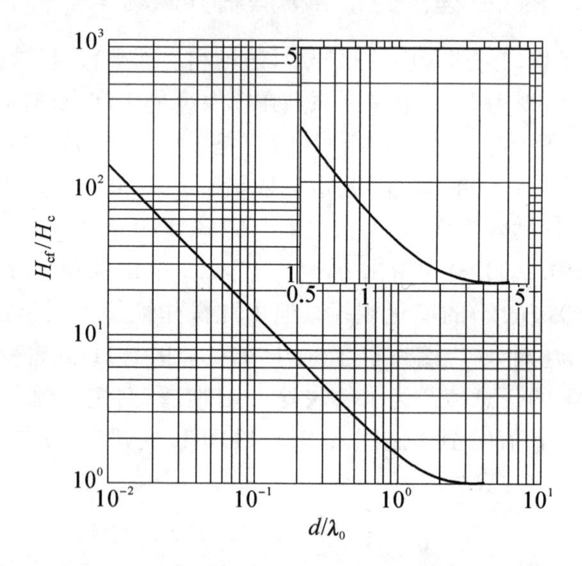

图 9.6　H_{cf} 和 d 的关系(插图为 $d/\lambda_0>0.5$ 的非线性部分的细节)

9.4　临界厚度 d_c

(9.3.4)式和(9.3.6)式、(9.3.7)式分别给出 London 理论和 GL 理论得到的超导薄膜热力学临界磁场 H_{cf} 与厚度 d 的关系，所谓薄膜在两个理论中都是指

$d \ll \lambda$，而大块超导体则是指 $d \gg \lambda$，我们不禁要问膜与大块的分界限在哪里，首先我们看膜与大块其物理量有什么不同，我们知道对大块临界磁场 $H_c(T)$ 随温度 T 的关系由(1.4.1)式给出，当 T 接近 T_c 时，有

$$H_c(T) = H_c(0)\left[1 - \left(\frac{T}{T_c}\right)^2\right] \approx H_c(0)\left(1 - \frac{T}{T_c}\right) \tag{9.4.1}$$

对于膜

$$H_{cf}(T) = \begin{cases} \sqrt{3} H_c \lambda / d, & \text{London} \\ \sqrt{6} H_c \lambda / d, & \text{GL} \end{cases} \tag{9.4.2}$$

当 $T \to T_c$ 时，(9.4.2)式有

$$\begin{aligned} H_{cf}(T) \propto H_c \lambda / d &= H_c(0)\left[1 - \left(\frac{T}{T_c}\right)^2\right] \lambda(0)\left[1 - \left(\frac{T}{T_c}\right)^4\right]^{-1/2} \\ &\propto \left[1 + \left(\frac{T}{T_c}\right)^2\right]^{-1/2}\left(1 + \frac{T}{T_c}\right)^{-1/2}\left(1 + \frac{T}{T_c}\right)\left(1 - \frac{T}{T_c}\right)^{-1/2}\left(1 - \frac{T}{T_c}\right) \\ &\propto \left(1 - \frac{T}{T_c}\right)^{1/2} \end{aligned} \tag{9.4.3}$$

(9.4.1)式和(9.4.3)式给出大块与膜的临界磁场随温度变化规律的明显差别，在高温超导中也可作为体系是三维性还是二维性的判据，对高温超导体其 H_{c1} 测量是真实的，H_{c2} 的测量由于涨落尚不能确定目前得到的 $H_{c2}(T) \sim T$ 的关系是本质的。

9.4.1　膜中 GL 方程解的分析

上面的理论结果指出：在 $H_a = H_{cf}$ 特定磁场值下，(9.1.11)式的 q 可取 0 到 1 之间的任意值，只有在极端条件 $d \ll \lambda_0(T)$ 下，当 $H_a = H_{cf} = H_c \lambda_0 / d$ 时，q 才有唯一解，即 $q = 0$。我们再研究(9.1.11)式，q 有四个根，现在我们寻求除 $q = 0$ 外的非零根。

由(5.1.9)式，我们可以写出在厚度为 $2d$ 超导膜中的 Gibbs 自由能，当外磁场为 H_a 时

$$\begin{aligned} G_s(H_a) = \int_{-d}^{d} & f_n(0) + \alpha |\Psi|^2 + \frac{\beta}{2} |\Psi|^4 \\ & + \frac{1}{2m} |-i\hbar \nabla \Psi - e\boldsymbol{A}\Psi|^2 \left[+ \frac{1}{2\mu_0} B^2(r) - \boldsymbol{B}(\boldsymbol{r}) \boldsymbol{H}_a \right] \mathrm{d}\boldsymbol{r} \end{aligned} \tag{9.4.4}$$

当 $d < \lambda_0(T)$ 时，可以忽略 $\nabla \Psi$ 项，(9.4.4)式变成

$$\begin{aligned} G_s(H_a) = \int_{-d}^{d} & \left[f_n(0) + \alpha |\Psi|^2 + \frac{\beta}{2} |\Psi|^4 + \frac{e^2}{2m} A^2(x) \Psi^2(x) \right. \\ & \left. + \frac{1}{2\mu_0} B_2(x) - B(x) H_a \right] \mathrm{d}x \end{aligned} \tag{9.4.5}$$

利用 $\Psi(x)=q\Psi_0$，$\Psi_0^2=-\alpha/\beta_c$，$\mu_0H_c^2/2=\alpha^2/2\beta_c$ 和(9.1.18)式、(9.1.9)式，(9.4.5)式可简化为

$$G_s(H_a)=2d\left[f_n(0)-\frac{1}{2}\mu_0H_a^2(T)\frac{\operatorname{th}\left(\frac{qd}{\lambda_0(T)}\right)}{\frac{qd}{\lambda_0(T)}}+\frac{1}{2}\mu_0H_c^2(q^4-2q^2)\right] \tag{9.4.6}$$

定义 Gibbs 自由能密度 g 为

$$g=f-\boldsymbol{B}\cdot\boldsymbol{H}$$

则在厚度为 $2d$ 的超导膜中，其正常态时的 Gibbs 的自由能为

$$\begin{aligned}G_s(H_a)&=\int_{-d}^{d}f_n(0)\mathrm{d}x+\int_{-d}^{d}\mathrm{d}x\int_0^{H_a}(-\mu_0H_a)\mathrm{d}H_a\\&=2d\left[f_n(0)-\frac{1}{2}\mu_0H_a^2\right]\end{aligned} \tag{9.4.7}$$

在相变点，两相 Gebbs 函数应相等，即

$$G_s(H_{cf})=G_n(H_{cf}) \tag{9.4.8}$$

令(9.4.6)和(9.4.7)式中的 $q=q_c$，$H_a=H_{cf}$，代入(9.4.8)式得到

$$q_c^2(2-q_c^2)=\frac{H_{cf}^2}{H_c^2}\left[1-\frac{\operatorname{th}\left(\frac{qd}{\lambda_0(T)}\right)}{\frac{qd}{\lambda_0(T)}}\right] \tag{9.4.9}$$

再注意到(9.1.11)式，当 $H_a=H_{cf}$ 时，q 可以是在 0 到 1 之间的任意值，当然包括 $q=q_c$，则(9.1.11)式变为

$$4q_c^2(1-q_c^2)=\frac{H_{cf}^2}{H_c^2(T)}\frac{1}{\operatorname{ch}^2\left(\frac{q_cd}{\lambda_0(T)}\right)}\left[\frac{\lambda_0(T)}{2q_cd}\operatorname{sh}\left(\frac{2q_cd}{\lambda_0(T)}\right)-1\right] \tag{9.4.10}$$

从(9.4.9)式和(9.4.10)式得

$$\frac{2-q_c^2}{1-q_c^2}=\frac{4\left[1-\frac{\lambda_0(T)}{q_cd}\operatorname{th}\left(\frac{q_cd}{\lambda_0(T)}\right)\right]\operatorname{ch}^2\left(\frac{q_cd}{\lambda_0(T)}\right)}{\frac{\lambda_0(T)}{2q_cd}\operatorname{sh}\left(\frac{2q_cd}{\lambda_0(T)}\right)-1} \tag{9.4.11}$$

由(9.4.11)式解出 q_c，代入(9.4.9)式，便得出超导膜的临界磁场 $H_{cf}(T)$。

当 $d>d_c=\sqrt{5}\lambda_0(T)/2$ 时，(9.4.11)式有两个根：$q_c=0$ 和 $q_c\neq0$。则 $\Psi=q_c\Psi_0$ 在 H_{cf} 时不等于零，这意味着超导膜在 H_{cf} 磁场下发生的相变是一级相变。其临界磁场 $H_{cf}(T)$ 由(9.4.9)式给出

$$\frac{H_{cf}^2(T)}{H_c^2(T)}=\frac{q_c^2(2-q_c^2)}{1-\dfrac{\lambda_0(T)}{q_c d}\operatorname{th}\left(\dfrac{q_c d}{\lambda_0(T)}\right)} \tag{9.4.12}$$

当 $d\gg\lambda_0(T)$时，$q_c\approx1$，代入(9.4.12)式得

$$\frac{H_{cf}^2(T)}{H_c^2(T)}=\frac{1}{1-\dfrac{\lambda_0(T)}{d}\operatorname{th}\left(\dfrac{d}{\lambda_0(T)}\right)} \tag{9.4.13}$$

这正是 London 理论给出的结果。

当 $d<d_c=\sqrt{5}\lambda_0(T)/2$ 时，(9.4.10)式只有一个根：$q_c=0$，即在 H_{cf}中 $\Psi=0$，所以 $d<d_c$ 的超导膜在磁场中的相变是二级相变。

为了讨论 d_c 的物理意义，我们将(9.4.5)式写为

$$G_s(H_a)=\int_{-d}^{d}\Big[f_n(0)+\alpha\,|q\Psi_0|^2+\frac{\beta}{2}|q\Psi_0|^4+\frac{e^2}{2m}A^2(x)|q\Psi_0|^2 + \frac{1}{2\mu_0}B_2(x)-B(x)H_a\Big]dx \tag{9.4.14}$$

由(9.1.8)式和(9.1.9)式，(8.5.13)式可变为

$$G_s(H_a)=G_n-\frac{\mu_0}{2}H_a^2\,\frac{\left|\operatorname{th}\left(\dfrac{qd}{\lambda_0(T)}\right)\right|}{\dfrac{qd}{\lambda_0(T)}}+\frac{1}{2}\mu_0 H_c^2(q^4-2q^2) \tag{9.4.15}$$

在平衡态时，假如令(9.4.15)式的 $\partial G_s(H_a)/\partial q=0$，得到(9.1.11)式。这是很显然的，因为(9.1.11)式是从 GLⅠ得到的，已考虑了自由能极小。而(9.4.15)式是建立 GL 方程时的 Gibbs 自由能，这里只不过是在膜中而已。

图 9.7(a)和(b)是由公式(9.4.15)对于 $d<d_c$ 或 $d>d_c$ 两种 $d/\lambda_0(T)$的 $[g_s(H_a)-g_n]\Big/\frac{1}{2}\mu_0H_c^2=\frac{1}{2d}[G_s(H_a)-G_n]\Big/\frac{1}{2}\mu_0H_c^2\sim q$ 的关系。

(1) $d<d_c$ 的情况

图 9.7(a)是对 $d/\lambda_0(T)=0.8<\sqrt{5}/2$ 的情况，相应于极小值的解只有一个。图上的最小值正是(9.1.11)式给出的结果。随磁场 H_a^2(或 η^2)的增加，最小值相应的自由能差的绝对值减小，而且这个最小值相应的 q 也相应减小，直到某一个 $H_a=H_{cf}$时，自由能差为 0，最小值相应的 q 也趋向于零。当磁场继续升高时，自由能差为正，最小值在 $q=0$。对于 $H_a<H_{cf}$曲线的最小值会在负区，这表明超导相的自由能 $g_s(H_a)<g_n$，最小值的 $q\neq0$，这正是超导态，超导态相应的稳态波函数 Ψ 正是最小值相应的 q 给出的；当 $H_a=H_{cf}$时，$g_s(H_{cf})=g_n$，$\Psi=$

$q\Psi_0=0$,发生相变;当 $H_a>H_{cf}$ 时,$g_s(H_a)(\Psi\neq0)>g_n$,而 $g_s(H_a)(\Psi=0)=g_n$,所以稳定相是正常相。

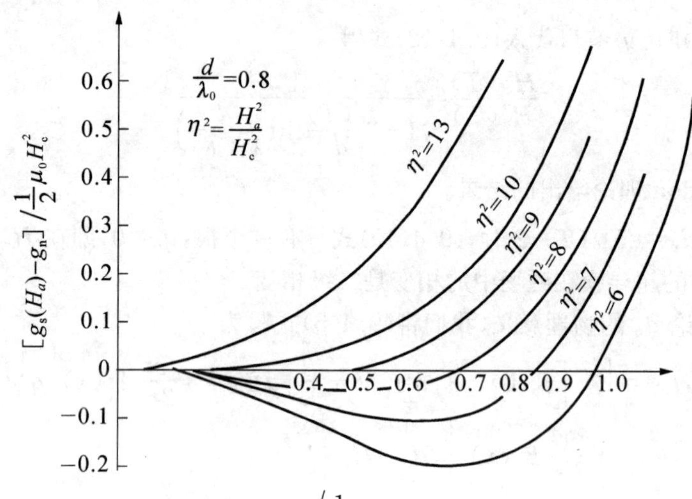

图 9.7(a) $(g_s(H_a)-g_n)\Big/\frac{1}{2}\mu_0H_c^2$ **与** q **的关系**($d/\lambda_0=0.8$)

(2) $d>d_c$ 的情况:再论过冷、过热

图 9.7(b)给出 $d=2\lambda_0>d_c$ 的情况。它与图 9.7(a)有很大不同,首先我们看到在两条虚线之间的曲线极小值有两个,这就预示了可以存在亚稳相。

(a) $\eta<\eta_{c1}$,只有一个最小值,最小值相应的 $q\neq0$,这表明只存在一个稳定的超导相。

(b) $\eta>\eta_{c1}$,出现两个极值,最小值相应于 $q\neq0$,另一个极小在 $q=0$。η_{c1} 相应于一个拐点,当 η 增加直到两个极值($q=0$ 和 $q\neq0$)都在 $g_s(H_a)-g_n\leqslant0$ 区域,最小值在负区,超导相是稳定相;但在这个区域中还存在一个 $q=0$ 的极值,相应于 $g_s(H_a)=g_n$,这就表明体系也可存在于这个正常态的亚稳相中,这正是过冷的情况,η_{c1} 是过冷的极限磁场。

(c) $\eta<\eta_{c2}$,而且两个极值点都在正区:其中一个在 $q=0$,其相应的自由能 $g_s(H_a)=g_n$,因此 $q=0$ 的正常相是稳定相;另一个极值点 $q\neq0$,其相应的自由能差 $g_s(H_a)-g_n>0$,这表明 $\Psi\neq0$ 的超导相可以存在于这个亚稳相中,这正是过热现象。η_{c2} 则是过热极限磁场,因为 η_{c2} 的曲线出现拐点,只有 $\eta<\eta_{c2}$ 的曲线才出现两个极值。

(d) $\eta>\eta_{c2}$,只有一个极值,这个最小值相应于 $q=0$,所以只存在稳定的正常相。

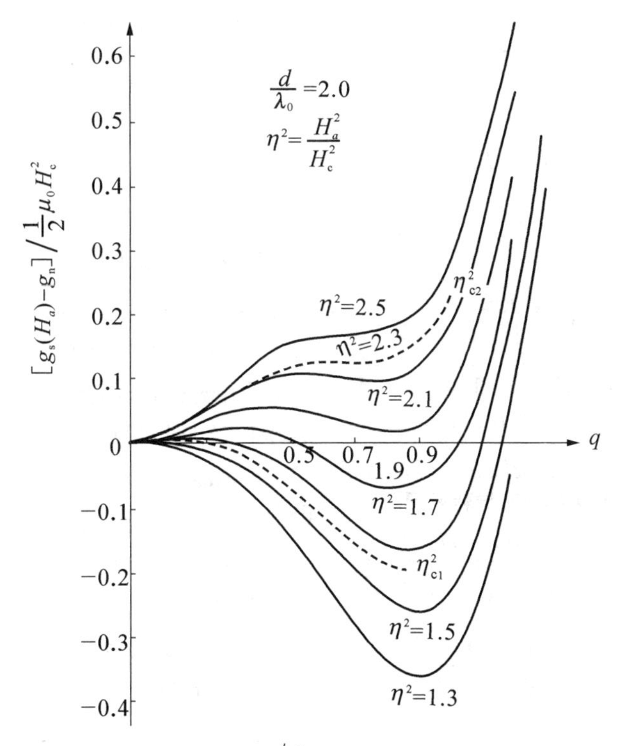

图 9.7(b) $[g_s(H_a)-g_n]\Big/\frac{1}{2}\mu_0 H_c^2$ **与** q **的关系**$(d/\lambda_0=2.0)$

9.4.2 临界厚度的实验分析

从以上讨论可以看到所谓临界厚度 d_c，即为可以存在亚稳相的分界值。对于 $d<d_c$，$H_a<H_{cf}$不可能出现正常亚稳相，相反，在 $H_a=H_{cf}$时也不能存在超导相。这个情况下相变是二级相变，相变点在 $q=0$，当 $q=0$ 时，自由能差等于0。自由能没有跃变，相变是逐渐地，在这个区域中显然不存在滞后；而对于 $d>d_c$，除了稳定相以外还存在亚稳相，相变发生在 $q\neq0$ 中，即相变伴随着自由能的跃变，因而相变存在潜热，这正是一级相变，在这个相变过程中将存在滞后。图 9.8(a)和(b)是作者①测得的在 $d_c<d$ 和 $d_c>d$ 情况下的 $R\sim H$ 曲线，对于厚膜 In + 3% Sn，7 130 Å 有明显的滞后，而在 5 010 Å 的膜中就存在一个很小的滞后了，当膜厚度减小到 2 180 Å，则完全不出现滞后。

① 张裕恒，物理学报，**22**(1966)，341.

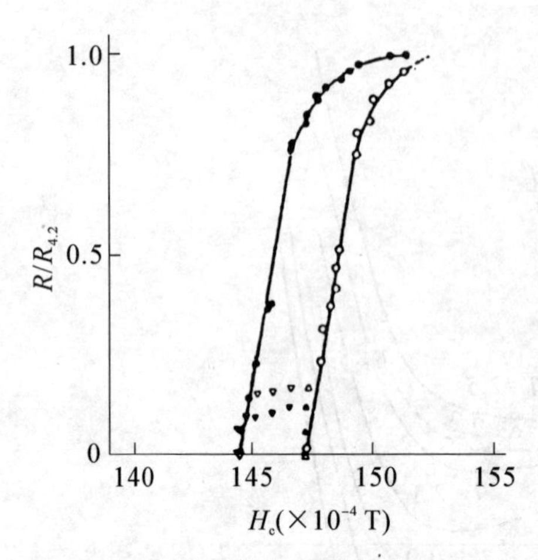

图 9.8(a)　较厚的合金膜在较低的温度下,当磁场增加或减小时超导转变情况

In + 3%Sn　7 130 Å, $T_c = 3.580$ K, $T = 2.757$ K

测量程序:○增加磁场→●减小磁场→△增加磁场▽减小磁场→▲增加磁场→▼减小磁场

我们知道临界厚度 $d_c = \sqrt{5}\lambda_0(T)/2$。由于

$$\lambda_0(T) = \frac{\lambda_0(0)}{\left[1 - \left(\frac{T}{T_c}\right)^4\right]^{1/2}}$$

显然对于一定厚度 d 的膜,在某一温度 T_1 下,$d > d_c = \sqrt{5}\lambda_0(T_1)/2$,而在另一温度 T_2 下则有 $d < d_c = \sqrt{5}\lambda_0(T_2)/2$,所以对这个厚度为 d 的膜当 $\Delta T = T_c - T$ 小时 $d < d_c$,不出现滞后,而当温度降低致使 ΔT 大时,同一个膜则可以出现滞后。图 9.9 给出了 Zavaritsky① 对厚度为 1.05×10^{-4} cm 的 Sn 膜在不同温度下的测量结果。

从(9.4.1)式和(9.4.3)式知道,当 $T \to T_c$ 时

$$H_c(T) \propto T_c - T, \qquad \text{对大块超导体}$$

$$H_{cf}(T) \propto (T_c - T)^{1/2}, \qquad \text{对超导薄膜}$$

图 9.8(b)　在磁场中合金膜的超导转变曲线

In + 3%Sn, 3.28K, ●增加磁场, ○减小磁场

如前所述对于一个较厚的膜 d,当 $d > \sqrt{5}\lambda_0(T_1)/2$ 和 $d < \sqrt{5}\lambda_0(T_2)/2$ 时,H_{cf} 与 ΔT 的关系将不同,图 9.10 给出作者测得的 In + 3%Sn 不同厚度膜的 $H_{cf} \sim \Delta T$ 关

① N. V. Zavaritsky, *Doklndy Akad. Navk.*, U. S. S. R., **78**(1951), 665.

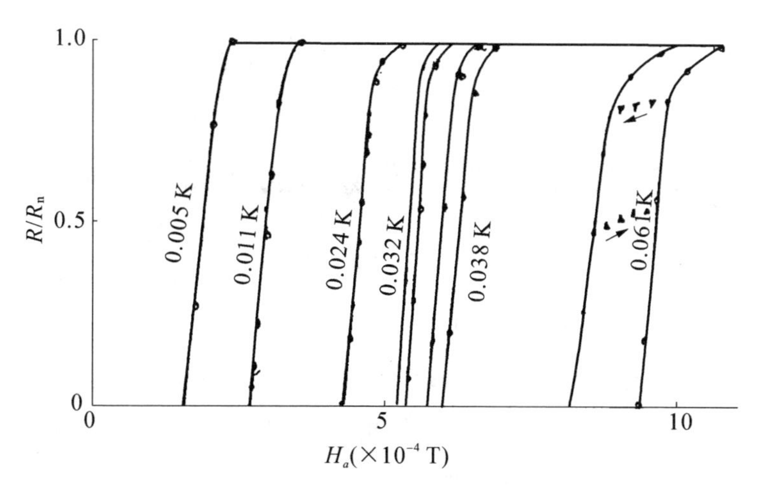

图 9.9 对厚度为 10 500 Å 的 Sn 膜在不同的 $\Delta T = T_c - T$ 下，$R \sim H$ 转变曲线

$T_c = 3.777$ K，T 为测量温度，●增加磁场，○减小磁场

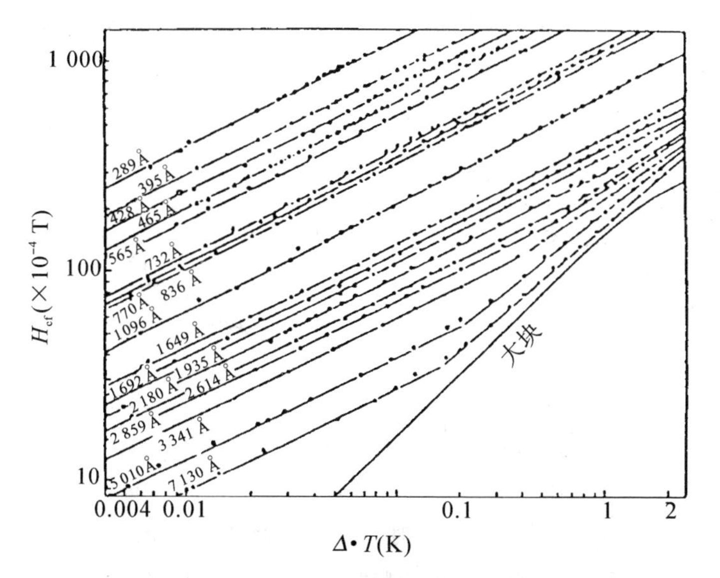

图 9.10 对 In + 3%Sn 不同厚度膜临界磁场 H_{cf} 与温度差 $\Delta T = T_c - T$ 之间的关系

系有两个明显不同的区域，靠近临界温度 $H_c \propto (1 - T/T_c)^{1/2}$，显示出薄膜区的特性；远离 T_c，H_{cf} 接近正比于 $(1 - T/T_c)$，这正是大块的特性。整个区域被一个折点分开，这个折点相应于 $d = d_c = \sqrt{5}\lambda_0(T_{折})/2$。

9.5 超导薄膜临界磁场的非局域效应

9.5.1 $H_{cf} \sim d$ 的实验结果(Ⅰ)

从上面的讨论我们看到 GL 理论是一个十分成功的理论,它预示了临界厚度的存在,从理论上解释了过冷、过热、一级相变、二级相变等超导电性中许多基本现象。GL 理论特别是在薄膜中有其明确的表达式,即

$$H_{cf} = \sqrt{6} H_c \frac{\lambda_0(T)}{d} \tag{9.5.1}$$

所以 GL 理论建立后,许多人立刻从实验上去验证它,Zavaritsky①,Shalnikov②,Khukhareva③ 等作者在退火的 Sn、In、Tl 和 Hg 上测量了膜的临界磁场,见图 9.11(a)

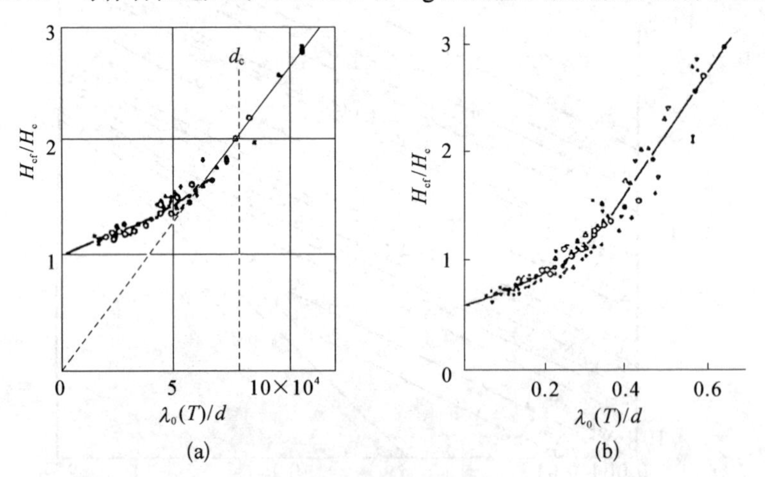

图 9.11 Zavaritsky 对于 In 的实验结果与理论比较

(a) 实线是 GL 理论曲线,d_c 是临界厚度,$d_c = \sqrt{5}\lambda_0(T)/2$。$\lambda_0(T)$ 和 $\lambda_0(0)$ 分别是 T K 和 0 K 的穿透深度,与厚度 d 无关;(b) 实线是 GL 理论曲线,$\lambda_0(T)$ 是穿透深度,它只与温度有关,与厚度 d 无关

① N. V. Zavaritsky, *Doklndy Akad. Navk.*, U.S.S.R., **78**(1951), 665.

② A. I. Shalnikov, et al., *J. Exp. Theor. Phys.*, **37**(1959), 399.

③ J. S. Khukhareva, *J. Exp. Theor. Phys.*, **41**(1961), 728.

和9.11(b)，得出实验符合理论公式(9.5.1)式的结论。

9.5.2 $H_{cf} \sim d$ 的实验结果(Ⅱ)

自1960年后，Douglass等①，Ittner②，Toxen③，Blumberg④和作者⑤测量了In、Sn和In+2%Sn，In+3%Sn膜的临界磁场与厚度关系，都得到$H_{cf} \propto d^{-3/2}$，而不是$H_{cf} \propto d^{-1}$，见图9.12。

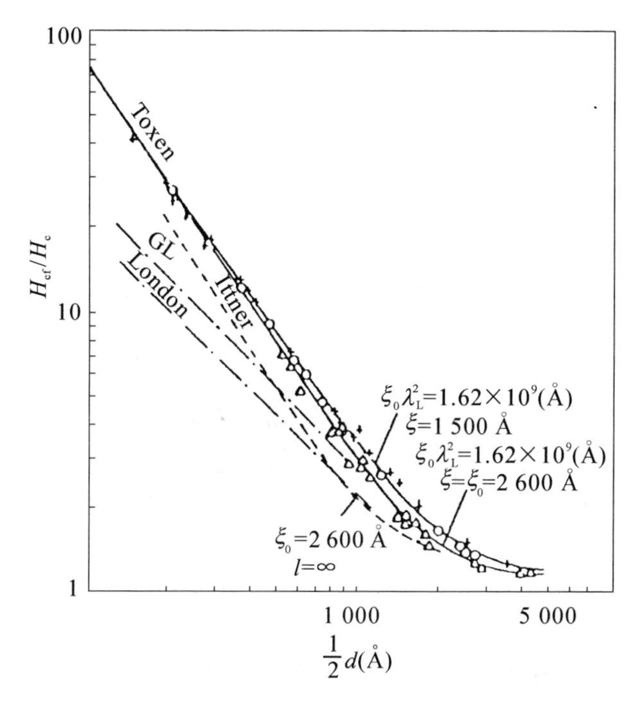

图9.12(a)　膜的临界磁场随厚度的变化关系

—— Toxen理论曲线，$\xi_0\lambda_L^2 = 1.62\times10^9$ (Å)^3，$\xi_0 = 2\,600$ Å；
------ Ittner理论曲线，$\xi_0 = 2\,600$ Å，$l = \infty$；
—·—·— London和GL理论曲线，其穿透深度$\lambda(0)$分别是350 Å和640 Å；○ In+2%Sn；+ In+3%Sn；
△ 纯In(Toxen)；$T = 0.9T_c$

① D. H. Douglass and R. H. Blumberg, *Phys. Rev.*, **127**(1962), 2038.
② B. Ittner, *Phys. Rev.*, **119**(1960), 1591.
③ A. M. Toxen, *Phys. Rev.*, **123**(1961), 442; **127**(1962), 382.
④ R. H. Blumberg, *J. Appl. Phys.*, **133**(1962), 1822.
⑤ 张裕恒，物理学报，**22**(1966), 341.

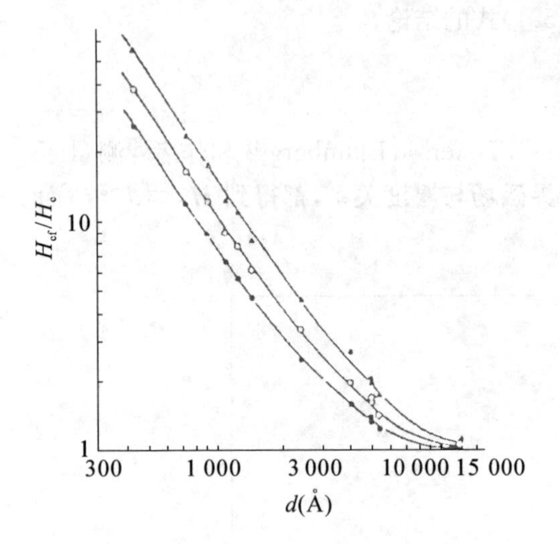

图 9.12(b)　In + 2% Sn 膜在不同温度 T 下，临界磁场随厚度 d 的变化关系

▲ $0.98T_c$；○ $0.95T_c$；● $0.90T_c$

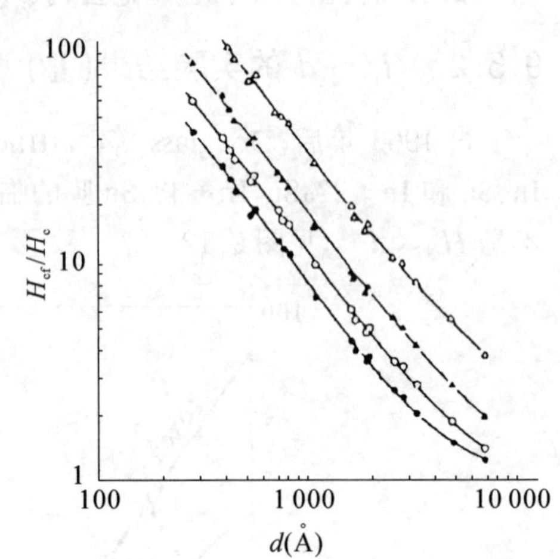

图 9.12(c)　In + 3% Sn 膜在不同温度 T 下，临界磁场随厚度 d 的变化关系

△ $0.995T_c$；▲ $0.98T_c$；○ $0.95T_c$；● $0.90T_c$

如果我们在描述超导薄膜的临界磁场 H_{cf} 时仍保持(9.5.1)式的形式，则 $H_{cf}\sim d$ 的实验结果(Ⅱ)必然给出 λ 不只是 T 的函数，它还是 d 的函数，即 λ 与 d 有关，显然只要理论上得出 $\lambda\sim d$ 关系，代入到(9.5.1)式中即可得到可与实验比较的理论。

9.5.3　London 理论

由于实验上测量穿透深度 λ 是相当于把穿透入样品的磁场折合到离表面为 λ 的深度内，即

$$\lambda=\frac{1}{2H_a}\int_{-d}^{d}H(x)\mathrm{d}x \tag{9.5.2}$$

将 London 方程的解(9.1.1)式代入(9.5.2)式，得

$$\lambda=\frac{1}{2H_a}\int_{-d}^{d}H(x)\mathrm{d}x=\lambda_L\,\mathrm{th}\left(\frac{d}{\lambda_L}\right) \tag{9.5.3}$$

(9.5.3)式给出 $\lambda\sim d$ 的关系，见图 9.13 中曲线 a，$d/\lambda_L>5$ 时，λ 不随 d 变，而当 $d/\lambda_L<5$ 时得到 $\lambda/\lambda_L<1$，这是不合理的，原因是(9.5.2)式不适用，必须用原始定义

$$\lambda=\left(\frac{m}{\mu_0 e^2\Psi^2}\right)^{1/2} \tag{9.5.4}$$

在 London 理论中，$\Psi=\Psi_0$ 是刚性的，即 Ψ 的整个超导区一直延伸到界面都不变，所以(9.5.4)式给出的是与 d 无关的常量。

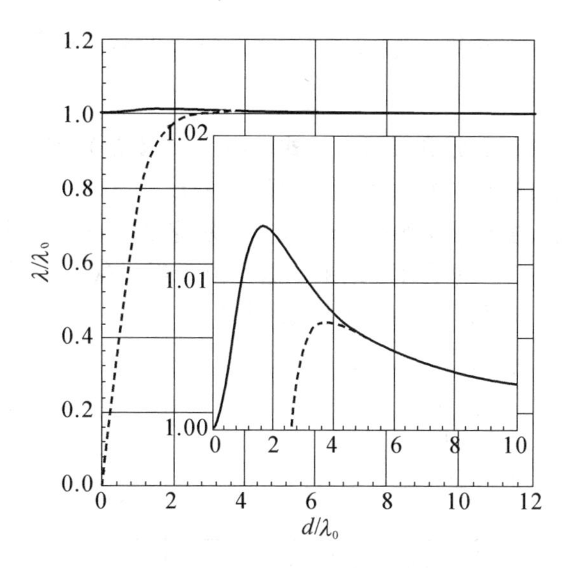

图 9.13　由 London 理论和 GL 理论用(9.5.3)式和(9.5.5)式定义得到的 $\lambda\sim d$ 关系

—— London 理论用(9.5.3)式定义得到的 $\lambda\sim d$；
- - - GL 理论用(9.5.5)式定义得到的 $\lambda\sim d$

9.5.4　GL 理论

(1) $\kappa<1/2$

由 $\kappa<1/\sqrt{2}$时 GL 方程的解(9.1.9)式和(9.1.11)式，设 $H_a/H_c=0.5$，对不同 d 值，由(9.1.11)式解出 q，代入到(9.1.9)式求出 $H(x)$，再将求得的 $H(x)$代入(9.5.2)式得到图 9.13 中曲线 b 的 $\lambda\sim d$ 关系，可以看到当 $d/\lambda_0>2.5$ 时，λ 与 d 有关，而当 $d/\lambda_0<2.5$ 时，与 London 理论一样方程(9.5.2)式不适用。

由于(9.1.9)式和(9.1.11)式是在假设 $\Psi=q\Psi_0$ 前提下得到的，将 $\Psi=q\Psi_0$ 代入到(9.5.4)式得

$$\lambda=\frac{\lambda_0(T)}{q(H_a,d)} \tag{9.5.5}$$

令 $H_a/H_c=0.5$，对不同的 d，由(9.1.11)式求出 q，代入(9.5.5)式即给出图 9.13 中实线的 $\lambda\sim d$ 关系，全曲线 $\lambda/\lambda_0\geqslant1$，显然这是合理的，当 $d/\lambda_0>2$ 时，随 d 增加减小。

(2) $\kappa \gg 1$

仍采用(9.5.2)式的定义，对于厚度为 $2d$ 的平板则有

$$\frac{\lambda}{\lambda_0} = \frac{1}{h_a}\int_{-d/\lambda_0}^{d/\lambda_0} h\mathrm{d}x' = \frac{1}{h_a}\left[\mathscr{A}(d/\lambda_0) - \mathscr{A}(-d/\lambda_0)\right] = \frac{2}{h_a}\mathscr{A}(d/\lambda_0) \tag{9.5.6}$$

对给定的 h_a，由(9.1.18)式和(9.1.19)式求出 $\mathscr{A}(\pm d/\lambda_0)$，则由(9.5.6)式立即得到 λ 与 h_a 的关系。图 9.14 给出不同膜厚的 $\lambda \sim H_a$。当 $d = 10\lambda_0$（曲线 a）时，与大块的结果完全重合。实际上，当 $d > 5\lambda_0$ 就与大块完全一致。但对 $d/\lambda_0 < 1$ 的情况（曲线 b～g），得到 $\lambda < \lambda_0$ 的不合理结果。这是由于当 $d/\lambda_0 < 1$ 时，(9.5.6)式的定义已不再适用，因此求薄膜的 λ 必须从原始定义

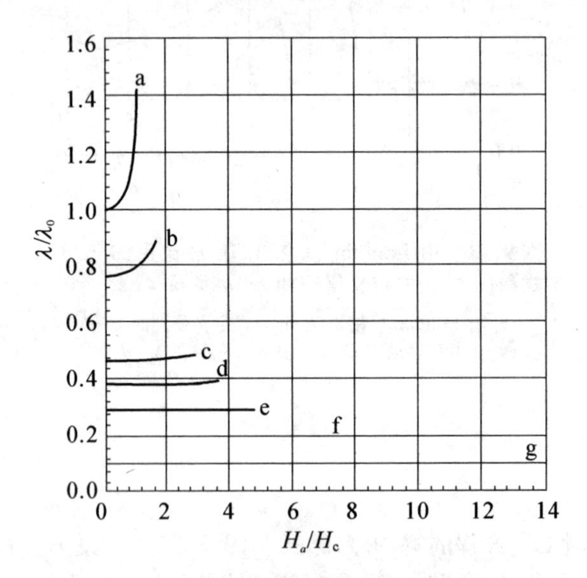

图 9.14　不同厚度 $2d$ 的高温超导膜由(9.5.2)式定义的 λ 与 H_a 关系的理论结果

a: $d/\lambda_0 = 10.0$; b: $d/\lambda_0 = 1.0$; c: $d/\lambda_0 = 0.5$; d: $d/\lambda_0 = 0.4$; e: $d/\lambda_0 = 0.3$; f: $d/\lambda_0 = 0.2$; g: $d/\lambda_0 = 0.1$

$$\lambda = \sqrt{\frac{m}{\mu_0 e^2 \Psi^2}} \tag{9.5.7}$$

出发，即

$$\frac{\lambda}{\lambda_0} = \left|\frac{\Psi_0}{\Psi}\right| = \frac{1}{f} \tag{9.5.8}$$

这里 f 是 x' 的函数，取平均得

$$\frac{\lambda}{\lambda_0}=\frac{\lambda_0}{2d}\int_{-d/\lambda_0}^{d/\lambda_0}\frac{1}{f}\mathrm{d}x' \tag{9.5.9}$$

利用(9.1.18)、(9.1.19)式，由(9.5.9)式可计算不同厚度薄膜的 $\lambda\sim H_a$ 关系(见图 9.15a)和不同外场下 $\lambda\sim d$ 的关系(见 9.15b)。理论结果惊奇地给出在 GL 理论中 λ 还与 d 有关。

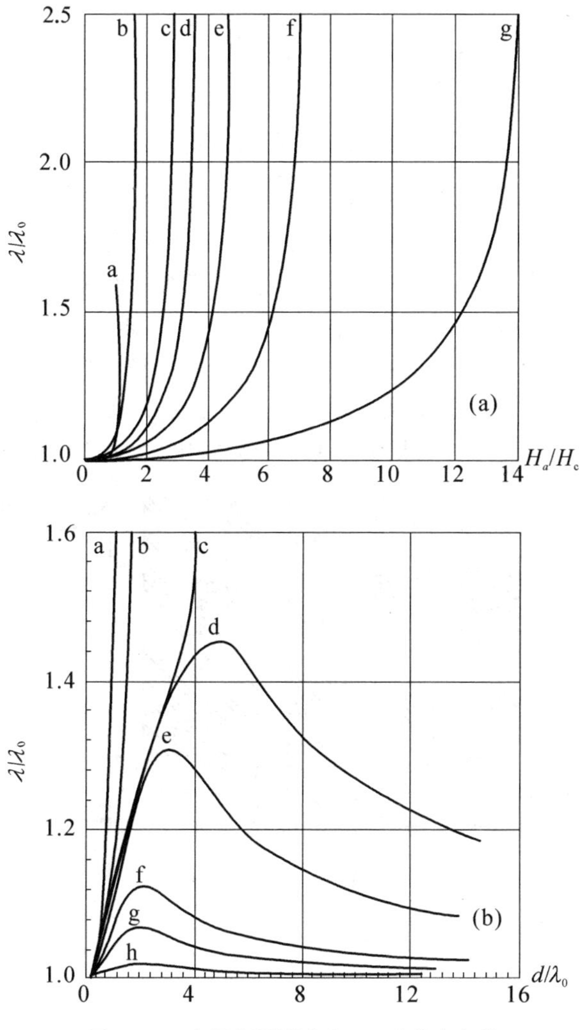

图 9.15　高温超导膜由(9.5.9)式定义的 λ 与 H_a 和 d 的关系的理论结果

a: $h_a=1.000$; b: $h_a=0.800$; c: $h_a=0.708$; d: $h_a=1/\sqrt{2}$; e: $h_a=0.707$; f: $h_a=0.600$; g: $h_a=0.500$; h: $h_a=0.300$

9.5.5 λ定义的适用性

λ有两种定义，即(9.5.2)式和(9.5.4)式

$$\lambda=\frac{1}{2H_a}\int_0^{\infty}H(x)\mathrm{d}x \quad 或 \quad 2\lambda=\frac{1}{2H_a}\int_{-d}^{d}H(x)\mathrm{d}x$$

$$\lambda=\sqrt{\frac{m}{\mu_0 e^2\Psi^2}}$$

对大块超导体，两种定义的结果一致。对薄膜，当 $d<\lambda$ 时，(9.5.2)式的定义已不适用，其原因在于 $\int_{-d}^{d}H(x)\mathrm{d}x$ 是被磁场穿透的部分，或者说是膜中正常态的部分，这部分的折合量为 $2\lambda H_a$。显然，当 $d<\lambda$ 时仍用此表示则膜全部为正常，图 9.16 给出了图解说明。在这种定义下，λ的意义是在离膜表面距离为λ的尺度上被磁场全部穿透，这部分是正常态，当离表面的距离大于λ时磁场突然消失，抗磁的部分为 $2d-2\lambda$。当 $d=\lambda$ 时(9.16(c))抗磁部分为零，$d<\lambda$ 时，正常部分交叠，这就表明，在磁场(甚至 $\ll H_c$)下的超导薄膜不可能超导，这显然是错误的。图 9.16(d)和(e)示意图解给出磁场在超导膜中的分布，即使 $d\ll\lambda$ 仍有超导部分。因此(9.5.2)式定义的λ只能在 $d>\lambda$ 时适用，$d<\lambda$ 时只能由 GL 方程解出 Ψ，由(9.5.4)式来定义λ。

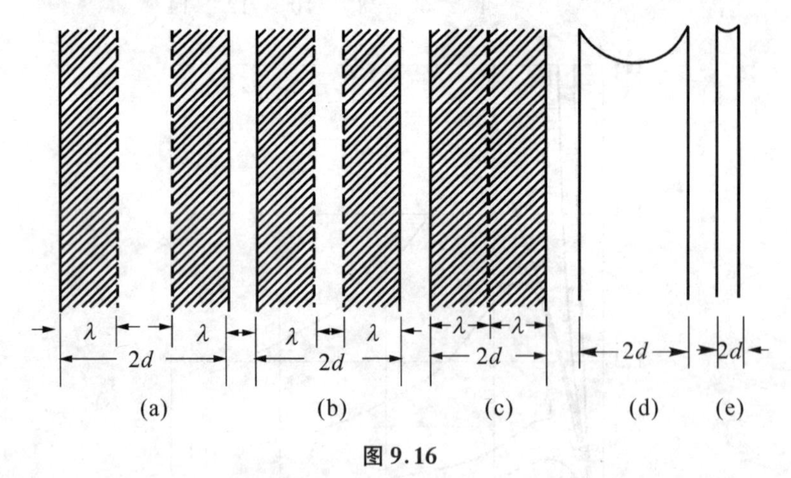

图 9.16

9.5.6 λ～d 关系

长期以来人们一直认为在局域的 London 理论和 GL 理论中λ与 d 无关，λ与 d 有关是非局域效应所致。对于 London 理论，将由 London 方程解出的 $H(x)$ 代入(9.5.2)式，我们发现，当 $d>\lambda$ 时，λ几乎与 d 无关(图忽略)，当 $d<\lambda$ 时，(9.5.2)

式不适用，如果用(9.5.4)式的定义 $\Psi=\Psi_0$，λ 是常量。而我们的 $\kappa\gg1$ 的 GL 方程的解和对 GL 方程重新分析得到的(9.1.11)式惊奇地得到 λ 不仅与 d 有关，而且给出了一个非局域理论得不到的复杂关系。从图 9.13 和图 9.15 可以看到，在 $H_a\leqslant H_c$ 的磁场中，随膜厚 d 的减小 λ 增加，达到一个峰值，当 d 进一步减小时 λ 却单调下降，d 趋于零时 λ 趋向于 λ_0。随外场的降低，均有此规律，只是峰值向小的 λ/d 推移，当 $h_a=0.3$ 时，峰值 d/λ_0 大约在 1.6。当 $h_a>1/\sqrt{2}$时，即 $H_a>H_c$，由于膜的临界场 $H_{cf}>H_c$，只有在薄膜中才保持超导电性。理论结果表明，当 $h_a=0.708$ 时，$d/\lambda_0\approx4$ 的膜才超导，h_a 再大时超导态的膜厚将更小，所以 $\lambda\sim d$ 关系只有单调下降，而无峰值。

现在讨论我们新得到的 $d\sim\lambda$ 的复杂关系，首先可以看到，当 λ 可以和膜厚 d 比拟时，抗磁部分的有效厚度 $d_{ef}=d-\lambda$。因此(9.5.1)式中定义的 H_{cf}(它对 $\kappa<1$ 是适用的，$\kappa\gg1$ 的公式(9.3.7)中 H_{cf}不是显式，用(9.5.1)式讨论更为方便一些)显然是低了，必须用 d_{ef}代替 d，假如仍然用 d 描述，则 λ 必然与 d 有关，且随 d 的增加而减小。当 $d<\lambda$ 时，(9.5.2)式已不适用，否则 d_{ef}将是负值，$\lambda/\lambda_0<1$，这时 λ 必须由(9.5.4)式定义。从图 9.16(d)和(e)看到，当 $d\ll\lambda$ 时，不论 h_a 大还是小，磁场几乎全穿透膜，则 $\lambda/\lambda_0\approx1$，从图 9.16(e)看到超导电性还是很小的贡献，因此 $f\to0$ 但 $f\neq0$，这个弱的抗磁性致使我们还必须考虑有效厚度 d_{ef}，d_{ef}随 d 增大而增大，致使 λ 在 $d<\lambda$，$h_a<1/\sqrt{2}$的情况下随 d 的增大而增大。

图 9.13 和图 9.15 给出的 $\lambda\sim d$ 关系与实验比较定量上是不符合的。实验上随 d 的减小，λ 增加要迅速得多。Pippard、Ittner、Toxen，本文作者和吴杭生等研究了膜中的非局域效应得到与实验符合的结果。这些作者的研究中本质上是考虑到 $\Psi(x)$在空间的变化。在 GL 理论中由于 $\Psi(x)$是缓慢的，所以它具有弱的非局域性，故解的结果反映出 λ 与 d 的缓变关系，而 London 理论是完全局域的，得到 λ 与 d 无关是很自然的。

9.6　超导薄膜临界磁场的非线性非局域效应

9.6.1　London 和 GL 理论的非局域修正

我们先不管实验上得到的 $H_{cf}\sim d^{-1}$与 $d^{-3/2}$的不一致，这个问题留到后面章

节去解决，我们回忆起 Pippard 理论给出的结果

$$\lambda = \lambda_L \left(\frac{\xi_0}{\xi}\right)^{1/2} \tag{9.6.1}$$

及

$$\frac{1}{\xi} = \frac{1}{\xi_0} + \frac{1}{l} \tag{9.6.2}$$

Tinkham 考虑到膜面对电子的散射同样可以减小电子的平均自由程 l，因此他把界面效应计算到 ξ 中，将(9.6.2)式改成

$$\frac{1}{\xi} = \frac{1}{\xi_0} + \frac{1}{l} + \frac{1}{d} \tag{9.6.3}$$

当 d 很小时，即 $\xi_0, l \gg d$ 时，$\xi \approx d$，则(9.6.1)式变成

$$\lambda = \lambda_L \frac{\xi_0^{1/2}}{d^{1/2}} \tag{9.6.4}$$

式中 λ_L 认为是大块超导样品的穿透深度，λ 是对薄膜穿透深度，将 London 和 GL 理论的薄膜临界磁场公式中 λ_L 换成 λ，则有

$$\frac{H_{cf}}{H_c} = \begin{cases} \sqrt{3}\lambda_L \dfrac{\xi_0^{1/2}}{d^{3/2}}, & \text{London} \\ \sqrt{6}\lambda_0 \dfrac{\xi_0^{1/2}}{d^{3/2}}, & \text{GL} \end{cases} \tag{9.6.5}$$

由这个简单的模型很容易得到薄膜是非局域极限或叫 Pippard 极限，因此在描述薄膜的临界磁场时，必须对局域理论作非局域修正。

虽然 Tinkham 的模型给出了 $H_{cf} \propto d^{-3/2}$ 的关系，但这个模型太简化了，因为电子在薄膜中运动被膜面散射情况必须加以考虑。

Schrieffer① 把界面散射考虑为镜面反射。

考虑到一个厚度为 $2d$ 的超导膜，使其表面垂直于 x 方向，一个均匀磁场 H_a 加在 z 方向，则逆磁电流在 y 方向，如图 9.17 所示，其磁化率 χ 的大小是

$$\frac{\chi}{\chi_0} = \frac{1}{2d}\int_0^{2d} \frac{[H_a - H_y(x)]}{H_a} dx = 1 - \frac{A_y(2d)}{\mu_0 d H_a} \tag{9.6.6}$$

其中

$$\chi_0 = -1 \quad 且 \quad A_y(0) = -A_y(2d)$$

为了解 $A_y(x)$，Schrieffer 引进一个周期地位于 x 轴的虚电流片(图 9.18)，由于界面是镜反射，所以可将膜延拓出去使之周期变化，例如我们在 Ⅰ 区中看到一个

① J. R. Schrieffer, *Phys. Rev.*, **106**(1957), 47.

电子接近表面具有沿 x 方向的速度分量,那么在Ⅱ区中则有一个速度数值相等但沿 x 反向的速度分量,因此,能够认为这些电子交变地通过 $x=2d$ 的表面,这就相当于在Ⅰ区中发生一个镜面反射。

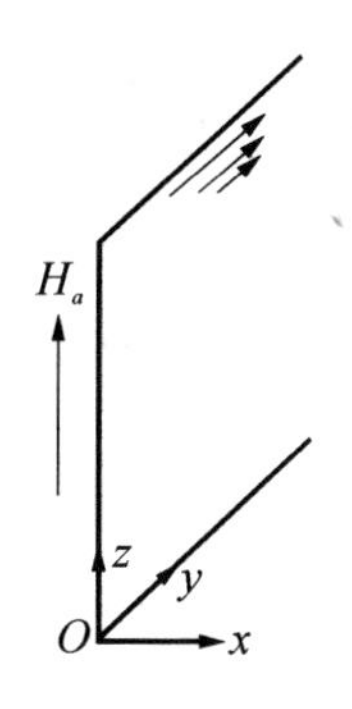

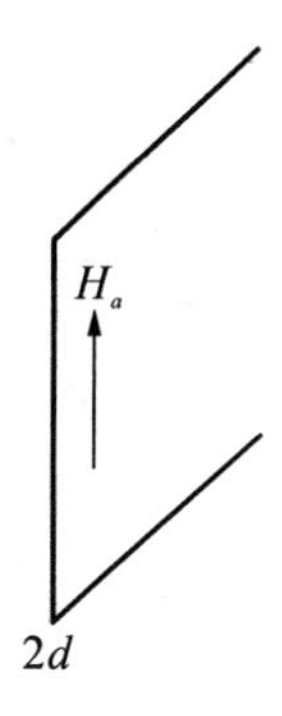

图 9.17

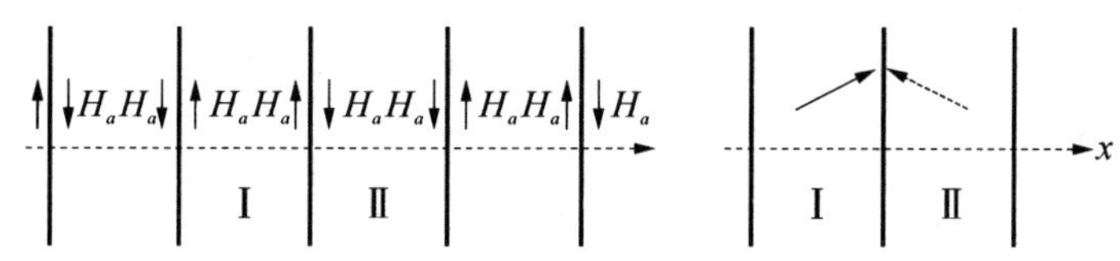

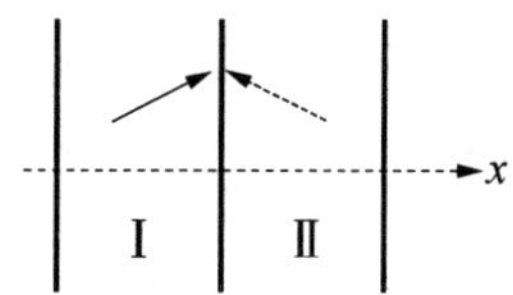

图 9.18 膜的镜反射延拓模型

设 $H_z=H_z(x)$ 在界面上为 H_a,内部为0,则由 $\nabla\cdot\boldsymbol{H}=\boldsymbol{j}$ 得

$$\boldsymbol{j}=\begin{vmatrix}\boldsymbol{i} & \boldsymbol{j} & \boldsymbol{k}\\ \dfrac{\partial}{\partial x} & \dfrac{\partial}{\partial y} & \dfrac{\partial}{\partial z}\\ 0 & 0 & H_z\end{vmatrix}=-\boldsymbol{j}\frac{\partial}{\partial x}H_z(x)=-\boldsymbol{j}H_a\delta(x)$$

则

$$j_y^{\sigma}(x)=f(x)=\begin{cases}-H_a, & x=0\\ 0, & x\neq 0,2d\\ H_a, & x=2d\end{cases}$$

作 Fourier 展开

$$\begin{aligned}a_k&=\frac{1}{d}\int_0^d f(x)\cos\frac{k\pi x}{2d}\mathrm{d}x=\frac{1}{d}\int_0^d\Big[-\int_{<0}^{>0}H_a\delta(0)\cos\frac{k\pi x}{2d}\mathrm{d}x\\&\quad+\int_{>0}^{<d}0\cdot\cos\frac{k\pi x}{2d}\mathrm{d}x+\int_{<d}^{>2d}H_a\delta(0)\cos\frac{k\pi x}{2d}\mathrm{d}x\Big]\\&=\frac{1}{d}\Big(-H_a+H_a\cos\frac{k\pi}{2}\Big)\end{aligned}$$

当 $k/2=2n+1, k=2(2n+1)$ 时

$$a_k=-\frac{2H_a}{d},\quad b_k=0$$

所以

$$j_y^\sigma(x)=-\frac{2H_a}{d}\sum_{n=0}^{\infty}\frac{\cos 2\pi(2n+1)x}{2d}=-\frac{2H_a}{d}\sum_{n=0}^{\infty}\cos k_n(x) \tag{9.6.7}$$

式中，$k_n=(2n+1)\pi/d$。

由 Maxwell 方程$\nabla\times\boldsymbol{H}=\boldsymbol{j}$，$\boldsymbol{j}$ 是总电流密度，包括受界面散射部分的等效电流密度和 $\boldsymbol{j}_s=K\boldsymbol{A}$ 的超导电流密度。

由 $\mu_0H=\nabla\times\boldsymbol{A}$，并取规范$\nabla\cdot\boldsymbol{A}=0$，所以

$$\mu_0\boldsymbol{j}=\nabla\times(\nabla\times\boldsymbol{A})=-\nabla^2\boldsymbol{A}+\nabla(\nabla\cdot\boldsymbol{A})=-\nabla^2\boldsymbol{A}$$

而

$$A_y(k_n,x)=A_y(k_n)\mathrm{e}^{-\mathrm{i}k_nx}$$

$$\nabla^2A_y(k_n,x)=A_y(k_n)(-\mathrm{i}k_n)^2\mathrm{e}^{-\mathrm{i}k_nx}=-k_n^2A_y(k_n,x) \tag{9.6.8}$$

$$j_y(k_n,x)=j_y^s(k_n,x)+j_y^\sigma(k_n,x) \tag{9.6.9}$$

由(9.6.7)式得

$$j_y^\sigma(k_n,x)=-\frac{2H_a}{d}\cos k_n(x) \tag{9.6.10}$$

因为 $\boldsymbol{j}$ 和 $\boldsymbol{A}$ 之间的关系随不同理论而异，例如 London 理论是 $\boldsymbol{j}_s=-\frac{1}{\mu_0\lambda_L^2}\boldsymbol{A}$；Pippard 理论 $\boldsymbol{j}(\boldsymbol{r})=-\frac{3}{4\pi\xi_0}\frac{1}{\mu_0\lambda_L^2}\int\frac{\boldsymbol{R}}{R^4}[\boldsymbol{R}\cdot\boldsymbol{A}(\boldsymbol{r}')]\mathrm{e}^{-R/\xi_p}\mathrm{d}^3\boldsymbol{r}'$；而对 GL 理论 $\boldsymbol{j}_s=\frac{\hbar e}{2\mathrm{i}m}(\Psi^*\nabla\Psi-\Psi\nabla\Psi^*)-\frac{e^2}{m}|\Psi|^2\boldsymbol{A}$，所以我们令

$$\mu_0j_y^s(k_n,x)=-K(k_n)A_y(k_n,x) \tag{9.6.11}$$

显然 $K(k_n)$对不同理论有不同形式。

由等式 $\mu_0j_y(k_n,x)=-\nabla^2A_y(k_n,x)$及(9.6.8)式－(9.6.11)式得

$$-K(k_n)A_y(k_n,x)-\frac{2\mu_0H_a}{d}\cos k_n(x)=k^2A_y(k_n,x)$$

$$A_y(k_n,x)=-\frac{2\mu_0H_a}{d}\frac{\cos k_n(x)}{k_n^2+K(k_n)} \tag{9.6.12}$$

所以

$$A_y(x)=-\frac{2\mu_0H_a}{d}\sum_{n=0}^{\infty}\frac{\cos k_n(x)}{k_n^2+K(k_n)} \tag{9.6.13}$$

$$A_y(2d) = -\frac{2\mu_0 H_a}{d}\sum_{n=0}^{\infty}\frac{1}{k_n^2 + K(k_n)} \tag{9.6.14}$$

将(9.6.14)式代入(9.6.6)式则得

$$\frac{\chi}{\chi_0} = 1 - \frac{2}{d^2}\sum_{n=0}^{\infty}\frac{1}{k_n^2 + K(k_n)} \tag{9.6.15}$$

再由(9.6.13)式得

$$\frac{\mu_0 H_z(x)}{H_a} = \frac{1}{H_a}\frac{\mathrm{d}A_y(x)}{\mathrm{d}x} = \frac{2}{d}\sum_{n=0}^{\infty}\frac{k_n \sin k_n x}{k_n^2 + K(k_n)} \tag{9.6.16}$$

式中 $K(k_n)$由(9.6.11)式定义。它对不同理论有不同的表现形式。

9.6.2 弱磁场非局域理论

Ittner[①] 认为膜的临界磁场可以用 London 理论描述，只不过用一个有效穿透深度 λ_{ef} 代替 London 穿透深度 λ_L 而已。London 理论给出，磁场在厚度为 $2d$ 的超导膜中变化为

$$\frac{H(x)}{H_a} = \frac{\mathrm{ch}\left(\frac{x}{\lambda_L}\right)}{\mathrm{ch}\left(\frac{d}{\lambda_L}\right)} \tag{9.6.17}$$

Ittner 对厚度为 1 000 Å 的膜用有效穿透深度 $\lambda_{ef} = 880$ Å，由(9.6.17)式计算出磁场的变化和用 BCS 的 $K(k_n)$(在第 12 章中给出)由方程(9.6.16)给出的磁场的变化曲线一起绘在图 9.19 上。将两条曲线中心重合在一起，两条曲线差别最大不超过 5%。所以 Ittner 得出结论：如果用一个有效穿透深度 λ_{ef}代替 λ_L，则 London 理论所描述的空间磁场的变化与用不同非定域理论所描述的空间磁场的变化，无论在大小和形状上都很一致，因此膜的临界磁场可以用 London 理论描述。

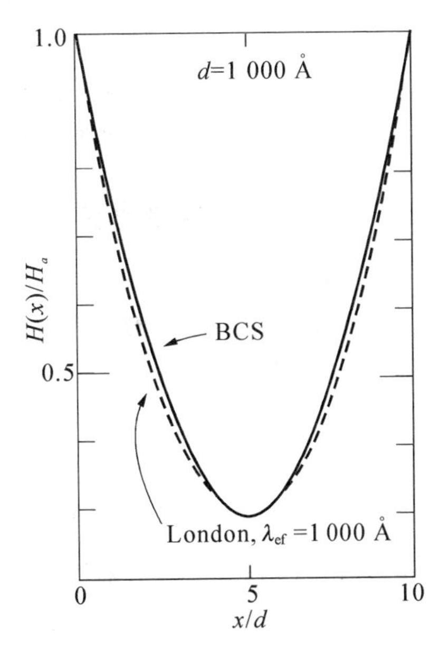

图 9.19 在 1 000 Å 厚度膜的横截面上磁场的变化(实线是由用 BCS 的 $K(k_n)$计算出的；虚线是由取有效穿透深度 $\lambda_{ef} = 880$ Å 用 London 方程算出的)

上述方法给出 1 000 Å 的膜相应于 880 Å

① R. Ittner, *Rhys. Rev.*, **119**(1960), 1591.

的有效穿透深度 λ_{ef}。因此用此方法可以得到不同厚度的膜与有效穿透深度大小的关系。图 9.20 给出了 Ittner 的计算结果。

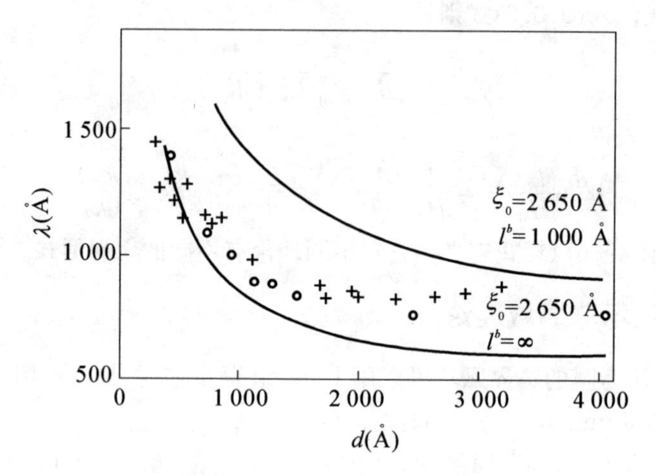

图 9.20 穿透深度 λ 随厚度 d 的变化曲线

○ In + 2%Sn; + In + 3%Sn;实线是 Ittner 理论曲线

9.6.3 强磁场非局域理论

Toxen[①] 将 Schrieffer 方程中的 $K(k_n)$ 用 Pippard 的 $K(k_n)$ 计算出膜的磁化率,再用 GL 理论中 H_{cf}/H_c 与磁化率的关系对 GL 理论做了非局域修正。

从 GL 方程我们知道

$$\frac{H_{cf}}{H_c} = F_1\left(\frac{\lambda_0}{d}\right)$$

由(9.3.1)式,$M = -H_a\left[1 - \mathrm{th}\left(\frac{qd}{\lambda_0}\right)\Big/\left(\frac{qd}{\lambda_0}\right)\right]$

令 $M/H_a = \chi, \chi_0 = -1$,则 $\lambda_0(r)/d = F_2(\chi/\chi_0)$。

所以

$$\frac{H_{cf}}{H_c} = G\left(\frac{\chi}{\chi_0}\right) \tag{9.6.18}$$

在薄膜极限下,展开(9.3.1)式,且由 $H_{cf}/H_c = \sqrt{6}\lambda_0(T)/d$ 得

$$\frac{H_{cf}}{H_c} = \left(\frac{\chi}{\chi_0}\right)^{-1/2} \tag{9.6.19}$$

---

① A. M. Toxen, *Phys. Rev.*, **123**(1961), 442; **127**(1962), 382.

现在用 χ/χ_0 进行非局域修正，由(9.6.15)式给出的镜面反射条件下的磁化率关系，取 Pippard 的 $K(k_n)$，由(9.3.15)式

$$K(k_n)=\frac{\xi_p}{\xi_0}\frac{1}{\lambda_L^2}\left\{\frac{3}{2(k_n\xi_p)^3}(1+k_n^2\xi_p^2)\arctan k_n\xi_p-k_n\xi_p\right\} \tag{9.6.20}$$

式中 $k_n=\dfrac{(2n+1)\pi}{d}$。令 $\beta=\dfrac{1}{3}\pi\dfrac{\xi_0\lambda_L^2}{d^3}$，$\alpha=\dfrac{1}{2}\pi\dfrac{\xi}{d}$，则

$$\begin{aligned}\left(\frac{\chi}{\chi_0}\right)_{\text{spec}}&=1-\frac{2}{d^2}\sum_{n=0}^{\infty}\left[k_n^2+K(k_n)\right]^{-1}\\&=1-2\sum_{n=0}^{\infty}\left\{\frac{\pi^2}{4}(2n+1)^2+\frac{1}{\beta\alpha^2(2n+1)}\right.\\&\qquad\left.\times\left[(1+\alpha_2(2n+1)^2)\arctan\alpha(2n+1)-\alpha(2n+1)\right]\right\}\end{aligned} \tag{9.6.21}$$

由(9.6.18)式和(9.6.21)式即得到临界磁场的非局域修正，图9.12(a)中的实线即为 Toxen 理论曲线。

为了能明确的看到薄膜临界磁场的分析表达式，我们取薄膜极限，则 $\beta\gg1$，$\alpha\gg1$，将(9.6.21)式按 β^{-1}，α^{-1}展开得

$$\left(\frac{\chi}{\chi_0}\right)_{\text{spec}}\approx0.518\beta^{-1}-0.658\beta^{-1}\alpha^{-1}+\cdots$$

取到二级近似，则

$$\left(\frac{H_{\text{cf}}}{H_{\text{c}}}\right)_{\text{spec}}=\frac{\sqrt{2}\left(\dfrac{1}{3}\pi\xi_0\lambda_L^2\right)^{1/2}}{d^{3/2}\left[0.518-0.658\dfrac{d}{\dfrac{1}{2}\pi\xi}\right]^{1/2}} \tag{9.6.22}$$

在纯膜中 $1/\xi=1/\xi_0+1/l+1/d$，则(9.6.22)式为

$$\left(\frac{H_{\text{cf}}}{H_{\text{c}}}\right)_{\text{spec}}\approx2.01\left(\frac{\xi_0\lambda_L^2}{d^3}\right)^{1/2} \tag{9.6.23}$$

如果界面是漫射，即电子入射到界面后，发生的反射在入射半空中各处几率一样，Toxen 给出在薄膜极限下，用漫射条件，得

$$\left(\frac{H_{\text{cf}}}{H_{\text{c}}}\right)_{\text{rand}}\approx2.31\left(\frac{\xi_0\lambda_L^2}{d^3}\right)^{1/2} \tag{9.6.24}$$

上述讨论的非局域效应通常被称为 Pippard 极限；相反，如果在杂质极限下，电子平均自由程很短 $\xi=l\to0$，即过渡到局域极限，通常被称为 London 极限。

在 London 极限下，ξ 足够短，因而矢势的任何变化都是慢变的，也就是 $k_n\xi\to0$，则 Pippard 的 $K(k_n)$变成

$$K(k_n) \rightarrow \frac{1}{\lambda_L^2} \frac{\xi_p}{\xi_0} \tag{9.6.25}$$

$K(k_n)$是一个不依赖于 k_n 的常数,这样

$$\left(\frac{\chi}{\chi_0}\right)_{\text{spec}} = 1 - \left(\frac{\xi_0 \lambda_L^2}{\xi d^2}\right) \text{th} \left(\frac{\xi d^2}{\xi_0 \lambda_L^2}\right)^{1/2} \tag{9.6.26}$$

与(9.3.1)式比较得

$$\lambda_0 = \left(\frac{\xi_0 \lambda_L^2}{\xi}\right)^{1/2} \tag{9.6.27}$$

这个结果和 Pippard 假设的结果一致。

如果我们仍保持 GL 理论的薄膜公式 $H_{cf} = \sqrt{6} H_c \lambda_0(T)/d$ 的形式,而把$\lambda_0(T)$换成非局域修正的结果,由(9.6.18)式和(9.6.21)式得到的 $H_{cf}/H_c \sim d$ 关系,则可得到 $\lambda \sim d$ 关系,Toxen 的 $\lambda \sim d$ 关系绘在图 9.21 上。

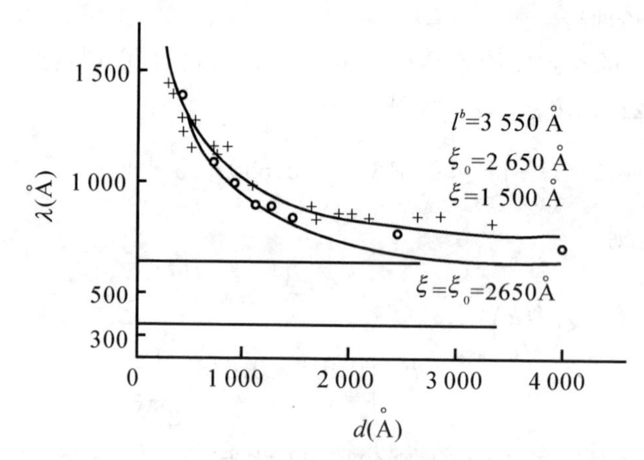

图 9.21　穿透深度 $\lambda(0, d)$与厚度 d 之间的关系

Toxen 曲线取参量 $\xi_0 \lambda_L^2 = 1.62 \times 10^9 (\text{Å})^3$, $\xi_0 = 2\,600$ Å∓400 Å;
London 穿透深度 $\lambda(0, d) = 300$ Å, GL 穿透深度 $\lambda_0(0, d) = 640$ Å;
○　In + 2%Sn; +　In + 3%Sn; 实线是 Toxen 理论曲线

上面的结果是 Toxen 把 GL 的薄膜公式推广到非局域。事实上,较为完善的结果是将 GL 方程推广到非局域,我们知道在一维情况下 GL 方程为

$$\frac{d^2 \Psi}{dx^2} = \frac{2m}{\hbar^2} \beta \Psi^3 - \frac{2m}{\hbar^2} |\alpha| \Psi + \frac{e^2 A^2}{\hbar^2} \Psi \tag{9.6.28a}$$

$$\frac{d^2 A}{dx^2} = \frac{\mu_0 e^2}{m} \Psi^2 A \tag{9.6.28b}$$

Bardeen 推广此关系到非局域,给出 GL 的非局域积分方程

$$\frac{d^2\Psi}{dx^2}=\frac{2m}{\hbar^2}\beta\Psi^3-\frac{2m}{\hbar^2}|\alpha|\Psi+\frac{e^2}{\hbar^2}A(x)\int_0^{2d}K(x-x')\Psi(x')A(x')dx' \tag{9.6.29a}$$

$$\frac{d^2A}{dx^2}=\frac{\mu_0e^2}{m}\Psi(x)\int_0^{2d}K(x-x')\Psi(x')A(x')dx' \tag{9.6.29b}$$

(9.6.29a)和(9.6.29b)两式右边的积分限是按膜的厚度，这个条件相应于界面散射是漫射。

Liniger 和 Odeh 求解了上述积分方程，如同 5.2 节作变换

$$\Phi(x)=\frac{\Psi(x)}{\Psi_0(x)}=\frac{\Psi(x)}{[|\alpha|^2/\beta_c]^{1/2}}$$

$$A^{(1)}(x)=\frac{A(x)}{\sqrt{2}\mu_0H_c\lambda_0}=\left(\frac{\mu_0e^2}{2m|\alpha|}\right)^{1/2}A(x)$$

$$k^{(1)}(x)=\frac{4}{3}\xi K(|x|)$$

再由

$$k=\frac{m}{e\hbar}\left(\frac{2\beta_c}{\mu_0}\right)^{1/2}$$

则方程(9.6.29a)、(9.6.29b)两式分别为

$$\frac{d^2\Phi(x)}{dx^2}=k^2\left[\Phi^3(x)-\Phi(x)+\frac{4}{3}A^{(1)}(x)\left(\frac{\lambda_0}{\xi}\right)\int_0^{2d}k^{(1)}(|x-x'|)\Phi(x')A^{(1)}(x')dx'\right] \tag{9.6.30a}$$

$$\frac{d^2A^{(1)}(x)}{dx^2}=\frac{4}{3}\Phi(x)\left(\frac{\lambda_0}{\xi}\right)\int_0^{2d}k^{(1)}(|x-x'|)\Phi(x')A^{(1)}(x')dx' \tag{9.6.30b}$$

$\Phi(x)$和 $A^{(1)}(x)$的边界条件是

$$\left.\frac{d^2\Phi(x)}{dx^2}\right|_{0,2d}=0$$

$$\left.\frac{dA^{(1)}(x)}{dx}\right|_{0,2d}=h_a=\frac{H_a}{\sqrt{2}H_c}$$

在这些条件下，对方程(9.6.30a)式和(9.6.30b)式作数值计算得出其解，在薄膜极限下得

$$\frac{H_{cf}}{H_c}=\frac{4}{\sqrt{3}}\left(\frac{\xi_0\lambda_L^2}{d^3}\right)^{1/2}\approx 2.31\left(\frac{\xi_0\lambda_L^2}{d^3}\right)^{1/2} \tag{9.6.31}$$

这个结果和 Toxen 在漫射条件下的结果非常一致。

9.6.4 理论与实验比较 超导薄膜临界磁场的非线性非局域效应

(1) 测量量与误差

实验上,由测量膜的临界磁场去研究超导膜的理论时,首先要肯定这些测量量是热力学量,否则将不能与理论相比较,因为所有的超导稳态理论都是建立在热力学基础上的。

Ittner① 对此作了仔细地分析,认为膜的相变是真正的热力学相变,而不是某些张力、缺陷引起的,这可由下面三点给予证明。

(a) 转变很锐,在 $d<d_c$ 的膜中相变没有滞后;

(b) 在同一次蒸发的四片膜中,相变温度惊人的重复(在百分之几以下),在同一片膜上,用机械切割得到不同膜的宽度,测量到的转变是相同的;

(c) 超导相变由测量电阻决定,基本上不依赖于测量电流。测量电流可以在几个量级中变化。

为了避免误差,要求膜有接近理想的结构。在真空淀积时,为了避免出现团状结构而致不均匀,人们采用冷底板,由于在冷底板上金属原子活动性小,则可得到表面光滑、细晶粒的结构致密的膜,在退火后,只是重新结晶而不形成团状。

为了避免边缘效应,即阴影的响应,人们用机械切割去掉边缘。

测量中要把膜调整到和磁场平行的位置。

就是作了上述仔细的安排,在临界磁场的测量中,还存在着不可避免的本底误差。

在确定 $H_{cf}(T)$关系时,最大可能的误差与 T_c 测量的可靠性有关。在接近 T_c 处,临界磁场的值很低,以致可以和杂散磁场相比,当杂散磁场垂直于膜面时,膜边缘处场很大,甚至达到临界值,使膜进入中间态,这样 T_c 的测量就不准了。此外穿透深度在 T_c 附近变化非常迅速,所以 T_c 测量的误差将导致穿透深度出现很大误差。

厚度的确定也不是十分准确的,如果衬底与液氮槽接触不好,则容易形成晶粒团,各个团大小不一造成厚度的离散。

制备膜时,从不同角度蒸发的膜是各向异性的,特别是 Sn 最为明显,各向异性将影响膜的各个参量。

(2) 超导薄膜临界磁场的非线性非局域效应

Ittner, Toxen, Blumberg, Douglass 等测量了纯的 Sn、In 膜的临界磁场与膜厚

---

① B. Ittner, *Phys. Rev.*, **119**(1960), 1591.

度的关系，得出很好的$H_f \propto d^{-3/2}$的规律，从而得到$\lambda \sim d$的关系，将他们的结果与理论$\lambda \sim d$关系比较，理论和实验符合得很好。但是实验和理论结果都是在相应的大块平均自由程$l^b = \infty$的情况下得到的，如果比较一下图9.20和图9.21在$l^b \neq \infty$情况下的理论曲线，它们就有很明显的差别，即使在定性上都不一致。为了使$l^b \neq \infty$实验点清晰，图中没有给出$l^b = \infty$的实验点，$l^b = \infty$的实验值与$l^b = \infty$的理论曲线符合得很好。

我们首先从定性上分析这个膜中的非局域效应，考虑非局域时$H_{cf} \propto d^{-3/2}$，如果仍旧保持局域的临界磁场与厚度的关系，则非局域效应显示到穿透深度中，即λ不再是与d无关的常量，而是$\lambda \propto d^{-1/2}$。我们知道所谓局域，即指空间$\boldsymbol{r}$处的电流密度$\boldsymbol{j}(\boldsymbol{r})$只取决于$\boldsymbol{r}$点的矢势$\boldsymbol{A}(\boldsymbol{r})$，这就意味着相干长度$\xi = 0$；如果是非局域，则空间$\boldsymbol{r}$处的电流密度$\boldsymbol{j}(\boldsymbol{r})$将决定$\xi$范围的矢势，显然，$\xi$愈大非局域范围就愈大。对于薄膜，如果$d \sim \xi$，这里的$1/\xi = 1/\xi_0 + 1/l^b$，则超导膜中任一点的电流密度将取决于整个膜厚上的矢势。所以ξ越大，则显现出非局域性的膜厚度就越厚。对$l^b = \infty$则$\xi = \xi_0$；如果$l^b \neq \infty$则$\xi < \xi_0$，这就意味着$l^b = \infty$的膜显现非局域的厚度要大于$l^b \neq \infty$的，换句话说，若以λ与d有关来量度非局域的话，则$l^b = \infty$的膜比$l^b \neq \infty$的膜在较厚的d下λ与d更有关。但Ittner的理论结果是：$l^b = 1\,000$ Å比$l^b = \infty$相应的λ更早地依赖于d，所以Intter理论定性上就存在不足。图9.20中给出作者$l^b = 2\,230$ Å和3 550 Å的实验结果，很明显实验点比$l^b = \infty$的理论曲线在较薄的膜中显示出λ与d有关。

其次，作者①发现Ittner理论对纯物质也是不正确的，我们把Ittner的$\lambda(d)$代到London方程中，发现其$H_{cf} \sim d$理论曲线比上述作者实验结果低得多，见图9.12(a)。

在图9.12(a)中除了给出Ittner理论曲线外，还给出了Toxen、GL、London理论曲线以及$l^b = \infty$，$l^b = 2\,230$ Å和3 350 Å的实验结果，我们看到GL、London理论在定性上都与实验不一致；而对强磁场作非局域修正的Toxen曲线与实验符合得很好。在图9.21中用$\lambda \sim d$关系比图9.12(a)中用$H_{cf} \sim d$关系更灵敏于与实验比较。

因此我们得到结论，局域的London、GL理论不能用于描述超导薄膜临界磁场，而对London理论作非局域修正只能部分地描述纯物质的超导薄膜，只有非线性定域理论才能很好地描述超导薄膜。

---

① 张裕恒，物理学报，**22**(1966)，341.

9.7 GL理论对超导薄膜的适用性

9.7.1 理论与实验的矛盾

GL理论是局域的,局域的判据是什么呢?人们公认:如果超导物质的相干长度$\xi \ll$磁场对超导体的穿透深度λ,就是局域(或叫London)极限;如果$\xi \gg \lambda$,就叫非局域(或叫Pippard)极限。因为

$$\frac{1}{\xi}=\frac{1}{\xi_0}+\frac{1}{l} \tag{9.7.1}$$

ξ_0是纯超导物质的相干长度,l是电子平均自由程,如果膜很薄以致使$l \approx d$,则可出现$d=\xi \ll \lambda$情况。按局域判据,薄膜属于London极限,GL理论的局域条件在薄膜中满足,因此$H_{cf} \propto d^{-1}$,Zavarit-sky、Shalnikov和Khukhareva等分别从实验上测得了不同厚度Sn,Tl,In和Hg等膜的临界磁场H_{cf},得出一致于GL理论的结论,即$H_{cf} \propto d^{-1}$。

Ittner,Toxen,Douglass和Blumberg及作者等在实验上分别测量了Sn,In和In-Sn合金膜的H_{cf}与d的关系,都得出H_{cf}很好地正比于$d^{-3/2}$的结论。从非局域考虑,理论上得出$H_{cf} \propto d^{-3/2}$,特别是吴杭生①理论很好地符合了我们的实验结果。这些理论和实验上的结论说明薄膜属于Pippard极限,但这个结论又与公认的局域判据条件相矛盾。

9.7.2 在薄膜中局域条件的新判据②

我们知道非局域是$\boldsymbol{j}(\boldsymbol{r})$取决于某一个相关区(相干长度为$\xi$)中矢势$\boldsymbol{A}(\boldsymbol{r})$的积分作用,它们的关系由Pippard方程给出

$$\boldsymbol{j}(\boldsymbol{r})=-\frac{3}{4\pi\xi_0}\frac{1}{\mu_0\lambda_L^2}\int\frac{\boldsymbol{R}(\boldsymbol{R}\cdot\boldsymbol{A})}{R^4}e^{-R/\xi}d\tau \tag{9.7.2}$$

---

① 吴杭生,物理学报,**21**(1965),132.

② 张裕恒,物理学报,**30**(1981),776.

在薄膜极限下，$\boldsymbol{A}$ 可认为与空间坐标无关，设 $\boldsymbol{A}$ 在 y 方向，z 轴垂直于膜的表面，如图 9.22。

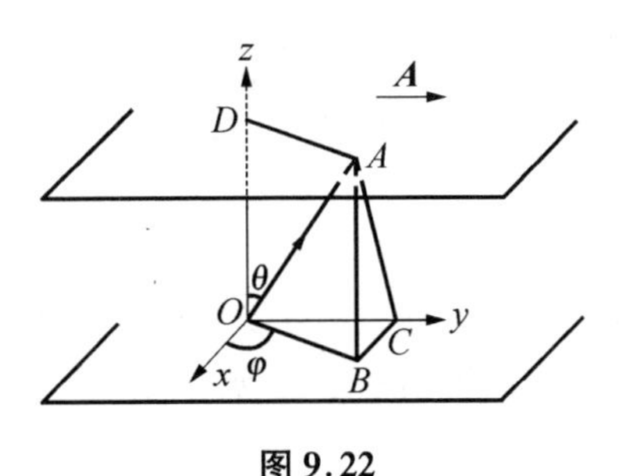

图 9.22

取球坐标，则

$$
\begin{aligned}
\boldsymbol{R}\cdot\boldsymbol{A} &= RA\sin\theta\sin\varphi \\
R_A &= R\sin\theta\cos\varphi \qquad (9.7.3)\\
\mathrm{d}\tau &= R^2\sin\theta\,\mathrm{d}R\,\mathrm{d}\theta\,\mathrm{d}\varphi
\end{aligned}
$$

所以

$$
\begin{aligned}
\boldsymbol{j}(\boldsymbol{r}) &= -\frac{3}{4\pi\xi_0}\frac{1}{\mu_0\lambda_{\mathrm{L}}^2}\int_0^{\frac{d}{\cos\theta}}\mathrm{d}R\int_0^{\pi}\mathrm{d}\theta\int_0^{2\pi}\mathrm{d}\varphi\left(\mathrm{e}^{-R/\xi}\sin^3\theta\sin^2\varphi\right)\boldsymbol{A} \\
&= -\frac{3}{4\pi\xi_0}\frac{\xi}{\mu_0\lambda_{\mathrm{L}}^2}\left[-\int_1^{\infty}\mathrm{e}^{-dx/\xi}\left(1-\frac{1}{x^2}\right)\frac{1}{x^2}\mathrm{d}x+\frac{4}{3}\right]\boldsymbol{A} \\
&= -\frac{3}{4\pi\xi_0}\frac{\xi}{\mu_0\lambda_{\mathrm{L}}^2}\left\{\frac{2}{3}(1-\mathrm{e}^{-d/2\xi})-\frac{1}{6}\frac{d}{2\xi}\mathrm{e}^{-d/2\xi}\left(1-\frac{d}{2\xi}\right)\right. \\
&\quad \left.-\left[\frac{d}{2\xi}-\frac{1}{6}\left(\frac{d}{2\xi}\right)^3\right]\mathrm{Ei}\left(-\frac{d}{2\xi}\right)\right\}\boldsymbol{A} \qquad (9.7.4)
\end{aligned}
$$

其中

$$
-\mathrm{Ei}(-u)=\int_1^{\infty}\frac{\mathrm{e}^{-ux}}{x}\mathrm{d}x \qquad (9.7.5)
$$

GL 理论给出

$$
\boldsymbol{j}(\boldsymbol{r})=-\frac{e^2}{m}|\Psi|^2\boldsymbol{A}(\boldsymbol{r}) \qquad (9.7.6)
$$

$$
\lambda^2=\frac{m}{\mu_0 e^2|\Psi|^2}
$$

比较(9.7.4)和(9.7.6)两式得

$$
\begin{aligned}
\lambda^2 &= \frac{4}{3}\frac{\xi_0\lambda_{\mathrm{L}}^2}{\xi}\cdot\left\{\frac{2}{3}(1-\mathrm{e}^{-d/2\xi})-\frac{1}{6}\frac{d}{2\xi}\mathrm{e}^{-d/2\xi}\left(1-\frac{d}{2\xi}\right)\right. \\
&\quad \left.-\left[\frac{d}{2\xi}-\frac{1}{6}\left(\frac{d}{2\xi}\right)^3\right]\mathrm{Ei}\left(-\frac{d}{2\xi}\right)\right\}^{-1} \qquad (9.7.7)
\end{aligned}
$$

式中 $\lambda_{\mathrm{L}}^2=m/\mu_0 ne^2$，在我们的计算中，所取的积分限相应于漫射界面条件。

在纯的晶态超导体中 l 很大，ξ_0 是 2 000 Å 量级，$l\gg\xi_0$ 是完全可以达到的。如果膜很薄，则可令 $l\approx d$，由(9.7.1)式，可有 $\xi\approx d$，则(9.7.7)式变为

$$
\lambda^2=\frac{4}{3}\frac{\xi_0\lambda_{\mathrm{L}}^2}{d}\left[\frac{2}{3}(1-\mathrm{e}^{-1/2})-\frac{1}{24}\mathrm{e}^{-1/2}-\frac{23}{48}\mathrm{Ei}\left(-\frac{1}{2}\right)\right]^{-1} \qquad (9.7.8)
$$

显然，在晶态薄膜中，λ 不是如 GL 理论给出的与 d 无关，而是 $\lambda \propto d^{-1/2}$。如果除了 $\lambda \gg \xi$ 之外，我们再加上一个 $d \gg \xi$ 的条件，(9.7.7)式变成

$$\lambda^2 = \frac{\xi_0}{\xi}\lambda_L^2 \tag{9.7.9}$$

(9.7.9)式的 λ 与 d 无关，在 $\lambda, d \gg \xi$ 的情况下，(9.7.7)式过渡到(9.7.9)式。由此，我们提出一个在薄膜极限下局域条件的新判据：$\lambda \gg \xi$(或 l)，$d \gg \xi$(或 l)要同时满足。

9.7.3 GL 理论不能用于描述常规晶态超导薄膜的原因——薄膜是 Pippard 极限而不是 London 极限

由新判据条件，上述矛盾就不存在了，因为 GL 理论只能适用于 $\lambda \gg \xi_0$，$d \gg \xi$ 的膜，对晶态薄膜，$l = d$，则 $\xi \approx d$，不满足局域条件，如果膜很厚，以致 l 不受 d 的限制，而是超导物质内禀量，则 $l \gg \xi_0$，由(9.7.1)式得 $\xi = \xi_0 \sim 2\,000$ Å，所以 $d \gg 2\,000$ Å，那么 GL 理论适用的这些晶态膜已不是薄膜而是厚膜了，因此，薄膜 GL 理论不符合 $H_{cf} \propto d^{-3/2}$ 的实验结果是不足为奇的，由于晶态膜不满足局域条件，因此局域的 GL 理论不能描述它。

正是由于在薄膜极限下，不能同时满足 $\lambda \gg \xi$，$d \gg \xi$ 的新判据，它是 $\lambda \gg \xi$，$d = \xi$，所以薄膜不是 London 极限而是 Pippard 极限。

9.7.4 所谓实验符合 $H_{cf} \propto d^{-1}$ 的错误所在

既然晶态薄膜不是 London 极限而是 Pippard 极限，那为什么 Zavaritsky 等在晶态薄膜上却得出实验上一致于 London 极限的 GL 理论的结果呢？作者①仔细地研究分析 Zavaritsky 等的实验结果，发现他们的实验结果不仅比我们和 Toxen 等的实验点分散得多，见图 9.11(a)和图 9.11(b)，而且分散并非偶然的实验误差，而是有一定规律性。对薄膜，实验点系统地高于 GL 理论曲线，随着厚度增加实验点逐渐系统地降低，较厚的膜实验点系统地低于理论值。我们还发现，他们不是用 $H_{cf}(T) \sim d$ 的关系描述实验而是作 $\dfrac{H_{cf}(T)}{H_c(T)} \sim \dfrac{\lambda(T)}{d}$ 图，且人为地规定 $\lambda(T)$ 与 d 无关。然而，我们知道只有当 d 大时，λ 才近似地与 d 无关，对薄膜 $\lambda \propto d^{-1/2}$，因而在薄膜极限下 Zavaritsky 等对描述实验的横坐标 λ/d 取小了，那么实验点当然偏离，因而实验上产生了必然的系统差误，这样，描述方法掩盖了本质效

① 张裕恒，物理学报，**22**(1966)，341.

应，造成了错误结论。由于 Zavaritsky 等人取用的最薄的膜是 2 700 Å，可以预计膜再薄时，实验误差将更大，其实，他们的实验结果也不是 $H_{cf} \propto d^{-1}$，重新整理他们的结果，绘在 $H_{cf} \sim d$ 的对数图中，见图 9.23。虽然实验点很分散，但实验点明显地趋于 $H_{cf} \propto d^{-3/2}$，而不是 $H_{cf} \propto d^{-1}$。图 9.27 中同时给出了 Toxen 的纯 In（相当于 $l \to \infty$）和我们的 In + 2% Sn（相当于 $l = 3\ 550$ Å），In + 3% Sn（相当于 $l = 2\ 230$ Å）不同厚度的 H_{cf} 的实验结果。实验点很好地符合吴杭生和 Toxen 的理论，$H_{cf} \propto d^{-3/2}$。

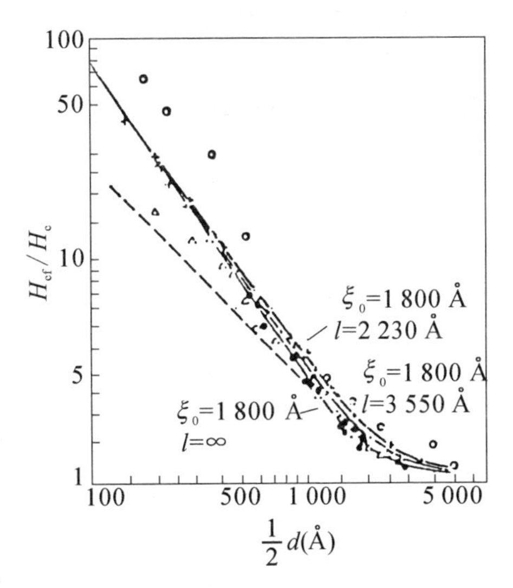

图 9.23　超导薄膜临界磁场与厚度关系

——为吴杭生理论曲线（$\xi_0 = 1\ 800$ Å，$l = 2\ 230$ Å，3 350 Å 和 ∞）；－－－为 GL 理论曲线 $\lambda_0(0) = 640$ Å；● 为纯 In（Toxen）；× 为 In + 2% Sn；+ 为 In + 3% Sn（作者）○ 为 Tl；△ 为纯 Sn（Zavaritsky）；$T = 0.9T_c$

为了更进一步地说明前苏联人描述方法的错误，我们用他们的描述方法，取 $\lambda(T)$ 是 In + 3% Sn 的大块值，并规定它不随厚度变化，把我们的实验值与 GL 理论值做比较（见图 9.24），对 300 Å 左右的膜实验与理论值竟达到 90% 以上的误差。

9.7.5　高温超导薄膜的临界磁场

由于结晶态膜不能满足 London 极限的条件，所以在晶态薄膜上其临界磁场不能证明 GL 理论的正确性。人们立刻就会想到在高温超导体的膜中 ξ 可以很短（1～20 Å），$\lambda \gg \xi$，$d \gg \xi$ 是同时满足的。因此可以预料在高温超导薄膜中 GL 理论应该适用，但由于高温超导的临界磁场太高（～100 T），故高温超导膜的 $H_{cf} \sim d$ 关系到目前还没有人做过。

如果我们令

$$H_{cf}(T) = Ad^n \tag{9.7.10}$$

A 是不依赖于 d 的物质常数。对于 GL 理论 $A = \sqrt{6}\lambda_0(T)H_c(T)$。对(9.7.10)式取对数

$$\ln H_{cf}(T) = \ln A + n \ln d \tag{9.7.11}$$

作 $\ln H_{cf}(T) \sim \ln d$ 曲线，得到一条斜率是 n、截距是 $\ln A$ 的直线，如果 $n = -1$，则

是局域 GL 理论的结果;如果 $n=-3/2$,则是非局域理论的结果。

我们已经知道对结晶的 Sn,In 和 In - Sn 合金,其 n 很好地等于 $-3/2$。而对 Hg[①],则是 $n=-1.25$;对于 Pb,目前尚没有肯定的实验结论得到 n 既不是 -1,也不是 $-3/2$,而是远低于 GL 理论。

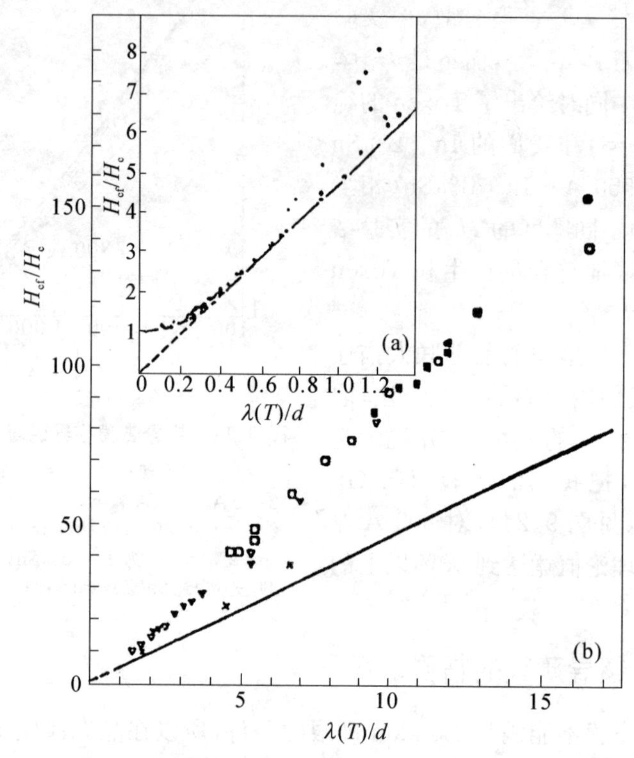

图 9.24 Zavaritsky 等人的描述方法对 In + 3% Sn 的实验结果[②]与理论比较

实线是 GL 理论曲线,λ_0 = 800 Å;■ -289 Å;□ -395 Å;▼ -565 Å;▽ -836 Å;× -1 096 Å;+ -2 180 Å;● -2 859 Å;○ -3 341 Å;△ -5 010 Å;▽ -7 130 Å

9.7.6 膜的界面条件

1938 年 Fuchs[③] 计算了不同成分散射条件下,膜的 $\rho/\rho_0 \sim d/l^b$ 的关系。作

① 见图 9.5

② 张裕恒,物理学报,**30**(1981),775.

③ K. Fuchs, *Proc. Camb. Phys. Soc.*, **34**(1938), 100.

者用此公式与作者的实验比较，见图9.25。

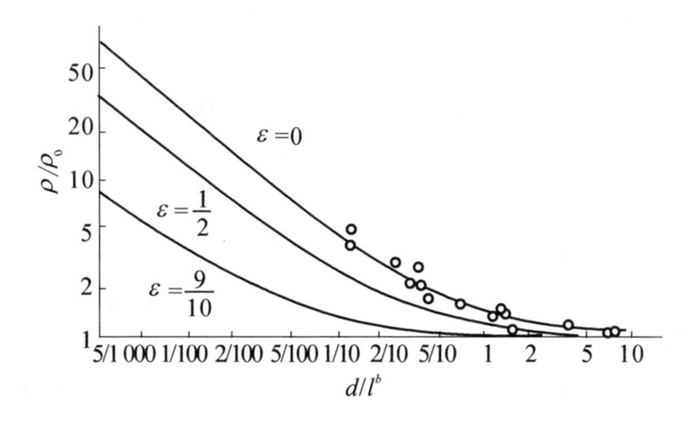

图9.25　In＋2%Sn膜的剩余电阻率与厚度比之间的关系

实线是Fuchs理论曲线，ε是电子在膜面上受到弹性反射的部分，(1－ε)是受到漫射的部分。在把实验点与理论曲线作比较时，采用大块平均自由程 $l_{4.2\,\mathrm{K}}^b=3\,550$ Å。○　In＋2%Sn

实验指出膜面的反射类型完全是漫射类型，虽然这是借助于Fuchs理论而得，但界面绝不会是镜面反射。因为如果是镜面反射，则剩余电阻率与厚度无关。然而前面介绍的修正理论中，Ittner和Toxen都用了Schrieffer的镜面反射公式，吴杭生的理论周期边界条件也是镜反射，恰恰镜反射条件的理论与实验符合得很好，此问题至今未解决。

Fuchs理论得出的金属薄膜的电导率 σ 为

$$\frac{\sigma}{\sigma_0}=1-\frac{3(1-\varepsilon)}{8K}+\frac{3}{4K}(1-\varepsilon^2)\sum_{\gamma=1}^{\infty}\mathrm{e}^{\gamma-1}$$
$$\times\left[B(K,\gamma)\left(K^2\gamma^2-\frac{K^4\gamma^4}{12}\right)+\mathrm{e}^{-K\gamma}\left(\frac{1}{2}-\frac{6}{5}K\gamma-\frac{K^2\gamma^2}{12}+\frac{K^3\gamma^3}{12}\right)\right]\tag{9.7.12}$$

式中 σ_0 是大块材料电导率，$K=d/l^b$，d 是膜厚，l^b 是大块材料的电子平均自由程，ε是电子在膜面上受到弹性反射的部分，(1－ε)是受到漫射的部分。$B(d)$是

$$B(d)=-\mathrm{Ei}(-d)=\int_d^{\infty}\frac{\mathrm{e}^{-\xi}}{\xi}\mathrm{d}\xi\tag{9.7.13}$$

如令 $\xi=ux$，则 x 是1到∞，

$$\int_1^{\infty}\frac{\mathrm{e}^{-ux}}{ux}\mathrm{d}ux=\int_1^{\infty}\frac{\mathrm{e}^{-ux}}{x}\mathrm{d}x$$

9.8 垂直磁场中超导薄膜的电阻转变

在平行磁场中,超导膜相变的行为已被人们很好地认识,它的退磁因子 n 可以被忽略,当磁场达到临界磁场时,电阻可以从零突然恢复到正常。但是对退磁因子不能忽略的样品,当磁场达到 $H_a = H_c(1-n)$时,超导体将进入中间态。在前面我们研究横向磁场中圆柱体的行为时可以知道,$n = 1/2$,当 $H_a = H_c/2$(实际上稍大于 $H_c/2$,例如 $0.58H_c$)时,电阻将随之出现,且随着磁场的增加不断增加,直到 $H_a = H_c$ 时,电阻完全恢复正常。

对于在垂直磁场中的超导膜,n 接近于 $1 - d/w$。这里 d 是膜厚,w 是膜宽。因此我们可以推断当场 H_a 达到$H_c d/w$ 时,电阻立即出现,随后电阻随 H_a 的增加而增加,直到 $H_a = H_c$ 时电阻全部恢复,故在横磁场中膜的转变将在一个十分宽广的磁场区中完成。

9.8.1 实验结果

1962 年 Rhoderick① 对厚度从 600 Å 到 10 000 Å、长 1 cm、宽 0.5 mm 的蒸发 Sn 膜作了在垂直磁场中的测量,得出一系列没有预料到的结果:

① 垂直磁场中的转变像平行磁场一样,转变很锐,而且在低磁场中没有尾巴(图 9.26)。

② 对同一个膜,平行磁场的临界磁场 H_c 比垂直磁场的 $H_{c\perp}$ 高得多(图 9.26)。

③ 垂直磁场的边缘效应不灵敏。图 9.27 给出厚度为 1 000 Å 机械切边前后的 Sn 膜在平行场与垂直磁场的电阻转变情况。由图 9.27 上可以看到未切边的膜对平行磁场的影响比垂直磁场大得多。

④ 转变没有滞后,测量电流对转变的影响也很大(图 9.28,参见第 272 页)。

⑤ 图 9.29(参见第 272 页)中给出了不同厚度的膜的 $H_{c\perp}$ 与约化温度$(T/T_c)^2$之间的关系(临界磁场取全部恢复电阻的值)。2 000 Å 和 5 000 Å 的数据不能分辨,所以用通过它们的一条曲线画出。10 000 Å 处的线是大块 Sn 的临界磁场 H_c 的曲线。

---

① E. H. Rhoderich, *Proc. Roy. Soc.*, *A*, **267**(1962), 231.

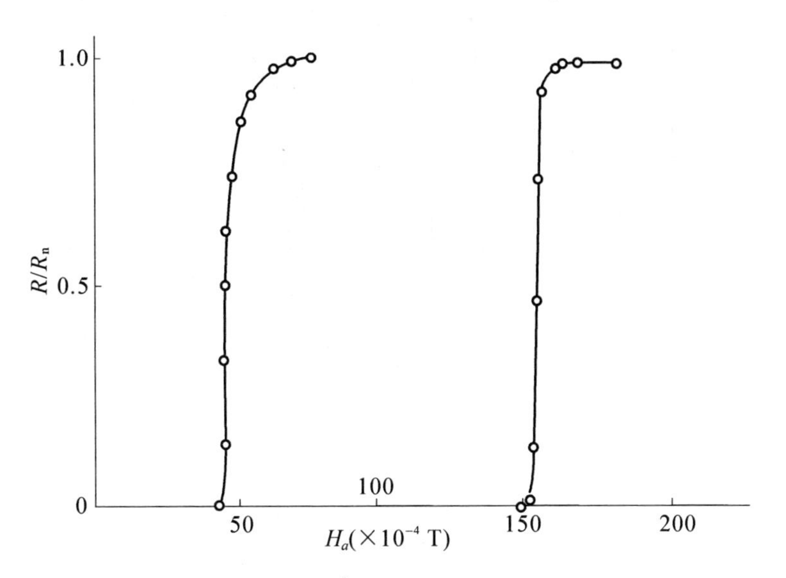

图 9.26　2 000 Å 厚的 Sn 膜在平行和垂直磁场中的转变（$T=3.21$ K，$T_c=3.82$ K）

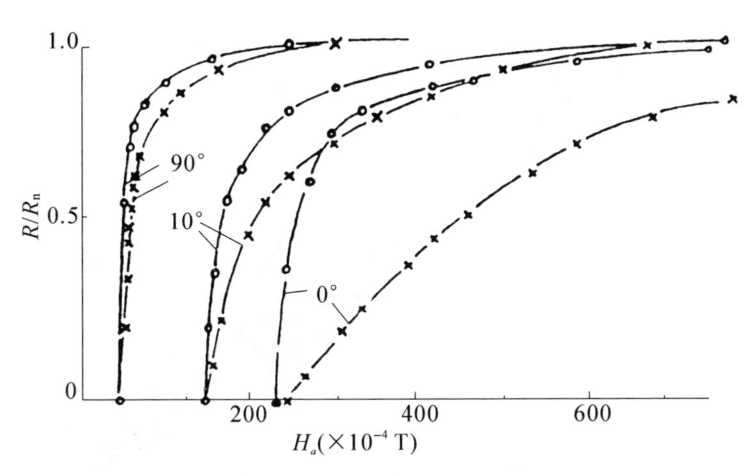

图 9.27　切边与未切边的膜(1 000 Å)在与膜面不同角度的磁场中电阻的转变

× 切边前；○ 切边后

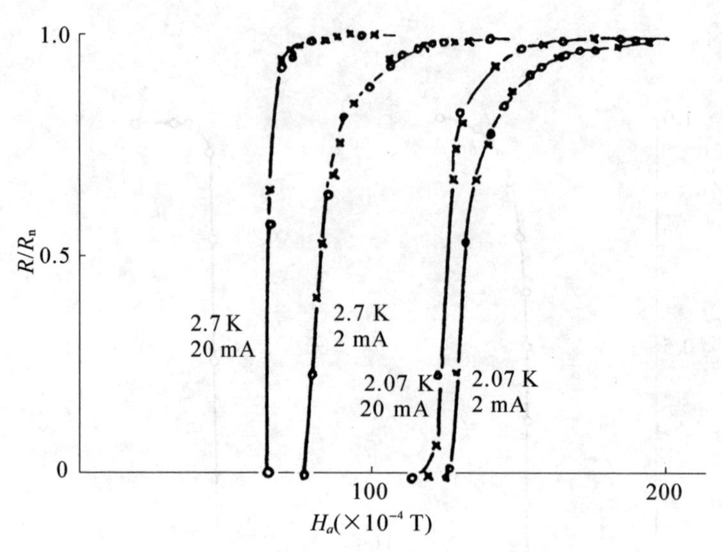

图 9.28 不同测量电流对垂直磁场转变的影响

$d = 2\,000$ Å; $T_c = 3.82$ K; × 磁场增加; ○ 减小磁场

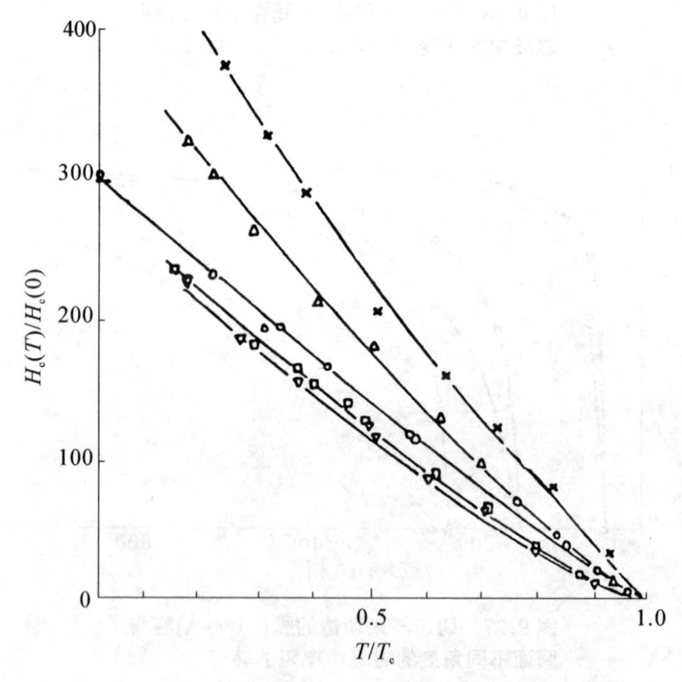

图 9.29 对不同厚度的 Sn 膜, $H_{c\perp}$ 与温度的关系

× 600 Å; △ 1 000 Å; □ 2 000 Å; ▽ 5 000 Å; ○ 10 000 Å

(a) 在 T/T_c 接近于1时，其斜率不像平行磁场那样陡。

(b) 10 000 Å的膜 $H_{c\perp}$ 与大块 H_c 不能分辨；从5 000 Å到2 000 Å的膜，$H_{c\perp}$ 小于 H_c；对于2 000 Å的膜在 $T/T_c>0.9$，$H_{c\perp}$ 仅是平行磁场 H_{cf} 的1/5；膜厚低于2 000 Å的膜 $H_{c\perp}$ 高于大块 H_c 的值，对于600 Å厚的膜 $H_{c\perp}$ 比 H_c 大约高50%。

⑥ Broom和Rhoderich对厚度为2 000 Å的Sn膜和Pb膜进行磁测量。他们用Bi膜探针测量了在横向磁场中膜面上场的情况，见图9.30和9.32。

(a) 图9.30是对厚度为2 000 Å的Sn膜，在3 K，垂直磁场增加时，在未加磁场的膜面一侧上测得的穿透情况。图的左纵坐标给出测得的磁场的平均值。图9.31给出这个平均值与外加磁场的关系。从图9.30上看到当 $H_a=1.5\times10^{-3}$ T时，出现一个明显的讯号，其平均磁场 $\bar{B}$ 是 5×10^{-3} T；到 $H_a=2\times10^{-3}$ T，则有较多的穿透讯号，平均磁场 $\bar{B}$ 已达到 1.2×10^{-3} T，故在图9.31中的曲线迅速升起，当 $H_a\sim3.3\times10^{-3}$ T时，$\bar{B}\sim3.2\times10^{-3}$ T，当 $H_a=5.6\times10^{-3}$ T时，$\bar{B}=5.6\times10^{-3}$ T，此时电阻 $R=0$。当 $H_a=6\times10^{-3}$ T时，电阻恢复到 $R=R_n/2$，而一直到 9×10^{-3} T时电阻才完全恢复到 $R=R_n$。当退场时，电阻测量没有给出滞后，当 $H_a=5.6\times10^{-3}$ T，$R=0$。而从磁测量中看到磁场降到 $H_a=2.0\times10^{-3}$ T时，出现一个明显的反向讯号 $\bar{B}=1.9\times10^{-3}$ T，而当外磁场 H_a 降到0还保留着 1.6×10^{-3} T的反向磁场，相应于图9.31给出的一个冻结场。

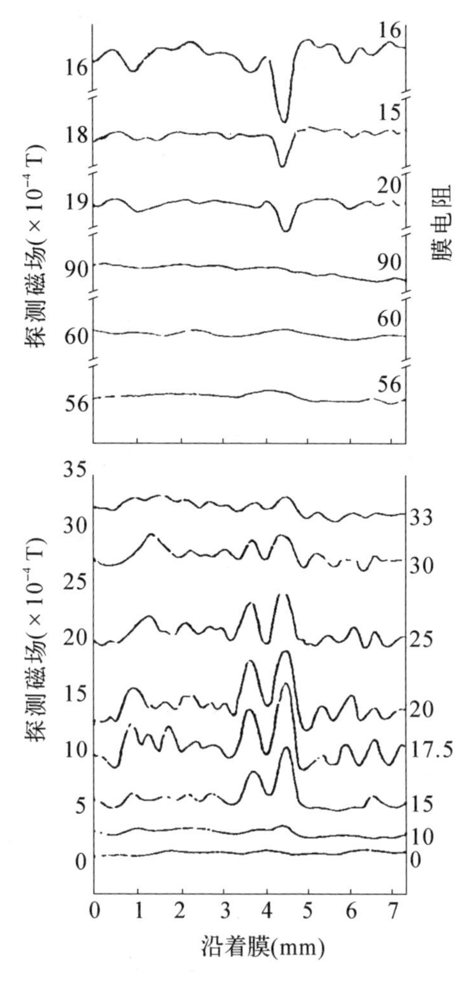

图9.30　在横向磁场中，沿膜面测得的磁场分布(Sn膜厚度为2 000 Å)

(b) 图9.32是对厚为2 000 Å的Pb膜在4.2 K，不同初始条件下测得的膜面磁场。很明显它与历史条件有关。

曲线1：初始在超导态，从0增加磁场到 8.5×10^{-3} T。

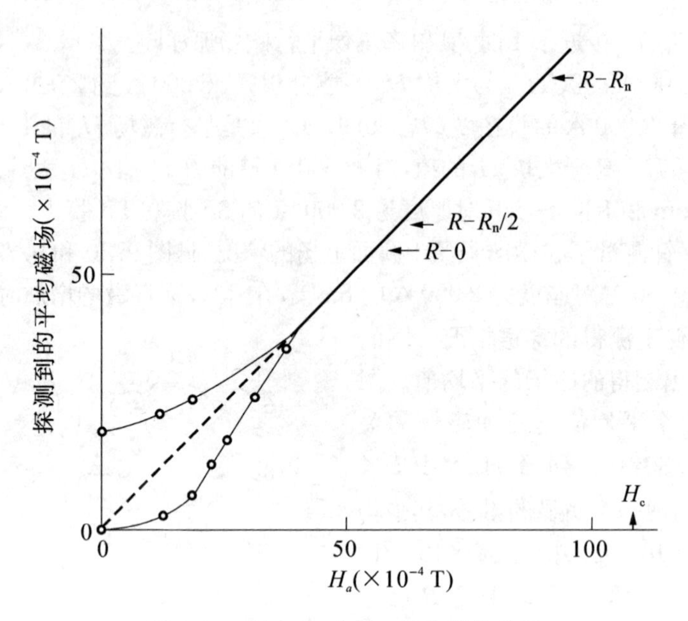

图 9.31　图 8.24 中每一条曲线的磁场的平均值与外加磁场的关系

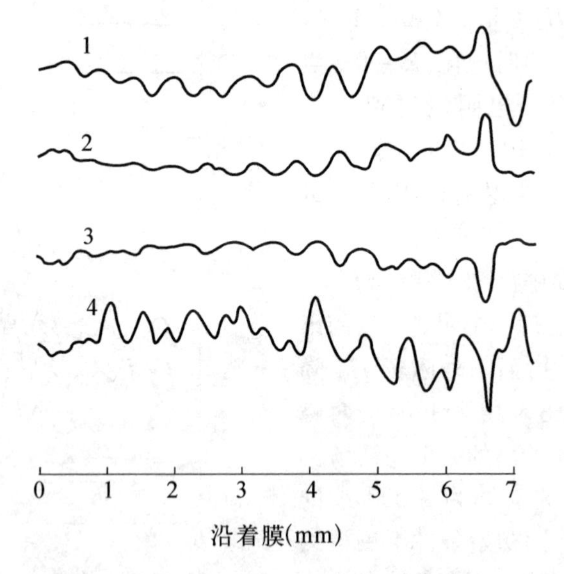

图 9.32　在 4.2 K 下对不同历史条件(初始条件)下,沿厚度为 2 000 Å Pb 膜的中心线磁场的分布

曲线2:增加磁场使之正常,再降到8.5×10^{-3} T。

曲线3:增加磁场使之正常,再降到-8.5×10^{-3} T。

曲线4:增加磁场使之正常,降到0,再降到-8.5×10^{-3} T。

曲线1,2的足迹几乎无关,而曲线2和3有相同的磁场历史,但极性相反,因此它们几乎是完全镜像的,这说明了磁场的足迹与膜的不均匀度有关。曲线1和4有相同的测量条件,但初始条件不同,因此曲线1,4不相似。

9.8.2 理论解释

Rhoderich提出一个物理模型:当$H_a=H_c(1-n)$时,膜不进入中间态,因为进入中间态要产生一个正的界面能,因而推迟了中间态的出现。同时完全恢复正常也不需要达到H_c,而是在低于H_c的磁场中,中间态自由能就和正常态自由能平衡了,这样中间态的范围将大大压缩,故电阻转变出现了锐的效应,从而也说明了2 000 Å~5 000 Å的膜$H_{c\perp}<H_c$。

而对于小于2 000 Å厚的薄膜,Rhoderich认为上述厚膜模型不适用,因为当膜的厚度可以和相关长度相比时,交界相的界面能可能是负的,因此薄膜的转变机制和厚膜不同。

由Landau和Kuper的不分支模型知道,垂直磁场中的薄板进入中间态后,其超导畴的宽度x和膜厚度d之比是$(\xi/d)^{1/2}$数量级,$\xi\mu_0H_c^2/2$是超导和正常相的界面能。对于Sn,$\xi=2\times10^{-5}$cm,那么,当$x\ll d$时,自由表面(即和真空的表面)可以忽略,见图9.33。然而对于d和ξ可以相比时,由Pippard理论知道,这个中间态已失去意义。

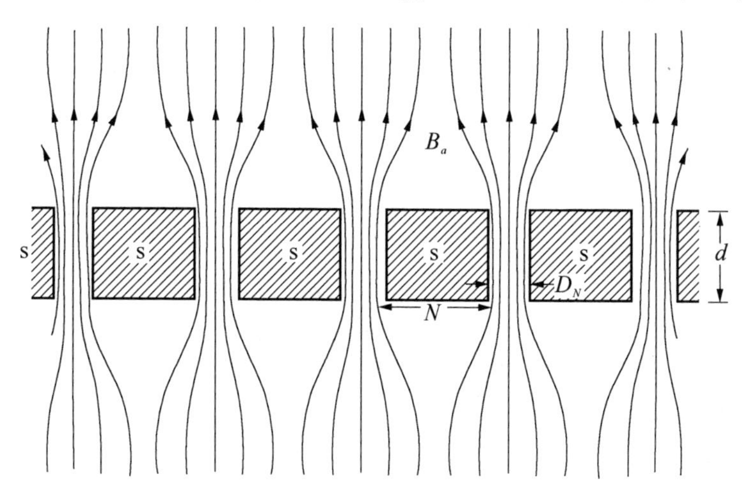

图9.33　膜中的超导畴

假设当薄膜的电阻部分地被恢复时，它能够被分成明确的超导畴 x，则超导区的 Gibbs 自由能应该由磁场部分和结构部分组成，Rhoderich 提出在外磁场中，单独一个超导畴的磁能贡献是

$$G_{磁} = \left\{\frac{V\mu_0 H_a^2}{2}(1-n)^{-1}\right\} f\left(\frac{x}{\lambda}, \frac{d}{\lambda}\right) \tag{9.8.1}$$ ①

f 是一个考虑到穿透的修正，f 小于 1。当畴的宽度 x 可以和 d 相比时，磁能是不重要的。此外，Gibbs 自由能结构部分的贡献是

$$G_{结}(x) = -\frac{V\mu_0 H_c^2}{2} + \delta \tag{9.8.2}$$

δ 是在周期的界面中，有序参量逐渐改变引起的修正。当 $x > \xi$ 时，δ 可以写成 $\delta = S\sigma_\xi \frac{\mu_0 H_c^2}{2}$，$S$ 是周期界面的面积。按照 Pippard 界面能的来源图像 $\sigma_\xi \sim \xi$，再作一次简化认为超导畴的横截面是矩形，那么当 $\xi < x$ 时，超导膜单位体积的自由能是

$$G_{结}(x) = -xd\frac{\mu_0 H_c^2}{2} + 2d\frac{\sigma_\xi \mu_0 H_c^2}{2} = d(2\sigma_\xi - x)\frac{\mu_0 H_c^2}{2} \tag{9.8.3}$$

则

$$G(x) = G_{磁} + G_{结} = \frac{\mu_0 V H_a^2}{2}(1-n)^{-1} f\left(\frac{x}{\lambda}, \frac{d}{\lambda}\right) - xd\frac{\mu_0 H_c^2}{2} + 2d\sigma_\xi \frac{\mu_0 H_c^2}{2} \tag{9.8.4}$$

当 $\partial G(x)/\partial x > 0$，即超导畴增大 $G(x)$ 增加，超导区消失。

对于这个几何尺寸，$n = x/d$，所以 $(1-n)^{-1} \approx 1 + x/d$，则

$$G(x) = \frac{xd\mu_0 H_a^2}{2}\left(1+\frac{x}{d}\right) f\left(\frac{x}{\lambda}, \frac{d}{\lambda}\right) - xd\frac{\mu_0 H_c^2}{2} + 2d\sigma_\xi \frac{\mu_0 H_c^2}{2} \tag{9.8.5}$$

对 $f = 1$，意味着 $\lambda = 0$ 和 $\sigma_\xi \sim \xi = 0$ 的情况。

$$\frac{\partial G(x)}{\partial x} = \frac{d\mu_0 H_a^2}{2} + \mu_0 x H_a^2 - \frac{d\mu_0 H_c^2}{2} \tag{9.8.6}$$

设 $H_a = H_{c\perp}$ 时，$\frac{\partial G(x)}{\partial x} > 0$，则有

$$H_{c\perp} > \frac{H_c^2 d}{2x + d} \tag{9.8.7}$$

从 (9.8.7) 式看到直到 $H_{c\perp} = H_c$ 时，$x = 0$，超导区才消失，这是不奇怪的，因

---

① 作者认为 (9.8.1) 式应是 $G_{磁} = \left\{\frac{V\mu_0 H_a^2}{2}(1-n)^{-2}\right\} f\left(\frac{x}{\lambda}, \frac{d}{\lambda}\right)$，这将导致 (9.8.7) 式中 $2x$ 应为 $4x$。

为 $\sigma_\xi \sim \xi = 0$，$f = 1$，正是没有考虑界面能的情况。

假如 ξ 不是趋向于零，而是接近于 x，则影响到 $G_{磁}$ 和 $G_{结}$ 两个部分。$|G_{结}| = \left|(-x + 2\sigma_\xi) d \frac{\mu_0 H_c^2}{2}\right|$ 减小，由于 $\xi \sim x$，超导和正常界面模糊，因而有序度的梯度降低，超导相 Gibbs 自由能与正常相 Gibbs 自由能之差减小，因而，超导区的破坏将比较早，即 $H_{c\perp} < H_c$。另一方面，虽然由于 $\xi \neq 0$ 提高了超导体系的能量，但 $\lambda \neq 0$，则 $f < 1$，故磁能部分降低了。因此 $(\partial G/\partial x)_{结}$ 和 $(\partial G/\partial x)_{磁}$ 有一个竞争效应。如果 $\lambda > \xi$，则磁能降低抵消了结构能的升高，从而 $\partial G/\partial x < 0$，只有在大于 H_c 的更高的磁场中才有 $\partial G/\partial x > 0$，在此情况下，$H_{c\perp} > H_c$。对 1 000 Å 的膜，可以满足 $\lambda > \xi$，因此对 1 000 Å 和 600 Å 的薄膜 $H_{c\perp} > H_c$。

第 10 章　超导体的输运性质

10.1　超导体中流过的电流分布于表面

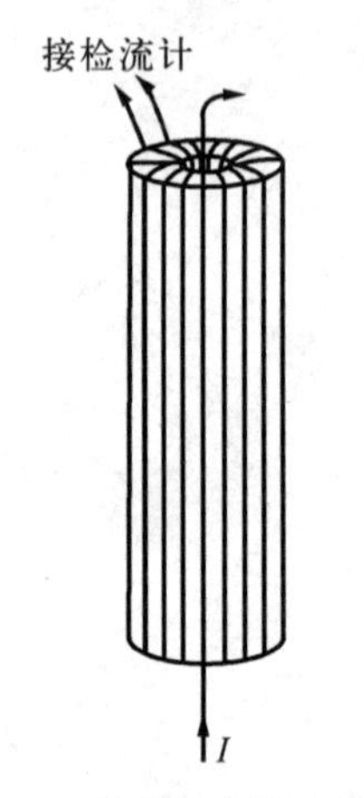

图 10.1　磁感应法检验超导体中的电流总是表面电流

用如图 10.1 所示的方法可以检验超导体内流过的电流总是表面电流。在中空导体上绕上线圈，当样品在正常态时通以电流 I，电流将均匀地分布在样品截面上，所产生的磁场使冲击电流计发生偏转 α。降低温度使之进入超导态，由于电流从体内集中到表面上，则磁力线从体内排出，因此电流计反向偏转 α，此后无论切断或再接通样品中的电流，冲击电流计都不发生偏转。

10.2　从正常导体到超导体的输运电流

10.2.1　厚度为 $2d$ 的无限平板①

如图 10.2 所示，在 $|z|<b$ 内是超导板，$|z|>b$ 是正常导体，我们设电流在 x

① F. London, *Superfluids*, Vol. I, Dover Publications, INC. New York.

方向没有分量，显然这个问题可以用二维处理，也就是在 $y-z$ 平面中。

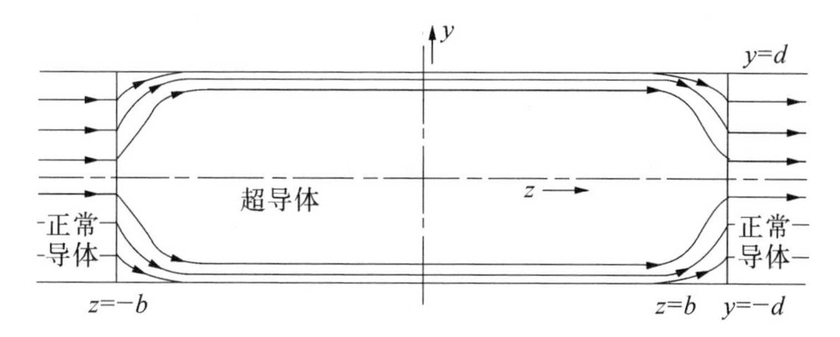

图 10.2　从正常导体进入超导体的电流在超导体中的分布

令 j 是在表面 $z=\pm b$ 上的恒量的电流密度，因此在超导体表面上的界面条件为

$$j_z=j,\qquad |z|=b,\qquad |y|\leqslant d \tag{10.2.1a}$$

$$j_y=0,\qquad |z|\leqslant b,\qquad |y|\leqslant d \tag{10.2.1b}$$

这后面一个条件说明，对于 $y=\pm d$，超导体的边界接着一个绝缘体，j_y 和 j_z 满足的微分方程是

$$\nabla^2 j_y=\frac{1}{\lambda_L^2}j_y \tag{10.2.2a}$$

$$\nabla^2 j_z=\frac{1}{\lambda_L^2}j_z \tag{10.2.2b}$$

和连续性方程

$$\frac{\partial j_y}{\partial y}+\frac{\partial j_z}{\partial z}=0 \tag{10.2.3}$$

先由 j_y 着手，通过分离变量，我们能够得到方程(10.2.2a)的许多特解，对于任意常数 α，解的形式为

$$\left.\begin{matrix}\sin\alpha y\\ \cos\alpha y\end{matrix}\right\}\mathrm{e}^{\pm z(1/\lambda_L^2+d^2)^{1/2}}$$

由于对称性，我们预期 $j_y(-y)=-j_y(y)$，因此只能有正比于 $\sin\alpha y$ 的解，而且我们要求对于 $y=\pm d$，$j_y=0$，因此只有当

$$\alpha=\frac{\pi k}{d},\qquad k=1,2,3,\cdots$$

时才满足这个条件，由于微分方程是线性的，所以我们得到满足边界条件(10.2.2a)式的一般解为

$$j_y=\sum_{k=1}^{\infty}\sin\left(\frac{\pi ky}{d}\right)\left\{A_{k+}\exp\left[z\sqrt{\frac{1}{\lambda_L^2}+\left(\frac{\pi k}{d}\right)^2}\right]\right.$$
$$\left.+A_{k-}\exp\left[-z\sqrt{\frac{1}{\lambda_L^2}+\left(\frac{\pi k}{d}\right)^2}\right]\right\}$$

由于对称性,我们预期 $j_y(-z)=-j_y(z)$,由此得到结论 $A_{k+}=A_{k-}$,把它写作

$$A_{k+}=A_{k-}=\frac{A_k}{2}$$

因此有

$$j_y=\sum_{k=1}^{\infty}A_k\sin\left(\frac{\pi ky}{d}\right)\operatorname{sh}z\left[\frac{1}{\lambda_L^2}+\left(\frac{\pi k}{d}\right)^2\right]^{1/2}\tag{10.2.4}$$

常数 A_k 将由边界条件(10.2.1)确定。

将(10.2.4)式对 y 微分代入(10.2.3)式,对 z 积分得

$$j_z=-\pi\sum_{k=1}^{\infty}\frac{kA_k}{\left[\left(\frac{d}{\lambda_L}\right)^2+(\pi k)^2\right]^{1/2}}\cos\left(\frac{\pi ky}{d}\right)\cdot\operatorname{ch}z\left[\frac{1}{\lambda_L^2}+\left(\frac{\pi k}{d}\right)^2\right]^{1/2}+f(y)$$

这里的 $f(y)$ 是不依赖于 z 的(10.2.2b)式的解,由于对称性,有 $f(y)=f(-y)$,则 $f(y)$ 为

$$f(y)=A\operatorname{ch}\left(\frac{y}{\lambda_L}\right)\tag{10.2.5}$$

对 $z=\pm b$,由边界条件(10.2.1a)式则

$$j-A\operatorname{ch}\frac{y}{\lambda_L}=\pi\sum_{k=1}^{\infty}\frac{kA_k}{\left[\left(\frac{d}{\lambda_L}\right)^2+(\pi k)^2\right]^{1/2}}\operatorname{ch}b\left[\frac{1}{\lambda_L^2}+\left(\frac{\pi k}{d}\right)^2\right]^{1/2}\cos\left(\frac{\pi ky}{d}\right)\tag{10.2.6}$$

(10.2.6)式的右边是没有常数项的以 y 为变量的 Fourier 级数,这意味着它对 y 在 $-d$ 到 $+d$ 的平均值为零,因此方程(10.2.6)式的左边必须满足条件

$$\int_{-d}^{d}\left(j-A\operatorname{ch}\frac{y}{\lambda_L}\right)\mathrm{d}y=0$$

由此确定了常数 A

$$A=\frac{jd}{\lambda_L\operatorname{sh}\frac{\alpha}{\lambda_L}}$$

用普通的方法,以 $\cos\left(\frac{\pi ly}{d}\right)$ 乘以(10.2.6)式的两边并从 $-d$ 到 $+d$ 积分,我们能

够计算出在(10.2.6)式中的 Fourier 系数

$$-(-1)^l d\frac{2\left(\frac{d}{\lambda_L}\right)^2}{\left(\frac{d}{\lambda_L}\right)^2+(\pi l)^2}j=\pi d l A_l\frac{\operatorname{ch} b\left[\frac{1}{\lambda_L^2}+\left(\frac{\pi l^2}{d}\right)\right]^{1/2}}{\left[\left(\frac{d}{\lambda_L}\right)^2+(\pi l)^2\right]^{1/2}},\quad l=1,2,3,\cdots$$

因此,我们得到

$$A_l=-2j\frac{(-1)^l}{\pi l}\frac{\left(\frac{d}{\lambda_L}\right)^2}{\left[\left(\frac{d}{\lambda_L}\right)^2+(\pi l)^2\right]^{1/2}\operatorname{ch} b\left[\frac{1}{\lambda_L^2}+\left(\frac{\pi l}{d}\right)^2\right]^{1/2}}$$

由此,所有的边界条件都满足,那么电流的分布就完全被确定

$$j_y=-2j\sum_{l=1}^{\infty}\frac{(-1)^l}{\pi l}\frac{\left(\frac{d}{\lambda_L}\right)^2}{\left[\left(\frac{d}{\lambda_L}\right)^2+(\pi l)^2\right]^{1/2}}\cdot\sin\left(\frac{\pi l y}{d}\right)\frac{\operatorname{sh} z\left[\frac{1}{\lambda_L^2}+\left(\frac{\pi l}{d}\right)^2\right]^{1/2}}{\operatorname{ch} b\left[\frac{1}{\lambda_L^2}+\left(\frac{\pi l}{d}\right)^2\right]^{1/2}} \tag{10.2.7a}$$

$$j_z=j\left\{\frac{\frac{d}{\lambda_L}}{\operatorname{sh}\frac{d}{\lambda_L}}\operatorname{ch}\frac{y}{\lambda_L}+2\sum_{l=1}^{\infty}(-1)^l\frac{\left(\frac{d}{\lambda_L}\right)^2}{\left[\left(\frac{d}{\lambda_L}\right)^2+(\pi l)^2\right]^{1/2}}\right.$$

$$\left.\cdot\cos\left(\frac{\pi l y}{d}\right)\frac{\operatorname{ch} z\left[\frac{1}{\lambda_L^2}+\left(\frac{\pi l}{d}\right)^2\right]^{1/2}}{\operatorname{sh} b\left[\frac{1}{\lambda_L^2}+\left(\frac{\pi l}{d}\right)^2\right]^{1/2}}\right\} \tag{10.2.7b}$$

双曲函数保证了当远离表面($\gg\lambda_L$)时,$\sum$ 指数也减小,因此对于 $b-|z|\gg\lambda_L$,近似地有

$$j_y\approx 0$$

$$j_z\approx j\frac{\frac{d}{\lambda_L}}{\operatorname{sh}\left(\frac{d}{\lambda_L}\right)}\operatorname{ch}\left(\frac{y}{\lambda_L}\right)$$

进入超导体的电流有一个不连续的 j_y,电流从正常与超导体接触处的超导体一侧 λ_L 的深度内流向 $y=\pm d$ 的表面,而后在 $y=\pm d$ 表面内 λ_L 深度上沿 z 方向流动,如图 10.2 所示。

10.2.2 圆柱超导体

半径为 a，长为 $2b$ 的圆柱超导体细线中的电流分布与上述是十分类似的，仅是 sin 和 cos 的函数被零阶和一阶 Bessel 函数代替，我们给出其计算结果

$$j_y = -\frac{j}{4}\sum_{l=1}^{\infty}\frac{\left(\dfrac{a}{\lambda_{\mathrm{L}}}\right)^2}{\zeta_1\left[\left(\dfrac{a}{\lambda_{\mathrm{L}}}\right)^2+\zeta_l^2\right]^{1/2}}\frac{\mathrm{I}_1\left(\dfrac{\zeta_l r}{a}\right)}{\mathrm{I}_0(\zeta_l)}\frac{\operatorname{sh} z\left[\dfrac{1}{\lambda_{\mathrm{L}}^2}+\left(\dfrac{\zeta_l}{a}\right)^2\right]^{1/2}}{\operatorname{ch} b\left[\dfrac{1}{\lambda_{\mathrm{L}}^2}+\left(\dfrac{\zeta_l}{a}\right)^2\right]^{1/2}} \tag{10.2.8a}$$

$$j_z = \frac{j}{2}\left\{\frac{\dfrac{\mathrm{i}a}{\lambda_{\mathrm{L}}}}{\mathrm{I}_l\left(\dfrac{\mathrm{i}a}{\lambda_{\mathrm{L}}}\right)}\mathrm{I}_0\left(\frac{\mathrm{i}r}{\lambda_{\mathrm{L}}}\right)-\frac{1}{2}\sum_{l=1}^{\infty}\frac{\left(\dfrac{a}{\lambda_{\mathrm{L}}}\right)^2}{\left(\dfrac{a}{\lambda_{\mathrm{L}}}\right)^2+\zeta_l^2}\frac{\mathrm{I}_0\left(\dfrac{\zeta_l r}{a}\right)}{\mathrm{I}_0(\zeta_l)}\frac{\operatorname{sh} z\left[\dfrac{1}{\lambda_{\mathrm{L}}^2}+\left(\dfrac{\zeta_l}{a}\right)^2\right]^{1/2}}{\operatorname{ch} b\left[\dfrac{1}{\lambda_{\mathrm{L}}^2}+\left(\dfrac{\zeta_l}{a}\right)^2\right]^{1/2}}\right\} \tag{10.2.8b}$$

式中 $\mathrm{i}=\sqrt{-1}$，I_0 和 I_1 是标号为 0 和 1 的 Bessel 函数，量 ζ_l 是函数 I_1 的根，即

$$\mathrm{I}_1(\zeta_l)=0$$

这个根能够在 Bessel 函数表中被查到，例如，$\zeta_1=3.83$，$\zeta_2=7.02$，$\zeta_3=10.2$，等等。对于大的 l，$\zeta_l\approx\pi l$。

10.3 临界电流 I_{c}

10.3.1 电流对超导电性的破坏 Silsbee 假设

实验发现在一个超导体中流动电流时，超导材料保持无阻有一个电流上限，我们把它叫做该超导体的临界电流 I_{c}，只要 $I>I_{\mathrm{c}}$，则超导体出现电阻。

Silsbee① 假设电流对超导电性破坏就是电流在超导体表面上产生的磁场在任一点超过临界磁场 H_{c} 而致。

实验发现即使达到 I_{c} 后不发生热传播，完全恢复正常的电阻也不会在明确限定的电流值下出现，而是在相当大的电流范围内出现。图 10.3 是临界磁场为 H_{c}

---

① F. B. Silsbee, *J. Wash. Acad. Sci.*, **6**(1916), 597.

的圆柱形 Sn 线的实验结果(虚线)。

如果超导线的半径是 a,电流 I 在其表面产生的磁场强度则为$\frac{1}{4\pi}\frac{2I}{a}$。由 Silsbee 假设知道,当 $I=I_c=2\pi aH_c$ 时,Sn 线将出现电阻。由于表面达到 H_c,则圆柱体的外鞘变为正常,而其芯子仍是超导态。显然,这是不可能的,因为如果是这样的话,超导芯的半径 r 一定小于 a,这时的电流 $I_c=2\pi rH_r=2\pi aH_c$,因而 I_c 在超导芯表面产生的磁场 $H_r=H_ca/r>H_c$,超导芯将缩小到更小的半径,这个过程要持续到超导芯的半径缩减为零,即整个超导金属变为正常态。然而,在电流 I_c 下,超导线不可能完全变为正常态的,因为在正常金属线中电流将均匀分布在整个截面上,这样超导金属线内部离中心 r 距离外的磁场强度要小于临界磁场 H_c,所以材料不可能是正常态的,显然这种解释产生了矛盾的结果。

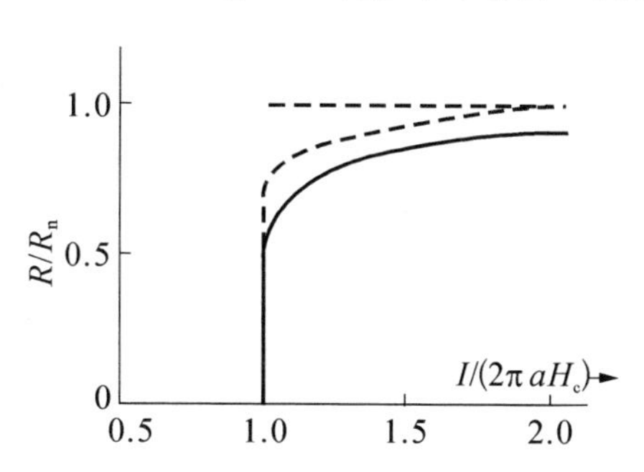

图 10.3　在恒定温度下,由于电流而致的电阻的恢复(实线是理论曲线,虚线是对 Sn 线的实验结果)

F. London①(1937)及 Landau 指出芯子既不是超导态也不是正常态,而是中间态。在中间态,$H=H_c$,那么这就很容易地看到电阻是怎样随 I 的增加而恢复的。设 $I>2\pi aH_c$,令 x 为半径为 r 的圆柱面的总电流,并要求这圆柱形芯子内各处的磁场必须是 H_c,因此

$$\frac{1}{4\pi}\frac{2x}{r}=H_c \tag{10.3.1}$$

假如 r_0 是某确定芯子的半径,x_0 是它携带的电流,则

$$\frac{1}{4\pi}\frac{2x_0}{r_0}=H_c \tag{10.3.2}$$

电流密度 j 为$\frac{1}{2\pi r}\frac{\mathrm{d}x}{\mathrm{d}r}$,用(10.3.1)式得

$$j=\frac{H_c}{r}=\frac{x}{2\pi r^2} \tag{10.3.3}$$

因此,在芯子的界面上

$$j_c=\frac{x_0}{2\pi r_0^2} \tag{10.3.4}$$

---

① F. London, *Ure Conception nouvelle dela Supra Conductibilite*, Paris, Hermann et Cie.

由于在正常态区和中间态区的界面上，两个态是彼此光滑地通过的，因此电流密度必须连续地通过界面。在芯子的外面是正常态区，电流密度是常数，它等于$(I-x_0)/\pi(a^2-x_0^2)$，故

$$\frac{x_0}{2\pi r_0^2}=\frac{I-x_0}{\pi(a^2-r_0^2)}$$

$$2r_0^2\left(\frac{I}{x_0}-1\right)\Big/(a^2-r_0^2)=1 \tag{10.3.5}$$

记$r_0/a=\rho$，$I/(2\pi aH_c)=\mu$，μ是线的表面磁场与临界磁场之比，因此$\mu>1$，所以(10.3.2)式(10.3.5)式变成

$$\frac{x_0}{I}=\frac{\rho}{\mu}=\frac{2\rho^2}{1+\rho^2} \tag{10.3.6}$$

则

$$1+\rho^2-2\mu\rho=0$$

$$\rho=\mu-\sqrt{\mu^2-1} \tag{10.3.7}$$

(10.3.7)式只能取负号而不能取正号，如果ρ的值取正号，则$\rho>1$不合理。假如整个线的正常电阻是R_n，当电流是I时，线的电阻是R，那么绕着芯子外面的正常区电阻将是$R_n a^2/(a^2-r_0^2)$或$R_n/(1-\rho^2)$。因此，为了使电场在横截面上是常数，则要求

$$\frac{R_n(I-x_0)}{(1-\rho^2)}=RI \tag{10.3.8}$$

将(10.3.6)式、(10.3.7)式代入到(10.3.8)式中，得

$$\frac{R}{R_n}=\frac{1}{2\mu\rho}=\frac{1}{2}\left[1+\left(1-\frac{1}{\mu^2}\right)^{\frac{1}{2}}\right] \tag{10.3.9}$$

因为μ是大于1的，所以我们看到一旦$\mu=1$，即$I=2\pi H_c$，则电阻将不连续地升到它满值的一半，然后随着电流进一步增加而连续地上升，逐渐地趋向于它的满值。图10.3中的实线正是理论给出的在恒温下电阻随着电流增加而恢复的情况。

在实验上要研究这个问题是很困难的，因为破坏超导电性的电流较大，所以一旦恢复任何一点电阻，就会出现Joule热，且迅速增加，以致很难保持温度恒定。为了克服这个困难，人们[①]将样品浸没在低于λ点(氦Ⅱ)的液氦中，由于氦Ⅱ足够大的热导率可以十分迅速地带走Joule热，克服了温度的升高。假如相同的实验是在λ点以上做出的，样品立即被氦气层绝缘，其Joule热足以熔化线状样品，同时伴随

① L. W. Sehubnikow and N. W. Alekseyevsky, *Nature*, *Lond*., **138**(1936), 804.

液氦急速的沸腾。

在氦Ⅱ中的实验指出，对一个纯 Sn 的多晶线，在 Silsbee 假设预期的精确的电流强度下，存在电阻不连续的恢复，其不连续的升起是 $R/R_n \sim 0.8$，而不是由理论指出的 0.5。不连续的升起后电阻缓慢地升高，但不像理论所指出的那样慢，R/R_n 大约在两倍临界电流处达到 1。这个实验结果见图 10.3 中的虚线。

类似地，在 In 上的实验指出，R/R_n 之比随线的直径变化，见图 10.4。R/R_n 随线的变粗而减小，这意味着理论和实验之间的不一致有点类同于前面所述的“0.58”效应的起源。它与中间态的详细结构有关。然而正如已经谈到的那样，尽管尺寸效应影响电阻恢复的性质，但 Silsbee 假设仍然是有效的。

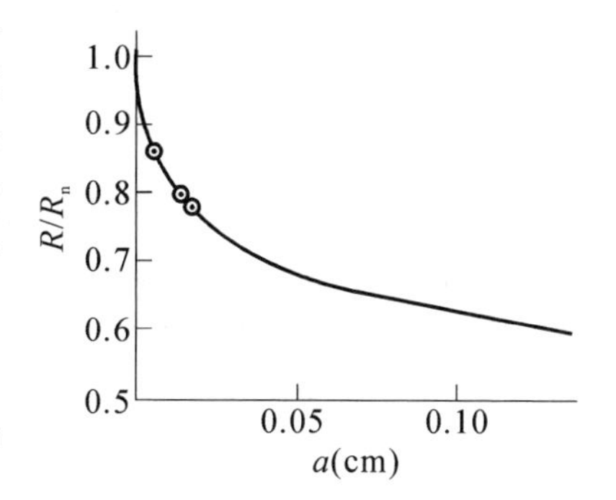

图 10.4　R/R_n（不连续地恢复的电阻的部分）随线半径 a 的变化（实验点是由 In 线实验而得；曲线是由实验得到的经验公式 $\ln(2R/R_n - 1) = -(2a)^{1/2}$ 而得，对 a 是无限，则外推到 0.5；对 $a = 0$，则外推到 1）

实验上还指出了在平行于电流的磁场中，电流对超导电性的破坏（Alekseyevsky① 1938）。正如我们预期的那样，临界电流随外磁场的增加而减小，当外磁场等于 H_c 时，它便消失。不连续的值最初是稍低于 0.8，但在强磁场中超过 0.8，在接近 H_c 时，R/R_n 则接近于 1。外磁场的存在大大地复杂化了从理论上确定电阻将是怎样恢复的问题，因为磁场的分布已不是二维的。

(10.3.9)式的结果还指出当线在流速恒定的电流 I 下冷却时，其电阻是怎样消失的。在这种情况下，参数 μ 实际上随 H_c 的变化而变化。在转变温度 T_c 以上，H_c 是零，因而 μ 是无限的，所以 $R = R_n$；一旦温度降到低于 T_c，那么 μ 变为有限，而且随进一步降低温度而减小，因此电阻开始按照(10.3.9)式下降，然而，在 $\mu = 1$ 以前，也就是直到临界磁场达到 $I/2\pi a$ 值以前，它是连续的，仅在 $\mu = 1$ 时，电阻突然从满值的一半下降到零，此时线完全变成超导态。在冷却过程中，当温度低于 T_c 出现中间态芯子，然后，随着温度的降低，这个中间态一直增长到它占据整个线。相应于 T_c 时中间态的芯子正好对应于出现突降以前的电阻，进一步降低温度，中间态变成不稳定，则整个线变为超导态。

在图 10.5 上给出了对于不同电流，电阻随温度的变化。这说明了在第 1 章中

① W. E. Alekseyevsky, *J. Exp. Theor. Phys.*, U. S. S. R., **8**(1938), 324.

我们谈到的当测量电流很小时为什么电阻突然出现或消失。

迄今，我们所说的关于中间态芯子的结构明显地不同于 Landau 的分层模型，因为电流产生的磁力线是圆而不是直线，从在芯子内电流密度的表示式 $j = H_c/r = x/\pi r^2$，我们看到中间态必须由超导和正常区的混合而组成，它的结构如图 10.6 所示。$j = H_c/r$ 给出了电流密度趋向轴是以 $1/r$ 增加的，而电场是恒量 E，由

$$j = \sigma E, \quad 则\ \sigma \propto j = \frac{H_c}{r}$$

$$\sigma \propto \frac{1}{r}, \quad \rho \propto r, \quad R \propto r$$

所以在距离 r 上线的电阻正比于 r 而增加，因此层的厚度也必然线性地随 r 变化。正常层的厚度随离开轴的距离而增加，一直到芯子的界面上，而超导层厚度的增长则是趋向于轴的。按照这个考虑，轴线本身将完全超导，但它能负载的电流也将无限地小，因此没有矛盾。

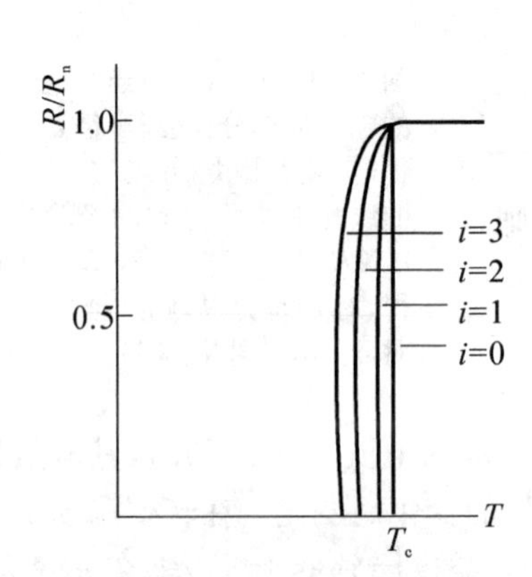

图 10.5　电流大小对电阻恢复的影响（这些曲线是方程(10.3.9)给出的理论曲线，I 的单位是任意单位）

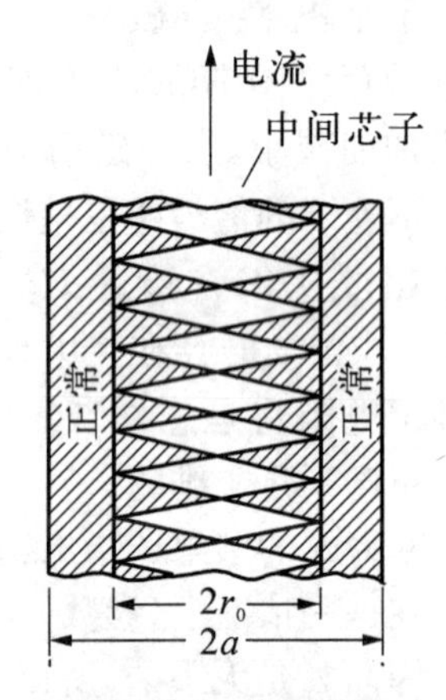

图 10.6　由于电流而部分地恢复电阻的圆柱结构图

正如在外磁场中的椭球那样，单位长度线上正常层的数目依赖于芯子的半径与特征参数 ζ 之比。为了减少电流线的弯曲，则要求分层尽可能地多，但为了减少界面能又要求分层尽可能地少。显然，这将涉及一个极值问题。然而这个问题是很复杂的，因为两层十分紧密地靠在一起（也就是接近于轴）时，界面能的概念不适用，而且假如正常层很薄，还将可能涉及平均自由程效应。

10.3.2 临界电流密度

早期研究超导电性的工作者们早就发现,如果一超导体保持无电阻,能够通过此超导体的电流量有一个上限,我们把它叫做该导体的临界电流。如果电流超过这个临界值,就会出现电阻。

我们已证明临界电流与临界磁场强度 H_c 是相关的。在本章的前两节我们已经看到,在超导体中,所有电流都在穿透深度范围内的表面流动,电流密度从表面上的 j 值迅速减小,如果超导电流密度超过我们称之为临界电流密度 j_c 的某个值,超导电性就会被破坏。

一般说来,超导体表面流动的电流来自于两个贡献。例如,考虑一根超导线,我们给它通上来自外部电源(如电池)的电流。我们称此电流为"输运电流",因为它给导线输入并输出电荷。如果这导线处于外加磁场中,屏蔽电流的环流便抵消金属内部的磁通量。这些屏蔽电流在输运电流上是叠置的。在任一点上,电流密度 j 可以认为是输运电流产生的分量 j_i 和屏蔽电流引起的分量 j_H 的总和

$$j = j_i + j_H$$

我们可以料到,如果在任一点上的总电流密度 j 的数值大小超过临界电流密度 j_c,超导电性就会被破坏。

根据 London 方程(3.3.9),任一点上的超导电流密度和该点的磁通密度之间有一个关系,无论这超导电流是屏蔽电流、输运电流或是这两者的结合,这同一关系都有效。因此,当电流在超导体上流过时,在表面上将有一磁通量密度 B 和一个与表面电流密度 j 相关的相应场强 $H(=B/\mu_0)$。

如果超导体上流动的总电流足够大,则表面电流密度将达到临界值 j_c,而在表面上与之相应的磁场强度将为 H_c 值。反过来说,表面上强度为 H_c 的磁场总是与表面超导电流密度 j_c 相对应。这导致以下一般假说:当输运电流和外加磁场在表面任一点上产生的总磁场强度超过临界磁场强度 H_c 时,超导体便失去零电阻。在不出现电阻的情况下能通过一超导体的输运电流的最大值,就是我们所说的那个超导体的临界电流。显然,外加磁场越强,此临界电流就越小。

10.3.3 电流和外加磁场对超导电性的破坏 广义的 Silsbee 假设

如果没有外加磁场,唯一的磁场将是输运电流产生的磁场。所以在这种情况下,临界电流就是在导体表面上产生临界磁场强度 H_c 的电流。上述一般定则的这一特殊情况称为 Silsbee 假说,它在临界电流密度的概念为人们所知以前就表述为公式了。我们将把上一段提到的关于临界电流的较为一般的定则叫做 Silsbee 假说的"广义形式"。

我们已在第1章看到，临界磁场强度 H_c 依赖于温度，即它随温度升高而减小，并在转变温度 T_c 时降为零。这意味着临界电流密度以类似方式和温度有关，即它在较高温度下减小。反之，如果超导体是载流的，它的转变温度便降低。

让我们考虑一根半径为 a 的圆柱形导线。如果在无外加磁场的条件下，电流 I 流过此导线，在它表面上就会产生一个磁场，其强度 H_I 由下式求出

$$2\pi aH_I = I$$

因此，临界电流就是

$$I_c = 2\pi aH_c \tag{10.3.10}$$

这一临界电流关系式可以通过测量超导导线在不出现电阻的条件下所能负载的最大电流来验证。结果发现，在无外加磁场的情况下，方程式(10.3.10)可预言正确数值。

在零外加磁场强度或弱外加磁场强度中，超导体的临界电流可以很高。举例来说，考虑一根直径为1 mm 的 Pb 导线，它被浸入液氦冷却到4.2 K。在此温度下，Pb 的临界磁场约为 $4.4\times10^4\,\mathrm{A\cdot m^{-1}}$(550 G)，因此，在无外加磁场的条件下，此导线可以负载高达140 A 的无阻电流。

现在我们来考虑，临界电流可被外加磁场的存在减小到什么程度。首先假定，磁通密度为 B_a、磁场强度为 $H_a(=-B_a/\mu_0)$ 的外加磁场的方向与导线的轴平行(图10.7(a))。假如一电流 I 流过导线，它产生一个环绕导线的磁场，在导线的表面上该场的强度为 $H_I = I/2\pi a$。这个场和外场矢量相加，而且由于在这种情况下它们互成直角，在表面的合成场强 H 可由 $(H_a^2 + H_i^2)^{1/2}$ 或下式求出

$$H^2 = H_a^2 + (1/2\pi a^2)$$

当 H 等于 H_c 时，便产生电流的临界值 I_c

$$H_c^2 = H_a^2 + \frac{I_c^2}{4\pi^2 a^2} \tag{10.3.11}$$

H_c 是一常数，所以这个方程是一个椭圆方程，它表示 I_c 随 H_a 的变化关系。因此，表示临界电流随纵向外加磁场增加而减小的曲线图，具有椭圆的一个象限的形式(图10.7(a))。在此位形中，磁通密度在导线表面上是均匀的，而磁通线走螺旋路线。当外加磁场垂直于导线轴时，就会出现另一个重要情况(图10.7(b))，这里我们假定外场不够强，不能使超导体变为中间态，在这种情况下，总磁通密度在导线表面上是不均匀的；它们在导线的一侧相加，在另一侧则相减。最大场强出现在 L 线上。这里，由于退磁作用，磁场 $2H_a$ 和磁场 H_I 叠加得出总场。

$$H = 2H_c + H_I = 2H_a + \frac{I}{2\pi a}$$

Silsbee 定则的一般形式说明，当表面任何一部分的总磁场强度等于 H_c 时，电阻就首次出现，在这种情况下临界电流为

$$I_c = 2\pi a(H_c - 2H_a) \tag{10.3.12}$$

因此，在这种情况下，临界电流随外场强度增加而成直线地减小，在 $H_c/2$ 时降为零。

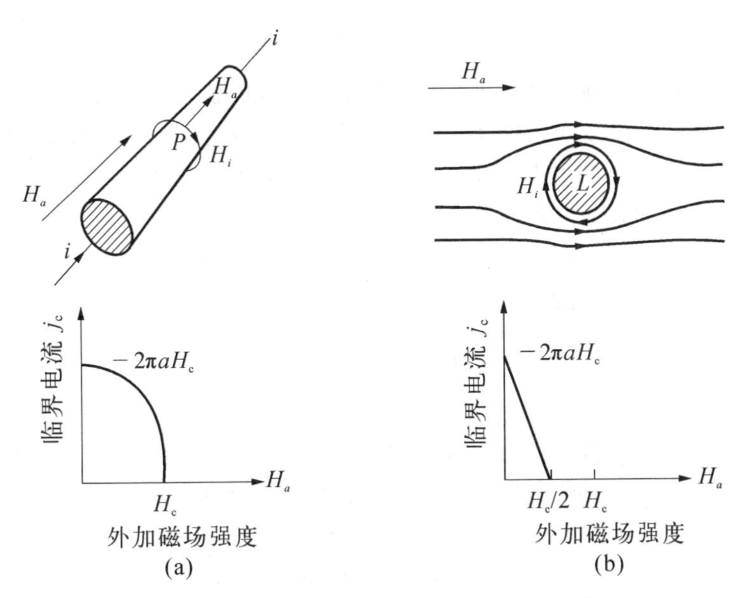

图 10.7　临界电流随外加磁场的强度的变化

(a) 纵向外场；(b) 横向外场(输运电流流入页面)

必须强调指出：样品的临界电流定义为不具有零电阻的电流，而不是正常电阻全部恢复的电流。超过临界电流时出现的电阻量是缓变到正常电阻的全部的。

10.4　超导薄膜的临界电流

10.4.1　Silsbee 假设不适用　London 理论失效

Silsbee 假设指出，当流过超导体的电流 I 在其表面产生的磁场达到临界磁场 H_c 时，超导体就要发生相变。这就是说电流对超导电性的破坏实际上是电流产生

的磁场对超导电性的破坏。

我们先研究一下一个半径为 r 的大块超导圆柱。当圆柱流过电流时,电流只能在圆柱表面 λ_L 层中流动,可以推导出当表面曲率比 $1/\lambda_L$ 小时,超导体可近似处理为平面。

由电磁学可以得到 $H=\lambda_L j$,当 $H=H_c$ 时则有

$$j_c=\frac{1}{\lambda_L}H_c \tag{10.4.1}$$

这个结果意味着超导体存在一个临界电流密度 j_c,也就是说超导电子的动能不断提高超导体系的 Gibbs 自由能 $F_s(j)$,当达到 j_c 时,$F_s(j_c)=F_n$,从而发生超导相变。(10.4.1)式给出的 j_c 应该是一个物质量,不取决于几何尺寸。

当超导圆柱的表面电流密度是 j_c 时,则电流 I_c 为

$$I_c=[\pi r^2-\pi(r-\lambda_L)^2]j_c\approx 2\pi r\lambda_L j_c$$

则 I_c 在圆柱表面产生的磁场 H

$$H=\frac{1}{4\pi}\frac{2I_c}{r}=\lambda_L j_c \tag{10.4.2}$$

将(10.4.1)式代入(10.4.2)式得 $H=H_c$。

这个简单的推演说明 Silsbee 假设是自洽的,其次也就说明 j_c 是一个物质量。

对于圆筒超导膜,当膜厚 $d<\lambda_L$,如通以 I_c 电流,则

$$j=\frac{I_c}{2\pi rd}>\frac{I_c}{2\pi r\lambda_L}=j_c \tag{10.4.3}$$

因而膜中电流在 $I<I_c$ 时已达到临界值,而此时电流产生的磁场 $H_I<H_c$,显然在 $d<\lambda_L$ 的膜中,Silsbee 假设失效。同时 London 理论也不能给出膜的临界电流。

10.4.2 GL 理论的 H_{I_c}

同上一样,把 GL 理论作为平面处理。设外加磁场 $\boldsymbol{H}_a$ 和外加电流 $\boldsymbol{I}$ 沿 z 方向,电流产生的磁场 $\boldsymbol{H}_I$ 在圆柱外的大小是 $H_I=\frac{1}{4\pi}\frac{2I}{r}$,$r$ 是圆柱的半径,当把圆柱作平面处理时,$\boldsymbol{H}_I$ 沿 y 轴,取(5.2.14)式所用的约化量,即

$$x'=\frac{x}{\lambda_0},\ \lambda_0^2=\frac{m}{\mu_0 e^2\Psi_0^2},\ q=\frac{\Psi}{\Psi_0},\ \boldsymbol{a}=\frac{\boldsymbol{A}}{\sqrt{2}\mu_0 H_c\lambda_0}$$

$$\kappa=\frac{\sqrt{2}\mu_0 e}{\hbar}H_c\lambda_0^2,\ \mu_0\boldsymbol{H}=\nabla\times\boldsymbol{A},\ \boldsymbol{h}=\frac{\boldsymbol{H}}{\sqrt{2}H_c}$$

则 GL 理论简化为

$$\frac{d^2 q}{dx'^2}=\kappa^2[q^3-q+q(a_y^2+a_z^2)] \tag{10.4.4}$$

$$\frac{\mathrm{d}^2 a_y}{\mathrm{d}x'^2} = q^2 a_z \tag{10.4.5a}$$

$$\frac{\mathrm{d}^2 a_z}{\mathrm{d}x'^2} = q^2 a_y \tag{10.4.5b}$$

边界条件为

$$\left.\begin{aligned} &x' = 0, \quad h_y = 0, \quad h_z = h_a \\ &x' = \frac{d}{\lambda_0}, \quad h_y = h_I, \quad h_z = h_a \end{aligned}\right\} \tag{10.4.6}$$

假设膜足够薄时,满足条件

$$\left(\frac{\kappa d}{\lambda_0}\right) \ll 1$$

那么,能够认为 q 不依赖于坐标,因此方程(10.4.5)得

$$a_z = C\mathrm{e}^{qx'} + D\mathrm{e}^{-qx'}$$

由 $\mu_0 \boldsymbol{h} = \nabla \times \boldsymbol{a}$ 得

$$h_y = (A\,\mathrm{e}^{qx'} - B\,\mathrm{e}^{-qx'})q$$

由 $x' = 0, h_y = 0$ 得

$$A - B = 0, \quad A = B$$

再由 $x' = d/\lambda_0, h_y = h_I$,得

$$h_I = Aq\mathrm{e}^{\frac{qd}{\lambda_0}} - Aq\mathrm{e}^{-\frac{qd}{\lambda_0}}$$

所以

$$\left.\begin{aligned} &A = B = \frac{h_I}{q\,\mathrm{sh}\left(\dfrac{qd}{\lambda_0}\right)} \\ &a_z = -\frac{h_I \mathrm{ch}(qx')}{q\,\mathrm{sh}\left(\dfrac{qd}{\lambda_0}\right)} \\ &h_y = -\frac{\mathrm{d}a_z}{\mathrm{d}x'} = \frac{h_I\,\mathrm{sh}(qx')}{\mathrm{sh}\left(\dfrac{qd}{\lambda_0}\right)} \end{aligned}\right\} \tag{10.4.7}$$

同理可得

$$\left.\begin{aligned} &a_y = \frac{h_a}{q}\left[\mathrm{sh}(qx') - \frac{\mathrm{ch}(qx')}{\mathrm{coth}\left(\dfrac{qd}{2\lambda_0}\right)}\right] \\ &h_z = h_a\left[\mathrm{ch}(qx') - \frac{\mathrm{sh}(qx')}{\mathrm{coth}\left(\dfrac{qd}{2\lambda_0}\right)}\right] \end{aligned}\right\} \tag{10.4.8}$$

对于波函数 q，我们有边值条件

$$x'=0\text{ 和}\frac{d}{\lambda_0}\text{时，}\quad \frac{\mathrm{d}q}{\mathrm{d}x'}=0$$

为了求得 q，由(10.4.4)式

$$\int_0^{\frac{d}{\lambda_0}}\frac{\mathrm{d}^2q}{\mathrm{d}x'^2}\mathrm{d}x'=\kappa^2\int_0^{\frac{d}{\lambda_0}}[q^3-q+q(a_y^2+a_z^2)]\mathrm{d}x'$$

$$\int_0^{\frac{d}{\lambda_0}}\frac{\mathrm{d}^2q}{\mathrm{d}x'^2}\mathrm{d}x'=\left.\frac{\mathrm{d}q}{\mathrm{d}x'}\right|_0^{\frac{d}{\lambda_0}}=0$$

所以

$$\left.\begin{aligned}&\kappa^2\int_0^{\frac{d}{\lambda_0}}[q^3-q+q(a_y^2+a_z^2)]\mathrm{d}x'=\kappa^2\left[q^3\frac{d}{\lambda_0}-q\frac{d}{\lambda_0}+q\int_0^{\frac{d}{\lambda_0}}(a_y^2+a_z^2)\mathrm{d}x'\right]=0\\&q^2=1-\frac{\lambda_0}{d}\int_0^{\frac{d}{\lambda_0}}(a_y^2+a_z^2)\mathrm{d}x'\end{aligned}\right\}\tag{10.4.9}$$

将(10.4.7)式和(10.4.8)式代入(10.4.9)式得

$$(q^2-1)q^2=-\frac{\left(\frac{H_I}{H_c}\right)^2\left[1+\frac{\mathrm{sh}\left(\frac{2qd}{\lambda_0}\right)}{\frac{2qd}{\lambda_0}}\right]}{4\mathrm{sh}^2\left(\frac{qd}{\lambda_0}\right)}+\frac{\left(\frac{H_a}{H_c}\right)^2\left[1-\frac{\mathrm{sh}\left(\frac{qd}{\lambda_0}\right)}{\frac{qd}{\lambda_0}}\right]}{4\mathrm{ch}^2\left(\frac{qd}{\lambda_0}\right)}\tag{10.4.10}$$

当 $qd/\lambda_0\ll 1$ 时，展开上式，忽略高次项得

$$q^2=1-\frac{1}{3}\left(H_a\frac{d}{\lambda_0}\right)^2-\frac{H_I^2}{q^4\left(\frac{d}{\lambda_0}\right)^2}\tag{10.4.11}$$

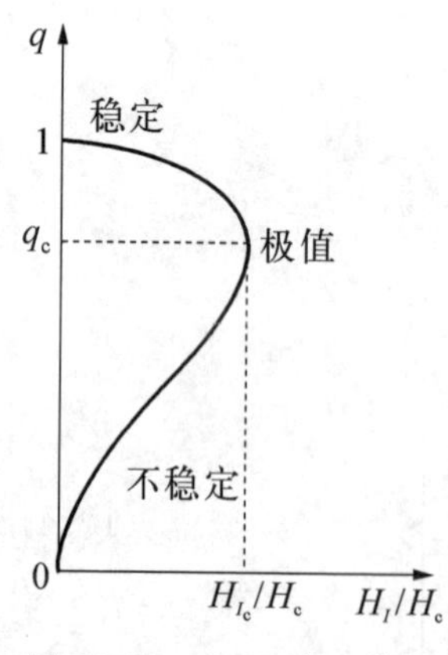

图 10.8 $q\sim H_I/H_c$ **关系**

由(10.4.10)式或(10.4.11)式作曲线 $q\sim H_I/H_c$，见图 10.8。我们看到仅当 $H\leqslant H_{I_c}$ 时，方程(10.4.10)式或(10.4.11)式有解。由图 10.8 可以看到只有当 H_I 随 q 的下降而升高的情况才是稳定的。因此，临界值由 $\mathrm{d}H_I/\mathrm{d}q=0$ 立即可得

$$\frac{H_{I_c}}{H_c}=\frac{2\sqrt{2}}{3\sqrt{3}}\frac{d}{\lambda_0}\left[1-\left(\frac{H_a}{H_c}\right)^2\frac{d^2}{24\lambda_0^2}\right]^{1/2}\tag{10.4.12}$$

又因为$\dfrac{H_{\mathrm{cf}}}{H_{\mathrm{c}}}=\dfrac{\sqrt{24}\lambda_0}{d}$（$d$ 是薄膜的厚度；$\dfrac{H_{\mathrm{cf}}}{H_{\mathrm{c}}}=\dfrac{\sqrt{6}\lambda_0}{d}$时，$2d$ 是膜厚），在 $H_a=0$ 的情况下

$$H_{I_{\mathrm{c}}}\cdot H_{\mathrm{cf}}=\frac{8}{3}H_{\mathrm{c}}^2 \tag{10.4.13}$$

在接近 T_{c} 的情况下，H_{c} 和 λ_0 可取为

$$H_{\mathrm{c}}=\left|\frac{\mathrm{d}H_{\mathrm{c}}}{\mathrm{d}T}\right|_{T=T_{\mathrm{c}}}\Delta T,\quad \lambda_0=\frac{\lambda'_0(0)}{(\Delta T)^{1/2}}$$

$$\left|\frac{\mathrm{d}H_{\mathrm{c}}}{\mathrm{d}T}\right|_{T=T_{\mathrm{c}}}=\frac{2H_{\mathrm{c}}(0)}{T_{\mathrm{c}}},\quad \lambda'_0(0)=\sqrt{\frac{T_{\mathrm{c}}}{4}}\lambda_0(0)$$

所以

$$H_{\mathrm{cf}}=\sqrt{24H_{\mathrm{c}}}\frac{\lambda_0}{d}=\sqrt{6}\lambda_0(0)\frac{\sqrt{T_{\mathrm{c}}}}{d}\left|\frac{\mathrm{d}H_{\mathrm{c}}}{\mathrm{d}T}\right|_{T=T_{\mathrm{c}}}(\Delta T)^{1/2} \tag{10.4.14}$$

对 $H_{I_{\mathrm{c}}}$，由(10.4.12)式得

$$H_{I_{\mathrm{c}}}=\frac{2\sqrt{2}}{3\sqrt{3}}\left|\frac{\mathrm{d}H_{\mathrm{c}}}{\mathrm{d}T}\right|_{T=T_{\mathrm{c}}}\frac{d}{\lambda'_0(0)}(\Delta T)^{3/2} \tag{10.4.15}$$

10.4.3 实验结果

在临界电流的测量中必须解决两个困难：一是长方形膜条中电流分布不均匀；二是 Joule 热。

① 矩形膜中的电流分布

前面我们由 London 方程已经解出了有限厚度的无限平板中的电流密度分布为

$$j_{\mathrm{s}}=\frac{I}{2\lambda_{\mathrm{L}}}\frac{\mathrm{ch}\left(\dfrac{x}{\lambda_{\mathrm{L}}}\right)}{\mathrm{sh}\left(\dfrac{d}{\lambda_{\mathrm{L}}}\right)} \tag{10.4.16}$$

显然电流密度 j_{s} 的分布是不均匀的，板面电流密度远高于内部，膜只不过是将这个无限的薄板压缩到有限的长度，而将其厚度压缩成膜厚，板的宽度变成膜宽 w。显然在这个宽度为 w 的截面上电流密度集中于边缘。Edwards 和 Newhouse① 推导出这个电流密度的分布

$$j(x)=\frac{I}{2\pi(w^2-x^2)^{1/2}} \tag{10.4.17}$$

---

① H. H. Edwards and V. L. Newhouse, *J. Appl. Phys.*, **33**(1962), 868.

这样，当膜中通以电流时，边缘先达到 j_c。下述几种方法可以解决这个问题。

(a) 假如膜做成中空圆柱的形式，那么当电流流过膜时产生不均匀电流分布的边缘效应必然不出现；

(b) 在膜两边加超导屏蔽；

(c) 在膜边缘附近加栅流控制，见图 10.9。

在这些实验中都可以看到 $I_c \propto (T_c - T)^{2/3}$。

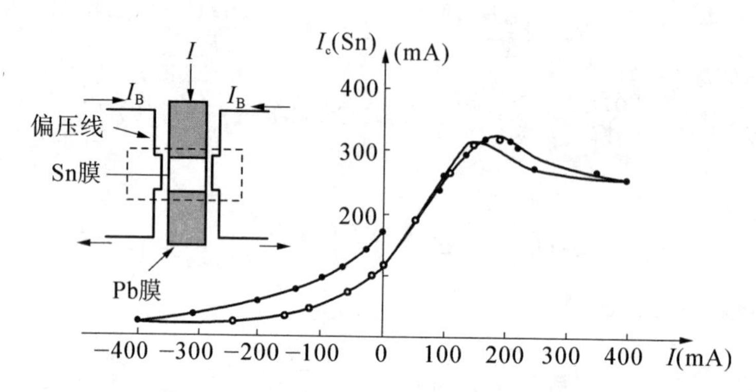

图 10.9　加栅流清除边缘处电流密度集中

② 由于电流直接通过膜，当膜中恢复很小电阻时，将引起正常相雪崩式恢复，以致得不到真正的 I_c。为了解决这个问题，人们采用两种方法。

(a) 用热导十分好的底板，如蓝宝石；

(b) 用脉冲电流。

Bremer 和 Newhouse 用这两者来消除热效应，得到在 $\Delta T < 0.03$ K 的实验值和理论值很一致。在他们的测量中是用厚度为 1 000 Å 的 Sn 膜，在 $\Delta T < 0.03$ K 范围内穿透深度达 3 000 Å。因而超导膜中的电流分布近似是均匀的，所以实验很好地符合理论。

10.5　第Ⅱ类超导体的临界电流

第Ⅱ类超导体和第Ⅰ类超导体的明显不同是它具有两个临界场，通常人们称上临界磁场 H_{c2} 是从混合态进入正常态的磁场；下临界磁场 H_{c1} 是以 Meissner 态进入混合态的磁场，图 7.2(a)和(b)分别给出常规第Ⅱ类超导体和高温超导体的相图。

10.5.1 常规第Ⅱ类超导体的临界电流

(1) 理想第Ⅱ类超导体和实用超导体的临界电流密度

从图 7.2(a)看到当磁场强度比 H_{c1} 小时，第Ⅱ类超导体处在完全超导态，即 Meissner 态，这个态和第Ⅰ类超导体完全一样，电流对超导电性的破坏是遵从 Silsbee 假设的，如果是电流和外加磁场共同作用则遵从广义的 Silsbee 假设。和第Ⅰ类超导体不同的是电流在表面上产生的磁场 H_I 大于 H_{c1}，体系不是进入正常态而是进入混合态，进入混合态后电流将不是面电流，而是均匀流动的体电流，但体系电阻仍为零。图 10.10 是冷加工和退火样品的磁化曲线和横向磁场中临界电流密度曲线①。样品为半径是 3.8×10^{-2} cm 的圆柱。我们知道在 $H_a < H_{c1}$ 时，第Ⅱ类超导体与第Ⅰ类一样，具有完全抗磁性，那么适用于第Ⅰ类超导体的 Silsbee 假设完全适用，只不过将 H_c 换成 H_{c1}。对于很好退火的接近理想的第Ⅱ类超导体在 $H_a < H_{c1}$ 时，这个修正的 Silsbee 假设也是适用的。而如前所述 $H_a > H_{c1}$ 时，超导体进入混合态，Silsbee 假设当然不适用了，此时理想的第Ⅱ类超导体只有十分小的载流能力，见图 10.10(d)。但对硬超导体，在进入混合态后，直到 H_{c2}，存在一个高电流密度的“平台”，见图 10.10(b)。这和任何形式的 Silsbee 假设所预计的完全不同。实验指出，当超导体处于混合态时，其临界电流几乎完全由材料的完整性所支配；在一定的条件下，材料愈不完全(图 10.10(a))，其临界电流愈大，即“平台”愈高。

由临界态得到

$$\alpha_c = Bj_c(T) \tag{10.5.1}$$

式中 α_c 是最大钉扎力，当 $j \geqslant j_c(T)$ 时，由(10.5.1)式给出 Lorentz 力将大于钉扎力，则要发生磁通流动出现电阻，所以(10.5.1)式中 $j_c(T)$就是第Ⅱ类超导体的临界电流密度。

在 Bean 模型中 $j_c(T)$不变，也就是进入混合态后一直延伸到 H_{c2}，$j_c(T)$是“平台”。

在 Kim - Anderson 模型中

$$\alpha_c = j_c(B + B_0) \tag{10.5.2}$$

α_c 是常数，(10.5.2)式给出了 j_c 随外磁场 H_a 的变化，在进入混合态后 $\mu_0 H_a = B$。显然，钉扎力愈大 j_c 愈高。

---

① J. W. Haaton and A. C. Rose-Innes, *Cryogenics*, **4**(1964), 85.

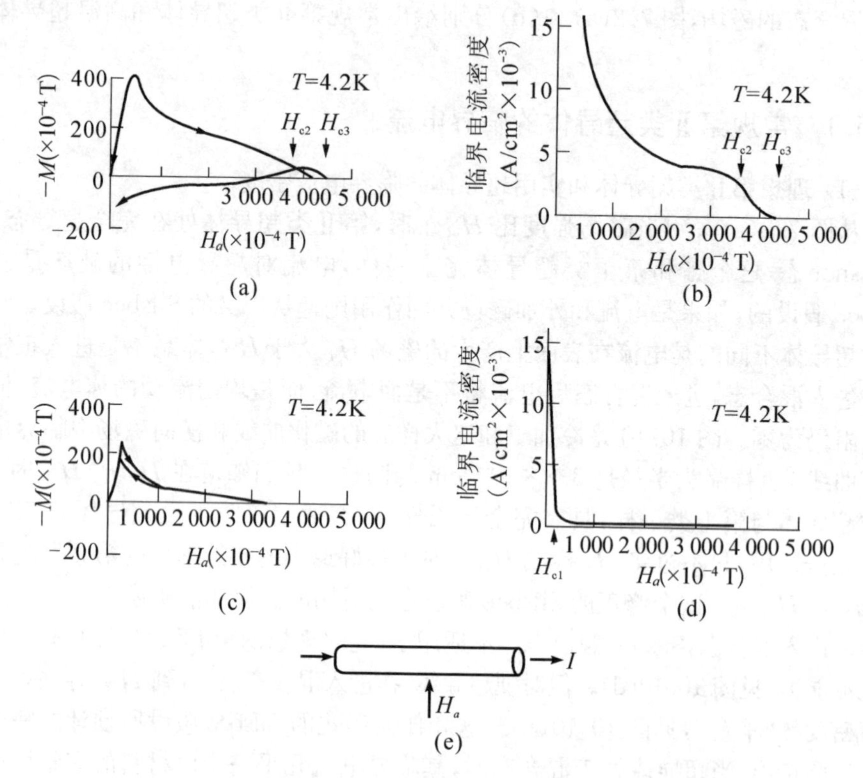

图 10.10 对 Nb+45%Ti 细线,在 4.2 K 的临界电流与磁化曲线

(a)、(b)是冷加工;(c)、(d)是退火的样品;(e)是磁场和电流示意图

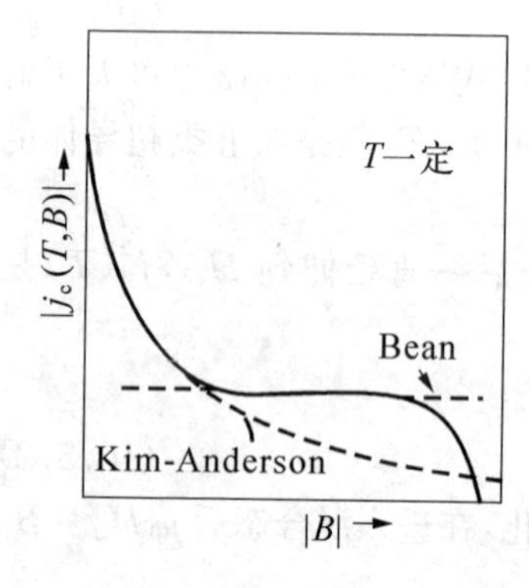

图 10.11 Bean 和 Kim-Anderson 模型下,$j_c\sim B$ 关系

图 10.11 给出两种模型的 $j_c\sim B$ 关系。

(2) 影响临界电流的因素

对理想Ⅱ类超导体,当 $H_a>H_{c1}$ 进入混合态后,磁通涡旋线均匀分布于超导体内,当有电流流过时,磁通涡旋线与电流作用产生一个 Lorentz 力 $\boldsymbol{F}_{\mathrm{L}}$,使涡旋线流动,从而产生感生电压,体系出现能量耗散致使不能有无阻载流存在,所以理想Ⅱ类超导体进入混合态后理论上无载流能力,实验上给出值大约为 1 mA/cm^2。

对非理想Ⅱ类超导体(即实用超导体),由于在钉扎中心存在一个钉扎力 $\boldsymbol{F}_{\mathrm{P}}$,当电流流过时产生的 $\boldsymbol{F}_{\mathrm{L}}$ 只要不大于 $\boldsymbol{F}_{\mathrm{P}}$,涡旋线将不会流动,故体系仍为无阻载流，其 j_c 可达 10^5 A/cm^2。作为实用材料，图 10.11 中的平台区愈长愈好，因此，增加材料中的钉扎力是提高 j_c 的主要因素。

(3) 涡旋线运动引起的电动势——磁通流动和磁流阻

从(8.7.2)式看到，随 F_L 增大，蠕动速率愈来愈快，当 $F_L X \mathscr{V} > U_0$ 时，磁通蠕动就变成磁通流动了，(8.7.2)式自然不再适用。

对于理想第Ⅱ类超导体，当加于它的外磁场超过 H_{c1} 时就进入混合态，如果在垂直于磁场方向加一个电流，那么混合态中的每一个涡旋线都受到一个 Lorentz 力的作用，图 10.12 给出其示意图。由于理想第Ⅱ类超导体中 $\boldsymbol{F}_p = 0$，所以涡旋线将沿着 $\boldsymbol{F}_L$ 方向迅速移动。而在非理想的第Ⅱ类超导体中，$\boldsymbol{F}_p \neq 0$，当外磁场一定时，电流达到一定大小后，涡旋线才会发生较快地运动。我们称这种涡旋线的运动为磁通流动。涡旋线运动会在导体中产生电阻，我们就称这种电阻为磁通流动电阻，简称磁流阻。

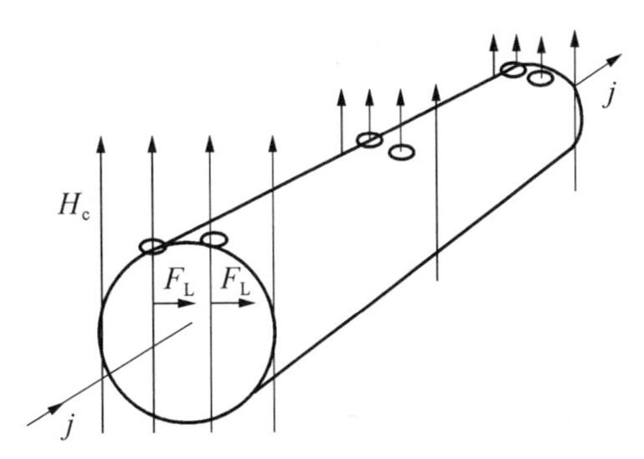

图 10.12　在混合态下载流的第Ⅱ类超导体对稳定的正常芯子而言，Lorentz 力既垂直于正常芯子的轴线，又垂直于电流密度 j

下面我们首先定性地分析一下磁流阻是如何产生的。假如我们在超导体内画一个任意的闭合回路，其面积为 ΔS，则穿过这个回路的磁通量为 $\Delta\Phi = n\phi_0\Delta S$，由于磁通运动 $\Delta\Phi$ 将随时间变化。根据电磁感应定律，产生的感应电动势为 $\varepsilon = -\mathrm{d}(\Delta\Phi)/\mathrm{d}t$，于是在回路上就产生电场强度 $\boldsymbol{E}$。由于闭合回路是任意的。当然它可以穿过涡旋线的芯子，这样在正常芯子中的正常电子在电场 $\boldsymbol{E}$ 的作用下就产生正常电流 j_n，因此有能量损耗出现。故只要磁通线发生运动，超导体中就必然有电阻出现。

如果确实是跨过第Ⅱ类超导体的磁通量子的运动在混合态中产生电动势，那么只要正常芯运动，就要出现电动势，而这是因为电动势的出现与引起运动的原因无关。这一点由 Lowell，Munoz 和 Sousa 证实，他们在没有传输电流流过的情况下，给样品的一端加热，使磁通量子运动起来通过了一铌一钼合金样品。如果我们考虑第Ⅱ类超导体磁化曲线随温度的变化，就可以看出，在均匀外加磁场中，较热区域内磁通量子的密度比较冷区域内要大。因此在温度梯度区，由于磁通量子的互相排斥，会有一力将磁通量子从较热区域驱赶到较冷区域。这个装置如图 10.13 所示。当样品首尾间建立一温度差时，两边缘之间便出现电压差 V。因为没有传输电流，所观察到的电压不可能有“欧姆”来源。当外加磁场 H_a 的方向倒转，电压改变符号。这个实验最令人信服地证明了磁通量子在混合态内运动能产生感生电动势。这个实验只能用极理想的样品做，否则，磁通量子图案的运动要受到缺陷所造成的钉扎的阻碍。

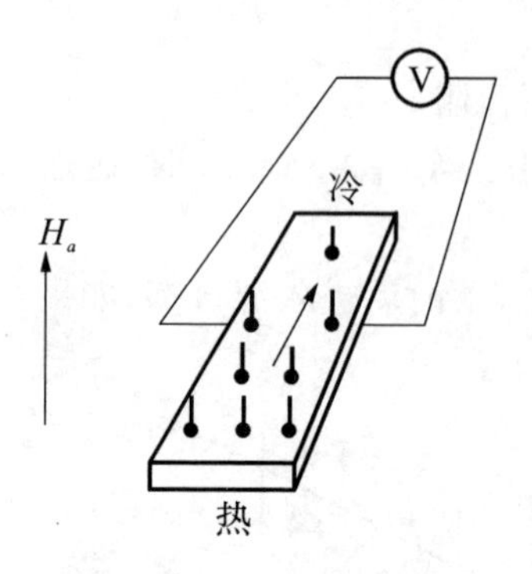

图 10.13　温度梯度引起的磁通量子运动产生的电动热

既然存在磁流阻，那么它的大小取决于哪些量呢？我们已经知道涡旋线运动是在电磁力的驱动下产生的，它在运动过程中又受到一个阻力而损失一部分能量，因此，我们可以把涡旋线的这种流动看成一种粘滞性流动，设粘滞系数为 η，那么在稳定态就会达到一个极限速度 V_L。涡旋线流动的运动方程可唯象地写成

$$F_L - F_p = \eta V_L \tag{10.5.3}$$

为了简单起见，我们看一下理想的第Ⅱ类超导体的情况，这时 $F_p = 0$，$F_L = \eta V_L$。涡旋线运动产生的电场可由 Maxwell 方程 $\nabla \times \boldsymbol{E} = -\dfrac{\partial \boldsymbol{B}}{\partial t}$ 得到

$$E = bV_L \tag{10.5.4}$$

式中 b 为涡旋线密度，$b = B/\phi_0$。

由这个电场可以定义一个流动电阻率

$$\rho_f = \frac{dE}{dj} \tag{10.5.5}$$

把(10.5.5)式写成

$$\rho_f = \frac{dE}{dV_L} \cdot \frac{dV_L}{dj}$$

dE/dV_L 由(10.5.4)式确定，即 $dE/dV_L = b$，dV_L/dj 可从 $F_L = j\phi_0$ 和 $F_L = \eta V_L$ 得到，$dV_L/dj = \phi_0/\eta$，所以

$$\rho_f = \frac{b\phi_0}{\eta} \tag{10.5.6}$$

Strnad 等① 1964 年测得 Nb + 90% Ta 的磁流阻，实验结果如图 10.14 所示，图 10.14(a)是在给定温度下 ρ_f/ρ_n 随外磁场 H_a 的变化，图 10.14(b)是在给定磁场下 ρ_f/ρ_n 随温度的变化。在 $H_{c1} < H_a \ll H_{c2}$ 的情况下，得到

---

① A. R. Strnad, C. F. Hempstead and Y. B. Kim, *Phys. Rev. Lett.*, **13**(1964), 794.

$$\frac{\rho_f}{\rho_n} \approx \frac{H_a}{H_{c2}} \tag{10.5.7}$$

ρ_n 是样品在正常态时的电阻率，$\rho_f = V/I$。

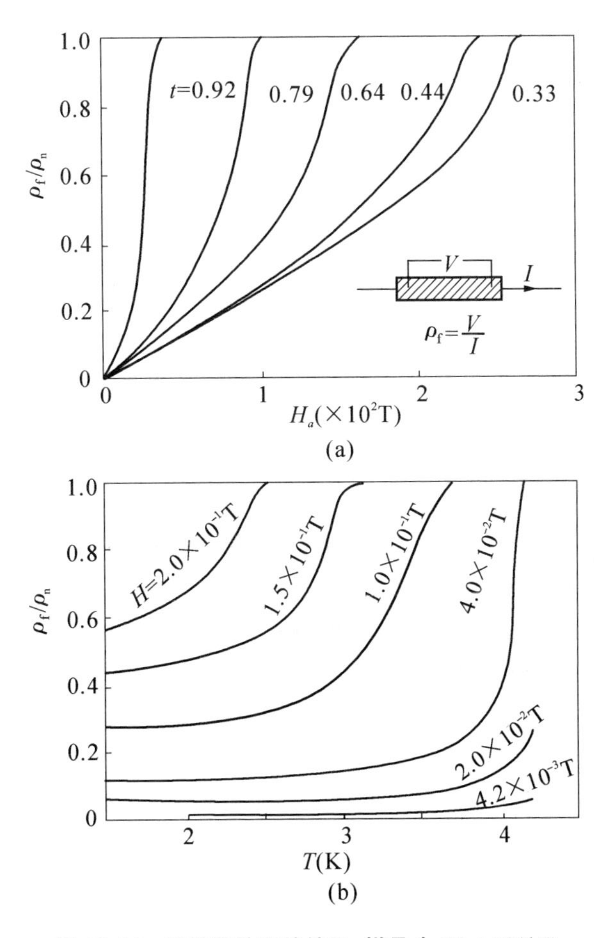

图 10.14　磁流阻的实验结果，样品为 Nb + 90% Ta

(a) 在不同的给定温度下，ρ_f/ρ_n 随磁场的变化；

(b) 在不同的给定磁场下，ρ_f/ρ_n 随温度的变化

(10.5.7)式可以从理论上得到，我们考虑单位体积中功率的损耗，由于涡旋线正常芯子的半径为 ξ，所以单位体积中芯子占有的面积是 $\pi\xi^2$，故其电阻 $R = \pi\xi^2\rho_n$，功率损耗是

$$W = j^2 b \pi\xi^2\rho_n = \frac{B}{\phi_0}\pi\xi^2\rho_n j^2 \tag{10.5.8}$$

再从涡旋线在 Lorentz 力作用下产生的位移看

$$W = F_L V_L = jBV_L \tag{10.5.9}$$

由(10.5.8)式和(10.5.9)式相等得

$$V_L = \frac{1}{\phi_0}\rho_n \pi \xi^2 j \tag{10.5.10}$$

将(10.5.10)式代入(10.5.4)式可得

$$E = \frac{b}{\phi_0}\rho_n \pi \xi^2 j \tag{10.5.11}$$

因为 $H_{c2} = \phi_0 / \pi\xi^2$，所以

$$E = \frac{b}{H_{c2}}\rho_n j \tag{10.5.12}$$

则

$$\rho_f = \frac{dE}{dj} = \rho_n \frac{b}{H_{c2}} \tag{10.5.13}$$

由于在 $H_{c1} < H_a \ll H_{c2}$ 时，超导体内的磁通密度 b 近似等于H_a，所以(10.5.13)式就是(10.5.7)式。

由于磁通流动引起能量损耗，所以在理想第Ⅱ类超导体中，只要电流产生的磁场大于 H_{c1}，磁通涡旋线就从两边进入超导体，方向相反的磁通涡旋线就在中心相遇而淹没，表面的磁通再继续进去，这种过程使得涡旋线一直在很快地运动，超导体中就出现电阻，所以理想的第Ⅱ类超导体仅能在 $H_a < H_{c1}$ 下传输表面电流，在 $H_a > H_{c1}$ 时就会导致超导的破坏。

从上述分析我们看到当 $H_a < H_{c2}$ 时已出现电阻，(10.5.7)式给出这个电阻随 H_a 增加线性增加，直到 H_{c2} 电阻突然增加，因此在平行于测量电流的磁场中，电阻的恢复如图 10.15 所示。

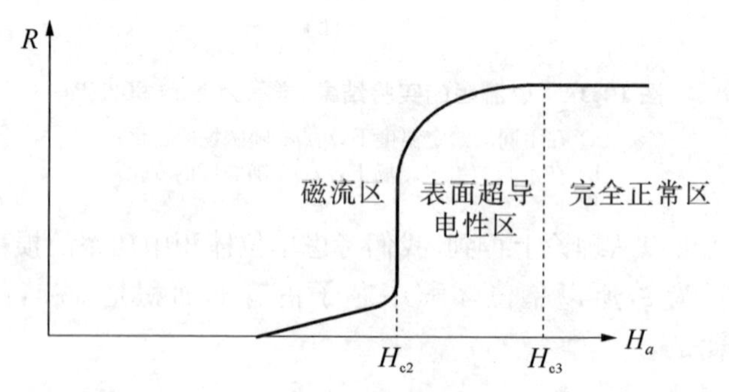

图 10.15　在平行于测量电流的磁场中，电阻随磁场变化的理想图像

图 10.15 给出当磁场与电流平行时样品电阻的恢复。为了比较样品的磁矩与电阻的转变，在图 10.15 中所用的测量电流很小，以致可以忽略传导电流产生的自场，那么图中曲线 R 突然增加（即垂直上升）部分相应的磁场值就是 H_{c2}。低于 H_{c2} 探测到小电压是由超导体进入混合态，出现粘滞性的磁通流动而致。而当大于 H_{c2} 时，并不完全达到正常，这是表面超导电性造成的，因此存在一个 H_{c3}。

实际上，并不是达到 H_{c1} 就有电阻出现，由于表面势垒的存在，阻碍着磁通线进入超导体，故在远大于 H_{c1} 的磁场 H_c 中才出现电阻。

10.5.2　高温超导体的临界电流密度

从图 7.2(b)的相图上看到在 $H_{c1}(T)$ 和 $H_{c2}(T)$ 之间还存在一个复杂的相图。在涡旋线液态区，不能载以大电流，只有在涡旋固态区才像常规超导体那样具有大的载流能力，目前实验得到 j_c(77 K，0 T)可达 10^6 A/cm^2，至于液态区有无钉扎，固态区是否完全遵从常规超导体的规律，迄今尚无定论。

10.5.3　磁通蠕动对 j_c 的影响

在 8.7 节中我们看到当 $T \neq 0$ 时，由于磁通蠕动，在 $F_L < F_p$ 时，磁通涡旋线从钉扎中心由热激活将以一定几率跃迁出，这种热激活过程产生能量耗散，出现电阻，因此在图 10.16 上外磁场 H_a 未达到磁流区就有电阻出现，从而使 j_c 降低，为了补充这部分能量耗散，外电源将予以不断提供能量。在常规超导体中，由于工作在 4.2 K，磁通蠕动导致的能量耗散很小，可以忽略。

在高温超导体中，由于钉扎势 U_0 比常规超导体要低一个量级，且工作温区在 77 K，磁通蠕动不能忽略，j_c 将受到磁通蠕动的限制，这个现象已在 8.7 节中仔细讨论过了。

第 11 章　宏观量子化

GL 理论给出

$$\frac{1}{2m}(-\mathrm{i}\hbar\nabla - e\boldsymbol{A})^2\Psi + \alpha\Psi + \beta|\Psi|^2\Psi = 0 \qquad (\text{GL I})$$

$$\frac{1}{\mu_0}\nabla^2\boldsymbol{A} = \frac{e\hbar}{2\mathrm{i}m}[\Psi^*\nabla\Psi - \Psi\nabla\Psi^*] - \frac{e^2}{m}|\Psi|^2\boldsymbol{A} \qquad (\text{GL II})$$

我们可以把(GL Ⅰ)式改写成如下形式

$$\left[\frac{1}{2m}(\hat{P} - e\boldsymbol{A}) + V(\boldsymbol{r})\right]\Psi(\boldsymbol{r}) = |\alpha|\Psi(\boldsymbol{r}) \qquad (\text{GL I}')$$

式中 $\hat{P} = -\mathrm{i}\hbar\nabla$, $V(\boldsymbol{r}) = \beta|\Psi(\boldsymbol{r})|^2$ 和 $|\alpha| = \alpha_0(T_c - T)$,GL Ⅰ方程形式上和一个质量为 m,电荷为 e 的粒子,在势能 $V(\boldsymbol{r})$、磁场 $\nabla\times\boldsymbol{A}(\boldsymbol{r})$ 中运动的 Schrödinger 方程相同。而(GL Ⅱ)式写成

$$\boldsymbol{j}_s = \frac{e\hbar}{2\mathrm{i}m}[\Psi^*\nabla\Psi - \Psi\nabla\Psi^*] - \frac{e^2}{m}|\Psi|^2\boldsymbol{A} \qquad (\text{GL II}')$$

也和量子力学中的电流密度公式相同。

唯象的 GL 方程和微观的 Schrödinger 方程形式上一样,预示了超导体具有类似于微观体系中的量子化现象。但 Schrödinger 方程是描述单个微观粒子的,方程中 Ψ 的意义是 $|\Psi|^2$ 代表一个粒子在 t 时刻出现在 $\boldsymbol{r}$ 处的几率。而 GL 方程中的 Ψ 表示整个超导体的有序参量,$|\Psi|^2 = n$,是超导电子密度。GL 理论中的这个 $\Psi(\boldsymbol{r})$ 可以理解为描述超导电子的“有效波函数”,n_s 是宏观量,所以 $\Psi(\boldsymbol{r})$ 是描述宏观体系的波函数,则 GL 方程给出的量子现象一定是一些宏观量子现象。到目前为止,宏观量子现象只是在超导体和 He Ⅱ 中被观察到。

11.1　类磁通量守恒

对于一个纯超导体,我们知道磁场对它的穿透深度只能是 λ_L 或 λ,因此这个纯超导体具有一个特殊的行为,即在 λ 深度中流过的屏蔽电流阻碍了磁场的进一步穿透,使超导体内部不存在磁通。按照这个观点,被超导区包围的非超导孔将可存在一个冻结磁通。

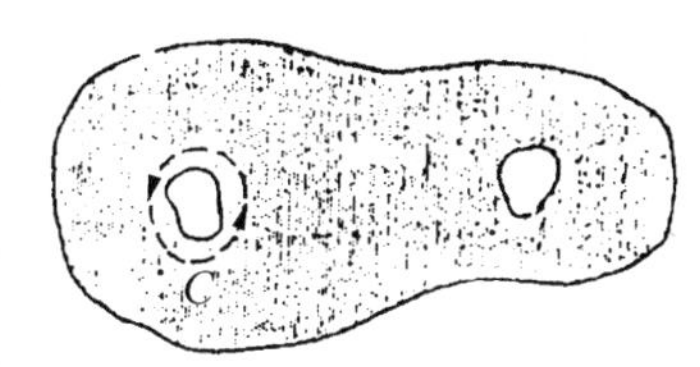

图 11.1　超导复连通体

考虑一个复连通超导体,在其内取一个包围孔的闭合回路 C(图 11.1),再作一个以 C 为周界的曲面 S,由 Maxwell 方程

$$\nabla \times \boldsymbol{E} = -\frac{\partial \boldsymbol{B}}{\partial t}$$

$$\iint_S \nabla \times \boldsymbol{E} \cdot \mathrm{d}\boldsymbol{s} + \iint_S \frac{\partial}{\partial t}\boldsymbol{B} \cdot \mathrm{d}\boldsymbol{s} = 0$$

由 Stokes 定理得

$$\oint_C \boldsymbol{E} \cdot \mathrm{d}\boldsymbol{l} + \frac{\partial}{\partial t}\iint_S \boldsymbol{B} \cdot \mathrm{d}\boldsymbol{s} = 0 \tag{11.1.1}$$

由于 C 在超导体内,所以(11.1.1)式中的 E 可由 London 第一方程给出

$$\boldsymbol{E} = \frac{m}{n_s e^2}\frac{\partial}{\partial t}\boldsymbol{j}_s = \mu_0\lambda_L^2 \frac{\partial}{\partial t}(\boldsymbol{j} - \boldsymbol{j}_n) = \mu_0\lambda_L^2 \frac{\partial}{\partial t}(\boldsymbol{j} - \sigma\boldsymbol{E}) \tag{11.1.2}$$

将(11.1.2)式代入(11.1.1)式得

$$\frac{\partial}{\partial t}\left[\iint_S \boldsymbol{B} \cdot \mathrm{d}\boldsymbol{s} + \mu_0\lambda_L^2\oint_C (\boldsymbol{j} - \sigma\boldsymbol{E})\mathrm{d}\boldsymbol{l}\right] = 0 \tag{11.1.3}$$

定义

$$\Phi_L = \iint_S \boldsymbol{B} \cdot \mathrm{d}\boldsymbol{s} + \mu_0\lambda_L^2\oint_C (\boldsymbol{j} - \sigma\boldsymbol{E}) \cdot \mathrm{d}\boldsymbol{l} \tag{11.1.4}$$

则由(11.1.3)式得到

$$\frac{\partial}{\partial t}\Phi_L = 0 \tag{11.1.5}$$

这说明 Φ_L 不随时间变化。假如给定初始条件 $(\Phi_L)_0$,则不论外加磁场怎样变化或

通以电流,它始终是$(\Phi_L)_0$,也就是说(11.1.4)式定义的量Φ_L是一个守恒量。

现在我们来研究Φ_L的意义,当外磁场和电流达到稳定后,这时超导体内就不存在电场,即$\boldsymbol{E}=0$,则(11.1.4)式为

$$\Phi_L=\iint_S \boldsymbol{B}\cdot \mathrm{d}\boldsymbol{s}+\mu_0\lambda_L^2\oint_C \boldsymbol{j}\cdot \mathrm{d}\boldsymbol{l} \tag{11.1.6}$$

这时电流$\boldsymbol{j}$只有超流$\boldsymbol{j}_s$,如果曲线C远离超导体外表面,则C上$\boldsymbol{j}_s$处处是零。(11.1.6)式将是

$$\Phi_L=\iint_S \boldsymbol{B}\cdot \mathrm{d}\boldsymbol{s} \tag{11.1.7}$$

显然,这时的Φ_L就是通过曲面S的磁通量,它是穿过内孔以及超导体内表面穿透区域的总磁通,因此,(11.1.4)式给出磁通量的意义。我们就称这个广义磁通量为类磁通(或全磁通)。(11.1.5)式给出类磁通或全磁通守恒,即$\Phi_L=(\Phi_L)_0$。

如果将这个类磁通应用于单连通导体,即S面包围的区域完全是超导区,由London方程

$$\nabla\times\boldsymbol{j}_s=\frac{1}{\mu_0\lambda_L}\boldsymbol{B}$$

则

$$\iint_S \boldsymbol{B}\cdot \mathrm{d}\boldsymbol{s}=-\mu_0\lambda_L^2\iint_S \nabla\times\boldsymbol{j}\cdot \mathrm{d}\boldsymbol{l}=-\mu_0\lambda_L^2\oint_C \boldsymbol{j}_s\cdot \mathrm{d}\boldsymbol{l} \tag{11.1.8}$$

将(11.1.8)代入(11.1.6)式得

$$\Phi_L=0 \tag{11.1.9}$$

这就证明了在超导体中全磁通总是零。

假如图11.1的复连通体被切割,使孔与外部相通,见图11.2,则它实际上是一个单连通体,因为任何磁通将可沿AB进入到孔内,在图11.2上我们作任一条曲线,只要不跨越割线AB曲线C就不闭合地包围孔,这个C就是单连通体内的闭合曲线。

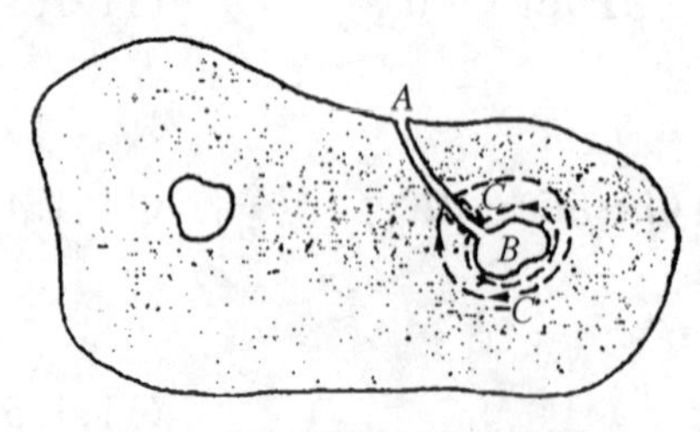

图11.2 被切割的复连通体,它已不再复连通了

由类磁通守恒,我们可以算出在中空圆柱内的磁场H_i。

考虑一个中空超导圆柱,设原来没有磁场,当圆柱进入超导态时,加上平行于圆柱轴的磁场,这时在圆柱外表面上的磁场为H_a,圆柱壁内的磁场分布可以从$\nabla^2\boldsymbol{B}=\boldsymbol{B}/\lambda_L^2$得出,只要圆柱的内外半径都远大于

λ_L,就可以把圆柱局部地当作平面,设圆柱的内半径是 r,外半径是 $r+d$,则圆柱壁内的磁场为

$$\mu_0 H = A\mathrm{e}^{x/\lambda_L} + B\mathrm{e}^{-x/\lambda_L} \tag{11.1.10}$$

在内外表面,$x=0$,$x=d$ 分别得

$$\mu_0 H_i = A + B \tag{11.1.11a}$$

$$\mu_0 H_a = A\mathrm{e}^{d/\lambda_L} + B\mathrm{e}^{-d/\lambda_L} \tag{11.1.11b}$$

由 Maxwell 方程 $\nabla\times\boldsymbol{H}=\boldsymbol{j}_s$,得到

$$j_s = -\frac{1}{\mu_0\lambda_L}(A\mathrm{e}^{x/\lambda_L} + B\mathrm{e}^{-x/\lambda_L}) \tag{11.1.12}$$

因此在内表面上

$$j_s(x=0) = -\frac{1}{\mu_0\lambda_L}(A-B) \tag{11.1.13}$$

类磁通守恒要求

$$\mu_0 H_i \pi r^2 + \mu_0\lambda_L^2 j_s(x=0)\cdot 2\pi r = 0 \tag{11.1.14}$$

把(11.1.11a)式和(11.1.13)式代入(11.1.4)式,得到

$$B = -A\left(1-\frac{2\lambda_L}{r}\right)\Big/\left(1+\frac{2\lambda_L}{r}\right) \tag{11.1.15}$$

将(11.1.15)式代入(11.1.11b)式算出 A,再由(11.1.15)式得到 B,将 A,B 代入(11.1.11a)式,得到

$$H_i = \frac{2\lambda_L}{r}H_a\left[\mathrm{sh}\frac{d}{\lambda_L} + \frac{\lambda_L}{r}\mathrm{ch}\frac{d}{\lambda_L}\right]^{-1} \tag{11.1.16}$$

由于 $r \gg \lambda_L$,就得到

$$H_i = H_a\cdot\frac{2\lambda_L}{r}\left[\mathrm{sh}\frac{d}{\lambda_L}\right]^{-1} \tag{11.1.17}$$

由此看到,即使圆柱壁很薄,$d \leqslant \lambda_L$,只要 $r \geqslant \lambda_L$ 也能够很好地起到屏蔽磁场的作用。

11.2　宏观量子化

由前一节类磁通量的定义,可以改写 Φ_L 为

$$\Phi_{\mathrm{L}}=\oint_C\left[\boldsymbol{A}(\boldsymbol{r})+\frac{m}{e^2|\Psi(\boldsymbol{r})|^2}\boldsymbol{j}_{\mathrm{s}}(\boldsymbol{r})\right]\cdot \mathrm{d}\boldsymbol{l} \tag{11.2.1}$$

其中$|\Psi|^2=n_{\mathrm{s}}(\boldsymbol{r})$；$C$是位于超导体内的任一闭合曲线，利用GL方程

$$\boldsymbol{j}_{\mathrm{s}}(\boldsymbol{r})=-\frac{\mathrm{i}e\hbar}{2m}[\Psi^*(\boldsymbol{r})\nabla\Psi-\Psi(\boldsymbol{r})\nabla\Psi^*(\boldsymbol{r})]-\frac{e^2}{m}\Psi(\boldsymbol{r})\Psi^*(\boldsymbol{r})A(\boldsymbol{r})$$

(11.2.1)式可简化为

$$\Phi_{\mathrm{L}}=-\mathrm{i}\frac{\hbar}{2e}\oint_C \mathrm{d}\boldsymbol{l}\cdot\nabla\ln\left[\frac{\Psi(\boldsymbol{r})}{\Psi^*(\boldsymbol{r})}\right] \tag{11.2.2}$$

引入函数

$$\Psi(\boldsymbol{r})=\omega(\boldsymbol{r})\mathrm{e}^{\mathrm{i}\varphi(\boldsymbol{r})} \tag{11.2.3}$$

其中$\omega(\boldsymbol{r})=[n_{\mathrm{s}}(\boldsymbol{r})]^{1/2}$，$\omega(\boldsymbol{r})$是有序参量$\Psi(\boldsymbol{r})$的有序度。$\varphi(\boldsymbol{r})$称为有序参量$\Psi(\boldsymbol{r})$的位相，将(11.2.3)式代入(11.2.2)式，得到

$$\Phi_{\mathrm{L}}=\frac{\hbar}{2e}\oint_C \mathrm{d}\boldsymbol{l}\cdot\nabla\varphi(\boldsymbol{r})=\frac{\hbar}{2e}[\varphi(\boldsymbol{r}_{\mathrm{p}})] \tag{11.2.4}$$

其中$\boldsymbol{r}_{\mathrm{p}}$是$C$上任意的一点；$[\varphi(\boldsymbol{r}_{\mathrm{p}})]$代表当$\boldsymbol{r}$从$\boldsymbol{r}_{\mathrm{p}}$出发环线$C$一周仍回到$\boldsymbol{r}_{\mathrm{p}}$后$\varphi(\boldsymbol{r}_{\mathrm{p}})$数值的变化，因为有序参量$\Psi(\boldsymbol{r})$应该是$\boldsymbol{r}$的单值函数，所以$[\varphi(\boldsymbol{r}_{\mathrm{p}})]$只能等于$2\pi$的整数倍，即

$$[\varphi(\boldsymbol{r})_{\mathrm{p}}]=2\pi n,\quad n=1,2,3,\cdots \tag{11.2.5}$$

把(11.2.5)式代入到(11.2.4)式，则得

$$\Phi_{\mathrm{L}}=\frac{nh}{2e}=n\phi_0,\quad n=1,2,3,\cdots \tag{11.2.6}$$

$\phi_0=2.07\times10^{-15}$ Wb称之为磁通量子，这样我们得到超导体中的宏观量子化效应。

11.3 实验测量

11.3.1 磁通量子化

证实存在宏观量子效应的实验装置如图11.3所示，实验中俘获磁通的超导中空圆柱，是在直径为10 μm的石英棒上蒸发一层长为0.6 mm的Pb膜而成，在Pb膜中间用一根悬丝把石英棒吊起来，悬丝中间带有一个小镜子。

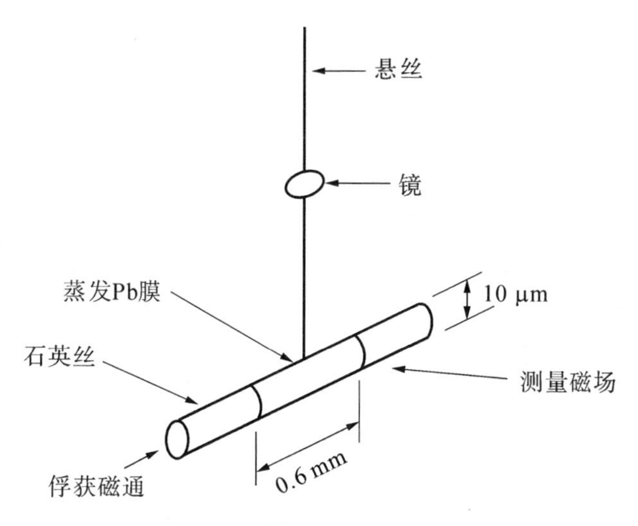

图 11.3　测量磁通量子化的装置

在既无俘获磁场又不加外磁场时，先测量该系统的阻尼常数，而后将镀有 Pb 膜的石英棒放置在平行于棒轴的磁场中冷却，再去掉这个磁场，这时在 Pb 圆筒内就存在一个俘获磁通。在垂直于石英棒的轴向加一个继续的测量磁场，使测量磁场有规律的断续地开关，那么带有 Pb 膜的棒就得到稳定振荡。根据已知的系统的阻尼系数、测量磁场和 Pb 圆柱的尺寸，俘获磁通就可以由共振振幅和测量磁场而推断。实验上测得了俘获磁通与磁场之间的关系，这个俘获磁场是在 0～0.4 A・cm^{-1} 内以很小的量改变的。图 11.4 上给出其实验结果，表明俘获确实是一个磁通量子 ϕ_0 的整数倍。实验上确定的磁通量子 $\phi_0 = h/2e$。

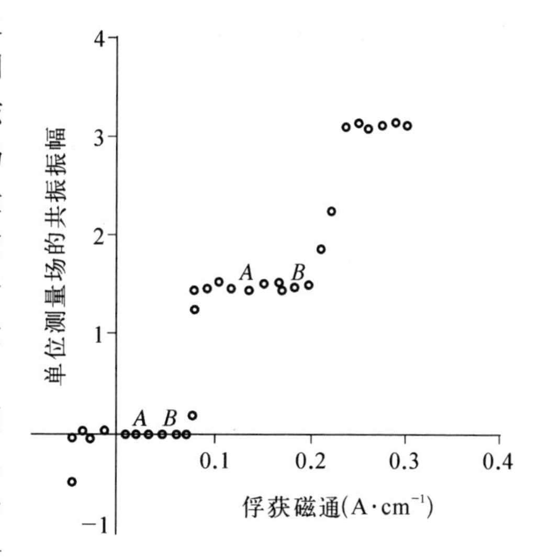

图 11.4　俘获磁通随场强的变化关系

圆点是摆的振幅除以磁场的强度，它正比于俘获磁通

对高温超导体来说，第一个观测磁通量子化的是 Gough 等的工作。他们将外直径为 11.0 mm、内直径为 4.5 mm、厚为 4.0 mm 的 Y-Ba-Cu-O 圆环，于超导屏蔽下浸泡在液氦中，工作温度为 4.2 K。圆环中的

磁通由与圆环耦合的磁通变换器送到 rf SQUID 上监测。为了验证磁通量子化，他们把 $YBa_2Cu_3O_{7-\delta}$圆环周期性地暴露在电磁噪声源中以便使圆环中的磁通发生变化,然后用 rf SQUID 观测圆环中的磁通随时间变化的输出信号。图 11.5 是他们的实验结果。

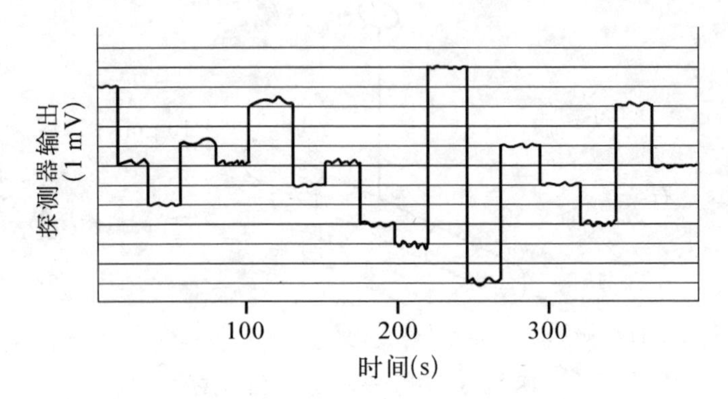

图 11.5　当磁通量子跳入和跳出 $YBa_2Cu_3O_{7-\delta}$环时,它所具有的整数倍性质表现在 rf SQUID 磁强计的输出信号上的实验结果

从图上可以清楚地看到,$YBa_2Cu_3O_{7-\delta}$圆环中的磁通改变量是量子化的。为了定出磁通量子值,他们对与输出信号对应的磁通值作了标定,并在图 11.5 的横坐标上标出了每格所对应的磁通值 $\phi_0 = h/2e$。从这一实验获得磁通量子 $\phi_0 = 0.97 \pm 0.04(h/2e)$。这个结果显示了高温超导体与传统超导体一样,其有效电荷 $e^* = 2e$。这一实验有力地支持了高温超导体中载流子配对的观点。

11.3.2　临界温度的周期变化　Little - Parks 实验

Little 和 Parks 的实验指出,在均匀磁场 H_a(磁场和圆柱体的轴线平行)作用下,很薄的中空圆柱形超导体的临界温度 $T_c(H_a)$随磁场周期变化①。中空圆柱体的内径为 $2r$,外径为 $2R$,它的壁厚 $d = R - r$ 比 R 小得多,并且在 T_c 附近,$d \ll \xi(T)$ 和 $d \ll \lambda(T)$。

由 GL 理论知,在 T_c 附近,超导相的自由能密度为

$$G_{SH} = f_{n0} + \alpha n_s + \frac{\beta}{2} n_s^2 + n_s m v_s^2 + \frac{\mu_0}{2} H_a^2 \tag{11.3.1}$$

(11.3.1)式中 $n_s m v_s^2$ 是抗磁能,即为(5.1.9)式中的 $-\boldsymbol{B} \cdot \boldsymbol{H}$,当 $d \ll \xi(T)$ 和

① W. A. Little and R. Parks, *Phys. Rev. Lett.*, **9**(1962), 9.

$d \ll \lambda(T)$ 时，n_s 和 v_s 都近似地不依赖 $\boldsymbol{r}$，在平衡态，$\frac{\partial G_{SH}}{\partial n_s}=0$，即

$$\alpha+\beta n_s+m v_s^2=0 \tag{11.3.2}$$

借助(11.3.2)式，并注意到 $\alpha(T)=\alpha(T-T_c)$，(11.3.1)式可简化

$$G_{SH}=G_{n0}-\frac{1}{2\beta}[\alpha(T_c-T)-m v_s^2]^2+\frac{\mu_2}{2}H_a^2 \tag{11.3.3}$$

T_c 是 $H_a=0$ 时超导体的临界温度。当 $T=T_c(H_a)$ 时，两相的自由能相等，$G_{SH}=G_{nH}$。由(11.3.3)式和 $G_{nH}=f_{n0}+\frac{\mu_0 H_c^2}{2}$，可得

$$\Delta T_c=T_c-T_c(H_a)=\frac{m v_s^2}{\alpha} \tag{11.3.4}$$

类磁通量 Φ_L 是量子化的，即

$$\Phi_L=\oint_\Gamma\left(\boldsymbol{A}+\frac{m}{e}\boldsymbol{v}_s\right)\cdot d\boldsymbol{l}=n\phi_0 \tag{11.3.5}$$

其中 Γ 是半径等于 R 的圆，注意到 $\oint_\Gamma \boldsymbol{A}\cdot d\boldsymbol{l}$ 就是存在于圆柱体中的磁通 $\Phi=\pi R^2 H_a$，又 $\oint_\Gamma \boldsymbol{v}_s\cdot d\boldsymbol{l}=2\pi R v_s$，由(11.3.5)式可得

$$v_s=\frac{1}{2\pi R}\frac{e}{m}(n\phi_0-\Phi) \tag{11.3.6}$$

n 应选择为使 v_s 极小(从而自由能 G_{SH} 极小)的整数，见图11.6(a)。图11.6(b)表示出 $n\phi_0-\Phi$ 随 $\Phi=\pi r^2 H_a$ 的周期变化。当 Φ 等于 $n\phi_0$ 时，由(11.3.5)可知 $j_s=0$，因而 $v_s\propto(n\phi_0-\Phi)=0$。当 Φ 比 $n\phi_0$ 稍大或稍小时，为了保证 Φ_L 仍然是量子化的，在超导体中应存在一定电流 j_s，因此，$v_s\propto(n\phi_0-\Phi)\neq 0$，显然，当 Φ 比 $n\Phi_L$ 稍大时，$v_s<0$；当 Φ 比 $n\phi_0$ 稍小时，$v_s>0$。

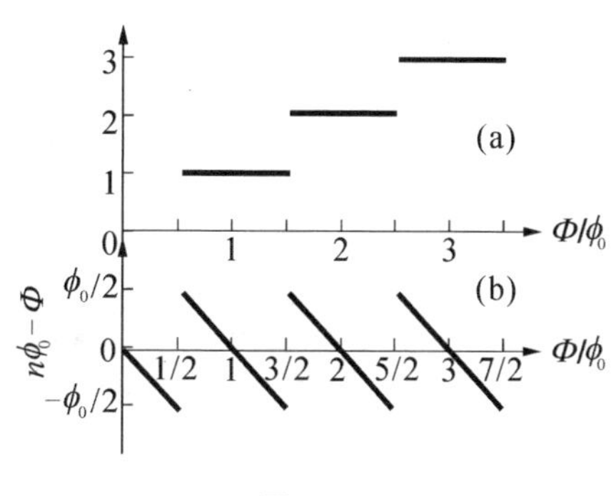

图 11.6

由(11.3.4)式和(11.3.6)式及 $|\Psi|^2=-\frac{\alpha}{\beta_c}$ 和 $H_c^2=\frac{\alpha^2}{\mu_0\beta_c}$ 立即得到

$$\frac{\Delta T_c}{T_c}=\frac{(n\phi_0-\Phi)^2}{8\pi^2 R^2\lambda_L^2(0)H_c^2(0)} \tag{11.3.7}$$

ΔT_c 是 H_a 的周期函数，周期等于 $\phi_0/\pi R^2$，见图11.6(b)，当 $\Phi=n\phi_0$ 时，$\Delta T_c=$

0，当 $\Phi=\frac{1}{2}n\phi_0$ 时，ΔT_c 达到极值 $(\Delta T_c)_{max}$，其中 $(\Delta T_c)_{max}$ 是由下式给出的

$$\frac{(\Delta T_c)_{max}}{T_c}=\frac{n^2\phi_0^2}{32\pi^2R^2\lambda_L^2(0)H_c^2(0)} \tag{11.3.8}$$

图11.7(a)是实验测量的 ΔT_c 随 Φ/ϕ_0 变化的曲线。除了曲线逐渐抬高之外，其余和图11.7(b)完全一致，因此，也就证实了类磁通量的量子化效应。但实验曲线逐渐抬高的现象还没有得到肯定解释，可能是实验中磁场未能做到和圆柱体的轴线完全平行所致。另外，(11.3.8)式和实验值也存在差异。例如，用 $R=7\times10^{-5}$ cm 的中空 Sn 圆柱体，测量得到 $(\Delta T_c)_{max}=5\times10^{-4}$ K。把 Sn 的 $T_c=3.7$ K、$H_c(0)=307$ Gs 以及 R 和 $(\Delta T_c)_{max}$ 的数据代入(11.3.8)式，算出 $\lambda_L(0)\approx11.7\times10^{-5}$ cm，但 Sn 的 $\lambda_L(0)$ 应等于 3.55×10^{-6} cm。

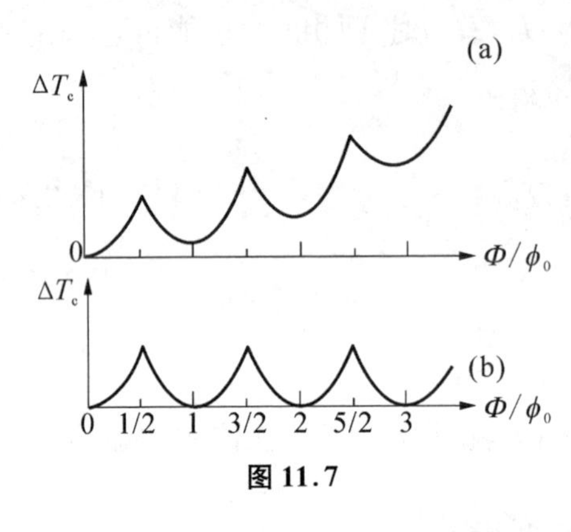

图11.7

Gammel 在 $YBa_2Cu_3O_{7-\delta}$ 薄膜上刻出 1 μm^2 大小的方形阵列，再作 Little-Parks 振荡实验，实验结果见图11.8。这两个实验确定的磁通量子 $\phi_0=h/2e$，误差小于6%。

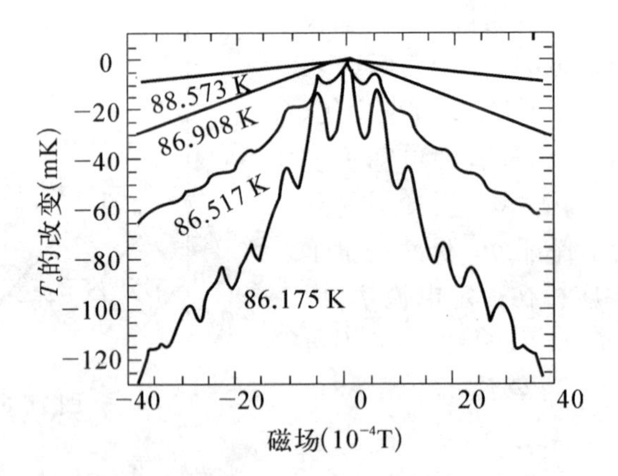

图11.8　在4个不同温度下由磁阻数据所导出的 T_c 随磁场的改变(由 T_c 的 Little-Parks 振荡可求出磁通量子，它等于 $\phi_0\pm6\%\phi_0$，其中 $\phi_0=h/2e$)

第 12 章 Bardeen – Cooper – Schrieffer (BCS)理论

迄今，我们虽然获得了许多超导电性知识，但超导电性的起因是什么？我们一直未涉及。事实上，超导电性微观理论的发展也经历了一个漫长的过程。自从 1911 年 Onnes 发现超导电性以来，在实验方面和宏观的唯象理论方面都积累了大量的知识，不断排除与超导电性起因无关的因素，并从大量实验中辨别出影响超导电性的物理规律，直到 1957 年 Bardeen – Cooper – Schrieffer（简称 BCS）[①]找到了超导电性的起因，建立了著名的 BCS 理论。

12.1 晶格结构在超导相变前后不变

早在 1924 年，Keesom 和 Onnes[②] 用 X 射线衍射得到 Pb 在临界温度以上和临界温度以下，其衍射图没有变化。

1955 年 Wilkinson[③] 测量了 Pb、Nb 对中子的散射，指出在 T_c 上、下点阵振动没有明显变化。他们还测得 Sn 在正常态和超导态对热中子的总散射截面，在百分之一精度以内相等。

1962 年 Wiedemann[④] 用 Mössbauer 效应测得的 Sn 在正常态和超导态的

---

① J. Bardeen, L. N. Cooper and J. R. Schrieffer, *Phys. Rev.*, **108**(1957), 1175.

② W. H. Keesom and H. K. Onnes, *Leiden Comm.*, (1924), 17b.

③ M. K. Wilkinson, et al., *Phys. Rev.*, **97**(1995), 889.

④ W. H. Wiedemann, et al., *The Mössbauer Effect*, (1962), 210.

Debye－Waller 因子也表明超导相变不影响晶格点阵结构和振动。

这些实验现象都说明了正常-超导相变不是晶格引起的，因而相变只能涉及电子气状态的改变。

12.2 能　　隙

12.2.1 比热容

前面我们已经得到超导态电子的比热容 c_{es}是 T 的三次方规律。在研究超导宏观规律时，我们说它是一个很好的近似。但精确的测量给出比热容随温度的变化并不是三次方规律。图 12.1 给出对 V 的测量结果①，我们看到实验结果明显地偏离三次方规律，而是给出很好的指数关系。由实验结果可以给出

$$\frac{c_{es}}{\gamma T_c} = 9.17e^{-1.50T_c/T} \tag{12.2.1}$$

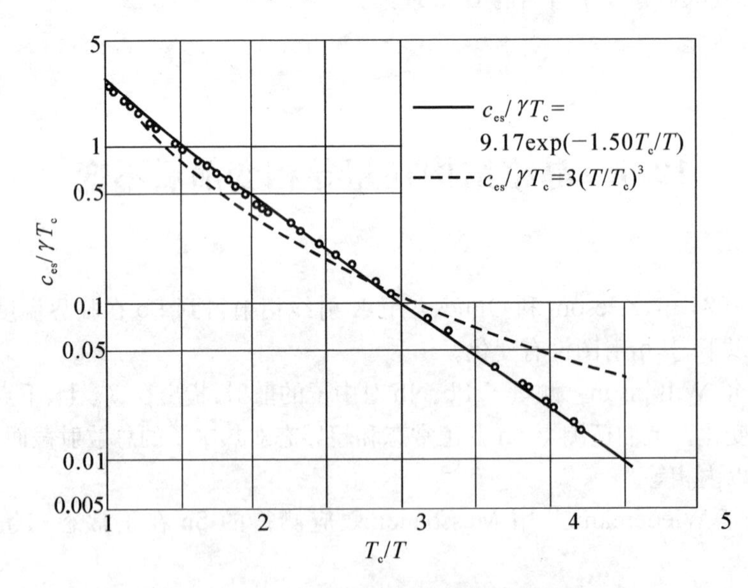

图 12.1　超导态电子比热容与温度关系

① W. S. Corak, et al., *Phys. Rev.*, **102**(1956), 656.

实验给出的指数规律使我们想起在统计物理中得到的如果单电子体系在其能量范围内有能隙存在，当温度升高时，电子受激而跨过能隙 E_g，那么其中每一个电子在激发过程中至少要吸收等于能隙 E_g 的能量，在温度 T 下，能隙以上的电子数与 e^{E_g/k_BT} 成正比。由此可知超导态必须存在一个能隙，我们记它的大小为 2Δ。

12.2.2　远红外吸收

如何从实验上直接测得能隙的大小呢？用待测超导体做成腔，通过光导管将远红外辐射引入腔内，腔内放一个碳电阻辐射热测量器作为接收元件①。远红外辐射在腔内多次反射后到达碳电阻上，当远红外辐射频率小于 ν_g 时，超导壁不吸收能量，经过多次反射致使碳电阻上接收到一个大的辐射，因而碳电阻给出某个阻值，这表明这时材料的反射系数大，当 $\nu \geqslant \nu_g$ 时，壁大量吸收辐射，碳电阻上接到的讯号迅速减小，这样从频率值就可以得到能隙大小。这是因为 $h\nu < 2\Delta$，超导壁完全不吸收辐射，而当 $h\nu_g = 2\Delta$ 时，超导壁大量吸收辐射，以致在 2Δ 时出现一个突变的反射系数。图 12.2 给出七种元素的结果，其中 P_s 和 P_n 分别表示腔在超导态和正常态碳电阻吸收的功率，表 12.1 中给出远红外吸收得到的能隙值。

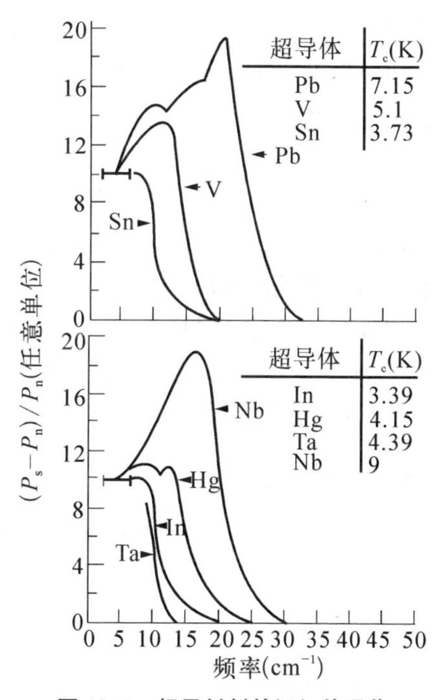

图 12.2　超导材料的远红外吸收

表 12.1　远红外辐射吸收测得的能隙值

金　属	In	Pb	Hg	Nb	Sn	Ta	V
$\frac{2\Delta(0)}{k_BT_c}$	4.1	4.14	4.6	2.8	3.6	3.0	3.4

① P. L. Richards and M. Tinkham, *Phys. Rev.*, **119**(1960). 575.

12.3 电-声子相互作用

能隙的测量对超导电性给出一个重要的信息，它表明体系进入超导态后能量降低是由于超导电子凝聚到一个能隙以下，而宏观量子现象和 Pippard 相干长度告诉我们在能隙下的电子是长程有序的，这意味着电子彼此之间有相互作用。由于长期以来人们认识到电子之间只存在 Coulomb 排斥作用，电子之间也就是借助排斥而强烈地相互作用的，然而这种排斥作用显然不能导致体系能量的降低，相反它只能使体系能量升高，只有电子之间存在相互吸引才能导致体系能量的降低。能隙的存在启示我们必须拆散电子之间的这个吸引作用，电子才能跳过能隙，换句话说，能隙是由电子之间相互吸引作用引起的。但电子之间怎么能相互吸引呢？它们之间又是通过一种什么作用才能相互吸引呢？显然，电子之间直接作用是不可能相吸的，直接作用只能导致 Coulomb 排斥。

在 11.3 节中磁通量子化实验和 Little-Parks 实验明确揭示了超导电性来自两个电子，这就意味着超导是两个电子相互吸引的结果。

12.3.1 同位素效应

1950 年 Maxwell① 从实验上发现 Hg 的同位素的临界温度 T_c 与其同位素质量 M 之间有一个关系，即

$$T_cM^{\alpha}=\text{常数} \tag{12.3.1}$$

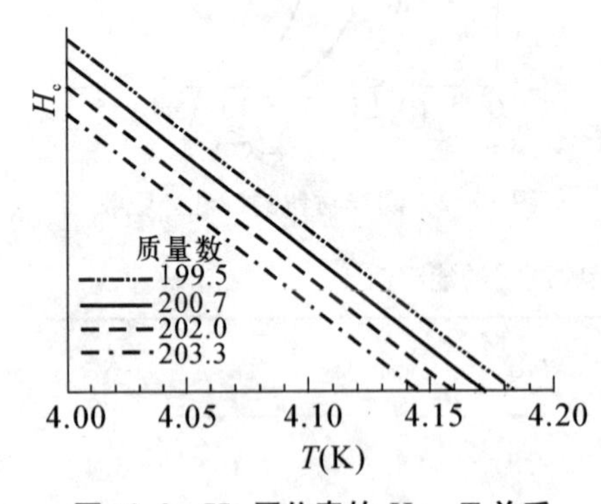

图 12.3 Hg 同位素的 $H_c \sim T$ 关系

图 12.3 给出对 Hg 同位素的测量结果，实验测得 $H_c \sim T$ 关系，外推得 T_c。从图 12.3 看到随同位素质量 M 增加，T_c 降低。定量得出 $\alpha=1/2$。

表 12.2 给出各个超导元素的同位素效应，其结果是一致的，α 值基本上都是 1/2。实验中的差别主要是由于小的质量

① E. Maxwell, *Phys*, *Rev*. **78**(1950), 447.

差别引起的，另外，杂质和应力效应都限制了实验的准确性。虽然如此，大量的实验给出元素同位素的 T_c 与质量 M 之间是 $T_c M^\alpha$ = 常数的关系。

表 12.2　元素的 α 值

元　素	α	引　　证
Cd	0.40 ± 0.07	Bucher et al.，1961
Pb	0.461 ± 0.025	Shaw et al.，1961
	0.501 ± 0.013	Hake et al.，1958
Hg	0.504	Reynolds et al.，1951
Sn	0.505 ± 0.019	Maxwell，1952(a)
	0.46 ± 0.02	Sevin et al.，1951
	0.462 ± 0.014	Lock et al.，1951
Tl	0.50 ± 0.05	Maxwell，1952(b)
	0.62 ± 0.1	Alekseevskii，1953
Zn	0.5	Geballe and Matthias，1962

这是一个十分重要的结果，它启示人们尽管超导态与正常态的晶格点阵本身没有变化，但在决定传导电子行为的改变上，晶格点阵必定还起了重要作用。

12.3.2　电-声子相互作用的简单模型①

1950 年 Fröhlich 指出：电子-声子相互作用能把两个电子耦合在一起，这种耦合就好像两个电子之间有相互作用一样。为了明确其物理图像，Fröhlich 给出如下一个物理模型：图 12.4 中给出整齐排列的晶格点阵，当电子 1 通过晶格时，电子与离子点阵的 Coulomb 作用使晶格点阵畸变，当电子 2 通过这个畸变的晶格时，将受到畸变场的作用，畸变场吸引这个电子 2，如果我们忘记第 1 个电子对晶格点阵造成畸变的过程，而只看其最后结果，将是第一个电子吸引第二个电子。

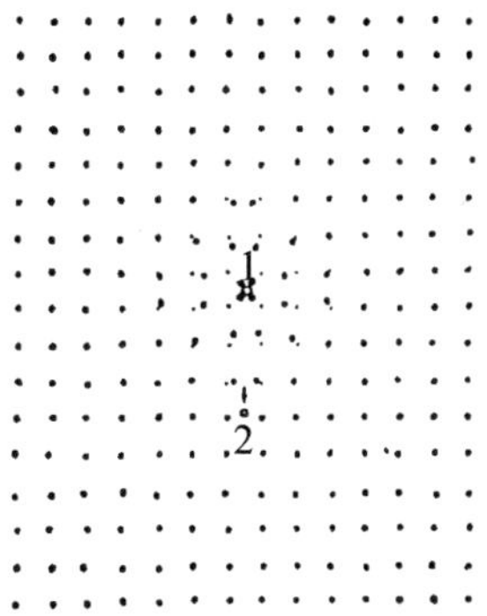

图 12.4　Fröhlich 模型

用电子、声子的语言可将这个过程描述为：动量为 $\boldsymbol{p}_1(=\hbar\boldsymbol{k}_1)$ 的电子发射一个声子 $\boldsymbol{q}$ 后其动量变成 $\boldsymbol{p}_1'$，

① H. Fröhlich，*Phys. Rev.*，**79**(1950)，845.

当声子 $\boldsymbol{q}$ 被另一个动量为 $\boldsymbol{p}_2$ 的电子吸收后，这个电子的动量就变成 $\boldsymbol{p}_2'$。这个电-声子相互作用的过程就造成电子之间的相互吸引作用。由于电子发射声子过程动量必须守恒，所以对于发射过程有

$$\boldsymbol{k}_1 = \boldsymbol{k}_1' + \boldsymbol{q} \tag{12.3.2}$$

同样第二个电子吸收声子的过程有

$$\boldsymbol{k}_2' = \boldsymbol{k}_2 + \boldsymbol{q} \tag{12.3.3}$$

12.3.3 存在吸引相互作用时正常态的不稳定性

自由电子气的基态，对应于波矢量为 $\boldsymbol{k}$、能量$\dfrac{\hbar^2 k^2}{2m}$低于$E_{\mathrm{F}} = \dfrac{\hbar^2 k_{\mathrm{F}}^2}{2m}$(Fermi)的所有单电子能级全被占据的状态，然而，若存在吸引相互作用，不管多弱，这种状态都会变得不稳定(Cooper, 1957)。这种不稳定性可以通过单考虑坐标为 $\boldsymbol{r}_1$ 与 $\boldsymbol{r}_2$ 的两个特定电子来理解，其他电子仍作自由电子气处理。根据不相容原理，此电子气的影响只是禁止这两个电子占据所有 $k < k_{\mathrm{F}}$ 的状态。令 $\Psi(\boldsymbol{r}_1, \boldsymbol{r}_2)$表示这两个电子的波函数，仅限于考虑电子对$(\boldsymbol{r}_1, \boldsymbol{r}_2)$的重心为静止的状态，因此 Ψ 仅是$\boldsymbol{r}_1 - \boldsymbol{r}_2$ 的函数。将 Ψ 展开成平面波

$$\Psi(\boldsymbol{r}_1 - \boldsymbol{r}_2) = \sum_{\boldsymbol{k}} g(\boldsymbol{k}) \mathrm{e}^{\mathrm{i}\boldsymbol{k}(\boldsymbol{r}_1 - \boldsymbol{r}_2)} \tag{12.3.4}$$

$g(\boldsymbol{k})$是一个电子处在动量为$\hbar \boldsymbol{k}$ 的平面波态，而另一个电子处在 $-\hbar \boldsymbol{k}$ 态的几率振幅，由于 $k < k_{\mathrm{F}}$ 的状态全已占满，由 Pauli 原理，可断定

$$g(\boldsymbol{k}) = 0, \quad 对于\ k < k_{\mathrm{F}} \tag{12.3.5}$$

我们所考虑的两个电子的 Schrödinger 方程应是

$$-\frac{\hbar^2}{2m}(\nabla_1^2 + \nabla_2^2)\Psi(\boldsymbol{r}_1, \boldsymbol{r}_2) + V(\boldsymbol{r}_1 - \boldsymbol{r}_2)\Psi = \left(E + \frac{\hbar^2 k_{\mathrm{F}}^2}{m}\right)\Psi \tag{12.3.6}$$

E 是电子对的能量，它以两个电子都处在 Fermi 能级上的状态为基准，把(12.3.4)代入(12.3.6)式，我们得到 $g(\boldsymbol{k})$满足的方程

$$\frac{\hbar^2}{m} k^2 g(\boldsymbol{k}) + \sum_{\boldsymbol{k}'} g(\boldsymbol{k}') V_{\boldsymbol{k}\boldsymbol{k}'} = (E + 2E_{\mathrm{F}}) g(\boldsymbol{k}) \tag{12.3.7}$$

$$V_{\boldsymbol{k}\boldsymbol{k}'} = \frac{1}{L^3} \int V(\boldsymbol{r}) \mathrm{e}^{\mathrm{i}(\boldsymbol{k} - \boldsymbol{k}') \cdot \boldsymbol{r}} \mathrm{d}\boldsymbol{r}$$

$V_{\boldsymbol{k}\boldsymbol{k}'}$是 $\boldsymbol{k}$ 和$\boldsymbol{k}'$电子态之间的相互作用矩阵元，L^3 是系统的体积。方程(12.3.7)式和 Pauli 条件(12.3.5)式一起有时称为双电子问题的贝蒂-戈德斯通(Bethe-Goldstone)方程。若 $E > 2E_{\mathrm{F}}$，E 具有连续谱，它描述两个电子从初态$(\boldsymbol{k}, -\boldsymbol{k})$过渡到能量相同的终态$(\boldsymbol{k}', -\boldsymbol{k}')$的碰撞过程。但是，如果相互作用 V 是吸引的，那

就可能存在 $E<2E_\mathrm{F}$ 的束缚态解。为了看出这一点，考虑如下简化相互作用

$$V_{kk'}=-\frac{V}{L^3},\quad \text{对于}\begin{cases}\dfrac{\hbar^2k^2}{2m}<E_\mathrm{F}+\hbar\omega_\mathrm{D}\\ \dfrac{\hbar^2k'^2}{2m}<E_\mathrm{F}+\hbar\omega_\mathrm{D}\end{cases}\tag{12.3.8}$$

$$V_{kk'}=0,\quad \text{其他情形}$$

即在 Fermi 能级以上能带宽度为 $\hbar\omega_\mathrm{D}$ 的范围内，相互作用是吸引的，且大小不变，因此式(12.3.7)化为

$$\left(-\frac{\hbar^2k^2}{2m}+E+2E_\mathrm{F}\right)g(\boldsymbol{k})=C\tag{12.3.9}$$

式中 C 和 k 无关，

$$\left.\begin{aligned}C&=-\frac{V}{L^3}\sum_{k'}g(\boldsymbol{k})\\ E_\mathrm{F}&<\frac{\hbar^2k'^2}{2m}<E_\mathrm{F}+\hbar\omega_\mathrm{D}\end{aligned}\right\}\tag{12.3.10}$$

比较(12.3.9)式和(12.3.10)式，我们就得到自洽条件

$$1=\frac{V}{L^3}\sum_{k'}\frac{1}{-E+\dfrac{\hbar^2k'^2}{2m}-2E_\mathrm{F}}\tag{12.3.11}$$

$$E_\mathrm{F}<\frac{\hbar^2k'^2}{2m}<E_\mathrm{F}+\hbar\omega_\mathrm{D}$$

如果令

$$\xi'=\frac{\hbar^2k'^2}{2m}-E_\mathrm{F}\tag{12.3.12}$$

并且引入单位能量间隔的状态密度

$$N(\xi')=(2\pi)^{-3}4\pi k'^2\frac{\mathrm{d}k'}{\mathrm{d}\xi'}$$

则自洽条件就成为

$$1=V\int_0^{\hbar\omega_\mathrm{D}}N(\xi')\frac{1}{2\xi'-E}\mathrm{d}\xi'\tag{12.3.13}$$

如果我们假定 $\hbar\omega_\mathrm{D}\ll E_\mathrm{F}$，就可把 $N(\xi')$当作常数，并且可用它在 Fermi 面上的数值 $N(0)$来代替。我们可以将积分算出

$$1=\frac{1}{2}N(0)V\ln\frac{E-\hbar\omega_\mathrm{D}}{E}\tag{12.3.14}$$

从而在弱相互作用 $N(0)V\ll1$ 的极限下，

$$E = -2\hbar\omega_D e^{-\frac{2}{N(0)V}} \tag{12.3.15}$$

所以说存在能量 $E<0$ 的双电子束缚态,若我们以自由电子气为出发点,再把相互作用 V 加进去,我们可以预期,电子将互相结合成对,同时向外界释放能量,由此可见正常态是不稳定的。

12.3.4 吸引相互作用的来源

在简单电子气中,只有 Coulomb 排斥相互作用,因此不利于形成相互吸引的电子对。要得到吸引的矩阵元 $V_{kk'}$,电子必须同固体中其他的粒子系统或激发相耦合。就此而言,有许多种类的激发可供选择,如声子、其他能带的电子、磁介质中的自旋波等等。但是只有一种耦合被真正认为是重要的(在目前时刻),这就是电子-声子互作用,这一点首先是由 Fröhlich(1950 年)提出的,现在我们就来讨论它。

我们希望知道初态(Ⅰ)与终态(Ⅱ)之间电子-电子互作用矩阵元 $V_{kk'}$;初态(Ⅰ)表示两个电子处在平面波态 $\boldsymbol{k}$ 与 $-\boldsymbol{k}'$,一般说来,$V_{kk'}$ 包括二项:

① 两个电子之间的直接 Coulomb 排斥项 $U_c(\boldsymbol{r}_1-\boldsymbol{r}_2)$,相应的矩阵元是

$$\langle \mathrm{I} | \mathscr{H}_c | \mathrm{II} \rangle = \int \mathrm{d}\boldsymbol{r}_1 \mathrm{d}\boldsymbol{r}_2 e^{-\mathrm{i}\boldsymbol{k}(\boldsymbol{r}_1-\boldsymbol{r}_2)} U_c(\boldsymbol{r}_1-\boldsymbol{r}_2) e^{\mathrm{i}\boldsymbol{k}'(\boldsymbol{r}_1-\boldsymbol{r}_2)} \tag{12.3.16}$$

(波函数是在单位体积上归一化的。)

$$\langle \mathrm{I} | \mathscr{H}_c | \mathrm{II} \rangle = \int U_c(\boldsymbol{\rho}) \mathrm{d}\boldsymbol{\rho} e^{\mathrm{i}\boldsymbol{q}\cdot\boldsymbol{\rho}} = U_q, \quad \boldsymbol{q} = \boldsymbol{k}' - \boldsymbol{k} \tag{12.3.17}$$

② 一个电子发射一个声子,然后这声子被另一个电子所吸收。图 12.5 即描绘了这一过程。初态(Ⅰ)具有能量

$$E_{\mathrm{I}} = 2\xi_k$$

式中 ξ_k 由(12.3.12)式定义(为方便计,单电子能量总是从 Fermi 能级算起的)。终态(Ⅱ)具有能量

$$E_{\mathrm{II}} = 2\xi'_k$$

根据动量守恒,允许有两个中间态:

a. 电子 1 处在 $\boldsymbol{k}'=\boldsymbol{k}+\boldsymbol{q}$ 的态中,电子 2 处在 $-\boldsymbol{k}$ 态,产生一个波矢为 $-\boldsymbol{q}$、能量为 $\hbar\omega_D$ 的声子,

$$E_{i1} = \xi'_k + \xi_k + \hbar\omega_q$$

(注意 ξ_k 和 ω_k 都是 k 的偶函数。)

b. 电子 1 处在 $\boldsymbol{k}$ 态,电子 2 处在 $-\boldsymbol{k}'=-(\boldsymbol{q}+\boldsymbol{k})$ 态,产生一个波矢为 $\boldsymbol{q}$、能量为 $\hbar\omega_D$ 的声子,

$$E_{i2} = \xi_{k'} + \xi_k + \hbar\omega_q = E_{i1}$$

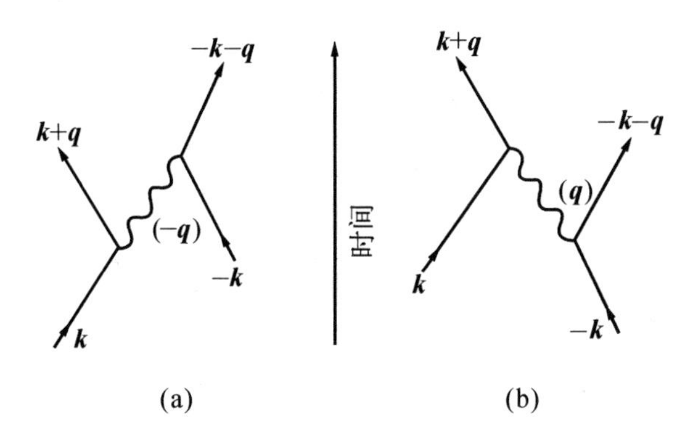

图 12.5　以声子耦合为媒介的电子-电子相互作用
(过程(a)中 $\boldsymbol{k}$ 态电子发射一个波矢为 $-\boldsymbol{q}$ 的声子，然后这声子被第二个电子吸收；过程(b)中，处于 $-\boldsymbol{k}$ 态的第二个电子发射一个波矢为 $\boldsymbol{q}$ 的声子，接着被第一个电子吸收)

耦合状态(Ⅰ)和状态(Ⅱ)的二级矩阵元是

$$\langle \text{I} | \mathscr{H}_{\text{间接}} | \text{II} \rangle = \sum_i \langle \text{I} | \mathscr{H}_{\text{ep}} | i \rangle \frac{1}{2} \left(\frac{1}{E_{\text{II}} - E_i} + \frac{1}{E_{\text{I}} - E_i} \right) \langle i | \mathscr{H}_{\text{ep}} | \text{II} \rangle \tag{12.3.18}$$

这里求和 $\sum_i$ 遍及所有允许的中间态，$\mathscr{H}_{\text{ep}}$是电子-声子耦合相互作用，它的矩阵元记为 W_q(相应于发射或吸收一个波矢为 $\boldsymbol{q}$ 的声子)。

$$\langle \text{I} | \mathscr{H}_{\text{间接}} | \text{II} \rangle = \frac{|W_q|^2}{\hbar} \left(\frac{1}{\omega - \omega_q} - \frac{1}{\omega + \omega_q} \right) \tag{12.3.19}$$

式中我们已用下式所定义的频率 ω

$$\hbar\omega = \xi_{k'} - \xi_k \tag{12.3.20}$$

因此，$\hbar\omega$ 和$\hbar q$ 分别是Ⅰ→Ⅱ的转变过程中电子 1 的能量和动量的变化，总矩阵元是

$$\langle \text{I} | \mathscr{H} | \text{II} \rangle = U_q + \frac{2|W_q|^2}{\hbar} \frac{\omega_q}{\omega^2 - \omega_q^2} \tag{12.3.21}$$

当 $\omega < \omega_q$ 时，间接项是负的(吸引的)；只要 U_q 不太大，我们就能得到吸引相互作用。

Fröhlich 这个简单的模型和理论计算说明有可能造成电子间的相互吸引而降到一个低的能态。从远红外吸收知道拆散电子之间的相吸需要 $h\nu \geqslant 2\Delta$，这个能量大约为 10^{-4}eV 量级，而电子间的 Coulomb 排斥能大约为 1 eV！这样如何造成

电子间的相吸呢?

12.3.5 屏蔽 Coulomb 作用

我们知道金属内电子间的作用以及电子、离子间的作用,从基本上说主要是静电 Coulomb 力,电子气的密度在宏观上是均匀的,电子的负电荷平均密度与离子的正电荷的平均密度相等,表现出电中性。但如果我们注意一个电子,Coulomb 斥力倾向于排斥开其他电子,使这个电子周围的负电荷密度低于平均值。如果我们跟踪观察这一个电子,它就像是随时都裹着一团正电荷而运动,这个电子的负电荷的 Coulomb 场受到裹着它的等效正电荷的屏蔽,屏蔽的效果是使得另一个电子只有当它进入一定范围以内才会感受到那个电子的电场影响,以致相距远的两个电子之间不再有静电斥力作用。等离子体振荡理论算出这个范围的大小由 Debye 屏蔽长度来代表。电子间 Coulomb 斥力是 $\varepsilon_0 e^2/r^2$,考虑到屏蔽之后,被正电荷屏蔽层包围的电子之间的 Coulomb 作用力为

$$\frac{1}{r}\mathrm{e}^{-r/\lambda_\mathrm{D}} \tag{12.3.22}$$

λ_D 是 Debye 屏蔽长度,λ_D 是几 Å 到 10Å 的量级。由于 $\lambda_\mathrm{D}\sim 10$Å,所以集体屏蔽效应使得电子间的静电力由长程 Coulomb 力变成以 λ_D 为作用半径的短程屏蔽 Coulomb 力。距离大于 λ_D 的两个电子基本上没有斥力,在 λ_D 以内的斥力也有不同程度的减弱。

同样由于 Coulomb 力的作用,每个电子还把周围的正离子向着它自己拉拢,结果造成更多的正电荷聚集在电子周围,对于邻近的别的电子来说,这种正电荷集结造成势阱,或者说造成一种吸力。因此电子之间的有效相互作用有两种:受到屏蔽的电子之间的斥力和通过晶格(离子)媒介而发生的吸引力。

12.3.6 造成电子间相互吸引的电-声子相互作用

上面叙述了有效吸引力的成因是通过声子的媒介作用而引起的,不过这种媒介作用并不一定都能造成电子间的吸引,相反它也可能造成电子间的排斥。因为一个离子受到某种作用发生位移,绝不是只有这个离子移动,离子之间是紧密联系的。例如把离子间的作用看作是用弹簧固定在两个壁间的球,如果整个体系的固有频率为 ω_q(见图 12.6(a)),当其中一个球受到强迫作用时,体系有两种振荡方式:当强迫作用频率 $\omega<\omega_q$ 时,球体系运动和强迫振动同位相(见图 12.6(c));当 $\omega>\omega_q$ 时,球体系运动反位相(见图 12.6(b))。显然对于 $\omega>\omega_q$ 的情况,两个被弹簧连接的小球之间可能造成相反方向的运动,也就是说球之间存在相斥作用。

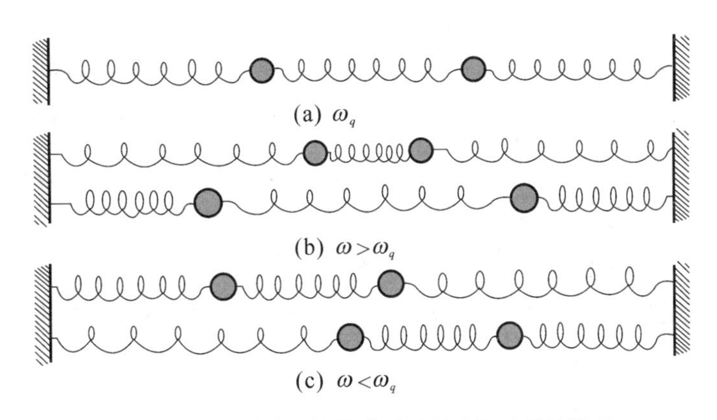

图 12.6　用弹簧连接的球受到强迫振动后的情况

现在回到我们讨论的问题，假设一个动量为 $\boldsymbol{p}_1$，能量为 $\varepsilon(\boldsymbol{p}_1)$的电子跃迁到动量 $\boldsymbol{p}_1'$、能量为 $\varepsilon(\boldsymbol{p}_1')$的状态，它将改变原来整体电子分布在各种状态上的动量和能量，使得原来在整个电子气空间中电荷密度均匀分布的状态产生扰动，从而引起电子气的电荷密度涨落 $\delta\rho^{\mathrm{e}}$。因为电子气通过静电力与组成晶格的离子紧密地联系，所以电子气的电荷密度涨落 $\delta\rho^{\mathrm{e}}$ 将引起离子电荷密度的涨落 $\delta\rho^{\mathrm{i}}$。而 $\delta\rho^{\mathrm{i}}$ 的密度涨落具体表现为离子的振动，即激发起声子。同样，$\delta\rho^{\mathrm{e}}$ 也表现为电子密度的波动。根据动量守恒，电子密度涨落的波矢和频率分别是 $\boldsymbol{k}=\dfrac{1}{\hbar}|\boldsymbol{p}_1-\boldsymbol{p}_1'|$，$\omega=\dfrac{1}{\hbar}|\varepsilon(\boldsymbol{p}_1)-\varepsilon(\boldsymbol{p}_1')|$。

按照固体比热容理论，晶格本身有许多简谐振动方式(叫做简正模式)，对于这些简正模式来说，$\delta\rho^{\mathrm{e}}$ 是一个强迫力，或者说是一个激励源，把动量和能量转移给晶格，从而激起晶格的简谐振动。当然不是任意的 $\delta\rho^{\mathrm{e}}$ 都能激励起 $\delta\rho^{\mathrm{i}}$ 的，被激励起的 $\delta\rho^{\mathrm{i}}$ 必须是简正模式中的一种。此外，由于动量守恒的限制，只有与波矢 $\boldsymbol{k}$ 的简正模式相同波矢的 $\delta\rho^{\mathrm{e}}$ 才能激励起简振。该模式的自然频率为 $\omega(\boldsymbol{k})=\omega(\boldsymbol{p}_1-\boldsymbol{p}_1')$。从前面所述的无阻尼强迫振荡知道，如果强迫力的频率小于自然频率，振子的运动与强迫力同相，反之则有 π 的位相差。因此，当$\dfrac{1}{\hbar}|\varepsilon(\boldsymbol{p}_1)-\varepsilon(\boldsymbol{p}_1')|\leqslant\omega(\boldsymbol{p}_1-\boldsymbol{p}_1')$时，$\delta\rho^{\mathrm{e}}$ 和 $\delta\rho^{\mathrm{i}}$ 位相相同；而当$\dfrac{1}{\hbar}|\varepsilon(\boldsymbol{p}_1)-\varepsilon(\boldsymbol{p}_1')|>\omega(\boldsymbol{p}_1-\boldsymbol{p}_1')$时，$\delta\rho^{\mathrm{e}}$ 和 $\delta\rho^{\mathrm{i}}$ 位相相反。

强迫振动也可以进行反方向的能量交换，因此 $\delta\rho^{\mathrm{i}}$ 可以停振，而使另一个电子发生态的跃迁，$(\boldsymbol{p}_2,\varepsilon(\boldsymbol{p}_2))\to(\boldsymbol{p}_2',\varepsilon(\boldsymbol{p}_2'))$。其结果就是通过晶格振动的媒介作

用而使一对电子之间发生了动量和能量交换，即电子间发生了作用。

金属原来是各处电中性的，由于电荷密度涨落 $\delta\rho^e$ 产生电场，同时 $\delta\rho^i$ 也产生电场，二者符号相反。如果$\frac{1}{\hbar}|\varepsilon(\boldsymbol{p}_1)-\varepsilon(\boldsymbol{p}_1')|<\omega_D$，$\omega_D$ 是晶格简正模式 $\omega(\boldsymbol{k})$的平均频率，叫 Debye 频率，即为材料的固有频率，就图 12.6 的弹簧振动固有频率 ω_q 而言，ω_q 就是 ω_D，则 $\delta\rho^i$ 和 $\delta\rho^e$ 同相，$\delta\rho^i$ 完全跟随 $\delta\rho^e$ 变化，也就是说正离子的运动能跟得上电子 1 的运动，离子电荷向电子集中，这样电子 1 的场最有效地受到它所感生的离子电场的屏蔽。如果 $\frac{1}{\hbar}|\varepsilon(\boldsymbol{p}_1)-\varepsilon(\boldsymbol{p}_1')|>\omega_D$，$\delta\rho^i$ 和 $\delta\rho^e$ 反向，这时离子不但不向电子集中，反而远离，也就是不但不能屏蔽，反而相对地加强了电子的电场。在前一种情况下，电子 2 受到电子 1 通过晶格媒介的吸引，而后一种情况两者排斥。

还应注意，虽然这个可以造成电子之间相吸的电-声子过程初态和终态之间动量是守恒的，但在初态和中间态之间或中间态和终态之间能量并不一定守恒（中间态是指第一个电子已发出一个声子而第二个电子尚未吸收这个声子时的状态），这是因为在能量和时间之间有测不准关系，$\Delta E\cdot\Delta t\sim\hbar$。如果中间态寿命 Δt 很短，那么能量不确定性 ΔE 就会很大，其结果使在发射和吸收过程中能量不必守恒，这种能量不守恒的过程叫做虚过程。而声子的虚发射只有在第二个电子准备（几乎立即）吸收该声子时才有可能发生。

电-声子相互作用产生超导电性这一事实也说明了为什么超导体都是不良的正常导体，例如 Pb，它有较高的临界温度，它必然有很强的电-声子相互作用，因而室温下是不良导体；而像 Cu、Au 和 Ag 这一类在室温下是良导体，这些金属一定有弱的电-声子相互作用，因此即使在目前已经达到的最低温度下，这些金属也不显示出超导电性。

12.4 Cooper 对[①]

12.4.1 Cooper 对

从上面的讨论中我们得到结论：动量为 $\boldsymbol{p}_1$，能量为 $\varepsilon(\boldsymbol{p}_1)$的电子跃迁到动量

① L. N. Cooper, *Phys. Rev.*, **104**(1956), 1189.

为 $\boldsymbol{p}_1'$，能量为 $\varepsilon(\boldsymbol{p}_1')$ 的状态，只要 $\frac{1}{\hbar}|\varepsilon(\boldsymbol{p}_1)-\varepsilon(\boldsymbol{p}_1')|<\omega_D$，这个跃迁过程激起的离子电荷密度的涨落 $\delta\rho^i$ 和电子跃迁过程发出的强迫作用是同位相的，那么通过 $\delta\rho^i$ 就可以造成两个电子的相互吸引。但是在金属中并不是动量为 $\boldsymbol{p}_1$ 的电子都可以发生这种跃迁。

我们知道在 0 K 下，金属中所有的电子都集中到最低能态，由于 Pauli 原理的限制，每一个能态上只有两个自旋相反的电子，其 Fermi 分布(图 12.7)为

$$f(\varepsilon)=\begin{cases}1, & \varepsilon<E_F\\ 0, & \varepsilon>E_F\end{cases} \tag{12.4.1}$$

式中 E_F 为 Fermi 能，其大小为 eV 数量级。

在有限温度下，热运动使部分电子进入高一些的电子态。假如 T 不太高，$k_BT\ll E_F$，k_B 是 Boltzmann 常数，那么电子的分布基本上仍是 Fermi 球，不过在 Fermi 面下靠近 Fermi 面处出现一些空穴，原来在这上面的电子因热激发而转移到 Fermi 面以上的电子态上；深处的电子因为 Pauli 原理的限制，它们只能跳到能量更高一些的未被其他电子占据的状态上，对 $T\neq 0$ K 的 Fermi 分布函数为

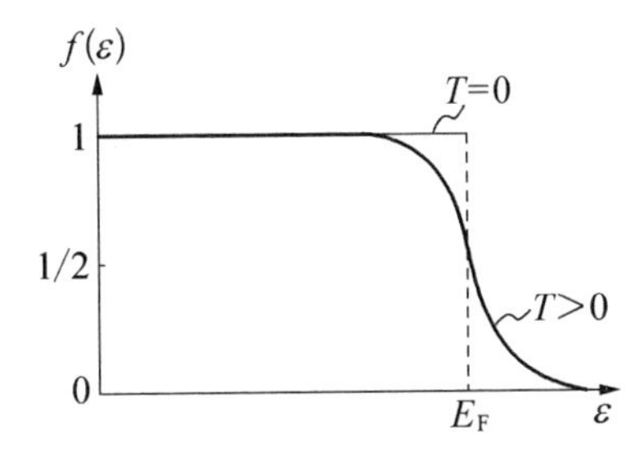

图 12.7 Fermi 分布函数 $f(\varepsilon)$

$$f(\varepsilon)=\frac{1}{e^{(\varepsilon-\eta)/k_BT}+1} \tag{12.4.2}$$

式中 η 是温度 T 的函数，它的数值由总电子数决定。当 $T=0$ K 时，$\eta=E_F$。

我们先讨论 $T=0$ K 的情况。

由于晶格振动的最大频率或者平均频率远小于电子的 Fermi 能 E_F，一般要小两个量级，因此，条件 $|\varepsilon(\boldsymbol{p}_1)-\varepsilon(\boldsymbol{p}_1')|<\hbar\omega(\boldsymbol{k})$ 使得只有在 Fermi 面附近厚度约为 ω_D 的壳层内的电子之间才存在相互吸引力，而 Fermi 球内深处的电子不能与其他电子有吸引力，因为这深处的电子只可能跃迁到 Fermi 面以上 $\hbar\omega_D$ 的壳层以外去，而这种跃迁能量变化肯定大于 $\hbar\omega_D$，因此能够产生相吸的只是 Fermi 面附近 $\hbar\omega_D$ 壳层内的电子①②。

① H. Fröhlich, *Proc. Roy. Soc.*, **215**(1952), 291.
② J. Bardeen and D. Pines, *Phys. Rev.*, **99**(1955), 1140.

现在来看上述壳层内的两个电子(图 12.8),设它们的动能是 $\boldsymbol{p}_1$ 和 $\boldsymbol{p}_2$,由上所述,$\boldsymbol{p}_1,\boldsymbol{p}_2\sim p_{\mathrm{F}}$,$\boldsymbol{p}=\boldsymbol{p}_1+\boldsymbol{p}_2=$ 总动量。由于发生跃迁前后两个电子的动量是守恒的,即 $\boldsymbol{p}=\boldsymbol{p}_1+\boldsymbol{p}_2=\boldsymbol{p}_1'+\boldsymbol{p}_2'$,并且跃迁后的动量 $\boldsymbol{p}_1'$ 和 $\boldsymbol{p}_2'$ 都应大约等于 p_{F},因此一对电子的状态跃迁被限制在图 12.8 所示的两个球壳相交部分的圆环中,即变化后的矢量 $\boldsymbol{p}_1'$ 的终点和 $\boldsymbol{p}_2'$ 的起点必须位于这个圆环内。如果 $\boldsymbol{p}=0$,两个球壳重合,圆环变成整个球壳,在这种情况下,一对电子通过吸引力而发生跃迁的可能性比 $\boldsymbol{p}\neq 0$ 的任何情况都大得多。$\boldsymbol{p}=0$ 表明 $\boldsymbol{p}_1=-\boldsymbol{p}_2$,因此在 Fermi 面附近动量相反的一对电子的吸引力要比其他电子对之间强得多。

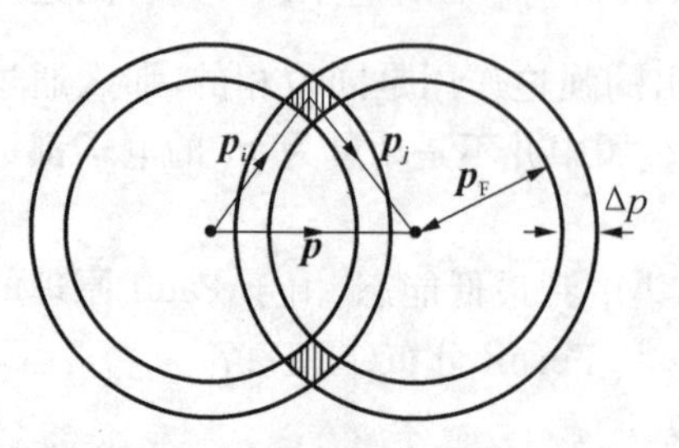

图 12.8　两个半径为 p_{F},厚度 $\Delta p=(mh\nu_{\mathrm{F}}/p_{\mathrm{F}})$ 的球壳,它们的中心相距为矢量 $\boldsymbol{p}$(此图具有绕矢量 $\boldsymbol{p}$ 的旋转对称)(所有能满足关系式 $\boldsymbol{p}_i+\boldsymbol{p}_j=\boldsymbol{p}$ 的 $\boldsymbol{p}_i$ 和 $\boldsymbol{p}_j$ 动量对都可以用此图形绘出。这些对的数目与图中把其截面画了阴影的 $\boldsymbol{p}$ 空间中环的体积成正比。当 $\boldsymbol{p}=0$ 时,这个体积有一尖锐的极大值)

其次 Pauli 原理禁止同向自旋的电子靠拢,所以在 Fermi 面附近自旋和动量都相反的电子之间存在最强的吸引作用,这样一些在 Fermi 面附近能量为 $E_{\mathrm{F}}\pm\hbar\omega_{\mathrm{D}}$ 的动量和自旋都相反的电子组成的束缚态叫做 Cooper 对。

12.4.2　Cooper 对的均方半径 ρ

按定义

$$\rho^2=\frac{\int|\Psi(\boldsymbol{r}_1-\boldsymbol{r}_2)|^2R^2\mathrm{d}R}{\int|\Psi|^2\mathrm{d}R},\quad R=\boldsymbol{r}_1-\boldsymbol{r}_2 \tag{12.4.3}$$

将(12.3.4)式代入到(12.4.3)式中得

$$\rho^2=\frac{\sum|\nabla kg(\boldsymbol{k})|^2}{k\sum\limits_k|g(\boldsymbol{k})|^2}\approx\frac{N(0)\left(\frac{\partial\xi}{\partial k}\right)^2_{\xi=0}\int_0^\infty\mathrm{d}\xi\left(\frac{\partial g}{\partial\xi}\right)^2}{N(0)\int_0^\infty g^2\mathrm{d}\xi} \tag{12.4.4}$$

在(12.3.8)式的近似下,$g=\dfrac{C}{E-2\xi}$,同时 $\left(\dfrac{\partial k}{\partial\xi}\right)_{\xi=0}=\dfrac{1}{\hbar v_{\mathrm{F}}}$,式中 v_{F} 是 Fermi 速度。完成上面的积分,得到

$$\rho=\frac{2}{\sqrt{3}}\frac{\hbar v_{\mathrm{F}}}{E} \tag{12.4.5}$$

12.4.3　对 T_c 和同位素效应的定性解释

具体的计算表明，在许多材料中 Fermi 面附近动量和自旋都相反的一对电子，通过晶格媒介而发生的吸引力可以超过它们之间的屏蔽 Coulomb 排斥力，使得净的相互作用为吸引力。

$T \neq 0\,\mathrm{K}$ 时，Fermi 面附近的某些态为热激发电子所占据，对于动量为($\boldsymbol{p}'\uparrow$，$-\boldsymbol{p}'\downarrow$)的一对电子，其态中的一个或两个如果已被激发电子占据，则原来的($\boldsymbol{p}\uparrow$，$-\boldsymbol{p}\downarrow$)的一对电子就不可能跃迁到($\boldsymbol{p}'\uparrow$，$-\boldsymbol{p}'\downarrow$)态上去，也就是($\boldsymbol{p}\uparrow$，$-\boldsymbol{p}\downarrow$)这一 Cooper 对不能形成，因此热激发减少了电子对跃迁的可能性，以致有效吸引力减弱，$T \neq 0\,\mathrm{K}$，Cooper 对数目减少。

由于这种净吸引力的作用是导致超导态的因素，那么根据上述可以看到：

① 到某一个极限温度，吸引作用将减弱到不足以克服屏蔽 Coulomb 斥力，净吸引力消失，或者说($\boldsymbol{p}\uparrow$，$-\boldsymbol{p}\downarrow$)一对电子可能跃迁的态全被热激发电子占据，则超导态将消失，这个温度就应该是临界温度。

② T_c 的大小取决于 0 K 时的净吸引力强度。

③ 因为吸引力是通过晶格的媒介而发生的，如果晶格离子质量大，则惯性大，那么声子的频率降低，即 $\hbar\omega_D$ 小，因而一对电子形成 Cooper 对的状态数减少，所以吸引作用变弱，T_c 减小。同位素正是这个原因而致。

12.5　BCS 基态能隙方程

根据上面讨论的超导态和正常态的区别，我们就有了如下的物理图像，在正常态，电子成 Fermi 球分布；在超导态，在 Fermi 球内部的低能量电子仍和正常态中一样，这些电子不起导电作用，但在 Fermi 面附近的电子，有

$$-V = -V_{电\text{-}声} + V_{屏蔽\mathrm{coulomb}}$$

净的相互作用能是负的。Cooper 并证明 $-V$ 一定可形成束缚态。这就是说这些电子在净吸引力的作用下，按相反的动量和自旋两两地结合成一个个的 Cooper 对。在 $T=0\,\mathrm{K}$ 时，Fermi 面附近的电子都两两地结合成 Cooper 对，在有限温度，出现一些单独不成对的激发电子，同时体系的吸引力减弱。这些结成对的电子对

和单个的热激发电子分别相当于二流体模型中的超导电子和正常电子。

现在我们计算 0 K 超导态的能量。

就任一指定的两组电子态($\boldsymbol{p}\uparrow,-\boldsymbol{p}\downarrow$)、($\boldsymbol{p}'\uparrow,-\boldsymbol{p}'\downarrow$)而言,涉及跃迁的状态有如下四种情况:

Ψ_1:($\boldsymbol{p}\uparrow,-\boldsymbol{p}\downarrow$)、($\boldsymbol{p}'\uparrow,-\boldsymbol{p}'\downarrow$)态都空着;

Ψ_2:($\boldsymbol{p}\uparrow,-\boldsymbol{p}\downarrow$)态上有一对电子,($\boldsymbol{p}'\uparrow,-\boldsymbol{p}'\downarrow$)态空着;

Ψ_3:($\boldsymbol{p}\uparrow,-\boldsymbol{p}\downarrow$)态空着,($\boldsymbol{p}'\uparrow,-\boldsymbol{p}'\downarrow$)态上有一对电子;

Ψ_4:($\boldsymbol{p}\uparrow,-\boldsymbol{p}\downarrow$)、($\boldsymbol{p}'\uparrow,-\boldsymbol{p}'\downarrow$)态都被占据。

一般态 Ψ 应是这四种状态的线性叠加,即

$$\Psi = c_1\Psi_1 + c_2\Psi_2 + c_3\Psi_3 + c_4\Psi_4 \tag{12.5.1}$$

式中$|c_1|^2$代表($\boldsymbol{p}\uparrow,-\boldsymbol{p}\downarrow$)和($\boldsymbol{p}'\uparrow,-\boldsymbol{p}'\downarrow$)都空着的几率,$|c_2|^2$代表第二种情况的几率,等等。

令 v_p 是一对电子占据($\boldsymbol{p}\uparrow,-\boldsymbol{p}\downarrow$)态的权重,$v_p^2$ 则为占据($\boldsymbol{p}\uparrow,-\boldsymbol{p}\downarrow$)态的几率;$u_p$ 是没有占据($\boldsymbol{p}\uparrow,-\boldsymbol{p}\downarrow$)态的权重,$u_p^2$ 是没有占据($\boldsymbol{p}\uparrow,-\boldsymbol{p}\downarrow$)态的几率。故

$$|v_p|^2 + |u_p|^2 = 1 \tag{12.5.2}$$

则 $|c_1|^2 = u_p^2u_{p'}^2, |c_2|^2 = v_p^2u_{p'}^2, |c_3|^2 = u_p^2v_{p'}^2, |c_4|^2 = v_p^2v_{p'}^2$。

电子系统的总能量为各个电子的动能和电子的相互作用能之和。

在($\boldsymbol{p}_i\uparrow,-\boldsymbol{p}_i\downarrow$)态上,它们的动能是

$$2\varepsilon_i = 2\left(\frac{p_i^2}{2m}\right) - 2\mu = 2\left(\frac{p_i^2}{2m} - \frac{p_\mathrm{F}^2}{2m}\right) = 2\left(\frac{p_i^2}{2m} - E_\mathrm{F}\right) \tag{12.5.3}$$

E_F 是 Fermi 能,即为化学势 μ。但是在($\boldsymbol{p}_i\uparrow,-\boldsymbol{p}_i\downarrow$)态上占据一对电子的几率是 $v_{p_i}^2$。所以系统总的动能是

$$2\sum_p \varepsilon(\boldsymbol{p})v_p^2 \tag{12.5.4}$$

$\sum\limits_p$ 表示对 Fermi 面上下厚度为$\hbar\omega_\mathrm{D}$ 的壳层中电子态求和。

如前所述,当一对电子从($\boldsymbol{p}\uparrow,-\boldsymbol{p}\downarrow$)态跃迁到($\boldsymbol{p}'\uparrow,-\boldsymbol{p}'\downarrow$)态时就会产生相吸作用,其相吸作用的位能是$-V$,由于 Pauli 原理,初态必须是($\boldsymbol{p}\uparrow,-\boldsymbol{p}\downarrow$)的占据态和($\boldsymbol{p}'\uparrow,-\boldsymbol{p}'\downarrow$)的空态;终态必须是($\boldsymbol{p}\uparrow,-\boldsymbol{p}\downarrow$)的空态和($\boldsymbol{p}'\uparrow,-\boldsymbol{p}'\downarrow$)的占据态,这样才能从初态跃迁到终态。所以相互作用只能发生在从 Ψ_2 态跃迁到 Ψ_3 态的过程,因此这个电子对跃迁过程的位能是$-Vv_pu_{p'}v_{p'}u_p$,这是一对电子从($\boldsymbol{p}\uparrow,-\boldsymbol{p}\downarrow$)态跃迁到($\boldsymbol{p}'\uparrow,-\boldsymbol{p}'\downarrow$)态的全过程,所以系统的总能量是

$$w_0 = \sum_{\boldsymbol{p}} 2\varepsilon(\boldsymbol{p}) v_{\boldsymbol{p}}^2 + \sum_{\boldsymbol{p}\boldsymbol{p}'} (-V v_{\boldsymbol{p}} u_{\boldsymbol{p}'} v_{\boldsymbol{p}'} u_{\boldsymbol{p}}) \tag{12.5.5}$$

为了求基态能量，则要求 $\partial w_0 / \partial v_{\boldsymbol{p}_1} = 0$，$v_{\boldsymbol{p}_1}$ 是某一个 $\boldsymbol{p}_1$ 电子的权重，由(12.5.5)式得

$$4\varepsilon(\boldsymbol{p}_1) v_{\boldsymbol{p}_1} + \sum_{\boldsymbol{p}'} (-V u_{\boldsymbol{p}'} v_{\boldsymbol{p}'}) \frac{\partial}{\partial v_{\boldsymbol{p}_1}} (v_{\boldsymbol{p}_1} u_{\boldsymbol{p}_1})$$
$$+ \sum_{\boldsymbol{p}} (-V u_{\boldsymbol{p}} v_{\boldsymbol{p}}) \frac{\partial}{\partial v_{\boldsymbol{p}_1}} (v_{\boldsymbol{p}_1} u_{\boldsymbol{p}_1}) = 0$$

因为 $\sum_{\boldsymbol{p}'} (-V u_{\boldsymbol{p}'} v_{\boldsymbol{p}'})$ 只不过表示对状态数叠加，用 $\boldsymbol{p}'$ 和 $\boldsymbol{p}$ 是同样的，即

$$\sum_{\boldsymbol{p}'} (-V u_{\boldsymbol{p}'} v_{\boldsymbol{p}'}) = \sum_{\boldsymbol{p}} (-V u_{\boldsymbol{p}} v_{\boldsymbol{p}})$$

故

$$2\varepsilon(\boldsymbol{p}_1) v_{\boldsymbol{p}_1} + \sum_{\boldsymbol{p}} (-V u_{\boldsymbol{p}} v_{\boldsymbol{p}}) \frac{\partial}{\partial v_{\boldsymbol{p}_1}} (v_{\boldsymbol{p}_1} u_{\boldsymbol{p}_1}) = 0 \tag{12.5.6}$$

而

$$\frac{\partial}{\partial v_{\boldsymbol{p}_1}} (v_{\boldsymbol{p}_1} u_{\boldsymbol{p}_1}) = \frac{\partial}{\partial v_{\boldsymbol{p}_1}} \left[v_{\boldsymbol{p}_1} (1 - v_{\boldsymbol{p}_1}^2)^{1/2} \right] = \frac{1 - 2v_{\boldsymbol{p}_1}^2}{(1 - v_{\boldsymbol{p}_1}^2)^{1/2}} \tag{12.5.7}$$

将(12.5.7)式代入(12.5.6)式得

$$2\varepsilon(\boldsymbol{p}_1) v_{\boldsymbol{p}_1} - V \left(\sum_{\boldsymbol{p}} u_{\boldsymbol{p}} v_{\boldsymbol{p}} \right) \frac{1 - 2v_{\boldsymbol{p}_1}^2}{(1 - v_{\boldsymbol{p}_1}^2)^{1/2}} = 0 \tag{12.5.8}$$

令

$$\Delta = V \left(\sum_{\boldsymbol{p}} u_{\boldsymbol{p}} v_{\boldsymbol{p}} \right) \tag{12.5.9a}$$

则

$$2\varepsilon(\boldsymbol{p}_1) v_{\boldsymbol{p}_1} - \frac{\Delta (1 - 2v_{\boldsymbol{p}_1}^2)}{(1 - v_{\boldsymbol{p}_1}^2)^{1/2}} = 0 \tag{12.5.9b}$$

这是 $v_{\boldsymbol{p}_1}$ 的二次方程，它有两个根，略去一个根，并将 $\boldsymbol{p}_1$ 写为 $\boldsymbol{p}$，得

$$v_{\boldsymbol{p}}^2 = \frac{1}{2} \left[1 - \frac{\varepsilon(\boldsymbol{p})}{E(\boldsymbol{p})} \right] \tag{12.5.10}$$

$$E(\boldsymbol{p}) = \sqrt{\varepsilon^2(\boldsymbol{p}) + \Delta^2} \tag{12.5.11}$$

则
$$u_{\boldsymbol{p}}^2 = 1 - v_{\boldsymbol{p}}^2 = \frac{1}{2} \left[1 + \frac{\varepsilon(\boldsymbol{p})}{E(\boldsymbol{p})} \right] \tag{12.5.12}$$

将(12.5.10)式和(12.5.12)式代入(12.5.9a)式，得

$$\Delta = \frac{V}{2} \sum_{\boldsymbol{p}} \frac{\Delta}{\sqrt{\varepsilon^2(\boldsymbol{p}) + \Delta^2}} \tag{12.5.13}$$

这就是 BCS 基态能隙方程，Δ 是能隙。

现在我们来讨论结果的物理意义。

12.5.1 超导基态占据 $\varepsilon(\boldsymbol{p})$态的几率

我们知道 $\varepsilon(\boldsymbol{p})=\dfrac{p^2}{2m}-E_F$，在正常金属中，电子占据态的几率即为(12.4.2)式给出的 Fermi 分布函数 $f(\varepsilon)$，这就是说在 $T=0$ K 时，电子填满 Fermi 球(图 12.9(a))；而对超导态，(12.5.10)式给出

$$u_p^2=\frac{1}{2}\left[1-\frac{\varepsilon(\boldsymbol{p})}{\sqrt{\varepsilon^2(\boldsymbol{p})+\Delta^2}}\right] \tag{12.5.14}$$

取 E_F 为零点，作 $v_p^2\sim\varepsilon(\boldsymbol{p})/\Delta$ 曲线，见图(12.9(b))。从图中我们看到在 0 K 时，Fermi 面上下都有电子对的分布，电子对并不是填满 Fermi 面。图中 $\varepsilon(\boldsymbol{p})=\dfrac{p^2}{2m}-E_F$，以 $\varepsilon(\boldsymbol{p})=0$ 为 Fermi 面。

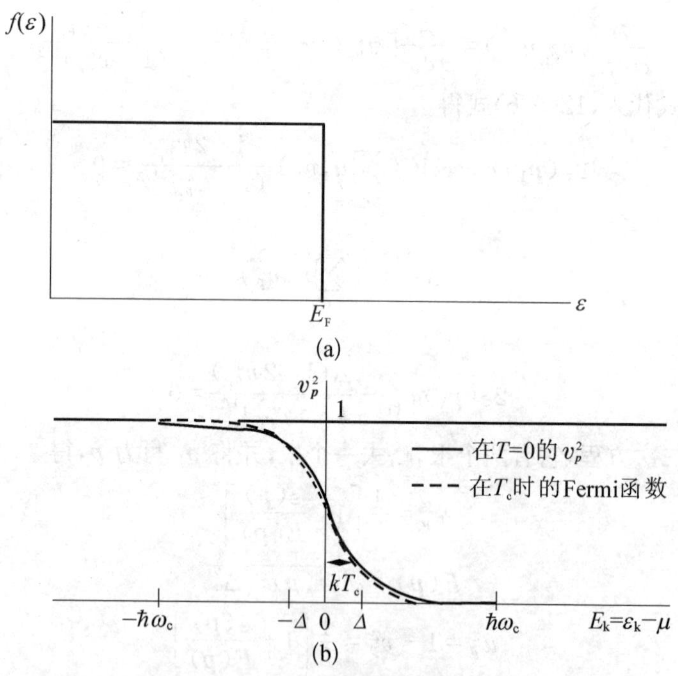

图 12.9 在 0 K，正常金属(a)和超导体(b)的电子分布函数

但必须强调一下 v_p^2 的行为，在超导态 $\varepsilon(\boldsymbol{p})$仅是电子的动能，而不是总能量，这和正常金属中的 Fermi 分布不同，在正常金属中的电子，动能就是总能量。而超

导态总的能量由于电子配"对"的过程要降低。将 v_p^2 代回到(12.5.5)式中，通过计算可知 $w_0<0$，表明它是能量更低的状态。

12.5.2 Δ和$E(\boldsymbol{p})$的物理意义

考虑电子系统的一个激发态，其中除了一个个的 Cooper 对之外，还有一对被拆散成动量为 $\boldsymbol{p}_1\uparrow$ 和 $-\boldsymbol{p}_2\downarrow$ 的两个单电子。现在计算这个系统的能量 $w_{p_1p_2}$，$w_{p_1p_2}$ 与 w_0 相比，$w_{p_1p_2}$ 中多了 $\boldsymbol{p}_1$ 和 $\boldsymbol{p}_2$ 两个单电子的动能 $\varepsilon(\boldsymbol{p}_1)$ 和 $\varepsilon(\boldsymbol{p}_2)$，但 $(\boldsymbol{p}_1\uparrow,-\boldsymbol{p}_2\downarrow)$ 态和 $(\boldsymbol{p}_2\uparrow,-\boldsymbol{p}_2\downarrow)$ 态已被 $\boldsymbol{p}_1\uparrow$ 和 $\boldsymbol{p}_2\downarrow$ 占据，则 Pauli 原理禁止电子对占据 $(\boldsymbol{p}_1\uparrow,-\boldsymbol{p}_1\downarrow)$ 态和 $(\boldsymbol{p}_2\uparrow,-\boldsymbol{p}_2\downarrow)$ 态，因而少了动能

$$2\varepsilon(\boldsymbol{p}_1)v_{p_1}^2+2\varepsilon(\boldsymbol{p}_2)v_{p_2}^2$$

此外在

$$w_0=2\sum_p\varepsilon(\boldsymbol{p})v_p^2-\sum_{pp'}V_{pp'}v_pu_{p'}v_{p'}u_p$$

右方的势能项中应缺少 $\boldsymbol{p}=\boldsymbol{p}_1,\boldsymbol{p}_2$ 和 $\boldsymbol{p}'=\boldsymbol{p}_1,\boldsymbol{p}_2$ 的项则

$$\begin{aligned}
w_{p_1p_2}&=\varepsilon(\boldsymbol{p}_1)+\varepsilon(\boldsymbol{p}_2)+2\sum_p\varepsilon(\boldsymbol{p})v_{p^2}-2\varepsilon(\boldsymbol{p}_2)v_{p_1}^2-2\varepsilon(\boldsymbol{p}_2)v_{p_2}^2\\
&\quad-\Big(\sum_p\sum_{p'}V_{pp'}v_pu_{p'}v_{p'}u_{p_1}-\sum_pV_{pp'}v_pu_pv_{p_1}u_{p_1}-\sum_{p'}V_{pp'}v_{p'}u_{p'}v_{p_1}u_{p_1}\\
&\quad-\sum_pV_{pp'}v_pu_pv_{p_2}u_{p_2}-\sum_{p'}V_{pp'}v_{p'}u_{p'}v_{p_2}u_{p_2}\Big)\\
&=w_0+\varepsilon(\boldsymbol{p}_1)+\varepsilon(\boldsymbol{p}_2)-2\varepsilon(\boldsymbol{p}_1)v_{p_1}^2-2\varepsilon(\boldsymbol{p}_2)v_{p_2}^2\\
&\quad+V\Big(\sum_pv_pu_p+\sum_{p'}v_{p'}u_{p'}\Big)v_{p_1}u_{p_1}+V\Big(\sum_pv_pu_p+\sum_{p'}v_{p'}u_{p'}\Big)v_{p_2}u_{p_2}\\
&=w_0+\varepsilon(\boldsymbol{p}_1)-2\varepsilon(\boldsymbol{p}_1)v_{p_1}^2+\varepsilon(\boldsymbol{p}_2)-2\varepsilon(\boldsymbol{p}_2)v_{p_2}^2\\
&\quad+V\Big(\sum_pv_pu_p+\sum_{p'}v_{p'}u_{p'}\Big)(v_{p_1}u_{p_1}+v_{p_2}u_{p_2})
\end{aligned}\tag{12.5.15}$$

将 $\Delta=V\sum_pv_pu_p$ 和(12.5.10)式、(12.5.11)式代入上式

$$\begin{aligned}
w_{p_1p_2}-w_0&=\varepsilon(\boldsymbol{p}_1)-2\varepsilon(\boldsymbol{p}_1)\frac{1}{2}\left[1-\frac{\varepsilon(\boldsymbol{p}_1)}{E(\boldsymbol{p}_1)}\right]\\
&\quad+\varepsilon(\boldsymbol{p}_2)-2\varepsilon(\boldsymbol{p}_2)\frac{1}{2}\left[1-\frac{\varepsilon(\boldsymbol{p}_2)}{E(\boldsymbol{p}_2)}\right]\\
&\quad+2\Delta\left\{\frac{1}{2}\left[1-\frac{\varepsilon(\boldsymbol{p}_1)}{E(\boldsymbol{p}_1)}\right]^{1/2}\left[1+\frac{\varepsilon(\boldsymbol{p}_1)}{E(\boldsymbol{p}_1)}\right]^{1/2}\right.\\
&\quad\left.+\frac{1}{2}\left[1-\frac{\varepsilon(\boldsymbol{p}_2)}{E(\boldsymbol{p}_2)}\right]^{1/2}\left[1+\frac{\varepsilon(\boldsymbol{p}_2)}{E(\boldsymbol{p}_2)}\right]^{1/2}\right\}
\end{aligned}$$

$$
\begin{aligned}
&=\frac{\varepsilon^2(\boldsymbol{p}_1)}{E(\boldsymbol{p}_1)}+\frac{\varepsilon^2(\boldsymbol{p}_2)}{E(\boldsymbol{p}_2)}+\Delta\left[1-\frac{\varepsilon^2(\boldsymbol{p}_1)}{E^2(\boldsymbol{p}_1)}\right]^{1/2}+\Delta\left[1-\frac{\varepsilon^2(\boldsymbol{p}_2)}{E^2(\boldsymbol{p}_2)}\right]^{1/2}\\
&=\frac{\varepsilon^2(\boldsymbol{p}_1)}{E(\boldsymbol{p}_1)}+\frac{\Delta^2}{E(\boldsymbol{p}_1)}+\frac{\varepsilon^2(\boldsymbol{p}_2)}{E(\boldsymbol{p}_2)}+\frac{\Delta^2}{E(\boldsymbol{p}_2)}\\
&=E(\boldsymbol{p}_1)+E(\boldsymbol{p}_2)
\end{aligned}
\tag{12.5.16}
$$

(12.5.16)式给出 $w_{\boldsymbol{p}_1\boldsymbol{p}_2}$，与 w_0 的不同是它多了两个动量为 $\boldsymbol{p}_1,\boldsymbol{p}_2$ 的正常电子，显然 $E(\boldsymbol{p})$是超导态中正常电子的能量。

在正常金属中激发态电子的能量是 $\varepsilon(\boldsymbol{p})=\dfrac{p^2}{2m}-E_{\mathrm{F}}$，它形成 Fermi 面以上的连续谱，但在超导金属中激发一个 Cooper 对的能量是

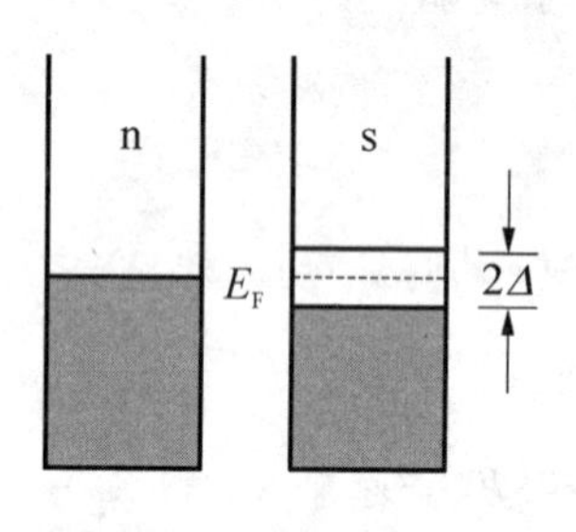

图 12.10　正常态与超导体的能谱

$$
\begin{aligned}
E(\boldsymbol{p}_1)+E(\boldsymbol{p}_2)=&\sqrt{(p_1^2/2m-E_{\mathrm{F}})^2+\Delta^2}\\
&+\sqrt{(p_2^2/2m-E_{\mathrm{F}})^2+\Delta^2}\geqslant 2\Delta
\end{aligned}
$$

这就是说在超导态拆散一个 Cooper 对至少要 2Δ 的能量，大于 2Δ 才形成连续谱，所以 2Δ 是能隙。图 12.10 表示正常态和超导态的差别，这个 2Δ 正是电子对的吸引力造成能谱中出现的能隙。在超导态，电子对系统的 Fermi 面正落在能隙中间。

12.5.3　态密度

现在引入态密度 N 的概念，态密度定义为单位能量间隔中的状态数，在 $\boldsymbol{p}$ 空间中从 $\boldsymbol{p}$ 到 $\boldsymbol{p}+\mathrm{d}\boldsymbol{p}$ 的状态数为 $4\pi p^2\mathrm{d}p$，对正常态，在 $\varepsilon(\boldsymbol{p})$到 $\varepsilon(\boldsymbol{p})+\mathrm{d}\varepsilon(\boldsymbol{p})$的态密度定义为

$$
N_{\mathrm{n}}=\frac{4\pi p^2\mathrm{d}p}{\mathrm{d}\varepsilon}
\tag{12.5.17a}
$$

超导态的态密度 N_{s} 定义为

$$
N_{\mathrm{s}}=\frac{4\pi p^2\mathrm{d}p}{\mathrm{d}E}
\tag{12.5.17b}
$$

因为在正常态总的能量是 $\varepsilon=\dfrac{p^2}{2m}-E_{\mathrm{F}}$，而在超导态总的能量为 $E=\sqrt{\varepsilon^2+\Delta^2}$，所以由(12.5.17a)式和(12.5.17b)式得

$$
N_{\mathrm{n}}=4\pi p^2\frac{\mathrm{d}p}{\mathrm{d}\varepsilon}=\frac{1}{4\pi^2}\left(\frac{2m}{\hbar}\right)^{3/2}\varepsilon^{1/2},\quad p=\hbar k
\tag{12.5.18a}
$$

$$
N_{\mathrm{s}}=4\pi p^2\frac{\mathrm{d}p}{\mathrm{d}\varepsilon}\frac{\mathrm{d}\varepsilon}{\mathrm{d}E}=N_{\mathrm{n}}\frac{\mathrm{d}\varepsilon}{\mathrm{d}E}=N_{\mathrm{n}}\frac{E}{\sqrt{E^2-\Delta^2}}
\tag{12.5.18b}
$$

图 12.11 给出 $N_n \sim \varepsilon(\boldsymbol{p})$ 和 $N_s \sim E(\boldsymbol{p})$ 图。因为态密度必然是正数，所以只能是实部的绝对值，即 $N_s = N_n \left| \mathrm{Re} \dfrac{E}{\sqrt{E^2 - \Delta^2}} \right|$。对于正常态，在 $T = 0$ K 时，电子填满到 Fermi 面，见图 12.11(a)，上面的空态是连续的；而对超导态，在 $T = 0$ K 时，不仅在能谱上造成一个能隙 2Δ，而且态密度也发生畸变，见图 12.11(b)。

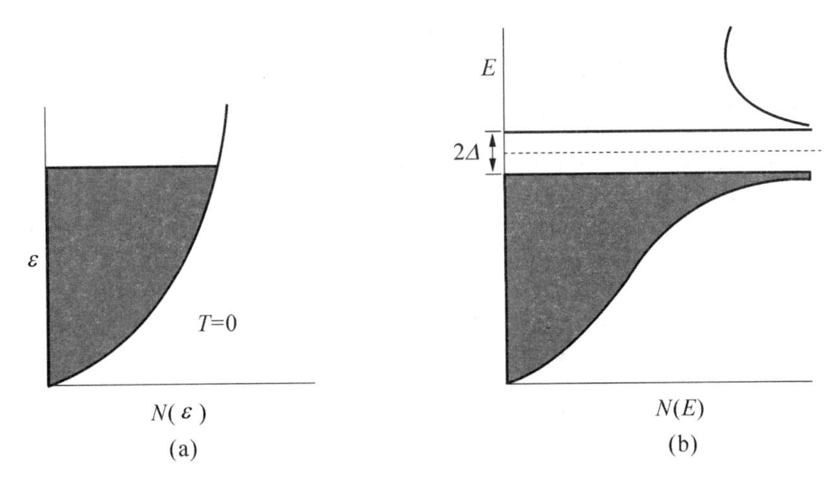

图 12.11　正常态和超导态的态密度

12.5.4　Δ(0)

有了态密度 N 的概念，我们可以将能隙方程(12.5.13)的求和换成积分。注意(12.5.13)式是对 $\boldsymbol{p}$ 求和，即对状态数求和，而 $N_n \mathrm{d}\varepsilon(\boldsymbol{p})$ 是能量从 $\hbar\omega$ 到 $\hbar(\omega + \mathrm{d}\omega)$ 或 $\varepsilon(\boldsymbol{p})$ 到 $\varepsilon(\boldsymbol{p}) + \mathrm{d}\varepsilon(\boldsymbol{p})$ 中的状态数，所以求和换积分应为 $\sum\limits_{\boldsymbol{p}} \to \int N_n \mathrm{d}\varepsilon(\boldsymbol{p})$ 或 $\hbar\int N_n \mathrm{d}\omega$，其次 $\sum\limits_{\boldsymbol{p}}$ 是对 Fermi 面附近上下厚度为 $\pm\hbar\omega_D$ 求和的，所以积分限是 $-\hbar\omega_D$ 到 $\hbar\omega_D$，而 N_n 取 Fermi 面上的值 $N(0)$，则(12.5.13)式换成

$$1 = \frac{V}{2} N(0) \int_{-\hbar\omega_D}^{\hbar\omega_D} \frac{\mathrm{d}\varepsilon(\boldsymbol{p})}{\sqrt{\varepsilon^2(\boldsymbol{p}) + \Delta^2}} = N(0)\, V \mathrm{arsh} \frac{\hbar\omega_D}{\Delta}$$

$$\Delta = \frac{\hbar\omega_D}{\mathrm{sh} \dfrac{1}{N(0)\, V}} \approx 2\, \hbar\omega_D \mathrm{e}^{-\frac{1}{N(0)V}} \tag{12.5.19}$$

这就是 $T = 0$ K 时的能隙。

12.6 BCS T_c 公式

当 $T \neq 0\,\mathrm{K}$ 时,出现热激发的正常电子,它们的数量由 Fermi 函数决定,在低温下可取 $\eta = E_F$,又因为我们是用相对 Fermi 能 E_F 来计算电子能量的,现在讨论的是在超导态中被激发的正常电子,这些正常电子跳过能隙 2Δ,所以正常电子能量 $\varepsilon - \eta$ 应换成E,则(12.4.2)式为

$$f(E) = \frac{1}{e^{E/k_B T} + 1} \tag{12.6.1}$$

因为破坏一个 Cooper 对则出现两个正常电子,而 $f(E)$是一个电子占据的几率,对两个激发电子,则其占据几率为 $2f(E)$。由于 $2f(E)$已被激发电子占据,所以$[1-2f(E)]$为未被占据部分的几率。令 $f_p = f(E)$,则$[1-2f(E)] = (1-2f_p)$,所以系统总的动能

$$\mathrm{K.E} = \sum_p [2\varepsilon(\boldsymbol{p}) f_p + (1-2f_p) 2\varepsilon(\boldsymbol{p}) v_p^2] \tag{12.6.2}$$

式中第一项为正常电子的动能,第二项为 Cooper 对的动能。同理势能项为

$$\mathrm{P.E} = -V \sum_p \sum_{p'} u_p u_{p'} v_{p'} v_p (1-2f_p)(1-2f_{p'}) \tag{12.6.3}$$

根据统计物理的标准公式,熵是

$$S = -2k_B \sum_p [f_p \ln f_p + (1-f_p)\ln(1-f_p)] \tag{12.6.4}$$

则体系总的 Gibbs 自由能是

$$G = \mathrm{K.E} + \mathrm{P.E} - TS \tag{12.6.5}$$

现将 G 对 v_p 求极小值,和前面做法一样,得

$$v_p^2 = \frac{1}{2}\left[1 - \frac{\varepsilon(\boldsymbol{p})}{E(\boldsymbol{p})}\right] \tag{12.6.6}$$

$$E(\boldsymbol{p}) = \sqrt{\varepsilon^2(\boldsymbol{p}) + \Delta^2(T)} \tag{12.6.7}$$

上两式中

$$\Delta(T) = V \sum_p v_p u_p (1-2f_p) \tag{12.6.8}$$

利用 $u_p = (1-v_p^2)^{1/2}$,将(12.6.6)式代入(12.6.8)式得

$$\Delta(T)=\frac{V}{2}\sum_{p}\frac{\Delta(T)}{\sqrt{\varepsilon^{2}(\boldsymbol{p})+\Delta^{2}(T)}}(1-2f_{p}) \tag{12.6.9}$$

由于

$$1-2f_{p}=1-\frac{2}{1+\mathrm{e}^{E/k_{\mathrm{B}}T}}=\operatorname{th}\frac{E}{2k_{\mathrm{B}}T}$$

则

$$\Delta(T)=\frac{V}{2}\sum_{p}\frac{\Delta(T)}{\sqrt{\varepsilon^{2}(\boldsymbol{p})+\Delta^{2}(T)}}\operatorname{th}\frac{\sqrt{\varepsilon^{2}(\boldsymbol{p})+\Delta^{2}(T)}}{2k_{\mathrm{B}}T} \tag{12.6.10}$$

用态密度的概念,并因为 $E_{\mathrm{F}}\gg\hbar\omega_{\mathrm{D}}$,故认为 $N(\varepsilon+E_{\mathrm{F}})\approx N(E_{\mathrm{F}})=N(0)$。将(12.6.10)式的求和换成积分得

$$[N(0)V]^{-1}=\int_{0}^{\hbar\omega_{\mathrm{D}}}\frac{\mathrm{d}\varepsilon}{\sqrt{\varepsilon^{2}(\boldsymbol{p})+\Delta^{2}(T)}}\operatorname{th}\frac{\sqrt{\varepsilon^{2}(\boldsymbol{p})+\Delta^{2}(T)}}{2k_{\mathrm{B}}T} \tag{12.6.11}$$

当 $T=T_{\mathrm{c}}$ 时,热激发电子占据了 Cooper 对可能跃迁的态(图 12.9(b)中虚线),以致不能形成 Cooper 对,$\Delta(T_{\mathrm{c}})=0$,故得到临界温度 T_{c} 的方程

$$[N(0)V]^{-1}=\int_{0}^{\hbar\omega_{\mathrm{D}}}\frac{\mathrm{d}\varepsilon}{\varepsilon}\operatorname{th}\frac{\varepsilon}{2k_{\mathrm{B}}T_{\mathrm{c}}} \tag{12.6.12}$$

$$\begin{aligned}\int_{0}^{\hbar\omega_{\mathrm{D}}}\frac{\mathrm{d}\varepsilon}{\varepsilon}\operatorname{th}\frac{\varepsilon}{2k_{\mathrm{B}}T_{\mathrm{c}}}&=\int_{0}^{\hbar\omega_{\mathrm{D}}}\operatorname{th}\frac{\varepsilon}{2k_{\mathrm{B}}T_{\mathrm{c}}}\mathrm{d}\left(\ln\frac{\varepsilon}{2k_{\mathrm{B}}T_{\mathrm{c}}}\right)\\&=\operatorname{th}\frac{\varepsilon}{2k_{\mathrm{B}}T_{\mathrm{c}}}\ln\frac{\varepsilon}{2k_{\mathrm{B}}T_{\mathrm{c}}}\bigg|_{0}^{\hbar\omega_{\mathrm{D}}}\\&\quad-\int_{0}^{\hbar\omega_{\mathrm{D}}}\ln\frac{\varepsilon}{2k_{\mathrm{B}}T_{\mathrm{c}}}\operatorname{sech}^{2}\frac{\varepsilon}{2k_{\mathrm{B}}T_{\mathrm{c}}}\mathrm{d}\left(\frac{\varepsilon}{2k_{\mathrm{B}}T_{\mathrm{c}}}\right)\end{aligned} \tag{12.6.12a}$$

由于 $\hbar\omega_{\mathrm{D}}/2k_{\mathrm{B}}T_{\mathrm{c}}\gg1$,可看作无穷大,则(12.6.12a)中上限

$$\operatorname{th}\frac{\hbar\omega_{\mathrm{D}}}{2k_{\mathrm{B}}T_{\mathrm{c}}}\approx1 \tag{12.6.12b}$$

而下限

$$\lim_{t\to0}(\operatorname{th}t)(\ln t)=0 \tag{12.6.12c}$$

$$\begin{aligned}\int_{0}^{\hbar\omega_{\mathrm{D}}}\ln\frac{\varepsilon}{2k_{\mathrm{B}}T}\operatorname{sech}^{2}\frac{\varepsilon}{2k_{\mathrm{B}}T}\mathrm{d}\left(\frac{\varepsilon}{2k_{\mathrm{B}}T}\right)&=\int_{0}^{\infty}\ln t\ \operatorname{sech}^{2}t\,\mathrm{d}t\\&=\gamma+\ln\frac{4}{\pi}\quad(\gamma\text{ 是欧拉常数 }0.577)\end{aligned} \tag{12.6.12d}$$

将(12.6.12a)式~(12.6.12d)式代入(12.6.12)式得

$$\ln\frac{\hbar\omega_{\mathrm{D}}}{2k_{\mathrm{B}}T_{\mathrm{c}}}-\left(\gamma+\ln\frac{4}{\pi}\right)=\frac{1}{N(0)V}$$

所以

$$k_B T_c = 1.14\ \hbar\omega_D e^{-1/N(0)V} \tag{12.6.13}$$

这就是著名的 BCS 关于 T_c 的公式。

再由(12.5.19)式和(12.6.13)式我们得到

$$2\Delta(0) = 3.53 k_B T_c \tag{12.6.14}$$

(12.6.14)式给出实验上对 BCS 理论的验证。因为 $\Delta(0)$ 和 T_c 都是测量的值。$\Delta(0)$可以通过几种方法测量,例如单电子隧道(见第 13 章)、临界磁场、超声吸收或远红外吸收。表 12.1 和表 12.3 给出 $2\Delta(0)/k_B T_c$ 的测量结果,从这些实验值可以看到除了 Pb 和 Hg 之外,实验值和理论值 3.53 是很接近的。

表 12.3　$2\Delta(0)/k_B T_c$ 的测量值

超导体	隧道测量	临界场测量
Al	4.2±0.6	3.53
	2.5±0.3	
	2.8～3.6	
	3.37±0.1	
Cd	3.2±0.1	3.44
Ga		3.52,3.50,3.48
Hg(α)	4.6±0.1	3.95
In	3.63±0.1	3.65
	3.45±0.07	
	3.61	
La	3.2	3.72
Nb	3.84±0.06	3.65
	3.6	
	3.6	
Pb	4.29±0.04	3.95
	4.38±0.01	
Sn	3.46±0.1	3.61,3.57
	3.10±0.05	
	3.51±0.18	
	2.8～4.06	
	3.1～4.3	

续表

超导体	隧道测量	临界场测量
Ta	3.60±0.1	3.63
	3.5	
	3.65±0.1	
Tl	3.57±0.05	3.63
	3.9	
V	3.4	3.50
Zn	3.2±0.1	3.44

从(12.6.10)式可以解出 $\Delta(T)/\Delta(0)$ 与 T/T_c 的关系，理论曲线和实验结果都给在图12.12上，理论和实验符合得很好。

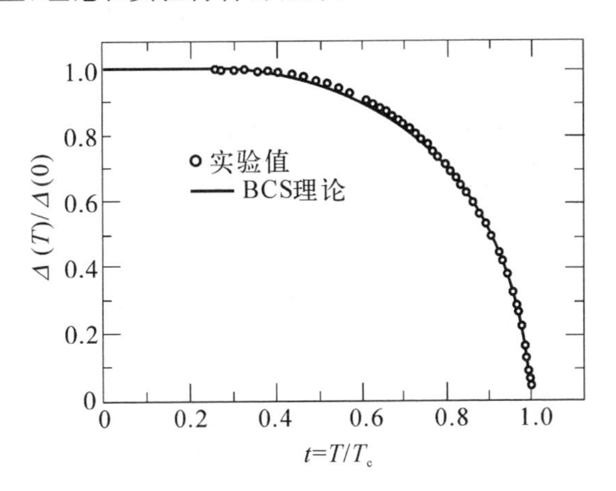

图12.12 $\Delta(T)\sim T$ 的关系

(实线是由BCS理论公式算出的)

从(12.6.13)式可以看到 $T_c \propto \omega_D$，而 $\omega_D \propto M^{1/2}$，因此BCS的 T_c 公式就直接地给出了同位素效应。

最后我们必须强调指出：

① 电子结成Cooper对和能隙的出现都是整个电子系统的集体效应。正如前面所讨论的那样，一个电子对的引力势能是通过从 $(\boldsymbol{p}\uparrow, -\boldsymbol{p}\downarrow)$ 到 $(\boldsymbol{p}'\uparrow, -\boldsymbol{p}'\downarrow)$ 的跃迁产生的。$(\boldsymbol{p}\uparrow, -\boldsymbol{p}\downarrow)$ 到 $(\boldsymbol{p}'\uparrow, -\boldsymbol{p}'\downarrow)$ 的跃迁所贡献的引力势能是

$$-V_{pp'}(v_p u_{p'})(v_{p'} u_p)$$

上式对 $\boldsymbol{p}'$ 求和才是计入各种可能跃迁后($\boldsymbol{p}\uparrow,-\boldsymbol{p}\downarrow$)一对电子间的引力势能。再对 $\boldsymbol{p}$ 求和,得到体系的势能。这就清楚地告诉我们不是两个电子加上一个晶格就会存在一对电子间的吸引作用,而是整个电子体系与全体晶格离子相耦合而发生的,其耦合强弱取决于所有电子的状态。当温度不同时,电子气中电子状态分布发生变化,从而影响能隙的大小和电子对的结合程度。

② 电子对是由因吸引力束缚在一起的两个电子组成,实际上它们结合在一起的吸引作用并不强,由 $2\Delta(0)=3.53k_{\mathrm{B}}T_{\mathrm{c}}$ 知道,电子对的结合能只有 $k_{\mathrm{B}}T_{\mathrm{c}}\sim10^{-4}\sim10^{-3}\mathrm{eV}$ 量级,因此如果把电子对理解成原子、分子那样紧密结合的实体就过分了。利用测不准关系可以估计出电子对的尺寸,设形成电子对的两个电子之间的距离是 ξ,局限在这一尺度内的电子有动量不确定度 $\Delta p\sim\hbar/\xi$,则相应的动能不确定度

$$\Delta(\mathrm{K.E})=\Delta\left(\frac{p^2}{2m}\right)=\frac{p}{m}\Delta p=\frac{p_{\mathrm{F}}}{m}\frac{\hbar}{\xi}$$

显然只有当 $\Delta(\mathrm{K.E})\lesssim\Delta(0)$ 时,两个电子才能结合成对,所以

$$\xi\gtrsim\frac{\hbar p_{\mathrm{F}}}{m\Delta(0)}=\xi_0 \tag{12.6.15}$$

ξ_0 叫做 BCS 相干长度。把(12.6.14)式代入上式,可估计出 $\xi_0\sim10^{-4}\mathrm{cm}$,约为晶格长度的 10 000 倍。由此可见,电子对在空间中延展的范围是很大的,事实上,必然存在许多个电子对互相重叠、交叉地分布在同一空间范围内,所以它和原子、分子等复合实体的概念有很大差别。

关于两个电子结合成对,比较正确的理解应认为它们不像两个正常电子那样完全互不相关地独立运动,而是存在着一种关联性,ξ 代表存在这个关联效应的空间尺度。这种关联效应的一个有趣结果是:如果在超导体表面上附上一层足够薄的正常金属,那么它将和超导体一起进入超导态,尽管它单独存在时是不会超导的,这叫做邻近效应。

12.7 临界磁场和比热容

12.7.1 $H_{\mathrm{c}}(T)\sim T$

临界磁场 $H_{\mathrm{c}}(T)$ 可以由 Gibbs 自由能差

$$G_n - G_s = \mathcal{V}\frac{1}{2}\mu_0 H_c^2(T) \tag{12.7.1}$$

求出。G_s 由(12.6.5)式给出。将(12.6.2)式、(12.6.3)式、(12.6.4)式和(12.6.6)式、(12.6.7)式代入(12.6.5)式，令 $\Delta=0$ 就得到 G_n，再用(12.7.1)式即可求出 $H_c(T)$，这些计算都比较直接，无特殊困难，这里不去赘述，由数值计算得出 $H_c(T)\sim T$ 关系，它与唯象理论的抛物线公式是很接近的。图12.13中虚线是BCS理论曲线与抛物线的差异，除了Hg和Pb之外，理论和实验符合得比较好。

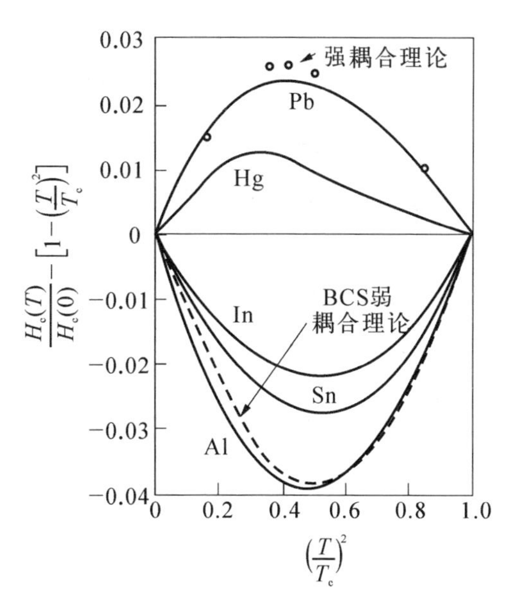

图12.13 临界磁场的实验结果与抛物线关系的差异(虚线是BCS理论曲线，实线是实验结果)

12.7.2 c_{es}

我们知道，比热容的定义是

$$c = T\left(\frac{\partial S}{\partial T}\right)_V \tag{12.7.2}$$

因此，对超导态的比热容，由(12.6.4)式对 T 的微商，再将求和换为积分，即得

$$c_{es} = \frac{4N(0)}{k_B T^2}\int_0^{\hbar\omega_D} d\varepsilon\left[\varepsilon^2+\Delta^2-\frac{T}{2}\frac{d\Delta^2}{dT}\right](1+e^{E/k_BT})^{-2}e^{E/k_BT} \tag{12.7.3}$$

式中 $E=\sqrt{\varepsilon^2+\Delta^2}$，显然令上式中 $\Delta=0$，就得到正常态的比热容

$$c_{en} = \frac{4N(0)}{k_B T^2}\int_0^{\infty} d\varepsilon\ \varepsilon^2(1+e^{\varepsilon/k_BT})^{-2}e^{\varepsilon/k_BT} \tag{12.7.4}$$

应用公式

$$\int_0^\infty dx\ \frac{x^2e^x}{(1+e^x)^2}=\frac{\pi^2}{6}$$

则

$$c_{en}=\frac{4N(0)k_B^3T^3}{k_BT^2}\int_0^\infty\left(\frac{\varepsilon}{k_BT}\right)^2(1+e^{\varepsilon/k_BT})^{-2}e^{\varepsilon/k_BT}d\left(\frac{\varepsilon}{k_BT}\right)$$

$$=\frac{2}{3}\pi^2N(0)k_B^2T=\gamma T \tag{12.7.5}$$

这正是通常的正常电子比热容公式。

对于超导态电子比热容 c_{es}(12.7.3)式必须数值积分。图 12.14 给出其数值计算结果。图上同时绘出了实验点的二流体模型的结果以作比较。显然 BCS 理论更符合实验结果。

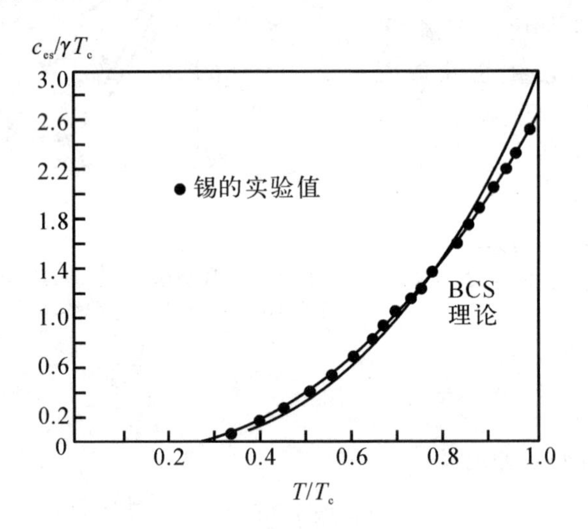

图 12.14　$c_{es}\sim T$ 关系的理论和实验比较

在(12.7.3)式中，令 $T=T_c$，则 $\Delta(T_c)=0$，但 $\left.\frac{d\Delta^2}{dT}\right|_{T=T_c}\neq 0$，因此可以得到 $c_{es}(T_c)$，由此再减去 $T=T_c$ 时的 c_{en} 值(对 c_{en}，令 $\Delta(T_c)=0$，$d\Delta^2(T_c)/dT=0$)，就得到 T_c 时比热容跃变量为

$$(c_{es}-c_{en})_{T_c}=-2\frac{N(0)}{k_BT_c}\left.\frac{d\Delta^2}{dT}\right|_{T_c}\int_0^\infty e^{\varepsilon/k_BT_c}(e^{\varepsilon/k_BT_c}+1)^{-2}d\varepsilon$$

$$=N(0)\left.\frac{d\Delta^2}{dT}\right|_{T_c}$$

由图 12.14 看到 $\left.\frac{d\Delta^2}{dT}\right|_{T_c}<0$，所以，$(c_{es}-c_{en})_{T_c}>0$。由 $\Delta(T)$ 曲线计算得到 $[(c_{es}-c_{en})/c_{en}]_{T_c}$ 的理论值为 1.43。表 12.4 给出几种超导体的这个比值的实验值，我们看到除了 Hg 和 Pb 之外实验值还是比较接近理论值 1.43 的。

表 12.4 $[(c_{es}-c_{en})/c_{en}]_{T_c}$ 的实验值

超导体	$\left(\frac{c_{es}-c_{en}}{c_{en}}\right)$	超导体	$\left(\frac{c_{es}-c_{en}}{c_{en}}\right)$
Al	1.45	Pb	2.71
Cd	1.40	Sn	1.60
Ga	1.44	Ta	1.59
Hg	2.37	Tl	1.50
In	1.73	U	1.36,1.52
La	1.5	V	1.49
Mo	1.28	Zn	1.30
Nb	1.87		

12.8 BCS 非局域非线性关系

在 Pippard 理论中，人们唯象地给出电流密度和矢势之间的非局域关系，当然我们很自然地希望在此得到这个关系。但它需要专门的理论工具，在这里我们只好不作演算而直接写出其结果

$$\boldsymbol{j}(\boldsymbol{r})=-\frac{3}{4\pi\xi_0}\frac{1}{\mu_0\lambda^2(T)}\int\frac{\boldsymbol{R}}{R^4}[\boldsymbol{R}\cdot\boldsymbol{A}(\boldsymbol{r}')]J(\boldsymbol{R},T)\mathrm{e}^{-R/l}\mathrm{d}\mathscr{V}\quad(12.8.1)$$

这个公式中除了用函数 $J(\boldsymbol{R},T)\mathrm{e}^{-R/l}$ 代替 Pippard 方程中的因子 e^{-R/ξ_p} 外，其形式与 Pippard 方程完全相同，式中 ξ_0 就是(12.6.15)式给出的 BCS 相干长度，$\lambda^2(T)$通过能隙函数 $\Delta(T)$ 由一个积分形式给出。函数 $J(\boldsymbol{R},T)\mathrm{e}^{-R/l}$ 很接近 Pippard 方程的指数 e^{-R/ξ_p}，$J(\boldsymbol{R},0)\mathrm{e}^{-R/l}$ 与 e^{-R/ξ_p} 相差在 5%以内，这说明我们在处理薄膜的非局域非线性时用了 Pippard 修正得到的结果很好地符合实验是合理的。

其次，在 $\boldsymbol{A}(\boldsymbol{r})$随空间缓变时，在 $(T_c-T)/T_c\ll 1$ 的情况下，Gorkov① 由微观理论推导出 GL 方程，并确切地给出了 GL 理论中的 α,β 等，这说明了唯象的

① L. P. Gorkov, *JETP*, **9**(1959), 1346.

GL 理论的正确性。

BCS 理论的极限条件下可推导出 Pippard 理论和 GL 理论也说明 BCS 理论的先进性和完整性。

12.9 BCS 理论的局限性

12.9.1 与实验不符合的情况

① 从前面所述的 $2\Delta(0)/k_B T_c$，$\frac{H_c(T)}{H_c(0)}-\left[1-\left(\frac{T}{T_c}\right)^2\right]\sim\left(\frac{T}{T_c}\right)^2$，$\left[\frac{c_{es}-c_{en}}{c_{en}}\right]_{T_c}$ 的实验值，我们看到对大部分超导体，这些与 BCS 理论是相符的，但 Hg 和 Pb 则都不符合 BCS 的理论结果，见表 12.5。

表 12.5　Pb、Hg 的实验值与 BCS 理论值比较

	Hg		Pb	
	BCS 理论值	实验值	BCS 理论值	实验值
$\frac{2\Delta(0)}{k_B T_c}$	3.53	4.29 ± 0.04 4.38 ± 0.01	3.53	4.6 ± 0.1
偏离抛物线	负	正	负	正
$\left.\frac{c_{es}-c_{en}}{c_{en}}\right\|_{T_c}$	1.43	2.71	1.43	2.37

② 自 1950 年后，陆续测量了许多超导体的同位素效应，发现 $T_c\propto M^{-\alpha}$ 中的 α 对一些超导体不是 1/2。例如 $\alpha(\mathrm{Mo})=0.33$，$\alpha(\mathrm{Os})=0.2$ 等，甚至有的元素 $\alpha=0$ 或负值，例如 $\alpha(\mathrm{U})=-2.2\pm0.2$，这些似乎动摇了电-声子作用基础。

12.9.2 BCS 理论模型之不足

(1) Debye 频率 ω_D 是平均频率

BCS 理论中一个重要参量 Debye 频率 ω_D 是晶格简正模式 $\omega(\boldsymbol{k})$ 的平均频率，我们知道 $\omega(\boldsymbol{k})$ 取决于晶格的结构，显然 ω_D 不能反映出其结构，因而 BCS 理论只能解决超导起因,而不能给出所有元素的 T_c。例如 Pb 和 Hg 的 $2\Delta(0)/k_B T_c$ 就不是 3.53。

(2) 近似考虑

(a) 关于吸引作用,只考虑发生在自旋和动量都相反的一对电子之间,也就是对电子-声子作用作了一种截止近似。

(b) 声波在超导体中传播速度不是无限大,两个电子交换声子时,从声子被放出到被吸引,由于有限传播存在推迟,而在 BCS 理论中忽略了这种推迟。

(3) 弱相互作用

我们在讨论电-声子相互作用以及电子对时,所使用的电子态($\boldsymbol{p}$,$\varepsilon(\boldsymbol{p})$)的概念,严格说来,只有在电子间完全没有相互作用,做相互独立运动时才成立。在弱相互作用情况下,使用电子态($\boldsymbol{p}$,$\varepsilon(\boldsymbol{p})$)的概念近似成立,如果相互作用或者耦合很强,那么这个概念就不能成立了,这时,假如我们注意一个电子,并设它有动量 $\boldsymbol{p}$ 和能量 $\varepsilon(\boldsymbol{p})$,即使电子不主动发生变化,由于电-声子耦合很强,也会牵一发而动全身。此外,任何一个电子的任何跃迁,势必影响和改变这个电子的能量和动量,再则,我们提到某一个电子的能量和动量时,其中很大部分是通过与其他电子的耦合而来的,或者说受到其他电子强烈地制约,所以确切地说,只能说相互作用的许多电子所共有的能量、动量的一部分暂时地集中在某一个电子上而已。

因此我们得到 Pb 和 Hg 与弱耦合的 BCS 理论不符合是可以理解的。它们的电子耦合很强,必须考虑电子体系的集体效应,对电子态($\boldsymbol{p}$,$\varepsilon(\boldsymbol{p})$)的概念要予以修正。20 世纪 70 年代中期发展起来的强耦合理论,考虑了各种超导材料的有效声子谱,从而解决了 BCS 理论解决不了的问题,包括同位素效应中 $\alpha \neq 1/2$ 的问题以及 Pb 和 Hg 的反常行为,这说明超导的电-声子机制是正确的。

目前,对高温氧化物超导电性机制的研究还处于不清楚阶段,其超导电性是否会是其他机制还有待研究,但可以肯定的是它没有脱离 BCS 框架,超导电子是束缚对。它是不是电-声子相互作用形成的 Cooper 对,正是目前研究的焦点,本书现在不去讨论它。

说明:在此章之前的各章中,所有公式中的电荷和超导电子质量我们都写作为 e 和 m,通过本章我们知道它们都应该是 $2e$ 和 $2m$,例如第 5 章中 $\xi^2(T)=\hbar^2/2m\alpha$ 应为 $\xi^2(T)=\hbar^2/4m\alpha$,等等。由于在此章之前认为读者不知道超导电性来自 Cooper 对,而只是二流体模型中给出的超导电子和正常电子概念,因此对超导电子的电荷和质量写作 e 和 m 是可以理解的。更主要的是在此之前的唯象理论中将客观的 $2e$,$2m$ 写作 e 和 m 并不影响唯象理论得到的结论。在下面几章中对超导电子必须用 $2e$ 和 $2m$。

第 13 章　正常电子隧道

在对超导电性现象和超导电性起源有了深入的了解之后，下面几章我们将对超导体和正常导体之间、超导体与超导体之间相互接近时的行为做较仔细的介绍。

我们知道量子力学的许多现象是与通常的观念不一样的，而隧道又是最重要的量子现象之一。当两块金属被一个薄的绝缘体分开时，在它们之间可以有电流通过，人们通常称金属—绝缘体—金属叠层为隧道结，在它们之间流动的电流称为隧道电流。如果这个叠层中一个金属或两个金属是超导体，那么在它们之间出现的效应称为超导隧道或正常电子隧道。

13.1　正常金属隧道

隧道的概念差不多是和现代的量子力学同时诞生的。在 Schrödinger 方程建立之后，人们立即用它去解释许多现象：例如 Fowler 和 Nordhevm(1928)对金属的场致发射，Garmow(1928)对 α 衰变，Frenkel(1930)对金属—真空—金属结，Sommerfeld 和 Bethe(1933)对金属—绝缘体—金属等现象的研究，这些都是与隧道现象密切相关的。

由量子力学知道，对于一个如图 13.1 的方势垒，粒子的穿透几率为

$$D\approx\exp\left[-\frac{2d}{\hbar}\sqrt{2m(U_0-\varepsilon)}\right] \tag{13.1.1}$$

现在考虑金属 A 和 B 被厚度为 d 的绝缘层分开，则绝缘层就是一个势垒，在固体中实际的垒是 leV 的量级，由上式可以估计如果透射与入射电流之比为 10^{-6}，则 d 为几十埃的量级。尽管金属中的电子可以穿透势垒，但 A、B 之间却没有电流产

生，这是因为从 A 到 B 和从 B 到 A 粒子有相同的穿透几率。但是如果在 A、B 之间加上一个电压 V，设 A 处在低电势，$eV>0$，则 A 中所有电子能量提高了 eV，由量子力学知道粒子穿透任意势垒的几率为

$$D\approx \exp\left[-\frac{2}{\hbar}\int_a^b \sqrt{2m(U(x)-\varepsilon)}\mathrm{d}x\right] \tag{13.1.2}$$

现在的 $U(x)=\dfrac{eV}{d}(d-x)+U_0$（见图 13.2）。

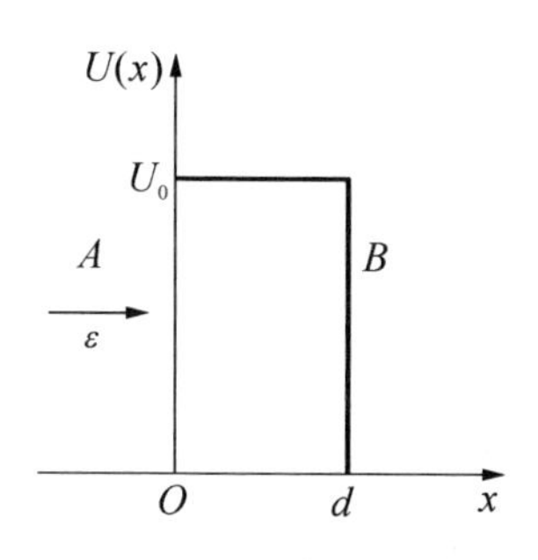

图 13.1 方势垒隧道

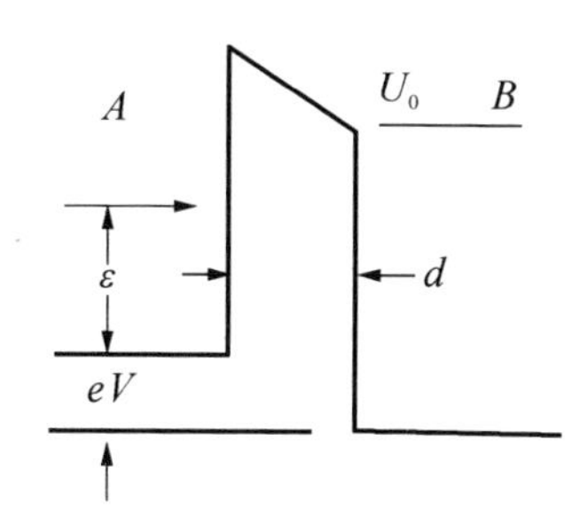

图 13.2 方势垒加电压后的隧道

令

$$\mathscr{J}=\frac{2}{\hbar}\int_a^b \sqrt{2m[U(x)-\varepsilon]}\mathrm{d}x$$

则

$$D\approx\exp\left(-\frac{\mathscr{J}}{V}\right)$$

当电压 V 不太高时，

$$D\propto V$$

即

$$I\propto V,\quad I=\frac{1}{R}V$$

R 称为隧道电阻，$I\sim V$ 曲线遵从 Ohm 定律的直线关系。

实际的金属—绝缘体—金属结中，除了上述考虑之外，还必须考虑两个金属中各自的电子气的 Fermi 分布函数能量图。在热平衡时两个金属的 Fermi 能是相同的，如图 13.3(a)所示。

如果加一个负电压 V 到左边的金属上，那么所有电子的能量将提高 eV，因此能量图如图 13.3(b)所示。现在让我们计算流过结的电流。显然在能量 ε 到 $\varepsilon+\mathrm{d}\varepsilon$ 的能量间隔 $\mathrm{d}\varepsilon$ 中，从左边向右边隧道通过的电子数必正比于在左边被占据的

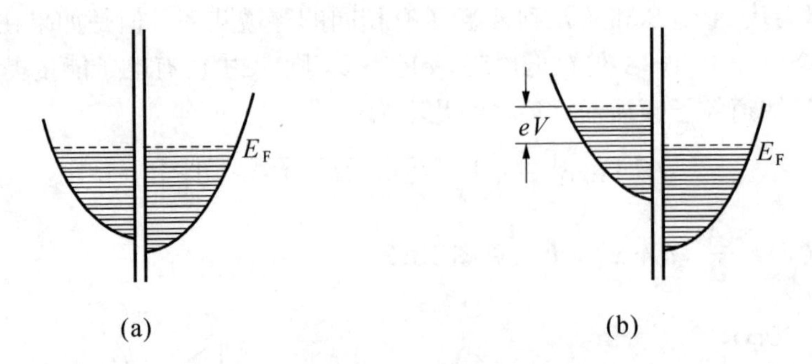

图 13.3 金属—绝缘体—金属能量图

(a) 热平衡;(b) 有电位差 V

数目,也就是

$$N_A(\varepsilon - eV)f(\varepsilon - eV)\mathrm{d}\varepsilon \tag{13.1.3}$$

此式是以 E_F 为基准的。式中,$N_A(\varepsilon - eV)$是态密度,f 是 Fermi 函数。此外,电子从 A 到B 不仅取决于穿透几率D,而且由于 Pauli 原理的限制,还取决于 B 中是否有同一能量的空态未被占据,B 中能量从 ε 到 $\varepsilon + \mathrm{d}\varepsilon$ 间隔中未被占据的态数是

$$N_B(\varepsilon)[1 - f(\varepsilon)]\mathrm{d}\varepsilon \tag{13.1.4}$$

所以在能量 ε 到 $\varepsilon + \mathrm{d}\varepsilon$ 之间电子所形成的电流为

$$\mathrm{d}I_{A\to B} \propto D_{AB}N_A(\varepsilon - eV)N_B(\varepsilon)f(\varepsilon - eV)[1 - f(\varepsilon)]\mathrm{d}\varepsilon \tag{13.1.5a}$$

同理,从右边到左边的电流为

$$\mathrm{d}I_{B\to A} \propto D_{BA}N_A(\varepsilon - eV)N_B(\varepsilon)f(\varepsilon)[1 - f(\varepsilon - eV)]\mathrm{d}\varepsilon \tag{13.1.5b}$$

进而假设 $D_{AB} = D_{BA}$,也就是一个电子有同样的几率从左向右和从右向左,因此对能量积分,我们得到净电流为

$$I \propto \int (\mathrm{d}I_{A\to B} - \mathrm{d}I_{B\to A})$$

即

$$I \propto \int D_{AB}N_A(\varepsilon - eV)N_B(\varepsilon)[f(\varepsilon - eV) - f(\varepsilon)]\mathrm{d}\varepsilon \tag{13.1.6}$$

再作近似,取 D_{AB}与能量无关,则可以从积分号中提出 D_{AB}。这对加上小的电压是完全满足的。同样我们注意到态密度是缓变函数,故取它为在 Fermi 面上的值,即

$$\left.\begin{aligned} N_A(\varepsilon - eV) &\approx N_A(\varepsilon) = N_A(0) \\ N_B(\varepsilon) &\approx N_B(0) \end{aligned}\right\} \tag{13.1.7}$$

这个假设是合理的,因为低温下只有 Fermi 面附近粒子才会参加隧道过程,此外在金属 A、B 之间所加的电压很小,一般不超过几十毫伏,而 Fermi 能 E_F 所对应的

电压 E_F/e 约为 10^5 mV。由这样一些近似，方程(13.1.6)简化为

$$I = AN_A(0)N_B(0)\int[f(\varepsilon - eV) - f(\varepsilon)]\mathrm{d}\varepsilon \tag{13.1.8}$$

这里的 A 是既包括 D_{AB} 又包括结的几何尺寸常数。

对于小电压，Fermi 函数可以展开为

$$f(\varepsilon - eV) - f(\varepsilon) = -eV\frac{\mathrm{d}f}{\mathrm{d}\varepsilon} \tag{13.1.9}$$

假设图 13.4 温度不太高，$\mathrm{d}f/\mathrm{d}\varepsilon$ 可以近似地认为是 δ 函数（见图 13.4），则由(13.1.8)式给出电流

$$I = AN_A(0)N_B(0)eV \tag{13.1.10}$$

也就是说，金属—绝缘层—金属结遵循 Ohm 定律，电流和电压间的关系是线性的。

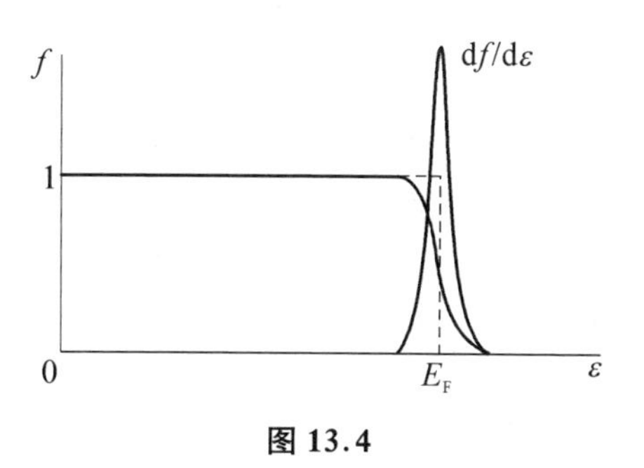

图 13.4

13.2　超导体和正常导体之间的隧道

13.2.1　超导隧道的发现

Giaever①② 首先测量到超导隧道。1960 年 Giaever 在测量正常金属—绝缘层—超导体叠层的 $I\sim V$ 曲线时发现，当一个金属变成超导时，结电阻猛烈地增加，他引用了超导能隙解释了这个结果。

讲到这里，我们将立刻想到一个问题，为什么超导隧道发现在 1960 年而不是更早？似乎它应该在正常金属隧道得到解决的同时，也就是 1930 年或稍迟一点就应被发现。因为当时实验上已没有任何困难，只不过将结浸泡在液氦中罢了。事

① L. Giaever, *Phys. Rev. Lett.*, **5**(1960), 147.
② L. Giaever, *Phys. Rev. Lett.*, **5**(1960), 464.

实上在1932年两位专家[①],一位是超导专家Meissner,另一位是隧道专家Holm就合作测量过两块超导金属在低温下压力接触的电阻,Meissner和Holm观察到的恰是当时完全没有认识到的Josephson效应。他们发现,一旦出现超导,绝缘层的接触电阻就消失。由于当时对超导电性知识的缺乏,因而不可能认识到超导隧道的问题。直到20世纪50年代大量的实验才证明超导能隙的存在,特别是BCS理论的出现给超导电性以明确的物理图像,在这些基础上,Giaever给出了超导隧道的物理图像,实验上又发现了这样一个新的重要现象,开拓了超导物理的一个新领域。

13.2.2 正常金属—绝缘体—超导体的结

考虑一个被薄的绝缘层分开的正常金属与超导体形成的结(简称为N—I—S结),由于金属变成超导态后,其态密度发生急剧变化,从图12.11看到在能量图上分裂出能隙,能隙两边的态密度趋向无穷,随着能量$|E|>\Delta$,态密度逐渐减小。显然超导态密度的变化必然要影响隧道电流。我们用半导体模型来图解说明它。图13.5给出,对$T=0$,所有的态被填满到$E=-\Delta$,而在能隙以上没有电子占据。

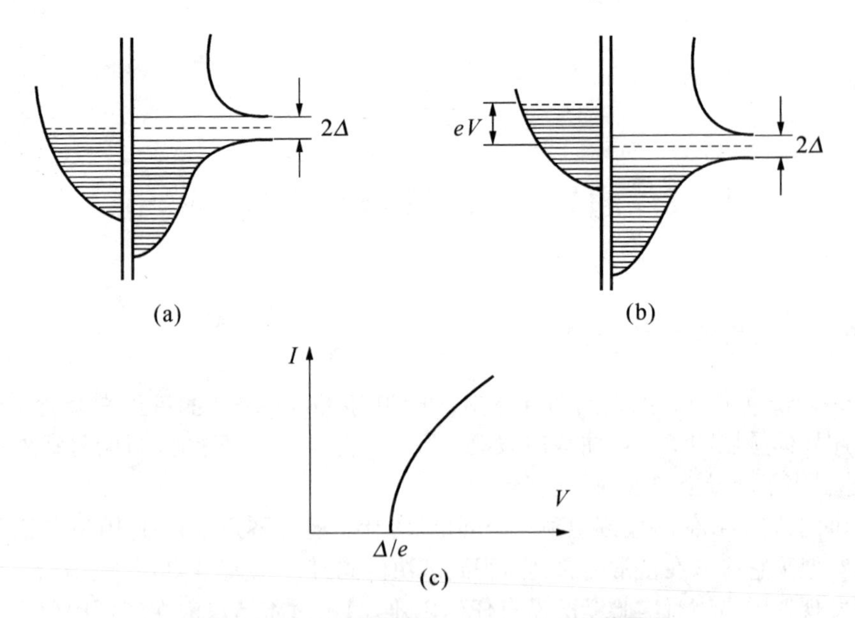

图13.5 在半导体模型下,N—I—S结的能量图

(a) $V=0$; (b) $V>\Delta/e$; (c) 在$T=0$ K时的$I\sim V$特性

① R. Holm and W. Meissner, *Z. Phys.*, **74**(1932), 715.

热平衡时结两边的金属和超导体的 Fermi 能必须相等(图 13.5(a)中虚线所示),当电压 $V<\Delta/e$ 时,左边所有电子不能隧道跨进右边能隙中,因此不能有电流流动;当 $V=\Delta/e$ 时,电流突然升起,这时电子不仅可以隧道地从左边流向右边,而且它还面对着一个无限的态密度,当 $V>\Delta/e$ 时,电子对应能量右边的态密度减小(图 13.5(b)),因此电流随电压的增加反而较缓慢地增加。这个过程给出了单电子隧道 $I\sim V$ 曲线(见图 13.5(c))。

在有限温度下,在能隙上面有激发电子,而在能隙下面出现空穴,如图 13.6(a)。

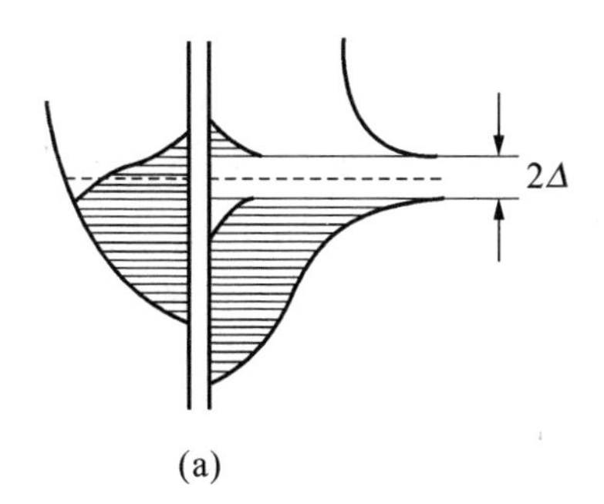

(a)

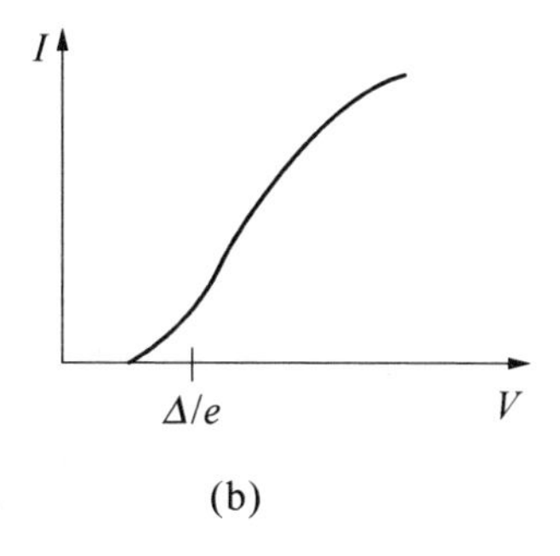

(b)

图 13.6

(a) 在有限温度下热平衡时 N—I—S 结的能量图;(b) 在有限温度下的 $I\sim V$ 曲线

在热平衡时,左边的某些热激发电子具有超过 $E_F+\Delta$ 的能量,而在右边也有某些正常电子出现在能隙上面,因此,一个很小的电压就足以使电流开始流动,但电流明显地升起还必须出现在 $V=\Delta/e$ 附近,如图 13.6(b)的 $I\sim V$ 特性。

第一个超导隧道实验是由 Giaever① 在 Al—Al_2O_3—Pb 结上做出的。当两个金属都处在正常态时,$I\sim V$ 曲线是线性的,见图 13.7 的曲线 1,而当 Pb 变成超导态时,它出现高度的非线性,见图 13.7 的曲线 2。

图 13.7　Al—Al_2O_3—Pb 结 $I\sim V$ 特性

曲线 1: Pb 处正常态
曲线 2: Pb 处超导态

上述理论分析和实验结果说明超导隧道是单个电子或正常电子的隧道,因为从正常金属隧道到超导体中只能是正常电子隧道,单个正常电子进入超导体

① I. Giaever, *Phys. Rev. Lett.*, **5**(1960), 147.

后,再重新形成 Cooper 对。超导隧道有时也称为单电子隧道或正常电子隧道。

13.3 超导体之间的隧道

13.3.1 相同超导体之间的隧道

图 13.8 给出在 $T=0$ K 时的两个超导体之间的隧道(S—I—S)的能量图,两个能级都是被填满到 $E-\Delta$,在热平衡(图 13.8(a))态没有电流流动。当加一个 $V<2\Delta/e$ 的电压时,因为左边可隧道的电子到右边没有可占据的空态,所以电流仍然为零;在 $V=2\Delta/e$(13.8(b))时,由于左边的电子突然地获得可占据的在右边能隙上面的空态,故电流突然升起。图 13.8(c)给出其相应的 $I\sim V$ 特性曲线。

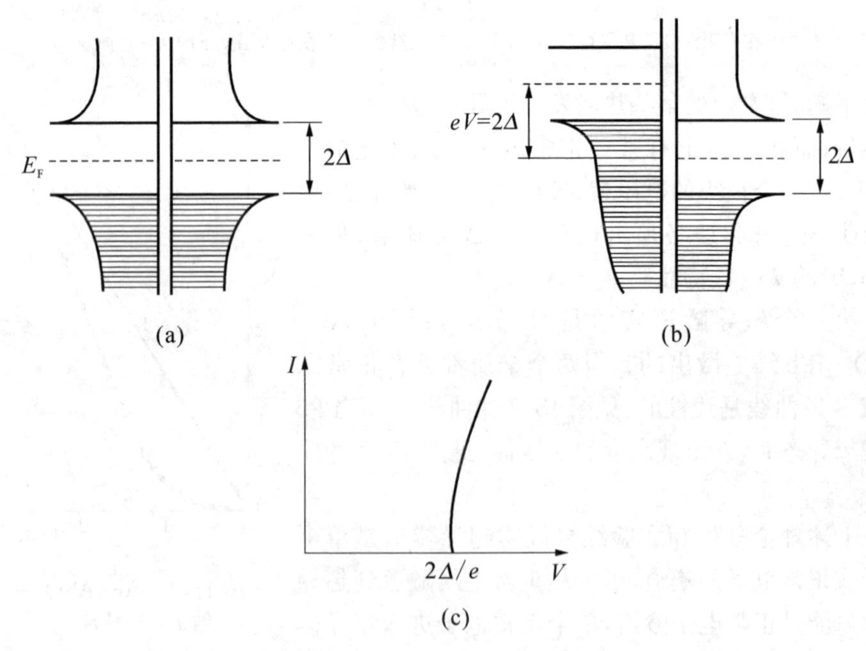

图 13.8 S—I—S 结的能量图

(a) $V=0$; (b) $V=2\Delta/e$; (c) $T=0$ K, $I\sim V$ 特性

对于有限温度，图 13.8(c)尖锐的面貌将被圆滑。图 13.9 给出了 Blackford 和 March[①] 实验上做出的 $I\sim V$ 特性与温度的关系，所用的结是 Al—I—Al。在 1.252 K时 Al 是正常态，所以曲线是直线。在 1.241 K 时(低于 $T_c=9$ mK)，已经有一点能隙的讯号，到 1.228 K 就能清楚地识别，当温度再降低时，曲线的弯曲处向愈来愈大的电压移动，这相应于愈来愈大的能隙。在 $T=0.331$ K 时，其特性实际上与 0 K 时的相同。

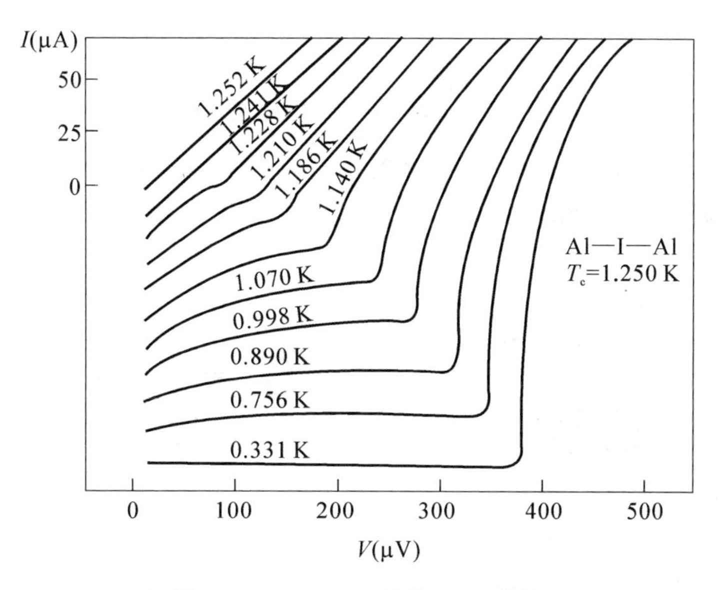

图 13.9 Al—I—Al 结的 $I\sim V$ 特性

13.3.2 不同能隙的超导体之间的隧道

同前一节讨论一样，在 $T=0$ K 时，电压加到足够大，直到左边能隙的带底和右边能隙的带顶在一条等能线上(见图 13.10(a))之前都没有电流流动。当电压加到 $V=(\Delta_1+\Delta_2)/e$ 时，出现的 $I\sim V$ 特性类似于图 13.8(c)，见图 13.10(b)，所不同的仅是电流突然升起的电压相当于两个异质超导体能隙的代数和。

对于有限温度，我们仍然可以假设较大能隙上面的正常电子态是空着的，但在较小能隙的超导体中存在某些热激发的正常电子。图 13.11(a)是热平衡的情况，如前所述，加电压时，电流将立刻出现，而且随着电压的增加而增加(见图 13.11(e))

① B. L. Blackford and R. H. March, *Can. J. Phys.*, **46**(1968), 141.

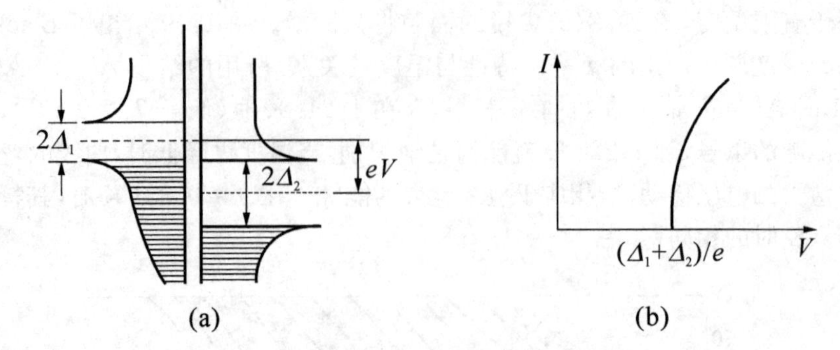

图 13.10 在 $T=0$ K，S_1—I—S_2 结的能量图和 $I\sim V$ 曲线

一直到 $V=(\Delta_2-\Delta_1)/e$，即能量图如图 13.11(b)所示，在这一段，左边能隙上所有电子能够隧道到右面的空态中。当电压进一步增加将如何呢？这些电子仍然有

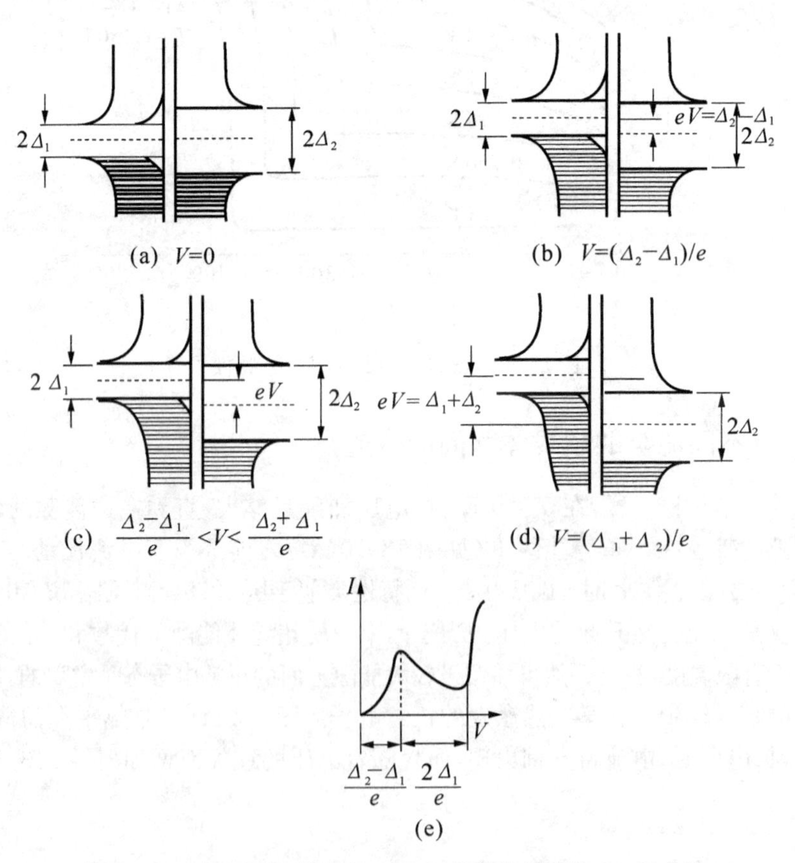

图 13.11 在有限温度下，S_1—I—S_2 结的能量图和 $I\sim V$ 曲线

同样隧道的能力,但是它们面临右边能隙之上的较小的态密度,如图13.11(c)所示,因此电流减小,随后电流继续减小,直到 $V=(\Delta_1+\Delta_2)/e$ 时,见图13.11(d),左边能隙底部的电子获得隧道到右边的空态,因此电流迅速增加。从图13.11(e)的 $I\sim V$ 特性曲线看到,在

$$(\Delta_2-\Delta_1)/e<V<(\Delta_2+\Delta_1)/e \tag{13.3.1}$$

区,出现负阻。

Nicol 等[①]和 Giaever[②] 同时报道了负阻区的情况。图13.12(a)上给出 Giaever 在 Al—Al_2O_3—Pb 结上测得的 $I\sim V$ 曲线,其负阻特性是十分令人信服的。

图13.12(b)给出实验上发现的负阻与温度关系。实验是对 Sn—SnO—Pb 结做的[③],当 Pb 变成超导体后,$I\sim V$ 曲线出现非线性,一旦 Sn 变成是超导的,就立刻显示出负阻,一直到2.39 K 都能清楚地看到负阻效应,但到1.16 K 时其负阻消失了,实验上在足够低的温度下,总是不出现负阻的,这是由于在低的温度下热激发到能隙上的电子数大大减小以致趋向于类似 $T=0$ K 的情况。

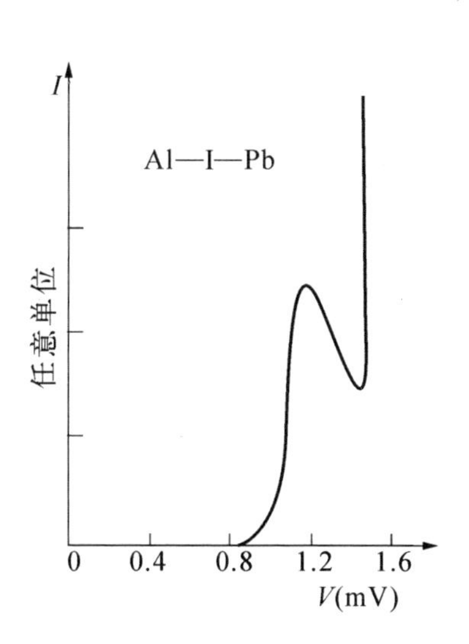

图13.12(a)　Al—I—Pb 结的 $I\sim V$ 特性曲线(Al 和 Pb 都是超导体)

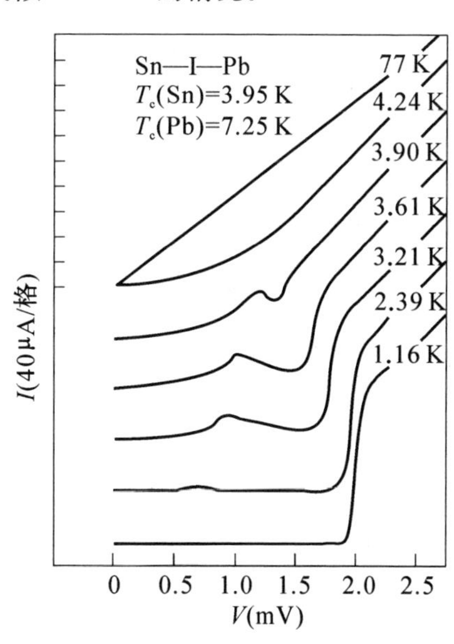

图13.12(b)　Sn—I—Pb 结的 $I\sim V$ 特性

① J. Nicol, S. Shapiro and P. H. Smith, *Phys. Rev. Lett.*, **5**(1960), 461.
② I. Giaever, *Phys. Rev. Lett.*, **5**(1960), 464.
③ B. N. Taylor, *J. Appl. Phys.*, **39**(1968), 2490.

13.4 唯象理论

13.4.1 N—I—S 结

在这一节我们将把 13.1 节中对 N—I—N 结隧道的处理扩展到超导体中的正常电子隧道。我们必须给出基本假设：当金属变为超导态时，将仅仅改变其态密度，而不改变相应能量间隔的状态数，即

$$N_s(E)\mathrm{d}E = N_n(\varepsilon)\mathrm{d}\varepsilon$$

因此，假若用超导态的态密度

$$N_s(E) = N_n(\varepsilon)\frac{\mathrm{d}\varepsilon}{\mathrm{d}E} = N_n(0)n_s(E) \tag{13.4.1}$$

代替正常金属中的态密度 $N_n(\varepsilon)$，那么我们就可以用(13.1.6)式来描述流过 N—I—S 结的净电流。同样还近似用正常金属中的态密度 $N_n(\varepsilon)$ 与能量无关的条件，电流可以写为

$$I_{ns} = AN_{An}(0)N_{Bn}(0)\int n_s(E)[f(E-eV)-f(E)]\mathrm{d}E \tag{13.4.2}$$

与(13.1.8)式相比，差别仅是在积分中出现了 $n_s(E)$。在 $T=0$ K 时，Fermi 函数直到 $f(0)$ 都是 1，在这个能量以上取 0，即

$$f(E-eV)-f(E) = \begin{cases} 1, & 0<E<eV \\ 0, & E<0, E>eV \end{cases} \tag{13.4.3}$$

考虑上面的关系，方程(13.4.2)将修正为

$$I_{ns} = AN_{An}(0)N_{Bn}(0)\int_0^{eV} n_s(E)\mathrm{d}E \tag{13.4.4}$$

对于微分电导，我们得到

$$\frac{\mathrm{d}I_{ns}}{\mathrm{d}V} = AN_{An}(0)N_{Bn}(0)n_s(eV)e \tag{13.4.5}$$

也就是超导体的态函数的密度 $n_s(eV)$ 可以由测量在温度很接近于绝对零度下的微分电导来确定。

假如我们取 BCS 态密度，则

$$n_s(E)=\begin{cases}0, & |E|<\Delta \\ \dfrac{E}{(E^2-\Delta^2)^{1/2}}, & |E|\geqslant\Delta\end{cases} \tag{13.4.6}$$

则得到

$$I_{ns}=0,\quad 对于\ eV<\Delta \tag{13.4.7a}$$

$$I_{ns}=AN_{An}(0)N_{Bn}(0)\int_{\Delta}^{eV}\frac{E\mathrm{d}E}{\sqrt{E^2-\Delta^2}}$$

$$=AN_{An}(0)N_{Bn}(0)[(eV)^2-\Delta^2]^{1/2},\quad 对于\ eV>\Delta \tag{13.4.7b}$$

从(13.4.7)式可以看到 $I\sim V$ 特性,正是在 $V<\Delta/e$ 以前,$I=0$;而当 $V\geqslant\Delta/e$,I 迅速增加;当 $eV\gg\Delta$ 时,(13.4.7b)式变成

$$I_{ns}\approx AN_{An}(0)N_{Bn}(0)eV \tag{13.4.8}$$

这个式子就是(13.1.10)式。所以 N—I—S 结的 $I\sim V$ 特性曲线是以正常隧道 $I\sim V$ 的线性关系作为渐近线的。

对于 $T\neq 0$ K 的情况,必须积分(13.4.2)式,用 BCS 态密度,则(13.4.2)式可写为

$$I_{ns}=AN_{An}(0)N_{Bn}(0)\int\frac{|E|}{\sqrt{E^2-\Delta^2}}[f(E-eV)-f(E)]\mathrm{d}E \tag{13.4.9}$$

电子可取所有的能量。由于我们是以 $E_F=0$ 为标准的,故 $E>E_F$ 时 E 为正,而 $E<E_F$ 时 E 为负,则(13.4.9)式中

$$\begin{aligned}F(T,\Delta)&=\int\frac{|E|}{\sqrt{E^2-\Delta^2}}[f(E-eV)-f(E)]\mathrm{d}E\\&=\int_{\Delta}^{\infty}\frac{E}{\sqrt{E^2-\Delta^2}}[f(E-eV)-f(E)]\mathrm{d}E\\&\quad-\int_{-\infty}^{-\Delta}\frac{E}{\sqrt{E^2-\Delta^2}}[f(E-eV)-f(E)]\mathrm{d}E\end{aligned} \tag{13.4.10}$$

在上式第一个积分中引入 $x+\Delta=E$,在第二个积分中引进 $x+\Delta=-E$,则方程(13.4.10)变成

$$\begin{aligned}F(T,\Delta)=&\int_0^{\infty}\frac{x+\Delta}{\sqrt{x(x+2\Delta)}}[f(x+\Delta-eV)-f(x+\Delta)]\mathrm{d}x\\&+\int_0^{\infty}\frac{x+\Delta}{\sqrt{x(x+2\Delta)}}[f(-x-\Delta-eV)-f(-x-\Delta)]\mathrm{d}x\end{aligned} \tag{13.4.11}$$

应用 Fermi 函数的一般关系

$$f(-\zeta)=1-f(\zeta)$$

我们得到

$$F(T,\Delta)=\int_0^\infty \frac{x+\Delta}{\sqrt{x(x+2\Delta)}}[f(x+\Delta-eV)-f(x+\Delta+eV)]\mathrm{d}x \tag{13.4.12}$$

对 Fermi 函数展开

$$\begin{aligned} f(\zeta)&=[1+\exp(\zeta)]^{-1}=\exp(-\zeta)[1+\exp(-\zeta)]^{-1}\\ &=\exp(-\zeta)\sum_{m=0}^{\infty}(-1)^m\frac{\exp(-m\zeta)}{m!} \end{aligned} \tag{13.4.13}$$

展开式中 $\zeta>0$，用(13.4.13)式，则(13.4.12)式为

$$\begin{aligned} F(T,\Delta)=2&\sum_{m=0}^{\infty}(-1)^{m+1}\exp\left(-\frac{m\Delta}{k_{\mathrm{B}}T}\right)\mathrm{sh}\left(\frac{meV}{k_{\mathrm{B}}T}\right)\\ &\cdot\int_0^\infty\frac{x+\Delta}{\sqrt{x(x+2\Delta)}}\exp\left(-\frac{mx}{k_{\mathrm{B}}T}\right)\mathrm{d}x \end{aligned} \tag{13.4.14}$$

(13.4.14)式中积分是著名的 Laplace 积分，可写为

$$\int_0^\infty\frac{t+\alpha}{\sqrt{t(t+2\alpha)}}\exp(-pt)\mathrm{d}t=\alpha\exp(\alpha p)\mathrm{K}_1(\alpha p) \tag{13.4.15}$$

式中 $\mathrm{K}_1(x)$ 是第一阶修正的第二类 Bessel 函数，因此方程(13.4.14)为

$$F(T,\Delta)=2\Delta\sum_{m=0}^{\infty}(-1)^{m+1}\mathrm{K}_1\left(\frac{m\Delta}{k_{\mathrm{B}}T}\right)\mathrm{sh}\left(\frac{meV}{k_{\mathrm{B}}T}\right) \tag{13.4.16}$$

所以

$$I_{\mathrm{ns}}=2G_{\mathrm{nn}}\frac{\Delta}{e}\sum_{m=0}^{\infty}(-1)^{m+1}\mathrm{K}_1\left(\frac{m\Delta}{k_{\mathrm{B}}T}\right)\mathrm{sh}\left(\frac{meV}{k_{\mathrm{B}}T}\right) \tag{13.4.17}$$

式中

$$G_{\mathrm{nn}}=AN_{A\mathrm{n}}(0)N_{B\mathrm{n}}(0)e \tag{13.4.18}$$

同(13.1.8)式一样，是正常态电导。

方程(13.4.17)首先为 Giaever 和 Megerle 得到。对于 $eV<\Delta$，它是收敛的。当 $V\to0$ 时，它简化为

$$\lim_{V\to0}I_{\mathrm{ns}}=2G_{\mathrm{ns}}\frac{\Delta V}{k_{\mathrm{B}}T}\sum_{m=0}^{\infty}(-1)^{m+1}m\mathrm{K}_1\left(\frac{m\Delta}{k_{\mathrm{B}}T}\right) \tag{13.4.19}$$

当 $T\to0$ 时，我们可以用修正的 Bessel 函数的渐近式

$$\mathrm{K}_1(z)\approx\left(\frac{\pi}{2z}\right)^{1/2}\exp(-z) \tag{13.4.20}$$

忽略所有 $m>1$ 的项，得

$$\lim_{\substack{V\to 0\\T\to 0}} I_{\mathrm{ns}} = I_{\mathrm{nn}}\left(\frac{2\pi\Delta}{k_{\mathrm{B}}T}\right)^{1/2}\exp\left(\frac{-\Delta}{k_{\mathrm{B}}T}\right) \tag{13.4.21}$$

也就是在足够低的温度下，对足够低的电压，Δ 可以由测量 $I_{\mathrm{ns}}/I_{\mathrm{nn}}$ 确定。

13.4.2　S—I—S 结

当两个金属都是超导体时，我们将方程(13.1.6)修正为

$$I_{\mathrm{ss}} = AN_{A\mathrm{n}}(0)N_{B\mathrm{n}}(0)\int \frac{|E-eV|}{\sqrt{(E-eV)^2-\Delta_1^2}}\,\frac{|E|}{\sqrt{E^2-\Delta_2^2}} \cdot [f(E-eV)-f(E)]\mathrm{d}E \tag{13.4.22}$$

当 $T=0\ \mathrm{K}$，且 $\Delta_1=\Delta_2$ 时，则

$$G(\Delta)=\int \frac{|E-eV|}{\sqrt{(E-eV)^2-\Delta^2}}\,\frac{|E|}{\sqrt{E^2-\Delta^2}}[f(E-eV)-f(E)]\mathrm{d}E \tag{13.4.23}$$

同样有

$$f(E-eV)-f(E)=\begin{cases}1, & 0<E<\Delta\\ 0, & E<0 \text{ 或 } E>\Delta\end{cases}$$

对于左边的能隙底 $eV-\Delta$ 到右边的能隙顶 Δ

$$G(\Delta)=0,\quad V<2\Delta/e \tag{13.4.24a}$$

而对于 $V\geqslant 2\Delta$

$$G(\Delta)=\int_{\Delta}^{eV-\Delta}\frac{eV-E}{\sqrt{(E-eV)^2-\Delta^2}}\,\frac{E}{\sqrt{E^2-\Delta^2}}\mathrm{d}E \tag{13.4.24b}$$

引入新的变量

$$t=\frac{E-eV/2}{\Delta-eV/2} \tag{13.4.25}$$

上述积分可变为

$$G(\Delta)=\int_{-1}^{1}\frac{(eV/2)^2-t^2(\Delta-eV/2)^2}{(\Delta+eV/2)(t^2-1)^{1/2}(\alpha^2t^2-1)^{1/2}}\mathrm{d}t \tag{13.4.26}$$

式中

$$\alpha=(eV-2\Delta)/(eV+2\Delta)$$

(13.4.26)式可以表示为完全椭圆积分的线性组合

$$G(\Delta)=(2\Delta+eV)E(\alpha)-4\frac{\Delta(\Delta+eV)}{2(\Delta+eV)}K(\alpha) \tag{13.4.27}$$

式中完全椭圆积分为

$$E(\alpha)=\int_0^1 \frac{(1-\alpha^2 t^2)^{1/2}}{(1-t^2)^{1/2}}\mathrm{d}t$$

$$K(\alpha)=\int_0^1 \frac{\mathrm{d}t}{(1-t^2)^{1/2}(1-\alpha^2 t^2)^{1/2}}$$

所以

$$I_{ss}=\frac{G_{nn}}{e}\left[(2\Delta+eV)E(\alpha)-4\frac{\Delta(\Delta+eV)}{2\Delta+eV}K(\alpha)\right],\quad V\geqslant 2\Delta/e \tag{13.4.28}$$

由完全椭圆积分表，根据上式就可画出 $I\sim V$ 曲线，即 I_{ss} 依赖于 V 的关系。

值得注意的是当 $eV\to 2\Delta$ 时，方程(13.4.28)趋向有限值，也就是由于无限的态密度使电流存在不连续的有限值，因为

$$\lim_{\alpha\to 0}K(\alpha)=\lim_{\alpha\to 0}E(\alpha)=\frac{\pi}{2}$$

所以这个电流值变成

$$I_{ss}(T=0,eV=2\Delta)=G_{nn}\frac{\pi}{2}\frac{\Delta}{e}=I_{nn}\frac{\pi}{4} \tag{13.4.29}$$

注意到 $eV<2\Delta$ 时 $I_{ss}=0$，由此可见，在 $eV=2\Delta$ 处，超导体之间的正常隧道电流存在一个跃变，跃变电流 ΔI_{ss} 等于

$$\Delta I_{ss}=G_{nn}\frac{\pi\Delta}{2e} \tag{13.4.30}$$

此外，当 $eV\gg 2\Delta$ 时，$(eV\pm 2\Delta)\approx eV$，由(13.2.26)式，则

$$I_{ss}\approx\frac{G_{nn}}{2e}\int_{-1}^1 \frac{(eV)^2-(eV)^2 t^2}{eV(1-t^2)}\mathrm{d}t=G_{nn}V \tag{13.4.31}$$

这表明当电压 $V\gg 2\Delta/e$ 时，超导体的隧道行为与正常金属几乎一样。

对于不同能隙的两个超导的隧道，仍按照前面的方法，则方程(13.4.22)在 $T=0$ K 时

$$I_{ss}(T=0)=0,\quad 0<eV<\Delta_1+\Delta_2 \tag{13.4.32a}$$

对于 $eV\geqslant\Delta_1+\Delta_2$，可以再用完全椭圆函数表示为

$$I_{ss}(T=0)=\frac{G_{nn}}{e}[-2\Delta_1\Delta_2\beta K(\gamma)+\beta^{-1}E(\gamma)] \tag{13.4.32b}$$

式中 $\beta=[(eV)^2-(\Delta_2-\Delta_1)^2]^{1/2}$，$\gamma=\beta[(eV)^2-(\Delta_1+\Delta_2)^2]^{1/2}$。当 $eV\to\Delta_1+\Delta_2$ 时，存在不连续的有限电流

$$I_{ss}(T=0,eV=\Delta_1+\Delta_2)=\frac{G_{nn}\pi}{2e}\sqrt{\Delta_1\Delta_2} \tag{13.4.33}$$

当 $T\neq 0$ K 时，对于不同能隙的超导体之间的结果十分重要的，它不能用制表

函数表示电流，必须数值解方程(13.4.23)。数值解首先由 Nicol 等和 Shapiro 等做出，Shapiro 等指出在 $eV=\Delta_2-\Delta_1$ 处有一个对数的奇点，对 $\Delta_2-\Delta_1<eV<\Delta_1-\Delta_2$，有负阻区，在 $\Delta_1+\Delta_2=eV$ 处，电流有不连续性，其大小为

$$\Delta I_{ss}=\frac{G_{nn}\pi}{2e}\sqrt{\Delta_1\Delta_2}\frac{1-\exp[-(\Delta_1+\Delta_2)/k_BT]}{[1+\exp(-\Delta_1/k_BT)][1+\exp(-\Delta_2/k_BT)]} \tag{13.4.34}$$

13.5　Adkins 模型①

我们知道，在超导体中电子是形成 Cooper 对的，而在上述讨论的半导体模型中，既然是正常的单个粒子隧道，那么 Cooper 对被拆成两个单电子后是哪些电子参与隧道呢？为了深入了解隧道的物理过程，我们做粒子的能量-动量图。

BCS 理论给出超导体的激发能 E_k 和电子动能关系为

$$E_k=(\varepsilon_k^2+\Delta^2)^{1/2}=\left(\frac{\hbar^4k^4}{4m^2}+\Delta^2\right)^{1/2} \tag{13.5.1}$$

图 13.13 给出在 S_1—I—S_2 结上加电压 V 时两个超导体的 $E_k\sim k$ 图，由这个 $E_k\sim k$ 图可表示在 S_1—I—S_2 结中单电子隧道过程。对 $T=0$ K，$V=(\Delta_1+\Delta_2)/e$ 时，S_1 的 Fermi 能级上用圆圈表示的一个 Cooper 对，拆散成的两个准粒子用黑点表示。其中一个隧道到 S_2 中的受激准粒子能态上，它降低了能量 Δ_1；另一个获得能量，得到 Δ_1 的激发能，从而跃迁到 S_1 的受激准粒子能态上，其过程见图 13.13(b)所示，在这个过程中能量是守恒的。Cooper 对位于零激发能。对 $T\neq0$ K，当 $V=|\Delta_2-\Delta_1|/e$ 时，S_1 和 S_2 的受激 $E_k\sim k$ 图在同一能量水平上，S_1 中 Fermi 能上的 Cooper 对被热拆散并激发到其受激准粒子能态上，它可以直接隧道到 S_2 的受激 $E_k\sim k$ 图相应的能量上，见图 13.13(a)中水平箭头。由于 $T\neq0$ K，S_1 中被激发的准粒子并不限于只到受激准粒子谱的极小值，因此隧道到 S_2 的准粒子允许在任意能态上，这个过程也遵守能量守恒。

用这个 $E_k\sim k$ 图的表示确实比较好地描述了真实的物理过程，但必须同时考虑两个图，很复杂。

---

① C. J. Adkins, *Phil. Mag.*, **8**(1963), 1051.

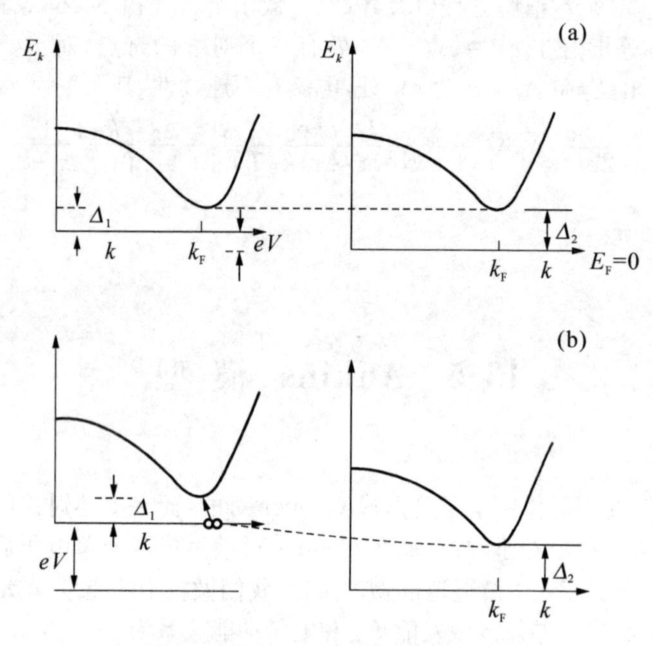

图 13.13　S_1—I—S_2 结能量-动量图

(a) $V=(\Delta_2-\Delta_1)/e$；(b) $V=(\Delta_1-\Delta_2)/e$

Adkins 提出一个中间图像①。对于 $V=|\Delta_2-\Delta_1|/e$ 和 $V=|\Delta_2+\Delta_1|/e$ 的隧道，由图 13.14 示其图像。它与图 13.13 十分类似，还保留了激发的概念和隧道过程，但取消了 $E_k\sim k$ 图。

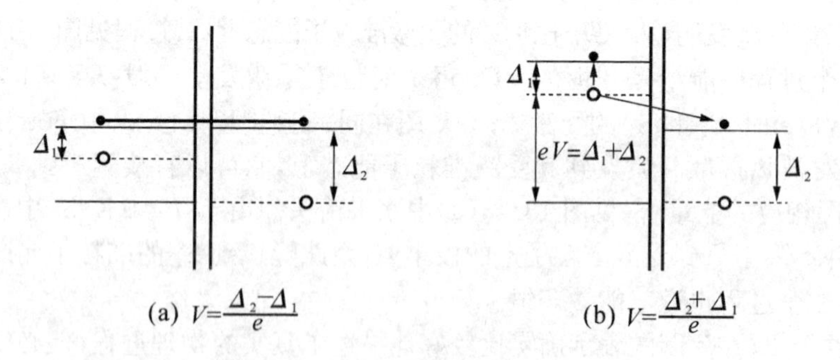

图 13.14　Adkins 表示的 S_1—I—S_2

① C.J. Adkins, *Rev. Mod. Phys.*, **36**(1964), 211.

13.6　非理想的行为

这里所指的非理想行为，并不是指所有不符合上述预计情况的全称为非理想，因为一些不同于所预计的现象可以由修正的理论得到解释，因此不能都称为非理想，这一节我们将谈到可能引起不同于理想情况的许多因素。

(a) **寿命效应**　在 $T \neq 0$ K 时，超导体中能够激发起的正常电子或称为准粒子是有有限寿命的，因此态密度被圆滑了，故在 Δ 处没有奇点。

(b) **能隙的各向异性**　我们知道能隙是多少与晶向有些关系的，因此在一个多晶超导金属中，我们测到的一定是平均能隙。这又将减少态密度函数的尖锐性。

(c) **张力**　因为张力影响能隙，所以在样品中非均匀的张力将再次导致某些能隙的平均。

(d) **漏电流**　除隧道电流之外，还可能存在其他的某些电流源，在某些样品中，还可能占优势，例如漏桥，即绝缘层中出现的超导短路。

因为隧道电流是指数地依赖于温度，因此漏电流总能够在足够低的温度下被检测到，在图 13.15 的 $I \sim V$ 曲线中，我们可以看到一个与温度无关的漏电流，而且这个漏电流遏止了在 0.33 K 的负阻。

(e) **俘获磁通**　这个效应在图 13.16 上给出。曲线 1 是没有加磁场的曲线，显然有负阻。曲线 3 是加磁场的曲线。曲线 2 是加磁场后又去掉磁场的曲线，曲线 2 没有负阻是因为某些俘获磁通使这些区域为正常，因为实验测量到的是各种隧道的平均值，俘获磁通把精细的细节抹掉了，所以测量时必须很好地屏蔽地磁场。

(f) **测量电流**　通过结流动的隧道电流自身作用到 $I \sim V$ 特性上，电流的磁场也可以被俘获。当超导体处于接近临界温度时，电流还可以引起某些局部升温或者更重要的是它可以引起转变到正常态或中间态。

(g) **边缘效应**　蒸发膜在边缘上通常有小的晶粒，因此边缘不是完全地与膜的主体联系。这些地方可以有较高的临界温度和较高的能隙，致使可能看不到能隙或者甚至可以测到多重性的能隙。

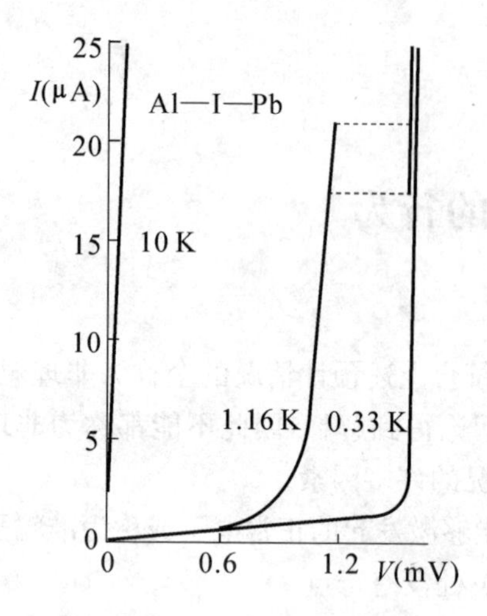

图 13.15 用一个恒流发生器测量结的 $I\sim V$ 特性曲线（在低温下漏电流占优势①）

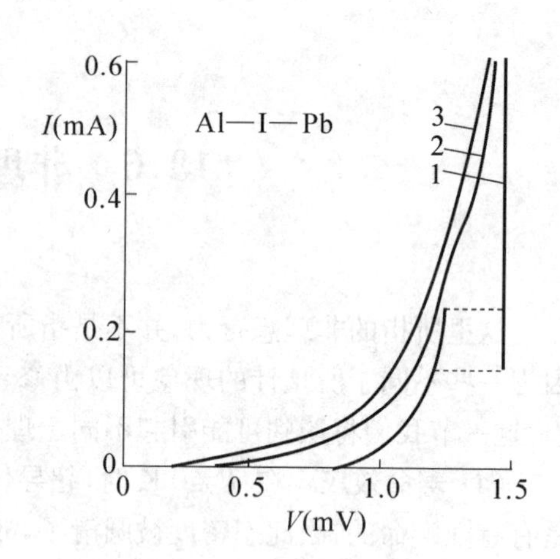

图 13.16 在 Al—I—Pb 的 $I\sim V$ 曲线上俘获磁通的效应②

1. 未加磁场；2. 加磁场后再去掉磁场；3. 加磁场

13.7 双粒子隧道

在一系列的测量中，Taylor 和 Burstein③ 观测到偏离于典型单粒子隧道电流的三种类型过剩电流。

(a) 对于两个相同的超导体，在 $V=\Delta/e$ 处测到过剩电流；对于两个不同的超导体，在 $V=\Delta_1/e$ 和 $V=\Delta_2/e$ 处都测到过剩电流。过剩电流表现为一个与温度无关的尖锐的跳跃，如图 13.17 所示。

(b) 与温度无关的过剩电流随外加电压指数的变化。

图 13.18 给出 Adkins④ 观测到的类似结果。从图上能清楚地看到过剩电流

① I. Giaever, H. R. Hart and K. Megerle, *Phys. Rev.*, **126**(1962), 941.

② I. Giaever and K. Megerle, *Phys. Rev.*, **12**(1961), 1101.

③ B. N. Taylor and E. Burstein, *Phys. Rev. Lett.*, **10**(1963), 14.

④ C. J. Adkins, *Phil. Mag.*, **8**(1963), 1051.

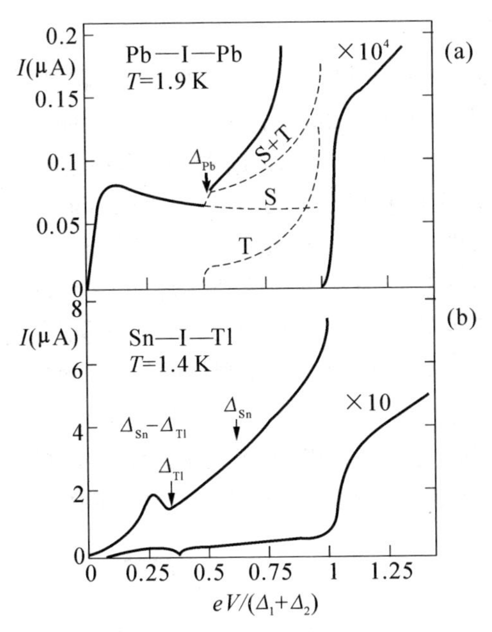

图 13.17　Pb—I—Pb 和 Sn—I—Tl 结的 $I \sim V$ 特性曲线（实线是实验数据）

S：理论上的单粒子隧道曲线；T：理论上的双粒子隧道曲线；S+T：单粒子和双粒子曲线之和，在电压相应于组成结的每一个超导体的半能隙处，存在斜率的变化

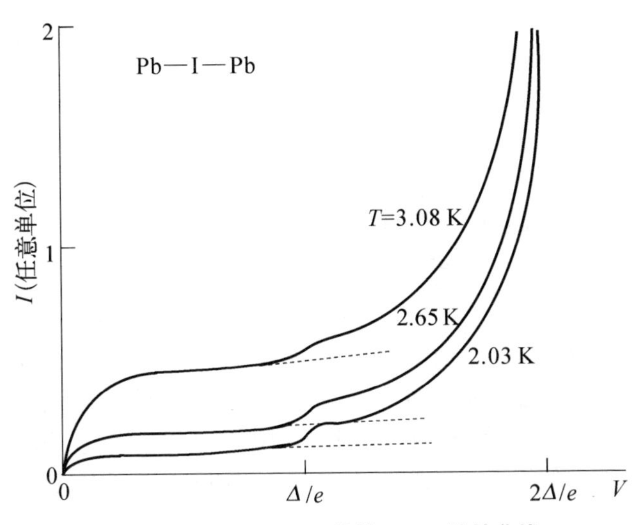

图 13.18　Pb—I—Pb 结的 $I \sim V$ 特性曲线
指出双粒子的贡献与温度无关

与温度无关。

对于(a)和(b),Schrieffer 和 Wilkins[①] 用双粒子隧道给出了理论上的解释,在这里我们将用半导体模型和 Adkins 模型分别图解说明它。

首先我们稍微修正半导体模型的能量图。除了在能隙上的电子和能隙下的空穴之外,我们还必须考虑所有凝聚在 Fermi 能上的 Cooper 对。对于相同超导体,在 $V=\Delta/e$ 时,左边能隙底和右边 Fermi 能在一条等能线上(图 13.19(a))。因此在这样一个外加的场值下,存留在左边能隙底部的 Cooper 对刚好可拆成两个电子,它们可以隧道进入右边,同时转变成 Cooper 对。同样,存留在左边 Fermi 面上的 Cooper 对(不分离成两个单粒子,否则它的能量将增加 $eV=\Delta$)可以隧道进入右边的超导体中,而且分离成两个单电子。显然 Cooper 对的这个过程将增加从左边到右边的隧道电流。在更高的电压下,这两个过程仍然是可能的,但是还必须考虑存在着包含不同能量态的跃迁以满足守恒定律,如图 13.19(b)所示。

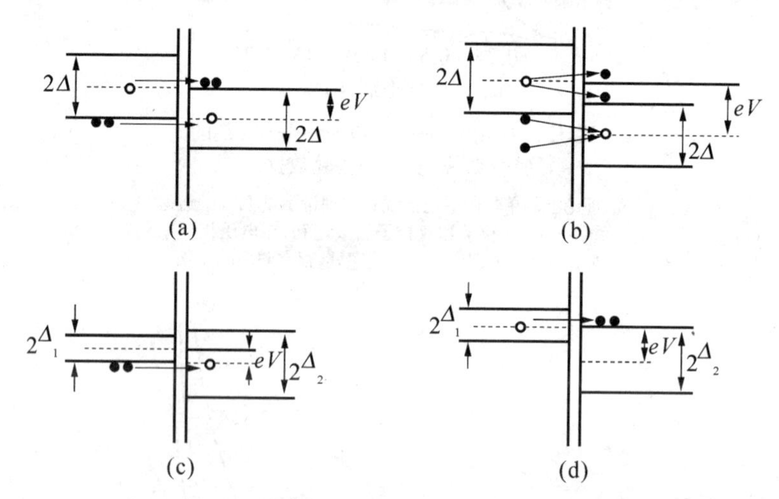

图 13.19 在半导体模型中双粒子过程的能量图

(a) $V=\Delta/e$; (b) $V>\Delta/e$; (c) $V=\Delta_1/e$; (d) $V=\Delta_2/e$

对于两个不同超导体组成的结,在图 13.17(b)所示的电流-电压特性曲线上,有两个凸起点,过剩电流的阈值电压分别是 $V=\Delta_1/e$ 和 $V=\Delta_2/e$。其物理过程如图 13.19(c)和(d)所示。此外在 $V=(\Delta_2-\Delta_1)/e$ 开始出现负阻。

在图 13.20 中给出了在 Adkins 模型下同样的过程。在 13.20(a)中,从左到右的 Cooper 对隧道类似于图 13.19(a)。但因为 Adkins 模型中低于能隙的电子(未

① J. R. Schrieffer and W. Wilkins, *Phys. Rev. Lett.*, **10**(1963), 27.

被激发的电子)不起作用,所以到右边的 Cooper 对不是如图 13.19(a)所示那样由两个从左面隧道到右边的单粒子产生,而必须经过图 13.20(b)所示的过程,两个 Cooper 对被破坏,其中两个单电子跃迁到能隙之上的连续谱区,而另两个单电子隧道到右边,在其 Fermi 能上形成 Cooper 对。在图 13.20(c)中,隧道到右边能隙上面的过程类似于图 13.19(b)的表示法,但下面部分的过程(在右边产生一个 Cooper 对)还必须进行对 Cooper 对的破坏,如图 13.20(d)所示。图 13.20(e)、(f)与图 13.19(c)、(e)等价,如上一样讨论。

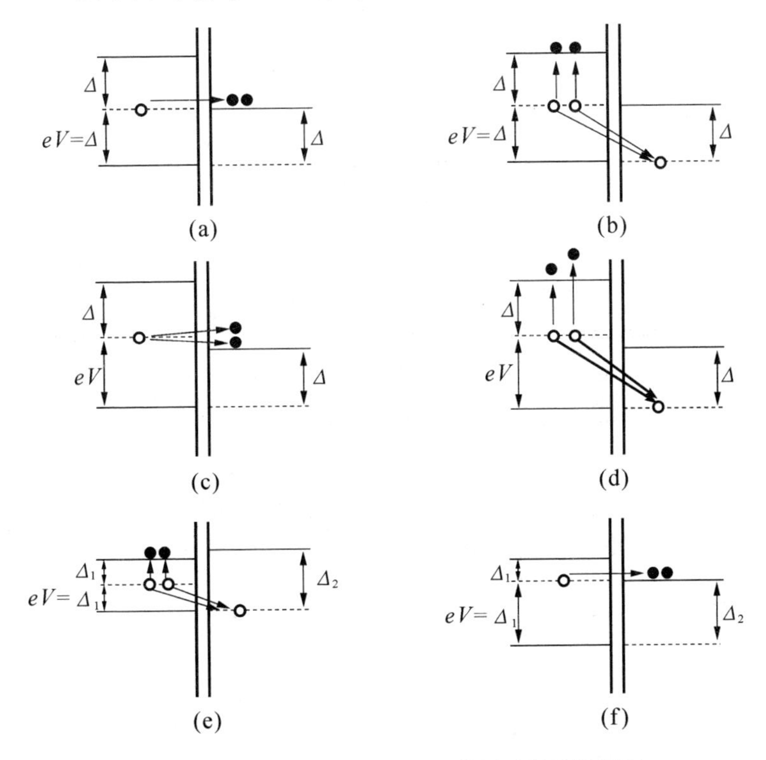

图 13.20　在 Adkins 模型下,双粒子过程的能量图

(a) $V=\Delta/e$,一个 Cooper 对被破坏,两个电子隧道过程;(b) $V=\Delta/e$,两个 Cooper 对被破坏,两个电子跃迁到连续区,一个 Cooper 对隧道通过;(c) $V>\Delta/e$,一个 Cooper 对被破坏,两个电子隧道通过到不同能量状态;(d) $V=\Delta/e$,两个 Cooper 对被破坏,两个电子跃迁到连续谱区中不同能态;而一个 Cooper 对隧道通过;(e) $V=\Delta_1/e$,不等能隙等价于(b);(f) $V=\Delta_2/e$,不等能隙等价于(a)

要注意的是因为双粒子隧道涉及两个粒子同时隧道,这个过程中两个粒子同时隧道的几率是单粒子隧道几率的平方,所以双粒子隧道的贡献是远小于单粒子隧道的。此外，单粒子隧道电流的大小随着温度指数地减小，而双粒子隧道过程不太依赖于温度，这是由于 Cooper 对涉及超导体中整个电子而单粒子是处处孤立的。因此观测双粒子隧道的机会最好是在低温下。同样地减小垒的厚度(即增加隧道几率)将增加双粒子与单粒子隧道之比。

双粒子隧道模型对这个特殊的超导电效应给予了一个非常漂亮的图解说明。然而，值得怀疑的是它并不能经常被观测到。这里讨论的并用双粒子隧道解释的实验结果，也可能是被叫做亚谐波隧道的其他效应的一个特殊情况。

13.8 光子参与的隧道

用电磁波辐照结可以修改隧道电流。很容易看到，如果入射光子的能量超过 2Δ，那么它们将破坏 Cooper 对，同时在能隙上面产生两个电子，如图 13.21(a)所示。因此用这个方法可使在能隙上面的电子增加，使之超过其平衡值，以致这些额外电子中的某一些将隧道通过垒产生过剩电流，见图 13.21(b)。

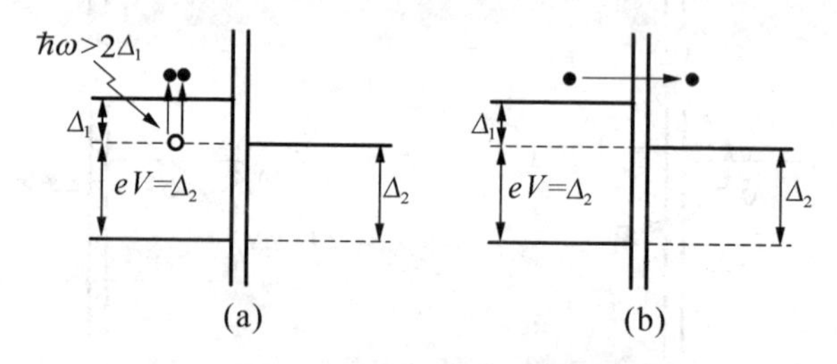

图 13.21 入射光子到隧道结上的效应

(a) 光子使 Cooper 对破坏产生两个电子；
(b) 其中一个电子发生隧道

我们知道在 $T=0$ K，当 $V=(\Delta_1+\Delta_2)/e$ 时，Cooper 对被拆成两个单电子，其中一个可以隧道通过垒，而当 $V<(\Delta_1+\Delta_2)/e$ 时，虽然 Cooper 对可以被拆散，但不引起电流，这是因为如图 13.22(a)所示的虚线的跃迁是不可能的。但是假如一个能量刚好适合的光子可以按照图 13.22(b)所示的路径使电子逸出，电子得到一个允许的态刚好在能隙上，那么我们可以说电子吸收一个光子隧道通过垒。涉及的这个现象就是光子参与的隧道，显然出现隧道电流的条件是

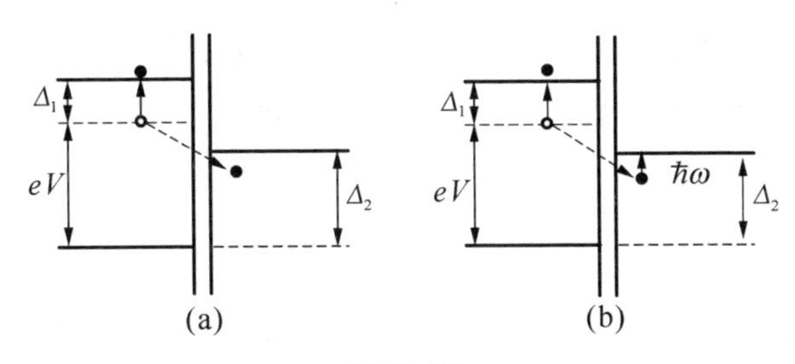

图 13.22

(a) 不能允许的隧道；(b) 假如光子参与则允许隧道

$$\hbar\omega = \Delta_1 + \Delta_2 - eV \tag{13.8.1}$$

假如光子的能量超过这个值，隧道仍然是可能的。然而由于有利的态密度减小从而减小了隧道的可能性。假如入射光子的能量低于方程(13.8.1)给出的值，由复光子的帮助隧道仍然是可能的。例如图13.23(a)中所示的方法，电子可以同时吸收三个光子隧道通过垒，因此只要满足条件

$$n\hbar\omega = \Delta_1 + \Delta_2 - eV \tag{13.8.2}$$

在隧道特性曲线上，就可以预期到隧道电流的突然升起，也就是在 $0<V<(\Delta_1+\Delta_2)/e$ 范围内一系列电压上出现阶梯电流。

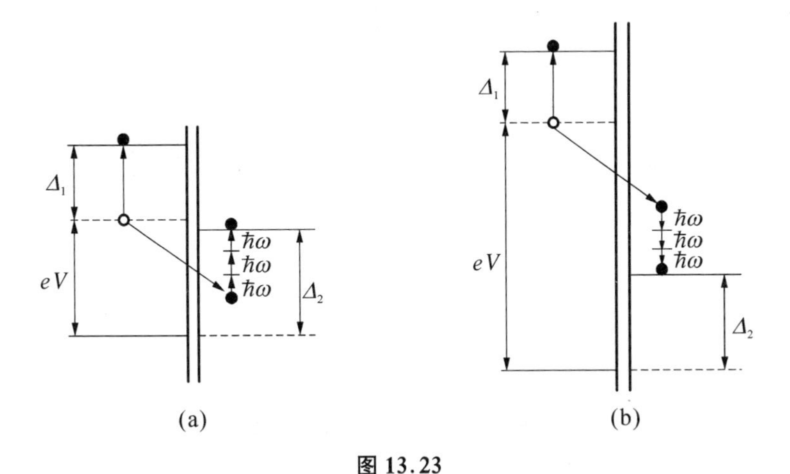

图 13.23

(a) 吸收三个光子参与的隧道；(b) 发射三个光子参与的隧道

当 $V>(\Delta_1+\Delta_2)/e$ 时，即使没有入射的电磁波仍有隧道电流流过。然而，假如光子的能量是适合的，那么它也将能促进隧道，图13.23(b)所示的是三个光子的过程，一个 Cooper 对被拆散，其中一个电子刚好跃迁到左边能隙上面，而另一个电子隧道进入右边的超导体中，当然这个过程要求能量守恒，即电子能量的总和必

须等于 Cooper 对的能量。假如电子刚好隧道进入右边能隙上面,那这个过程将以最高的几率出现,隧道电子也可以出现在高于能隙的高激发态中,但它是不稳定的,因此电流突然升起将伴随着光子发射。对于 n 个光子的发射过程,当

$$V_{\mathrm{n}}=(\Delta_1+\Delta_2+n\hbar\omega)/e \tag{13.8.3}$$

时出现电流的升起。

对有限温度,光致电子隧道大多出现在最大态密度之间和 $V=(\Delta_2-\Delta_1)/e$ 处。图 13.24(a)示出直接隧道。当光子参与时,如图 13.24(b)、(c)所示,它们分别对应光子的吸收和发射。一般来说,多光子的吸收和发射仍然是可能的。因此对于有限温度,当电压位于

$$V_m=(\Delta_2-\Delta_1+m\hbar\omega)/e,\quad m=\pm1,\pm2,\pm3,\cdots \tag{13.8.4}$$

时,可以希望出现电流的阶跃增加。

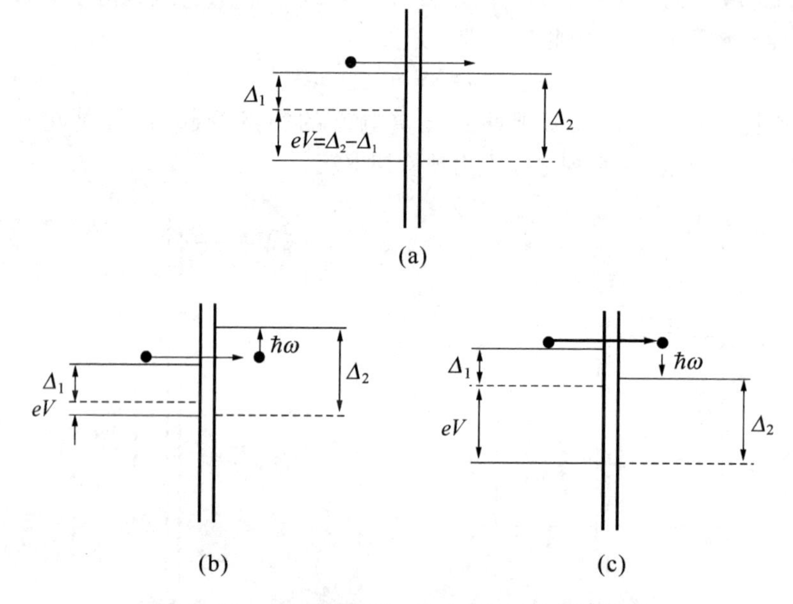

图 13.24 在有限温度下,最大态密度之间的隧道

(a) 直接; (b) 吸收光子; (c) 发射光子

Dayem 和 Martin① 应用 Al—I—Pb、Al—I—In 和 Al—I—Sn 结做出在电磁波照射下隧道的第一个实验。他们使用的电磁波的频率为 38.83 GHz,图 13.25

① A. Dayem and R. J. Martin, *Phys. Rev. Lett.*, **8**(1962), 246.

给出了他们测量到的 $I \sim V$ 曲线，图中的实线和虚线分别表示在没有微波照射和有微波照射情况下的特性曲线，可明显地看到电流的阶梯升起。

我们知道在 $I \sim V$ 曲线上，凡有电流突然上升或下降的地方，其 $\mathrm{d}I/\mathrm{d}V$ 将是一个峰值。因此 $(\mathrm{d}I/\mathrm{d}V) \sim V$ 曲线将比 $I \sim V$ 曲线更为清晰。Cook 和 Everetl① 在 Sn—I—Pb 结上测量了没有微波和用不同功率的微波辐照时的 $(\mathrm{d}I/\mathrm{d}V) \sim V$ 曲线，如图 13.26 所示。很清楚地看到曲线中的结构是由微波引起的。峰之间的

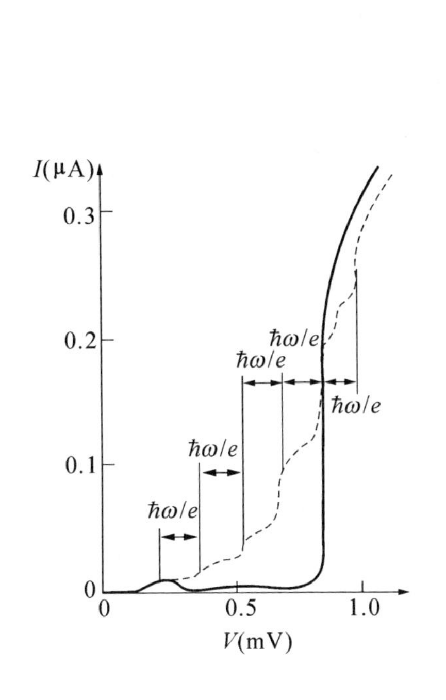

图 13.25 Al—I—In 结的 $I \sim V$ 曲线（实线：没有电磁波；虚线：在频率为 38.83 GHz 的电磁波中）

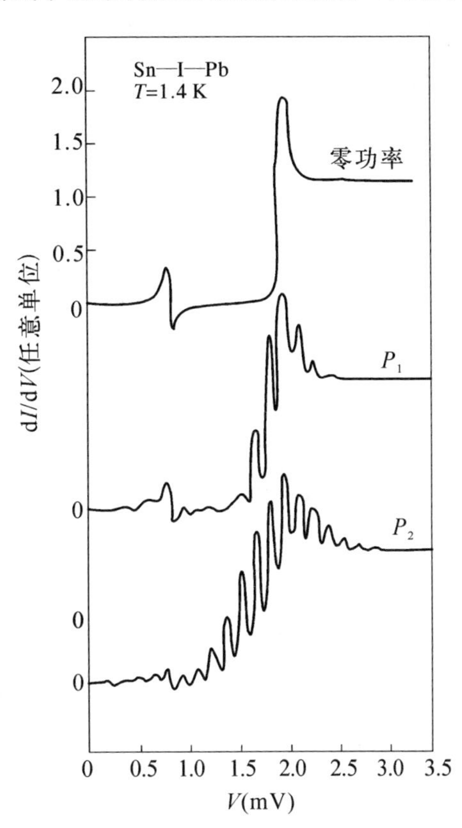

图 13.26 对零功率、P_1、P_2 入射微波功率，微分电导与电压的函数关系

距离是 $\hbar\omega/e$ 的整数倍。对功率为 P_1 的微波引起的峰集中在电压 $V = (\Delta_2 - \Delta_1)/e$ 和 $V = (\Delta_1 + \Delta_2)/e$ 处，随着 n 的增大峰趋向于零；当增加 7 dB 的微

① C. F. Cook and G. E. Everetl, *Phys. Rev.*, **159**(1967), 374.

波功率即为 P_2 时，虽然可以看到高 n 值的峰，但由于存在着很大的叠加，以至于集中在 $V=(\Delta_2+\Delta_1)/e$ 的峰不明显了。

图 13.25 和图 13.26 的实验结果清楚地表明了光子参与了隧道。定性的解释被 Tien 和 Gordon① 以及 Cohen② 等给出。他们的处理方法虽然不同，但得到的结果本质上是相同的。Cohen 等假设由微波磁场调制来处理，而 Tien 和 Gordon 则把电磁场作为微扰项加到 Hamilton 中，我们取后者的处理方法。

Tien 和 Gordon 作如下最简单的假设，即把结看作随时间变化的电容器，其极板之间的空间电场是不变的。把超导体 S_2 的电位取为参考点，则微波场的效果仅是加一个形式为

$$V_{\mathrm{rf}}\cos\omega t \tag{13.8.5}$$

的电场到另一个超导体 S_1 中的电子上。因此对于超导体 S_1 中的电子，我们可以用新的 Hamilton

$$\hat{H}=\hat{H}_0+eV_{\mathrm{rf}}\cos\omega t \tag{13.8.6}$$

式中的第一项是没有受到微扰，即没有微波辐照的 Hamilton。

假如没有微扰的波函数是

$$\Psi_0(x,y,z,t)=f(x,y,z)\exp(-\mathrm{i}Et/\hbar) \tag{13.8.7}$$

那么新的波函数可以写为

$$\Psi(x,y,z,t)=\Psi_0(x,y,z,t)\sum_{n=-\infty}^{\infty}B_n\exp(-\mathrm{i}n\omega t) \tag{13.8.8}$$

把(13.8.8)式代入到 Schrödinger 方程

$$\hat{H}\Psi=\mathrm{i}\hbar\frac{\partial\Psi}{\partial t} \tag{13.8.9}$$

中，我们得到

$$2nB_n=\frac{eV_{\mathrm{rf}}}{\hbar\omega}(B_{n+1}+B_{n-1}) \tag{13.8.10}$$

而当

$$B_n=\mathrm{J}_n(eV_{\mathrm{rf}}/\hbar\omega) \tag{13.8.11}$$

时，满足方程(13.8.10)。(13.8.11)式中的 J_n 是第一类 n 阶 Bessel 函数，则新的波函数是

---

① P. K. Tien and J. Gordon, *Phys. Rev.*, **129**(1963), 647.

② M. H. Cohen, L. M. Falicov and J. C. Phillips, *Phys. Rev. Lett.* 8, **316**(1962), 163.

$$\Psi(x,y,z,t)=f(x,y,z,t)\exp(-\mathrm{i}Et/\hbar)\sum_{n=-\infty}^{\infty}\mathrm{J}_n(\alpha)\exp(-\mathrm{i}n\omega t) \tag{13.8.12}$$

这里

$$\alpha=eV_{\mathrm{rf}}/\hbar\omega$$

我们可以看到在有微波时,波函数包含数量为

$$E,\ E\pm\hbar\omega,\ E\pm2\,\hbar\omega,\ \cdots \tag{13.8.13}$$

的分量。如没有电场,则在超导体 S_1 中能量为 E 的电子仅能以相同的能量隧道到超导体 S_2 中的态上;在有电场时,电子能隧道进入超导体 S_2 中能量为 $E, E\pm\hbar\omega$, $E\pm2\,\hbar\omega$ 等的能量状态上。令 $N_{20}(E)$ 是没有受微波辐射时的超导体 S_2 的态密度,则在有微波时,我们有一个有效态密度

$$N_2(E)=\sum_{n=-\infty}^{\infty}N_{20}(E+n\,\hbar\omega)\mathrm{J}_n^2(\alpha) \tag{13.8.14}$$

把(13.8.14)式代入到表示隧道电流的一般方程(13.1.6)

$$I\propto\int_{-\infty}^{\infty}D_{AB}N_A(E-eV)N_B(E)[f(E-eV)-f(E)]\mathrm{d}E \tag{13.8.15}$$

中,得

$$I=A\sum_{n=-\infty}^{\infty}\mathrm{J}_n^2(\alpha)\int_{-\infty}^{\infty}N_1(E-eV)N_{20}(E+n\,\hbar\omega)$$
$$\cdot[f(E-eV)-f(E+n\,\hbar\omega)]\mathrm{d}E$$

$$I=A\sum_{n=-\infty}^{\infty}\mathrm{J}_n^2(\alpha)I_0(eV+n\,\hbar\omega) \tag{13.8.16}$$

式中的 $I_0(eV)$ 是没有微波时的隧道电流。

在$\hbar\omega\to$的极限下,我们有 $\alpha=eV_{\mathrm{rf}}/\hbar\omega\to\infty$,由方程(13.8.16)可得到

$$I=\frac{A}{\pi}\int_{-\frac{\pi}{2}}^{\frac{\pi}{2}}I_0(V+V_{\mathrm{rf}}\sin\omega t)\mathrm{d}(\omega t) \tag{13.8.17}$$

从(13.8.16)式看到微波功率对隧道电流阶梯高度的调制是 n 阶 Bessel 函数形式。Hamilton 和 Shapiro① 用很小的结,由实验得到和理论一致的结果。

除了上两节介绍的双粒子隧道和光子参与的隧道的特殊隧道效应外,还有声子参与的隧道、亚谐波结构等特殊隧道效应,这里就不再叙述了。

① C. A. Hamilton and S. Shapiro, *Phys. Rev.*, **132**(1970), 4494.

13.9 正常电子隧道效应的应用

正常电子隧道效应主要用在研究超导体的性质和微波的发生与探测方面。

13.9.1 测量方法

从原理上，正常隧道主要应用 $I \sim V$ 曲线，但为了提高精度，不仅要测 $I \sim V$ 曲线，还要测 $(\mathrm{d}I/\mathrm{d}V) \sim V$ 及 $(\mathrm{d}^2 I/\mathrm{d}V^2) \sim V$ 曲线。$I \sim V$ 曲线上的拐点，在 $(\mathrm{d}I/\mathrm{d}V) \sim V$ 曲线上成为峰或谷，在 $(\mathrm{d}^2 I/\mathrm{d}V^2) \sim V$ 曲线上成为零值，在零值的两侧为很陡的极大或极小①，如图 13.27 所示。

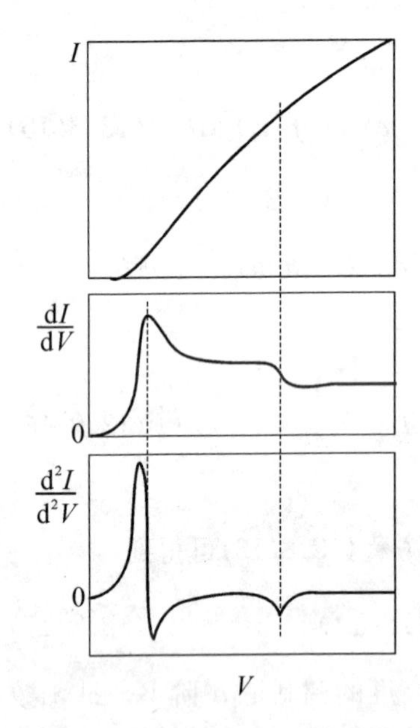

图 13.27 N—I—S 结的 $I \sim V$ 特性曲线及相应的一阶、二阶微商

测量 $\mathrm{d}I/\mathrm{d}V$ 和 $\mathrm{d}^2 I/\mathrm{d}V^2$ 的方法是：在加于结的直流偏置上再加一个交流调制讯号 $(\delta \cos \omega t)$ 并测量其交流输出电压 $V(t)$。按 Taylor 展开

$$V(I) = V_0(I) + \left(\frac{\mathrm{d}V}{\mathrm{d}I}\right)_{I_0} (\delta \cos \omega t) + \frac{1}{2}\left(\frac{\mathrm{d}^2 V}{\mathrm{d}I^2}\right)_{I_0} (\delta \cos \omega t)^2 + \cdots \tag{13.9.1}$$

其中一次谐波和二次谐波的振幅为

$$A_1 = \left(\frac{\mathrm{d}V}{\mathrm{d}I}\right)_{I_0} \delta, \quad A_2 = \frac{1}{4}\left(\frac{\mathrm{d}^2 V}{\mathrm{d}I^2}\right)_{I_0} \delta^2 \tag{13.9.2}$$

因此测量 A_1 和 A_2 就可得到 $(\mathrm{d}V/\mathrm{d}I)$ 和 $(\mathrm{d}^2 V/\mathrm{d}I^2)_{I_0}$。

有时还需要知道 $(\mathrm{d}V/\mathrm{d}I)_{\mathrm{ns}}$ 和 $(\mathrm{d}V/\mathrm{d}I)_{\mathrm{nn}}$ 的比值

$$\sigma(V) = \frac{(\mathrm{d}I/\mathrm{d}V)_{\mathrm{ns}}}{(\mathrm{d}I/\mathrm{d}V)_{\mathrm{nn}}} \tag{13.9.3}$$

① J. M. Rowell and L. Kopf, *Phys. Rev.*, **137**(1965), A907.

式中$(\mathrm{d}I/\mathrm{d}V)_{ns}$为N—I—S结的$I\sim V$曲线的斜率，$(\mathrm{d}I/\mathrm{d}V)_{nn}$为N—I—N结的斜率。因为$\mathrm{d}I/\mathrm{d}V$的物理意义是微分电导，故$\sigma$是相对微分电导。

13.9.2 超导能隙的测量 超导能隙与温度的关系

(1) S—I—S结

我们已经知道，对S—I—S结，当$T=0$ K，$eV=2\Delta$时，$I\sim V$曲线出现突然跳跃，由此可定能隙。因此很清楚在低温下能隙的测量是精确的，但如果测量$\Delta(T)\sim T$，则必须在较高温度下进行。而在较高温度下，$I\sim V$曲线没有明显地跳跃，故无法确定Δ。因而人们将转折点前后的直线部分延伸相交，则交点确定$2\Delta(T)$①。图13.28给出这种定$2\Delta(T)$的方法，与计算值比较，理论与实验符合得较好，说明此种方法可行。

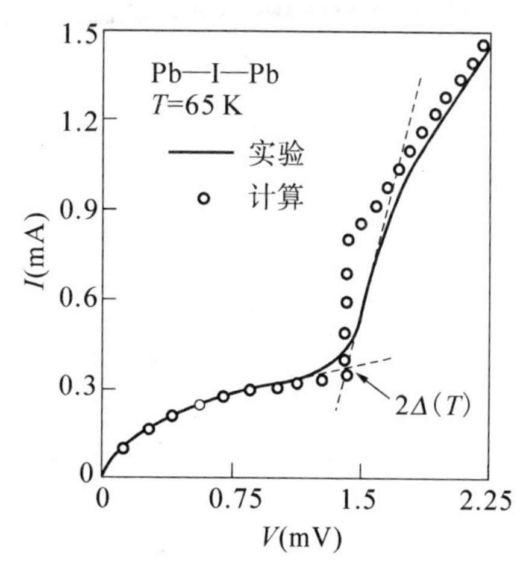

图13.28 在高温下确定能隙的方法

由图13.28的实验曲线定出的$\Delta(T)\sim T$曲线绘在图13.29上。与BCS理论计算的结果比较，对于Al符合得很好，而对于Pb则存在差异。

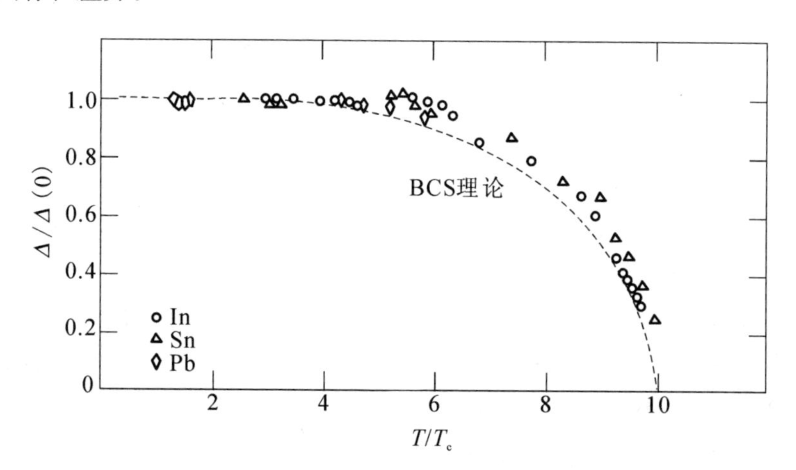

图13.29 对于Pb等由图13.28曲线定出的能隙(曲线是BCS理论值)

① R. F. Gasparovic, B. N. Taylor and R. E. Eck, *Solid State Commun.*, **4**(1966), 59.

(2) S_1—I—S_2 结

对于 S_1—I—S_2 结，由前面章节可知，对于 $T \neq 0\,\mathrm{K}$，$I \sim V$ 曲线在 $V = (\Delta_2 - \Delta_1)/e$ 处有电流峰值，而在 $V = (\Delta_2 + \Delta_1)/e$ 处有电流谷值，电压再稍增加时，电流突然增加。显然由峰、谷值可定出 Δ_1 和 Δ_2，但这是对恒压情况而言的。对恒流源情况则不同，当电压单调增加(或减少)时，负阻区成为一个具有“磁滞”的曲线，如图 13.30 所示①，由测量回滞区的开始和终结就可以推导出它们的能隙值。图 13.31 是图解法确定 Al 能隙(S_1—I—S_2 结两个超导体的较小者)的实际方法。作直线 a 与 $I \sim V$ 曲线左支第一个弯曲点前的曲线相切，再作曲线 b 平行于 a 并使之与右支的曲线相切，能隙被定为 a 与 b 之间的水平距离。这种定义的优点是对于小的能隙，当负阻区已不出现而能隙的影响仍可在 $I \sim V$ 曲线上分辨出时，它仍然适用。见图 13.30 中曲线 18，19。

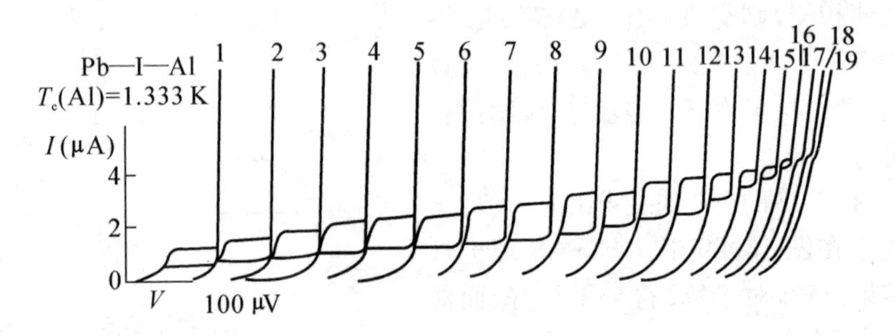

图 13.30 Pb—I—Al 结的 $I \sim V$ 曲线

1：0.872 K，2：0.969 K，3：1.021 K，4：1.060 K，5：1.088 K，6：1.112 K，7：1.139 K，8：1.170 K，9：1.199 K，10：1.219 K，11：1.243 K，12：1.267 K，13：1.286 K，14：1.300 K，15：1.312 K，16：1.320 K，17：1.325 K，18：1.328 K，19：1.330 K

在较高的温度下，在 $V = (\Delta_2 + \Delta_1)/e$ 处的电流跳跃不明显了，这时可由方程(13.4.22)计算理论曲线，找到与实验点符合最好的一条理论曲线，由其定能隙。

对于许多超导体，BCS 能隙随温度变化可作为一个十分好的近似，我们只需取温标上一个点，使这点的能隙能够被精确地确定，即可给出能隙随温度变化的关系。McMillan 和 Rowell 用如下方法选这个点：随着温度缓慢地减小，跟踪观察 Al—I—S_2 结的 $I \sim V$ 曲线，当温度达到 Al 的临界温度时，从 N—I—S_2 到 S_1—I—S_2 的特性有一个突然的变化，因此在曲线中相应于 Δ_2 处出现一个小的峰，假如同

① D. H. Douglass, Jr and R. Meservey, *Phys. Rev.*, **135**(1964), A19.

时能测出 Al 的临界温度，我们就能精确地知道在 $\Delta(T/T_c)/\Delta(0)$ 曲线上这一个点的 Δ，由此就能得到其他所有点。

(3) S—I—S 和 S_1—I—S_2 结的微分电导

由于 $I \sim V$ 曲线的突变，在 $(dI/dV) \sim V$ 曲线上出现一个峰。因此可由选择 dI/dV 极大值的点来确定 2Δ 或 $\Delta_1+\Delta_2$。

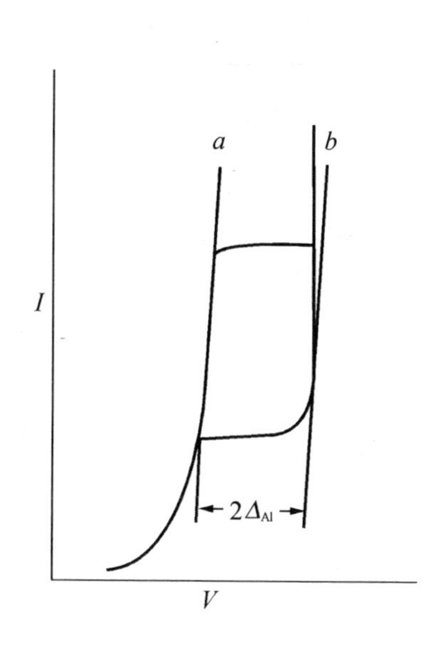

图 13.31

线 a 与第一个弯曲点前的曲线相切；
线 b 平行于 a 并与曲线相切

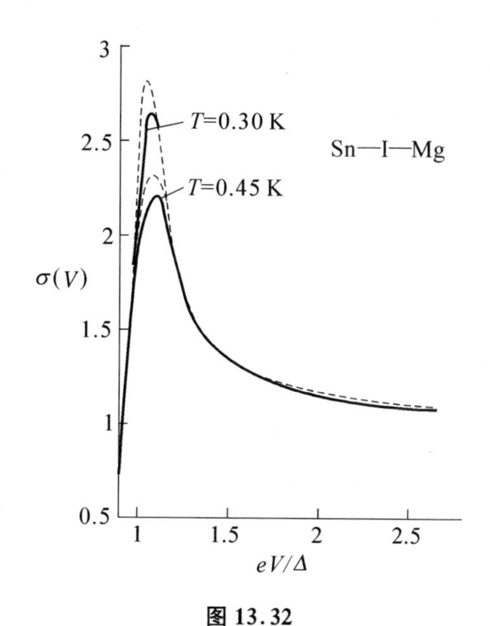

图 13.32

实线是实验曲线；
虚线是 BCS 理论的计算值

(4) N—I—S 结的相对微分电导

测量 N—I—S 结的 $(dI/dV) \sim V$ 曲线及相对微分电导 $\sigma(V)$，将其与计算的 $\sigma(V) \sim V$ 理论曲线比较，由与实验符合最好的理论曲线确定 Δ①。因为曲线有一个陡的上升部分(见图 13.32)，所以只有唯一的 Δ 值。由(13.9.3)式知道当 d.c 偏压很小时，$(dI/dV)_{ns}/(dI/dV)_{nn}$ 等于 $\sigma(0)$，因此由零压下的 σ 可以确定能隙，这是一个被广泛采用的方法。

迄今，已利用正常隧道效应测定了绝大部分超导体的能隙及其与温度的关系，肯定了 BCS 理论。

① I. Giaever, H. R. Hart and K. Megerle, *Phys. Rev.*, **126**(1962), 941.

13.9.3 磁场对超导能隙的影响

我们已经知道能隙是超导电性的一个重要参量,而超导体的电磁性质在超导电性的研究中占有重要地位,因而研究磁场对能隙的影响是有意义的。正常电子隧道实验指出,当外加磁场平行于隧道结面时,对不同厚度超导膜的能隙与磁场关系有明显不同的结果。图 13.33(a)、(b)给出对于不同的 d/λ,$\Delta(H_a)^2/\Delta(0)\sim(H_a/H_c)^2$ 的关系①。对于小的 $d/\lambda(T,0)$ 能隙随磁场的增加单调地减到零;对于大的 $d/\lambda(T,0)$,随磁场的增加,能隙的减小是很慢的。直到磁场增加到 H_c 时能隙突降到零。

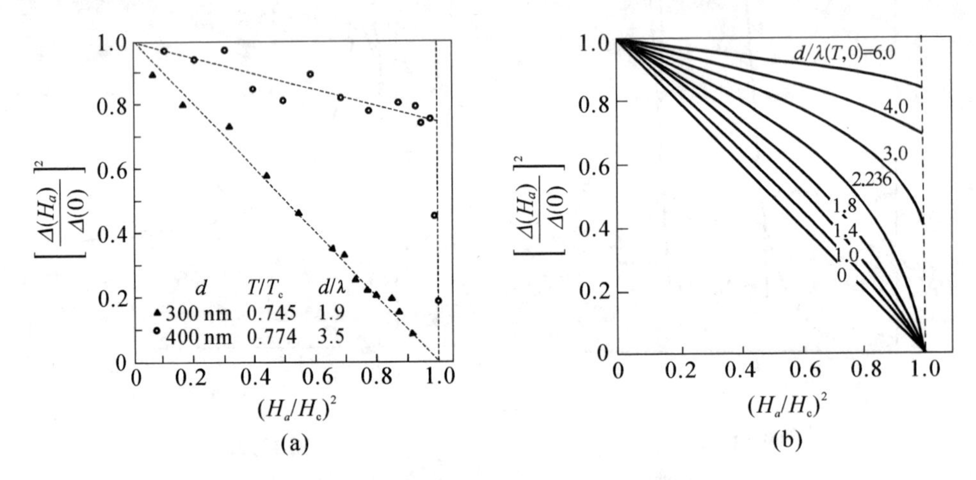

图 13.33 对于不同厚度的超导薄膜,能隙与磁场的关系

13.9.4 磁性杂质对超导电性的影响

超导体的 T_c 非常敏感于超导体中的磁性杂质含量,即使 1% 的磁性杂质,也会明显地降低临界温度。Abrikosov 和 Gorkov(简称 AG)②用导电电子的自旋和杂质自旋耦合的交换作用解释了这个结果,在 BCS 模型中 Cooper 对必须是相反动量和自旋的一对电子结合而成,AG 把这种作用称为时间反转态,因为磁性杂质可以引起自旋反转,故破坏了时间反转态,因为电子对有有限寿命 τ,τ 引起的能量展宽为 $\Gamma=\hbar\tau$,所以在能隙中引入了 Γ。值得注意的是 AG 理论指出的能隙减小

---

① D. H. Douglass, Jr., *Phys. Rev. Lett.*, 7(1961), 14.

② A. A. Abrikosov and L. P. Gorkov., *JETP*. **12**(1961), 1234.

比临界温度下降得快。因此在某一浓度(是使 T_c 减到零的磁性杂质浓度的91%)下,能隙为零,但临界温度不为零,换句话说存在着无能隙超导体。只要 $\Gamma=\Delta(r)$,能隙就消失,图13.34是Skalski等给出的计算结果[①],$\Delta(T)/\Delta^p(0)\sim T/T^p$ 关系。上角标 p 是没有磁性杂质的值,即 $\Gamma=0$ 的值。

为了证明无能隙超导体的存在,Rerf和Woolf[②]首先用Pb做母体金属,加进磁性杂质Gd。图13.35给出其实验结果并与理论比较。圆圈和三角形分别是临界温度(由电阻率确定)和能隙(由隧道确定,记为 Ω_G)的实验点,虚线是低杂质浓度的线性外推,实线是由Skalski等计算出的理论曲线。我们清楚地看到能隙的减小比临界温度的降低快,可以认为实验与理论的一致是令人满意的。

但人们注意到对于母体In中的Fe和母体Pb中的Mn的实验结果与AG理论是不一致的,而对LaCe合金偏离就更大。

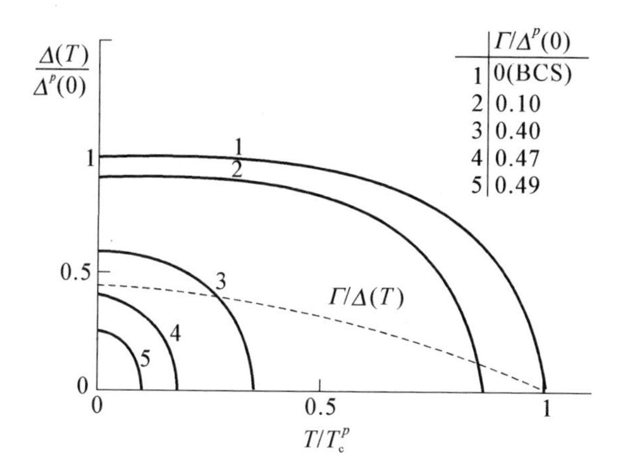

图13.34 $\Delta(T)/\Delta^p(0)\sim T/T^p$ 关系

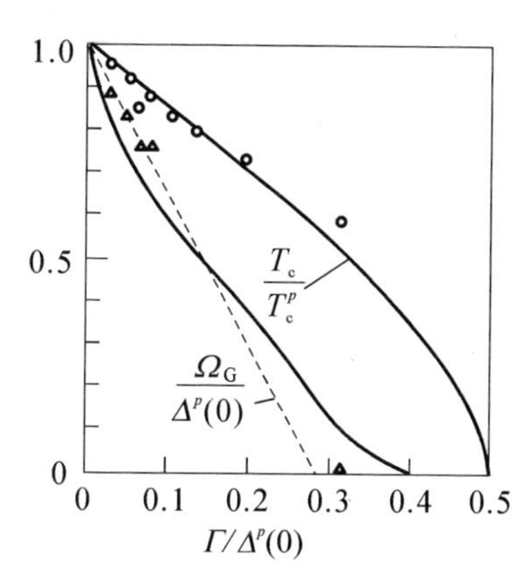

图13.35 临界温度和半能隙与 $\Gamma/\Delta^p(0)$ 的函数关系

虚线是有能隙区和无能隙区的边界

13.9.5 测量正常电子的寿命[③]

当温度 $T\neq0$ K时,超导体中的正常电子和Cooper电子对处于平衡,即正常电子结合成Cooper对,而Cooper对同时又分开成正常电子。因此确切地说这种正常电子应是准粒子,它不像普通的正常电子那样永远存在,而是有一定寿命的,

① S. Skalski, O. Betbeder - Matibet and P. R. Weiss, *Phys. Rev.*, **136**(1964), A1500.
② F. Reif and M. A. Woolf, *Phys. Rev. Lett.*, **9**(1962), 315.
③ B. I. Miller, et al., *Phys. Rev. Lett.*, **20**(1968), 994.

这种过程的速度可以由隧道结测定。

图 13.36 是由三层超导体和二层绝缘体所组成的复合隧道结。第一层超导体和第二层超导体有相同的能隙，第三层是另一种超导体。用这种结构同时可以测定两个时间：一个从激发态跃迁到能隙上的基态的张弛时间 τ_T；一个是两个结合成电子对的时间 τ_R。

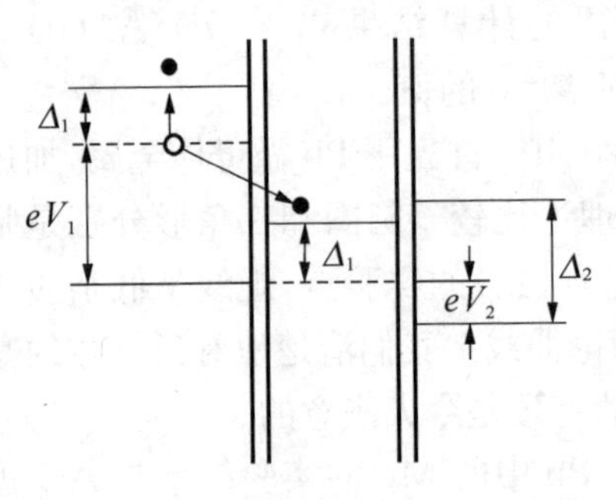

图 13.36　复合隧道结测准粒子寿命

在实验中，第一层超导体和第二层超导体之间加电压 V_1，在第二层和第三层之间加电压 V_2。进入到第二层超导体的正常电子将处于能级 $E = eV_1 - \Delta_1$，当 $V_2 = (\Delta_1 + \Delta_2)/e - V_1$ 时，即 $eV_2 = \Delta_2 - (\Delta_1 + \Delta E)$ 而 $\Delta E = eV_2 - 2\Delta_1$ 时，隧道电流 I_2 取最大值，这些电子将通过发射电子（比发射光子的几率更大）而跃迁到第二层超导体能隙上的基态。因此，$V_2 = (\Delta_1 + \Delta_2)/e - V_1$ 时的电流 I_2 是处于激发态电子的量度。

当 $V_1 = 2\Delta_1/e$ 时，进入第二层超导体的电子刚好处于第二层超导体能隙的基态，这些电子可以结成 Cooper 对，也可以隧道进入第三层超导体，因此进入第三层超导体的电子数目是 τ_R 的量度，测量结果可以用下式表示

$$\tau_R(E - \Delta_1) = 1.11\times10^{-7}\exp[-3.34(E - \Delta_1)\Delta_1] \tag{13.9.1a}$$

$$\tau_T \sim \exp(0.3\Delta_1/k_B T) \tag{13.9.1b}$$

$\tau_R \approx 10^{-7}$秒，而 τ_T 比 τ_R 要小一个数量级。这表明进入第二层超导体中的电子首先从激发态跃迁到基态，然后才结合成电子对。

13.9.6　声子谱

由于下面将要讲的超导电子隧道效应的出现，正常电子隧道在器件方面的应用逐渐由超导电子隧道所代替。正常电子隧道迄今最广泛最重要的应用是测量超导体的声子谱。它不仅对理论的发展起了重要作用，而且在探索新的超导体的研究中也占着十分重要的地位。

由前所述，大部分的超导元素是和 BCS 理论一致的，而元素 Pb 和 Hg 不论在重要的 BCS 关系 $2\Delta(0)/k_B T_c$，$\dfrac{H_c(T)}{H_c(0)} - \left[1 - \left(\dfrac{T}{T_c}\right)^2\right] \sim \left(\dfrac{T}{T_c}\right)^2$，$\left[\dfrac{c_{es} - c_{en}}{c_{en}}\right]_{T_c}$ 上，还是 $\Delta(T) \sim T$ 的关系上，都与 BCS 理论不一致，显然 BCS 理论不能描述超导元素 Pb 和 Hg。

在第 12 章中，我们还指出 BCS 理论用一个 Debye 频率。这就意味着物质的

声子谱是平均谱。对于弱的电-声子相互作用,它是可以的,而对强的电-声子作用(例如 Pb 和 Hg)就不能用 Debye 谱而必须要知道声子谱的细致结构。我们称这一类为强耦合超导体。

在正常电子隧道实验中,测得的 $\sigma \sim V$ 能十分好地反映出弱耦合超导体和强耦合超导体的差别。图 13.32 和图 13.37 分别给出 Sn 和 Pb 的 $\sigma \sim V$ 关系。图 13.32 给出对于 Sn,理论和实验符合得很好。但对 Pb,从图 13.37 上看到与 BCS 态密度有一个小的但是十分重要的偏离,在 $eV/2\Delta$ 大约为 2 和 4 处有两个拐点,且它不像图 13.32 中给出的那样 $\sigma=1$ 的线是 V 大时的渐近线。在 Pb—I—Mg 结中,实验曲线与渐近线在低电压下存在交叉,交叉点大约在 Debye 能量 $k_B\Theta_D$ 处。低的Debye能意味着强的电-声子相互作用,这就直接指出 BCS 理论将要修正的原因和如何修正 BCS 理论的途径。

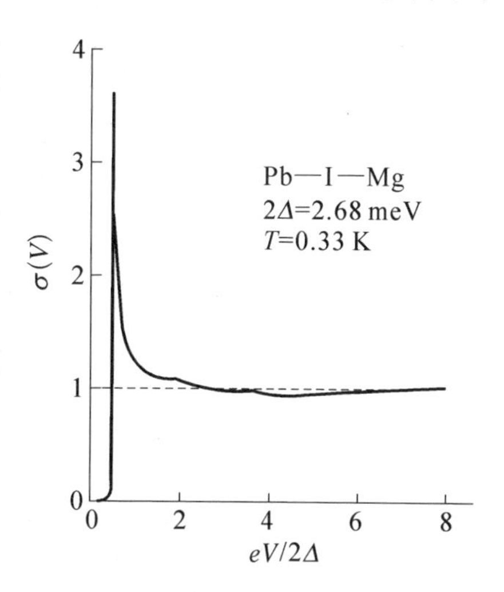

图 13.37 对 Pb—I—Mg 结,约化微分电导与约化电压的关系

Eliashberg① 考虑电-声子矩阵元和声子谱推导出能隙方程,这就是著名的超导电性强耦合方程。

Schrieffer② 等假设声子态密度取两个 Lorentz 峰(分别表示横波声子和纵波声子),见图 13.38(b),用 Eliashberg 方程算出 $\sigma(V) \sim V$ 的理论曲线,见图 13.38(a)。曲线 1 是 BCS 理论给出的结果。它是一条光滑地单调下降的曲线,Rowel 的实验结果很不同于 BCS 理论曲线,见图 13.38(a)中的曲线 3,而 Schrieffer 的简单双峰模型给出的理论曲线 2 恰恰比较好地符合实验。如果能给出合适的声子谱,则理论曲线能很好地和实验曲线符合,目前是采用实验上测得的 $\sigma \sim V$,反演出有效声子谱,从而理论可计算超导体的 T_c 等重要参量,理论结果和实验很一致。例如 Pb,通过这种程序可以算出其 $2\Delta(0)/k_B T_c=4.33$,Hg 的 $2\Delta(0)/k_B T_c=4.8$,都与实验相符合。其次如临界场问题,$\Delta(T) \sim T$ 同样与实验符合。此外对前一章讲到 $T_c \propto M^{-\alpha}$,α 不是 1/2 的问题也基本上得到了解决。

利用正常电子隧道尚可研究超导能隙的许多性质,例如传输电流对能隙的影

① G. M. Eliashberg, *JETP*, **11**(1960), 696.

② J. R. Schrieffer, D. J. Scalapino and J. W. Wikins, *Phys. Rev. Lett.*, **10**(1963), 366.

响,晶体取向对能隙的影响,压强对能隙的影响,超导膜厚度对能隙的影响。还可测定其他超导电性的重要物理性质,例如准粒子的扩散系数及研究磁通涡旋线,等等。

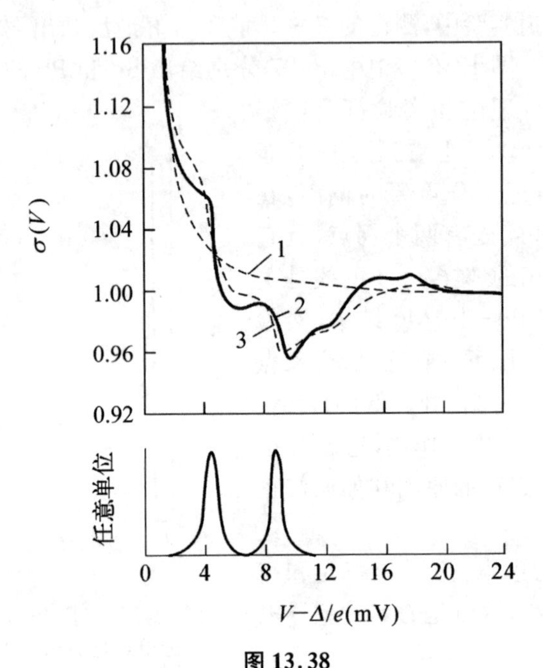

图 13.38

(a) 标准化的微分电导与电压关系

1:BCS 理论曲线;2:双峰模型的理论曲线;3:实验

(b) Schrieffer 假设的声子谱

13.9.7 正常电子隧道效应在器件方面的应用

① $I \sim V$ 曲线的非线性

由超导隧道的伏安曲线的非线性,可以用来进行检波和混频。

② 负阻

利用超导隧道的负阻效应可做放大器、振荡器。

③ 光子参与隧道

利用这个效应可做微波探测器和发生器。

④ 其他

做高频声子探测器和发生器、核辐射探测器以及低温温度计等。

第 14 章　超导电子隧道

前一章中我们研究正常电子隧道时已经指出，从本质上说它是量子力学中的一般隧道效应，当隧道结由正常金属和超导体组成或由超导体和超导体组成时，出现各种各样非寻常的行为并不是隧道本身的变化，而是超导态密度的变化所致。结势垒两边材料中的电子无相互作用。

从 BCS 理论知道当 $T=T_c$ 时，在 Fermi 面上的态全被激发的单电子占据，因此不能形成 Cooper 对，超导电性消失，这就意味着 Cooper 对是在 Fermi 面附近 k_BT_c 层的范围中形成的。显然，粗略地说形成 Cooper 对的电子数约占整个体系中总电子数的 $k_BT_c/E_F\approx10^{-4}$，这里的 E_F 是 Fermi 能。而我们又知道 Cooper 对的相干长度 $\xi\approx10^{-4}$ cm 量级，因此在一个相干球 $4\pi\xi^3/3$ 内 Cooper 对数的量级为：

$$10^{23}(\text{金属中每 cm}^3\text{ 中的电子数})\times10^{-4}\times(10^{-4})^3=10^7$$

无疑，这么多的 Cooper 对彼此交叠和渗透必导致整个超导体的超导电子有相同的有序度 $\Psi(\boldsymbol{r})$。如果 $\Psi(\boldsymbol{r})$是 GL 方程的解，显然 $\Psi(\boldsymbol{r})=\Psi(\boldsymbol{r})e^{i\nu}$也是 GL 方程的解。令

$$\Psi(\boldsymbol{r})=\sqrt{\rho}e^{i\nu}$$

$\sqrt{\rho}$是波函数的振幅，ν 是其位相，Ψ 的位相是任意的。

如果两块超导体离得很远，彼此孤立，它们各自的位相 ν_1 和 ν_2 分别等于某个任意常数，彼此没有什么关系；如果逐渐地把它们移近以致合并在一起，此时位相 ν_1 和 ν_2 必然相等。设想某种中间情况，两块超导体既离得不很远，又不合并在一起，而是处在某种靠得很近的状态，比如 5 Å 到 30 Å，Josephson 指出，此时两块超导体之间必存在某种弱耦合，它们的位相既不完全相同，又不彼此独立，而是维持一定的关系。超导体之间存在这种弱耦合必然要导致许多新的物理现象。

14.1 Josephson 方程[①②③]

当两个超导体之间存在某种弱耦合时，它们之间的位相要保持一定联系，造成这种联系的原因是假设 Cooper 对可以通过隧道从超导体 S_1 转移到超导体 S_2，同样 Cooper 对也可以从 S_2 隧道到 S_1。由于这种对的隧道几率很小，所以造成两个超导体之间只能是弱耦合。

本章我们用唯象理论研究这个超导电子隧道，并导出 Josephson 方程，微观理论请读者参阅其他专著。

设平衡态时体系的能量是 μ，因此波函数 Ψ 与时间关系满足如下方程

$$\mathrm{ie}^{\mathrm{i}\nu}\frac{\partial}{\partial t}\Psi=\mu\Psi \tag{14.1.1}$$

如果两个导体 S_1 和 S_2 彼此孤立，不存在什么耦合，那么超导体 S_1 和超导体 S_2 分别满足方程(14.1.1)

$$\mathrm{i}\hbar\frac{\partial}{\partial t}\Psi=\mu_j\Psi_j,\quad j=1,2 \tag{14.1.2}$$

如果超导体 S_1 和 S_2 之间存在耦合，那就意味着 Cooper 对在它们之间有小的转移几率[④]。根据量子力学，此时 Ψ_1 随时间的变化率不但依赖于 Ψ_1，而且还依赖于 Ψ_2，于是 Schrödinger 方程由(14.1.2)式变为如下形式

$$\mathrm{i}\hbar\frac{\partial}{\partial t}\Psi_1=\mu_1\Psi_1+K\Psi_2 \tag{14.1.3a}$$

同理，我们有

$$\mathrm{i}\hbar\frac{\partial}{\partial t}\Psi_2=K\Psi_1+\mu_2\Psi_2 \tag{14.1.3b}$$

其中 K 是表征两个超导体之间耦合程度的量，它取决于转移几率的大小。由于我们讨论的是超导体之间存在弱耦合，所以 K 是一个很小的量。

---

① B. D. Josephson, *Phys. Lett.*, **1**(1962), 251.

② B. D. Josephson, *Rev. Mod. Phys.*, **36**(1964), 216.

③ B. D. Josephson, *Adv. Phys.*, **14**(1965), 416.

④ R. P. Feynman, R. B. Leighton and M. Sands, *The Feynman Lectures on Physics*, Vol. Ⅱ chapter 21, Addison-Wesley, Reading, Massachusetls, (1965).

利用 Schrödinger 方程(14.1.3),可以导出 Josephson 方程。将 $\Psi_1=\sqrt{\rho_1}\mathrm{e}^{\mathrm{i}\nu_1}$,$\Psi_2=\sqrt{\rho_2}\mathrm{e}^{\mathrm{i}\nu_2}$代入到(14.1.3)式,得到

$$\left\{\frac{\mathrm{i}\hbar}{2\sqrt{\rho_1}}\frac{\partial\rho_1}{\partial t}-\hbar\sqrt{\rho_1}\frac{\partial\nu_1}{\partial t}\right\}\mathrm{e}^{\mathrm{i}\nu_1}=\mu_1\sqrt{\rho_1}\mathrm{e}^{\mathrm{i}\nu_1}+K\sqrt{\rho_2}\mathrm{e}^{\mathrm{i}\nu_2} \tag{14.1.4a}$$

$$\left\{\frac{\mathrm{i}\hbar}{2\sqrt{\rho_2}}\frac{\partial\rho_2}{\partial t}-\hbar\sqrt{\rho_2}\frac{\partial\nu_2}{\partial t}\right\}\mathrm{e}^{\mathrm{i}\nu_2}=K\sqrt{\rho_1}\mathrm{e}^{\mathrm{i}\nu_2}+\mu_2\sqrt{\rho_2}\mathrm{e}^{\mathrm{i}\nu_2} \tag{14.1.4b}$$

将(14.1.4a)式两边乘以 $2\sqrt{\rho_1}\mathrm{e}^{-\mathrm{i}\nu_1}/\hbar$,然后利用

$$\mathrm{e}^{\mathrm{i}(\nu_2-\nu_1)}=\cos(\nu_2-\nu_1)+\mathrm{i}\sin(\nu_2-\nu_1)$$

再使两边的实部和虚部分别相等,即可得到有关 $\partial\rho_1/\partial t$ 和$\partial\nu_1/\partial t$ 的方程。对(14.1.4b)式作类似处理,可得有关 $\partial\rho_2/\partial t$ 和$\partial\nu_2/\partial t$ 的方程。这些方程为

$$\left.\begin{aligned}\frac{\partial\rho_1}{\partial t}&=-\frac{\partial\rho_2}{\partial t}=\frac{2K}{\hbar}\sqrt{\rho_1\rho_2}\sin(\nu_2-\nu_1)\\ \frac{\partial\nu_1}{\partial t}&=-\frac{K}{\hbar}\sqrt{\frac{\rho_2}{\rho_1}}\cos(\nu_2-\nu_1)-\mu_1/\hbar\\ \frac{\partial\nu_2}{\partial t}&=-\frac{K}{\hbar}\sqrt{\frac{\rho_1}{\rho_2}}\cos(\nu_2-\nu_1)-\mu_2/\hbar\end{aligned}\right\} \tag{14.1.5}$$

若超导体 S_1 和 S_2 是相同材料,则

$$\rho_1=\rho_2=\rho_0$$

由于 $\partial\rho_1/\partial t$ 是超导体 S_1 中 Cooper 对密度的增加率,它应该等于从超导体 S_2 到超导体 S_1 的粒子(Cooper 对)流的密度,于是电流密度为

$$j_{\mathrm{s}}=2e\frac{\partial p_1}{\partial t}=\frac{2K}{\hbar}2e\rho_0\sin\varphi=j_{\mathrm{c}}\sin\varphi \tag{14.1.6}$$

其中 $2e$ 是因为 Cooper 对有两个电子,$\varphi=\nu_2-\nu_1$ 是超导体 S_2 和 S_1 之间的位相差,j_{c} 是临界电流密度。

现在我们要讨论一下哪些物理量可造成位相差。首先我们从(14.1.5)式看到位相与化学热 μ 有关,利用(14.1.5)式中第三式减去第二式得

$$\frac{\partial\varphi}{\partial t}=\frac{\partial}{\partial t}(\nu_2-\nu_1)=(\mu_1-\mu_2)/\hbar \tag{14.1.7}$$

在平衡态时,体系的化学势必须相等,即 $\mu_2=\mu_1$,则 $\varphi=\varphi_0$ 是初位相。由于(14.1.7)式中 $\mu_1-\mu_2\neq0$,则超导体 S_1 和 S_2 之间必然存在能量差,当 S_1 和 S_2 之间建立电势差 $V=V_1-V_2$ 时,那么处于超导体 S_1 的 Cooper 对与处于 S_2 的 Cooper 对的能量差为

$$\mu_1-\mu_2=2eV$$

将此式代入(14.1.7)式就得到 $\partial\varphi/\partial t$ 和 V 的关系

$$\frac{\partial\varphi}{\partial t}=\frac{2e}{\hbar}V \tag{14.1.8}$$

除电位差 V 造成位相差外,还有什么物理量可以造成位相差呢?显然我们立即想到除了时间造成位相差外,空间也可以存在位相差的变化。而寻求这个位相差的空间变化,只有磁场可造成。磁场可以穿过势垒层,此外由于磁场对超导体还有一个穿透深度 λ,因此我们可以简单地认为,存在磁场的区域是厚度为 d 的绝缘层和与它紧靠着的两侧超导体的穿透深度 λ 所组成的区域,即存在磁场的宽度为 $\Lambda=2\lambda+d$,如果组成结的两个超导体不同,则 $\Lambda=\lambda_1+\lambda_2+d$。Josephson 还作了如下简化:忽略绝缘层的厚度,把势垒看作一个无限薄的平面,这样就可取 $z=0$ 的平面作为势垒层的位置。见图 14.1,位相差与坐标 z 无关,仅仅是坐标 x,y 和 t 的函数,即

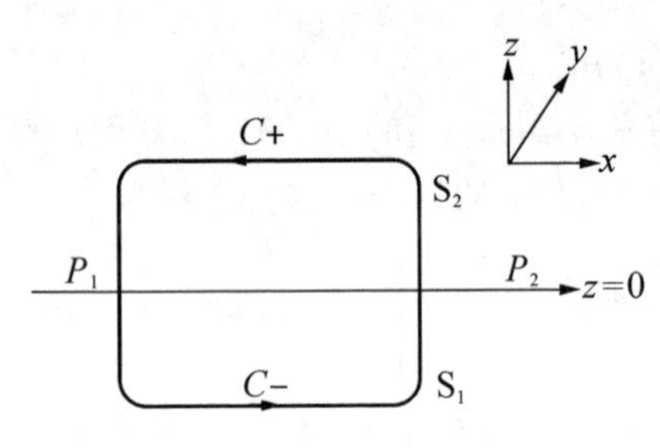

图 14.1 计算空间位相的积分路径

$$\varphi(x,y,t)=\nu(x,y,z\to+0,t)-\nu(x,y,z\to-0,t) \tag{14.1.9}$$

考虑垒上两点 $P_1(x_1,y_1)$ 和 $P_2(x_2,y_2)$ 的位相差

$$\begin{aligned}\varphi(P_1)-\varphi(P_2)=&\ \nu(x_1,y_1,z\to+0)-\nu(x_1,y_1,z\to-0)\\&-\nu(x_2,y_2,z\to+0)+\nu(x_2,y_2,z\to-0)\end{aligned} \tag{14.1.10}$$

由于 $z\to+0$ 的位相都处在上面超导体内,因此有

$$\int_{C_+}\nabla\nu\cdot\mathrm{d}\boldsymbol{l}=\nu(x_1,y_1,z\to+0)-\nu(x_2,y_2,z\to+0) \tag{14.1.11}$$

同理,$z\to-0$ 的位相都处于下面的超导体内,则有

$$\int_{C_-}\nabla\nu\cdot\mathrm{d}\boldsymbol{l}=\nu(x_2,y_2,z\to-0)-\nu(x_1,y_1,z\to-0) \tag{14.1.12}$$

取体积分路径 C_+ 和 C_- 分别在上和下超导体内部。为了得到 $\nabla\nu$,将 $\Psi=\sqrt{\rho}\,\mathrm{e}^{\mathrm{i}\nu}$ 代入

$$\boldsymbol{j}=\frac{2e\hbar}{m\mathrm{i}}(\Psi^*\nabla\Psi-\Psi^*\nabla\Psi)-\frac{(2e)^2}{m}|\Psi|^2\boldsymbol{A}$$

可得

$$\nabla\nu=\frac{2e}{\hbar}\left(\boldsymbol{A}+\frac{m}{(2e)^2\rho}\boldsymbol{j}\right) \tag{14.1.13}$$

把(14.1.3)分别代入(14.1.11)式和(14.1.12)式，于是(14.1.10)式变为

$$\varphi(P_1)-\varphi(P_2)=\frac{2e}{\hbar}\int_{C_++C_-}\left(\boldsymbol{A}+\frac{m}{(2e)^2\rho}\boldsymbol{j}\right)\cdot\mathrm{d}\boldsymbol{l} \tag{14.1.14}$$

先讨论上式积分的第二项，由于已略去绝缘层的厚度，因此积分路径成为一闭合回路积分。其次我们把 C_+ 和 C_- 取如下形式：靠近势垒附近的 C_+ 和 C_- 在 P_1 和 P_2 点都与势垒层平面垂直，一直越过穿透深度到超导体内部，然后再深入超导体内部与 C_+ 和 C_- 连接起来，变成图 14.1 所示的回路积分。由 Meissner 效应，在超导体内部电流密度 $\boldsymbol{j}(\boldsymbol{r})$ 恒等于零。在穿透深度的薄层内，起主要作用的是表面电流，它和超导体平面(也即势垒平面)平行，而与积分路径相垂直，因而对于这样的积分路径，第二项积分等于零。这里略去了与势垒垂直的很小的 Josephson 电流，严格地说积分值很小，可以略去不计。故(14.1.14)式变成

$$\varphi(P_1)-\varphi(P_2)=\frac{2e}{\hbar}\int_{C_++C_-}\boldsymbol{A}\cdot\mathrm{d}\boldsymbol{l} \tag{14.1.15}$$

由于在垂直结面的路径上 $\boldsymbol{A}\cdot\mathrm{d}\boldsymbol{l}=0$，故(14.1.5)式可写成

$$\varphi(P_1)-\varphi(P_2)=\frac{2e}{\hbar}\oint\boldsymbol{A}\cdot\mathrm{d}\boldsymbol{l}=\frac{2e}{\hbar}\int_S\nabla\times\boldsymbol{A}\cdot\mathrm{d}\boldsymbol{s}=\frac{2e}{\hbar}\int_S\boldsymbol{B}\cdot\mathrm{d}\boldsymbol{s} \tag{14.1.16}$$

S 为 C_+ 到 C_- 所包围的面积。最后，为了得到位相差 φ 对坐标的偏微商关系，使 P_1 逐渐向 P_2 趋近，

$$x_1=x_2+\Delta x,\quad y_1=y_2+\Delta y$$

于是

$$\varphi(P_1)-\varphi(P_2)=\frac{\partial\varphi}{\partial x}\Delta x+\frac{\partial\varphi}{\partial y}\Delta y \tag{14.1.17}$$

在上述情况下，很容易看到 $\int\boldsymbol{B}\cdot\mathrm{d}\boldsymbol{s}=\boldsymbol{B}\cdot\Delta\boldsymbol{S}$，考虑到 $\boldsymbol{B}$ 只存在于宽度 Λ 的区域内，故

$$\varphi(P_1)-\varphi(P_2)=\frac{2e}{\hbar}\int\boldsymbol{B}\cdot\mathrm{d}\boldsymbol{s}=\frac{2e}{\hbar}\Lambda(B_y\Delta_x-B_x\Delta_y) \tag{14.1.18}$$

由(14.1.17)式和(14.1.18)式，得

$$\frac{\partial\varphi}{\partial x}=\frac{2e\Lambda}{\hbar}B_y \tag{14.1.19}$$

$$\frac{\partial\varphi}{\partial y}=-\frac{2e\Lambda}{\hbar}B_x \tag{14.1.20}$$

我们把(14.1.6)式、(14.1.8)式、(14.1.9)式和(14.1.20)式写在一起，便得到

完整的 Josephson 方程

$$\begin{cases} j_s = j_c \sin\varphi \\ \dfrac{\partial\varphi}{\partial t} = \dfrac{2eV}{\hbar} \\ \dfrac{\partial\varphi}{\partial x} = \dfrac{2e\Lambda}{\hbar} B_y \\ \dfrac{\partial\varphi}{\partial y} = -\dfrac{2e\Lambda}{\hbar} B_x \end{cases} \tag{14.1.21}$$

最后我们来讨论位相 φ 满足的偏微分方程，由 Maxwell 方程

$$\frac{\partial B_y}{\partial x} - \frac{\partial B_x}{\partial y} = \mu_0 j_z + \frac{\partial D_z}{\partial t} \tag{14.1.22}$$

因为势垒很薄，它具有较大的电容，所以必须考虑位移电流。如果势垒层单位面积的有效电容是 C，那么位移电流可以表示为

$$\frac{\partial D_z}{\partial t} \approx \mu_0 C \frac{\partial V}{\partial t} \tag{14.1.23}$$

上两式中 V 就是跨越势垒层的电势差。j_z 是通过势垒层的法向电流密度，一般情况下，它是正常和超导两者之和，即

$$j_z = j_s + j_n \tag{14.1.24}$$

j_s 是超导电子的电流密度，j_n 是正常电子电流密度。在超导结中，j_n 与 V 的关系是

$$j_n = g(V)V \tag{14.1.25}$$

其中 $g(V)$ 是电导，一般说电导 $g(V)$ 是 V 的函数，在大多数情况下，电导可简化为与 V 无关的某一个给定常数 g，利用(14.1.25)式，Maxwell 方程(14.1.22)变为

$$\frac{\partial B_y}{\partial x} - \frac{\partial B_x}{\partial y} - \mu_0 C \frac{\partial V}{\partial t} = \mu_0 (j_s + gV) \tag{14.1.26}$$

然后利用(14.1.21)式，把上式化为 φ 所满足的微分方程

$$\frac{\partial^2\varphi}{\partial x^2} + \frac{\partial^2\varphi}{\partial y^2} - \mu_0 C\Lambda \frac{\partial^2\varphi}{\partial t^2} - \mu_0 g\Lambda \frac{\partial\varphi}{\partial t} = \frac{2\mu_0 e\Lambda j_c}{\hbar} \sin\varphi \tag{14.1.27}$$

或写成

$$\frac{\partial^2\varphi}{\partial x^2} + \frac{\partial^2\varphi}{\partial y^2} - \frac{1}{\nu^2}\frac{\partial^2\varphi}{\partial t^2} - \frac{\beta}{\nu^2}\frac{\partial\varphi}{\partial t} = \frac{1}{\lambda_J^2}\sin\varphi \tag{14.1.28}$$

式中 $\nu^2 = 1/\mu_0 C\Lambda$，$\beta = g/C$，$\lambda_J^2 = \hbar/2\mu_0 e\Lambda j_c$。

14.2 弱连接超导体

从(14.1.3)式我们知道,在超导体 S_1 中有从超导体 S_2 隧道而来的Cooper对 $K\Psi_2$,反之亦然。既然从超导体 S_2 中的 Ψ_2 到超导体 S_1 中有一个转移几率,那么它在绝缘层中一定有一个分布。

我们可以把绝缘层考虑为一个高度为 V_0 的势垒,V_0 取决于绝缘层材料的性质和厚度 d,则在绝缘层中的GL方程可以改写为①

$$-\frac{\hbar^2}{4m}\frac{\mathrm{d}^2\Psi(x)}{\mathrm{d}x^2}+V_0\Psi(x)+\beta|\Psi(x)|^2\Psi(x)=|\alpha|\Psi(x) \quad (14.2.1)$$

方程(14.2.1)的界面条件为

$$\Psi\left(-\frac{d}{2}\right)=\sqrt{\rho_1}\mathrm{e}^{\mathrm{i}\nu_1} \quad (14.2.2)$$

$$\Psi\left(\frac{d}{2}\right)=\sqrt{\rho_2}\mathrm{e}^{\mathrm{i}\nu_2} \quad (14.2.3)$$

当 $|\alpha|-V_0<0$ 时,在绝缘层内部的 $\Psi(x)$ 是很小的,确切地说应是 $\Psi(x)$ 的平均值是很小的,近似地忽略(14.2.1)式中的高次项,则有

$$\frac{\mathrm{d}^2}{\mathrm{d}x^2}\Psi(x)-\frac{4m}{\hbar^2}(V_0-|\alpha|)\Psi(x)=0 \quad (14.2.4)$$

因为在超导体中,$\xi^2(T)=\hbar^2/4m|x|$,定义

$$\xi_I^2=\frac{\hbar^2}{4mV_0} \quad (14.2.5)$$

则由

$$\frac{1}{\xi_d^2}=\frac{4m}{\hbar^2}(V_0-|\alpha|)=\frac{1}{\xi_I^2}-\frac{1}{\xi^2(T)} \quad (14.2.6)$$

ξ_d 则为在绝缘层中超导电子的相干长度。将(14.2.6)式代入(14.2.4)式,得

$$\frac{\mathrm{d}^2}{\mathrm{d}x^2}\Psi(x)-\frac{1}{\xi_d^2}\Psi(x)=0 \quad (14.2.7)$$

仍简化 $\rho_1=\rho_2=\rho_0$,用(14.2.2)式和(14.2.3)式给出的边界条件,得到(13.2.7)

---

① 张裕恒、刘宏宝、陈赓华,中国物理快报,2(1985),181.

式的解为

$$\Psi(x)=\sqrt{\rho_0}\left[\frac{e^{i\nu_2}+e^{i\nu_1}}{2\mathrm{ch}(d/\xi_d)}\mathrm{ch}\frac{x}{\xi_d}+\frac{e^{i\nu_2}-e^{i\nu_1}}{2\mathrm{sh}(d/\xi_d)}\mathrm{sh}\frac{x}{\xi_d}\right] \tag{14.2.8}$$

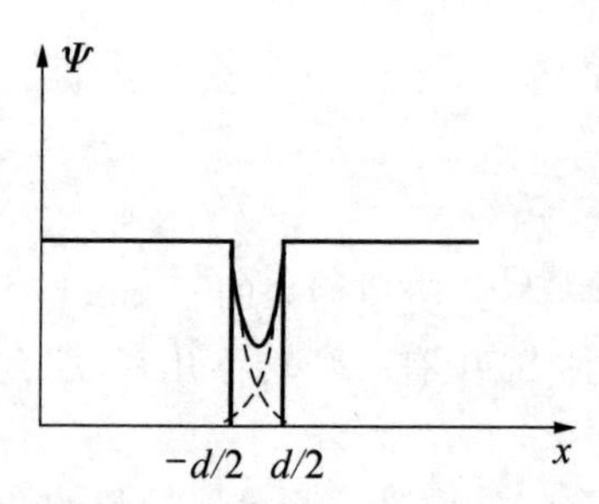

图 14.2　实线是由(13.2.8)式给出的在绝缘层中 Cooper 对的分布

图 14.2 给出由(14.2.8)式得到的超导电子波函数的分布。

虽然上述忽略(14.2.1)式中高次项的简化太粗糙了,因为在 $\pm d/2$ 附近 $\Psi(x)$不是小量,但下面将看到用此简化可以得到一些重要结果。

从量子力学知道,Cooper 对在势垒中是一个指数衰减函数。设以绝缘层中心为原点,则超导体 S_1 和绝缘层体系的波函数应为

$$\Psi_1(x)=\sqrt{\rho_1}f(x)e^{i\nu_1} \tag{14.2.9}$$

式中 $f(x)$在绝缘层中为指数衰减函数,见图 14.3(a)。同理在超导体 S_2 和绝缘层体系中有

$$\Psi_2(x)=\sqrt{\rho_2}g(x)e^{i\nu_2} \tag{14.2.10}$$

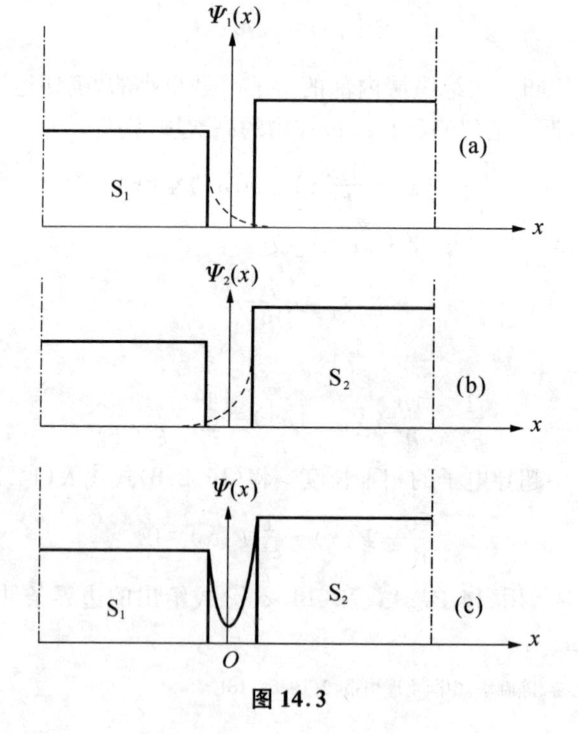

图 14.3

在图14.3(b)中给出 $\Psi_2(x)$ 的分布。因此整个结的波函数应为

$$\Psi(x)=\sqrt{\rho_1}f(x)e^{i\nu_1}+\sqrt{\rho_2}g(x)e^{i\nu_2} \tag{14.2.11}$$

$\Psi(x)$ 的位相在超导体 S_1 和 S_2 中分别等于 ν_1 和 ν_2，在绝缘体中它将连续地从 ν_1 变到 ν_2。如果把绝缘层看成是没有厚度的平面结，那么跨越平面结将存在位相跳跃。在绝缘层中 Cooper 对分布显然可看作图14.3(a)和(b)分布的叠加，即为图14.3(c)。这样绝缘层也将是一个超导体，只不过它的超导电性与超导体 S_1 和 S_2 不同，我们称它为弱连接的超导体。在这个弱连接超导体中可以流过超导电子，流过弱连接的超流电流由(14.1.6)式确定。

既然 Josephson 结的绝缘层可以通过 Cooper 对，可以看作为一个弱连接超导体，那么我们要问，在两块超导体之间如果不是绝缘层，而是普通的导体甚至用一种十分细的超导材料连接，这些地方是否也可以让几率很小的超导电子通过，Josephson效应是否也能在这些地方发生呢？当然，这个问题的提出是很自然的，因为 Josephson 效应是由超导态的宏观位相差产生的，显然可以预期在所有的弱连接超导体中都可以出现 Josephson 效应。

图14.4给出弱连接超导体的种类。图14.4(a)称为 Josephson 结 S_1-I-S_2，它是在一层超导膜上生成一种氧化物绝缘层，然后再叠上一层超导膜而组成，氧化层的厚度一般在10～30 Å，这种结的室温隧道电阻典型值为 10^{-3}～$10^2\,\Omega$。图14.4(b)表示氧化物被一层比较厚(～1 μm)的 Cu 层代替，它的结电阻在 10^{-6}～$10^{-7}\,\Omega$ 范围内。图14.4(c)是由一根细的超导棒压到一个超导体上，形成点接触而致的弱连接，其弱连接的正常电阻无意义，点接触是外加调节压力到所需的零压电流。图14.4(d)是焊滴结或称 Clarke 棒，它是在直径为0.01 mm 的超导线上浸以直径约为3 mm 超导焊滴而成，其结电阻选在0.5～1.0 Ω 范围内。图14.4(e)是由～2 000 Å 厚度的超导薄膜，刻以长约为2 μm，宽约0.5 μm 的细颈形的收缩物而成，通常称这种结构为超导桥或 Dayem 桥。图14.4(e)的另一变种是在桥上再加上一层正常金属以削弱这部分的超导电性。

这些类型的超导弱连接基本上可以分成两类：① 凡属交叉膜组成的结，我们统称为 Josephson 结，它们的特点是结有较大的电容和电阻，并需考虑电感，因而可以把它等效为一个理想的 Josephson 结与电阻、电容并联，与电感串联。② 超导桥和点接触，这一类的特点是电容很小，可以忽略；另外它们的尺寸很小，即 $L\ll\lambda_J$，因而各种在平面结上变化的物理量都可以略去不计。但由于桥和点接触是窄结，因此在它们上流过的电流密度很大，以致出现其他新的物理效应。

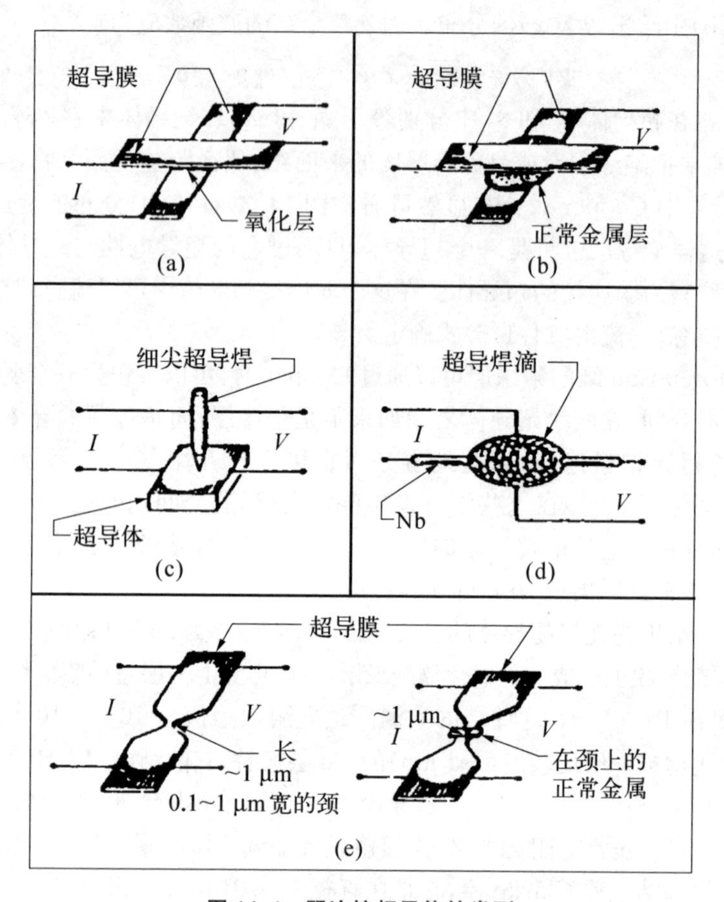

图 14.4 弱连接超导体的类型

(a) 隧道结;(b) SNS结;(c) 点接触;(d) Clarke棒;(e) 薄膜桥

前一节讨论中指出只要超导体之间存在耦合,Cooper 对通过垒的转移就遵从 Josephson 方程,但实际上,当高电流密度流过桥或点接触时,不能再认为位相 ν_1 和 ν_2 等于常数,而应考虑它为位置的函数。如果弱连接两侧的超导体是相同的,则在大块超导体中的有序参量分别为

$$\Psi_1(\boldsymbol{r}) = \sqrt{\rho_0}\,\mathrm{e}^{\mathrm{i}\nu_1(\boldsymbol{r})} \tag{14.2.12a}$$

$$\Psi_2(\boldsymbol{r}) = \sqrt{\rho_0}\,\mathrm{e}^{\mathrm{i}\nu_2(\boldsymbol{r})} \tag{14.2.12b}$$

如前所述,在结区中有序参量为

$$\Psi(\boldsymbol{r}) = \sqrt{\rho_0}\left[f(\boldsymbol{r})\mathrm{e}^{\mathrm{i}\nu_1(\boldsymbol{r})} + g(\boldsymbol{r})\mathrm{e}^{\mathrm{i}\nu_2(\boldsymbol{r})}\right] \tag{14.2.13}$$

为了满足(14.2.12)式给出的边值条件,f 和 g 应该具有如下性质

$$\begin{cases} f(\boldsymbol{r})\to 1, \quad g(\boldsymbol{r})\to 0, \quad \text{当 } \boldsymbol{r}\to\text{超导体 } \mathrm{S}_1 & (14.2.14a) \\ f(\boldsymbol{r})\to 0, \quad g(\boldsymbol{r})\to 1, \quad \text{当 } \boldsymbol{r}\to\text{超导体 } \mathrm{S}_2 & (14.2.14b) \end{cases}$$

由 GL 方程,在没有外磁场下,通过结的电流密度为

$$j_{\mathrm{s}}=\frac{2e\hbar}{m\mathrm{i}}(\Psi^*\nabla\Psi-\Psi\nabla\Psi^*)=\frac{2e\hbar}{m}\mathrm{Im}(\Psi^*\nabla\Psi) \tag{14.2.15}$$

将(14.2.13)式代入(14.2.15)式得

$$j_{\mathrm{s}}=\frac{2e\hbar}{m}\rho_0[(f\nabla g-g\nabla f)\sin(\nu_2-\nu_1)+f^2\nabla\nu_1 + g^2\nabla\nu_2+fg(\nabla\nu_2+\nabla\nu_1)\cos(\nu_2-\nu_1)] \tag{14.2.16}$$

显然在电流密度不高时,ν_1 和 ν_2 不是位置函数,(14.2.16)式中$\nabla\nu_1=\nabla\nu_2=0$,则(14.2.16)式变为

$$j_{\mathrm{s}}=\frac{2e\hbar}{m}\rho_0(f\nabla g-g\nabla f)\sin(\nu_2-\nu_1) \tag{14.2.17}$$

(14.2.17)式和(14.1.6)式等价,就是通常的 Josephson 方程。

现在,ν_1 和 ν_2 是位置的函数,就会出现常数项和余弦项。在高电流密度情况下,$\nabla\nu_1$ 和$\nabla\nu_2$ 可以很大,因而(14.2.16)式变为

$$j_{\mathrm{s}}\approx\frac{2e\hbar}{m}\rho_0[f^2\nabla\nu_1+g^2\nabla\nu_2+fg(\nabla\nu_2+\nabla\nu_1)\cos(\nu_2-\nu_1)] \tag{14.2.18}$$

如果还假定序参量无论是从超导体 S_1 还是超导体 S_2 进入结区,$\sqrt{\rho_0}\,f\mathrm{e}^{\mathrm{i}\nu_1}$ 和 $\sqrt{\rho_0}\,g\mathrm{e}^{\mathrm{i}\nu_2}$ 都满足动量守恒,并且两者彼此相等,则(14.2.18)式可以进一步简化,此时$\nabla\nu_2=\nabla\nu_1=\nabla\nu=$常数,在结区中心有 $f=g=f_0$,则超流电流密度为

$$j_{\mathrm{s}}\approx\frac{4e\hbar}{m}\rho_0 f_0^2\nabla\nu[1+\cos(\nu_2-\nu_1)] \tag{14.2.19}$$

这个结果已得到一些实验支持,也获得了一些更为深入的理论支持,但还不能认为已经达到了令人满意的程度。

14.3 Josephson 结的超导参数

14.3.1 临界电流密度 j_{c}

前两节讨论中我们知道当两个超导体被弱连接连起来时,这个弱连接区是超导的,

例如在隧道结中的绝缘体此时变成超导体，所不同的是这个超导体的超导电性弱，它能容载的电流密度 j_c 远低于两边超导体的临界电流密度，流过这种弱区的电流密度为

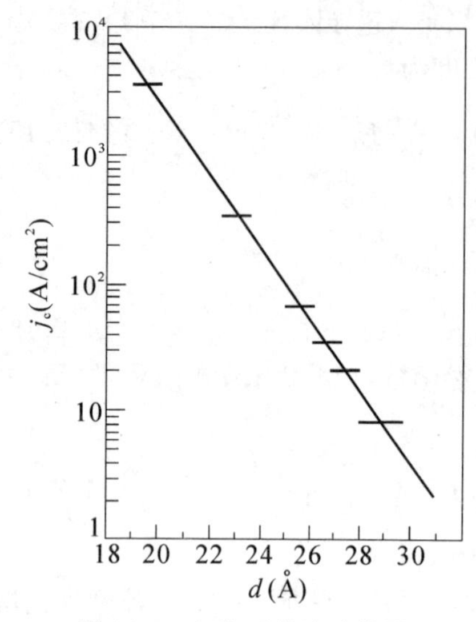

图 14.5 j_c 和 d 的实验结果

实验是用 $j_c=1.5\times10^9\exp(-d/1.5)$ 拟合而得

$$j_s=j_c\sin\varphi \tag{14.3.1}$$

按照(14.3.1)式能够跨越绝缘体流动的最大超流电流密度等于 j_c。j_c 的大小从图 14.3 看到显然与绝缘层厚度有关。将(14.2.8)式代入到(14.1.2)式，得

$$j_s=\frac{e\hbar\rho_0}{2m\xi_d}\frac{1}{\mathrm{sh}(d/\xi_d)}\sin(\nu_2-\nu_1)=j_c\sin\varphi \tag{14.3.2}$$

式中

$$j_c=\frac{e\hbar\rho_0}{2m\xi_d}\frac{1}{\mathrm{sh}(d/\xi_d)}\approx\frac{2e\hbar\rho_0}{m\xi_d}\mathrm{e}^{-d/\xi_d} \tag{14.3.3}$$

实验①指出 j_c 和 d 是指数关系，见图 14.5，(14.3.3)式和实验结果是定性一致的。

Ambegaokar 和 Baratoff(简称 AB)从微观理论给出

$$j_c=\frac{\pi\Delta(T)}{2eR_{\mathrm{nn}}}\mathrm{th}\frac{\Delta(T)}{2k_{\mathrm{B}}T} \tag{14.3.4}$$

式中 R_{nn} 是正常态结单位面积的电阻，显然它是由绝缘层决定的；从(14.3.4)式还看到 j_c 是温度的函数。将 j_c 乘以结面积就得到最大电流 I_c。由(14.3.1)式给出的零压电流可以是低于 I_c 的任何值。实际流动的超流电流取决于外电路，位相 φ_0 将自身调节以给出确定的电流值，当 $\varphi_0=\pi/2$ 时，出现零电压的最大超流电流。

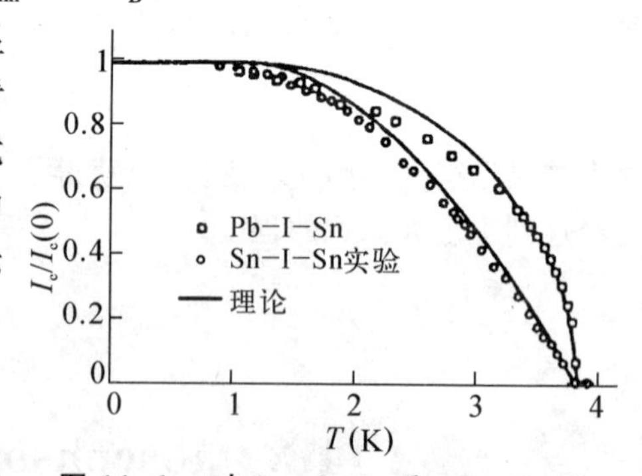

图 14.6 对 Sn—I—Sn 和 Pb—I—Pb 结，最大超流电流与温度关系②

图 14.6 中给出对于 Sn—I—Sn 结和 Pb—I—Pb 结 I_c 与 T 的关系。当

① V. Ambegaokar and A. Baratoff, *Phys. Rev. Lett.*, **10**(1963), 486.

② M. D. Fiske, *Rev. Mod. Phys.*, **36**(1964), 221.

$T \ll T_c^{Sn}$时，$I_c(T)$基本上不随 T 变化；当$T \to T_c^{Sn}$时，$I_c(T)$很快趋向于零；在 T_c^{Sn}以上，Sn 处于正常态，从而隧道结不再具有弱连接超导体的性质，$I_c(T)=0$

14.3.2 Josephson 穿透深度 λ_J

上面讨论的 j_c 与温度、绝缘层厚度的关系进一步告诉我们绝缘层是弱超导体，很自然我们将问磁场是如何穿透它的。

考虑 φ 不依赖于时间而仅依赖于空间 x 的情况，即 $V=0, B\neq 0$。此时方程(14.1.28)简化为

$$\frac{d^2\varphi}{dx^2}=\frac{1}{\lambda_J^2}\sin\varphi \tag{14.3.5}$$

如果 φ 很小，那么可以用 φ 代替 $\sin\varphi$，则(14.3.5)式变成

$$\frac{d^2\varphi}{dx^2}=\frac{1}{\lambda_J^2}\varphi \tag{14.3.6}$$

这个方程与论证 Meissner 效应时所遇到的方程相同，它有物理意义的解为

$$\varphi \sim \exp(-x/\lambda_J) \tag{14.3.7}$$

设外磁场 H_a 平行于 y 轴，由

$$\frac{d\varphi}{dx}=\frac{2e\Lambda}{\hbar}B_y=\frac{2e\Lambda}{\hbar}B \tag{14.3.8}$$

则可得到

$$B(x)=\mu_0 H_a e^{-x/\lambda_J} \tag{14.3.9}$$

显然 λ_J 是穿透深度，为了与超导体的穿透深度相区别，我们称 λ_J 为 Josephson 穿透深度。

由于绝缘层中的超流电子密度很低，所以 $\lambda_J \gg \lambda_1$ 或 λ_2。例如一个 Josephson 隧道结，它的 $I_c=5$ mA，结面积 $=0.1$ mm×0.1 mm，$\Lambda \approx \lambda_1+\lambda_2 \approx 8\times 10^{-6}$ cm，则由

$$\lambda_J(T)=\left(\frac{\hbar}{2\mu_0 e\Lambda j_c}\right)^{1/2}\approx 0.084 \text{ mm}$$

一般我们可以说 λ_J 是 0.1 mm 量级的。当然我们还可以由限制 j_c 的值使之更大。

Josephson 穿透深度明确地告诉我们结中的绝缘层是超导体，只不过超导电性弱而已，它同样有 Meissner 效应，但需要在比普通超导体更深的内部出现，见图 14.7。

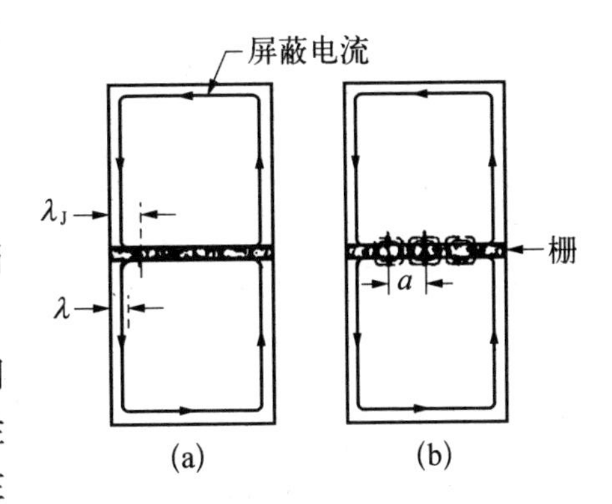

图 14.7　磁场对结的穿透示意图

14.3.3 超导电子隧道的 $I \sim V$ 曲线

测量 $I \sim V$ 曲线是直接反应弱连接超导体行为的一个最简单的方法。但我们知道供能有两种方式:即恒压源和恒流源。两种方式测到的 $I \sim V$ 曲线是不同的。

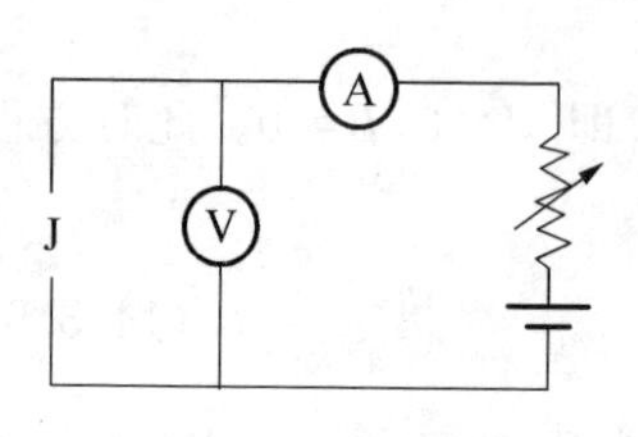

图 14.8 测量弱连接超导体 $I \sim V$ 曲线的线路

把弱连接超导体 J 与直流电源相连接,见图 14.8。设流过 J 的电流 I 在结中是均匀分布的,当电流密度 $j < j_c$ 时,(14.1.6)式成立,Cooper 对流过隧道结,形成超流电流;当 $j > j_c$ 时,(14.1.6)式不能成立,正常电子将参与隧道,结区出现电压。设 R_i 为电流内阻,R_J 为结电阻,E 为电源电动势,则流过结的电流为

$$I = \frac{E}{R_i + R_J} \tag{14.3.10}$$

恒流源满足条件:$R_i \gg R_J$。$I < I_c$ 时,$R_J = 0, I = E/R_i$;$I \geqslant I_c$ 时,$R_J \neq 0$,结上出现电压,但由于 $R_i \gg R_J$,所以 $I = E/(R_i + R_J) \approx E/R_i$,即当 $I = I_c$ 时,电流大小不变,因而跳到单电子隧道 $I \sim V$ 曲线有相同电流的点上,图 14.9(a)和(c)是对 Josephson 结的 $I \sim V$ 曲线,弱连接的 $I \sim V$ 曲线由图 14.9(b)给出。

恒压源满足条件:$R_i \ll R_J$。$I < I_c$ 时,$R_J = 0, I = E/R_i$;而当 $I \geqslant I_c$ 时,$R_J \neq 0, I = E/(R_i + R_J) \approx E/R_J$,所以电流很快降下来,出现负阻区,见图 14.9(a)。

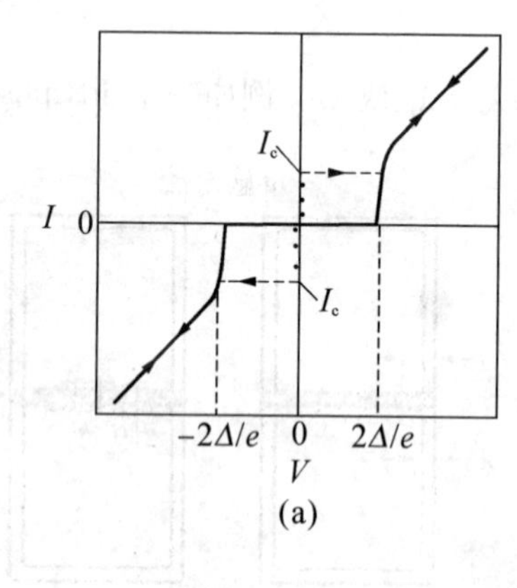

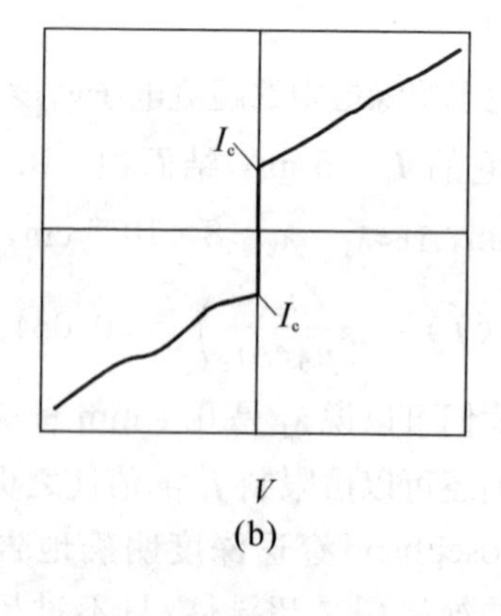

图 14.9

(a) 对恒流源,达到 I_c 时,结 $I \sim V$ 曲线不连续地跳到正常电子隧道曲线(－－－－);对恒压源,可观测到负阻区,如虚线(……)所示;
(b) 弱连接的 $I \sim V$ 曲线

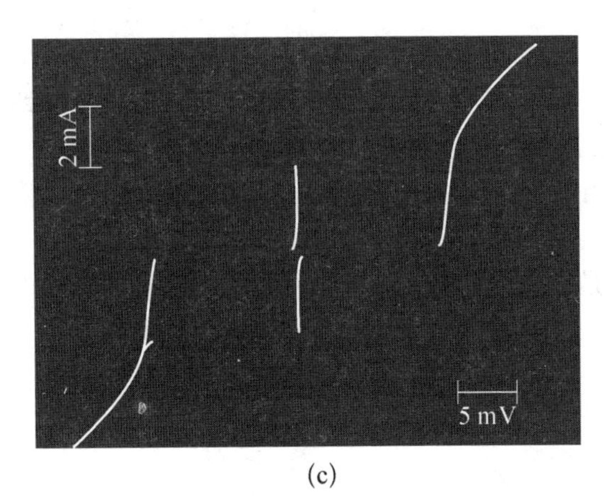

(c)

图 14.9

(c) $T=1.52$ K 时一个 Sn－Sn_xO_y－Sn Josephson 结的典型 $I\sim V$ 特性曲线(水平标度:0.5 mV/格;竖直标度:2 mA/格)

14.4 超导电子隧道与正常电子隧道①

14.4.1 从正常电子隧道到超导电子隧道过渡的实验结果

我们知道当两块超导体被绝缘层分开时,由于绝缘层的厚度不同而存在两种十分不同的隧道特性,当绝缘层厚度在 5～30 Å 时出 Josephson 效应,而当其厚度在百埃量级时,则显示出单电子隧道的特性。从公式(14.3.3)和图 14.5 的实验看到 j_c 随绝缘层厚度的增大指数地降低,这样 Josephson 隧道结与单电子隧道结似乎没有一个明显的分界。

我们测量了不同绝缘层厚度的 Pb－I－Pb 隧道结的行为。测量 $I\sim V$ 曲线用的是恒流源。

图 14.10 中的隧道结其结面积为 $0.1\times0.1\ \text{mm}^2$,(a)、(b)、(c)和(d)分别是在 4.2 K、2.90 K、2.78 K 和 2.00 K 下测得 $I\sim V$ 特性。从图 14.10(a)和(b)上的实验

① 张裕恒,刘宏宝,曹效文,低温物理学报,7(1985),12.

结果清楚地看到它们是典型的单电子隧道。而当温度低于 2.9 K 时,由图 14.10(c)给出在零压下出现明显的电流,当电流 I 达到 I_c 时,电压突跳到相应于单电子 $I\sim V$ 曲线的电压值随后出现单电子的 $I\sim V$ 关系,当减小电流时,$I\sim V$ 关系沿单电子伏安曲线下降,当 I 重新回到 I_c 时,电压不沿原路跳回,直到某一值后随 I 减小,V 迅速变到零。当温度继续降低到 2.00 K 时,图 14.10(d)的 $I\sim V$ 曲线和图 14.10(c)差不多,不同的是在更低的电流下形成回滞曲线,回滞曲线面积比图 14.10(c)大。

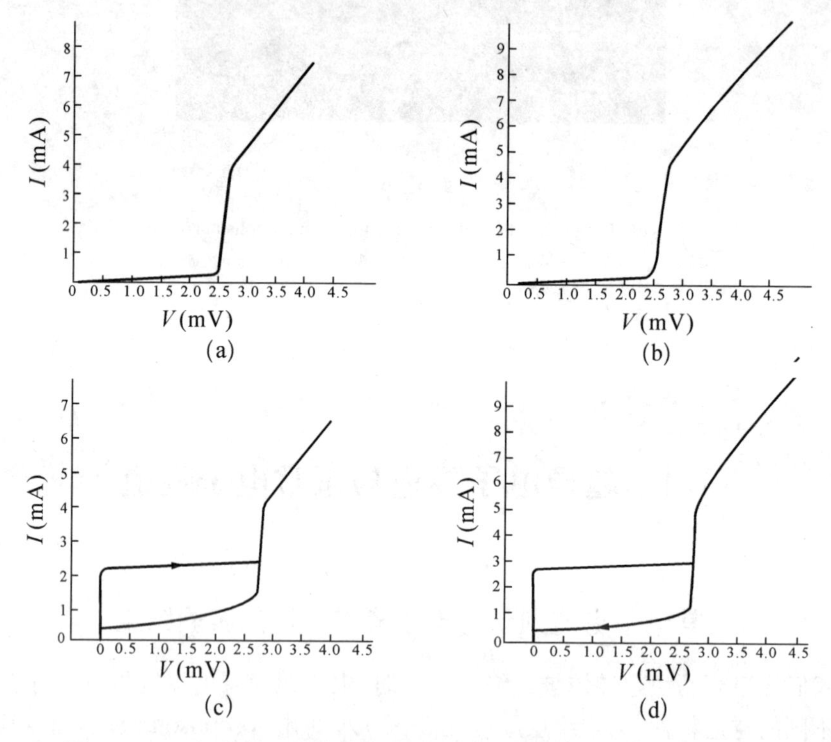

图 14.10 Pb-I-Pb **隧道结的** $I\sim V$ **曲线**(结面积为 $0.1\times0.1\ \mathrm{mm}^2$)

(a) 4.2 K;(b) 2.90 K;(c) 2.78 K;(d) 2.00 K

为了判断上述实验结果我们先分析一下 Josephson 隧道和正常隧道 $I\sim V$ 曲线的重要特征。

Josephson 隧道在恒流源下的特点是:在 $V=0$ 存在一个零压电流 I,当 $I=I_c$ 时,V 从零突然跳到某个有限值,且 $\mathrm{d}I/\mathrm{d}V$ 几乎等于零;当电流减小时存在滞后。

单电子隧道重要的特点是:例如 Pb—I—Pb 结在 4.2 K,当电压 V 从零开始增加时,热激发电子产生隧道电流 I,I 随 V 单调增加,达到某一电压后热激发电子逐渐全部产生隧道电流,I 不再随 V 增大而增大;而当 $V\geqslant 2\Delta_{\mathrm{Pb}}$时,$I$ 突跳式增加。

在较低温度下,热激发电子迅速减小,因而在 $V<2\Delta_{Pb}$时,I 几乎为零。

图 14.10(a)和图 14.20(b)的 $I\sim V$ 曲线上,在实验记录仪器的精度下,没有小的零压电流出现,当 $V\neq0$ 时,$I\neq0$,且 dI/dV 也明显不等于零,而是随着电压升高电流逐渐增加,因此实验结果表明测到的电流是热激发电子的隧道电流。对 4.2 K 下的图 14.10(a),当 $V\approx2.5$ mV 时,电流突然增大,这个值正相应于 $2\Delta_{Pb}$。所以图 14.10(a)和(b)给出的是典型的单电子隧道曲线。而图 14.10(c)和(d)出现明显的零压电流,当 $I=I_c$ 时,V 突跳,但 $dI/dV\neq0$,这说明随温度降低,虽然从单电子隧道过渡到Josephson隧道,但在 $V\neq0$ 的情况下隧道电流不仅有 Josephson 电流而且还有单电子隧道电流。

14.4.2 Josephson 隧道结的临界厚度①

我们认为结区的超导电子性质和大块超导体是一样的,只是绝缘层势垒 V_0 的存在使结区的超导电子密度在绝缘层内很快地衰减。

超导体中 GL 方程是

$$\alpha\Psi_0+\beta_c|\Psi_0|^2\Psi_0-\frac{\hbar^2}{4m}\frac{d^2\Psi_0}{dx^2}=0 \tag{14.4.1}$$

式中

$$\frac{\alpha^2}{\mu_0\beta_c}=H_c^2,\quad |\Psi_0|^2=-\frac{\alpha}{\beta_c},\quad \xi^2(T)=\frac{\hbar^2}{4m\alpha} \tag{14.4.2}$$

在结区改写(14.1.1)式为

$$\alpha\Psi+V_0\Psi+\beta|\Psi|^2\Psi-\frac{\hbar^2}{4m}\frac{d^2\Psi}{dx^2}=0,\quad -\frac{d}{2}\leqslant x\leqslant\frac{d}{2} \tag{14.4.3}$$

这里绝缘层的平面法线方向是 x 方向,绝缘层厚度为 d,坐标原点取在绝缘层中心。

采用归一化的变量

$$f=\Psi|\Psi_0| \tag{14.4.4}$$

代入(14.4.3)式得

$$-\frac{\hbar^2}{4m(\alpha+V_0)}\frac{d^2f}{dx^2}+f-|f|^2f=0 \tag{14.4.5}$$

令

$$\xi_d^2=\frac{\hbar^2}{4m(\alpha+V_0)} \tag{14.4.6}$$

① 张裕恒,刘宏宝,曹效文,低温物理学报,7(1985),12.

设 $V>|\alpha|$，则 ξ_d^2 是正的。由(14.4.6)式，则(14.4.5)式变为

$$-\xi_d^2\frac{d^2 f}{dx^2}+f-|f|^2 f=0 \tag{14.4.7}$$

式中的 ξ_d 完全等价于 $\xi(T)$，所以 ξ_d 是超导电子在绝缘层中的相干长度。

令归一化变量 $y=x/\xi_d$，则方程(14.4.7)变为

$$\frac{d^2 f}{dy^2}-f+|f|^2 f=0,\quad -\mathscr{L}\leqslant y\leqslant\mathscr{L} \tag{14.4.8}$$

其中 $\mathscr{L}=d/2\xi_d$，则边值条件为

$$|f(y=\pm\mathscr{L})|=1 \tag{14.4.9}$$

令 $f=\rho e^{i\nu}$，则超流电流密度为

$$j_s=\frac{e\hbar}{mi}\left(\Psi^*\frac{\partial\Psi}{\partial x}-\Psi\frac{\partial\Psi^*}{\partial x}\right)=\frac{2e\hbar}{m\xi_d}|\Psi_0|^2\rho^2\frac{d\nu}{dy} \tag{14.4.10}$$

利用 $H_c^2=\alpha^2/\mu_0\beta_c$，$|\Psi_0|^2=-\alpha/\beta_c$ 得到

$$\frac{2e\hbar}{m\xi_d}|\Psi_0|^2=\frac{\xi_d H_c^2}{\varphi_0} \tag{14.4.11}$$

采用归一化电流密度

$$\mathscr{J}=\frac{j_s}{\xi_d H_c^2/\varphi_0} \tag{14.4.12}$$

所以(14.4.10)式化简为

$$\mathscr{J}=\rho^2\frac{d\nu}{dy} \tag{14.4.13}$$

将 $f=\rho e^{i\nu}$ 代入方程(14.4.8)，其实数和虚数部分将分别为

$$\frac{\partial^2\rho}{\partial y^2}-\rho+\rho^3-\rho\left(\frac{\partial\nu}{\partial y}\right)^2=0 \tag{14.4.14a}$$

$$2\frac{\partial\rho}{\partial y}\frac{\partial\nu}{\partial y}+\rho\frac{\partial^2\nu}{\partial y^2}=\frac{1}{\rho}\frac{\partial}{\partial y}\left(\rho^2\frac{\partial\nu}{\partial y}\right)=0 \tag{14.4.14b}$$

由(14.4.14b)式得

$$\rho^2\frac{\partial\nu}{\partial y}=\text{常数}=\mathscr{J} \tag{14.4.15}$$

将此式代入(14.4.14a)式得

$$\frac{\partial^2\rho}{\partial y^2}-\rho+\rho^3-\frac{\mathscr{J}^2}{\rho^3}=0 \tag{14.4.16}$$

由于 V_0 的存在，结区 ρ 的值要小于其边界上的值，因此 $\rho(y)$ 必定存在一个极小值。由于对称性，极小值坐标为 $y=0$，令

$$\rho(y=0)=\rho_0$$

则必有

$$\frac{\partial\rho}{\partial y}\Big|_{y=0}=0 \tag{14.4.17}$$

则 $\partial\rho/\partial y$ 乘以(14.4.16)式两边可得

$$\frac{1}{2}\frac{\partial}{\partial y}\left[\left(\frac{\partial\rho}{\partial y}\right)^2-\rho^2+\frac{\rho^4}{2}+\frac{\mathscr{J}^2}{\rho^2}\right]=0 \tag{14.4.18}$$

则

$$\left(\frac{\partial\rho}{\partial y}\right)^2-\rho^2+\frac{\rho^4}{2}+\frac{\mathscr{J}^2}{\rho^2}=\text{常数} \tag{14.4.19}$$

此常数可用 ρ_0 来表示，即

$$\left(\frac{\partial\rho}{\partial y}\right)^2-\rho^2+\frac{\rho^4}{2}+\frac{\mathscr{J}^2}{\rho^2}=-\rho_0^2+\frac{\rho_0^4}{2}+\frac{\mathscr{J}^2}{\rho_0^2} \tag{14.4.20}$$

所以

$$\left(\frac{\partial\rho}{\partial y}\right)^2=\rho^2-\rho_0^2-\frac{1}{2}(\rho^4-\rho_0{}^4)-\mathscr{J}^2\left(\frac{1}{\rho^2}-\frac{1}{\rho_0^2}\right) \tag{14.4.21}$$

将(14.4.21)式两边乘以 $4\rho^2$ 得

$$\left(\frac{\partial\rho^2}{\partial y}\right)^2=2(\rho^2-\rho_0^2)\left[2\rho^2-\rho^2(\rho^2+\rho_0^2)+\frac{2\mathscr{J}^2}{\rho_0^2}\right] \tag{14.4.22}$$

令

$$r=\rho^2,\quad \alpha=\rho_0^2$$

故(14.4.22)式化为

$$\left(\frac{\partial r}{\partial y}\right)^2=2(r-\alpha)\left[2r-r^2-r\alpha+\frac{2\mathscr{J}^2}{\alpha}\right] \tag{14.4.23}$$

所以

$$\frac{\partial r}{\partial y}=\sqrt{2}\sqrt{(r-\alpha)\left(2r-r^2-r\alpha+\frac{2\mathscr{J}^2}{\alpha}\right)},\quad 0\leqslant y\leqslant\mathscr{L} \tag{14.4.24a}$$

$$\frac{\partial r}{\partial y}=-\sqrt{2}\sqrt{(r-\alpha)\left(2r-r^2-r\alpha+\frac{2\mathscr{J}^2}{\alpha}\right)},\quad -\mathscr{L}\leqslant y\leqslant 0 \tag{14.4.24b}$$

故

$$\int_0^{\mathscr{L}}\mathrm{d}y=\frac{1}{\sqrt{2}}\int_\alpha^r\frac{\mathrm{d}r}{\sqrt{(r-\alpha)\left(2r-r^2-r\alpha+\frac{2\mathscr{J}^2}{\alpha}\right)}},\quad 0\leqslant y\leqslant\mathscr{L} \tag{14.4.25}$$

严格地说任何测量其精度都不能达到 $j=0$。我们把实验中能够测量到的最小电

流相应的有序参量 Ψ 的极小值记为 ε，即令 $\alpha=\varepsilon$，而此时的厚度定义为临界厚度，则

$$\mathscr{L}_c=\frac{1}{\sqrt{2}}\int_{\varepsilon}^{1}\frac{\mathrm{d}r}{\sqrt{r(r-\varepsilon)(2-\varepsilon-r)}} \tag{14.4.26}$$

记

$$\eta(\varepsilon)=\int_{\varepsilon}^{1}\frac{\mathrm{d}r}{\sqrt{r(r-\varepsilon)(2-\varepsilon-r)}} \tag{14.4.27}$$

则

$$\mathscr{L}_c=\frac{d_c}{2\xi_d}=\frac{1}{\sqrt{2}}\eta(\varepsilon)$$

故 Josephson 结的临界厚度 d_c 为

$$d_c=\sqrt{2}\xi_d\eta(\varepsilon) \tag{14.4.28}$$

由(14.4.6)式得

$$\frac{1}{\xi_d^2}=\frac{4m\alpha}{\hbar^2}+\frac{4mV_0}{\hbar^2} \tag{14.4.29}$$

定义

$$\frac{1}{\xi_I^2}=\frac{4mV_0}{\hbar^2} \tag{14.4.30}$$

ξ_I 是物质常量，它取决于绝缘层的性质和厚度。将 $1/\xi^2(T)=4m\alpha/\hbar^2$ 和(14.4.30)式代入(14.4.29)式，则得

$$\frac{1}{\xi_d^2}=\frac{1}{\xi^2(T)}+\frac{1}{\xi_I^2} \tag{14.4.31}$$

式中 $\xi(T)$ 是大块超导体的相干长度；而 ξ_I 是由势垒 V_0 作用而致的一个特征长度。它基本上不随温度变化。

由(14.4.28)式和(14.4.31)式得

$$d_c=\frac{\sqrt{2}\eta(\varepsilon)\xi_I}{\sqrt{1-[\xi_I/\xi(T)]^2}} \tag{14.4.32}$$

严格地解出在结区的 GL 方程得到一个新的 Josephson 临界厚度 d_c 的概念，从而很容易解释上述实验现象。

由于我们实验中的 Pb—I—Pb Josephson 结的绝缘层厚度 d 较厚，在 2.90 K 时，$d>d_c$(2.9 K)，所以测量到单电子隧道。当温度继续降低时，(14.4.32)式给出由于 $\xi(T)$ 随温度降低而增加从而引起 d_c 增加，到 2.78 K 时，$d<d_c$(2.7 K)，此时结已过渡到 Josephson 结，故测到零压电流，而一旦出现电压时，结中除了恒流源供给的 Josephson 电流 I_c 外，还存在单电子激发的隧道效应，故 $\mathrm{d}I/\mathrm{d}V\neq 0$。

第 15 章　d. c. Josephson 效应

从前面推导出的 Josephson 方程看到，$V=0$ 时，(14.1.8)式中的 φ 与时间无关，$\varphi=\varphi_0$，φ_0 是初位相，当没有外磁场时

$$j_s = j_c \sin\varphi_0 \tag{15.1}$$

这个方程告诉我们，假如 $\varphi_0 \neq 0$，则跨越绝缘层将有超流电流流过，而且是在没有电压下流动的。绝缘体的行为如同一个超导体，隧道结的这样一个能够通过直流超流电流的现象称之为 d. c. Josephson 效应。

从方程(14.1.21)看到$\dfrac{\partial\varphi}{\partial x}=\dfrac{2e\Lambda}{\hbar}B_y x$，$\dfrac{\partial\varphi}{\partial y}=-\dfrac{2e\Lambda}{\hbar}B_x y$，如果 B_x，B_y 在结中不是均匀分布的，由于 London 方程$\nabla\times\boldsymbol{j}_s=-\dfrac{1}{\mu_0\lambda_L^2}\boldsymbol{B}$，看到 j_s 是 x，y 的函数，$j_s=j_c\sin\varphi_0$ 中的 j_c 是 $j_c(x,y)$。如果结的尺寸是 $L_x\times L_y$，当 L_x 或 $L_y<\lambda_J$ 时，磁场对结区将均匀穿透，$j_c(x,y)=j_c$ 为常量，我们称这种大小尺寸的结为小结。对 $j_c(x,y)$不均匀分布的结统称为大结，按照方程(14.1.21)式，在零电压下

$$j_s = j_c(x,y)\sin(k_y x - k_x y + \varphi_0) \tag{15.2}$$

式中 $k_y=\dfrac{2e\Lambda}{\hbar}B_x$，$k_x=\dfrac{2e\Lambda}{\hbar}B_y$，取外磁场 $\boldsymbol{B}$ 沿 y 方向，则 $B_y=B$，$B_x=0$，(15.2)式简化为

$$j_s(k) = j_c(x,y)\sin(kx+\varphi_0) \tag{15.3}$$

其中 $k=k_x=\dfrac{2e\Lambda}{\hbar}B$，则总电流 $I_s(k)$为

$$I_s(k) = \iint \mathrm{d}x\mathrm{d}y\, j_c(x,y)\sin(kx+\varphi_0) \tag{15.4}$$

式中的积分应在整个结面积上进行计算，为了有较大的普遍性，引入了最大电流密度的一个空间分布 $j_c=j_c(x,y)$，以便把隧道势垒中的不均匀性造成的影响考虑在内。

令

$$\mathscr{J}(x) = \int \mathrm{d}y j_{\mathrm{c}}(x, y) \tag{15.5}$$

式中积分是在沿 y 方向结的尺寸上进行计算的。则(15.4)式为

$$I(k, \varphi_0) = \int_{-L_x}^{L_x} \mathrm{d}x \mathscr{J}(x) \sin(kx + \varphi_0) = \mathrm{Im}\left\{ \mathrm{e}^{\mathrm{i}\varphi_0} \int_{-L_x}^{L_x} \mathrm{d}x \mathscr{J}(x) \mathrm{e}^{\mathrm{i}kx} \right\} \tag{15.6}$$

式中 L_x 是沿 x 方向结的最大尺寸。

将这一表达式对 φ_0 求最大值,得出最大 Josephson 电流 $I_{\mathrm{c}}(k)$

$$I_{\mathrm{c}}(k) = \left| \int_{-L_x}^{L_x} \mathrm{d}x \mathscr{J}(x) \mathrm{e}^{\mathrm{i}kx} \right| \tag{15.7}$$

将(15.7)式中的 $\mathscr{J}(x)$ 写成

$$\mathscr{J} = j_{\mathrm{c}} L_y P_{L_x/2}(x) \tag{15.8}$$

式中 j_{c} 是结中不均匀分布电流密度 $j_{\mathrm{c}}(x, y)$ 中的最大值,则 $\mathscr{J}(x)$ 由具体的结的结构而定。

15.1 小结中超导宏观量子衍射现象

15.1.1 矩形小结

图 15.1 给出矩形小结,外加磁场 $\boldsymbol{B}$ 沿 y 方向

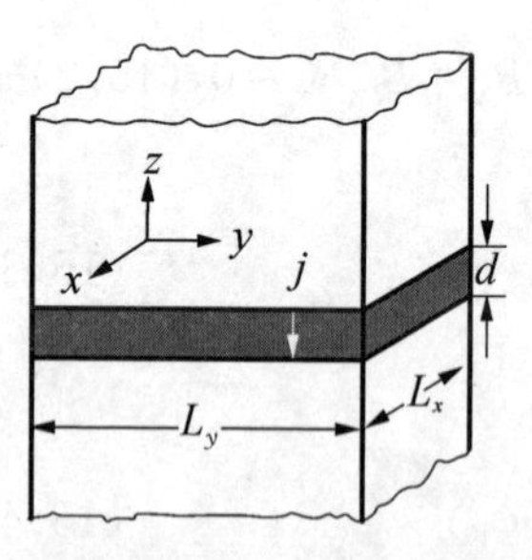

图 15.1 Josephson 结
(磁场 B 沿 y 方向)

由

$$\frac{\partial \varphi}{\partial x} = \frac{2e\Lambda}{\hbar} B_y = \frac{2e\Lambda}{\hbar} B$$

得

$$\varphi = \frac{2e\Lambda}{\hbar} Bx + \varphi_0 \tag{15.1.1}$$

所以

$$j_{\mathrm{s}} = j_{\mathrm{c}} \sin \varphi = j_{\mathrm{c}} \sin(kx + \varphi_0) \tag{15.1.2}$$

式中 $k = \dfrac{2e\Lambda}{\hbar} B$。显然由(15.1.2)式对结平面积分将得到流过结的 Josephson 电流。设结的长、宽分别为 L_x 和 L_y,坐标原点在结中心,

则(15.8)式中的 $P_{L_x/2}$ 为

$$P_{L_x/2}=\begin{cases}1, & |x|<L_x/2\\ 0, & |x|>L_x/2\end{cases} \tag{15.1.3}$$

将(15.1.3)式代入(15.8)式，再将(15.8)式代入(15.7)式，扩展到 $-\infty$ 到 ∞ 积分，则

$$I_c(k) = \left| j_c L_y \int_{-\infty}^{+\infty} \mathrm{d}x P_{L_x/2}(x)\mathrm{e}^{\mathrm{i}kx} \right| \tag{15.1.4}$$

对 $P_{L_x/2}(x)$ 进行 Fourier 变换我们得到(Papoulis ①, 1962, p20):

$$\begin{aligned}\int_{-\infty}^{+\infty} \mathrm{d}x P_{L_x}(x)\mathrm{e}^{\mathrm{i}kx} &= \int_{-L_x}^{+L_x} \cos kx\mathrm{d}x + \mathrm{i}\int_{-L_x}^{+L_x} \sin kx\mathrm{d}x \\ &= \frac{2\sin k(L_x/2)}{k}\end{aligned} \tag{15.1.5}$$

将(15.1.5)式代入(15.1.4)式并利用 $k=\frac{2e}{\hbar}\Lambda B$，得到

$$I_c(B) = I_c(0)\left|\frac{\sin\left(\frac{\pi\Phi_J}{\phi_0}\right)}{\frac{\pi\Phi_J}{\phi_0}}\right| \tag{15.1.6}$$

式中 $I_c(0)=j_c L_x L_y$，$\Phi_J=\Lambda L_x B$ 是穿透到 Josephson 结中的磁通量，$\phi_0=h/2e$ 是磁通量子。

(15.1.6)式给出 Fraunhofer 衍射公式。显然电流的测量是宏观量，所以人们称之为超导宏观量子衍射，理论曲线在图 15.2 上给出。

图 15.3 给出 $Sn—Sn_xO_y—In$ 矩形小结的实验和理论比较，图中的 B_0 是实验上给出的第一个最小电流值相应的磁场，理论和实验是基本符合的。

由 $\Phi_J/\phi_0=1$，可得出 $\phi_0=L_x\Lambda\Delta H$，则

$$\Delta H=\frac{\phi_0}{L_x(\lambda_1+\lambda_2+d)} \tag{15.1.7}$$

(15.1.7)式是在超导膜的厚度大于 λ_1 和 λ_2 时才成立，当超导膜的厚度 d_1 和 d_2 小于 λ_1 和 λ_2 时，(15.1.7)式变为

$$\Delta H=\frac{\phi_0}{L_x\left(\lambda_1 \mathrm{th}\frac{d_1}{2\lambda_1}+\lambda_2 \mathrm{th}\frac{d_2}{2\lambda_2}+d\right)} \tag{15.1.8}$$

① A. Papoulis, *The Fourier Integral and its Application*, New York, McGraw-Hill, (1962).

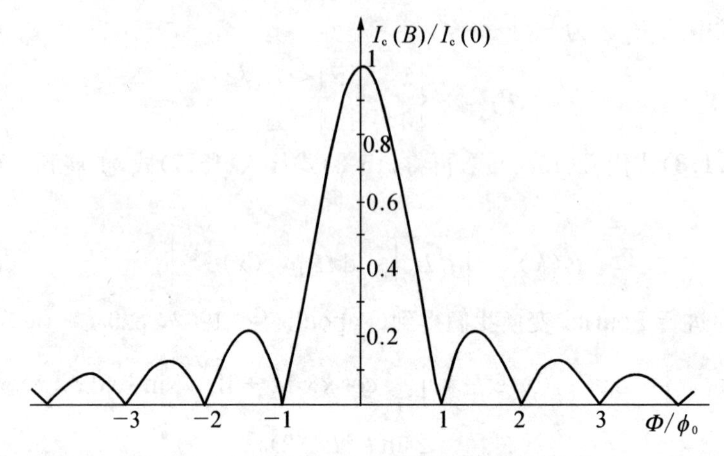

图 15.2　由公式(15.1.6)给出的小矩形结的 Josephson 电流与磁场关系的理论曲线

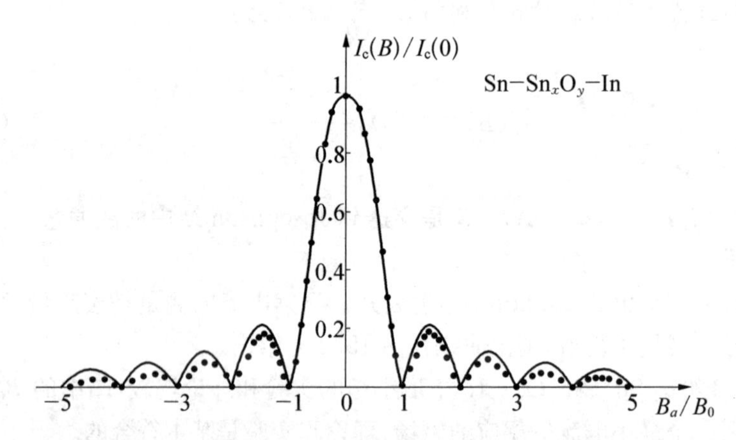

图 15.3　Sn—Sn$_x$O$_y$—In 矩形结的最大 Josephson 电流 I_c 对磁场的关系(圆点是实验数据,实线是由(15.1.6)式计算出的理论依赖关系。引自 Balsamo 等人 1976b)

从(15.1.6)式我们看到超导量子衍射的周期是 $\phi_0 = B\Lambda L_x$,由 $\phi_0 = 2.07\times 10^{-15}$ Wb,$\Lambda\sim10^{-5}$ cm,则得到

$$B\sim2\times10^{-6}/L_x$$

对 Josephson 结来说,L_x 取 0.25 mm,B 的数量级为 10^{-4} T;点接触和超导桥的结平面尺寸很小,$L_x\sim10^{-5}\sim10^{-6}$ cm,B 的数量级高达 0.2～2 T。因为对弱连接超导体实验涉及的磁场数量级不超过 10^{-3} T,所以对点接触和超导桥实际上观测不到超导量子衍射现象。

为了给超导量子衍射现象一个较清晰的物理图像,图 15.4 给出四个不同磁场(或磁通量)下,超导结中 Josephson 电流的分布。箭头的长短和方向分别表示电流密度的大小和方向。图 15.4(a)表示当磁通量 $\Phi=0$ 时,电流在整个结中均匀分布,临界电流 $I_c=j_cL_xL_y$;(b)当磁通量 $\Phi=\phi_0/2(B=h/4e\Lambda L_x)$时,电流在结中形成半波长的分布,故总电流要小一些;(c)当磁通量 $\Phi=\phi_0(B=h/2e\Lambda L_x)$时,电流在结中形成全波长分布,正反向电流抵消,总电流等于零;(d)当磁通量 $\Phi=3\phi_0/2(B=3h/4e\Lambda L_x)$时,电流在结中形成三个半波的分布,两个半波中电流抵消,总电流只是一个半波的电流,故总电流大大减小了。总之,每当穿过结的磁通量为磁通量子 ϕ_0 的整数倍,即 $\Phi=n\phi_0(n\neq0)$时,结中的电流分布正好是 n 个全波长,正反向电流相互抵消,超导结的临界电流等于零;当 $\Phi=(n+1/2)\phi_0$ 时,电流分布正好是$(2n+1)$个半波,总电流出现极大,但随着 n 的增大,未被抵消的半波长减小,故总电流减小。

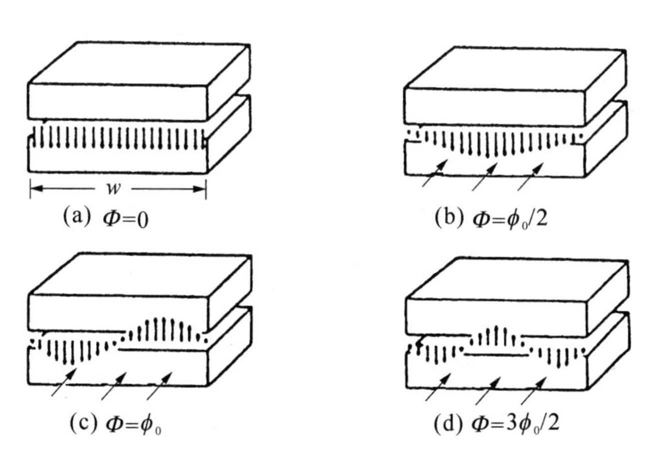

图 15.4 磁场对结中电流分布的影响
(粗线箭头表示磁场方向)

15.1.2 圆形小结

图 15.5(a)给出圆形结的结构,在这种情况下,相应的线电流密度为

$$\mathscr{J}(x)=\int_{-\sqrt{R^2-x^2}}^{\sqrt{R^2-x^2}}\mathrm{d}yj_c=2j_c\sqrt{R^2-x^2} \tag{15.1.9}$$

式中 R 是结的半径。

最大 Josephson 电流为

$$I_c(k)=\left|2j_c\int_{-R}^{R}\mathrm{d}x\sqrt{R^2-x^2}\mathrm{e}^{\mathrm{i}kx}\right| \tag{15.1.10}$$

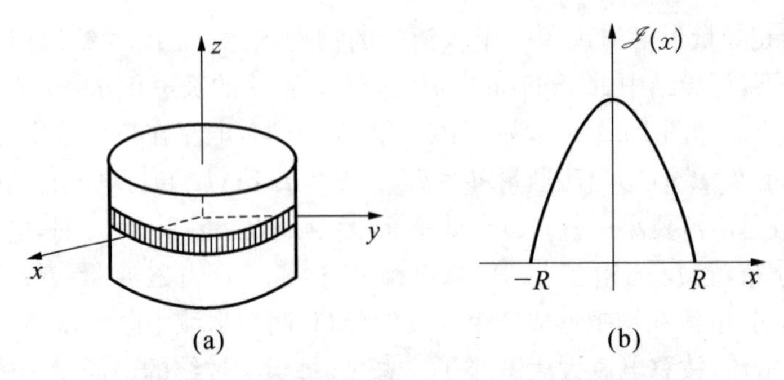

图 15.5　圆形结的几何构造和相应的线电流密度 $\mathscr{J}(x)$(均匀电流密度分布)

由于 $\mathscr{J}(x)$ 是偶函数,可以得到

$$\int_{-R}^{R}\sqrt{R^2-x^2}\,\mathrm{e}^{ikx}\,\mathrm{d}x = 2\int_{0}^{R}\sqrt{R^2-x^2}\cos kx\,\mathrm{d}x$$

作代换:$x=R\cos\theta$,(15.1.11)式变为

$$\int_{0}^{R}\sqrt{R^2-x^2}\cos kx\,\mathrm{d}x = -R^2\int_{0}^{R/2}\cos(kR\cos\theta)\sin^2\theta\,\mathrm{d}\theta \quad (15.1.12)$$

这个积分可以用 Bessel 函数求解,给出(Matisoo①, 1969):

$$I_{\mathrm{c}}(k)=I_{\mathrm{c}}(0)\left|\frac{\mathrm{J}_1(kR)}{\frac{1}{2}(kR)}\right| \quad (15.1.13)$$

式中 $I_{\mathrm{c}}(0)=\pi R^2 j_{\mathrm{c}}$,$\mathrm{J}_1(x)$ 是第一类 Bessel 函数。这一表达式画在图 15.6 中,磁

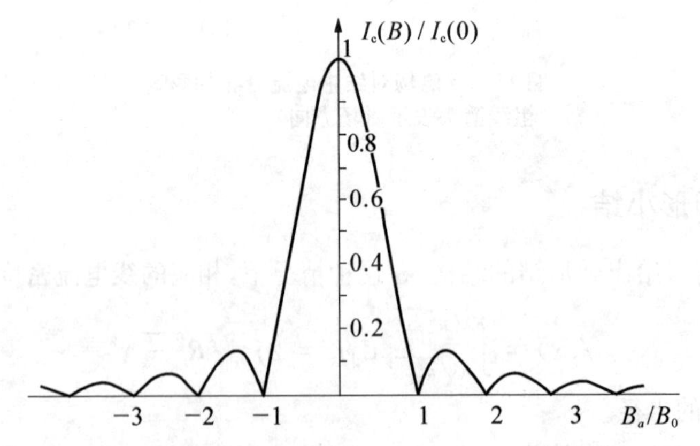

图 15.6　圆形结的最大 d.c. Josephson 电流 I_{c} 对磁场的理论关系

① J. Matisoo, *J. Appl. Phys.*, **44**(1969), 1813.

场值归一化到第一个最小值。图 15.7 中报道了 Matisoo(1969)在圆形 Sn—Sn 结上所得的实验结果。

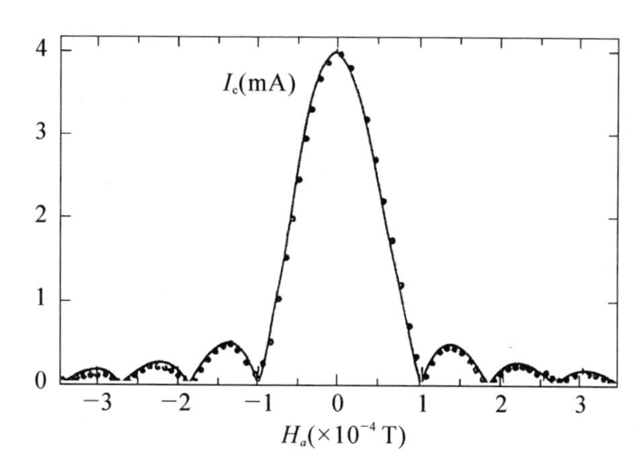

图 15.7 圆形结的最大 d. c. Josephson 电流 I_c 对磁场的关系(圆点是实验数据,实线是理论上的关系。引自 Matisoo, 1969)

15.1.3 任意取向磁场的矩形结

由(15.2)式,总电流为

$$I_c(k) = \iint \mathrm{d}x\mathrm{d}y j_c \sin\varphi = \mathrm{Im}\left\{\iint \mathrm{d}x\mathrm{d}y j_c \mathrm{e}^{\mathrm{i}[(k_y x - k_x y + \varphi_0)]}\right\} \qquad (15.1.14)$$

因此最大的 Josephson 电流为

$$\begin{aligned} I_c(B) &= \left| \int_{-L_y/2}^{L_y/2} \mathrm{d}y \int_{-L_x/2}^{L_x/2} \mathrm{d}x j_c \mathrm{e}^{\mathrm{i}(k_y x - k_x y)} \right| \\ &= I_c(0) \left| \frac{\sin k_y L_x/2}{k_y L_x/2} \right| \left| \frac{\sin k_x L_y/2}{k_x L_y/2} \right| \end{aligned} \qquad (15.1.15)$$

令 $B_x = B_a \sin\alpha$, $B_y = B_a \cos\alpha$, α 是外磁场 H_a 与 y 轴之间的夹角,则(15.1.15)式表示为

$$\begin{aligned} I_c(B,\alpha) = I_c(0) &\left| \frac{\sin[(\pi\Phi_J/\phi_0)\cos\alpha]}{(\pi\Phi_J/\phi_0)\cos\alpha} \right| \\ &\cdot \left| \frac{\sin[(\pi\Phi_J/\phi_0)(L_y/L_x)\sin\alpha]}{(\pi\Phi_J/\phi_0)(L_y/L_x)\sin\alpha} \right| \end{aligned} \qquad (15.1.16)$$

式中 $\Phi_J = B_a \Lambda L_x$。

(15.1.16)式给出在结上加一个沿 x 和 y 的分量均不等于零的磁场,导致 I_c

与 H_a 的依赖关系。它是由两个 Fraunhofer 图样相乘而给出的。对于正方形结($L_y/L_x=1$),不同 α 值的结果表示在图 15.8 中。

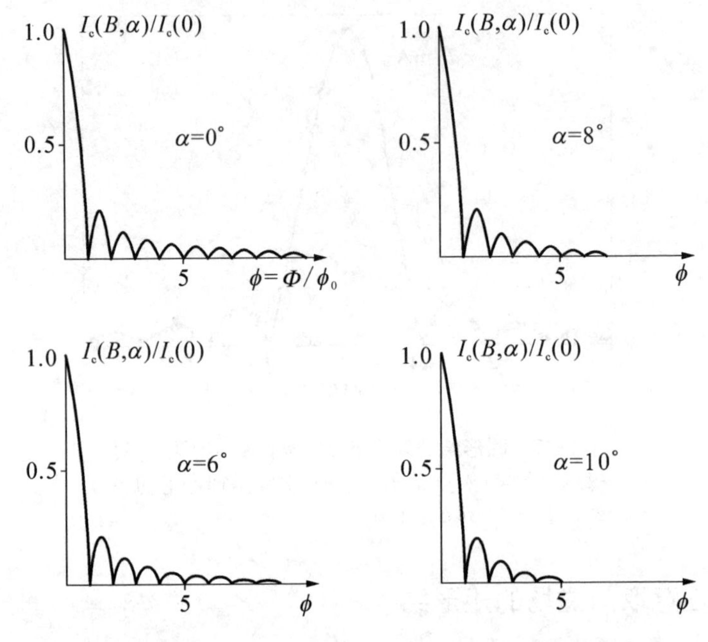

图 15.8　在外磁场 H_a 的不同取向下,一个正方形结的最大 d.c. Josephson 电流 I_c 对磁场的依赖关系(α 是 H_a 与 y 轴之间的夹角)

15.2　非均匀电流密度的 Josephson 效应

在第 10 章中我们已经指出流过膜的电流在膜面上是不均匀的,(10.4.17)式给出电流密度的分布,因此在真实的 Josephson 中考虑这种非均匀性的隧道效应是更符合实际情况的。

15.2.1　台阶状的电流密度分布

假定结的结构为图 15.1 所示,磁场在 y 方向,Josephson 电流由(15.4)式给出,式中

$$\mathscr{J}(x)=\begin{cases}0, & |x|>L_x/2\\ \int_{-L_y/2}^{L_y/2}\mathrm{d}y j_c(x,y), & |x|\leqslant L_x/2\end{cases} \tag{15.2.1}$$

假定 $j_c(x,y)$的分布是如图 15.9 所示的台阶分布，在两端的 s 长度上$j_c(x,y)=j_c$。在 $l=L_x-2s$ 范围内 $j_c(x,y)=\xi j_c$，$\xi\leqslant1$，则 Josephson 电流密度 $j_c(x,y)$为

$$j_c(x)=j_c\left[\xi P_{l/2}(x)+P_{s/2}\left(x-\frac{l+s}{2}\right)+P_{s/2}\left(x+\frac{l+s}{2}\right)\right] \tag{15.2.2}$$

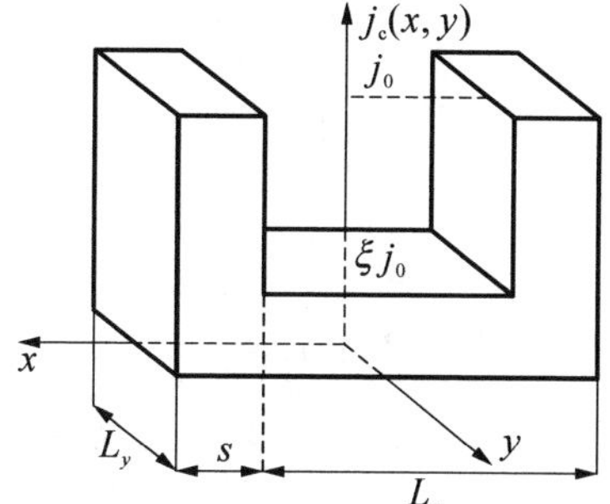

图 15.9　台阶状的电流密度分布

函数 $P_\tau(x)$由下式定义

$$P_\tau(x)=\begin{cases}1, & |x|\leqslant\tau\\ 0, & |x|>\tau\end{cases}$$

则最大 Josephson 电流为

$$I_c(B)=j_cL_y\left|\int_{-\infty}^{+\infty}\left[\xi P_{l/2}(x)+P_{s/2}\left(x-\frac{l+s}{2}\right)+P_{s/2}\left(x+\frac{l+s}{2}\right)\right]\mathrm{d}x\right| \tag{15.2.3}$$

由于 Fourier 变换，$f(x-x_0)$等于 $f(x)$的 Fourier 变换与一个位相因子 $\mathrm{e}^{-\mathrm{i}kx_0}$之积，因此得到

$$\begin{aligned}I_c(B)&=\left|j_cL_y\left[2\xi\frac{\sin kl/2}{k}+\frac{2\sin ks/2}{k}(\mathrm{e}^{\mathrm{i}k(l+s)/2}+\mathrm{e}^{-\mathrm{i}k(l+s)/2})\right]\right|\\&=j_cL_yL_x\left|\xi\frac{l}{L}\frac{\sin kl/2}{kl/2}+2\frac{s}{L}\frac{\sin ks/2}{ks/2}\cos\left(\frac{l+s}{2}\right)\right|\end{aligned}$$

对于 $k=0$，我们得出最大的 Josephson 电流为

$$I_c(0)=j_0L_yL_x\left(\xi\frac{l}{L}+2\frac{s}{L}\right)$$

最后得到

$$I_c(B)=I_c(0)\left(\frac{2s}{\xi l+2s}\right)\left|\frac{\xi l}{2s}\frac{\sin\left(\pi\frac{l}{L}\frac{\Phi_J}{\phi_0}\right)}{\pi\frac{l}{L}\frac{\Phi_J}{\phi_0}}+\frac{\sin\left(\pi\frac{s}{L}\frac{\Phi_J}{\phi_0}\right)}{\pi\frac{s}{L}\frac{\Phi_J}{\phi_0}}\cos\left[\pi\left(\frac{l+s}{L}\right)\frac{\Phi_J}{\phi_0}\right]\right| \tag{15.2.4}$$

式中

$$\Phi_J=BL_x\Lambda$$

由(15.2.4)式可以清楚地看到，假定在一矩形结边缘处的电流密度较高(见图 15.9)，

所导致的 $I_c \sim H_a$ 关系与假定均匀电流密度分布所得到的结果显著不同。在图15.10中我们给出了在不同参数 ξ 和 $s' = s/L$ 下由(15.2.4)式得出的依赖关系。显然，s' 影响到叠加的调制周期(见图15.10)。

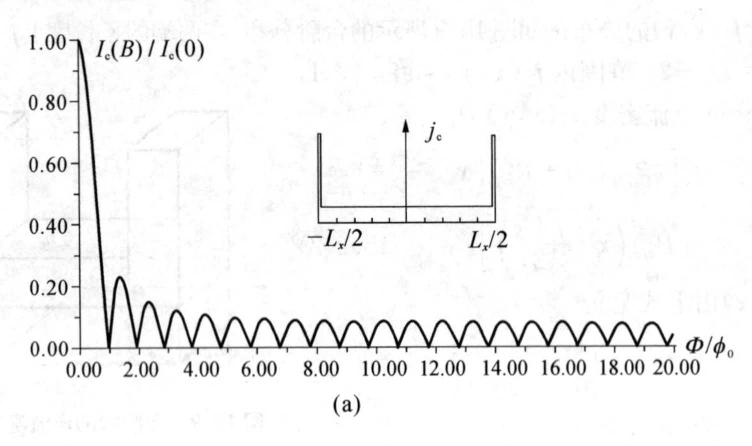

(a)

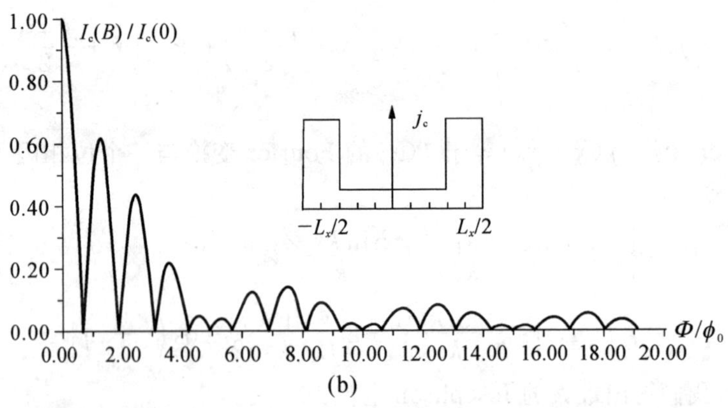

(b)

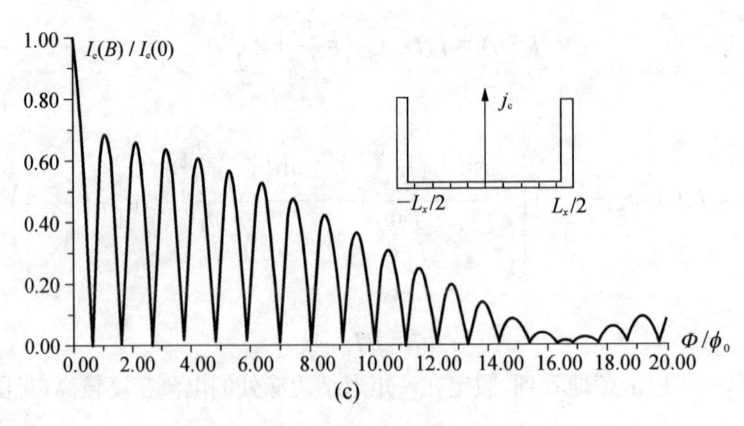

(c)

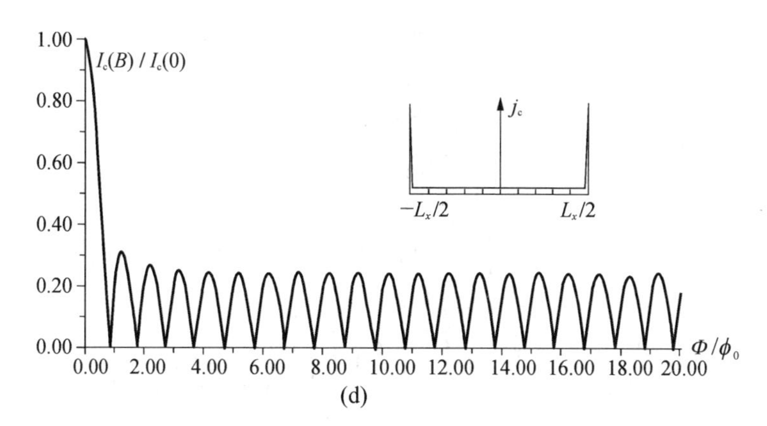

(d)

图 15.10 具有如图 15.9 那样的台阶状电流密度分布(见右上角插图)的结,由(15.2.4)式给出的 $I_c \sim H_a$ 关系

参量值为:(a) $\xi=0.20, s/L=0.01$;(b) $\xi=0.20, s/L=0.20$;(c) $\xi=0.06, s/L=0.06$;(d) $\xi=0.06, s/L=0.01$

图 15.11(a)中给出了 Sn—Sn_xO_y—Sn 结的实验的 $I_c \sim H_a$ 关系,外磁场沿着底层薄膜的方向。图 15.11(b)是假定一台阶状电流密度分布(如右上角插图)所得到的计算结果,实验结果和理论计算符合得很好。

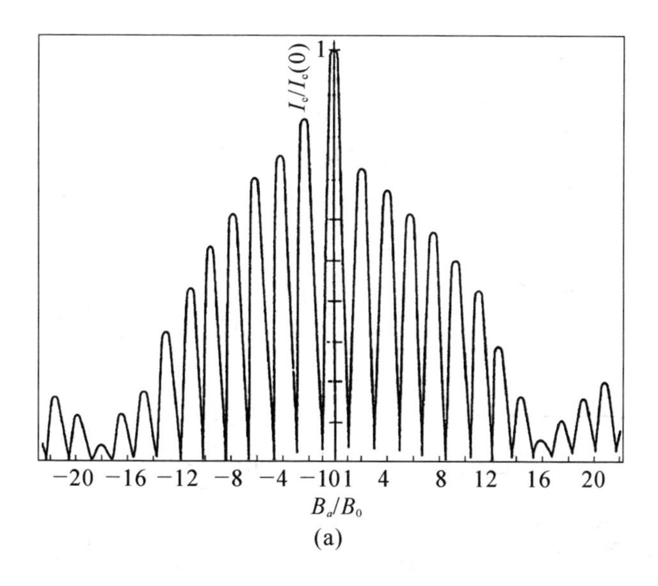

(a)

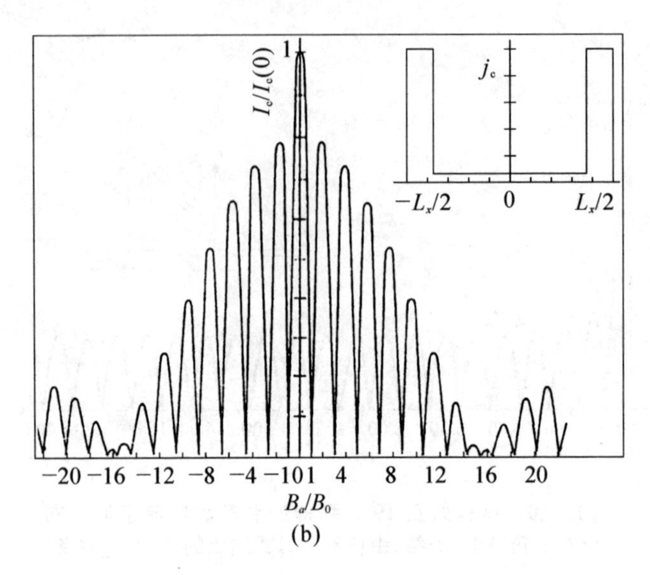

图 15.11

(a) Sn—Sn_xO_y—Sn 结的临界电流 I_c 与外磁场 H_a 关系的实验数据;(b) 相应于一台阶状电流密度分布(见右上图插图)的理论 $I_c \sim H_a$ 曲线,这一曲线是利用(15.2.4)式令 $\xi = 0.06$ 和 $s/L = 0.11$ 而计算得的。(引自 Barone 等人,1977)

15.2.2 单参量电流密度分布

图 15.12 给出结边缘上有峰的电流分布,设 $j_c(x)$ 为

$$j_c(x) = j_c \frac{\mathrm{ch}(ax)}{\mathrm{ch}(aL/2)} \tag{15.2.5}$$

式中参量 a 具有长度倒数的量纲,该参量给出了图 15.12 的分布中的峰谷比的量度。在这种情形下有

$$I_c(B) = \left| \frac{j_c L_y}{\mathrm{ch}\left(\frac{aL_x}{2}\right)} \int_{-L_x/2}^{+L_x/2} \mathrm{ch}(ax) \mathrm{e}^{\mathrm{i}kx} \mathrm{d}x \right|$$

$$\cdot \left| \frac{j_c L_y}{\mathrm{ch}\left(\frac{aL_x}{2}\right)} \int_{-L_x/2}^{+L_x/2} \mathrm{ch}(ax) \cos(kx) \mathrm{d}x \right| \tag{15.2.6}$$

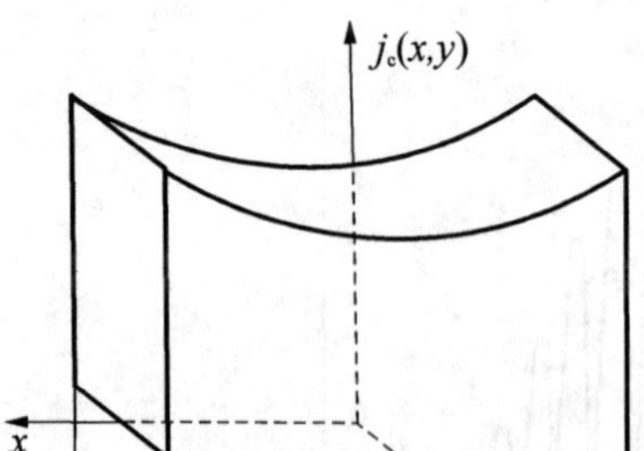

图 15.12 电流密度分布:单参量模型

因为 $\mathrm{ch}(ax)$ 是一个偶函数,通过积分很容易证明:

$$I_{\mathrm{c}}(B)=I_{\mathrm{c}}(0)\frac{a^{2}}{a^{2}+k^{2}}\left|\frac{k}{a}\frac{\sin(kL_{x}/2)}{\operatorname{th}(aL_{x}/2)}+\cos\left(\frac{kL_{x}}{2}\right)\right| \tag{15.2.7}$$

式中

$$I_{\mathrm{c}}(0)=\frac{2j_{\mathrm{c}}L_{y}}{a}\operatorname{th}\left(\frac{aL_{x}}{2}\right)$$

定义 $\chi=(L/2)/(1/a)$，(15.2.7)式变为

$$I_{\mathrm{c}}(B,\chi)=I_{\mathrm{c}}(0)\frac{\chi^{2}}{\chi^{2}\left(\pi\frac{\Phi_{\mathrm{J}}}{\phi_{0}}\right)}\left|\frac{\pi\frac{\Phi_{\mathrm{J}}}{\phi_{0}}\sin\left(\pi\frac{\Phi_{\mathrm{J}}}{\phi_{0}}\right)}{\chi\operatorname{th}\chi}+\cos\left(\pi\frac{\Phi_{\mathrm{J}}}{\phi_{0}}\right)\right| \tag{15.2.8}$$

对不同 χ 值，$I_{\mathrm{c}}(B)/I_{\mathrm{c}}(0)\sim\Phi_{\mathrm{J}}/\phi_{0}$ 计算结果在图 15.13 中给出。令(15.2.8)式

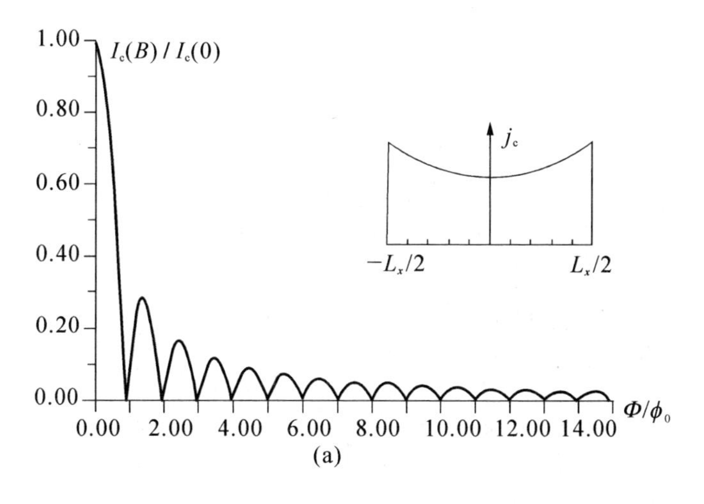

(a)

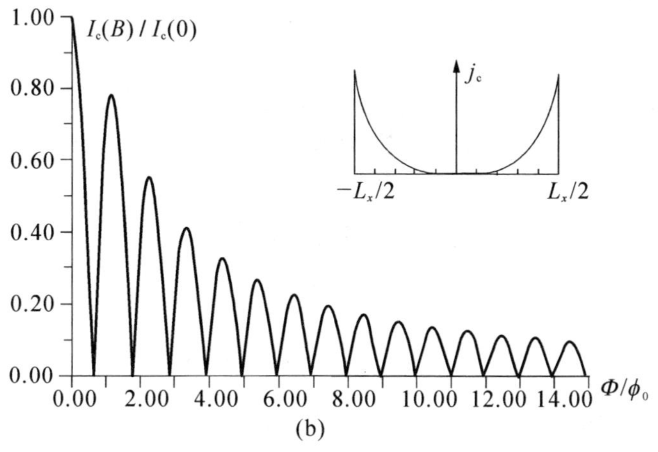

(b)

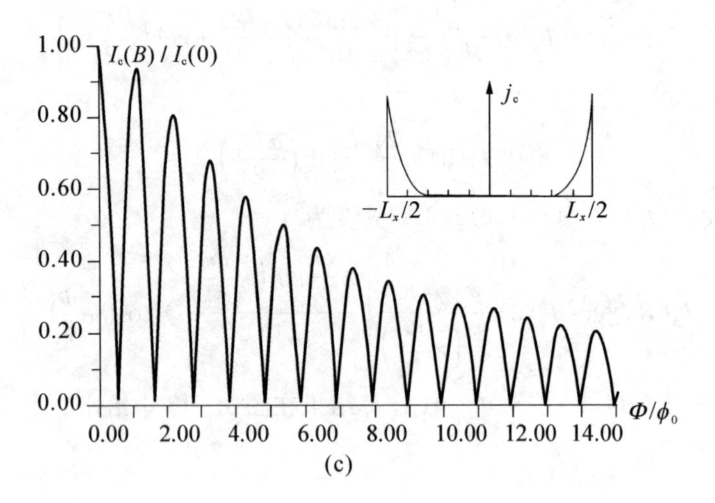

(c)

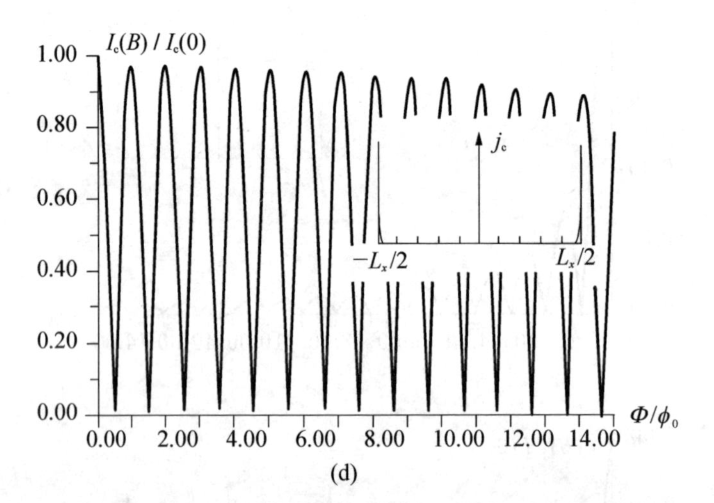

(d)

图 15.13　具有如图 15.12 那样的"单参量"电流密度分布(见右上角插图)的结,由(15.2.8)式给出的 $I_c(B)/I_c(0)\sim\Phi_J/\phi_0$ 关系

参量值为:(a) $\chi=1.00$;(b) $\chi=5.00$;(c) $\chi=10.00$;(d) $\chi=100.00$

等于零,我们得到最小值的条件为

$$\pi\frac{\Phi_J}{\phi_0}\tan\left(\pi\frac{\Phi_J}{\phi_0}\right)=-\chi\,\mathrm{th}\,\chi \tag{15.2.9}$$

图 15.14 给出理论与实验的比较,理论和实验是很一致的。

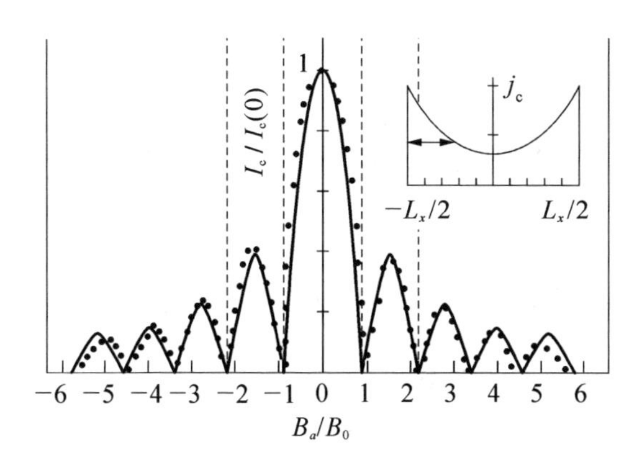

图 15.14　Nb—NbO$_x$—Pb 结的临界电流和外加磁场关系的实验数据(黑点)(实线表示与插图中所绘的指数型电流密度分布相应的理论依赖关系。引自 Barone 等人,1977)

15.2.3　三角形分布的电流密度

现在让我们来考虑一种与前面相反的情形;电流密度分布在结中心最大。假设一种简单的三角分布,如下式所示:

$$\left.\begin{aligned} j_c(x) &= j_c a_{L_x/2}(x) \\ a_{L_x/2}(x) &= \begin{cases} 1-\dfrac{|x|}{L_x/2}, & |x| \leqslant L_x/2 \\ 0, & |x| > L_x/2 \end{cases} \end{aligned}\right\} \tag{15.2.10}$$

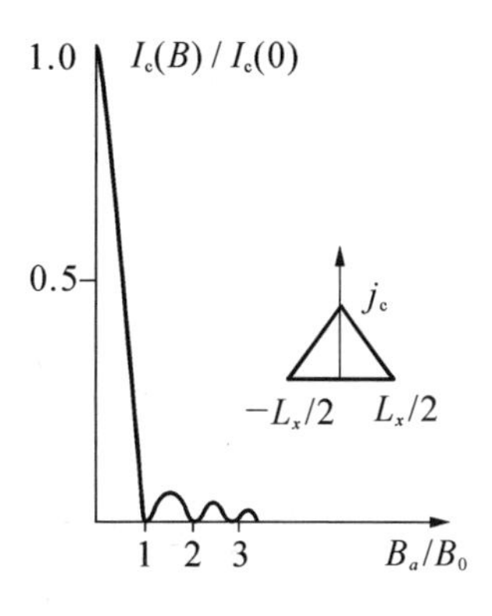

图 15.15　电流密度分布峰值在中心的结(见插图)的最大 Josephson 电流对磁场的依赖关系

在这种情形中很容易证明:

$$I_c(B) = \left| j_c \frac{L_x L_y}{2} \frac{\sin^2(kL_x/4)}{kL_x/4} \right| \tag{15.2.11}$$

这种关系在图 15.15 中给出,当考虑电流密度分布由结中心到边缘减小时,$I_c \sim H_a$ 曲线中发生一次最大的降低。这与 Dynes 和 Fulton(1971)的实验观察相一致。

15.3 小尺寸结中的自场效应

所谓小结是指结的尺寸 $L<\lambda_J$，磁场在结中均匀分布。

15.3.1 叠层隧道结中的自场[①]

图 15.16 是一个典型的叠层结，我们把交叠部分称为结区。由于电流从上膜条跨越结区到下膜条要连续通过，故在结区上下膜条中电流有如图 15.17 分布的形式。上膜条中电流在上膜条的下面上产生的磁场是沿 x 轴的负方向；下膜条中电流在下膜条的上面上产生的磁场是沿 x 轴的正向，所以电流在绝缘层内产生的磁场是反对称分布的，在结中心 $y=0$ 处磁场为零，由此沿 y 轴是反向对称增大的。如图 15.18 所示。即有 $h_x(-y)=-h_x(y)$，因此电流产生的自场对 Josephson 电流

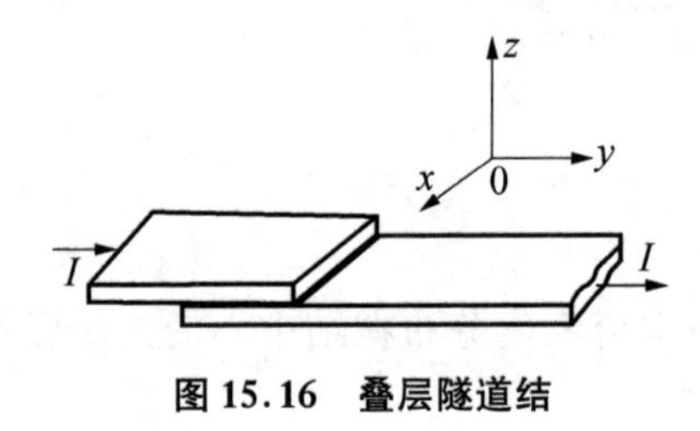

图 15.16 叠层隧道结

$$j_s=j_c\sin\varphi \tag{15.3.1}$$

中的位相 φ 没有贡献。如果沿 x 方向加一个稳恒磁场 $\boldsymbol{H}_a=H_a\boldsymbol{i}$，则(15.3.1)式变成

$$j_s=j_c\sin\left(-\frac{2e\Lambda}{\hbar}B_y+\varphi_0\right) \tag{15.3.2}$$

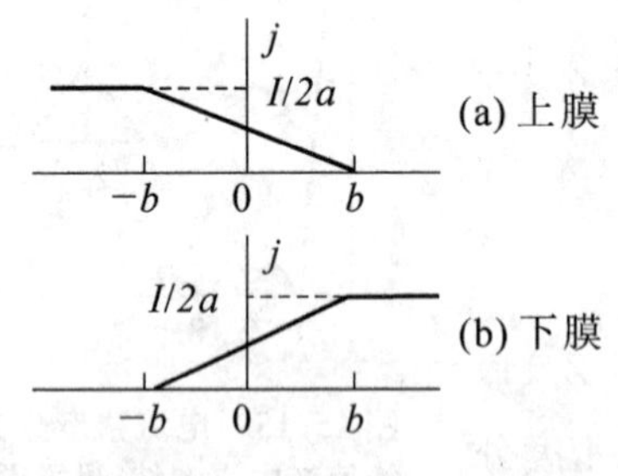

图 15.17 结区上、下膜条中电流的分布

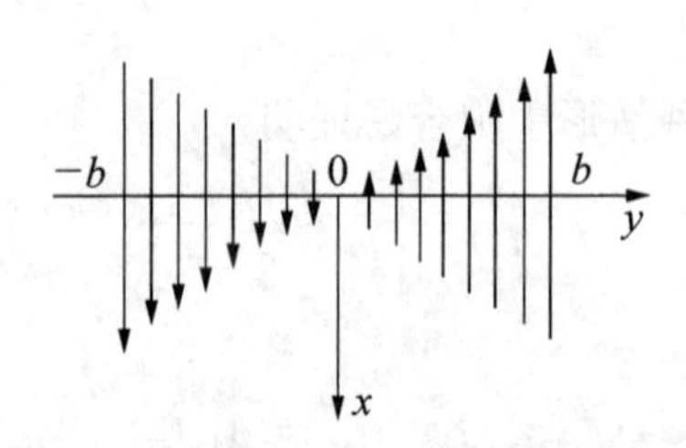

图 15.18 结中自场的分布

① 张裕恒，沈秀玲，物理学报，**34**(1985)，700.

将(15.3.2)式对结面积积分,则得到方程(15.1.6)的 Fraunhofer 衍射。

15.3.2　交叉膜隧道结的自场效应①

图 15.19 是一个典型的交叉膜隧道结,设上膜条宽度为 $2b$,下膜条宽度为 $2a$,绝缘层的厚度为 $2d$,以(x',y',z')表示电流的空间点,(x,y,z)表示场点。坐标原点取在结中心。设电流从上膜进入,跨越绝缘层从下膜右支流出。为了计算这个电流在结平面中产生的磁场,我们把交叉膜分成四个区域:上膜条 $x'\geqslant a$ 为第Ⅰ区,并设膜条为半无限长,即 $a\leqslant x'<\infty$;$-a\leqslant x'<a$ 的上膜条为第Ⅱ区;下膜条中 $-b\leqslant y'\leqslant b$ 为第Ⅲ区;$b\leqslant y'<\infty$ 为第Ⅳ区。在Ⅱ区中电流要跨越势垒流入Ⅲ区,设Ⅱ、Ⅲ区中电流分布分别为图 15.20(a)和(b)的形式。

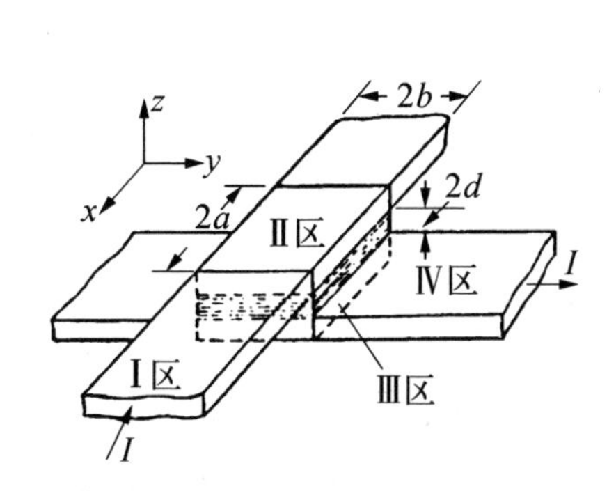

图 15.19　交叉膜隧道结

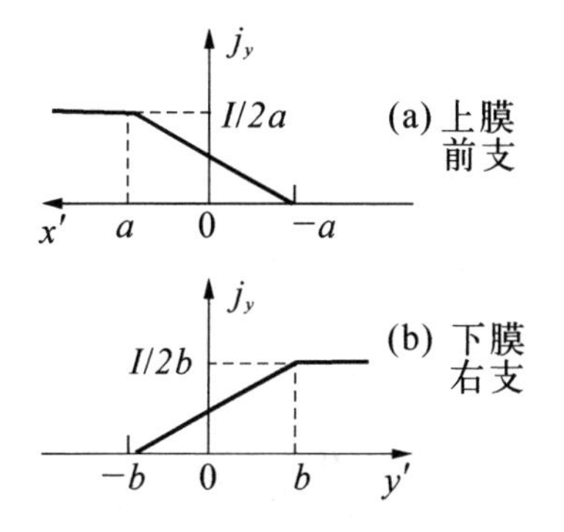

图 15.20　交叉膜的结区上、下膜条中的电流分布

在膜中的电流密度为

$$j_{x1}=-\frac{I}{2b}\boldsymbol{i},\qquad \text{Ⅰ区 } s_1,\ a\leqslant x'<\infty,\ -b\leqslant y'\leqslant b$$

$$j_{x2}=-\frac{I}{4ab}(x'+a)\boldsymbol{i},\qquad \text{Ⅱ区 } s_2,\ -a\leqslant x'\leqslant a,\ -b\leqslant y'\leqslant b$$

$$j_{x3}=-\frac{I}{4ab}(y'+b)\boldsymbol{j},\qquad \text{Ⅲ区 } s_3,\ -a\leqslant x'\leqslant a,\ -b\leqslant y'\leqslant b$$

$$j_{x4}=-\frac{I}{2a}\boldsymbol{j},\qquad \text{Ⅳ区 } s_4,\ -a\leqslant x'\leqslant a,\ b\leqslant y'<\infty$$

① 张裕恒,沈秀玲,物理学报,**34**(1985),700.

则

$$A_x = \frac{\mu_0}{4\pi}\iint\limits_{s_1+s_2}\frac{j_{x1}+j_{x2}}{\sqrt{(x'-x)^2+(y'-y)^2+(d-z)^2}}\mathrm{d}x'\mathrm{d}y'$$

$$= -\frac{\mu_0 I}{8\pi b}\iint\limits_{s_1}\frac{1}{\sqrt{(x'-x)^2+(y'-y)^2+(d-z)^2}}\mathrm{d}x'\mathrm{d}y'$$

$$-\frac{\mu_0 I}{16\pi ab}\iint\limits_{s_2}\frac{x'+a}{\sqrt{(x'-x)^2+(y'-y)^2+(d-z)^2}}\mathrm{d}x'\mathrm{d}y' \tag{15.3.3a}$$

$$A_y = \frac{\mu_0 I}{8\pi a}\iint\limits_{s_4}\frac{1}{\sqrt{(x'-x)^2+(y'-y)^2+(d-z)^2}}\mathrm{d}x'\mathrm{d}y'$$

$$+\frac{\mu_0 I}{16\pi ab}\iint\limits_{s_3}\frac{y'+b}{\sqrt{(x'-x)^2+(y'-y)^2+(d-z)^2}}\mathrm{d}x'\mathrm{d}y' \tag{15.3.3b}$$

$$A_z = 0 \tag{15.3.3c}$$

由 $\boldsymbol{B}=\nabla\times\boldsymbol{A}$,并计算积分求得

$$B_x = \frac{\mu_0 I}{8\pi a}\Big[\arctan\frac{a-x}{d+z}+\arctan\frac{a+x}{d+z}$$

$$+\frac{d+z}{2b}\ln\frac{\sqrt{(a-x)^2+(b+y)^2+(d+z)^2}+(a-x)}{\sqrt{(a-x)^2+(b-y)^2+(d+z)^2}+(a-x)}$$

$$-\frac{d+z}{2b}\ln\frac{\sqrt{(a+x)^2+(b+y)^2+(d+z)^2}-(a+x)}{\sqrt{(a+x)^2+(b-y)^2+(d+z)^2}-(a+x)}$$

$$+\frac{y-b}{2b}\arctan\frac{b-y}{d+z}\cdot\frac{(a-x)}{\sqrt{(a-x)^2+(b-y)^2+(d+z)^2}}$$

$$-\frac{y-b}{2b}\arctan\frac{b-y}{d+z}\cdot\frac{(a+x)}{\sqrt{(a+x)^2+(b-y)^2+(d+z)^2}}$$

$$+\frac{y+b}{2b}\arctan\frac{b+y}{d+z}\cdot\frac{(a-x)}{\sqrt{(a-x)^2+(b+y)^2+(d+z)^2}}$$

$$-\frac{y+b}{2b}\arctan\frac{b+y}{d+z}\cdot\frac{(a+x)}{\sqrt{(a+x)^2+(b+y)^2+(d+z)^2}}\Big] \tag{15.3.4a}$$

$$B_x = -\frac{\mu_0 I}{8\pi a}\Big[\arctan\frac{b-y}{d-z}+\arctan\frac{b+y}{d-z}$$

$$
\begin{aligned}
&+\frac{d-z}{2a}\ln\frac{\sqrt{(a+x)^2+(b-y)^2+(d-z)^2}+(b-y)}{\sqrt{(a-x)^2+(b-y)^2+(d-z)^2}+(b-y)}\\
&-\frac{d-z}{2a}\ln\frac{\sqrt{(a+x)^2+(b+y)^2+(d-z)^2}-(b+y)}{\sqrt{(a-x)^2+(b+y)^2+(d-z)^2}-(b+y)}\\
&+\frac{x-a}{2a}\arctan\frac{a-x}{d-z}\cdot\frac{(b-y)}{\sqrt{(a-x)^2+(b-y)^2+(d-z)^2}}\\
&-\frac{x-a}{2a}\arctan\frac{a-x}{d-z}\cdot\frac{(b+y)}{\sqrt{(a-x)^2+(b+y)^2+(d+z)^2}}\\
&+\frac{x+a}{2b}\arctan\frac{a+x}{d-z}\cdot\frac{(b-y)}{\sqrt{(a+x)^2+(b-y)^2+(d-z)^2}}\\
&-\frac{x+a}{2a}\arctan\frac{a+x}{d-z}\cdot\frac{(b+y)}{\sqrt{(a+x)^2+(b+y)^2+(d-z)^2}}\Bigg]
\end{aligned}
\tag{15.3.4b}
$$

由(15.3.4a)式和(15.3.4b)式可以算出在 $z=0$ 的平面中任意点(x,y)的磁场 B_x 和 B_y。取 $2a=0.2$ mm，$2b=0.2$ mm，$2d=20$ Å，算出结平面中磁场的分布，我们发现除了离边缘 1/20 的窄条内磁场值发生畸变外，结中绝大部分区域中各点的磁场皆为恒定值，且正比于电流 I。在上述给定的尺寸下，(15.3.4a)式和(15.30.4b)式近似为

$$B_x=CI \tag{15.3.5a}$$

$$B_y=DI \tag{15.3.5b}$$

上式中 C 和 D 为常数，$C=-D=15.596$。

如果沿 x 方向加一个外磁场 $\boldsymbol{H}_a=H_a\boldsymbol{i}$，那么方程(15.3.1)将变为

$$j_s(x,y)=j_c\sin\left[\frac{2e\Lambda}{\hbar}DI_x-\frac{2e\Lambda}{\hbar}(CI+\mu_0H_a)y+\varphi_0\right] \tag{15.3.6}$$

则流过 Josephson 结的电流为

$$
\begin{aligned}
I&=\int_{-a}^{a}\int_{-b}^{b}j_s(x,y)\mathrm{d}x\mathrm{d}y\\
&=-I_c(0)\frac{\sin\left(\dfrac{2e\Lambda}{\hbar}DIa\right)}{\dfrac{2e\Lambda}{\hbar}DIa}\cdot\frac{\sin\left[\dfrac{2e\Lambda}{\hbar}(CI+\mu_0H_a)b\right]}{\dfrac{2e\Lambda}{\hbar}(CI+\mu_0H_a)b}\cdot\sin\varphi_0
\end{aligned}
\tag{15.3.7}
$$

其中 $I_c(0)=4abj_c$，取 I 的最大值，就得到临界电流随外磁场的变化关系

$$I(H_a) = I_c(0) \cdot \left| \frac{\sin\left[\frac{2e\Lambda}{\hbar} DI(H_a)a\right]}{\frac{2e\Lambda}{\hbar} DI(H_a)a} \cdot \frac{\sin\left\{\frac{2e\Lambda}{\hbar}[CI(H_a) + \mu_0 H_a]b\right\}}{\frac{2e\Lambda}{\hbar}[CI(H_a) + \mu_0 H_a]b} \right| \tag{15.3.8}$$

取 $\Lambda \approx 10^{-5}$ cm，$I_c(0) = 26.61$ mA，对(15.3.8)式进行数值计算，就得到在小结中 $I(H_a) \sim H_a$ 不对称的衍射图，见图 15.21。

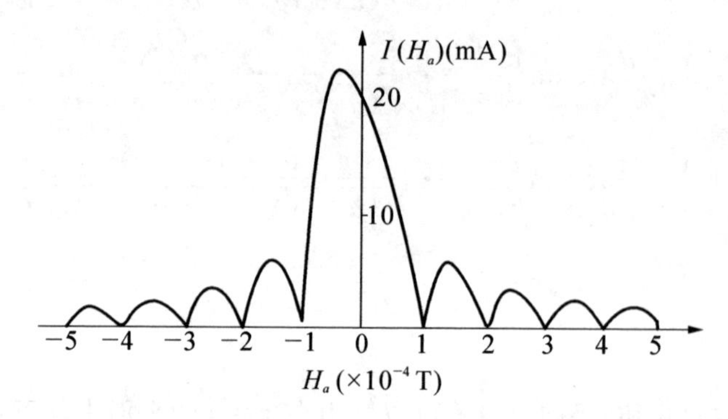

图 15.21　在小尺寸 Josephson 结中，自场引起 $I(H_a) \sim H_a$ 不对称的衍射图

为了求出 $I(H_a)$ 随 H_a 变化的最大值和其相应的磁场值，将(15.3.8)式对 H_a 求偏微商，并令 $\partial I/\partial H_a = 0$，得到

$$\frac{2e\Lambda}{\hbar}(CI + H_a)b = \tan\left[\frac{2e\Lambda}{\hbar}(CI + H_a)b\right] \tag{15.3.9}$$

这里的 I 相应于衍射图中各个极值 I_{max}，而 H_a 则是对应于极值点的磁场 H_m，(15.3.9)式有无限多个分立解，相应于 I 最大值的解为

$$CI_{max} + H_m = 0 \tag{15.3.10}$$

将(15.3.10)式代入(15.3.8)式，即得不对称的衍射图中的最大电流值

$$I_{max} = I_c(0) \left| \frac{\sin\left(\frac{2e\Lambda}{\hbar} DaI_{max}\right)}{\frac{2e\Lambda}{\hbar} DaI_{max}} \right| \tag{15.3.11}$$

由(15.3.11)式数值求解得 $I_{max} = 21.997$ mA。将这个值代入(15.3.10)式则得到 $H_m = -3.453 \times 10^{-5}$ T。

由(15.3.8)式可以得出在 $H_a = 0$ 的情况下，由于自场的影响，零压电流变为 $I_c(0) = 19.67$ mA，它只有临界电流的 74%。

因此，我们得到结论：对小的交叉结，在临界电流较大（$I_c(0)\approx 20$ mA）的情况下，自场效应不能忽略，自场不仅改变了 Fraunhofer 衍射图的对称性，而且明显地降低了零场中的零压电流。

Rowell①，Mereereau② 实验上测得的都是很好的 Fraunhofer 量子衍射，但他们的 $I_c(0)$都很低，分别是 0.18 mA 和 0.64 mA，因而自场可以忽略；Langenberg 等人③的交叉膜结的 $I(H_a)\sim H_a$ 关系，其 $I_c(0)$大约是 27.4 mA，自场不能忽略，但他们的实验结果只有 $H_a>0$ 的情况，从他们的实验结果明显地看到 $H_a=0$ 的 $I_c(0)$不是 I_{max}，实验在负的磁场区中将有明显的上升趋势；Fiske 和 Giaever④ 的 $I_c(0)$约为 14 mA，但测到很好的对称曲线，不过他们未报道测量方法，事实上如果对称地提供结电流，即电流从上膜条两端输入，跨结后从下膜条两端输出，则可完全消除自场效应而得到对称的 Fraunhofer 衍射。

15.4 涨落对 Josephson 效应的影响

前一节我们讨论了结中的非均匀性问题，非均匀是指电流密度非均匀的分布。现在考虑另一种非均匀性，它是在整个势垒中无规分布的，即所谓涨落，涨落来自热涨落、量子力学涨落等等。

我们假定最大电流密度可以写成一维形式

$$\begin{aligned} j_c(x) &= j_i(x) + j_f(x) \\ &= j_i(x) + \sum_n^{\infty}\left(a_n\cos\frac{2\pi nx}{L_x} + b_n\sin\frac{2\pi nx}{L_x}\right) \end{aligned} \tag{15.4.1}$$

式中 $j_i(x)$是无涨落电流密度，$j_f(x)$描述非均匀性的无规分布，这个随机函数由以下性质来表征

$$\overline{j_f(x)}=0 \text{ 和 } j(\xi)\equiv\overline{j_f(x+\xi)j_f(x)}=\overline{j_f^2}e^{-|\xi|/r} \tag{15.4.2}$$

式中横线表示在整个结面积上求空间平均值。$j(\xi)$是空间自相关函数；$\overline{j_f^2}$是恒定

---

① J. M. Rowell, *Phys. Rev. Lett.*, **11**(1963), 200.

② J. E. Mereereau, *The Tunneling Phenomena in Solid*, (1969).

③ D. N. Langenberg, D. L. Scalapino and B. N. Taylor, *Proc. IEEE*, **54**(1965), 560.

④ M. D. Fiske and I. Giaever, *Proc. IEEE*, **52**(1964), 1155.

的涨落幅度均方值，r 是相关半径，它给出了非均匀性的量度。自相关函数 $j(\xi)$的表达式可从如下得到：我们假定沿 x 方向的势垒是由一系列平均相对长度为 r/L_x 的小段所组成，则 L_x/r 给出了这些小段的平均数目。在势垒(L_x)中有 l 小段的几率由 Poisson 统计给出

$$P_L(l)=\frac{l}{(l-1)!}\left(\frac{|L_x|}{r}\right)^{l-1}\mathrm{e}^{-|L_x|/r} \tag{15.4.3}$$

类似地，在$|\xi|$中有 l 小段的几率为

$$P_\xi(l)=\frac{l}{(l-1)!}\left(\frac{|\xi|}{r}\right)^{l-1}\mathrm{e}^{-|\xi|/r} \tag{15.4.4}$$

我们假定在每一段中 j_f 的幅值符合高斯分布

$$F[j_\mathrm{f}(x)]=\frac{1}{\sqrt{2\pi\,\overline{j_\mathrm{f}^2}}}\mathrm{e}^{-j_\mathrm{f}^2(\xi)/j_\mathrm{f}} \tag{15.4.5}$$

式中$\overline{j_\mathrm{f}^2}$是均方偏差。

我们可以写出

$$\overline{j_\mathrm{f}(x)j_\mathrm{f}(x+\xi)}=\sum_{l=1}^{\infty}P_\xi(l)\,\overline{j_{\mathrm{f},l}(x)j_{\mathrm{f},l}(x+\xi)} \tag{15.4.6}$$

在间隔 ξ 中(小段的长度小于 ξ)，当 $l>1$ 时，我们有

$$\overline{j_{\mathrm{f},l}(x)j_{\mathrm{f},l}(x+\xi)}=\overline{j_{\mathrm{f},l}(x)}\cdot\overline{j_{\mathrm{f},l}(x+\xi)}=0$$

这就是说，在不同小段中的 $j_\mathrm{f}(x)$值之间不存在相关性。而对于 $l=1$，我们有

$$\overline{j_{\mathrm{f},1}(x)j_{\mathrm{f},1}(x+\xi)}=\overline{j_{\mathrm{f},1}{}^2(x)}=\overline{j_\mathrm{f}^2}\text{和 }P(l)=\mathrm{e}^{-|\xi|/r}$$

所以

$$\overline{j_\mathrm{f}(x)j_\mathrm{f}(x+\xi)}=\overline{j_\mathrm{f}^2}\mathrm{e}^{-|\xi|/r} \tag{15.4.7}$$

让我们写出超电流和外磁场之间的关系

$$I_\mathrm{c}(B)=L_y\left|\int_{-L_x/2}^{+L_x/2}j_\mathrm{c}(x)\mathrm{e}^{2x\mathrm{i}\phi x/L_x}\mathrm{d}x\right| \tag{15.4.8}$$

式中 $\phi=\Phi/\phi_0$。把(15.4.1)式代入上式并且利用 j_f 的性质我们得到

$$I_\mathrm{c}^2(B)=\mathscr{F}^2(\phi)+(I_a^2+I_b^2)\frac{\sin^2\pi\phi}{\pi^2\phi^2} \tag{15.4.9}$$

式中 $\mathscr{F}(\phi)$是通常的 $j_\mathrm{i}(x)$的 Fourier 变换，并且

$$\begin{aligned}I_a^2=&4L_y^2\sum_{m,n=1}^{\infty}(-1)^{m+n}\frac{\phi^2}{\phi^2-n^2}\frac{\phi^2}{\phi^2-m^2}\\&\times\int_{-L_x/2}^{+L_x/2}\mathrm{d}x_1\int_{-L_x/2}^{+L_x/2}\mathrm{d}x_2\,j_\mathrm{f}(x_1)j_\mathrm{f}(x_2)\cos\frac{2\pi nx_1}{L_x}\cos\frac{2\pi mx_2}{L_x}\end{aligned}$$

$$I_b^2 = 4L_y^2 \sum_{m,n=1}^{\infty} (-1)^{m+n} \frac{n\phi}{\phi^2 - n^2} \frac{m\phi}{\phi^2 - m^2}$$
$$\times \int_{-L_x/2}^{+L_x/2} dx_1 \int_{-L_x/2}^{+L_x/2} dx_2 j_f(x_1) j_f(x_2) \sin\frac{2\pi n x_1}{L_x} \sin\frac{2\pi m x_2}{L_x}$$

由前面定义的自相关函数 $j_f(\xi = x_1 - x_2)$ 可求出这些表达式的平均值，通过计算这些积分，最后得到

$$I_c(B) = \left\{ \mathscr{F}^2(\phi) + I_0^2 [a(r', \phi) + b(r', \phi)] \frac{\sin^2 \pi\phi}{\pi^2 \phi^2} \right\}^{1/2} \tag{15.4.10}$$

式中 $I_0 = L_x L_y (2r' \overline{j_f^2})$，$r' = r/L$；函数 $a(r', \phi)$ 和 $b(r', \phi)$ 由下式给出

$$a(r', \phi) = 2\sum_{n=1}^{\infty} \left(\frac{\phi^2}{\phi^2 - n^2} \right)^2 \frac{1}{1 + (2\pi n r')^2} - r'(1 - e^{-1/r'})$$
$$\times \left[2\sum_{n=1}^{\infty} \frac{\phi^2}{\phi^2 - n^2} \frac{1}{1 + (2\pi n r')^2} \right]^2 \tag{15.4.11a}$$

$$b(r', \phi) = 2\sum_{n=1}^{\infty} \left(\frac{n\phi}{\phi^2 - n^2} \right)^2 \frac{1}{1 + (2\pi n r')^2} + r'(1 - e^{-1/r'})$$
$$\times \left[2\sum_{m=1}^{\infty} \frac{n\phi}{\phi^2 - n^2} \frac{2\pi n r'}{1 + (2\pi n r')^2} \right]^2 \tag{15.4.11b}$$

对于小的涨落（$r' \ll 1$）和小的外磁场（$2\pi r' \phi \ll 1$），(15.4.11)式可化为

$$a(r', \phi) = 2\sum_{n=1}^{\infty} \left(\frac{\phi^2}{\phi^2 - n^2} \right)^2 = \frac{\pi^2 \phi^2}{2\sin^2 \pi\phi} + \frac{\pi\phi}{2} \cot \pi\phi - 1$$

$$b(r', \phi) = 2\sum_{m=1}^{\infty} \left(\frac{n\phi}{\phi^2 - n^2} \right)^2 = \frac{\pi^2 \phi^2}{2\sin^2 \pi\phi} - \frac{\pi\phi}{2} \cot \pi\phi$$

所以

$$I_c(B) = \left[\mathscr{F}^2(\phi) + I_0^2 \left(1 - \frac{\sin^2 \pi\phi}{\pi^2 \phi^2} \right) \right]^{1/2} \tag{15.4.12}$$

从方程(15.4.12)我们看到，通常的 $I_c(B) = |\mathscr{F}(\phi)|$ 关系由于存在涨落而被修正，特别是我们注意到，除了一个受磁场调制的贡献之外，还存在一个幅值 I_0 的恒定的背景电流。我们还看到零场电流并不受这种涨落的影响，更为普遍情况下的表达式(15.4.10)与无涨落的 $I_c(B) = |\mathscr{F}(\phi_0)|$ 的主要区别是：存在一个不再恒定的，而是随磁场增加逐渐消失的背景电流。

在小涨落的情况下，不可能把涨落的平均幅值同它的平均相关半径分割开来。事实上，由(15.4.12)式可知，所有与涨落有关的信息都包含在 I_0 中；另一方面，在大涨落的极限中，背景电流的减小与 r' 和 $\overline{j_f^2}$ 的确定无关。

Yanson[①](1970)研究了 Sn—SnO_x—Sn 结，结果表明这种实验条件属于小涨落的情况。在这一工作中得到 $\gamma = I_0/I_c(0)$ 为 0.066。Barone[②] 等人(1979)研究了光敏 Josephson 结中的涨落效应，测量了光敏结的光生 Josephson 电流与外磁场的关系，而这些结在黑暗中却没有表现出零电压电流，这就保证了在 $I_c(B)$ 曲线中不存在由于短路引起的背景电流。图 15.22 中给出了典型的实验结果(圈点)。显然，存在小的恒定的背景电流，表明这种情形属于小涨落极限。图中的实线是由(15.4.12)式得到的理论曲线，这里 $\gamma=0.06$。

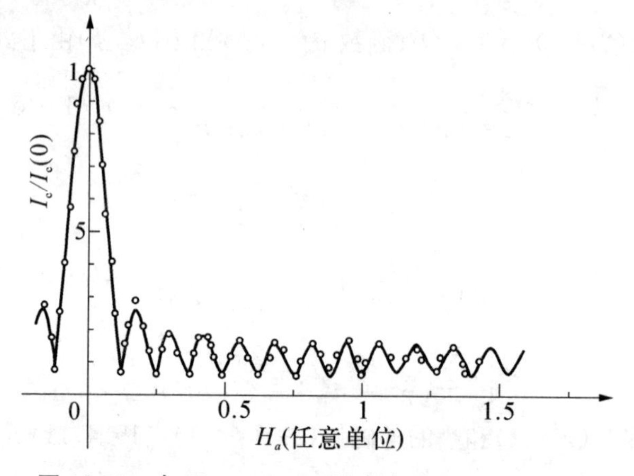

图 15.22 在 Pb—CdS—In 结中光感生 Josephson 电流对磁场的关系的实验结果(圈点)(它表现出小范围的空间涨落。实线是由(15.4.12)式计算出的理论关系，假定了 $\gamma = I_0/I_c(0) = 0.06$。$\mathscr{F}(\phi)$已计算出，计算中假定了一台阶状的电流密度分布，且 $\xi = 0.01$，$s' = s/L_x = 0.01$。引自 Barone 等人，1978)

15.5 大结中的自场效应

由于大结中 $L \gg \lambda_J$，外磁场不能均匀地穿透结，结区是一个弱超导体，在 λ_J 上

① I. K. Yanson, *JETP*, **31**(1970), 800.
② A. Barone, G. Paterno, M. Russo and R. Vaglio, *JETP*, **47**(1979), 776.

流过电流屏蔽磁场进入结区，显然结中流过的电流密度即使在外磁场为零情况下仍是高度非均匀的，电流产生的磁场我们称之为自场，此时自场是不能忽略的。

15.5.1　半无限大结的特解

外磁场沿 y 方向，则(14.1.28)式为

$$\frac{\mathrm{d}^2\varphi}{\mathrm{d}x^2}=\lambda_{\mathrm{J}}^{-2}\sin\varphi \tag{15.5.1}$$

对于半无限大的结（x 从 0 到 ∞），Ferrel 和 Prange① 得出符合边界条件 $\varphi(\infty)=0$ 的解为

$$\varphi=2\arcsin\operatorname{sech}\frac{x}{\lambda_{\mathrm{J}}} \tag{15.5.2}$$

则磁场

$$B_y=-\frac{\hbar}{2e\Lambda}\frac{\mathrm{d}\varphi}{\mathrm{d}x}=\frac{\hbar}{e\Lambda\lambda_{\mathrm{J}}}\operatorname{sech}\frac{x}{\lambda_{\mathrm{J}}} \tag{15.5.3}$$

电流密度

$$j=2j_{\mathrm{c}}\operatorname{th}\frac{x}{\lambda_{\mathrm{J}}}\operatorname{sech}\frac{x}{\lambda_{\mathrm{J}}} \tag{15.5.4}$$

以 x/λ_{J} 为自变量，则方程(15.5.3)和(15.5.4)可以用图 15.23 表示。可见磁场和电流密度都限制在结的边缘上。应注意这一解与大块超导体的解是不同的，对有限超导体，电流密度正比于波函数位相的梯度，并且一般在表面最大。对于结的情况，电流密度正比于位相差的正弦，因此在 φ 变到 $\pi/2$ 时，电流密度出现峰值。

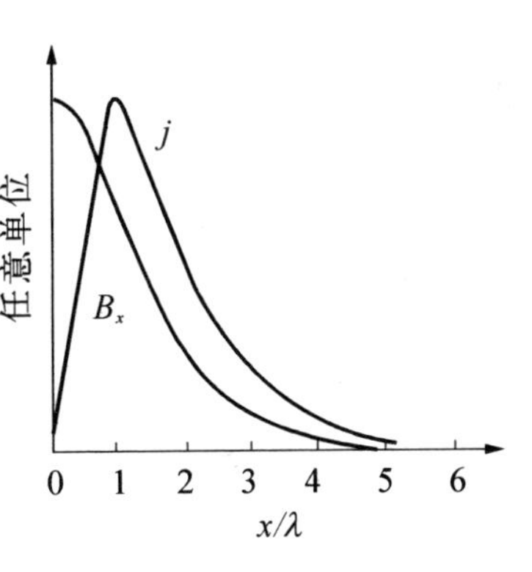

图 15.23　半无限大结中磁场和电流密度的分布

15.5.2　大结的一般解

方程(15.5.2)只是一个特解，Owen 和 Scalapino② 给出了通解，具有椭圆函数的形式。

将方程(15.5.1)两边乘以 $2(\mathrm{d}\varphi/\mathrm{d}x)$ 并积分得

$$\frac{\mathrm{d}}{\mathrm{d}x}\left(\frac{\mathrm{d}\varphi}{\mathrm{d}x}\right)^2=-\frac{2}{\lambda_{\mathrm{J}}^2}\frac{\mathrm{d}}{\mathrm{d}x}\cos\varphi \tag{15.5.5}$$

---

① R. A. Ferrel and R. E. Prange, *Phys. Rev. Lett.*, **10**(1963), 479.

② C. S. Owen and D. J. Scalapino, *Phys. Rev.*, **164**(1967), 538.

积分得

$$\left(\frac{\mathrm{d}\varphi}{\mathrm{d}x}\right)^2 = \left(\frac{\mathrm{d}\varphi}{\mathrm{d}x}\right)^2_{x_0} + \frac{2}{\lambda_J^2}(\cos\varphi_0 - \cos\varphi) \tag{15.5.6}$$

式中 $\varphi_0 = \phi(x_0)$。定义

$$C = \cos\varphi_0 + \frac{\lambda_J^2}{2}\left(\frac{\mathrm{d}\varphi}{\mathrm{d}x}\right)^2_{x_0}$$

则(15.5.6)式可以写成

$$\frac{\mathrm{d}\varphi}{\mathrm{d}x} = \frac{1}{\lambda_J}[2(C - \cos\varphi)]^{1/2} \tag{15.5.7}$$

引入参量 k,它由 $C = (2-k^2)/k^2$ 定义,则(15.5.7)式变为

$$\frac{\mathrm{d}\varphi}{\mathrm{d}x} = \frac{1}{\lambda_J}\left[2\left(\frac{2-k^2}{k^2}\right) - 2\cos\varphi\right]^{1/2} \tag{15.5.8}$$

由 $\cos\varphi = 2\cos^2(\varphi/2) - 1$,上式可化为

$$\frac{\mathrm{d}\varphi}{\mathrm{d}x} = \frac{2}{k\lambda_J}[1 - k^2\cos(\varphi/2)]^{1/2} \tag{15.5.9}$$

积分有

$$\int_{x_0}^{x} \frac{\mathrm{d}x'}{k\lambda_J} = \int_{\varphi(x_0)}^{\varphi(x)} \frac{\mathrm{d}\varphi'/2}{\sqrt{1 - k^2\cos(\varphi'/2)}} \tag{15.5.10}$$

通过变量代换

$$\theta = \frac{\varphi'}{2} - \frac{\pi}{2};\quad \mathrm{d}\theta = \frac{\mathrm{d}\varphi'}{2}$$

则得到(Owen 和 Scalapino, 1967; Scalapino, 1967)

$$\frac{x - x_0}{k\lambda_J} = \int_0^{\varphi/2-\pi/2} \frac{\mathrm{d}\theta}{\sqrt{1 - k^2\sin^2\theta}} \tag{15.5.11}$$

再利用代换 $\sin\theta = t$,(15.5.11)式可化为

$$\frac{x - x_0}{k\lambda_J} = \int_0^{-\cos\varphi/2} \frac{\mathrm{d}t}{(1 - t^2)^{1/2}(1 - k^2t^2)^{1/2}} \tag{15.5.12}$$

对于 $k \leqslant 1$,(15.5.12)式可以由自变数为 u 和模数为 k 的 Jacobian 椭圆函数 $\mathrm{sn}(u|k^2)$,$\mathrm{cn}(u|k^2)$,$\mathrm{dn}(u|k^2)$来求解(Whittaker 和 Watson, 1969)。我们得到

$$\cos\frac{\varphi}{2} = -\mathrm{sn}\left(\frac{x - x_0}{k\lambda_J}\,\middle|\, k^2\right) \tag{15.5.13a}$$

由

$$\sin^2\frac{\varphi}{2} = 1 - \cos^2\frac{\varphi}{2} = 1 - \mathrm{sn}^2 = \mathrm{cn}^2$$

所以有

$$\sin\frac{\varphi}{2}=\mathrm{cn}\left(\frac{x-x_0}{k\lambda_J}\,\middle|\,k^2\right) \tag{15.5.13b}$$

如果 $k>1$，作代换 $t=t'/k$，(15.5.12)式可化为

$$\frac{x-x_0}{\lambda_J}=\int_0^{-k\cos\varphi/2}\frac{\mathrm{d}t'}{\sqrt{(1-t'^2/k^2)^{1/2}(1-t'^2)^{1/2}}} \tag{15.5.14}$$

它给出

$$\cos\frac{\varphi}{2}=-\frac{1}{k}\mathrm{sn}\left(\frac{x-x_0}{\lambda_J}\,\middle|\,\frac{1}{k^2}\right) \tag{15.5.15a}$$

使用关系式 $\sin^2\varphi/2=1-\cos^2(\varphi/2)=1-\mathrm{sn}^2/k^2=\mathrm{dn}^2$，有

$$\sin\frac{\varphi}{2}=\mathrm{dn}\left(\frac{x-x_0}{\lambda_J}\,\middle|\,\frac{1}{k^2}\right) \tag{15.5.15b}$$

结中的电流密度 $j(x)$ 和磁场 $H(x)$ 可由 Josephson 关系

$$j(x)=j_c\sin\varphi(x),\quad \frac{\mathrm{d}\varphi}{\mathrm{d}x}=\frac{2e\Lambda}{\hbar}\mu_0H(x)$$

来计算

考虑 $k\leqslant1$ 的情形。对(15.5.13a)式微分，有

$$\begin{aligned}-\frac{1}{2}\left(\frac{\mathrm{d}\varphi}{\mathrm{d}x}\right)\sin\frac{\varphi}{2}&=-\frac{\mathrm{d}}{\mathrm{d}x}\mathrm{sn}\left(\frac{x-x_0}{k\lambda_J}\,\middle|\,k^2\right)\\&=-\frac{1}{k\lambda_J}\mathrm{cn}\left(\frac{x-x_0}{k\lambda_J}\,\middle|\,k^2\right)\mathrm{dn}\left(\frac{x-x_0}{k\lambda_J}\,\middle|\,k^2\right)\end{aligned}$$

它是由椭圆函数性质 $(\mathrm{d}/\mathrm{d}u)\mathrm{sn}(u\,|\,k)=\mathrm{cn}\,\mathrm{dn}$ 得到的。把此式与(15.5.13b)合并，得到

$$\frac{\mathrm{d}\varphi}{\mathrm{d}x}=\frac{2}{k\lambda_J}\mathrm{dn}\left(\frac{x-x_0}{k\lambda_J}\,\middle|\,k^2\right) \tag{15.5.16}$$

由(15.5.13a)式和(15.5.13b)式，有

$$\sin\varphi=-2\mathrm{sn}\left(\frac{x-x_0}{k\lambda_J}\,\middle|\,k^2\right)\mathrm{cn}\left(\frac{x-x_0}{k\lambda_J}\,\middle|\,k^2\right)$$

因此得到 $j(x)$ 和 $H(x)$ 的表达式(对于 $k\leqslant1$)为

$$H(x)=\frac{H_{c0}}{k}\mathrm{dn}\left(\frac{x-x_0}{k\lambda_J}\,\middle|\,k^2\right) \tag{15.5.17a}$$

$$j(x)=-2j_c\mathrm{sn}\left(\frac{x-x_0}{k\lambda_J}\,\middle|\,k^2\right)\mathrm{cn}\left(\frac{x-x_0}{k\lambda_J}\,\middle|\,k^2\right) \tag{15.5.17b}$$

式中定义了

$$H_{c0}=\frac{2\phi_0}{\mu_0\Lambda\lambda_J} \tag{15.5.18}$$

对于 $k>1$，不难证明

$$H(x)=\frac{H_{c0}}{k}\mathrm{cn}\left(\frac{x-x_0}{\lambda_J}\middle|\frac{1}{k^2}\right) \tag{15.5.19a}$$

$$j(x)=-\frac{2j_c}{k}\mathrm{sn}\left(\frac{x-x_0}{\lambda_J}\middle|\frac{1}{k^2}\right)\mathrm{dn}\left(\frac{x-x_0}{\lambda_J}\middle|\frac{1}{k^2}\right) \tag{15.5.19b}$$

只要我们注意一下 Jacobian 椭圆函数的行为，就可以看到对 $k\leqslant 1$ 和 $k>1$ 的两种情形得到的解是完全不同的（Ivanchenko，Svidzinskii 和 Slyusarev，1966）。特别是我们注意到对于 $k\leqslant 1$，$H(x)$永不改变符号，因为 dn 总是正的；对于 $k>1$，如果外加磁场（均匀场）比自场占优势，这种行为是很特殊的，由于 cn 既可以是正值又可以是负值，$H(x)$也将改变符号。因此 $k>1$ 描述了自场比外磁场占优势的情形，上述的例子正是 $H_a=0$ 所表示的情况。

让我们考虑自场与外磁场相比较可以忽略的情形，这时解由(15.5.17)式给出。如果我们假定 $k\to 0$ 和 $\lambda_J\to\infty$，并且 $k\lambda_J$ 保持有限，因为 $k\to 0$ 时 $\mathrm{dn}(u|k^2)\to 1$，所以由(15.5.17a)式得到

$$H(x)=\frac{2\phi_0}{\mu_0\Lambda}\frac{1}{k\lambda_J}=H_a=\text{常数}$$

则

$$k\lambda_J=\frac{2\phi_0}{\mu_0\Lambda H_a} \tag{15.5.20}$$

用 $k\to 0$ 时 sn 和 cn 的渐近表达式，(15.5.17b)式变为

$$j(x)=-2j_c\sin\left(\frac{x-x_0}{k\lambda_J}\right)\cos\left(\frac{x-x_0}{k\lambda_J}\right) \tag{15.5.21a}$$

也就是

$$j(x)=-j_c\sin\left(\frac{2x}{k\lambda_J}+\varphi_0\right) \tag{15.5.21b}$$

这是一个周期为 $x=\pi k\lambda_J$ 给出的正弦变化，利用(15.5.20)式我们得到

$$j(x)=-j_c\sin\left(\frac{2\pi\Lambda\mu_0 H_a}{\phi}x+\varphi_0\right)$$

这恰好是前面所得的小结最大超流电流密度对外磁场的关系。

关于解的周期性，我们注意到 cn 和 sn 的周期由 $4K(k^2)$给出，dn 的周期由 $2K(k^2)$给出，其中

$$K(k^2)=\int_0^{\pi/2}\frac{\mathrm{d}\theta}{\sqrt{1-k^2\sin^2\theta}}$$

是第一类完全椭圆积分，由于关系式

$$\mathrm{sn}(u+2K)=-\mathrm{sn}(u);\quad \mathrm{cn}(u+2K)=-\mathrm{cn}(u)$$

sn u 和 cn u 之积的周期由 $2K(k^2)$给出，因此很容易看到，当 $0\leqslant k\leqslant 1$ 时电流密度$j(x)$的周期由 $2k\lambda_J K(k^2)$给出，当 $k>1$ 时由 $4\lambda_J K(1/k^2)$给出，特别是当 $k=1$ 时 $K(1)=\infty$，周期变为无限大。在(15.5.17)和(15.5.18)式中我们有两个参量 x_0 和 k，它们可以通过对磁场和电流的边界条件作出合适的假定来加以确定。显然，这些边界条件取决于结的特定几何形状。

15.5.3　一维大尺寸结

(1) 无限长非对称的一字线形结

图 15.24(a)给出无限长非对称的一字线形结的结构图，结在 $x\geqslant 0$ 的半空间，且结的横向尺寸 $L_y\ll\lambda_J$，Ferrel 和 Prange 给出这个结构模型的解，他们假定边界条件为

$$\text{在 } x\to+\infty\text{ 时},H(+\infty)\sim\left.\frac{\mathrm{d}\varphi}{\mathrm{d}x}\right|_{x=+\infty}=0\text{ 且 }\varphi=0$$

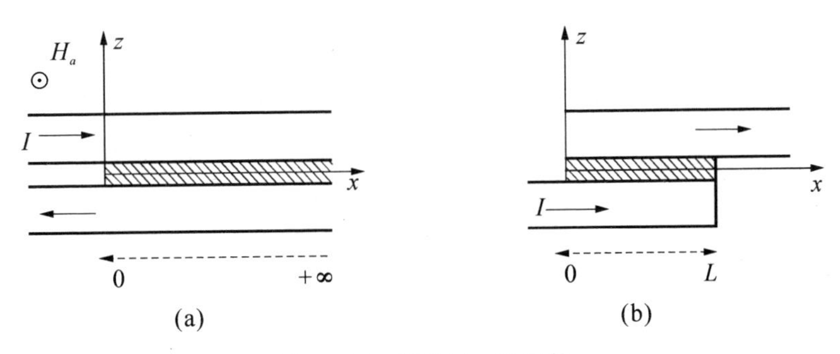

图 15.24　简单的一维形状

(a) 无限长的非对称一字线结；(b) 对称的一字线几何形状

由(15.5.9)式很容易看出，这对应于 $k=1$ 的特殊选择。由(15.5.13a)式和(15.5.13b)式，使用 Jacobian 椭圆函数在 $k\to 1$ 的渐近表达式，我们得到

$$H(x)=H_{c0}\,\mathrm{sech}\left(\frac{x-x_0}{\lambda_J}\right)\tag{15.5.22a}$$

$$j(x)=-2j_c\,\mathrm{th}\left(\frac{x-x_0}{\lambda_J}\right)\mathrm{sech}\left(\frac{x-x_0}{\lambda_J}\right)\tag{15.5.22b}$$

则结中的总电流为

$$\begin{aligned}I&=\left|L_y\int_0^{+\infty}j(x)\mathrm{d}x\right|=2j_cL_y\left|\int_0^{+\infty}\mathrm{th}\left(\frac{x-x_0}{\lambda_J}\right)\mathrm{sech}\left(\frac{x-x_0}{\lambda_J}\right)\mathrm{d}x\right|\\&=2\lambda_JL_yj_c\left|\mathrm{sech}\left(\frac{-x_0}{\lambda_J}\right)\right|\end{aligned}$$

在 $x_0=0$ 时，总电流的最大值为

$$I_{max}=2L_y\lambda_J j_c \tag{15.5.23}$$

由(15.5.22b)式取 $x_0=0$ 给出 $j(x)/j_c \sim x/\lambda_J$ 的关系绘在图 15.25 上，像半无限结一样，结中的隧道电流被限制在结边缘的特征距离 λ_J 内。

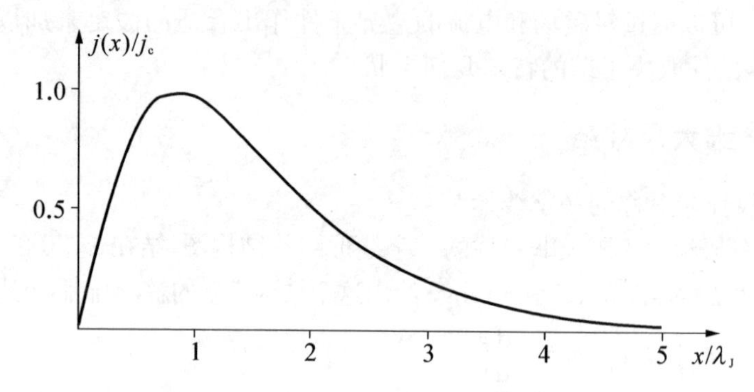

图 15.25　在图 15.24(a)**形状的结中沿** x **方向的 Josephson 电流密度**

(2) 对称的一字线形结

图 15.24(b)是对称的有限一字线形结的结构。Owen 和 Scalapino (1967)已对此问题作了广泛的研究。在这种情形中边界条件为

$$H(0)=\frac{\phi_0}{2\pi\Lambda\mu_0}\left(\left|\frac{\mathrm{d}\varphi}{\mathrm{d}x}\right|_0\right)=-\frac{I}{2L_y}+H_a \tag{15.5.24a}$$

$$H(L)=\frac{\phi_0}{2\pi\Lambda\mu_0}\left(\left|\frac{\mathrm{d}\varphi}{\mathrm{d}x}\right|_L\right)=-\frac{I}{2L_y}+H_a \tag{15.5.24b}$$

式中 H_a 是沿 y 方向的外磁场，I 是流入结中的电流。原点 $x=0$ 取在结的左侧边缘处。由(15.5.24)式，我们可以导出等效关系式

$$\frac{\phi_0}{2\pi\Lambda\mu_0}\left(\left|\frac{\mathrm{d}\varphi}{\mathrm{d}x}\right|_L-\left|\frac{\mathrm{d}\varphi}{\mathrm{d}x}\right|_0\right)=\frac{I}{L_y} \tag{15.5.25a}$$

$$\frac{\phi_0}{2\pi\Lambda\mu_0}\left(\left|\frac{\mathrm{d}\varphi}{\mathrm{d}x}\right|_L+\left|\frac{\mathrm{d}\varphi}{\mathrm{d}x}\right|_0\right)=2H_a \tag{15.5.25b}$$

原则上，有可能从这些关系式确定普遍解的参量 k 和 x_0，但是这并不是容易做到的。使用的方法是先固定外磁场值，由公式(15.5.16)，用数值计算求出满足(15.5.25)式并且使电流 I 最大的 k 和 x_0 值，将 k 和 x_0 代到(15.5.19)式中就可得到在对称的有限长一字形结中的 $B(x)$ 和 $j(x)$ 分布，图 15.26 给出零磁场下对 $L_x=2\lambda_J$、$5\lambda_J$ 和 $15\lambda_J$ 情况下结中 Josephson 电流密度的分布。图 15.27 给出不同 H_a 下 $j(x)$ 和 $H(x)$ 在结中的分布。图 15.28 是用上述同样操作，由(15.5.25)式

联立求解的 $I_c \sim H_a$ 关系，一字形结的 $L_x/\lambda_J = 10$，这一曲线定性地与小结的曲线都不同，因为在小结中自场可忽略，并且结内部的磁场是恒定的且等于外磁场，而在 $L > \lambda_J$ 的大结中，在 λ_J 中流过一个涡旋电流以屏蔽外磁场，结的行为类似于第Ⅰ类超导体，结是 Meissner 态。从图 15.28(d)看到结中的电流是一个涡旋，此时相应的磁场为结的 H_{c1}，当 $H_a \geqslant H_{c1}$ 时，一个磁通量子进入结区，$I_c = 0$。H_a

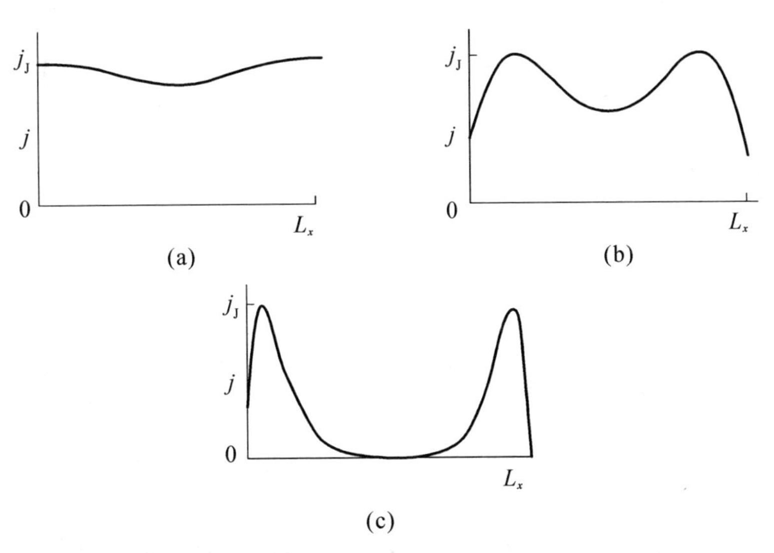

图 15.26 结中 Josephson 电流密度的分布（$H_a = 0$ 电流达到最大值）

(a) $L_x = 2\lambda_J$；(b) $L_x = 5\lambda_J$；(c) $L_x = 15\lambda_J$

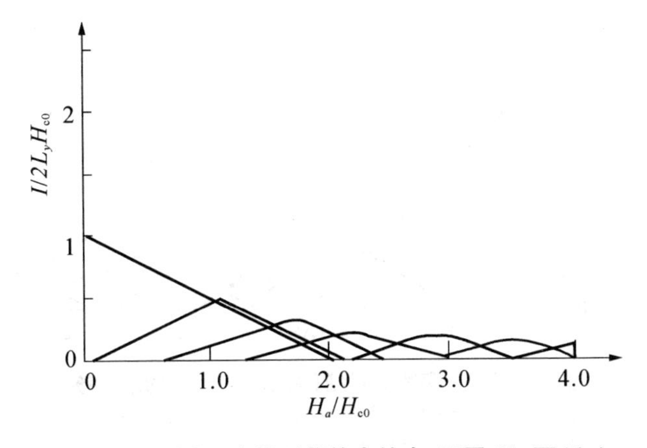

图 15.27 对称一字线形状的大结中，不同 H_a 下 $j(x)$ 和 $H(x)$ 的空间分布（引自 Owen 和 Scalapino，1967）

再增加重新产生涡旋电流屏蔽外磁场以保持结中的一个磁通量子，等等，继续形成了图 15.28 的 $I_c \sim H_a$ 复杂关系。

Schwidtal 等的实验结果与理论曲线惊人地符合，见图 15.29。

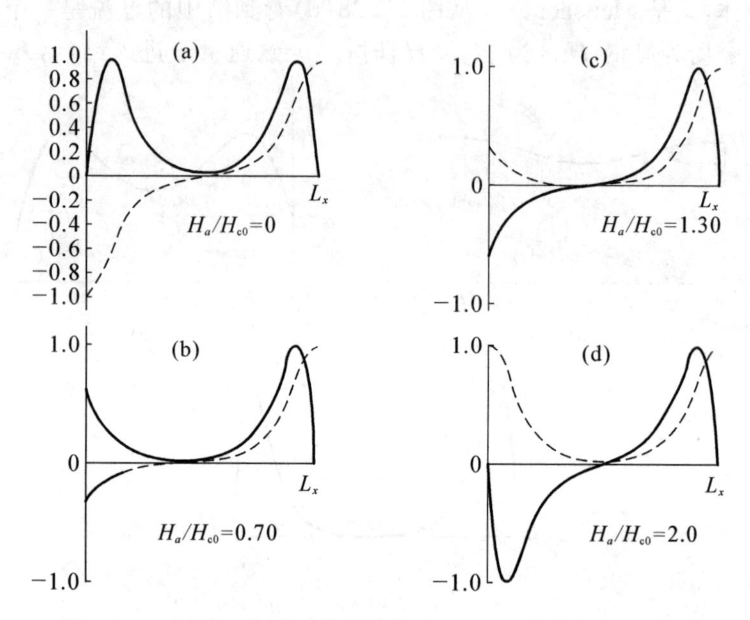

图 15.28 对称一字线形状大结的 Josephson 电流与磁场关系
（引自 Owen 和 Scalapino，1967）

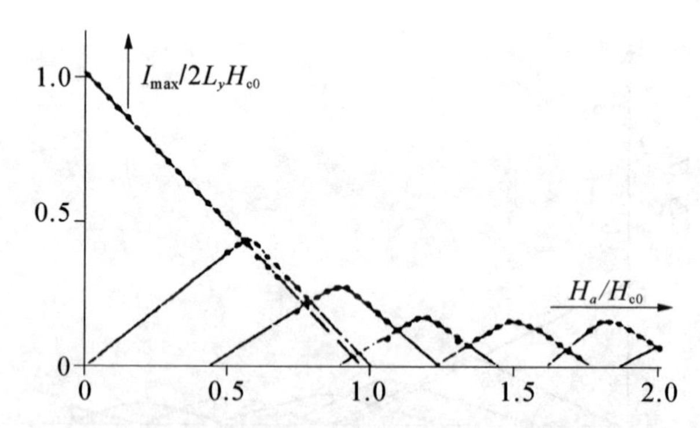

图 15.29 一字线形状结(见图 15.24b)的最大临界电流对磁场的依赖关系（$L_x/\lambda_J = 8.24$。圆黑点是实验数据；实线是 Owen 和 Scalapino 的理论结果(见图 15.27)，$L/\lambda_J = 10$。引自 Schwidtal，1970）

15.6 结的弱超导体行为

前面我们已经反映出结是一个弱的超导体，图 15.27(d)中的虚线清楚地给出这个弱超导体对磁场的屏蔽，最大屏蔽磁场即为结的 H_{c1}。

15.6.1 势垒的自由能

外磁场 H_a 达到H_{c1}后，磁场进入结区，流过结的电流 I_s 均匀分布。假定结上的电压上 V，则外电流源所作的功引起线自由能的变化为

$$dF = I_s V dt \tag{15.6.1}$$

由 $j_s = j_c \sin\varphi$ 和$\frac{d\varphi}{dt} = \frac{2e}{\hbar}V$，则(15.6.1)式变为

$$dF = \frac{\hbar}{2e} I_c \sin\varphi d\varphi \tag{15.6.2}$$

积分，得到单位面积的自由能为

$$f(\varphi) = -\frac{\hbar}{2e} j_c \cos\varphi + \text{常数}$$

选择合适的常数以使当 $\varphi = 2n\pi(n = 0,1,2,\cdots)$时 $f = 0$(没有电流进入结)，因此

$$f(\varphi) = E_1(1 - \cos\varphi) \tag{15.6.3}$$

式中 $E_1 = \hbar j_c/2e$。

15.6.2 结中的磁场能

当 $H_a \geqslant H_{c1}$后，磁场均匀进入结区，因此结区的磁场为

$$\frac{B^2}{2\mu_0} \Lambda L_x \tag{15.6.4}$$

$\frac{\partial\varphi}{\partial x} = \frac{2e}{\hbar}\Lambda B$，将 B 代入上式，得每单位面积结势垒中的磁场能为

$$\frac{B^2}{2\mu_0}\Lambda = \frac{\hbar^2}{8\mu_0 e^2 \Lambda}\left(\frac{d\varphi}{dx}\right)^2 = \frac{\hbar j_c}{4e}\frac{h}{2\mu_0 e \Lambda j_c}\left(\frac{d\varphi}{dx}\right)^2 = \frac{1}{2}\frac{\hbar j_c}{2e}\lambda_J^2\left(\frac{d\varphi}{dx}\right)^2 \tag{15.6.5}$$

15.6.3 结的 H_{c1}

由(7.4.29)式知

$$H_{c1} = \frac{F_f}{\phi_0} \tag{15.6.6}$$

H_{c1}为热力学下临界场，F_f 是一根孤立磁通线每单位长度的自由能，因此只要得到结中孤立磁通线的自由能 F_f，就能立即求出 H_{c1}。

由(15.6.3)式和(15.6.5)式，每单位面积势垒的自由能为

$$F_f = \frac{\hbar j_c}{2e}\left[(1-\cos\varphi) + \frac{1}{2}\lambda_J^2\left(\frac{d\varphi}{dx}\right)^2\right] \tag{15.6.7}$$

对于势垒中一单磁通线，其相应的 F_f 的表达式可以使用(15.5.1)式的特解 φ_f 求得。由(15.5.7)式，对 $k=1$，则是 $C=1$ 的情形可得

$$1-\cos\varphi_f = \frac{1}{2}\lambda_J^2\left(\frac{d\varphi_f}{dx}\right)^2 \tag{15.6.8}$$

用(15.6.8)式，由(15.6.7)式我们得到一个磁通线上每单位长度的自由能为

$$\begin{aligned} F_f &= \frac{\hbar j_c}{2e}\int_{-\infty}^{+\infty} dx\left\{(1-\cos\varphi_f) + \frac{1}{2}\lambda_J^2\left(\frac{d\varphi_f}{dx}\right)^2\right\} \\ &= \frac{\hbar j_c}{2e}\int_{-\infty}^{+\infty} dx\lambda_J^2\left(\frac{d\varphi_f}{dx}\right)^2 \end{aligned} \tag{15.6.9}$$

使用在 $k=1$ 时 $\mathrm{dn}[(x-x_0)/k\lambda_J\,|\,k^2]$的渐近表达式，由(15.5.16)式可得到

$$\frac{d\varphi_f}{dx} = \frac{2}{\lambda_J}\mathrm{sech}\,\frac{x}{\lambda_J} \tag{15.6.10}$$

式中已假定 x_0 为零，将(15.6.10)式代入(15.6.9)式，有

$$F_f = \frac{2\hbar j_c}{e}\int_{-\infty}^{+\infty} dx\,\mathrm{sech}^2\frac{x}{\lambda_J}$$

它给出

$$F_f = \frac{4\hbar\lambda_J j_c}{e} \tag{15.6.11}$$

由(15.6.6)式给出的临界场 H_{c1}为

$$H_{c1} = \frac{2}{\pi}\left(\frac{2\phi_0}{\mu_0\lambda_J\Lambda}\right) \tag{15.6.12}$$

在图 15.30 中给出了对称结的 H_{c1}对温度的依赖关系。

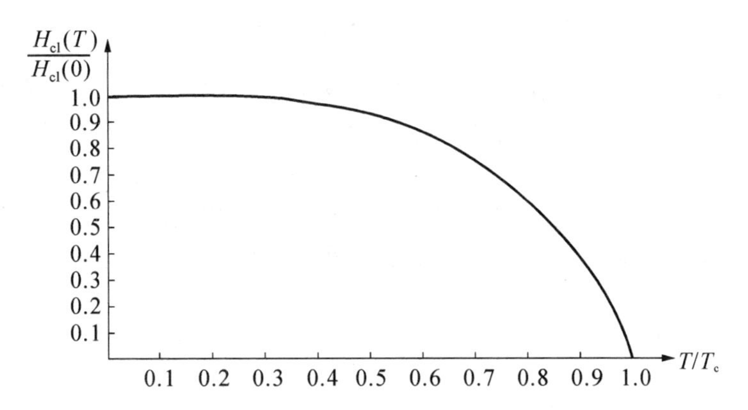

图 15.30　下临界场 H_{c1} 与约化温度 T/T_c 的函数关系

15.7　论大结中理论与实验结果

由(15.5.18)式和(15.6.12)式得

$$H_{c1} = \frac{2}{\pi} H_{c0} \tag{15.7.1}$$

这表明结的弱超导电性与通常的超导体的超导电性有所不同，(15.7.1)式指出在热力学下临界 H_{c1} 以下结中就可以形成磁通涡旋线，即在 $H_a < H_{c1}$ 时 Meissner 态就变得不稳定，而且涡旋穿透极容易发生。当外磁场进一步增大时，电流开始按照曲线(见图 15.27)的下一个分支变化，这对应于在结中有一个涡旋的情况(一涡旋模式的构造)。曲线的各个分支相应于描述由 n 涡旋构造到 $n+1$ 涡旋构造的模式。因此我们看到，当磁场超过 H_{c1} 时，一个大结的行为像一个第二类超导体那样，它允许涡旋进入其内部。对于每一个进入结中的涡旋，穿过势垒的位相差改变 2π。与此相应，总磁通量增加一个磁通量子 ϕ_0，由 Josephson 关系

$$\frac{\partial \varphi}{\partial x} = \frac{2\pi}{\phi_0} \mu_0 \Lambda H(x)$$

通过积分得到

$$\varphi(L)-\varphi(0)=2\pi\frac{\Phi}{\phi_0}$$

即对于 $\varphi(L)-\varphi(0)=2\pi n$，可得出 $\Phi=n\phi_0$，对于特定的 H_a 值相应的 $j(x)$ 和 $H(x)$ 绘在图 15.31 中，特别是在由 $H_a/H_{c0}=0.03$ 开始的分支上(见图 15.27)，电流密度分布由一个一涡旋模式过渡为二涡旋模式。对于第二个分支，结由二涡旋构造过渡为三涡旋构造，依此类推。在实验上我们预期能观察到图 15.27 中曲线的包络线，即得到图 15.29 所示的理论与实验关系。

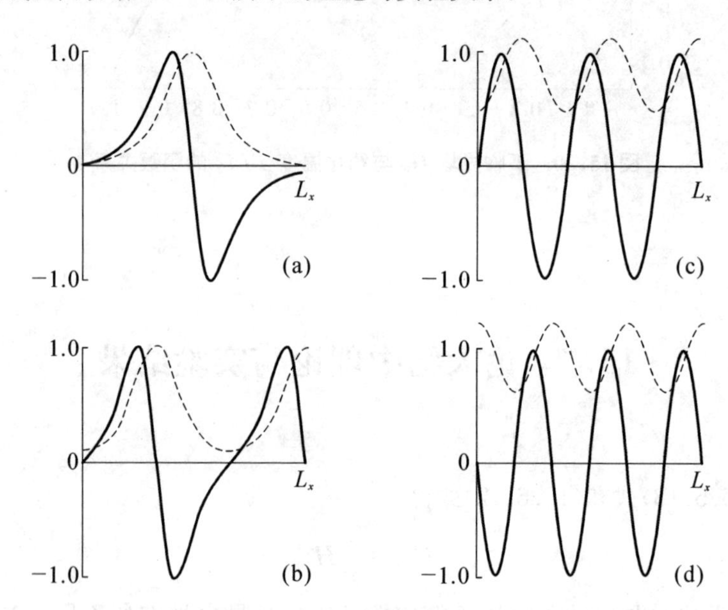

图 15.31　在不同的归一化磁场值 $\mathscr{H}=H_a/2H_{c0}$ 下的电流密度 $j(x)/j_c$(实线)和磁场 $2H(x)/H_{c0}$(虚线)

(a) 当 $\mathscr{H}=0.06$ 时一个涡旋的解，磁场处于这种情况的最低水平上；(b) 当 $\mathscr{H}=1.08$ 时 1－2 模式的解，I_c 处于最大值；(c) 当 $\mathscr{H}=1.72$ 时 2－3 模式的解，I_c 比较大；(d) 当 $\mathscr{H}=2.44$ 时三个涡旋的解，磁场 $\mathscr{H}$ 为这种情况下的最大可能值。(引自 Owen 和 Scalapino, 1967)

在图 15.29 中还可观察到某些“亚稳”态(在包络线以下的数据点)，这一行为可能由磁通线与结边缘的相互作用引起，它产生一个势垒，一个磁通子进入结中(或由结中出来)必须越过这样一种势垒。这种“滞后”行为是第二类超导体所特有的。

最后，我们在本节中已看到，一个大 Josephson 结的行为在许多方面类似于第Ⅱ类超导体。但是，这一类似性不能扩展得太广，因为在两种系统之间存在某些差别,一个长 Josephson 结中不存在上临界场。可以把 H_{c2} 取为形成结的超导电极的上临界场,在这种情形下涡旋结构是一维的;而在第Ⅱ类超导体中 Abrikosov 涡旋所描述的是二维点阵。这种涡旋的性质也不同,因为它没有正常的核心。在图15.32 中将一个 Josephson 结的涡旋与一个第Ⅱ类超导体的涡旋作了比较。

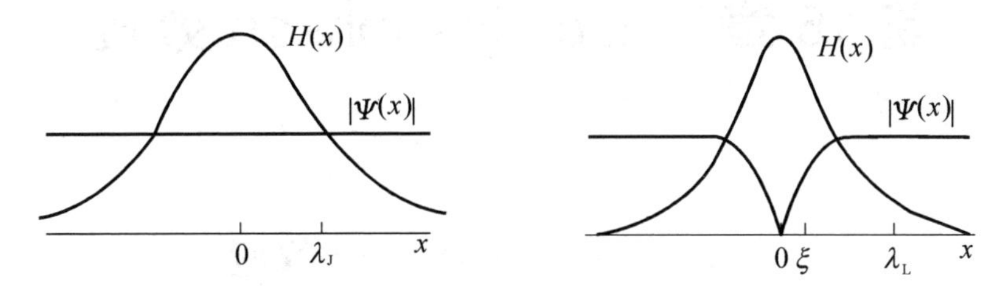

图 15.32　Josephson 结中的孤立涡旋与第Ⅱ类超导体中的涡旋在一维中的示意比较($H(x)$为磁场,$|\Psi(x)|$为有序参量幅值)

第 16 章　a. c. Josephson 效应

16.1　a.c.Josephson 效应

16.1.1　a. c. Josephson 效应

顾名思义，a. c. Josephson 效应是位垒两侧的位相随时间变化的效应。当在结上加一个直流电压而不加磁场，同时忽略电流自身的磁场时，由 Josephson 方程

$$j_s = j_c \sin\varphi \tag{16.1.1}$$

$$\frac{d\varphi}{dt} = \frac{2e}{\hbar}V \tag{16.1.2}$$

可得

$$\varphi = \frac{2e}{\hbar}Vt + \varphi_0$$

$$j_s = j_c \sin\left(\frac{2e}{\hbar}Vt + \varphi_0\right) \tag{16.1.3}$$

令

$$\omega = \frac{2e}{\hbar}V \tag{16.1.4}$$

故

$$j_s = j_c \sin(\omega t + \varphi_0) \tag{16.1.5}$$

注意到 $2e/\hbar = 483.6$ MHz/μV，所以 Josephson 电流振荡的频率范围一般来说是超高频的。由于结上有电压差存在，所以这个交变电流应有能量转移。而(16.1.1)式给出的 j_s 是超流的，故这部分能量必须以辐射形式传输出去。

在 Josephson 结上加电压时，结上出现交变电流的行为是所有弱连接超导体的共同特性。当 V 从 μV 增至几个 mV 时，相应的交变电流频率为：当 $V = 1\ \mu$V 时；$\nu = 483.6$ MHz；当 $V = 1$ mV 时，$\nu = 483.6$ GHz。这样范围的交变电流将辐射

出电磁波,电磁波的频率在微波以至远红外波段。

16.1.2 a.c. Josephson 效应的实验证明

由于 a.c. Josephson 电流其频率在微波到远红外波段,所以这个电流不能用常规的方法测量。

① Giaever[①](1965)探测光子参与隧道观测到从结中的辐射。如前章讨论的那样,当满足条件

$$V_n = \frac{1}{e}(2\Delta \pm n\hbar\omega) \tag{16.1.6}$$

时,在两个相同超导体之间的正常电子隧道曲线中将有电流的突然升起。因此由一个正常隧道结可以探测到 Josephson 隧道结产生的辐射。

用 16.1 中给出探测 Josephson 辐射的物理方案。这里 1、2 和 3 指示 Sn 层,1 和 2 之间的结是正常电子隧道结,而 2 和 3 之间的结是 Josephson 结。在 2,3 之间加电压,则此结辐射出频率为 $\omega = (2e/\hbar)V_{2,3}$ 的电磁波,这个辐射辐照结 1,2,引起结 1,2 的 $I \sim V$ 曲线在 $2V_{2,3}$ 电压间隔上出现电流升起。如图 16.2 所示。

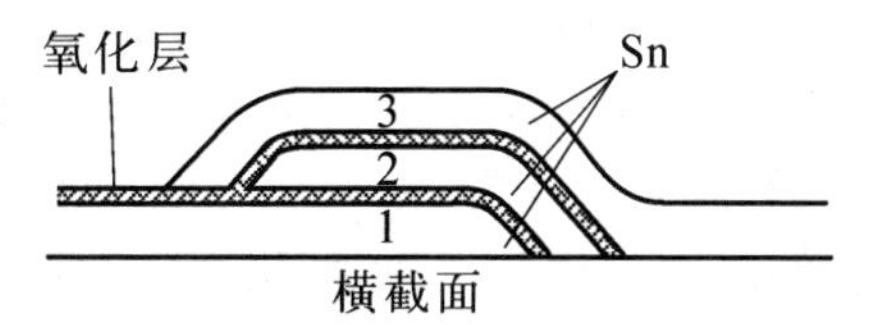

图 16.1 彼此连接的两个 Sn—I—Sn 隧道结示意图

结 2,3 是 Josephson 隧道;1,2 仅能显示正常电子隧道;结 1,2 用于探测结 2,3 的 a.c. Josephson 电流辐射

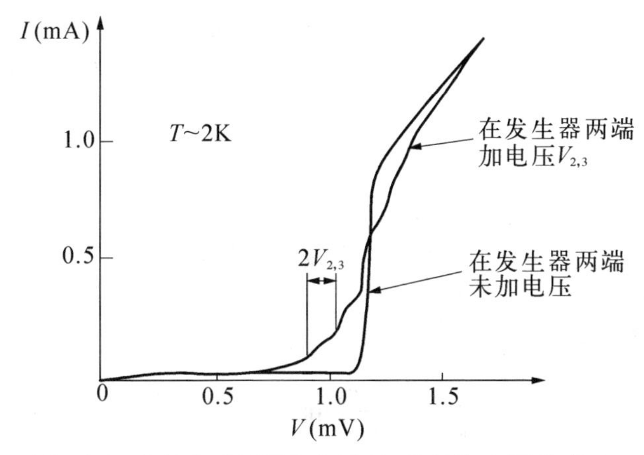

图 16.2 在结 2,3 两端加电压 $V_{2,3}$ 和不加电压时,结 1,2 给出有电流突起的 $I \sim V$ 曲线和正常隧道 $I \sim V$ 曲线

① I. Giaever, *Phys. Rev. Lett.*, **14**(1965), 904.

② Yanson 等① 1965 年首先直接观测到辐射，他们把 Josephson 结放到波导中，同时用外加探测器探测到在 10 GHz 范围的辐射，直接证实了 a. c. Josephson 效应。

16.2 微波辐照下超导结的 $I\sim V$ 曲线——微波感应台阶效应

我们知道当 $I>I_c$ 时，Josephson 结两端的电压 $V\neq 0$。如果电源是恒压源，则 V 是恒定的，也就是 V 不随时间变化，I 是交变的；如果是恒流源，I 是恒定的，V 则是交变的；如果电源既不是恒流源又不是恒压源，那么 I 和 V 都应是交变的。交变频率一般在几百 MHz 以上，则测其 $I\sim V$ 曲线时，仅能测到其平均值。

根据(16.1.5)式，若只加直流电压，则结区存在高频电流，它对时间平均值

$$j_s=\overline{j_s(t)}=\lim_{t\to\infty}\frac{1}{t}\int_0^t \mathrm{d}t j_c\sin(\omega t+\varphi_0)=0 \tag{16.2.1}$$

得到的 $I\sim V$ 曲线即为正常电子隧道的 $I\sim V$ 曲线。

如果除了直流电压 V 以外，再加上一个交变电压 $v_0\cos(\omega' t+\theta)$，则总电压为

$$v(t)=V+v_0\cos(\omega' t+\theta) \tag{16.2.2}$$

将(16.1.2)式中的 V 换成(16.2.2)式的 $v(t)$，得到

$$\frac{\partial\varphi}{\partial t}=\frac{2e}{\hbar}[V+v_0\cos(\omega' t+\theta)] \tag{16.2.3}$$

(16.2.3)式对时间积分，得

$$\varphi=\frac{2e}{\hbar}Vt+\frac{2ev_0}{\hbar\omega'}\sin(\omega' t+\theta)+\varphi_0 \tag{16.2.4}$$

φ_0 是积分常数。将(16.2.4)式代入(16.1.1)式，则得到受辐照下结的超流电流

---

① I. K. Yanson, V. M. Svistunoy and I. M. Dmitrenko, *JETP.*, **21**(1965), 650.

密度

$$j_s = j_c \sin\left[\omega t + \frac{2ev_0}{\hbar\omega'}\sin(\omega' t + \theta) + \varphi_0\right] \tag{16.2.5}$$

式中 $\omega = (2e/\hbar)V$ 是 Josephson 频率,(16.2.5)式表明当加一交变电压时,它调制电流的位相,使 j_s 不再是单频振荡而是包括很多频率的振荡。利用公式

$$\sin(\alpha + Z\sin\varphi) = \sum_{m=-\infty}^{\infty} \mathrm{J}_m(Z)\sin(\alpha + m\varphi) \tag{16.2.6}$$

把(16.2.5)式写为

$$j_s(t) = j_c \sum_{m=-\infty}^{\infty} \mathrm{J}_m \frac{2ev_0}{\hbar\omega'}\sin[(\omega + m\omega')t + m\theta + \varphi_0] \tag{16.2.7}$$

式中 J_m 为第 m 阶第一类 Bessel 函数。令 $m = -n$,并用 Bessel 函数的性质 $\mathrm{J}_{-n}(x) = (-1)^n \mathrm{J}_n(x)$,(16.2.7)式变成

$$j_s(t) = j_c \sum_{m=-\infty}^{\infty} (-1)^n \mathrm{J}_n\left(\frac{2ev_0}{\hbar\omega'}\right)\sin[(\omega - n\omega')t - n\theta + \varphi_0] \tag{16.2.8}$$

当 $\omega - n\omega' \neq 0$,即 $V \neq n\hbar\omega'/2e$ 时,由(16.2.1)式知道,(16.2.8)式中的每一项的平均值都为零,因此

$$j_s = \overline{j_s(t)} = 0 \tag{16.2.9}$$

但是当 $\omega - n\omega' = 0$ 时,(16.2.8)式中除第 n 项不依赖于时间 t 外,其他各项的平均值均为零。换句话说,当偏置直流电压 V 使 ω 等于微波圆频率 ω' 的整数倍时,Josephson 电流中包含着直流分量

$$j_s = (-1)^n j_c \mathrm{J}_n\left(\frac{2ev_0}{\hbar\omega'}\right)\sin(\varphi_0 - n\theta), \quad n = 0,1,2,\cdots \tag{16.2.10}$$

这个直流分量是超流的,所以若改变外加直流电压,当

$$\frac{2e}{\hbar}V = 0, \omega', 2\omega', \cdots, n\omega', \cdots \tag{16.2.11}$$

时,$I \sim V$ 曲线上就会出现一系列直流分量。

从(16.2.8)式看到 $\varphi_0 - n\theta$ 是两个具有相同频率的振荡之间的位相差,一个是外加微波讯号的第 n 次谐波,另一个是 Josephson 振荡的。假如两个振荡的位相被锁定,那么就出现一个其大小在 $\pm I_c|\mathrm{J}_n(2ev_0/\hbar\omega')|$ 之间变化的直流电流。因此电流是一系列尖峰的形式,图 16.3 是对 $2ev_0/\hbar\omega' = 3.5$ 做出的。图 16.3 实际上就是在微波辐照下连接超导体的 $I \sim V$ 曲线。

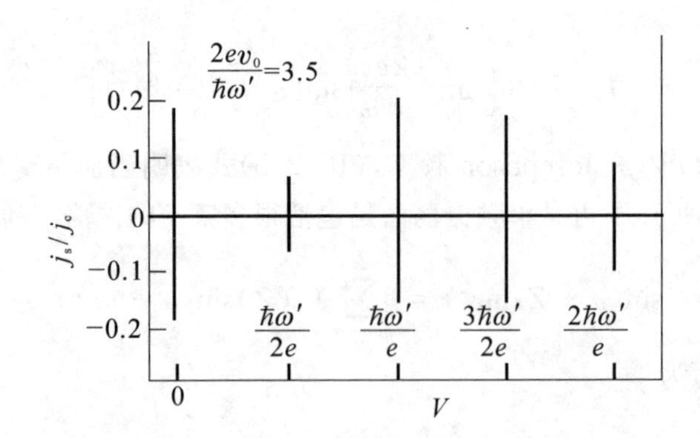

图 16.3　由 a.c. 电压引起的在 $I\sim V$ 曲线中的尖峰讯号,按(16.2.10)式计算出

Shapiro① 首先实验观测到 $I\sim V$ 曲线上的台阶结构。图 16.4(a)和(b)分别给出 Sn—Sn 的氧化物—Sn 结在 $T=1.2$ K,$\nu=4$ GHz 下和 Nb 点接触在 4.2 K,$\nu=72$ GHz 下的 $I\sim V$ 特性的实验结果。前者用的恒流源,后者是高阻抗电源。图 16.4(a)中无微波辐照时,在 $V\neq 0$ 的情况下显示出正常隧道效应的特性曲线,而当加微波辐照时,在结电压

$$V=V_n=\frac{nh}{2e}\nu \quad (n=0,1,2,3,\cdots)$$

处出现微波感应台阶;图 16.4(b)中 $\omega'/2\pi=72$ GHz,则台阶的间隔 $h\nu/2e$ 约为 149 μV,标号 1 是没有加微波的实验结果,标号 2～16 是以 26 dB 逐渐加微波功率的结果。前四个台阶是能很清楚地识别出的,对指定标号的台阶来说,从实验结果也可清楚地看到台阶高度随微波功率的增加"周期"地经过零和极大值。

现在我们来比较理论和实验结果

① 我们看到图 16.3 的 $I\sim V$ 理论曲线和图 16.4 的实验结果看起来是完全不同的,但是应该注意到,在上面的理论计算中没有涉及正常电流 j_n 等,只考虑微波对单纯 Josephson 结的贡献。图 16.4(b)的第一条曲线是无微波作用的情况,显然 2～16 加微波辐照时阶跃电流是叠加在曲线 1 上的。此外当用恒流源时,从图 14.9 看到零压电流直接跳到 $I\sim V$ 曲线的正常电子隧道的 I 上。考虑到这些情况,则可得到 $I\sim V$ 曲线上的台阶。

---

① S. Shapiro, *Phys. Rev. Lett.*, **11**(1963), 80.

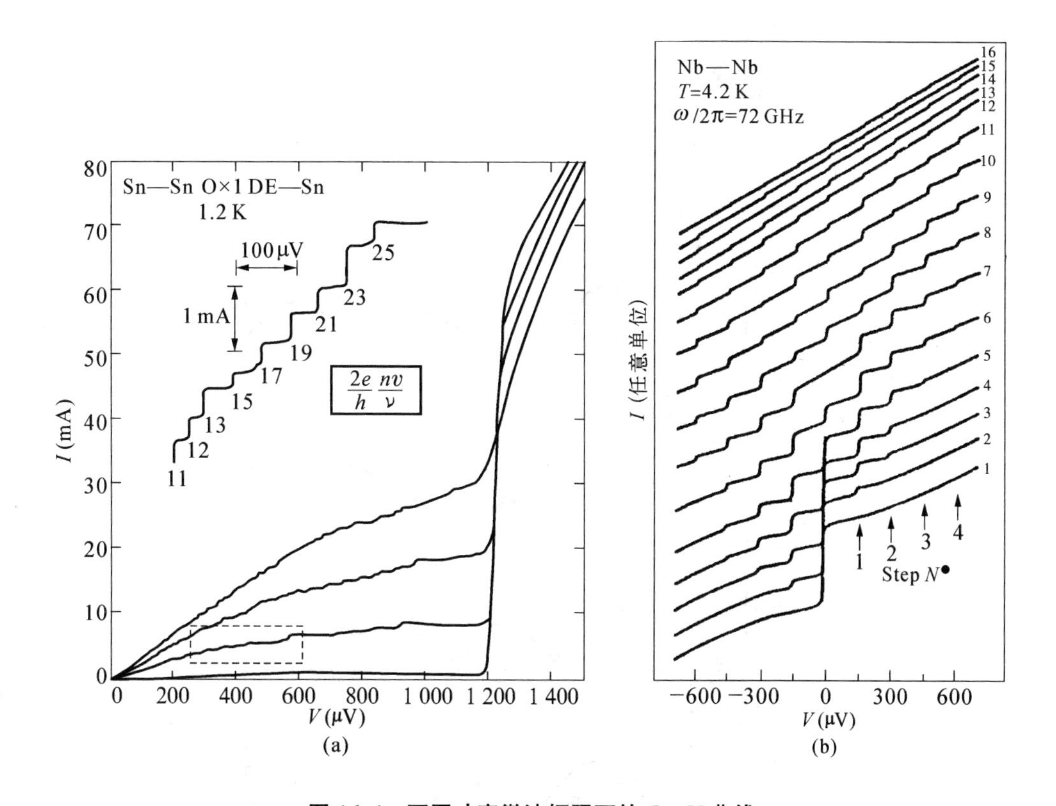

图 16.4 不同功率微波辐照下的 $I \sim V$ 曲线

(a) Sn—SnO—Sn 结，在 1.2 K，10 GHz 下，恒流源①；(b) Nb—Nb 点接触，在 4.2 K，72 GHz 下，$\hbar\omega'/2e = 149\ \mu$V，高阻抗源②

② 关于台阶高度。从(16.2.10)式看到标号 n 的台阶高度正比于 $j_c\left|J_n\left(\frac{2ev_0}{\hbar\omega'}\right)\right|$。图 16.5 给出 $\left|J_n\left(\frac{2ev_0}{\hbar\omega'}\right)\right|$ 随 $\frac{2ev_0}{\hbar\omega'}$ 的理论曲线，并与实验比较。实验数据取自图 16.4(b)中的几个恒压阶梯中显示的阶跃电流高度随功率的变化。可见实验和理论定性地符合，更仔细的实验做出理论与实验定量地符合。

① W. H. Parker, D. N. Langenberg, A. Denenstein and B. N. Taylor, *Phys. Rev.*, **177**(1969), 639.

② C. C. Grimes and S. Shapiro, *Phys. Rev.*, **167**(1968), 397.

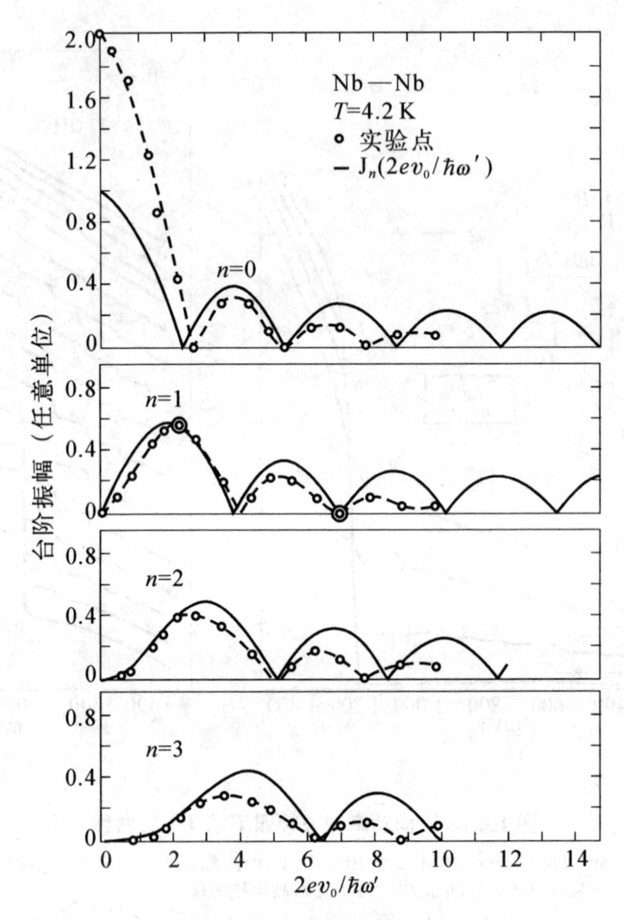

图 16.5　微波感应台阶高度与 rf 电压的关系

16.3　低 Q 结自激谐振的 $I\sim V$ 曲线——自测效应

Josephson 结是一个被薄的绝缘层分开的两个超导膜构成的隧道结结构，它是一个开端超导传输线。其电场被限制在厚度为 d 的绝缘区域内，由于磁场对超导体的穿透，磁场可以充满厚度为 $\Lambda = d + \lambda_1 + \lambda_2$ 的区域内。这样一个结构的传输线本身就是一个谐振腔，它有其电磁场的自谐振模，当腔被激励起谐振时，谐振模将与Josephson电流相互作用，这个非线性的相互作用将导致某些直流分量的输出。

16.3.1 隧道结中的电磁振荡模式

由图 16.6 给出 Josephson 结传输线示意图。结的坐标系也在图 16.6 中示出，为了方便起见，取正方形结，即 $L_x = L_y = L$，利用 Maxwell 方程可得结区的波动方程为

$$\left(\frac{\partial^2}{\partial x^2} + \frac{\partial^2}{\partial y^2} - \frac{1}{v^2}\frac{\partial^2}{\partial t^2}\right)E_z = \frac{1}{\varepsilon v^2}\frac{\partial}{\partial t}j_z \tag{16.3.1}$$

ε 为绝缘层的介电常数。

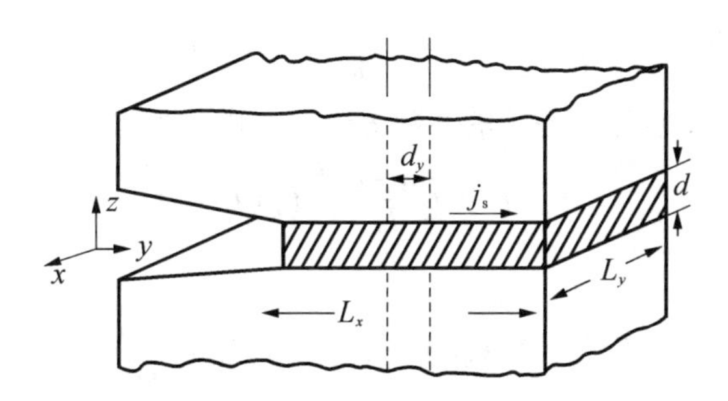

图 16.6　Josephson 结超导传输线示意图

$$v = c\left(\frac{d}{\varepsilon_r \Lambda}\right)^{1/2} \tag{16.3.2}$$

式中 d 为绝缘层厚度，c 为真空中的光速，ε_r 为相对介电常数 $\varepsilon/\varepsilon_0$，将 Λ，d 和 ε_r 典型的数值代入(16.3.2)式则可得到

$$v \approx c/20$$

$j_s = j_z$ 即为 Josephson 电流

$$j_z = j_c \sin\varphi \tag{16.3.3}$$

结区的 Maxwell 方程也可写为传输线方程的形式，由此求出隧道结的阻抗为

$$Z = \frac{c}{v}\left(\frac{d}{L\varepsilon}\right)Z_0 \tag{16.3.4}$$

式中 L 为结在 y 方向的长度。Z_0 为自由空间的阻抗。将典型的数值代入，可得 $Z \approx 2\times10^{-5}Z_0$，即结的阻抗比自由空间的阻抗小几个数量级。

由于在结区边界上阻抗很不匹配，结中的电磁波到边界上要反射回来，反射系统接近于 1，从而电磁波在结内形成驻波，故可将隧道结看作一个开端谐振腔。令(16.3.1)式中右边的项等于零，加上适当的边界条件就可求出结中电磁振荡模式。将结看作双线传输线，开端总是横向电压的波腹。为了简单起见，我们研究 x 方向传播的电磁波，而略去 y 方向的变化，此时，(16.3.1)式简化为

$$\left(\frac{\partial^2}{\partial x^2}-\frac{1}{v^2}\frac{\partial^2}{\partial t^2}\right)E_z=0 \tag{16.3.5}$$

边界条件为：$x=0$ 和 $x=L$ 时，电场为波腹，用 Fourier 级数求解，根据边界条件的要求将解展开为余弦级数

$$E_z(x,t)=\sum_{n=0}^{\infty}T_n(t)\cos\frac{n\pi x}{L} \tag{16.3.6}$$

代入到(16.3.5)式有

$$\sum_{n=0}^{\infty}\left[-\left(\frac{n\pi}{L}\right)^2T_n(t)-\frac{1}{v^2}T_n''(t)\right]\cos\frac{n\pi x}{L}=0 \tag{16.3.7}$$

Fourier 级数等于零，意味着各项的系数等于零。由此得出 $T_n(t)$的方程

$$T_n''(t)+\left(\frac{n\pi v}{L}\right)^2T_n(t)=0 \tag{16.3.8}$$

则 $T_n(t)$的解为

$$T_n(t)=A_n\cos\frac{n\pi v}{L}t+B_n\sin\frac{n\pi v}{L}t \tag{16.3.9}$$

故

$$E_z(x,t)=\sum_{n=0}^{\infty}(A_n\cos\frac{n\pi v}{L}t+B_n\sin\frac{n\pi v}{L}t)\cos\frac{n\pi v}{L} \tag{16.3.10}$$

这个结果说明，结中可以存在一系列不同频率的电磁振荡，振荡频率为

$$\omega_n=\frac{n\pi v}{L} \tag{16.3.11}$$

16.3.2 低 Q 结的自测效应

(1) 小结或弱场情况

前节的讨论中忽略了 Josephson 电流的影响，即略去了(16.3.1)式中右边的项。若在结上同时加直流电压和磁场，则由 Josephson 方程知道电压 V 使电流密度将以波的形式传播，而磁场 $\boldsymbol{B}$ 的存在将改变这个振荡电流的位相。如果恒压 V 的辐射场被 $\boldsymbol{B}$ 的空间位相调制使之满足上述在 $x=0$ 和 $x=L$ 处电场为波腹的边界条件，则这个交变的 Josephson 电流形成驻波电流，因而在 a. c. Josephson 电流

中出现直流分量。

坐标仍取图 16.6，磁场沿着 y 方向，大小为 B，同时在结上加一个恒压 V，则结的电动力学方程可写为

$$j_s = j_c \sin\varphi \tag{16.3.12a}$$

$$\frac{\partial\varphi}{\partial t} = \frac{2e}{\hbar}V_z = \frac{2ed}{\hbar}E_z \tag{16.3.12b}$$

$$\frac{\partial\varphi}{\partial x} = \frac{2e\Lambda}{\hbar}B_y \tag{16.3.12c}$$

$$\left(\frac{\partial^2}{\partial x^2} - \frac{1}{v^2}\frac{\partial^2}{\partial t^2}\right)E_z(x,t) = \frac{1}{\varepsilon v^2}\frac{\partial}{\partial t}j_z(x,t) \tag{16.3.12d}$$

由于传输线本身有其品质因素 Q，电磁波传播时必然存在损耗 η，所以在(16.3.12d)式中要加进损耗项，将(16.3.12d)式改写为

$$\left[\frac{\partial^2}{\partial x^2} - \frac{1}{v^2}\left(\frac{\partial^2}{\partial t^2} + \eta\frac{\partial}{\partial t}\right)\right]E_z(x,t) = \frac{1}{\varepsilon v^2}\frac{\partial}{\partial t}j_z(x,t) \tag{16.3.12e}$$

边界条件仍然是 $x=0$ 和 $x=L$ 处电场为波腹。为了简化，上式中只考虑了 x 方向传播的波，而略去 y 方向的变化。(16.3.12b)式和(16.3.12c)式的电压 V_z 和磁场 B 也应包括 Josephson 电流产生的电场和磁场。则(16.3.12e)式是一个非线性方程，不易求出一般解，对于低 Q 值，要求满足 $\left(\frac{L}{\lambda_J}\right)^2\frac{Q}{4\pi^2}\ll 1$ 的条件，我们用逐步逼近法求解。

零级近似只考虑 V，B 的作用，即取(16.3.12e)式右边为零，由(16.3.12a)式到(16.3.12c)式，可得

$$\left.\begin{aligned}
&\varphi = \omega t + kx + \varphi_0\\
&j_z = j_c\sin(\omega t + kx + \varphi_0)\\
&\omega = 2e\Lambda/\hbar\\
&k = 2e\Lambda B/\hbar
\end{aligned}\right\} \tag{16.3.13}$$

零级近似下，电流沿 z 方向传播，j_z 对时间平均为零，没有直流分量。

求一级近似时，将零级近似电流公式(16.3.13)代入(16.3.12e)式求出 $E_z^{(1)}$，再由(16.3.12a)式到(16.5.12c)式求出 φ 和 j_z，并求出 j_z 的直流分量。

将零级近似求得的(16.3.13)式中的 j_z 代入(16.3.12e)式，有

$$\left[\frac{\partial^2}{\partial x^2} - \frac{1}{v^2}\left(\frac{\partial^2}{\partial t^2} + \eta\frac{\partial}{\partial t}\right)\right]E_z^{(1)}(x,t) = \frac{j_c\omega}{\varepsilon v^2}\cos(\omega t + kx + \varphi_0) \tag{16.3.14}$$

用级数解法将 $E_z^{(1)}(x,t)$ 展开为

$$E_z^{(1)}(x,t)=\sum_{n=0}^{\infty}T_n(t)\cos\frac{n\pi x}{L}\tag{16.3.15}$$

并将(16.3.14)式右边也以 $\cos(n\pi x/L)$作级数展开

$$\cos(\omega t+kx+\varphi_0)=\sum_{n=0}^{\infty}A_n(t)\cos\frac{n\pi x}{L}\tag{16.3.16}$$

$A_n(t)$可用一般 Fourier 变换求得

$$A_n(t)=\left\{\frac{2kL\sin(kL-n\pi)}{(kL)^2-(n\pi)^2}\cos(\omega t+\varphi_0)+\frac{2kL[1-\cos(kL-n\pi)]}{(kL)^2-(n\pi)^2}\sin(\omega t+\varphi_0)\right\}\times\begin{cases}1/2, & n=0\\ 1, & n>0\end{cases}\tag{16.3.17}$$

将(16.3.15)式和(16.3.16)式代入(16.3.14)式

$$\sum_{n=0}^{\infty}\left[-\left(\frac{n\pi}{L}\right)^2-\frac{1}{v^2}\left(\frac{\partial^2}{\partial t^2}+\eta\frac{\partial}{\partial t}\right)\right]T_n(t)\cos\frac{n\pi x}{L}=\frac{j_c\omega}{\varepsilon v^2}\sum_{n=0}^{\infty}A_n(t)\cos\frac{n\pi x}{L}\tag{16.3.18}$$

使 $\cos(n\pi x/L)$的系数相等,得到 $T_n(t)$的方程

$$\left[-\left(\frac{n\pi}{L}\right)^2-\frac{1}{v^2}\left(\frac{\partial^2}{\partial t^2}+\eta\frac{\partial}{\partial t}\right)\right]T_n(t)=\frac{j_c\omega}{\varepsilon v^2}A_n(t)\tag{16.3.19}$$

这是一个非齐次二阶常系数线性微分方程,右边是由(16.3.17)式给出的三角函数,可用待定系数法求它的特解,设

$$T_n(t)=A_n'\cos(\omega t+\varphi_0+\theta_n)+B_n'\sin(\omega t+\varphi_0+\theta_n)\tag{16.3.20}$$

将(16.3.17)式和(16.3.20)式代入(16.3.19)式可定出这些系数

$$A_n'=\frac{\dfrac{j_c}{\varepsilon\omega}\dfrac{2kL\sin(kL-n\pi)}{(kL)^2-(n\pi)^2}}{\left\{\left[1-\left(\dfrac{n\pi v}{\omega L}\right)^2\right]^2+Q_n^{-2}\right\}^{1/2}}\times\begin{cases}1/2, & n=0\\ 1, & n>0\end{cases}\tag{16.3.21a}$$

$$B_n'=\frac{\dfrac{j_c}{\varepsilon\omega}\dfrac{2kL[1-\cos(kL-n\pi)]}{(kL)^2-(n\pi)^2}}{\left\{\left[1-\left(\dfrac{n\pi v}{\omega L}\right)^2\right]^2+Q_n^{-2}\right\}^{1/2}}\times\begin{cases}1/2, & n=0\\ 1, & n>0\end{cases}\tag{16.3.21b}$$

$$\tan\theta_n=\frac{Q_n^{-1}}{1-\left(\dfrac{n\pi v}{\omega L}\right)^2}\tag{16.3.21c}$$

$$Q_n^{-1}=\frac{\eta}{\omega}\tag{16.3.21d}$$

这样就将 $T_n(t)$完全解出

$$T_n(t)=\frac{j_c}{\varepsilon\omega}\frac{a_n\cos(\omega t+\varphi_0+\theta_n)+b_n\sin(\omega t+\varphi_0+\theta_n)}{\left\{\left[1-\left(\frac{n\pi v}{\omega L}\right)^2\right]^2+Q_n^{-2}\right\}^{1/2}} \tag{16.3.22}$$

式中

$$a_n=\frac{2kL\sin(kL-n\pi)}{(kL)^2-(n\pi)^2}\times\begin{cases}1/2, & n=0\\ 1, & n>0\end{cases}$$

$$b_n=\frac{2kL[1-\cos(kL-n\pi)]}{(kL)^2-(n\pi)^2}\times\begin{cases}1/2, & n=0\\ 1, & n>0\end{cases}$$

将此结果代入(16.3.15)式即得 $E_z^{(1)}(x,t)$的解。将求出的 $E_z^{(1)}(x,t)$代入(16.3.12b)式,则一级近似表示为

$$\frac{\partial\varphi}{\partial t}=\frac{2eV}{\hbar}+\frac{2ed}{\hbar}E_z^{(1)} \tag{16.3.23}$$

联立方程(16.3.12c)和(16.3.23),则可求出

$$\varphi=\omega t+kx+\varphi_0+\frac{2ed}{\hbar}\frac{j_c^2}{\varepsilon\omega^2}\times\sum_{n=0}^{\infty}\frac{a_n\sin(\omega t+\varphi_0+\theta_n)+b_n\cos(\omega t+\varphi_0+\theta_n)}{\left\{\left[1-\left(\frac{n\pi v}{\omega L}\right)^2\right]^2+Q_n^{-2}\right\}^{1/2}}\frac{n\pi x}{L} \tag{16.3.24}$$

将(16.3.24)式代入 $j_z=j_c\sin\varphi$,并假定一级修正项比零级修正项小得多,可以看作小量,则有

$$j_z=j_c\sin(\omega t+kx+\varphi_0)+\frac{2ed}{\hbar}\frac{j_c^2}{\varepsilon\omega^2}\sum_{n=0}^{\infty}\frac{a_n\sin(\omega t+\varphi_0+\theta_n)+b_n\cos(\omega t+\varphi_0+\theta_n)}{\left\{\left[1-\left(\frac{n\pi v}{\omega L}\right)^2\right]^2+Q_n^{-2}\right\}^{1/2}}\cdot\cos\frac{n\pi x}{L}\cos(\omega t+kx+\varphi_0) \tag{16.3.25}$$

直流分量为

$$\bar{I}=L\int_0^L dx\int_0^T j_c\frac{dt}{T}\sin\varphi \tag{16.3.26}$$

将(16.3.25)式代入上式,第一项积分为零,第二项对级数逐项积分,得

$$\bar{I}=\frac{j_c^2dL^2}{\varepsilon\omega V}\sum_{n=0}^{\infty}\frac{1/Q_n}{\left[1-\left(\frac{n\pi v}{\omega L}\right)^2\right]^2+Q_n^{-2}}\left[\frac{\sin(kL-n\pi)/2}{(kL-n\pi)/2}\right]^2\cdot\frac{1}{(1+n\pi/kL)^2}\times\begin{cases}1/2, & n=0\\ 1, & n>0\end{cases} \tag{16.3.27}$$

在(16.3.27)式中,当 $\omega=\dfrac{n\pi v}{L}$ 时,$\bar{I}$ 有峰值,这相当于共振现象。(16.3.11)式给出 $\omega_n=n\pi v/L$ 是隧道结中电磁振荡的本征模。显然,当 Josephson 频率 $\omega=\omega_n$ 时发生共振,在结中产生驻波,故有直流分量的电流出现。换句话说,变化直流电压 V,每当满足 $2eV_n/\hbar=n\pi v/L$ 时就会出现一个共振峰。显然,发生共振时的电压为

$$V_n=n\frac{hv}{4eL} \tag{16.3.28}$$

图 16.7 是根据(16.3.27)式对三个不同的外磁场画出的 $I\sim V$ 曲线。在图 16.7 中选择 $kL=n\pi$, $n=4,5,6$,致使空间可以产生最佳匹配,因而当 $V=V_n=nhv/4eL$ 时,发生共振峰。利用恒压源做实验可以得到这样的图形。

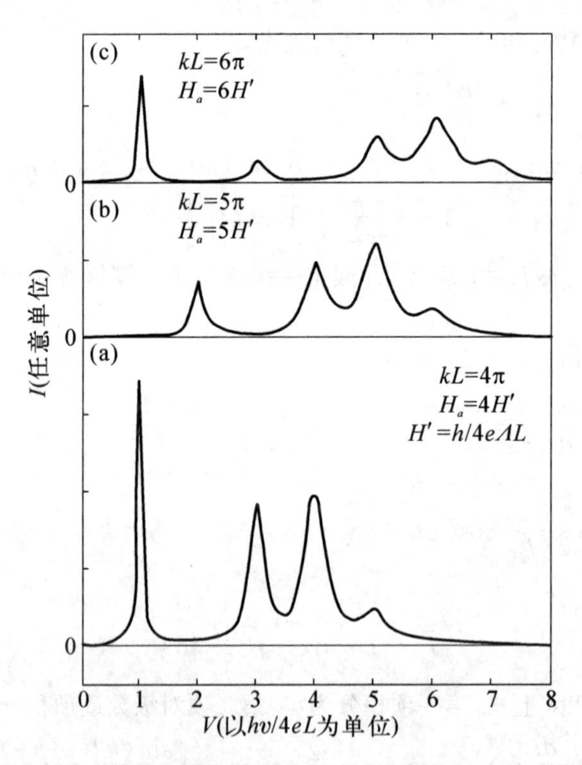

图 16.7 对恒压源 Josephson 电源与结中磁场相互作用的自测效应[1]

---

[1] D. N. Langenberg, D. J. Scalapino and B. N. Taylor, *Proc. IEEE*, **15**(1966), 560.

用 $kL=\frac{2e}{\hbar}\Lambda LB=2\pi\frac{2e}{h}\Lambda LB=2\pi\frac{\Phi}{\phi_0}=2\pi\phi$ 及(16.3.2)式和 λ_J 的定义,可将(16.3.27)式重写为

$$\bar{I}(\phi)=\frac{v^2}{\omega^2}\frac{j_c}{4}\left(\frac{L}{\lambda_J}\right)^2\sum_{n=0}^{\infty}\frac{1/Q_n}{[1-(\omega/\omega_n)^2]^2+1/Q_n^2}F_n^2(\phi) \quad (16.3.29)$$

式中

$$F_n^2(\phi)=\left\{\frac{\phi\cos\pi\phi}{\pi[\phi^2-(n/2)^2]}\right\}^2,\quad n=1,3,5,\cdots \quad (16.3.30a)$$

$$F_n^2(\phi)=\left\{\frac{\phi\sin\pi\phi}{\pi[\phi^2-(n/2)^2]}\right\}^2,\quad n=2,4,6,\cdots \quad (16.3.30b)$$

当满足(16.3.28)式时,即 $\omega=\omega_n$,由(16.3.29)式给出电流的阶跃,用(16.3.11)式,则第 n 个台阶的阶跃电流值为

$$\bar{I}_n(\phi)=\frac{j_c}{4}\left(\frac{L}{\lambda_J}\right)^2\frac{Q_n}{n^2\pi^2}F_n^2(\phi) \quad (16.3.31)$$

零压阶跃值为 I_c,即

$$\bar{I}_0(\phi)=I_c=j_cL^2 \quad (16.3.32)$$

当用可变直流电流偏置即恒流源时,$I=I_c$ 为零压阶跃,当 $I>I_c$ 时出现电压,电压在

$$V_n=\frac{\hbar}{2e}\omega_n=\frac{h}{2e}\frac{v}{2L}n \quad (16.3.33)$$

处出现一组电流奇异点。

这些奇异点首先被 Fiske(1964)观测到,通常称之为 Fiske 台阶,图 16.7 给出 Langenberg 等①实验上得到的自感阶梯。

由(16.3.27)式可知,共振峰还取决于因子

$$\left\{\frac{\sin(kL-n\pi)/2}{(kL-n\pi)/2}\right\}^2$$

调整外磁场 B,使 $kL=n\pi$,则只有 $n\pm1,n\pm3,\cdots$电磁振荡模式被激发;调整场使 $kL=(n+1)\pi$,则被激发的模为 $n,n\pm2,n\pm4,\cdots$。如果不加磁场,从(16.3.27)式我们看到虽然当 $\omega=\omega_n$ 时应出现共振峰,但(16.3.27)式中$(1-n\pi/kL)^{-2}$项等于零,则 $\bar{I}$ 还是等于零。这说明当 $\omega=\omega_n$ 时,虽然隧道结的本征振荡被激发起来了,但空间位相不匹配,即不能造成 $x=0,L$ 处电场为波腹,故不能形成驻波电流,所以 $\bar{I}=0$。

---

① D. N. Langenberg, D. J. Scalapino and B. N. Taylor, *Proc. IEEE*, **54**(1966), 560.

图 16.8(a)和图 16.8(b)给出在恒流源情况下的自测效应。由于是恒流源,在 $I \sim V$ 曲线上出现的是电流阶跃,即感应阶梯,而不是电流峰。阶跃间距相同,但高度不同,由(16.3.28)式,即 $V_n = nhv/4eL$ 时出现阶梯,计算出的电压很好地一致于图 16.8 给出的实验结果。就台阶高度来说我们最感兴趣的是第 13 阶,它远高于其他台阶。按照小结的理论,由(16.3.27)式最高的阶梯应出现在

$$kL = n\pi, \text{即 } n = \frac{kL}{\pi} = \frac{2e\Lambda BL}{\hbar\pi} \tag{16.3.34}$$

在图 16.8(b)所示的实验中,结的尺寸为 1.6 mm×0.25 mm,磁场 $H_a = 1.12 \times 10^{-4}$ T,并和结的长边垂直。假如我们取 $\Lambda = 100$ nm,方程(16.3.27)给出最大 j 恰要求 $n = 13$。和图 16.8(a)相比,图 16.8(a)中 $kL \neq n\pi$, $\frac{\sin(kL - n\pi)/2}{(kL - n\pi)/2}$ 不是最大值,而是某一不为零的数,故不满足匹配条件。所以,虽然共振条件满足,但阶跃高度不高。

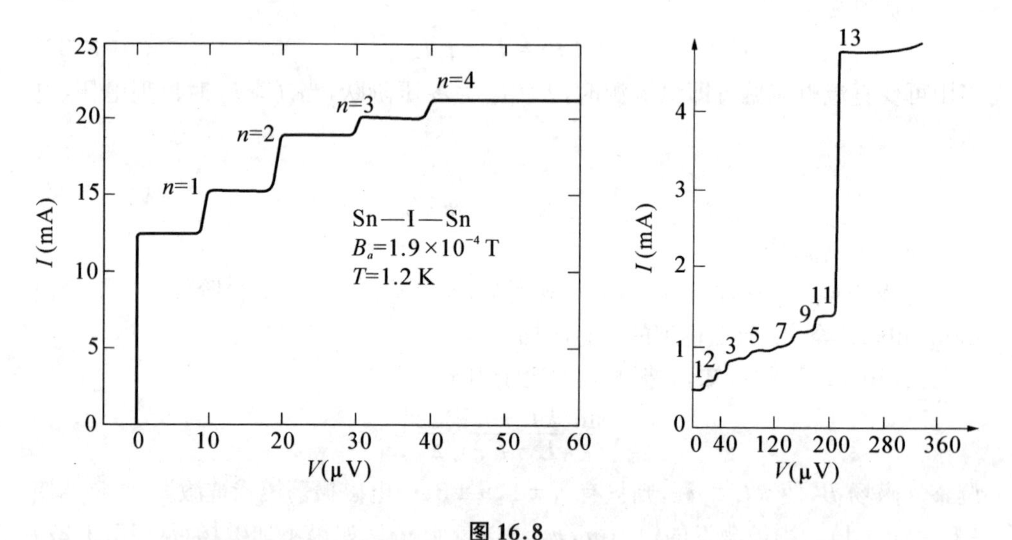

图 16.8

(a) 外磁场中 Sn—I—Sn 结的自感阶梯;(b) 在恒流源下,小的 Sn—I—Sn 结的自测效应①(对于 $n = 13$ 台阶,正好满足匹配条件)

现在我们来研究共振条件下,匹配条件是如何随外磁场变化的,从(16.3.29)式或(16.3.31)式看到 $F_n^2(\phi)$ 是匹配因子,图 16.9 给出不同台阶上 $F_n(\phi)$ 随磁场

① I. M. Dmitrenko, I. K. Yanson and V. M. Svistunov, *JETP Letts.*, **2**(1965), 10.

的变化，图 16.10 给出不同自感台阶上 d. c. Josephson 电流与磁场关系。这个实验结果指出只有零压电流即零号台阶是典型的 Fraunhofer 衍射。

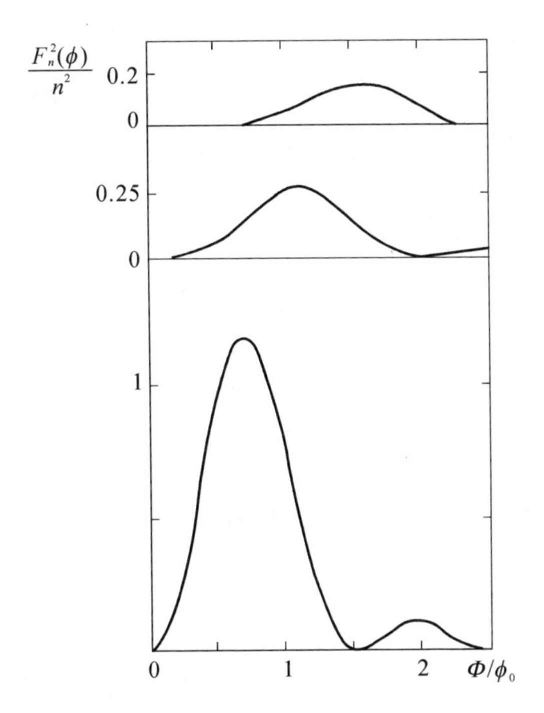

图 16.9　不同 n 值和小 Q_n 值时 Fiske 台阶与磁场的理论关系 $\frac{F_n^2(\phi)}{n^2}\sim\phi$

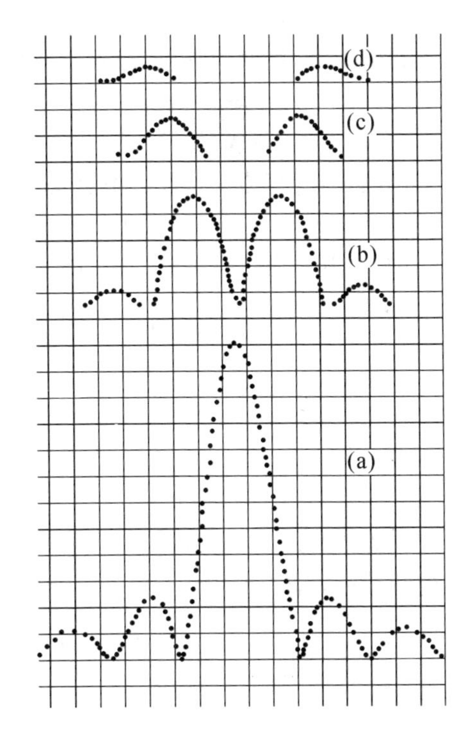

图 16.10　d. c. Josephson 电流

(a) 1 号台阶；(b) 2 号台阶；(c) 3 号台阶；(d) 与磁场关系。数据是在一矩形 Nb—NbO_x—Pb 结上得到的

(2) 长结或强场情况

若磁场较高或结的尺寸较大使 $L\gg 2\pi/k$ 时，结的范围相当于许多个 Josephson 电流的波长，此时边界条件便不重要了，因为结有好多个波长，所以结中任何不均匀电场或磁场的作用都会超过边界条件的作用。上述解是在电场为波腹的边界条件下取得的，已不能反映此时的情况，所以需要重新求解联立方程(16.3.12a)～(16.3.12e)式。

零级近似为

$$j_z = j_c \sin(\omega t + kx + \phi_0)$$

一级近似 $E_z^{(1)}$ 满足的方程为(13.5.14)式，即

$$\left[\frac{\partial^2}{\partial x^2}-\frac{1}{v^2}\left(\frac{\partial^2}{\partial t^2}+\eta\frac{\partial}{\partial t}\right)\right]E_z^{(1)}(x,t)=\frac{j_c\omega}{\varepsilon v^2}\cos(\omega t+kx+\varphi_0) \tag{16.3.35}$$

对(16.3.35)式两边乘以 d,则得到结两端电压 v 的方程

$$\left[\frac{\partial^2}{\partial x^2}-\frac{1}{v^2}\left(\frac{\partial^2}{\partial t^2}+\eta\frac{\partial}{\partial t}\right)\right]v_1=\frac{dj_c\omega}{\varepsilon v^2}\cos(\omega t+kx+\varphi_0) \tag{16.3.36}$$

如前所述,现在边界条件已不重要,因而用行波解。设其解的形式为

$$v_1=v_0\cos(\omega t+kx+\varphi_0+\theta) \tag{16.3.37}$$

式中 v_0 和 θ 为待定系数。将(16.3.37)式代入(16.3.36)式,经过整理得到

$$\begin{aligned}&v_0\cos(\omega t+kx+\varphi_0)\left[\left(\frac{\omega^2}{v^2}-k^2\right)\cos\theta+\frac{\eta\omega}{v^2}\sin\theta\right]\\&+v_0\sin(\omega t+kx+\varphi_0)\left[-\left(\frac{\omega^2}{v^2}-k^2\right)\sin\theta+\frac{\eta\omega}{v^2}\cos\theta\right]\\&=\frac{dj_c\,\omega}{\varepsilon v^2}\cos(\omega t+kx+\varphi_0)\end{aligned} \tag{16.3.38}$$

比较等式两边,左边 $\sin(\omega t+kx+\varphi)$ 的系数应为零,等式两边 $\cos(\omega t+kx+\varphi_0)$ 的系数相等,即可得到

$$\tan\theta=\frac{1/Q}{1-\left(\frac{kv}{\omega}\right)^2} \tag{16.3.39a}$$

$$Q=\frac{\omega}{\eta} \tag{16.3.39b}$$

$$v_0=\frac{dj_c/\varepsilon\omega}{\left\{\left[1-\left(\frac{kv}{\omega}\right)^2\right]^2+Q^{-2}\right\}^{1/2}} \tag{16.3.39c}$$

将已定出的待定系数 v_0 和 θ 代入(16.3.37)式,再将(16.3.37)式代入(16.3.23)式,得

$$\begin{aligned}\frac{\partial\varphi}{\partial t}&=\frac{2eV}{\hbar}+\frac{2ed}{\hbar}E_z^{(1)}=\frac{2eV}{\hbar}+\frac{2ev_1}{\hbar}\\&=\frac{2e}{\hbar}[V+v_0\cos(\omega t+kx+\varphi_0+\theta)]\end{aligned} \tag{16.3.40}$$

将(16.3.40)式与方程 $\partial\varphi/\partial x=2e\Lambda B/\hbar$ 联立,解得

$$\varphi=\omega t+kx+\varphi_0+\frac{v_0}{V}\sin(\omega t+kx+\varphi_0+\theta) \tag{16.3.41}$$

则

$$j_z = j_c \sin\left[\omega t + kx + \varphi_0 + \frac{v_0}{V}\sin(\omega t + kx + \varphi_0 + \theta)\right] \tag{16.3.42}$$

利用公式(16.2.16),(16.3.42)式变为

$$\begin{aligned} j_z &= j_c \sum_{m=-\infty}^{\infty} \mathrm{J}_m\left(\frac{v_0}{V}\right)\sin(\omega t + kx + \varphi_0 + m\omega t + mkx + m\varphi_0 + m\theta) \\ &= j_c \sum_{m=-\infty}^{\infty} \mathrm{J}_m\left(\frac{v_0}{V}\right)\sin[(m+1)\omega t + (m+1)kx + (m+1)\varphi_0 + m\theta] \end{aligned} \tag{16.3.43}$$

上式中只有当 $m+1=0$ 即 $m=-1$ 时才有直流分量,其余 $m+1\neq 0$ 的项对时间平均值为 0。令 $m=-n$,则由(16.3.43)式得

$$\bar{j} = j_c \mathrm{J}_1\left(\frac{v_0}{V}\right)\sin\theta \tag{16.3.44}$$

当 $v_0/V \ll 1$ 时,$\mathrm{J}_1(v_0/V) \approx \sin(v_0/V) \approx v_0/V$,再由(16.3.39a)式得

$$\sin\theta = \frac{\tan\theta}{\sqrt{1+\tan^2\theta}} = \frac{Q^{-1}}{\left\{\left[1-\left(\frac{kv}{\omega}\right)^2\right]^2 + Q^{-2}\right\}^{1/2}} \tag{16.3.45}$$

则(16.3.44)式变成

$$\bar{j} = \frac{dj_c^2}{\varepsilon\omega V}\frac{Q^{-1}}{\left[1-\left(\frac{kv}{\omega}\right)^2\right]^2 + Q^{-2}} \tag{16.3.46}$$

此式说明在大结情况或高场情况仍有直流分量,并且有峰值。峰值出现的条件是

$$\frac{\omega}{k} = v \tag{16.3.47}$$

从(16.3.46)式看到由于电流与磁场的耦合,存在一个电流的 d.c. 分量,然而当不满足(16.3.47)式时,可以预期这个 d.c. 分量很小。

现在我们来讨论(16.3.47)式满足时出现峰值的物理意义。

由(16.3.2)式给出 $v = c(d/\varepsilon\Lambda)^{1/2}$ 是把结看作一个波导时电磁波在其中传播的速度,而 $j_z = j_c\sin(\omega t + kx + \varphi_0)$ 中 $\omega/k = v_\varphi$ 是 a.c. Josephson 电流的相速,当满足(16.3.47)式时,即 $v = v_{\varphi_0}$,这时电磁波传播的速度和 a.c. Josephson 电流的相速同步或者说相匹配,因而产生共振峰。由于 $v = v_\varphi$ 只是一个值,所以共振峰只能有一个。由 $\omega/k = v$ 还可以求出共振时的电压 V_p 与外磁场 B 是成正比关系的。

图 16.11 和图 16.12 分别给出了在 $I \sim V$ 曲线中出现共振峰的实验结果和 $V_p \sim B$ 的实验结果。$V_p \sim B$ 理论曲线与实验数据在磁场较大时有偏差,这是由于 ω/k 是零级近似下 Josephson 电流的相速。

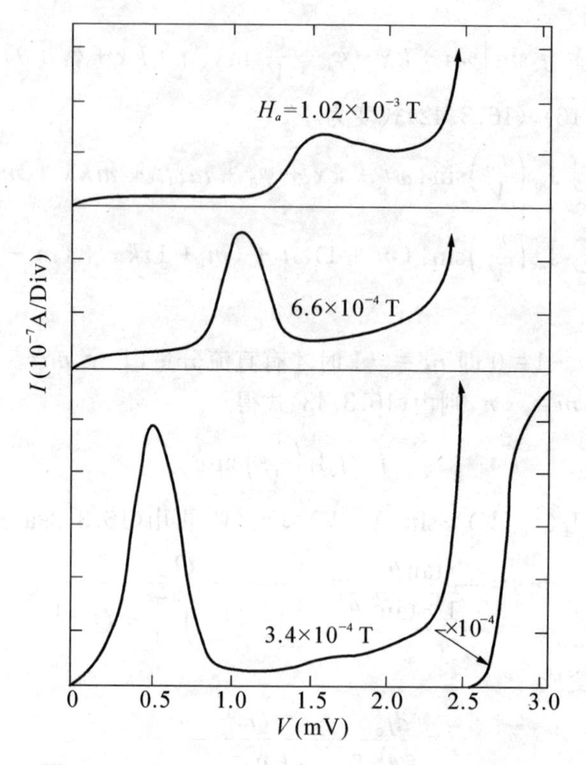

图 16.11　Pb—I—Pb 结的 $I\sim V$ 曲线(自测效应)

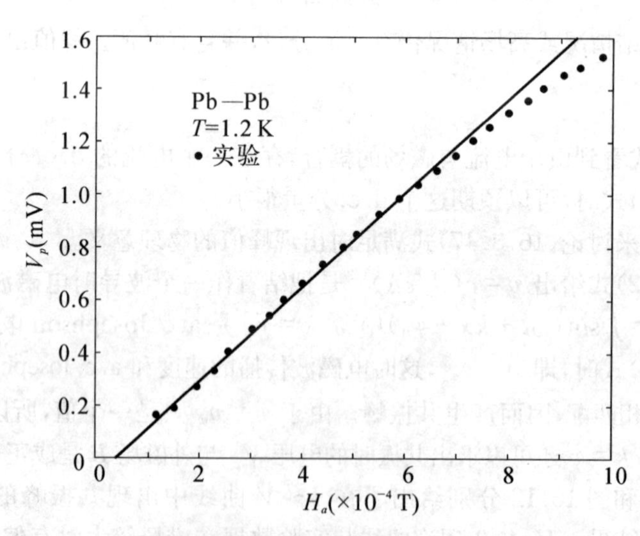

图 16.12　共振峰的位相与外加磁场之间的函数关系
(实验取自图 16.11 的 $I\sim V$ 曲线)

比较大结(或强场)与小结(或弱场)的共振条件

$$v_{\varphi}=\frac{\omega}{k}=v,\qquad \text{对大结(或较强磁场)}$$

$$\omega=\frac{n\pi v}{L}=\omega_n,\quad \text{对小结(或强磁场)}$$

对大结,只要 Josephson 电流的相速与电磁波传播速度相等就是匹配条件;而对小结,当 Josephson 频率 ω 与结的本征频率相同时引起共振,但还不一定出现直流电流峰值,必须加上 $kL=n\pi$ 才能使空间匹配而出现峰值。小结的共振匹配条件不仅强烈地依赖于磁场而且还依赖于结的尺寸。

16.4　高 Q 结自激谐振的 $I\sim V$ 曲线

16.4.1　高 Q Josephson 结的谐振模

刚刚研究过的 Fiske 台阶理论在限制条件

$$\frac{\overline{I_n(\phi)}}{I_c}\approx\left(\frac{L}{2\pi\lambda_J n}\right)^2 Q_n\ll 1$$

下是严格成立的。这条件即

$$Q_1\ll 4\pi^2\left(\frac{\lambda_J}{L}\right)^2$$

Kulik(1967)已考虑了 Q_n 可以取一任意大值的情况,出发点是关于位相 $\varphi(x,t)$的(14.1.28)式。由于结被激励起谐振,这个谐振将作用到结上,假定这个被激励起的谐振是开端谐振腔中第 n 个模,其驻波电压为

$$v_n(x,t)=A_n e^{i\omega_n t}\cos\frac{n\pi x}{L}\tag{16.4.1}$$

式中 L 是结的长度,$\omega_n=n\pi v/L$,则在结上的电压为

$$V(x,\ t)=V_0+v_n(x,\ t)$$

$$\varphi=\frac{2e}{\hbar}V(x,\ t)t=\omega t+\varphi_n(x,t)\tag{16.4.2}$$

式中

$$\omega = \frac{2e}{\hbar}V_0,\quad v_n(x,t) = \frac{\hbar}{2e}\frac{\partial \varphi_n(x,t)}{\partial t}$$

为简单起见,我们假定电压接近于结的谐振模之一:$\omega \approx \omega_n$,对 $\varphi_n(x,t)$我们写出表达式

$$\varphi_n(x,\ t) \approx \Theta(t)\cos k_n x \tag{16.4.3}$$

式中 $k_n = n\pi/L$。这里我们仅考虑以结的模式所作 Fourier 展开的一个分量。在该近似下,重写(14.1.28)式为

$$\frac{\partial \varphi^2}{\partial x^2} - \frac{1}{v^2}\left(\frac{\partial^2 \varphi}{\partial t^2} + \eta \frac{\partial \varphi}{\partial t}\right) = \frac{1}{\lambda_J^2}\mathrm{Im}\{\mathrm{e}^{-\mathrm{i}\omega t}\mathrm{e}^{-\mathrm{i}kx}\mathrm{e}^{\mathrm{i}\Theta(t)\cos k_n x}\} \tag{16.4.4}$$

对于因子 $\mathrm{e}^{\mathrm{i}\Theta(t)\cos k_n x}$,我们以指数函数 $\mathrm{e}^{-\mathrm{i}mk_n x}$ 作 Fourier - Bessel 展开(例如见 Janhmke和 Emde,1945)

$$\mathrm{e}^{\mathrm{i}\Theta(t)\cos k_n x} = \sum_{m=-\infty}^{+\infty}(\mathrm{i})^m \mathrm{J}_m(\Theta)\mathrm{e}^{-\mathrm{i}mk_n x} \tag{16.4.5}$$

式中 $\mathrm{J}_m(x)$是 m 阶 Bessel 函数。将(16.4.3)式和(16.4.5)式代入(16.4.4)式,得到

$$\cos k_n x\left[\frac{\partial^2 \Theta(t)}{\partial t^2} + \eta\frac{\partial \Theta(t)}{\partial t} + v^2 k_n^2 \Theta(t)\right]$$

$$= -\frac{v^2}{\lambda_J^2}\mathrm{Im}\left\{\mathrm{e}^{\mathrm{i}\omega t}\mathrm{e}^{-\mathrm{i}kx}\sum_{m=-\infty}^{+\infty}(\mathrm{i})^m \mathrm{J}_m(\Theta)\mathrm{e}^{-\mathrm{i}mk_n x}\right\}$$

用 $\cos k_n x$ 乘以公式两侧并在 0 到 L 之间积分

$$\frac{\partial^2 \Theta(t)}{\partial t^2} + \eta\frac{\partial \Theta(t)}{\partial t} + k_n^2 v^2 \Theta(t)$$

$$= -\frac{v^2}{\lambda_J^2}\frac{2}{L} \times \mathrm{Im}\left\{\mathrm{e}^{\mathrm{i}\omega t}\sum_{m=-\infty}^{+\infty}(\mathrm{i})^m \mathrm{J}_m(\Theta)\int_0^L \mathrm{d}x\,\mathrm{e}^{-\mathrm{i}kx}\cos(k_n x)\mathrm{e}^{-\mathrm{i}mk_n x}\right\}$$

式中我们已利用了关系式 $\int_0^L \cos^2(k_n x)\mathrm{d}x = L/2$,仿照 Kulik,我们定义

$$F_{n,m} = \frac{2\mathrm{i}}{L}\int_0^L \mathrm{d}x\,\mathrm{e}^{-\mathrm{i}kx}\cos(k_n x)\mathrm{e}^{-\mathrm{i}mk_n x} \tag{16.4.6}$$

上一表达式变为

$$\frac{\partial^2 \Theta(t)}{\partial t^2} + \eta\frac{\partial \Theta(t)}{\partial t} + \omega_n^2 \Theta(t) = \alpha \mathrm{Re}\{\mathrm{e}^{\mathrm{i}\omega t}F(\Theta)\} \tag{16.4.7}$$

式中 $\omega_n^2 = k_n^2 v^2$,$\alpha = v^2/\lambda_J^2$,并且

$$F(\Theta) = \sum_{m=-\infty}^{+\infty} (\mathrm{i})^m \mathrm{J}_m(\Theta) F_{n,m}$$

正如 Kulik(1967)注意到的,(16.4.7)式是非线性振荡理论中熟知的标准微分方程(Bogolyubov 和 Mitropolskii, 1961),假定 $\alpha \to 0$,即 $\lambda_\mathrm{J} \to \infty$,可能找到 $\Theta(t)$的一个渐近解,其形式为

$$\Theta(t) = a(t)\cos(\omega t + b) + \alpha u(a, b, \omega t) + \cdots$$

式中 $a(t)$是缓慢变化的函数,它们对时间的导数与(16.4.7)式的强迫项有关。在 $\mathrm{d}a/\mathrm{d}t = \mathrm{d}b/\mathrm{d}t = 0$ 的假定下,a 和 b 为常数,于是

$$\Theta(t) \approx a\cos(\omega t + b) \tag{16.4.8}$$

如果我们忽略 $F(\Theta)$中对时间的依赖关系,只取与时间无关的项,可以证明(Kulik, 1967)

$$F(\Theta) \approx \mathrm{J}_0\left(\frac{a}{2}\right) F_{n0} \tag{16.4.9}$$

式中

$$F_{n0} = \frac{2\mathrm{i}}{L}\int_0^L \mathrm{d}x \mathrm{e}^{-\mathrm{i}kx} \cos k_n x$$

将(16.4.8)式和(16.4.9)式代入(16.4.7)式,容易推导出关系式

$$a\mathrm{e}^{\mathrm{i}b} = \frac{1}{(\omega_n^2 - \omega^2) + \mathrm{i}\omega\eta} \alpha \mathrm{J}_0^2\left(\frac{a}{2}\right) F_{n0}$$

由此我们得到幅值 a

$$\frac{a}{\mathrm{J}_0^2\left(\frac{a}{2}\right)} = \frac{\alpha}{\sqrt{(\omega_n^2 - \omega^2)^2 + \omega^2\eta^2}} |F_{n0}| \tag{16.4.10}$$

式中

$$|F_{n0}| = F_n(\phi) = \frac{2}{\pi} \frac{\phi |\sin(\pi\phi - \pi n/2)|}{|\phi^2 - n^2/4|}$$

$F_n(x)$是前面我们引入的函数。表达式(16.5.10)可以写成

$$\frac{a}{\mathrm{J}_0^2\left(\frac{a}{2}\right)} = \frac{v^2}{\lambda_\mathrm{J}^2} \frac{1}{\omega\eta} \frac{\omega\eta}{\sqrt{(\omega_n^2 - \omega^2)^2 + \omega^2\eta^2}} F_n(\phi) \tag{16.4.11}$$

d.c.Josephson 电流为

$$\bar{I}(\omega, k) = \lim_{t\to\infty} \frac{1}{t}\int_0^t \mathrm{d}t \frac{1}{L}\int_0^L \mathrm{d}x j_\mathrm{c} \sin[\omega t - kx + \Theta(t)\cos k_n x]$$

如果我们利用 $e^{-ik_n x}$ 来将正弦项作 Fourier 展开，并且只考虑最低次项，我们得到

$$\bar{I}(\omega,\phi)\approx I_c J_0\left(\frac{a}{2}\right)J_1\left(\frac{a}{2}\right)F_n(\phi)\frac{\omega\eta}{\sqrt{(\omega_n^2-\omega^2)^2+\eta^2\omega^2}} \quad (16.4.12)$$

很容易看到，在结内激励的电磁波的小振幅极限中，即当 $a\to 0$ 时，我们由(16.4.11)和(16.4.12)式重新得到前面推导出的表达式(16.3.29)，事实上，利用 $J_0(x)$ 和 $J_1(x)$ 在 $a\to 0$ 时的渐近表达式，我们有

$$J_0\left(\frac{a}{2}\right)\approx 1,\quad J_1\left(\frac{a}{2}\right)\approx\frac{a}{2}$$

和

$$I(\omega,\phi)\approx I_c\frac{a}{2}F_n(\phi)\frac{\omega\eta}{\sqrt{(\omega_n^2-\omega^2)^2+\eta^2\omega^2}}$$

$$a=\frac{v^2}{\lambda_J^2}\frac{1}{\omega\eta}\frac{\omega\eta}{\sqrt{(\omega_n^2-\omega^2)^2+\eta^2\omega^2}}F_n(\phi)$$

合并这些表达式，得到(16.3.29)式的第 n 项。在普遍情况下，当 $\omega=\omega_n$ 时，由(16.4.11)和(16.4.12)式得到作为磁场函数的最大台阶幅值。此时

$$\Delta\bar{I}_n(\phi)=I_c J_0\left(\frac{a}{2}\right)J_1\left(\frac{a}{2}\right)F_n(\phi) \quad (16.4.13)$$

式中 a 是下列非线性方程的第一个解

$$J_0\left(\frac{a}{2}\right)=\frac{a\lambda_J^2}{v^2}\omega_n\eta$$

如果我们再引入以 $Q_n=\omega_n/\eta$ 定义的结品质因数 Q，由于 $\omega_n/v=n\pi/L$，则上式变为

$$J_0\left(\frac{a}{2}\right)=\frac{a}{(L/\pi n\lambda_J)^2 Q_n F_n(\phi)}$$

该式对任意大的 Q_n 值都是成立的。引入参量

$$Z_n=\left(\frac{L}{\lambda_J}\right)^2\frac{Q_n}{\pi^2 n^2} \quad (16.4.14)$$

上面的表达式可写成

$$J_0\left(\frac{a}{2}\right)=\frac{a}{Z_n F_n(\phi)} \quad (16.4.15)$$

从(16.4.13)式和(16.4.15)式容易看出，$\bar{I}_n/I_cF_n$ 作为 Z_nF_n 的函数，是一个与 n 和 ϕ 无关的普适函数。该函数表示在图 16.13 中，图 16.14 表示出 $n=1$ 的和一给定最大值 $\bar{I}_1/I_c$ 的曲线，这两条曲线对应于由图 16.13 中曲线找出的两个特殊的 Z_n 值。

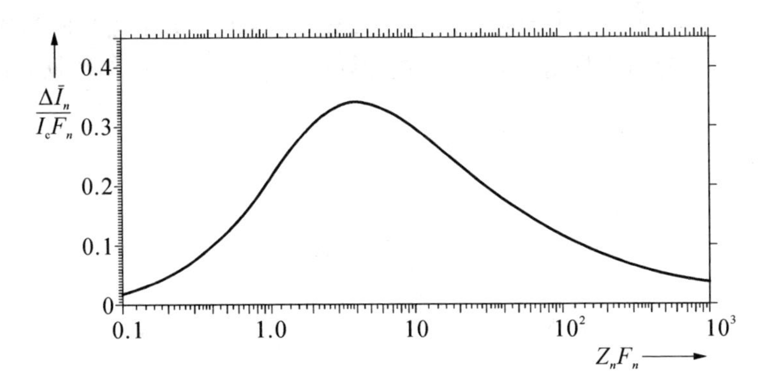

图 16.13　由(16.4.13)和(16.4.15)式用数值得到的 $\Delta\bar{I}_n/I_cF_n(\phi)$ 对 $Z_nF_n(\phi)$ 的普适函数(引自 Paterno 和 Nordman，1978)

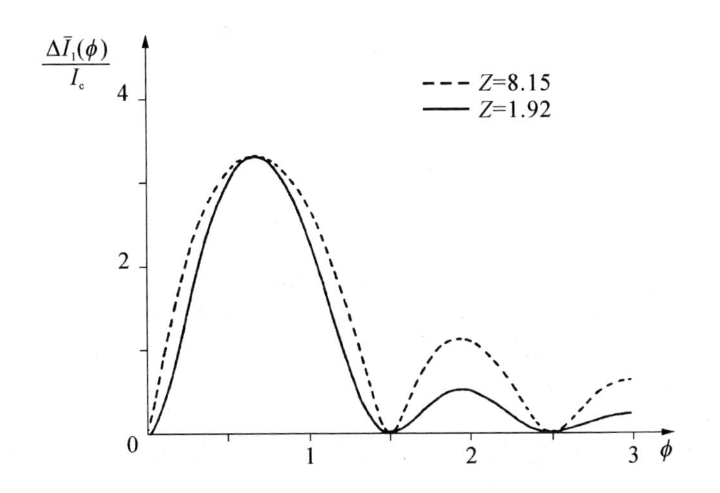

图 16.14　由(16.4.13)和(16.4.15)式计算得到的高 Q 结第一号自感台阶($n=1$)对磁场的理论关系(两条曲线对应于两个 Z_n 值，台阶幅度的最大值 0.33 是由图 16.13 的普适函数得到的)

Paterno 和 Nordman①(1978)完成了"Fiske"台阶对磁场关系的广泛测量，样品是有不同 L/λ_J 比值的 Nb—NbO_x—Pb 型结（L 垂直于外加磁场）。实验结果和理论曲线一起表示在图 16.15 中，实验数据所涉及的样品具有略大于 1 的 L/λ_J 比值，根据(16.4.13)和(16.4.15)式对台阶幅值的理论关系作了数值计算，Z_n 值是通过图 16.13 所绘普适常数来决定的，求 Z_n 时利用了 $F_n(\phi)$ 的理论值，对于 $\Delta \bar{I}_n/I_c$ 则利用了实测最大台阶幅值和最大 d.c. Josephson 电流之间的比 I_n/I_c。当 $Z_n<1$ 时，理论曲线是用(16.3.31)式计算得的，图 16.15 中的数据对应于台阶 1,2 和 3。

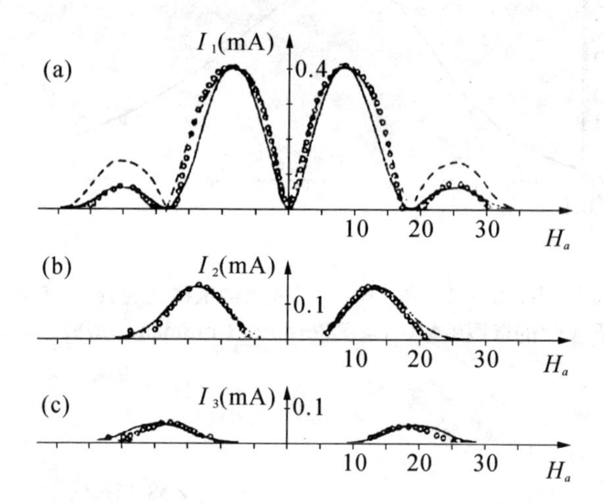

图 16.15　Nb—NbO_x—Pb 结的 1 号(a),2 号(b)和 3 号(c)自感台阶对磁场的关系（实验数据（圆圈点）所涉及的样品中，垂直于外加磁场方向上的尺寸稍大于 Josephson 穿透深度 λ_J。由(16.4.13)和(16.4.15)式计算得的理论关系也表示在图中。对于 $n=1$（见图 a），理论曲线对应于 $Z_n=1.91$（实线）和 $Z_n=8.15$（虚线），如图所示，它们得到相同的台阶最大值。对于 $n=2, Z_n=0.51$；对于 $n=3, Z_n=0.16$。引自 Paterno 和 Nordman, 1978）

图 16.16 表示了 $L/\lambda_J<1(\sim 0.6)$ 的结的数据。实验数据与理论符合得非常好。在前面的情况中（见图 16.15 中的实验数据），所存在的微小差异可用以下的理由很好地解释：样品的 L/λ_J 值较大，而 Kulik 理论在 $L/\lambda_J\to 0$ 的极限下才成立。

① G. Paterno, J. Nordman, *J. Appl. Phys.*, **49**(1978), 2456.

图 16.17 表示出具有比值 $L/\lambda_J=1.3$ 的结的实验结果。正如所料，实验与理论存在明显的差异。对于 $n=2$，电流台阶的最大幅值出现在零外磁场处。这些奇异点称作零场台阶，首先是由 Chen、Finnegan 和 Langenberg(1971)观测到的。Chen 和 Langenberg(1972)、Fulton 和 Dynes(1973)以及 Gou 和 Gayley(1974)得到了相继的实验结果。这些零场台阶通常出现在与偶数标号的 Fiske 模相应的电压处。

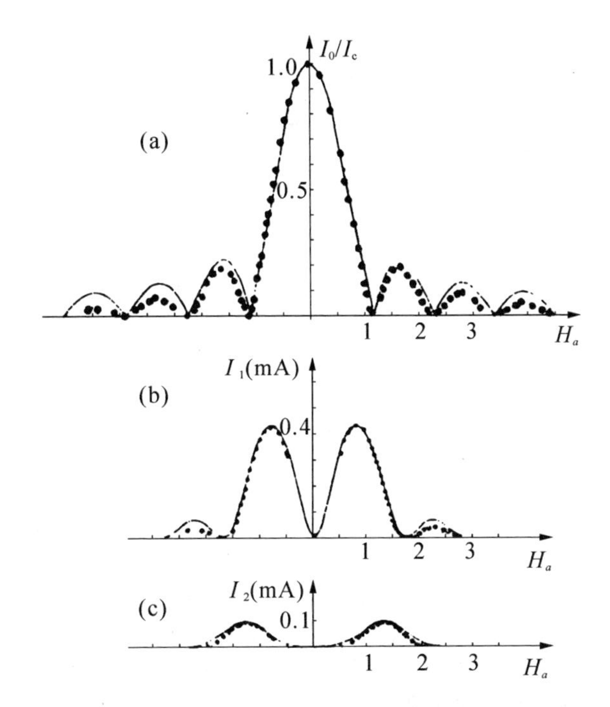

图 16.16　一个 Nb—NbO_x—Pb 结的最大 Josephson 电流 $I_J(\phi)$(a)以及第 1 号(b)、第 2 号(c)自感台阶对磁场的关系(实验数据(圆圈点)与理论依赖关系(实线)作了比较，理论关系是分别由(15.1.6)式、(16.4.13)式和(16.4.15)式计算得来的。估算出的该样品的比值 $L/\lambda_J=0.6$。引自 Paterno 和 Nordman，1978)

Fulton 和 Dynes(1973)以结内的磁通线运动为基础，提出了存在这些奇异点的一种解释。该理论模型预言，这些台阶在偶数标号 n 下出现。然而，该模型不能对这些电流奇异点与磁场的关系提供说明。从实验上看，台阶幅值呈现为磁场的衰减函数并且与磁场的方向无关。

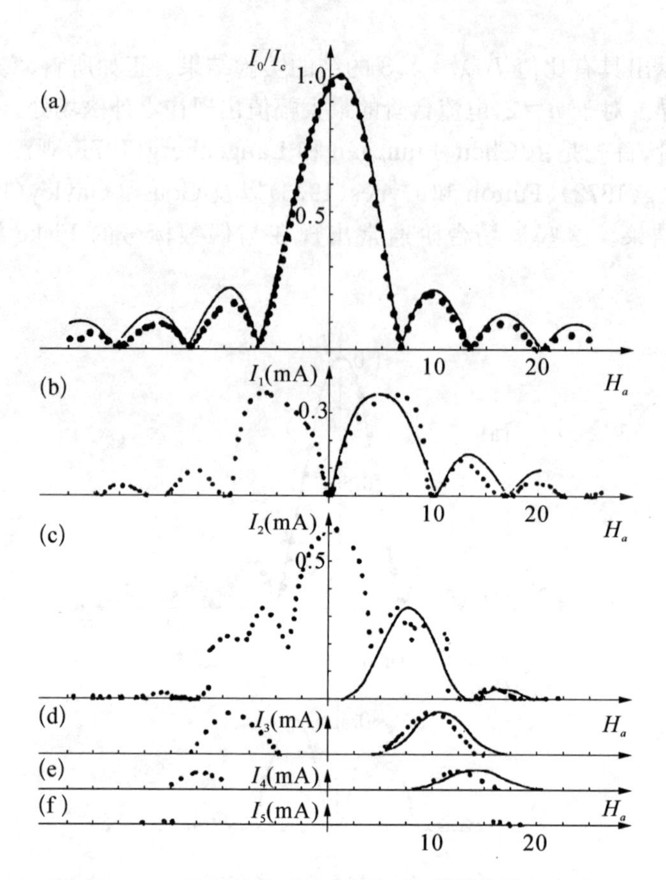

图 16.17　一矩形结在磁场中的行为，其最大横向尺寸 L 大于 Josephson 穿透深度 λ_J ($L/\lambda_J=1.3$)（样品为一个 Nb—NbO_x—Pb 交叉型结。磁场垂直于长边。(a)为 d.c.Josephson 电流与利用(15.3.8)式得到的理论依赖关系(实线)相比较，(b)、(c)、(d)、(e)和(f)为 1～5 号自感台阶。实线是由(16.4.13)式和(16.4.15)式计算出的理论依赖关系。引自 Paterno 和 Nordman, 1978)

16.4.2　高 Q 腔受激谐振反馈作用于 Josephson 结的结果 ——在一个磁通量子内 d.c.Josephson 电流阶梯效应①

(1) 微波辐照

前面我们讨论了微波辐照 Josephson 结的问题。如果用一个

① 张裕恒，物理学报，33(1984)，210.

$$v = v_0\cos(\omega' t + \theta) \tag{16.4.16}$$

的微波辐照结，则由(16.2.5)式可得

$$I_s = I_c\frac{\sin(\pi\Phi_J/\phi_0)}{(\pi\Phi_J/\phi_0)}\sin\left[\omega t + \frac{2ev_0}{\hbar\omega'}\sin(\omega' t + \theta)\right] \tag{16.4.17}$$

应用公式(16.2.6)，则(16.4.17)式可写成

$$I_s = I_c\frac{\sin(\pi\Phi_J/\phi_0)}{(\pi\Phi_J/\phi_0)}\sum_{m=-\infty}^{+\infty}J_m\left(\frac{2ev_0}{\hbar\omega'}\right)\sin[(\omega + m\omega')t + \varphi_0 + m\theta] \tag{16.4.18}$$

当 $\omega = n\omega' = -m\omega'$时，$I_s$ 长时间平均值不为零，即有直流分量为

$$\bar{I}_s = I_c(-1)^n\frac{\sin(\pi\Phi_J/\phi_0)}{(\Phi_J/\phi_0)}J_n\left(\frac{2ev_0}{\hbar\omega'}\right)\sin(\varphi_0 - n\theta) \tag{16.4.19}$$

取 $\varphi_0 - n\theta = \pm\pi/2$，则得到第 n 个标号的电流阶跃高度为

$$\Delta\bar{I}_s = I_c\left|\frac{\sin(\pi\Phi_J/\phi_0)}{(\pi\Phi_J/\phi_0)}J_n\left(\frac{2ev_0}{\hbar\omega'}\right)\right|,\quad n = 1,2,3,\cdots \tag{16.4.20}$$

如不加外磁场，则 $\Delta\bar{I}_s = I_c\left|J_n\left(\frac{2ev_0}{\hbar\omega'}\right)\right|$ 即为第 n 个台阶的高度。当外加磁场时，磁场对这个阶跃高度还要作 Fraunhofer 衍射型调制，见图 16.18。

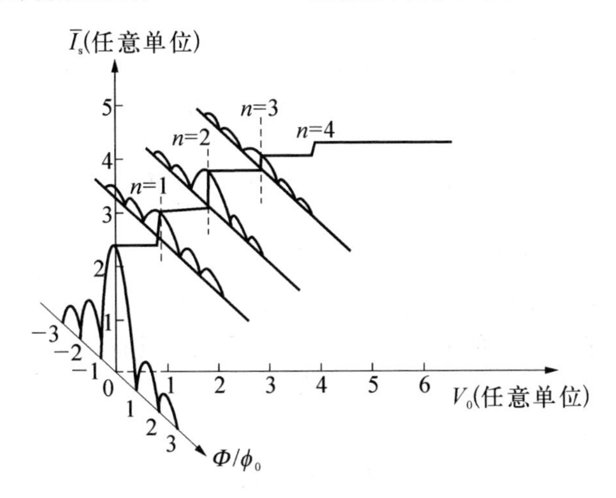

图 16.18　各个标号的台阶高度随磁场的 Franuhofer 衍射关系示意图

(2) 反馈辐照

如果 Josephson 结放置于一个谐振腔中，谐振腔的本征频率为 ω_r。当在结上加一个电压 V 时，则结辐射出频率为 $\omega = 2eV/\hbar$的电磁波，当 ω 和 ω_r 共振时，那

么谐振腔中就激起一个驻波场。这样 Josephson 电流所激起的谐振腔的本征振荡的波场必定反过来作用于结上，相当于一个外加的交变电压。设这个交变电压具有如下形式

$$V_r = V_{r0}\cos(\omega_r t+\theta) \tag{16.4.21}$$

式中 V_{r0} 是一个待定的感应电压幅值，ω_r 是谐振腔的第 r 个本征模的频率。因此有

$$j_s(x,\ t) = j_c\sin\left[\omega t + kx + \varphi_0 + \frac{2eV_{r0}}{\hbar\,\omega_r}\sin(\omega_r t+\theta)\right] \tag{16.4.22}$$

用 L_x，L_y 分别表示隧道结的长和宽，则 Josephson 电流应该为

$$\begin{aligned} I_s &= \int_{-L_x/2}^{L_x/2}\mathrm{d}x\int_{-L_y/2}^{L_y/2}\mathrm{d}y j_s(x,t) \\ &= j_c L_x L_y\frac{\sin(\pi\Phi_J/\phi_0)}{(\pi\Phi_J/\phi_0)}\cdot\sin\left[\omega t+\varphi_0+\frac{2eV_{r0}}{\hbar\,\omega_r}\sin(\omega_r t+\theta)\right] \end{aligned} \tag{16.4.23}$$

式中 $\Phi_J=\Lambda L_x H$ 是穿透到隧道结中的外磁通。

应用公式(16.2.6)，(16.4.23)式可写成

$$\begin{aligned} I_s &= j_c L_x L_y\frac{\sin(\pi\Phi_J/\phi_0)}{(\pi\Phi_J/\phi_0)}\sum_{m=-\infty}^{+\infty}\mathrm{J}_m\left(\frac{2eV_{r0}}{\omega_r\hbar}\right) \\ &\quad\cdot\sin[(\omega+m\omega_r)t+\varphi_0+m\theta] \end{aligned} \tag{16.4.24}$$

当 $\omega=n\omega_r$ 时，I_s 的长时间平均不为零，即有直流分量

$$\bar{I}_s=(-1)^n j_c L_x L_y\frac{\sin(\pi\Phi_J/\phi_0)}{(\pi\Phi_J/\phi_0)}\mathrm{J}_n\left(\frac{2eV_{r0}}{\omega_r\hbar}\right)\sin(\varphi_0+n\theta)$$

取 $\varphi_0-n\theta=\pm\pi/2$，则得到第 n 个标号的电流阶跃高度为

$$\Delta\bar{I}_s=j_c L_x L_y\left|\frac{\sin(\pi\Phi_J/\phi_0)}{(\pi\Phi_J/\phi_0)}\mathrm{J}_n\left(\frac{2eV_{r0}}{\omega_r\hbar}\right)\right|,\quad n=1,2,3,\cdots \tag{16.4.25}$$

由于我们已将隧道结置于谐振腔中，(16.4.24)式的这个电流 I_s 也就是电磁振荡的激励源。在谐振腔的 Q 值较高时，其共振曲线具有 δ 函数的形式。因此只需考虑 I_s 中的 ω_r 频率分量对腔的激励作用，由(16.4.24)式可知 I_s 中的 ω_r 的频率分量的项相应于

$$\omega+m\omega_r=\pm\omega_r$$

或

$$n\omega_r+m\omega_r=\pm\omega_r$$

即(16.4.24)式中的 $m=-n\pm1$ 两项，其中 n 是不为零的整数。

当 $n=0$ 时，$\omega=0$，从而 $V=0$，没有激励源，谐振不发生，反作用于隧道结的交变电压 V_r 也就等于零，这时 I_s 随磁场的变化关系也就是通常 Fraunhofer 衍射型

关系，其周期为 ϕ_0。

当 n 为某一确定的非零整数时，(16.4.24)式中的 I_s 含有频率为 ω_r 的分量，即是

$$I_{\omega_r} = j_c L_x L_y \frac{\sin(\pi \Phi_J/\phi_0)}{(\pi \Phi_J/\phi_0)} \left\{ \mathrm{J}_{-n+1}\left(\frac{2eV_{r0}}{\omega_r \hbar}\right) \sin[\omega_r t + \varphi_0 - (n-1)\theta] \right.$$
$$\left. - \mathrm{J}_{-n-1}\left(\frac{2eV_{r0}}{\omega_r \hbar}\right) \sin[\omega_r t - \varphi_0 + (n+1)\theta] \right\} \tag{16.4.26}$$

由微波理论，当简谐型的激励电流频率与腔的本征频率相等，即共振时，电场矢量为

$$\boldsymbol{E} = -\frac{Q\boldsymbol{\xi}_r}{\varepsilon N \omega_r} \int_v \boldsymbol{j}_{\omega_r} \cdot \boldsymbol{\xi}_r \mathrm{d}V \tag{16.4.27}$$

其中 Q 为谐振腔的品质因素，$\boldsymbol{j}_{\omega_r}$ 是腔体内的频率等于 ω_r 的激励电流密度，ε 为介电常数，$\boldsymbol{\xi}_r$ 是频率等于 ω_r 的电场本征模的空间部分，N 为 $\boldsymbol{\xi}_r$ 的模平方，由下式确定

$$\int_v \boldsymbol{\xi}_r \cdot \boldsymbol{\xi}_s \mathrm{d}V = N\delta_{rs}$$

其中积分是对谐振腔的整个体积进行的。

由于电流密度 $\boldsymbol{j}_{\omega_r}$ 仅在隧道结及其引线处不为零，因而(16.4.27)式中的积分可写成

$$\int_v \boldsymbol{j}_{\omega_r} \cdot \boldsymbol{\xi}_r \mathrm{d}V = \int_{l_0} \mathrm{d}\boldsymbol{l} \int_{s_0} \mathrm{d}\boldsymbol{s} \boldsymbol{j}_{\omega_r} \cdot \boldsymbol{\xi}_r \tag{16.4.28}$$

式中 $\mathrm{d}\boldsymbol{l}$ 为结或引线的线元，$\mathrm{d}\boldsymbol{s}$ 为其面积元，s_0 为结(或引线)的截面积，l_0 为腔内的结和引线的总长度。假设结及其引线截面的线度远小于谐振腔的尺寸，则存在在结面尺度内基本不变的本征模，对于这样的本征模 $\boldsymbol{\xi}_r$，并考虑到 $\mathrm{d}\boldsymbol{l}$ 和 $\boldsymbol{j}_{\omega_r}$ 同向及电流的连续性，所以有

$$\int_v \boldsymbol{j}_{\omega_r} \cdot \boldsymbol{\xi}_r \mathrm{d}V = \int_{l_0} \boldsymbol{\xi}_r \cdot \mathrm{d}\boldsymbol{l} \int_{s_0} \boldsymbol{j}_{\omega_r} \cdot \mathrm{d}\boldsymbol{s} = I_{\omega_r} \int_{l_0} \boldsymbol{\xi}_r \cdot \mathrm{d}\boldsymbol{l} = I_{\omega_r} M_r$$

式中

$$M_r = \int_{l_0} \boldsymbol{\xi}_r \cdot \mathrm{d}\boldsymbol{l}$$

是一个与激励电流回路和谐振腔的第 r 个本征模之间互感应有关的量。因而振荡电场矢量为

$$\boldsymbol{E}=-\frac{QI_{\omega_r}M_r}{\varepsilon N\omega_r}\boldsymbol{\xi}_r$$

其中 I_{ω_r} 由(16.4.26)式给出。这样,得到反作用隧道结的交变电压应该为

$$V_r=\boldsymbol{E}(\boldsymbol{r}_0)\cdot\boldsymbol{\Lambda}$$

$\boldsymbol{E}(\boldsymbol{r}_0)$表示位于隧道结 $\boldsymbol{r}_0$ 处的场强,$\boldsymbol{\Lambda}$ 的方向垂直于结平面,其大小为 $\Lambda=2\lambda+d$。把上式具体写出即为

$$\begin{aligned}V_{r0}\cos(\omega_r t+\theta)=&-\frac{QM_rj_cL_xL_y}{\varepsilon N\omega_r}\frac{\sin(\pi\Phi_J/\phi_0)}{(\pi\Phi_J/\phi_0)}[\boldsymbol{\xi}_r(\boldsymbol{r}_0)\cdot\boldsymbol{\Lambda}]\\&\times\left\{J_{-n+1}\left(\frac{2eV_{r0}}{\omega_r\hbar}\right)\sin[\omega_r t+\varphi_0-(n-1)\theta]\right.\\&\left.-J_{-n-1}\left(\frac{2eV_{r0}}{\omega_r\hbar}\right)\sin[\omega_r t+\varphi_0-(n-1)\theta]\right\}\end{aligned}$$

因为取 $\varphi_0-n\theta=\pm\pi/2$,上式即为

$$\begin{aligned}V_{r0}=&\pm\frac{QM_rj_cL_xL_y}{\varepsilon N\omega_r}\frac{\sin(\pi\Phi_J/\phi_0)}{(\pi\Phi_J/\phi_0)}[\boldsymbol{\xi}_r(\boldsymbol{r}_0)\cdot\boldsymbol{\Lambda}]\\&\times\left\{J_{-n+1}\left(\frac{2eV_{r0}}{\omega_r\hbar}\right)+J_{-n-1}\left(\frac{2eV_{r0}}{\omega_r\hbar}\right)\right\}\end{aligned}$$

由递推公式

$$J_{v+1}(x)+J_{v-1}(x)=\frac{2v}{x}J_v(x)$$

得

$$V_{r0}^2=\pm\frac{QM_rj_cL_xL_y}{\varepsilon Ne}\frac{\sin(\pi\Phi_J/\phi_0)}{(\pi\Phi_J/\phi_0)}[\boldsymbol{\xi}_r(\boldsymbol{r}_0)\cdot\boldsymbol{\Lambda}]nJ_n\left(\frac{2eV_{r0}}{\omega_r\hbar}\right)\tag{16.4.29}$$

由(16.4.29)式解出 V_{r0}的值,代入 $\Delta\bar{I}_s$的表达式(16.4.25)中,即得到第 n 标号的电流阶跃高度,重新写出为

$$\Delta\bar{I}_s=j_cL_xL_y\left|\frac{\sin(\pi\Phi_J/\phi_0)}{(\pi\Phi_J/\phi_0)}J_n\left(\frac{2eV_{r0}}{\omega_r\hbar}\right)\right|\quad(n=1,2,3,\cdots)\tag{16.4.30}$$

由 $\omega=2eV/\hbar$及$\omega=n\omega_r$,对应的电压值为

$$V=\frac{\omega_r\hbar}{2e}n$$

我们看到,在(16.4.30)式中因子$\frac{\sin(\pi\Phi_J/\phi_0)}{(\pi\Phi_J/\phi_0)}$随 Φ_J 的振荡周期为 ϕ_0,而因子 $J_n\left(\frac{2eV_{r0}}{\omega_r\hbar}\right)$随 Φ_J 的振荡周期可以小于 ϕ_0。

下面我们具体考虑一个矩形谐振腔的情况，取 $n=1$（当然 n 也可以取其他大于 1 的整数情况），即 $V=\omega_r\hbar/2e$，对品质因素 Q 较小（$\ll 10^2$）和较大（$>10^2$）时，$\Delta\bar{I}_s$ 随 Φ_J 的变化作一个讨论。

设矩形腔的三边分别沿 x,y,z 轴，边长为 a,b,w，取 E_{k10} 本征模，其电场分量的空间部分为

$$\boldsymbol{\xi}_r=(0,0,\xi_z)$$

$$\xi_z=\sin\left(\frac{k\pi}{a}x\right)\sin\left(\frac{l\pi}{b}y\right)\quad(k,l=1,2,3,\cdots)\tag{16.4.31}$$

本征频率

$$\omega_r=\pi c\left(\frac{k^2}{a^2}+\frac{l^2}{b^2}\right)^{1/2}\tag{16.4.32}$$

c 为光速，$\boldsymbol{\xi}_r$ 的模平方

$$N=\int_v\xi_z^2\mathrm{d}V=\frac{1}{4}abw\tag{16.4.33}$$

设结的位置在 (x_0,y_0)，其引线平行于 z 轴。这样，$\boldsymbol{\xi}_r$，$\mathrm{d}\boldsymbol{l}$，$\boldsymbol{\Lambda}$ 均沿 z 轴，由 (16.4.28) 式

$$M_r=w\sin\left(\frac{k\pi x_0}{a}\right)\sin\left(\frac{l\pi y_0}{b}\right)\tag{16.4.34}$$

而

$$\boldsymbol{\xi}_r(\boldsymbol{r}_0)\cdot\boldsymbol{\Lambda}=\xi_z\Lambda\tag{16.4.35}$$

把(16.4.33)式、(16.4.34)式和(16.4.35)式代入(16.4.29)式，得到

$$V_{r0}^2=\pm\frac{4\Lambda\hbar j_c L_x L_y}{ab\varepsilon e}\frac{\sin(\pi\Phi_J/\phi_0)}{(\pi\Phi_J/\phi_0)}\sin^2\left(\frac{k\pi x_0}{a}\right)\sin^2\left(\frac{l\pi y_0}{b}\right)\mathrm{J}_n\left(\frac{2eV_{r0}}{\omega_r\hbar}\right)\tag{16.4.36}$$

取最佳匹配条件 $\sin\frac{k\pi}{a}x_0=1$，$\sin\frac{l\pi}{b}y_0=1$，则(16.4.36)式变为

$$V_{r0}^2=\pm\frac{4nQ\Lambda\hbar I_c}{e\varepsilon ab}\frac{\sin(\pi\Phi_J/\phi_0)}{(\pi\Phi_J/\phi_0)}\mathrm{J}_n\left(\frac{2eV_{r0}}{\hbar\omega_r}\right)\tag{16.4.37}$$

由(16.4.30)和(16.4.37)式得

$$\Delta\bar{I}_s=\frac{e\varepsilon ab}{4nQ\Lambda\hbar}V_{r0}^2\tag{16.4.38}$$

由(16.4.38)式我们看到阶跃电流 $\Delta\bar{I}_s$ 取决于反馈场的振幅 V_{r0}，而 V_{r0} 是由(16.4.37)式给出的，显然它受到 H_a 的调制。由于(16.4.37)式中的 V_{r0} 是多值解，而我们要求的是最大的电流阶跃，所以要求(16.4.37)式中最大的一个 V_{r0}，因此(16.4.37)式变成

$$V_{r0}^{2}=\frac{4nQ\Lambda\hbar I_{c}}{e\varepsilon ab}\left|\frac{\sin(\pi\Phi_{J}/\phi_{0})}{(\pi\Phi_{J}/\phi_{0})}J_{n}\left(\frac{2eV_{r0}}{\hbar\omega_{r}}\right)\right| \tag{16.4.39a}$$

令(16.4.39a)式中

$$y=\left|J_{n}\left(\frac{2eV_{r0}}{\hbar\omega_{r}}\right)\right|=|J_{n}(aV_{r0})|\ a=\frac{2e}{\hbar\omega_{r}} \tag{16.4.39b}$$

$$y=\frac{e\varepsilon ab}{4nQ\Lambda\hbar I_{c}}\frac{1}{\left|\frac{\sin(\pi\Phi_{J}/\phi_{0})}{(\pi\Phi_{J}/\phi_{0})}\right|}V_{r0}^{2}=\beta V_{r0}^{2} \tag{16.4.39c}$$

$$\beta=\frac{e\varepsilon ab}{4n\Lambda\hbar I_{c}Q\left|\frac{\sin(\pi\Phi_{J}/\phi_{0})}{(\pi\Phi_{J}/\phi_{0})}\right|}$$

对于给定标号的 n 和 Q 值，在不同的磁场下，我们可以作 $y\sim V_{r0}$ 关系图，见图16.19。二次曲线和Bessel函数曲线有很多交点，最后一个交点相应的 V_{r0} 即为

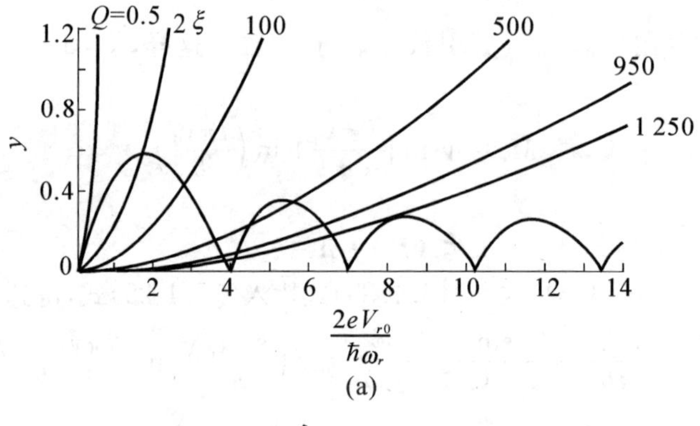

(a)

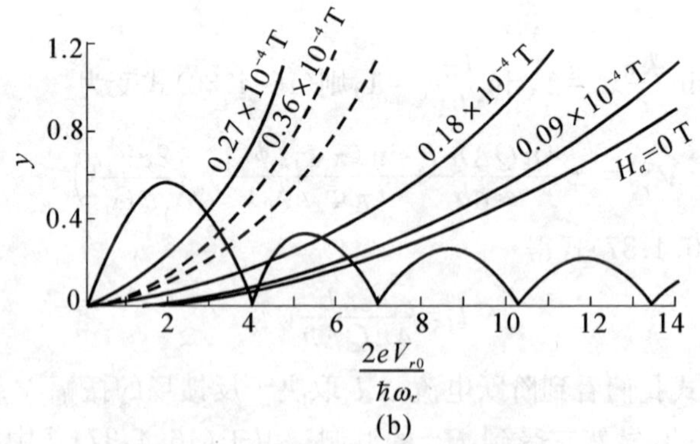

(b)

图 16.19　对(16.4.39a)式作图求解 V_{r0}

作图参数：$n=1$，$a=b=1$ cm，$A=1.38\times10^{-3}$ cm，$I_c=1$ mA，

$\omega_r=130$ GHz，$\varepsilon=\varepsilon_0=8.85\times10^{-12}$ C/(N·m^2)

(16.4.39a)式的解。一般地说能和二次曲线相交的任一个周期的 Bessel 函数曲线上都有两个交点，当 H_a 增大(或减小)到某一确定值时，$y=\beta V_{r0}^2$和 $y=|J_n(aV_{r0})|$ 相切，则出现一个交点，H_a 再增大(或减小)，则 $y=\beta V_{r0}^2$从与 Bessel 函数相切的周期跳到相邻的 Bessel 函数另一个周期与之相交，因此在这个 H_a 下 V_{r0}有一个跃变值，由(16.4.38)式我们则得到 $\Delta\bar{I}_s$在一个量子周期内随 H_a 的多次阶跃。图 16.20 给出在各次超流电流台阶上，台阶高度受到磁场 H_a 调制的效果。

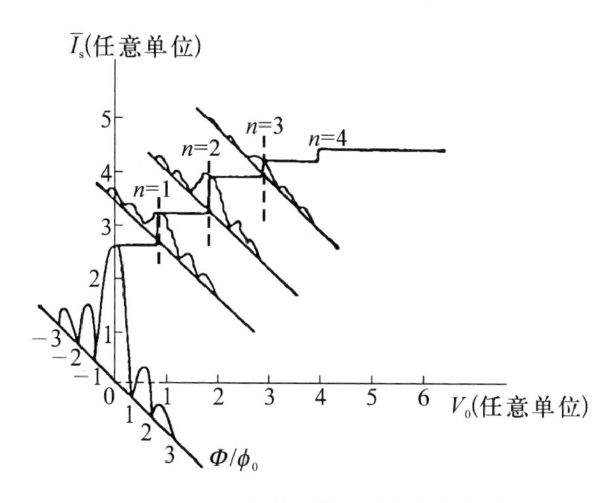

图 16.20 反馈作用得到的各个标号的台阶高度随磁场变化示意图

从上面的讨论可以看到，当放置于腔中的 Josephson 结的交流电流频率 ω 与腔的本征频率ω_r 共振时，随 V 的增高在 $V\bigg/\left(\dfrac{\hbar\omega_r}{2e}\right)=0,1,2,3,\cdots$处，出现各次阶的恒压直流电流，也就是一系列的阶跃电流，从(16.4.30)式得到阶跃高度 $\Delta\bar{I}_s$为

$$\Delta\bar{I}_s=I_c\left|J_n\left(\frac{2eV_{r0}}{\hbar\omega_r}\right)\right| \tag{16.4.40}$$

$\Delta\bar{I}_s$即为 $n=1,2,3,\cdots$各次阶梯的高度，但它和加微波辐照不一样，外加微波 $v=v_0\cos(\omega_r t+\theta)$中的振幅 v_0 是常数；而反馈辐照的 $V_r=V_{r0}\cos(\omega_r t+\theta)$中的 V_{r0} 是外加磁场的函数，$V_{r0}=V_{r0}(H_a)$。显然在 n 为某一确定值的台阶上外加磁场后，阶跃电流不仅受到 H_a 的调制作$\dfrac{\sin(\pi\Phi_J/\phi_0)}{(\pi\Phi_J/\phi_0)}$的 Fraunhofer 型变化，而且由于 $V_{r0}=V_{r0}(H_a)$，H_a 对 V_{r0}的调制还要使 V_{r0}在确定的 H_a 下出现阶跃，见图 16.21(a)；由(16.4.29)式得到阶跃电流在随磁场变化的 Fraunhofer 型衍射图上

还要出现一系列新的阶梯,见图 16.21(b)。

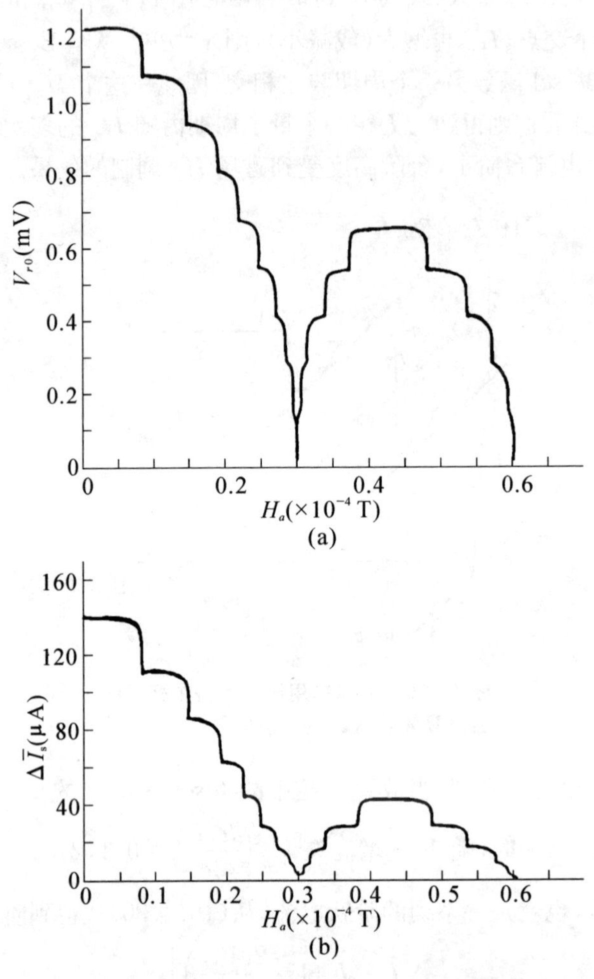

图 16.21　$V_{r0} \sim H_a$,$\Delta \bar{I}_s \sim H_a$ 关系

$n=1$,$Q=2.5\times10^4$,$L_x=L_y=0.5$ mm,$I_c\sim1$ mA,$a=b=1$ cm,$\Lambda=1.38\times10^{-5}$ cm,$\varepsilon=\varepsilon_0=8.85\times10^{-12}$ C/(N·m²),(a) 受到磁场调制的 V_{r0}随磁场 H_a 的阶跃;(b) 反馈场的作用使 $\Delta\bar{I}_s$随 H_a 在一个磁通量子 ϕ_0 内的多次阶跃

(3) 关于 $V_{r0}(H_a)$的阶跃原因

既然已经得到在一个磁通量子内超流电流的一系列阶梯是由于反馈场的振幅 V_{r0}受到磁场 H_a 的调制而致,那么很自然地要问磁场的调制是怎样引起反馈振幅

阶跃的。

我们知道(16.2.5)式中的 I_s 随时间的振荡部分来自频率的贡献，而只有当 $\omega=\omega_r$ 时才激励腔而产生(16.4.21)式给出的反馈电压。这个反馈作用使 I_s 对时间的长时间平均值$\bar{I}_s$不等于零，即得(16.2.25)式，因此反馈场的作用使 I_s 出现一系列感应台阶。但必须注意到(16.4.21)式虽然是被 I_s 中 I_{ω_r} 激励的，但被激起的腔的本征振荡，其空间部分 $\boldsymbol{\xi}_r(x,y,z)$ 只是由腔的性质决定的。当腔的形状和尺寸给定后，$\boldsymbol{\xi}_r(x,y,z)$的形式和大小就决定了。显然 $\boldsymbol{\xi}_r(x,y,z)$与结的辐射场的空间部分不一定匹配，或者说反馈场

$$V_r=V_{r0}\xi_z(x,y,z)\cos(\omega_r t+\theta)$$

的频率虽然与 I_{ω_r} 的辐射场频率相同，但振幅却不一定匹配，而辐射场是受到磁场 H_a 调制的，致使在某一些磁场值下两者匹配，这些匹配共振使反馈场的振幅加强。方程(16.4.39a)正给出了这种匹配关系，在某些给定的 H_a 下，(19.4.39a)得到 V_{r0}的跃变值正是这种空间匹配的结果。

第 17 章　Josephson 效应的等效电路

17.1　Josephson 效应的等效电路

前面的理论分析中我们只考虑理想结的行为，然而，实际上在结中与超流流动的电流同时还有正常电流，因此还需要考虑超导结的正常电阻。此外，由于电压和电流是随时间迅速变化的，因此还需要考虑超导结的电容和电感。

当流过结的电流 $I>I_c$ 时，结两端的电压 $V\neq 0$，由于 I_c 的大小是由绝缘层无阻载荷电流的能力决定的，它远小于超导体 S_1 和 S_2 的临界电流，所以当 $V\neq 0$ 时，超导体 S_1 和 S_2 仍然是超导的。由于弱连接的超导电性是由位于其两侧的超导体决定的，只要后者仍处于超导相，弱连接的超导电性是不会被破坏的，所以在 $V\neq 0$ 时的 Josephson 电流仍然是超流的，Josephson 结也仍然是超导的。这种 $V\neq 0$ 具有电阻性质但仍处于超导态，称这为电阻-超导态。

流过弱连接的电流 I 显然是由 Josephson 电流 I_s、正常电流 I_n 和位移电流 I_d 三部分组成的，即

$$I=I_s+I_n+I_d \tag{17.1.1}$$

特别是对绝缘结，电容 C 是不能忽略的，因此(17.1.1)式中位移电流

$$I_d=C\frac{\mathrm{d}V(t)}{\mathrm{d}t} \tag{17.1.1a}$$

而

$$I_n=\frac{1}{R(V)}V(t) \tag{17.1.1b}$$

就是通常的单电子隧道电流。R 叫结电阻。由于单电子隧道的 $I\sim V$ 曲线是非线性的，所以 R 一般是 V 的函数。I_s 就是 Josephson 电流。所以

$$I = C\frac{\mathrm{d}V(t)}{\mathrm{d}t} + \frac{1}{R}V(t) + I_c\sin\varphi \tag{17.1.2}$$

一般情况下,对于一个实际的 Josephson 结,除了把它考虑成一个理想结外,还需要一个电容、电阻与其并联,以及一个电感与其串联。由

$$\frac{\mathrm{d}\varphi}{\mathrm{d}t} = \frac{2eV(t)}{\hbar} \tag{17.1.3}$$

代入到(17.1.2)式得到

$$\frac{\hbar C}{2e}\frac{\mathrm{d}^2\varphi}{\mathrm{d}t^2} + \frac{\hbar}{2eR}\frac{\mathrm{d}\varphi}{\mathrm{d}t} + I_c\sin\varphi = I \tag{17.1.4}$$

对给定的 I,从(17.1.4)式解出 $\varphi(t)$,再由(17.1.3)式便可得到 $V(t)$。计算 $V(t)$的平均值

$$V = \overline{V(t)} = \lim_{t\to\infty}\frac{1}{t}\int_0^t \mathrm{d}tV(t) \tag{17.1.5}$$

就得到 $I \sim V$ 曲线。

(17.1.2)式可由图 17.1 给出,J 叫做理想的 Josephson 结,它的 R 和 C 都等于零,它只能载荷 Josephson 电流 $I_s = I_c\sin\varphi$。图 17.1 电路给出的方程正是(17.1.2)式。所以把图 17.1 给出的电路叫等效电路。

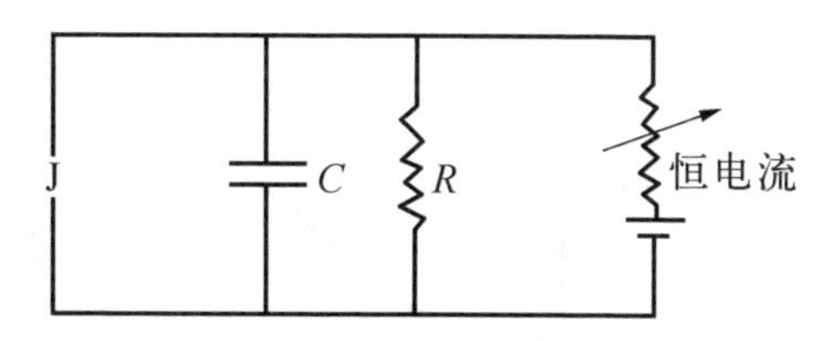

图 17.1　超导弱连接的等效电路

对于超导微桥、超导点接触和小尺寸的隧道结(μm^2),它们的电容很小以致可以略去不计,此时与理想的 Josephson 结并联的只是某个电阻,这样的模型通常称为电阻分路模型,简写为 RSJ 模型。如果并联的电阻和电容都要考虑在内的话,通常称为 Stewart McCumber(SM)模型。

17.2　恒压源模型下的 $I \sim V$ 曲线

为了简单起见,考虑 R 为常数。

17.2.1　在 RSJ 模型下

如果电压 $V = 0$,那么正常电流 $I_n = 0$,只存在超流电流

$$I = I_s = I_c \sin\varphi, \quad 当\ V = 0\ 时 \tag{17.2.1}$$

因此 $V=0$ 时能够流过的最大电流是 I_c，如果电压 $V\neq 0$，而是一个常数，那么正常电流 $I_n = V/R$，超流电流 $I_s = I_c \sin\left(\frac{2e}{\hbar}Vt + \varphi_0\right)$，于是总电流 I 为

$$I = I_n + I_s = \frac{V}{R} + I_c \sin\left(\frac{2e}{\hbar}Vt + \varphi_0\right) \tag{17.2.2}$$

由此式求得平均电流 $\bar{I}$ 与 V 的关系为

$$\bar{I} = \frac{V}{R} \tag{17.2.3}$$

合并(17.2.1)和(17.2.3)两式，就可得到直流 $I\sim V$ 曲线，见图 17.2(a)。为了实验上得到恒压源的 $I\sim V$ 曲线，需要的线路如图 17.2(b)所示。要求 $R_1 \ll R_2$，并且直流安培表的内阻可忽略不计。

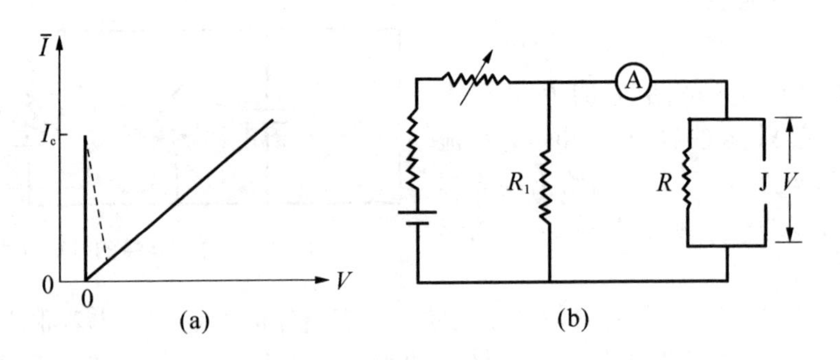

图 17.2

(a) 恒压源的 $I\sim V$ 曲线；(b) 恒压源的电路

如果有外加辐照，此时加在超导结上的电压，$v(t) = V + v_0\cos\omega' t$，在这样的电压下，通过超导结的电流 I_s 为

$$I_s = I_c \sum_{n=\infty}^{\infty} \mathrm{J}_n\left(\frac{2ev_0}{\hbar\omega'}\right) \sin\left[\left(\frac{2e}{\hbar}V + n\omega'\right)t + \varphi_0\right] \tag{17.2.4a}$$

而通过的正常电流 I_n 为

$$I_n = \frac{1}{R}(V + v_0\cos\omega' t) \tag{17.2.4b}$$

于是总电流

$$I = I_n + I_s \tag{17.2.4c}$$

从以上三式很容易求出电流的时间平均值 $\overline{I(t)} = I$

$$I=\begin{cases} I_c J_n\left(\dfrac{2ev_0}{\hbar\omega'}\right)\sin\varphi_0+\dfrac{V}{R}, & \text{当}\dfrac{2e}{\hbar}V+n\omega'=0\text{时}(n=0,\pm1,\cdots) \\ \dfrac{V}{R}, & \text{其他情况} \end{cases}$$

(17.2.5)

当 $V=-n\dfrac{\hbar\omega'}{2e}(n=0,\pm1,\pm2,\cdots)$ 时，I 的电流变化范围是从 $\dfrac{V}{R}-I_c\left|J_n\left(\dfrac{2ev_0}{\hbar\omega'}\right)\right|$ 到 $\dfrac{V}{R}+I_c\left|J_n\left(\dfrac{2ev_0}{\hbar\omega'}\right)\right|$，在其他情况下 $I=\dfrac{V}{R}$，图 17.3 画出相应的 $I\sim V$ 曲线，但这种形式的 $I\sim V$ 曲线在实验上没有人观察到，其原因是实际的测量中电流源模型更符合实际，因为超导结的正常电阻一般只有 0.01 到几欧，而电池（或别的发生器）的内阻一般有几百甚至上千欧，所以恒流源更为合理。

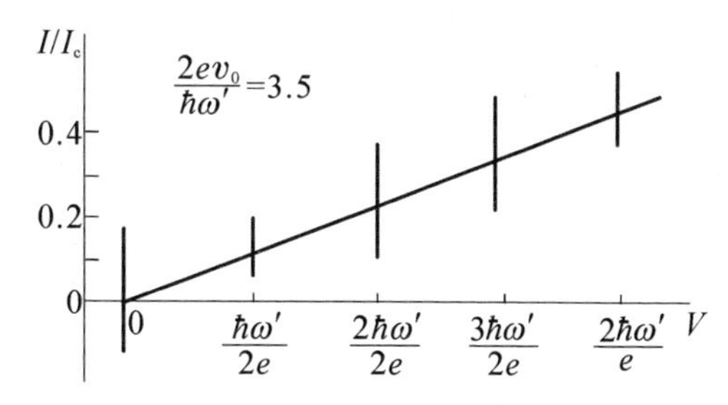

图 17.3　存在辐射场时，由恒压源导出的直流 $I\sim V$ 曲线

17.2.2　SM 模型下的特殊情况（V = 常数）

对于 Josephson 结，其电容 C 往往不能忽略，由(17.1.2)式，当 V 等于常数时，$\mathrm{d}V/\mathrm{d}t=0$，则

$$I=\frac{1}{R}V+I_c\sin\varphi \tag{17.2.6}$$

这个式子即为(17.2.2)式，因此，这种情况下的 $I\sim V$ 曲线就是图 17.2(a)。

17.3　在恒流源下 RSJ 模型的解析解[①②]

使用规一化量，引入无量纲参数

① 姚希贤，物理学报，**27**(1978)，559.
② 姚希贤，物理学报，**28**(1978)，416.

$$\begin{cases}\text{时间} \quad \tau = \omega_c t, \text{其中 } \omega_c = 2eI_c R/\hbar \\ \text{电流} \quad i = I/I_c \\ \text{电压} \quad v = V/I_c R = \dfrac{d\varphi}{d\tau} \\ \text{导纳比} \quad \beta_c = \omega_c C/G, \text{其中 } G = \dfrac{1}{R}\end{cases}$$

则方程(17.1.4)可写为

$$i(\tau) = \beta_c \frac{d^2\varphi}{d\tau^2} + \frac{d\varphi}{d\tau} + \sin\varphi \tag{17.3.1}$$

在 RSJ 模型下 $\beta_c \ll 1$ 可以忽略,则上式简化为

$$i(\tau) = \frac{d\varphi}{d\tau} + \sin\varphi \tag{17.3.2}$$

在恒流源下,$i(\tau) = i_0$,上述方程在 $i_0 \leqslant 1$ 和 $i_0 > 1$ 下应分别求解。

(1) 当 $i_0 \leqslant 1$ 时

方程(17.3.2)有一个明显解

$$i_0 = \sin\varphi \tag{17.3.3}$$

其中 φ 等于某个常数,其值由 i_0 确定,此时

$$\frac{d\varphi}{d\tau} = v = 0 \tag{17.3.4}$$

上两式表明,在此情况下流过结的电流仅仅是超流电流。

(2) 当 $i_0 > 1$ 时

令 $\theta = \varphi - \pi/2$,代入到方程(17.3.2)中,得到

$$\frac{d\theta}{d\tau} = i_0 - \cos\theta \tag{17.3.5}$$

或者

$$d\tau = \frac{d\theta}{i_0 - \cos\theta} \tag{17.3.6}$$

积分上式,得到

$$\tau - \tau_0 = \frac{2}{\sqrt{i_0^2 - 1}} \arctan\left[\frac{\sqrt{i_0^2 - 1}\tan(\theta/2)}{i_0 - 1}\right] \tag{17.3.7}$$

或者

$$\tan\frac{\theta}{2} = \frac{\bar{v}}{i_0 + 1} \tan\frac{\bar{v}}{2}(\tau - \tau_0) \tag{17.3.8}$$

其中 τ_0 是积分常数,而

$$\bar{v}=\sqrt{i_0^2-1} \tag{17.3.9}$$

则

$$\cos\theta=\frac{1-\tan^2\theta/2}{1+\tan^2\theta/2}=\frac{i_0\cos\bar{v}(\tau-\tau_0)+1}{i_0+\cos\bar{v}(\tau-\tau_0)} \tag{17.3.10}$$

代入(17.3.5)式得到

$$v=\frac{\mathrm{d}\theta}{\mathrm{d}\tau}=\frac{\bar{v}^2}{i_0+\cos\bar{v}(\tau-\tau_0)} \tag{17.3.11}$$

对上式作 Fourier 展开,被展开的函数是

$$f(x)=\frac{\bar{v}^2}{i_0+\cos x},\quad x=\bar{v}(\tau-\tau_0) \tag{17.3.12}$$

从(17.3.12)式看到 $f(x)$ 是周期为 2π 的函数,而且是偶函数,所以

$$f(x)=a_0+\sum_{k=1}^{\infty}a_k\cos kx \tag{17.3.13}$$

$$\begin{cases}a_0=\dfrac{1}{2\pi}\displaystyle\int_{-\pi}^{\pi}f(x)\mathrm{d}x\\ a_k=\dfrac{1}{\pi}\displaystyle\int_{-\pi}^{\pi}f(x)\cos kx\mathrm{d}x,\quad k\neq 0\end{cases} \tag{17.3.14}$$

积分可以用留数定理得出,先积分(17.3.14)式的第一式,我们有

$$a_0=\frac{1}{2\pi}\int_{-\pi}^{\pi}\frac{\bar{v}^2}{i_0+\cos x}\mathrm{d}x \tag{17.3.15}$$

对上述积分作如下交换,令

$$z=\mathrm{e}^{\mathrm{i}x} \tag{17.3.16}$$

其中 $\mathrm{i}=\sqrt{-1}$,经过简单的运算,由(17.3.15)式可得

$$a_0=\frac{\bar{v}^2}{2\pi}\int_{-\pi}^{\pi}\frac{\mathrm{d}x}{i_0+\frac{1}{2}(\mathrm{e}^{\mathrm{i}x}+\mathrm{e}^{-\mathrm{i}x})}=\frac{\bar{v}^2}{2\pi}\oint_{|z|=1}\frac{-2\mathrm{i}\mathrm{d}z}{z^2+2i_0z+1} \tag{17.3.17}$$

(17.3.17)式的积分是在复平面上进行的,积分回路是$|z|$的单位圆。注意到

$$z^2+2i_0z+1=(z-z_1)(z-z_2) \tag{17.3.18}$$

其中

$$z_1=-i_0+\sqrt{i_0^2-1},\quad z_2=-i_0-\sqrt{i_0^2-1}$$

显然 z_1 在单位圆内,而 z_2 在单位圆外,因此积分(17.3.17)式中的被积函数有两个极点,但只有 $z=z_1$ 的极点在单位圆内,并且是一级极点,根据留数定理,我们有

$$a_0=2\pi\mathrm{i}\lim_{z\to z_1}(z-z_1)\frac{-2\mathrm{i}\bar{v}^2}{2\pi(z^2+2i_0z+1)}=\frac{2\bar{v}^2}{z_1-z_2}=\frac{2\bar{v}^2}{2\sqrt{i_0^2-1}}=\bar{v} \tag{17.3.19}$$

现在计算(17.3.14)式中的第二个积分

$$a_k = \frac{\bar{v}^2}{\pi}\int_{-\pi}^{\pi}\frac{\cos kx}{i_0+\cos x}\mathrm{d}x = \frac{\bar{v}^2}{\pi}\int_{-\pi}^{\pi}\frac{\cos kx + \mathrm{i}\sin kx}{i_0+\cos x}\mathrm{d}x \tag{17.3.20}$$

(17.3.20)式中加上的一项是奇函数,积分后的值为零。在对积分作(17.3.16)式的变换后,(17.3.20)式变成

$$a_k = \frac{\bar{v}^2}{\pi}\oint_{|z|=1}\frac{-2\mathrm{i}z^k\mathrm{d}z}{z^2+2i_0z+1} \tag{17.3.21}$$

根据留数定理

$$\begin{aligned} a_k &= 2\pi\mathrm{i}\lim_{z\to z_1}(z-z_1)\frac{-2\mathrm{i}\bar{v}^2z^k}{\pi(z^2+2i_0z+1)} = \frac{4\bar{v}^2z_1^k}{z_1-z_2} \\ &= 2\bar{v}(-1)^k(i_0-\sqrt{i_0^2-1})^k \end{aligned} \tag{17.3.22}$$

注意到

$$i_0 - \sqrt{i_0^2-1} = \frac{1}{i_0+\sqrt{i_0^2-1}}$$

于是

$$a_k = \frac{2\bar{v}(-1)^k}{(i_0+\bar{v})^k} \tag{17.3.23}$$

把(17.3.19)式和(17.3.23)式代入(17.3.12)式,再将(17.3.12)式代入(17.3.11)式,得

$$v = \bar{v} + \sum_{k=1}^{\infty}\frac{2\bar{v}(-1)^k}{(i_0+\bar{v})^k}\cos k\bar{v}(\tau-\tau_0) \tag{17.3.24}$$

由(17.3.24)式可以得到如下物理结论:

(a) 当 $i_0>1$ 时,这时通过的电流大于临界电流,以致在超导结两端出现电压 v,由于超导结是高度非线性元件,所以出现的电压不但包括直流成分 $\bar{v}$,还包含各种交流成分,其基频是平均电压 $\bar{v}$,其他是各次谐频。

(b) 对超导结的直流 $I\sim V$ 曲线而言,通过结的恒流为 i_0,由此在超导结上引起的平均电压为(17.3.24)式对时间的平均值

$$\frac{\bar{V}}{I_\mathrm{c}R} = \bar{v} = \sqrt{i_0^2-1} \tag{17.3.25}$$

由(17.3.25)式画出的 $i_0\sim\bar{v}$ 曲线为图 17.4。理论和实验较好地符合,说明恒流源模型比较符合实际情况。

(c) 如果我们考察超流电流,它等于

$$i_\mathrm{s} = \sin\varphi = i_0 - \bar{v} - \sum_{k=1}^{\infty}\frac{2\bar{v}(-1)^k}{(i_0+\bar{v})^k}\cos k\bar{v}(\tau-\tau_0) \tag{17.3.26}$$

与恒压源相比,可以看到如果在结两端的平均电压为 $\bar{v}$,相应的超流电流不但具有圆频率为 $\bar{v}$ 的振荡电流,而且还有它的各次谐频的振荡电流,甚至还有直流成分。

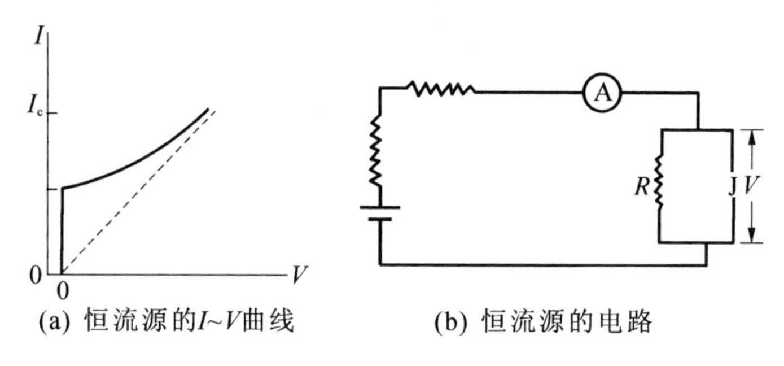

(a) 恒流源的I~V曲线　　(b) 恒流源的电路

图 17.4

(d) $i_0 \gg 1$ 时,若取最低级近似,平均电压

$$\bar{v} = \sqrt{i_0^2 - 1} \approx i_0 \tag{17.3.27}$$

从(17.3.26)式看到超流电流对 $k > 1$ 的项可以认为等于零,只有 $k = 1$ 的项,故得

$$i_s \approx \cos \bar{v}(\tau - \tau_0) \tag{17.3.28}$$

这个结果与恒压源模型所得到的结果类似。

17.4　在恒流源下对 SM 模型的分析

在 SM 模型下,C 不能忽略,由(17.1.4)式给出

$$\frac{\hbar C}{2e}\frac{\mathrm{d}^2 \varphi}{\mathrm{d}t^2} + \frac{\hbar}{2eR}\frac{\mathrm{d}\varphi}{\mathrm{d}t} + I_c \sin \varphi = I \tag{17.4.1}$$

令(17.4.1)式中

$$\tau_1 = RC \tag{17.4.2a}$$

$$\tau_2 = \frac{\hbar}{2e}\frac{1}{RI_c} \tag{17.4.2b}$$

τ_1 是电容 C 通过 R 的放电时间,τ_2 是量度 Josephson 电流变化周期的参量。

(1) $C \gg \frac{\hbar}{2e}\frac{1}{R^2 I_c}$

此时 $\tau_1 \gg \tau_2$,这就意味着 Josephson 电流比电容 C 上电荷变化快得多,因此

在 τ_2 时间内,C 上的电荷实际上没有变化。因而在分析 Josephson 电流时,可近似地认为结两端电压 V 是常数,则(17.4.1)式中 $\frac{\mathrm{d}^2\varphi}{\mathrm{d}t^2}=\frac{\mathrm{d}}{\mathrm{d}t}\left(\frac{2e}{\hbar}V\right)=0$。所以(17.4.1)式变为

$$\frac{V}{R}+I_c\sin\varphi=I$$

这个公式即为(17.3.6)式。故这种情况的 $I\sim V$ 曲线就是图 17.2(a)。

(2) $C\ll\frac{\hbar}{2e}\frac{1}{R^2I_c}$

此时 $\tau_1\ll\tau_2$,在 Josephson 电流变化的周期内,结两端的电压不是常量,因此 Josephson 电流 $I_s(t)=I_c\sin\varphi=I_c\sin\frac{2e}{\hbar}\int_0^t v(t)\mathrm{d}t$ 不再是正弦函数,而存在高次谐波,因而 $\overline{I_s(t)}\neq0$。方程(17.3.1)式此时变成(17.3.2)式,即为 RSJ 模型给出的结果。

(3) C 的一般情况

这时(17.1.4)式用约化单位则有(17.3.1)式,即

$$\beta_c\frac{\mathrm{d}^2\varphi}{\mathrm{d}\tau^2}+\frac{\mathrm{d}\varphi}{\mathrm{d}\tau}+\sin\varphi=i(\tau)\tag{17.4.3}$$

在恒流源下 $I(t)=I_0$,于是 $i(\tau)=i_0=I_0/I_c$。

对方程(17.4.3)稍加考察就可知道它是复摆运动方程。如果复摆处在重力场和另一外加力矩 L_0 的作用下,它在阻尼媒质中的运动方程与此完全相同。这种情况下的复摆的运动方程为

$$I\frac{\mathrm{d}^2\varphi}{\mathrm{d}t^2}=L_0-\eta\frac{\mathrm{d}\varphi}{\mathrm{d}t}-mgl\sin\varphi\tag{17.4.4}$$

其中 φ 是复摆位置与其铅垂位置之间的夹角,I 为复摆的转动惯量,m 是复摆质量,l 是复摆重心与其固定点之间的距离,η 为阻尼系数,$-\eta\mathrm{d}\varphi/\mathrm{d}t$ 是阻尼力矩。比较方程(17.4.3)和(17.4.4),可以看到,如果作如下代换:$I\leftrightarrow\hbar C/2e$,$\eta\leftrightarrow\hbar/2eR$,$mgl\leftrightarrow I_c$,$L_0\leftrightarrow I_0$,那么两个方程完全一样。显然,也可把(17.4.4)式化为(17.4.3)式的形式,此时有

$$\begin{cases}\tau=\dfrac{mgl}{\eta}t\\ i_0=L_0/mgl\\ \beta_c=Imgl/\eta^2\end{cases}\tag{17.4.5}$$

方程(17.4.3)是非线性方程,一般要数值求解。如果我们感兴趣的仅是它的定性

行为，特别是表现在 $i_0 \sim \bar{v}$ 曲线上的性质，那么不用数值计算，可借用对复摆运动的认识来研究它。

如果 $I \ll \eta$，即转动惯量很小，阻尼很大，此时复摆运动处于重阻尼态，因此，$\beta_c \ll 1$，这个情况已在 RSJ 模型中详细讨论过了。

在 β_c 不能忽略的轻阻尼情况下，$I \sim V$ 曲线上有什么新的现象？从实验结果看，$I \sim V$ 曲线上要出现回滞效应，其形式如图 17.5 所示①。回滞效应表明，在 $i_0 = I_0/I_c \ll 1$ 时，有两种平均电压状态。其一，它的平均电压 $\bar{v} = 0$；其二，它的平均电压不是零，而等于一定值。所以当 $i_0 \ll 1$，β_c 不为零时相应地有两个解。

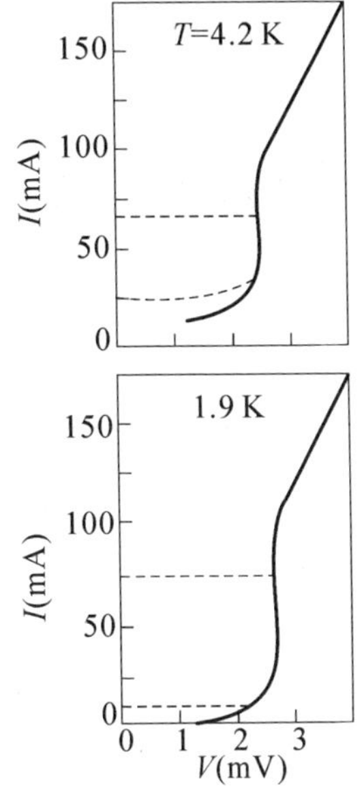

图 17.5 在恒流源下结的 $I \sim V$ 曲线实验结果

对方程(17.4.3)的分析指出，当 $i_0 \ll 1$，该方程有一个不依赖于时间的解 $\sin\varphi = i_0$，$\mathrm{d}\varphi/\mathrm{d}\tau = \mathrm{d}^2\varphi/\mathrm{d}\tau^2 = 0$。这就表明此时存在超流电流，电压和平均电压都等于零。

方程(17.4.3)还可以存在另一个 $\mathrm{d}\varphi/\mathrm{d}\tau$ 和 $\overline{\dfrac{\mathrm{d}\varphi}{\mathrm{d}\tau}}$ 不等于零的解，即存在一个 φ 随时间不断增大的解，这就是我们着重讨论的问题。

在讨论这个解之前。先讨论一下 $i_0 > 1$ 的情况。由于问题与复摆相似，可认为方程代表的是复摆运动。当 $i_0 > 1$ 时，$\mathrm{d}\varphi/\mathrm{d}\tau$ 最后总是正的，例如在初始条件 $\left.\dfrac{\mathrm{d}\varphi}{\mathrm{d}\tau}\right|_{\tau=0} = 0$ 时，由于现在 i_0 大于 $\sin\varphi$，所以 $\mathrm{d}^2\varphi/\mathrm{d}\tau^2$ 必然大于零，因此在以后的时间中，$\mathrm{d}\varphi/\mathrm{d}\tau$ 恒大于零，这就表明此时复摆只能有一个绕固定点不断旋转的解，φ 随着时间的增大不断增大。

在 $i_0 > 1$ 时方程(17.4.3)的解与 $i_0 \gg 1$ 时的解，在定性性质上不会有什么区别，所以我们来讨论 $i_0 \gg 1$ 的解。由于 i_0 与 $\sin\varphi$ 相比，$\sin\varphi$ 项很小，因此在零级近似下可以忽略去 $\sin\varphi$。略去 $\sin\varphi$ 后，方程(17.4.3)很容易求解。它的解为

$$\varphi^0 = i_0\tau \quad （当 \tau 很大） \tag{17.4.6}$$

其中 φ^0 表示零级近似的解。把零级近似的解代入 $\sin\varphi$ 项，即令

$$\sin\varphi = \sin\varphi^0 = \sin i_0\tau \tag{17.4.7}$$

然后，令 $\varphi = \varphi^0 + \varphi'$，把它代入方程(17.4.3)，可得 φ 满足的方程

① S. C. Scott, *Appl. Phys. Lett.*, **17**(1970), 166.

$$\beta_c \frac{d^2\varphi'}{d\tau^2} + \frac{d\varphi'}{d\tau} + \sin i_0\tau = 0 \tag{17.4.8}$$

此式解很容易求得

$$\varphi' = \frac{1}{i_0(1+i_0^2\beta_c^2)}\cos i_0\tau + \frac{\beta_c}{1+i_0^2\beta_c^2}\sin i_0\tau \tag{17.4.9}$$

由于 $i_0 \gg 1$,所以 φ'是一个很小的量。

把方程(17.4.3)改写为

$$\frac{d\varphi}{d\tau} = i_0 - \beta_c \frac{d^2\varphi}{d\tau^2} - \sin\varphi \tag{17.4.10}$$

再把求得的 φ 代入,可得

$$\frac{d\varphi}{d\tau} = i_0 - \beta_c \frac{d^2\varphi}{d\tau^2} - \beta_c \frac{d^2\varphi'}{d\tau^2} - \sin(\varphi_0 + \varphi') \tag{17.4.11}$$

注意到

$$\sin(\varphi_0 + \varphi') \approx (\sin\varphi_0 + \cos\varphi_0\,\varphi')$$

于是

$$\begin{aligned}\frac{d\varphi}{d\tau} = i_0 &+ \frac{\beta_c i_0^2}{i_0(1+i_0^2\beta_c^2)}\cos i_0\tau + \frac{\beta_c^2 i_0^2}{1+i_0^2\beta_c^2}\sin i_0\tau \\ &- \sin i_0\tau - \cos i_0\tau\left[\frac{\cos i_0\tau}{i_0(1+i_0^2\beta_c^2)} + \frac{\beta_c \sin i_0\tau}{1+i_0^2\beta_c^2}\right]\end{aligned} \tag{17.4.12}$$

上式两边对时间求平均值,得到

$$\overline{\frac{d\varphi}{d\tau}} = i_0 - \frac{1}{2i_0(1+i_0^2\beta_c^2)} \tag{17.4.13}$$

注意$\overline{\frac{d\varphi}{d\tau}}$就是平均电压,所以在同样的 i_0 下,β_c 愈大,平均电压就会稍大一些,这个结果一直延伸到 $i_0>1$ 时仍然成立。这样我们就证明了如下结论:在 β_c 不能忽略时,$i_0 \sim \bar{v}$ 曲线与 $\beta_c=0$ 时相比(图 17.4a)会有改变。在 $i_0>1$ 时,对同样的 i_0,前者相应的电压比后者要大一些,β_c 愈大,平均电压 $\bar{v}$ 就要大得愈多。图 17.6 给出不同 β_c 下由数值解(17.4.3)式得出的结果①。

现在回过来讨论回滞效应。如果在 $i_0<1$ 时仍然存在旋转解,那么就存在平均不等于零的解。首先可以看出,只有当 β_c 较大时才会存在旋转解。因为 β_c 较大意味着转动惯量较大,所以在某一时刻,适当大小的 $d\varphi/d\tau$ 所相应的转动动能就能使复摆绕着固定点不断旋转。但是由于媒质的阻尼作用,不断地旋转便会不断

---

① D. E. McCumber, *J. Appl. Phys.*, **39**(1986), 3113.

地消耗复摆的转动动能，这种消耗掉的能量只能从外力矩对复摆作功来补充，所以从能量守恒的观点看，只有当复摆旋转一周后，外力矩 L_0 所作的功大于阻尼力所消耗的能量时，才会使复摆不断地旋转。于是存在旋转的条件为

$$\int_0^{2\pi} i_0 \mathrm{d}\varphi \geqslant \int_0^{2\pi} \frac{\mathrm{d}\varphi}{\mathrm{d}\tau}\mathrm{d}\tau \tag{17.4.14}$$

我们需要的是最小的 i_{oc}，即它存在旋转解时所对应的最小外加力矩，i_{oc}必然对应于(17.4.14)式中的等号，此外不等号右边的积分也应该最小，可惜我们并不知道这种情况下 $\mathrm{d}\varphi/\mathrm{d}\tau$ 与 φ 的依赖关系，问题似乎仍然不能解决。但 Stewart 指出：考虑到 $i_0 = \frac{1}{2\pi}\int_0^{2\pi}\frac{\mathrm{d}\varphi}{\mathrm{d}\tau}\mathrm{d}\tau$，它表明平均地说外力矩和阻尼力矩是互相抵消的，所以为了得出近似的结果，不妨认为外力矩和阻尼力矩每时每刻都是相互抵消的，这相当于一个既无外源又无阻尼的复摆旋转运动，此时复摆方程变成

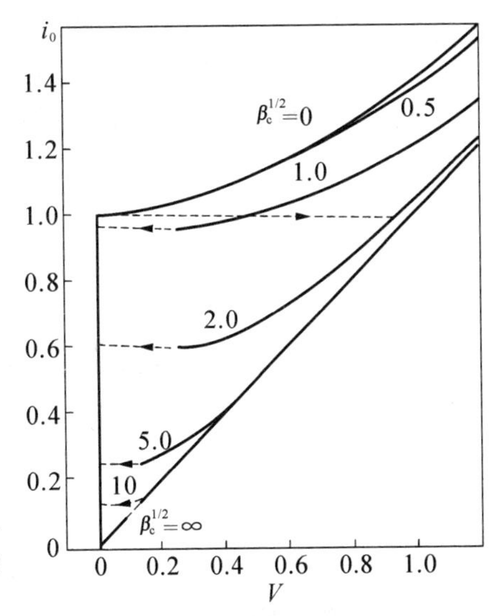

图 17.6　在不同的 $\beta_c=\omega_c C/G$ 下恒流源模型的 $I\sim V$ 曲线

$$\beta_c \frac{\mathrm{d}^2\varphi}{\mathrm{d}\tau^2} + \sin\varphi = 0 \tag{17.4.15}$$

上式存在第一积分

$$\frac{\beta_c}{2}\left(\frac{\mathrm{d}\varphi}{\mathrm{d}\tau}\right)^2 - \cos\varphi = \text{常数} \tag{17.4.16}$$

很容易看出，常数大于 1 时才会存在旋转解。为了使积分 $\int_0^{2\pi}\frac{\mathrm{d}\varphi}{\mathrm{d}\tau}\mathrm{d}\tau$ 最小，常数应该等于 1，于是我们求得 i_{oc}为

$$i_{oc} = \frac{1}{2\pi}\int_0^{2\pi}\sqrt{\frac{2}{\beta_c}}(1+\cos\varphi)^{1/2}\mathrm{d}\varphi = \frac{1}{\pi}\int_0^{\pi}\frac{2}{\sqrt{\beta_c}}\cos\frac{\varphi}{2}\mathrm{d}\varphi$$

则

$$i_{oc} = 4/\sqrt{\beta_c}\pi \tag{17.4.17}$$

因此，当 β_c 较大时，即使 $i_0<1$，但只要 $i_0 \geqslant i_{oc}$，仍然可以具有稳定的旋转解。

利用上述的定性知识，已经可以画出对不同 β_c，$i_0 \sim \bar{v}$ 曲线的大致形状。图 17.6 就是这样的一组 $i_0\sim\bar{v}$ 曲线，它是根据数值计算解方程(17.4.3)所得到的结

果绘制的。由于$\beta_c(d^2\varphi/d\tau^2)$的存在，它明显的特点是$i_0\sim\bar{v}$曲线上存在回滞效应。对较小的$\beta_c$回滞效应并不明显，例如在$\sqrt{\beta_c}=1$时，回滞效应是很小的。在图17.6上，实线表示可逆变化的部分，虚线表示不连续跳跃的变化过程，跳跃的方向用箭头表示。不难看出，上面的讨论结果与数值计算的结果在定量上仍然是有差别的。

17.5 RSJ模型下超导弱连接的电压-磁场关系[①]

对于超导微桥、点接触及小尺寸隧道结，结电容可以忽略，故适用于RSJ模型。

设通过理想结的超流电流为$I_s=I_c\sin\varphi$，流过与之并联的电阻的正常电流等于V/R。设外电源提供一个与时间有关的电流$I(t)$，则

$$I(t)=\frac{V}{R}+I_c\sin\varphi \tag{17.5.1}$$

上式中V可以换成$(\hbar/2e)(d\varphi/dt)$，于是上式变成φ的微分方程

$$I(t)=\frac{\hbar}{2eR}\frac{d\varphi}{dt}+I_c\sin\varphi \tag{17.5.2}$$

存在外加磁场时，通过理想结的超流电流临界值将受到磁场的调制。如果理想结是微桥，设磁场H_a垂直于桥长w的方向，桥为窄结，桥宽为d，桥长方向磁场穿透的宽度与桥长之和为Λ，即$\Lambda=2\lambda+w$，λ是磁场对超导体的穿透深度。定义$x=\pi\Phi_J/\phi_0=\pi\Lambda dH_a/\phi_0$，则理想结的超流电流临界值为

$$I_c(H_a)=I_c\frac{\sin x}{x} \tag{17.5.3}$$

则(17.5.2)式变成

$$I(t)=\frac{\hbar}{2eR}\frac{d\varphi}{dt}+I_c(H_a)\sin\varphi \tag{17.5.4}$$

为了方便起见，引入无量纲参量

① 张裕恒，王军，物理学报，33(1984)，952.

$$
\begin{cases}
\text{时间} \quad \tau = \omega_c t\text{，其中 } \omega_c = \dfrac{2eRI_c(H_a)}{\hbar} \\
\text{电流} \quad i = \dfrac{I}{I_c(H_a)} \\
\text{电压} \quad v = \dfrac{V}{RI_c(H_a)} = \dfrac{d\varphi}{d\tau}
\end{cases}
\tag{17.5.5}
$$

利用(17.5.5)式，方程(17.5.4)化为

$$
i(\tau) = \frac{d\varphi}{d\tau} + \sin\varphi \tag{17.5.6}
$$

(17.5.6)式即为(17.3.2)式，则其解为(17.3.25)式的形式

$$
\overline{\frac{d\varphi}{d\tau}} = \bar{v} = \sqrt{i_0^2 - 1} \tag{17.5.7}
$$

利用(17.5.5)式，我们就得到结上测量的电压数值。

$$
\bar{V}(H_a) = I_c(H_a) R \overline{\frac{d\varphi}{d\tau}} = R\sqrt{I_0^2 - I_c^2\left(\frac{\sin x}{x}\right)^2} \tag{17.5.8}
$$

无外磁场时，$H_a = 0$，$x = 0$，$\dfrac{\sin x}{x} = 1$，(17.5.8)式变为

$$
\bar{V}(0) = R\sqrt{I_0^2 - I_c^2} \tag{17.5.9}
$$

上式表示的是双曲线形式的伏安曲线，$\bar{V}$ 在 I_0 大时以 $\bar{V} = I_0 R$ 为渐近线，见图 17.7。

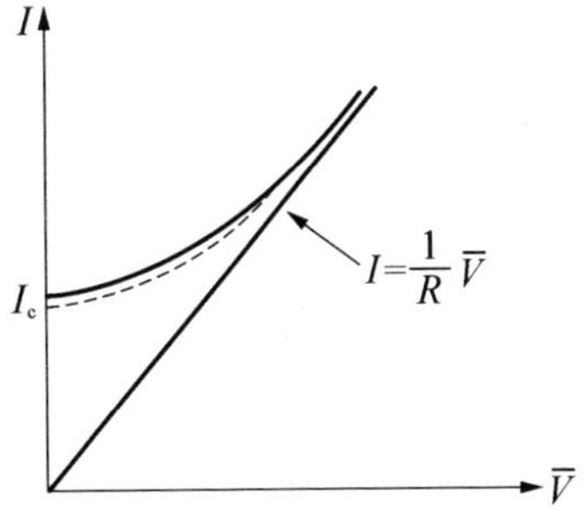

图 17.7 桥结在恒流源下的 $I \sim V$ 曲线(—零磁场，┈外加磁场后的修正)

磁场的作用改变了双曲线半实轴的值。由(17.5.8)式和(17.5.9)式，我们可以得到施加外磁场时伏安曲线的变化

$$
\begin{aligned}
\Delta\bar{V}(H_a) &= \bar{V}(H_a) - \bar{V}(0) \\
&= RI_c^2\left[1 - \left(\frac{\sin x}{x}\right)^2\right]\left[\sqrt{I_0^2 - I_c^2\left(\frac{\sin x}{x}\right)^2} + \sqrt{I_0^2 - I_c^2}\right]^{-1} \\
&\approx RI_c \frac{I_c}{2\sqrt{I_0^2 - I_c^2}}\left[1 - \left(\frac{\sin \pi \dfrac{\Phi_J}{\phi_0}}{\pi \dfrac{\Phi_J}{\phi_0}}\right)^2\right]
\end{aligned}
\tag{17.5.10}
$$

变化幅度的相对值为

$$\frac{\Delta\bar{V}(H_a)}{V(0)}=\frac{I_c^2}{I_0^2-I_c^2}\left[1-\left(\frac{\sin\pi\frac{\Phi_J}{\phi_0}}{\pi\frac{\Phi_J}{\phi_0}}\right)^2\right] \tag{17.5.11}$$

对于一个典型的桥，$\Lambda\approx w=2\times10^{-5}\text{cm}$，$d=2\times10^{-4}\text{cm}$，$H_{\max}=1.0\times10^{-3}\text{T}$，代入(17.5.11)式得到

$$\left(\frac{\Delta\bar{V}(H_a)}{V(0)}\right)_{\max}=\frac{I_c^2}{I_0^2-I_c^2}\times6.6\times10^{-4} \tag{17.5.12}$$

由上式可见，只要 I_0 不是特别接近 I_c（这时实验通常是成立的），伏安曲线的相对变化最大值也不过千分之一。故外磁场影响甚小，可以认为单结的伏安曲线没有改变。

第 18 章　超导量子干涉

如果我们将一个弱连接超导体或两个弱连接超导体和大块超导体组成环路，则它具有奇特的宏观超导量子干涉效应，用这个效应可做成各种超导量子干涉器件(简称 SQUID)。

18.1　双结超导量子干涉

假如两个 Josephson 结用超导体连成回路，则两个结的位相 φ_1，φ_2 必然要建立联系，从而造成量子干涉现象。

18.1.1　一般情况

图 18.1 是由超导体连接的两个 Josephson 结的并联环路。显然流过这个电路的总电流 I 是分别流过 J_1 和 J_2 的电流 I_1 和 I_2 之和。如果流过 J_1 和 J_2 的只是 Josephson 电流，则

$$I_1 = I_{c1}\sin\varphi_1,\quad I_2 = I_{c2}\sin\varphi_2 \tag{18.1.1}$$

其中，I_{c1}，φ_1 和 I_{c2}，φ_2 分别是 J_1 和 J_2 的临界电流和位相，故

$$I = I_{c1}\sin\varphi_1 + I_{c2}\sin\varphi_2 \tag{18.1.2}$$

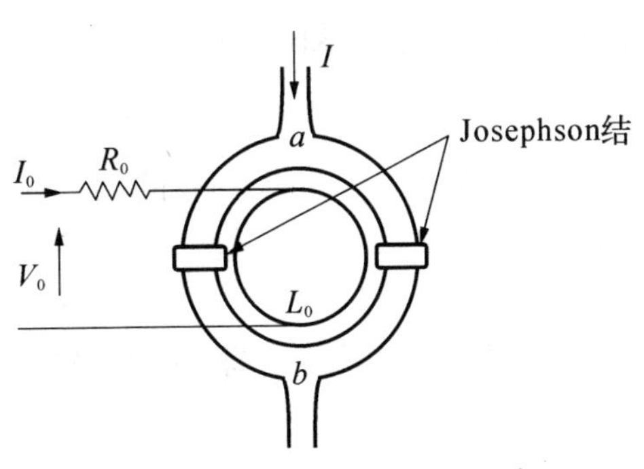

图 18.1　由超导体连接的两个并联的 Josephson 结

任意给定的两个 Josephson 结，

它们的位相 φ_1 和 φ_2 显然是彼此独立的，但把它们并联成一个超导环路后，φ_1 和 φ_2 之间将存在一定的联系。

为了推导理论公式，我们首先需要知道超导体的路径中两点之间的位相差。由(14.1.13)式

$$\nabla\nu=\frac{2e}{\hbar}\left[\boldsymbol{A}+\frac{m}{(2e)^2\rho}\boldsymbol{j}\right]$$

得

$$\nu_a-\nu_b=\frac{2e}{\hbar}\int_a^b\left[\boldsymbol{A}+\frac{m}{(2e)^2\rho}\boldsymbol{j}\right]\cdot\mathrm{d}\boldsymbol{l} \tag{18.1.3}$$

我们把这个式子应用到图18.1中，注意 φ_1 和 φ_2 是跨结的位相差，而点 a 与 b 之间的位相差是确定的，它不依赖于路径的选取。所以

$$\frac{2e}{\hbar}\int_{路径1}\left[\boldsymbol{A}+\frac{m}{(2e)^2\rho}\boldsymbol{j}\right]\cdot\mathrm{d}\boldsymbol{l}+\varphi_1=\frac{2e}{\hbar}\int_{路径2}\left[\boldsymbol{A}+\frac{m}{(2e)^2\rho}\boldsymbol{j}\right]\cdot\mathrm{d}\boldsymbol{l}+\varphi_2$$

则

$$\varphi_2-\varphi_1=\frac{2e}{\hbar}\oint_{环路}\left[\boldsymbol{A}+\frac{m}{(2e)^2\rho}\boldsymbol{j}\right]\cdot\mathrm{d}\boldsymbol{l}+2k\pi \tag{18.1.4}$$

而

$$\oint_{环路}\left[\boldsymbol{A}+\frac{m}{(2e)^2\rho}\boldsymbol{j}\right]\cdot\mathrm{d}\boldsymbol{l}$$

是类磁通，记作 Φ_{L}，则(18.1.4)变为

$$\varphi_2-\varphi_1=2\pi\frac{\Phi_{\mathrm{L}}}{\phi_0}+2k\pi,\quad k=0,1,2,\cdots \tag{18.1.5}$$

当环孔的尺寸比穿透深度 λ 大得多时，$\Phi_{\mathrm{L}}\approx\Phi_i$。$\Phi_i$ 为穿过孔洞的磁通量，它等于外加磁通 $\Phi_a=H_aS_0$ 和环电流 $I_{环}=\frac{1}{2}(I_1-I_2)$ 产生的磁通量 $LI_{环}$ 之和

$$\Phi_i=\Phi_a+LI_{环} \tag{18.1.6}$$

这里 L 是环的电感。如果孔洞的尺寸和穿透深度可以相比拟，则 Φ_{L} 不再等于 Φ_i，此时

$$\Phi_{\mathrm{L}}=\Phi_i+\Phi_\lambda \tag{18.1.7}$$

Φ_λ 为在穿透层中的磁通。将(18.1.7)式代入(18.1.5)式得

$$\varphi_2-\varphi_1=2\pi\left(\frac{\Phi_i}{\phi_0}+\frac{\Phi_\lambda}{\phi_0}\right)+2k\pi \tag{18.1.8}$$

对于孔尺寸远大于穿透深度，把(18.1.5)式代入(18.1.2)式并用(18.1.6)式得

$$I = I_{c1}\sin\varphi_1 + I_{c2}\sin\left[\varphi_1 + \frac{2\pi}{\phi_0}(\Phi_a + LI_{环})\right] \tag{18.1.9}$$

而

$$\begin{aligned} I_{环} &= \frac{1}{2}(I_{c1}\sin\varphi_1 - I_{c2}\sin\varphi_2) \\ &= \frac{1}{2}\left\{I_{c1}\sin\varphi_1 - I_{c2}\sin\left[\varphi_1 + \frac{2\pi}{\phi_0}(\Phi_a + LI_{环})\right]\right\} \end{aligned} \tag{18.1.10}$$

由(18.1.9)式和(18.1.10)式可解出 $I = I(\Phi_a/\phi_0, \varphi_1)$，给定 Φ_a/ϕ_0，选择 φ_1 使 I 取极大值，便得到临界电流 I_{max}。

18.1.2 $L = 0$ 的情况

如果环的自感 L 可以忽略，则(18.1.9)式简化为

$$I = I_{c1}\sin\varphi_1 + I_{c2}\sin(\varphi_1 + 2\pi\Phi_a/\phi_0) \tag{18.1.11}$$

再令 $I_{c1} = L_{c2} = I_c$，则(18.1.11)式变为

$$I = 2I_c\cos\left(\frac{\pi\Phi_a}{\phi_0}\right)\sin\left(\varphi_1 + \frac{\pi\Phi_a}{\phi_0}\right) \tag{18.1.12}$$

在某一个确定的 Φ_a 下，将上式对 φ_1 求极大就得到两个并联结的最大电流，从(18.1.12)式可以看到，对于任意一个 Φ_a，我们可以选择 φ_1 以使得 sin 项等于 1。因此

$$I_{max} = 2I_c\left|\cos\frac{\pi\Phi_a}{\phi_0}\right| \tag{18.1.13}$$

但我们要记住最大超流电流还依赖于穿过结的磁场，由(15.1.6)式

$$I_{max} = 2I_c(0)\left|\frac{\sin\dfrac{\pi\Phi_J}{\phi_0}}{\dfrac{\pi\Phi_J}{\phi_0}}\right|\left|\cos\frac{\pi\Phi_a}{\phi_0}\right| \tag{18.1.14}$$

现在我们得到了衍射和干涉图样的乘积。因为环包围的面积通常远大于每个结的面积，所以(18.1.14)式第二项的变化要比第一项快得多，但是变化的周期仍是 ϕ_0，最大值 I_{max}变化的幅度为 $2I_c$。

如果 J_1 和 J_2 是两个不同的弱连接超导体，即 $I_{c1} \neq I_{c2}$，则(18.1.11)式可写为

$$I = I_{max}\sin(\varphi_1 + \alpha) \tag{18.1.15a}$$

其中

$$I_{max} = \sqrt{(I_{c1} - I_{c2})^2 + 4I_{c1}I_{c2}\cos^2\left(\frac{\pi\Phi_a}{\phi_0}\right)} \tag{18.1.15b}$$

$$\alpha=\frac{\pi\Phi_a}{\phi_0}-\arctan\left(\frac{I_{c1}-I_{c2}}{I_{c1}+I_{c2}}\tan\frac{\pi\Phi_a}{\phi_0}\right) \tag{18.1.15c}$$

I_{max}仍然是 Φ_a 的周期函数，周期为 ϕ_0。此处 $I'_{max}=I_{c1}+I_{c2}$为最大电流 I_{max}中的极大值，而极小值 $I''_{max}=|I_{c1}-I_{c2}|$。因此

$$\Delta I_{max}=2\min(I_{c1},I_{c2}) \tag{18.1.16}$$

$\min(I_{c1},I_{c2})$表示在 I_{c1}和 I_{c2}中取较小的一个。

18.1.3　$L\neq0$ 的情况

当 $L\neq0$ 时，只能由(18.1.9)式和(18.1.9)式用计算机数值求解得 I_{max}和 Φ_a 的关系。为了给出明确的关系，我们可由(18.1.6)式

$$\Phi_i=\Phi_a+LI_{环}=\Phi_a+\frac{1}{2}(I_2-I_1)$$

代入(18.1.5)式，并用 $\Phi_L\approx\Phi_i$，取 $k=0$，得

$$\varphi_2=\varphi_1+\frac{2\pi}{\phi_0}\left[\Phi_a+\frac{1}{2}(I_2-I_1)\right] \tag{18.1.17}$$

如果设两个结相同，则最大电流是

$$I_{max}=I_c[\max(\sin\varphi_1+\sin\varphi_2)] \tag{18.1.18}$$

把(18.1.17)式代入(18.1.18)式得超越方程

$$\frac{I_{max}}{I_c}=\max\left\{\sin\varphi_1+\sin\left\{\varphi_1+2\pi\left[\frac{\Phi_a}{\phi_0}-\frac{LI_c}{\phi_0}\left(\sin\varphi_1-\frac{I_{max}}{2I_c}\right)\right]\right\}\right\} \tag{18.1.19}$$

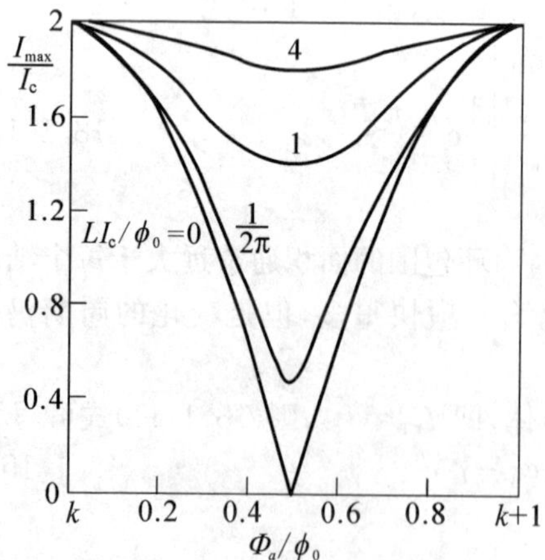

图 18.2　流过两个并联结的最大电流与外加磁通的关系

这里是对 φ_1 求最大值，由数值解选定 φ_1 使之得到 I_{max}。

图 18.2 给出对于不同的 LI_c/ϕ_0，由(18.1.19)式数值解出的 I_{max}/I_c 与 Φ_a/ϕ_0的关系。对于 $LI_c/\phi_0=0$ 的曲线就是(18.1.13)式给出的等幅干涉效应。从图 18.2 我们可看到环路的电感 L 的大小只影响电流调制的幅度 ΔI_{max}，但不影响 $I_{max}\sim\Phi_a$ 曲线的普遍形式。例如它们仍然是 Φ_a 的周期函数；极大点和极小点分别位于 $\Phi_a=n\phi_0$ 和$(n+1/2)\phi_0$ 处。

图 18.2 还表明 I_{max}的极大值 I'_{max}不

受 L 的影响，而极小值 I''_{max} 随 L 增加而增大。因此环路电感越大，电流调制幅度 ΔI_{max} 越小。图18.3给出了 $\Delta I_{max}/I_c$ 随 LI_c/ϕ_0 变化的曲线。当 $LI_c \ll \phi_0$ 时

$$\Delta I_{max} \approx 2I_c \tag{18.1.20}$$

这就是对于 $L=0$ 时相同双结的情况。当 $LI_c \gg \phi_0$ 时，$(\Delta I_{max}/I_c) \sim (LI_c/\phi_0)$ 曲线可以用图中直线来近似。直线的方程是

$$\frac{\Delta I_{max}}{I_c} = \frac{1}{LI_c/\phi_0}$$

因为当 $LI_c \gg \phi_0$ 时，

$$\Delta I_{max} = \phi_0/L \tag{18.1.21}$$

(18.1.19)式和(18.1.20)式分别代表了 ΔI_{max} 的上下限。

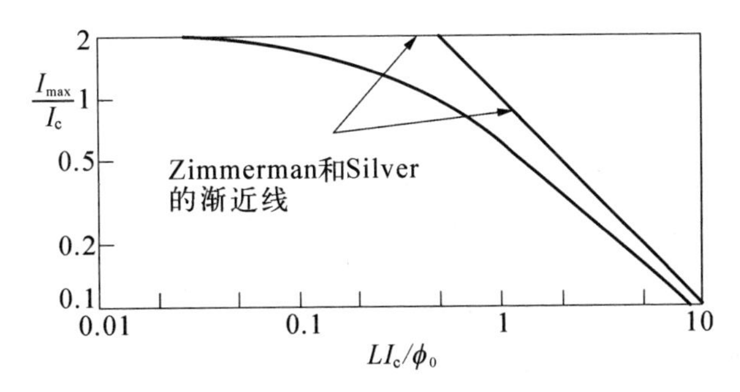

图18.3 最大电流的幅度与电感的关系

如果考虑结辐射激励起腔的振荡，谐振对双结的反辐照，如同在第17章所述，可以得到在一个磁通量子 ϕ_0 内出现 n 次电流阶跃①。

18.2 恒流源的 $I \sim V$ 和 $V \sim H_a$ 关系

18.2.1 在RJS模型下电流源的 $I \sim V(H_a)$ 关系

当 $C > \frac{\hbar}{2e}\frac{1}{R^2 I_c}$ 时，弱连接超导体的 $I \sim V$ 曲线不是单值的，有回滞，所以相应

① 张裕恒，李玉芝，郑捷飞，吴彦，物理学报，**23**(1984)，58.

的超导量子干涉性质复杂，没有实际意义。因而我们只研究RSJ模型下恒流源的$I \sim V$关系和$V \sim H_a$关系。

设两个微桥相同，外源所供的恒定电流为$2I_0$，则通过两个微桥的Josephson电流分别为

$$I_{s1} = I_c \sin \varphi_1 \tag{18.2.1a}$$

$$I_{s2} = I_c \sin \varphi_2 \tag{18.2.1b}$$

由它们组成双结SQUID，则φ_1和φ_2之间关系为

$$\varphi_2 - \varphi_1 = 2\pi \frac{\Phi_a}{\phi_0} + 2\pi k + IL \tag{18.2.2}$$

其中$\Phi_a = \mu_0 H_a S$是双结与超导连线构成的回路中的磁通量，k为整数，L为环路电感，I为流过SQUID的电流。设$L = 0$，则(18.2.1b)式为

$$I_{s2} = I_c \sin\left(\varphi_1 + 2\pi \frac{\Phi_a}{\phi_0}\right) \tag{18.2.3}$$

由(17.5.2)式，对于φ_1和φ_2分别为

$$I_1(t) = \frac{\hbar}{2eR}\frac{d\varphi_1}{dt} + I_c(H_a)\sin \varphi_1 \tag{18.2.4a}$$

$$I_2(t) = \frac{\hbar}{2eR}\frac{d\varphi_2}{dt} + I_c(H_a)\sin \varphi_2 \tag{18.2.4b}$$

又因为H_a是稳恒场，故由(18.2.2)式知

$$\frac{d\varphi_2}{dt} = \frac{d\varphi_1}{dt} \tag{18.2.5}$$

又因双结SQUID上施加的是强度为$2I_0$的恒流，故$2I_0 = I_1(t) + I_2(t)$。将(18.2.4a)式与(18.2.4b)式相加，则

$$2I_0 = 2\frac{\hbar}{2eR}\frac{d\varphi_1}{dt} + I_c(H_a)\left[\sin \varphi_1 + \sin\left(\varphi_1 + 2\pi \frac{\Phi_a}{\phi_0}\right)\right] \tag{18.2.6}$$

利用和差化积，有

$$I_0 = \frac{\hbar}{2eR}\frac{d\varphi_1}{dt} + I_c \frac{\sin(\pi \Phi_J/\phi_0)}{\pi \Phi_J/\phi_0}\cos\left(\pi \frac{\Phi_a}{\phi_0}\right)\sin\left(\varphi_1 + \pi \frac{\Phi_a}{\phi_0}\right) \tag{18.2.7}$$

定义双结SQUID的临界电流为

$$I_{cd}(H_a) = I_c \frac{\sin(\pi \Phi_J/\phi_0)}{\pi \Phi_J/\phi_0}\cos\left(\pi \frac{\Phi_a}{\phi_0}\right) \tag{18.2.8}$$

位相差为

$$\varphi_d = \varphi_1 + \pi \frac{\Phi_a}{\phi_0} = \varphi_2 - \pi \frac{\Phi_a}{\phi_0} \tag{18.2.9}$$

用新的约化量为

$$\left.\begin{aligned}&\tau=\omega_{cd}t,\quad \omega_{cd}=\frac{2eRI_{cd}(H_a)}{\hbar}\\&i_{cd}=\frac{I_0}{I_{cd}(H_a)}\\&v_d=\frac{V}{RI_{cd}(H_a)}=\frac{d\varphi_d}{d\tau}\end{aligned}\right\}\tag{18.2.10}$$

由(18.2.8)式、(18.2.9)式和(18.2.10)式,则(18.2.7)式变成

$$I_{cd}=\frac{d\varphi_d}{d\tau}+\sin\varphi_d\tag{18.2.11}$$

利用(17.5.7)式的结果

$$\overline{\frac{d\varphi_d}{d\tau}}=\bar{v}_d=\sqrt{i_{cd}^2-1}\tag{18.2.12}$$

所以

$$\bar{V}_d(H_a)=R\sqrt{I_0^2-I_c^2\frac{\sin^2(\pi\Phi_J/\phi_0)}{(\pi\Phi_J/\phi_0)^2}\cos^2\pi\frac{\Phi_a}{\phi_0}}\tag{18.2.13}$$

在 Φ_a/ϕ_0 为整数的位置上,(18.2.13)式变为

$$\bar{V}_d(H_a)=\frac{R}{2}\sqrt{(2I_0)^2-(2I_c)^2\frac{\sin^2(\pi\Phi_J/\phi_0)}{(\pi\Phi_J/\phi_0)^2}}\tag{18.2.14}$$

与(17.5.8)式比较,此时双桥结 SQUID 等价于一个单结情况,其电阻等价于两个结电阻简单的并联,临界电流为两个单结的临界电流直接相加,外电流等于流过两个结的外电流之和。

从(18.2.13)式可得

$$\begin{aligned}\Delta\bar{V}_d&=\bar{V}_d(H_a)-\bar{V}_d(0)\\&=R\frac{I_c^2}{\sqrt{I_0^2-I_c^2}+\sqrt{I_0^2-I_c^2\frac{\sin^2(\pi\Phi_J/\phi_0)}{(\pi\Phi_J/\phi_0)^2}\cos^2\left(\pi\frac{\Phi_a}{\phi_0}\right)}}\\&\quad\cdot\left[1-\frac{\sin^2(\pi\Phi_J/\phi_0)}{(\pi\Phi_J/\phi_0)^2}\cos^2\pi\frac{\Phi_a}{\phi_0}\right]\end{aligned}\tag{18.2.15}$$

对于微桥双结 SQUID,$\frac{\sin^2(\pi\Phi_J/\phi_0)}{(\pi\Phi_J/\phi_0)^2}=1$,所以(18.2.15)式可写为

$$\Delta\bar{V}_d=R\frac{I_c^2}{\sqrt{I_0^2-I_c^2}+\sqrt{I_0^2-I_c^2\cos^2\left(\pi\frac{\Phi_a}{\phi_0}\right)}}\sin\left(\pi\frac{\Phi_a}{\phi_0}\right)\tag{18.2.16}$$

从(18.2.16)式看到,当 Φ_a/ϕ_0 从自然数 n 变到 $(2n+1)/2$ 时,$\Delta\bar{V}_d$ 的振幅

变化为 $RI_c^2/(I_0+\sqrt{I_0^2-I_c^2})$，因为(18.2.16)式给出在恒流源下，电压的直流分量随磁场以 ϕ_0 为周期的等幅振荡，见图 18.4(由于其图形以 $\Delta\bar{V}_d$ 轴对称，故只画了 $\Phi_a>0$ 部分)。

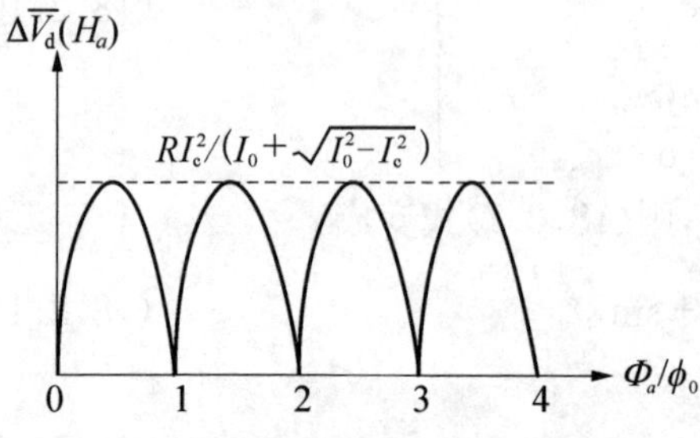

图 18.4 双桥结 SQUID 在恒流源驱动下，电压直流分量随磁场的等幅振荡

对于恒压源模型，当外加的电流强度超过结的临界电流 I_c 时，超流电流就变成随时间交变的形式，其时间平均值为零。而在恒流源模型中则完全不同。当 $I_0>I_c$ 时，结中电流不仅存在着由 I_0 决定的频率交变振荡部分，而且存在着超流直流分量，其数值由实验条件和结特性决定。换句话说，恒流源模型在电阻-超导态时，结仍然具有无阻负载直流电流的能力，而恒压源模型的结则不具备此能力。

18.2.2 恒流源下 $L\neq0$ 的情况

当 $L\neq0$ 时，(18.2.6)式中的 Φ_a 必须换成 $\Phi_a+LI_{环}$，所以(18.2.6)式应改写为

$$2I_0=2\frac{\hbar}{2eR}\frac{d\varphi_1}{dt}+I_c(H_a)\left\{\sin\varphi_1+\sin\left[\varphi_1+\frac{2\pi}{\phi_0}(\Phi_a+LI_{环})\right]\right\} \tag{18.2.17}$$

而 $I_{环}$ 将为

$$I_{环}=I_c\sin\varphi_1-I_c\sin\varphi_2=I_c\left\{\sin\varphi_1-\sin\left[\varphi_1+\frac{2\pi}{\phi_0}(\Phi_a-LI_{环})\right]\right\} \tag{18.2.18}$$

联立方程(18.2.17)式和(18.2.18)式求解 $\varphi_1(H_a,t)$，再对时间平均 $\overline{\frac{d\varphi_1}{dt}}$ 即可得到在 $L\neq0$ 情况下的 $V\sim H_a$ 关系。

18.2.3 恒流源下 $V\sim H_a$ 关系的图解说明

上述得到恒流源下 $V\sim H_a$ 的等幅振荡是不难理解的，方程(18.2.13)给出对于给定的磁场双结的 $I\sim V$ 曲线关系。对 $H_a=0$，则

$$\bar{V}_d(0)=R\sqrt{I_0^2-I_c^2} \tag{18.2.19}$$

从(18.2.19)式看到双结的 $I\sim V$ 曲线就是单结的 $I\sim V$ 曲线。而当 $H_a\neq0$ 时，如

上所述$\dfrac{\sin^2(\pi\Phi_J/\phi_0)}{(\pi\Phi_J/\phi_0)^2}\approx 1$，则(18.2.13)式变成

$$\overline{V}_d(H_a)=R\sqrt{I_0^2-I_c^2\cos^2\pi\frac{\Phi_a}{\phi_0}} \tag{18.2.20}$$

所以对于给定的H_a，$I\sim V$曲线只是零压最大电流变化，曲线的形状还是(18.2.19)的样子。

前面的讨论和图18.2给出在$L\neq 0$情况下的I_{max}和H_a的关系。双结干涉的结果使临界电流I_{max}在I'_{max}和I''_{max}之间周期地变化，如图18.5(c)，它的$I\sim V$曲线部分自然地也随之从图18.5(a)中粗实线变成细实线，这由Φ_a/ϕ_0是从整数变至半整数，还是从半整数变至整数而定。因此当I等于某一确定值I_0时，超导量子干涉器两端的电压应如图18.5(b)所示。随着Φ_a周期地增大和减小，它的极大值V'和极小值V''分别位于$\Phi_a=(n+1/2)\phi_0$及$n\phi_0$处。$\Delta V=V'-V''$表示磁场对电压调制的大小，简称为电压调制幅度。

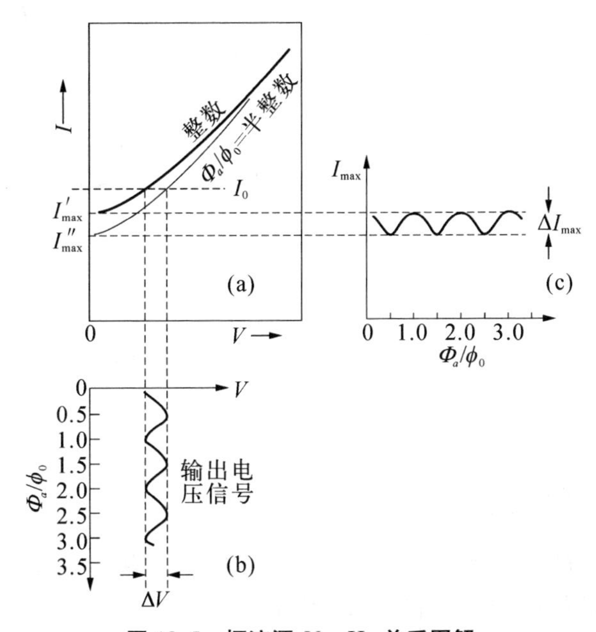

图18.5　恒流源$V\sim H_a$关系图解

从图18.5可以看到选择不同的I_0将明显地影响输出电压信号的形状与大小。图18.6给出其结果。这些结果的理论计算，可见参考文献①。

① 张裕恒，高怡平，物理学报，**35**(1986)，561.

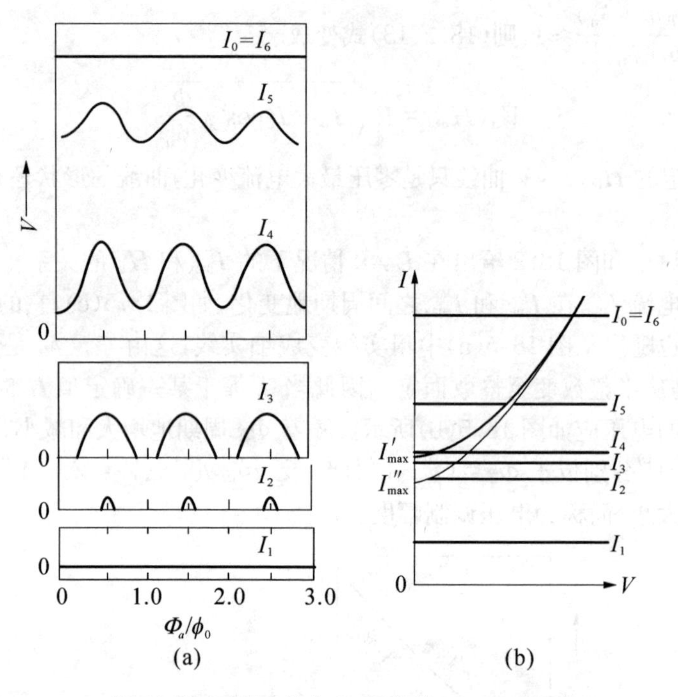

图 18.6　不同工作点 I_0 相应的 $V\sim H_a$ 波形

18.3　双结量子干涉的实验结果

18.3.1　薄膜结的实验

Jaklevic 等①的实验清楚地给出了由(18.1.14)式描述的干涉图形。图 18.7 给出这个实验的隧道结干涉仪的结构和实验结果。

在两个不同的样品上得到类似的实验结果。我们看到,大的周期是由结中的磁通产生的,小的周期是环中的磁通引起的。图 18.7(b)中曲线(a)接近于(18.1.14)式理论上预计的结果。最大电流是 1 mA,小周期是 3.95×10^{-6} T;曲线(b)电流不到

① R. C. Jaklevic, J. Lambe, J. E. Mercereau and A. H. Silver, *Phys. Rev.*, **140**(1965), A1628.

零是由于 L 不能忽略,以致偏离了理想行为。

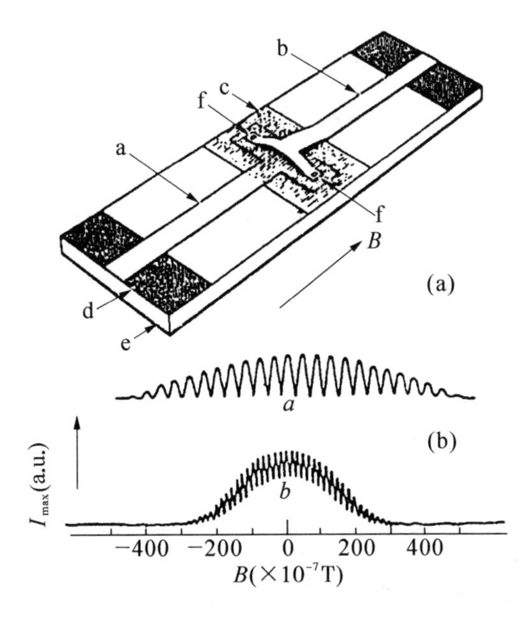

图 18.7

(a) 隧道干涉仪的结构;a:下 Sn 膜;b:上 Sn 膜;c:绝缘层;d:电极;e:石英衬底;f:Josephson 结;(b) 实验得到的干涉图

18.3.2　焊滴结的实验①

图 18.8 是一个理想的焊滴结(或称 Clarke 棒)。它是在半径为 r 的 Nb 棒的氧化层上刻蚀两个凹槽,用一个 Pb—Sn 焊滴包围含有这两个槽的 Nb 棒。当 Nb 棒通过电流 I_H 时,I_H 产生的磁场不仅在绝缘的氧化层中而且在 Nb 的穿透深度 λ_{Nb}和 Pb—Sn 合金穿透深度 λ_s 中。通过 Nb 棒的 I_H 在周围产生的磁场是

$$B_H = \mu_0 \frac{I_H}{2\pi r} \tag{18.3.1}$$

因此相应的磁通 Φ 为

$$\Phi = \mu_0 \frac{I_H}{2\pi r} l(\lambda_{Nb} + \lambda_s + d) \tag{18.3.2}$$

① J. Clarke, *Phil. Mag.*, **13**(1966), 115.

d 是绝缘层厚度，l 是两个结之间的距离。面积即为图 18.8 中的虚线包围的部分。使磁通改变一个磁通量子的大小所需要的电流值是

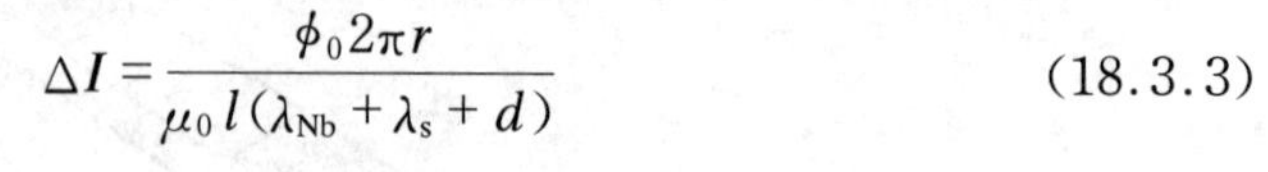

$$\Delta I=\frac{\phi_0 2\pi r}{\mu_0 l(\lambda_{\mathrm{Nb}}+\lambda_{\mathrm{s}}+d)} \tag{18.3.3}$$

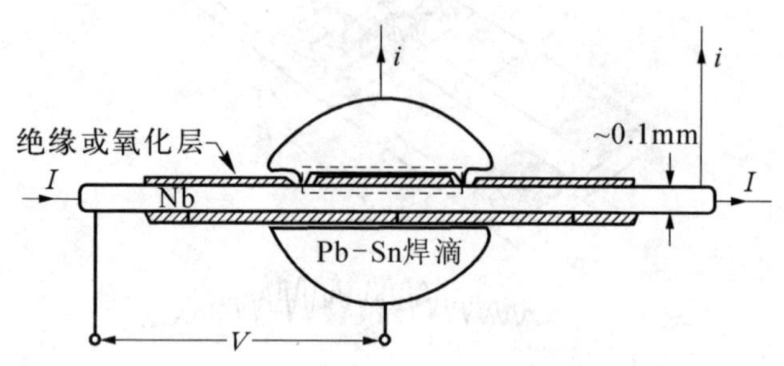

图 18.8　理想的 Clarke 棒，棒上给出两个凹槽构成双结 SQUID，虚线包围的面积是电流 I_H 所产生的磁场

图 18.9 是被 Clarke 首先测到的最大电流 $I_{\max}$ 随 I_H 的关系。小周期是由双结引起的。引起振荡所需的电流值 ΔI_H 与(18.3.3)式相一致，但其包迹的原因不清楚，可能由于绝缘层实际上做不到理想情况因而存在其他的弱连接使关系复杂化。

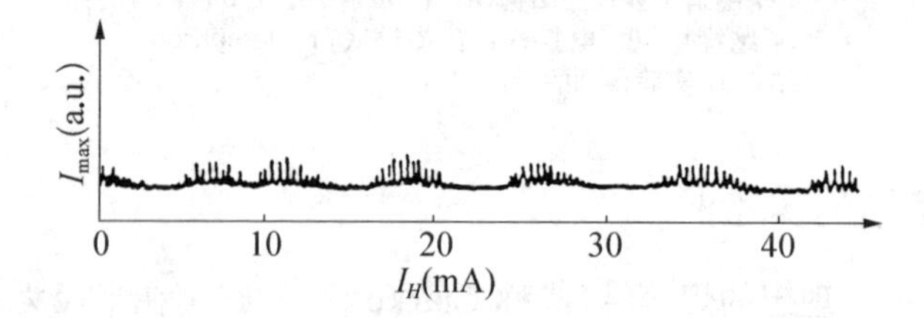

图 18.9　典型样品的最大超导电流 $I_{\max}$ 与 I_H 的函数关系

在类似的实验中，测到 $V\sim I_H$ 的等幅振荡，见图 18.10(a)。而对于没有绝缘的线做成的棒，通常焊点内存在多个弱连接，它给出比较复杂的 $V\sim I_H$ 关系，如图 18.10(b)，周期相应于在弱连接之间最小的面积。

18.3.3　点接触的实验①

点接触，像焊滴结一样，能很容易做出，但不能清楚地确定。图 18.11 给出由两个超导螺钉点接触构成的超导环路及其实验结果。

---

①　J. E. Zimmerman and A. H. Silver, *J. Appl. Phys.* **39**(1968), 2679.

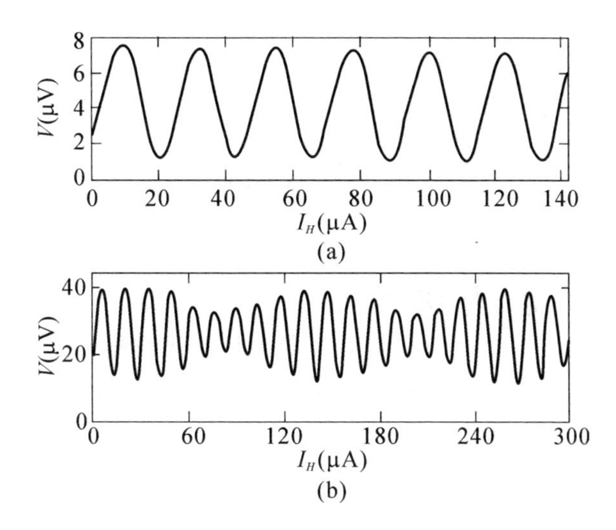

图 18.10　焊滴棒的电流随通过棒的电流周期变化的关系

(a) 有两个弱连接，弱连接之间有一个较大的面积；
(b) 对两个间隔较近的弱连接，它们之间有较小的面积

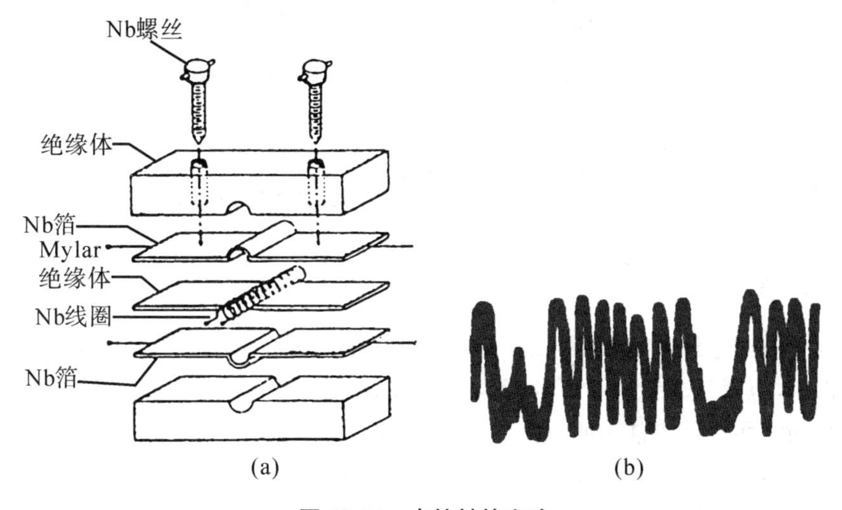

图 18.11　点接触的实验

(a) 点接触 SQUID 典型的结构；(b) 图(a)中两个点接触所得到的干涉图案

18.3.4　超导桥的实验

在并联双桥干涉器件中观察到 $V \sim H_a$ 的等幅振荡和上述类似，兹不赘述。

18.4　单结超导环[1]

图 18.12 给出的是所谓单结超导量子干涉器。它是由一个弱连接超导体和大块超导体组成的环路。图 18.12(a)是超导微桥和大块超导环组成的环路;而图 18.12(b)则是由一个宽桥上覆盖一块金属 Cu,由临近效应导致的超导弱连接和超导环组成的单结超导环路。

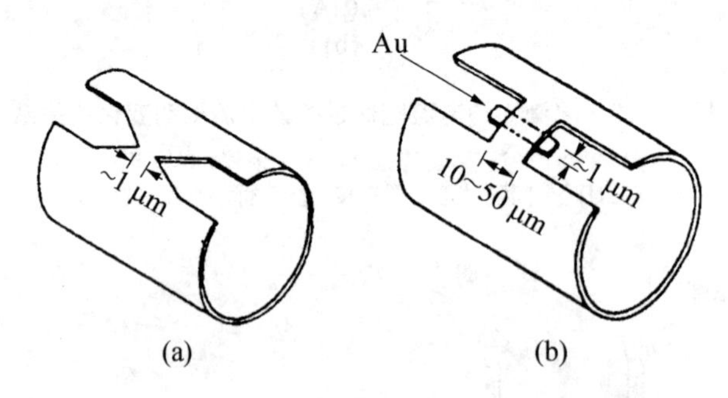

图 18.12

(a) 由超导微桥和超导体组成的单结超导环;
(b) 由临近效应超导的弱连接超导体组成的单结超导环

18.4.1　线性理论[2]

为了描述这种单结超导环的行为,我们先把问题作一个简单的近似,即假设结是线性的,也就是单结超导环的行为直到临界电流 I_c 为止都是环的行为。显然,因为结的截面积是非常小的以致电流密度高,所以环的临界电流取决于结。把结的截面积记为 A_w,电流密度记为 j_c,则环的临界电流 $I_c = j_c A_w$。

由 GL 方程我们得到

$$j = \frac{2e\hbar}{m}(\nabla\nu - \frac{2e}{\hbar}\mathbf{A})\rho \tag{18.4.1}$$

① J. E. Mercerean, *Rev. Phys. Appl.*, **5**(1970), 13.

② A. H. Silver and J. E. Zimmerman, *Phys. Rev. Lett.*, **15**(1965), 888.

ν 是超导体中波函数的位相，让我们在环中间沿着闭合曲线对(18.4.1)式的两边积分

$$\oint \nabla\nu \cdot \mathrm{d}\boldsymbol{l} = \frac{m}{2e\,\hbar}\oint \frac{\boldsymbol{j}}{\rho}\mathrm{d}\boldsymbol{l} + \frac{2e}{\hbar}\oint \boldsymbol{A}\cdot \mathrm{d}\boldsymbol{l} \tag{18.4.2}$$

而

$$\oint \boldsymbol{A}\cdot \mathrm{d}\boldsymbol{l} = \Phi_i \tag{18.4.3}$$

是环包围的磁通，

$$\oint \nabla\nu \cdot \mathrm{d}\boldsymbol{l} = 2\pi n \tag{18.4.4}$$

是 ν 可以差一个 2π 的整数倍的原因，因为绕环一周它回到相同点时，$|\Psi|^2$ 必须是同一个，因此将(18.4.3)式和(18.4.4)式代入(18.4.2)式，得

$$\Phi_i + \frac{m}{(2e)^2}\oint \frac{\boldsymbol{j}}{\rho}\mathrm{d}\boldsymbol{l} = \frac{2\pi\hbar}{2e}n = n\phi_0 \tag{18.4.5}$$

通常超导体的横截面是大于穿透深度的，因此，除了结以外，环中电流的线积分可以忽略。又因为结的横截面很小，故可假设结的电流密度是均匀的。因此，方程(18 .4.5)中只有在结上的线积分不为零。

$$\int_{结} \frac{m}{(2e)^2\rho}\boldsymbol{j}\cdot \mathrm{d}\boldsymbol{l} + \Phi_i = n\phi_0 \tag{18.4.6}$$

积分后得

$$\gamma L I_{环} + \Phi_i = n\phi_0 \tag{18.4.7}$$

式中

$$\gamma = \frac{m}{2e\rho}\frac{w}{A_w L} \tag{18.4.8}$$

式中 w 是结的长度，L 是环自感，γ 通常是小于1的。

首先，我们将研究图18.13(a)的电路。环被内部的磁通激发起电流，内外磁通之间的关系为

$$\Phi_i = \Phi_a + L I_{环} \tag{18.4.9}$$

因为外磁通是独立变化的，所以我们将用环流和内磁通两者表示它。由(18.4.7)式和(18.4.9)式，我们得到

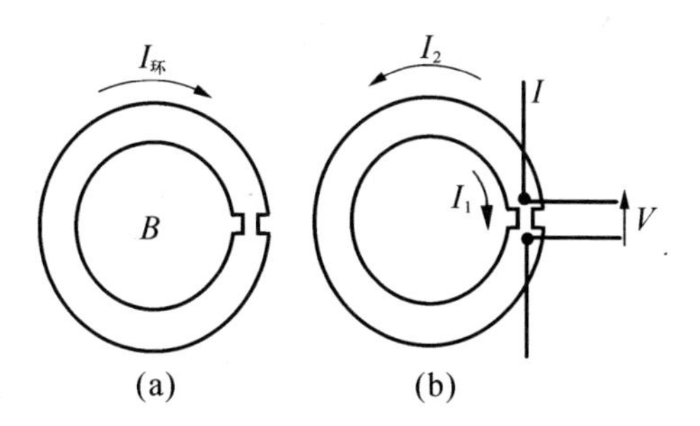

图 18.13

(a) 被磁场激发的弱连接超导环；
(b) 被输入电流激发的弱连接超导环

$$\Phi_i = \frac{1}{1+\gamma}(n\phi_0 + \gamma\Phi_a) \tag{18.4.10}$$

和

$$LI_{环} = \frac{1}{1+\gamma}(n\phi_0 - \Phi_a) \tag{18.4.11}$$

当 $\Phi_a = n\phi_0$ 时,环电流为零。当 Φ_a 增加时,环流减小,直到它达到临界电流 $-I_c$,从而得到一个临界外磁通

$$(\Phi_a)_c = n\phi_0 + (1+\gamma)LI_c \tag{18.4.12}$$

当 $\Phi_a \geqslant (\Phi_a)_c$ 时,环不具有载荷超流能力(在同一个 n 下)。现在的问题是它将直接地跳到 $n+1$ 态还是回到正常态以损耗它的环流。为了解决这个问题,从方程(18.4.11)和(18.4.12)得到

$$LI_{环} = \frac{\phi_0}{2(1+\gamma)} - LI_c \tag{18.4.13}$$

用如下关系引一个新的参量 α,令

$$I_c = \alpha \frac{\phi_c}{2(1+\gamma)}L \tag{18.4.14}$$

则(18.4.13)式改为

$$LI_{环} = \frac{2-\alpha}{\alpha}LI_c \tag{18.4.15}$$

现在很清楚,假如 $LI_{环} < LI_c$,则跃迁到 $n+1$ 态是可能的;假如在这个大于$(\Phi_a)_c$ 的外磁通下 $LI_{环} > LI_c$,那么跃迁到 $n+1$ 态是不可能的,结要出现正常。这两种情况的分界出现在$(2-\alpha)/\alpha = 1$,也就是 $\alpha = 1$。

图 18.14 给出了对于 $\alpha<1$,$\alpha=1$ 和 $\alpha>1$ 三种情况下 Φ_i/ϕ_0 随 $LI_{环}/\phi_0$ 的变化。对 $\alpha<1$,当达到$(\Phi_a)_c$ 时,环变成正常。正常环是不抗磁的,因此一直到环跃迁到下一个态之前,$\Phi_i = \Phi_a$。当 $\alpha=1$ 时,不是总有正常区,但跃迁仍然是可逆的。对于 $\alpha>1$,跃迁是不可逆的。

图 18.14 的物理图像是:假定初态 $n=0$,也就是单结超导环内没有磁通,当外加磁通达到$(\Phi_a)_c$ 后,磁通要以磁通量子 ϕ_0 进入环,即从 $n=0$ 跃迁到 $n=1$,此时环流从$|I_c|$变为零。由于 $n\phi_0(n=1)$进入环,$I_c=0$,Φ_a 继续增加,在 $n=1$ 态下重新感应超流环流阻止磁通进入环内,当 $n=1$ 态的环流又一次达到$|I_c|$时,另一个 ϕ_0 再次进入环内,即从 $n=1$ 态跃迁到 $n=2$ 态,等等。现在的问题是当从 n 态跃迁到 $n+1$态时,结是否要恢复正常?线性理论给出当 $\alpha<1$ 时,结恢复正常,此时 $\Phi_i = \Phi_a$,直到 $\Phi_i = \Phi_a$ 从 $n\phi_0$ 增加到$(n+1)\phi_0$ 时,环从 n 态跃迁到 $n+1$ 态,

$\Phi_i=(n+1)\phi_0$，Φ_a 再增加，结不变，同时激起感应电流以保持 $\Phi_i=(n+1)\phi_0$，一直到感应电流再次达到 $|I_c|$，结又一次进入正常；而对 $\alpha=1$，当感应电流达到 $|I_c|$ 时，一个磁通量子直接跃迁到环内，环流动态损耗，从 $|I_c|$ 变到零，也就是从 n 态直接跃迁到 $n+1$ 态。

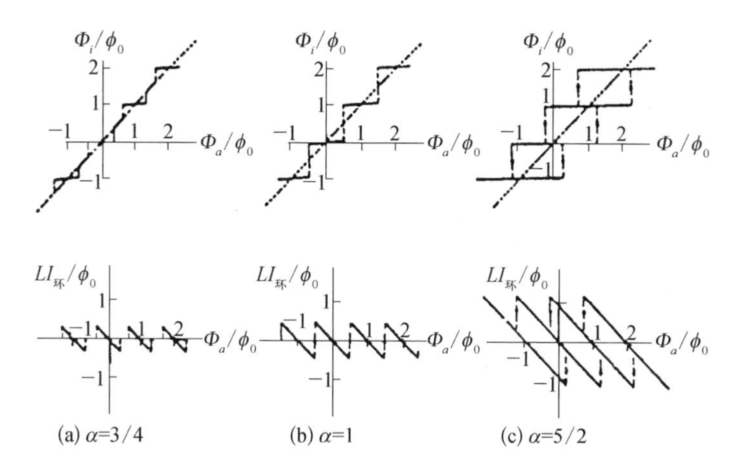

图 18.14　在线性近似下，内磁通和弱连接环的环流与外磁通的关系

(a) $\alpha=3/4$；(b) $\alpha=1$；(c) $\alpha=5/2$；α 由(18.4.15)式定义

现在让我们看电流直接激发的情况(图 18.13(b))

$$I=I_1+I_2 \tag{18.4.16}$$

类似于(18.4.7)式

$$\gamma LI_1+\Phi_i=n\phi_0 \tag{18.4.17}$$

现在的内磁通是 I_2 产生的，因此

$$\Phi_i=-LI_2 \tag{18.4.18}$$

用 I 来表示 LI_1 和 Φ_i，我们得到

$$LI_1=\frac{1}{1+\gamma}(LI+n\phi_0) \tag{18.4.19}$$

和

$$\Phi_i+\frac{1}{1+\gamma}(n\phi_0-\gamma LI) \tag{18.4.20}$$

从方程(18.4.19)和(18.4.20)看到它们是类似于(18.4.10)式和(18.4.11)式的，只不过作了下列变换而已

$$LI\to-\Phi_i,\quad LI_1\to LI_{环} \tag{18.4.21}$$

显然,环的磁行为不依赖于激励方法。因此,图 18.14 的图解和由它们得出的结论也将适用于电流激发的情况。

18.4.2 非线性理论

假如弱连接是一个适当的 Josephson 结,那么,环中任意两点的位相函数差 $\nu_a - \nu_b$,其中一个分支包含弱连接,另一支则是超导体,故有

$$\nu_a - \nu_b = \frac{2e}{\hbar}\int_{a\text{路}1}^{b}\left[\boldsymbol{A} + \frac{m}{(2e)^2\rho}\boldsymbol{j}\right]\cdot \mathrm{d}\boldsymbol{l} + \varphi \tag{18.4.22a}$$

$$\nu_a - \nu_b = \frac{2e}{\hbar}\int_{a\text{路}2}^{b}\left[\boldsymbol{A} + \frac{m}{(2e)^2\rho}\boldsymbol{j}\right]\cdot \mathrm{d}\boldsymbol{l} \tag{18.4.22b}$$

由于位相差与路径无关,故

$$\frac{2e}{\hbar}\int_{\text{路径}1}\left[\boldsymbol{A} + \frac{m}{(2e)^2\rho}\boldsymbol{j}\right]\cdot \mathrm{d}\boldsymbol{l} + \varphi = \frac{2e}{\hbar}\int_{\text{路径}2}\left[\boldsymbol{A} + \frac{m}{(2e)^2\rho}\boldsymbol{j}\right]\cdot \mathrm{d}\boldsymbol{l} \tag{18.4.23}$$

$$\varphi + \frac{2e}{\hbar}\int_{\text{环}}\left[\boldsymbol{A} + \frac{m}{(2e)^2\rho}\boldsymbol{j}\right]\cdot \mathrm{d}\boldsymbol{l} = \oint_{\text{环}}\nabla\nu\cdot \mathrm{d}\boldsymbol{l} = 2\pi n \tag{18.4.24}$$

因为

$$\oint_{\text{环}}\boldsymbol{A}\cdot \mathrm{d}\boldsymbol{l} = \Phi_i,\quad \oint \boldsymbol{j}\cdot \mathrm{d}\boldsymbol{l} = \int_0^{2\pi} j_c \sin\varphi\cdot R\,\mathrm{d}\varphi = 0$$

R 是环半径,所以(18.4.24)式变成

$$\varphi + \frac{2e}{\hbar}\Phi_i = 2\pi n$$

即

$$\frac{\hbar}{2e}\varphi + \Phi_i = n\phi_0 \tag{18.4.25a}$$

(18.4.25a)就是非线性理论的第一个方程。

第二个方程仍然是

$$\Phi_i = \Phi_a + LI_{\text{环}} \tag{18.4.25b}$$

第三个方程是我们以前多次遇到的电流与位相之间的非线性关系

$$I_{\text{环}} = I_c \sin\varphi \tag{18.4.25c}$$

现在我们可以从这三个方程得出内磁通和环流与外磁通的函数关系

$$\Phi_i - LI_c \sin\left[\frac{2e}{\hbar}(\Phi_i - n\phi_0)\right] = \Phi_a \tag{18.4.26}$$

和

$$LI_{环} = -LI_c \sin\left[\frac{2e}{\hbar}(LI_{环} + \Phi_a) - n\phi_0\right] \tag{18.4.27}$$

图 18.15 给出了对三个 I_c 值的图解表示，对于 $I_c > \phi_0/2\pi L$，函数是多值的而且变为不可逆(图中的虚线)，这类似于线性模型所预期的那样，然而，当 $I_c < \phi_0/2\pi L$ 时，非线性模型从定性上给出不同的结论：Φ_i 和 $LI_{环}$ 是 Φ_a 的连续单值的函数，没有突然的跃迁，环能够连续地从一个态过渡到另一个态。

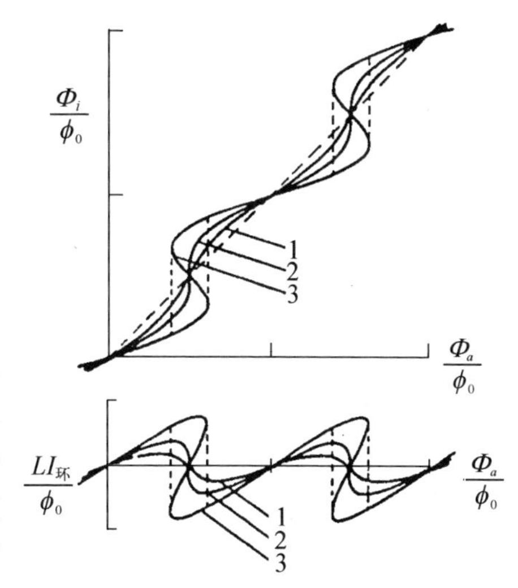

图 18.15　包含着一个 Josephson 结的超导环，其内磁通和环流随外加磁场的变化

1：$I_c = \phi_0/\pi L$；　2：$I_c = \phi_0/2\pi L$；
3：$I_c = \phi_0/4\pi L$

18.5　单结超导环 Josephson 电流在一个磁通量子 ϕ_0 内的多次振荡①

从线性理论知道，当 $\alpha = 1$ 时，单结超导环不连续地从 n 态跃迁 $n+1$ 态，而非线性理论也有一个突然的升起。从 Fourier 展开可以得到跃迁过程存在多次谐波。如果某一分量谐波和谐振腔本征频率 ω_r 相等，腔将被激发。这个本征振荡将会反馈作用到单结超导环上。

假设电流在跳变过程中，通过电感随时间指数衰减，则可知跳变具有时间常数 $\tau = L/R$。又因为流过弱连接的最大超流电流近似地为

$$I_c \approx \Delta/R$$

其中 Δ 是用电压表示的能隙参数，R 是弱连接处在正常态时的电阻，因而可以

① 陈赓华，张裕恒，物理学报，**31**(1982)，932.

估计出

$$\tau \approx LI_c/\Delta \tag{18.5.1}$$

取 $LI_c \sim \phi_0 = h/2e \approx 2.07\times10^{-15}$ Wb，Δ 取典型数值 10^{-3} V，则时间常数 $\tau\approx2\times10^{-12}$ s(对应于 500 GHz)。

为了得到锯齿波电流，我们使外磁通 Φ_a 随时间 t 线性变化

$$\Phi_a = \phi_0 \nu t \tag{18.5.2}$$

用 $\bar{I}$ 表示超流电流 I 的平均值，适当选择时间起始点，$(I-\bar{I})$ 随 t(或 Φ_a)变化的波形由图 18.16 给出。当频率 $\nu \ll \Delta/\phi_0$ (500 GHz)时，可以认为电流的跳变是瞬时的，下面仅考虑此种情况。

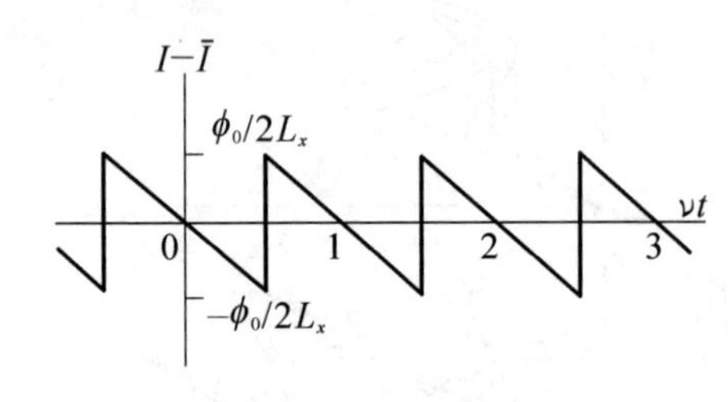

图 18.16　外磁通 Φ_a 随时间线性变化 $\Phi_a=\phi_0\nu t$ 时的电流波形

在 $n=0$ 量子态，有

$$I-\bar{I} = -\frac{\phi_0\nu}{L}t \quad \left(-\frac{1}{2\nu}<t<\frac{1}{2\nu}\right) \tag{18.5.3}$$

将 I 作 Fourier 展开，得到

$$I = \bar{I} + \sum_{n=1}^{\infty}\frac{\phi_0}{L}\cdot\frac{(-1)^n}{n\pi}\sin(2n\pi\nu t) \tag{18.5.4}$$

现在考虑超导环处于一个谐振腔中，设空腔的第 r 个本征模的频率为 ω_r。在频率为 ω 的正弦电流源激励下，电场等于

$$\boldsymbol{E}_r(t) = \frac{\mathrm{i}\omega\int_v \boldsymbol{j}\cdot\boldsymbol{\xi}_r\mathrm{d}V}{\varepsilon(\omega^2-\omega_r^2-\mathrm{i}\omega_r^2/Q)}\boldsymbol{\xi}_r \tag{18.5.5}$$

式中 ε 为介电常数，$\boldsymbol{j}$ 为腔体内激励电流密度，Q 为谐振腔的品质因素，$\boldsymbol{\xi}_r$ 为谐振腔的第 r 个电场振动幺正模式的空间部分。积分对腔体空间进行。

在低温情况下，超导谐振腔具有较大的 Q 值，我们可以只考虑谐振的情况，此时 $\omega=\omega_r$，于是

$$\boldsymbol{E}_r(t) = -\frac{Q\int_v \boldsymbol{j}_{\omega_r}\cdot\boldsymbol{\xi}_r\mathrm{d}V}{\varepsilon\omega_r}\boldsymbol{\xi}_r \tag{18.5.6}$$

由于在超导环外电流密度 $\boldsymbol{j}=0$，所以上式积分只要对超导环进行即可。假设环的线度与空腔相比很小，$\boldsymbol{j}_{\omega_r}$ 在超导环内均匀，$\boldsymbol{j}_{\omega_r}$ 与环路线元 $\mathrm{d}\boldsymbol{l}$ 同向，所以积分为

$$\int_v \boldsymbol{j}_{\omega_r} \cdot \boldsymbol{\xi}_r \mathrm{d}V = \int_{S_0} \boldsymbol{j}_{\omega_r} \cdot \mathrm{d}\boldsymbol{S} \oint \boldsymbol{\xi}_r \cdot \mathrm{d}\boldsymbol{l}$$

$\boldsymbol{j}_{\omega_r}$ 是弱连接中超流电流密度的 ω_r 频率分量，S_0 是弱连接的截面积，故

$$\int_{S_0} \boldsymbol{j}_{\omega_r} \cdot \mathrm{d}\boldsymbol{S} = I_{\omega_r} \tag{18.5.7}$$

是环电流中频率为 ω_r 的分量。

因为电场本征矢量的空间部分 $\boldsymbol{\xi}_r$ 和磁场本征矢量的空间部分 $\boldsymbol{s}_r'$ 有关系

$$\nabla \times \boldsymbol{\xi}_r = k_r \boldsymbol{s}_r' \tag{18.5.8}$$

其中 k_r 为第 r 个本征模的波数。由旋度定理可知

$$\oint_l \boldsymbol{\xi}_r \cdot \mathrm{d}\boldsymbol{l} = \int_{\text{环孔}} \nabla \times \boldsymbol{\xi}_r \cdot \mathrm{d}\boldsymbol{S}$$

由(18.5.8)式，得

$$\oint_l \boldsymbol{\xi}_r \cdot \mathrm{d}\boldsymbol{l} = k_r \int_{\text{环孔}} \boldsymbol{s}_r' \cdot \mathrm{d}\boldsymbol{S}$$

令

$$\int_{\text{环孔}} \boldsymbol{s}_r' \cdot \mathrm{d}\boldsymbol{S} = M_r \tag{18.5.9}$$

它是与环和第 r 个本征模间耦合有关的量。这样电场(18.5.6)式可表示成

$$\boldsymbol{E}_r(t) = -\frac{Q k_r M_r I_{\omega_r}}{\varepsilon \omega_r} \boldsymbol{\xi}_r \tag{18.5.10}$$

设环电流 I 中基频 $\omega_0 = 2\pi\nu$ 的 n 次倍频与谐振腔的本征频率 ω_r 相等，即 $\omega_r = n\omega_0$，用 $I_{总}$ 表示存在谐振腔时环中的总电流，则在 $I_{总}$ 中频率为 $n\omega_0$ 的分量 $I_n(t)$ 就是谐振腔的激励电流 I_{ω_r}，即

$$I_{\omega_r} = I_n(t) \tag{18.5.11}$$

将(18.5.11)式代入(18.5.10)式得电场

$$\boldsymbol{E}_r(t) = -\frac{Q k_r M_r I_n(t)}{\varepsilon \omega_r} \boldsymbol{\xi}_r \tag{18.5.12}$$

设磁场为

$$\boldsymbol{H}_r(t) = H_r(t) \boldsymbol{s}_r'$$

其时间部分 $H_r(t)$ 与电场的时间部分 $E_r(t)$ 有关，即

$$H_r(t) = \mathrm{i} \frac{k_r}{\omega_r \mu_0} E_r(t)$$

因而

$$\boldsymbol{H}_r(t)=\mathrm{i}\,\frac{k_r E_r(t)}{\omega_r \mu_0}\boldsymbol{s}_r' \tag{18.5.13}$$

这个激励磁场对超导环的反作用，使环中除了外加磁通 Φ_a 外，还有一个附加磁通

$$\Phi_a'=\mu_0\int_{环孔}\boldsymbol{H}_r(t)\cdot \mathrm{d}\boldsymbol{S}$$

应用(18.5.13)式和(18.5.9)式，得

$$\Phi_a'=\mathrm{i}\,\frac{k_r M_r}{\omega_r}E_r(t) \tag{18.5.14}$$

由(18.5.12)式中 $\boldsymbol{E}_r(t)$的时间部分，因而(18.5.14)式为

$$\Phi_a'=-\mathrm{i}\,\frac{k_r^2 M_r^2 Q}{\varepsilon\omega_r^2}I_n(t)$$

又因为 $k_r^2=\omega_r^2\varepsilon\mu_0$，所以

$$\Phi_a'=-\mathrm{i}\mu_0 M_r^2 Q I_n(t) \tag{18.5.15}$$

在附加磁通 Φ_a'作用下，超导环路中的电流为

$$\begin{aligned}I_{总}&=-(\Phi_a+\Phi_a'-k\phi_0)/L\\&=-(\Phi_a-k\phi_0)/L-\Phi_a'/L\\&=I+I'\end{aligned}$$

则得到附加电流

$$I'=-\frac{\Phi_a'}{L}$$

应用(18.5.15)式

$$I'=\mathrm{i}\,\frac{QM_r^2\mu_0}{L}I_n(t) \tag{18.5.16}$$

令

$$\mathscr{J}=\mathrm{i}\,\frac{QM_r^2\mu_0}{L} \tag{18.5.17}$$

附加电流 I'可写成

$$I'=\mathscr{J}I_n(t) \tag{18.5.18}$$

由此可见，由于在总环流中存在频率为 $n\omega_0=\omega_r$ 的分量 $I_n(t)$，它与空腔谐振时，激发的电磁场反作用于超导环，引起了附加电流 I'，所以超导环中的电流为

$$I_{总}=I+I'=I+\mathscr{J}I_n(t) \tag{18.5.19}$$

上式两边频率为 $n\omega_0$ 的分量相等，

$$I_n(t)=I_n^0(t)+\mathscr{J}I_n(t)$$

得

$$I_n(t)=\frac{1}{1-\mathscr{J}}I_n^0(t) \tag{18.5.20}$$

其中 $I_n^0(t)$是谐振腔不存在时，环电流中频率为 $n\omega_0$ 的分量。(18.5.20)式代入(18.5.19)式得

$$I_{总}=I(t)+\frac{\mathscr{J}}{1-\mathscr{J}}I_n^0(t) \tag{18.5.21}$$

我们取较好的匹配值 $M_r^2\sim10^{-6}\text{m}$，及 $L\sim10^{-10}\text{H}$，$\mu_0=4\pi\times10^{-7}\text{Wb/(A·m)}$，则由(18.5.17)式得

$$\mathscr{J}=1.26\times10^{-2}Q\text{i}$$

在大 Q 值情况下，例如 $Q\sim10^3$，则 $\mathscr{J}\sim12.6\text{i}$，有

$$|\mathscr{J}|\gg1$$

由(18.5.21)式，超导环的总电流可近似地写成

$$I_{总}=I(t)-I_n^0(t)=I(t)+(-1)^{(n+1)}\frac{\phi_0}{\pi nL}\sin(n\omega_0t) \tag{18.5.22}$$

这就是在原有的锯齿波上叠加一个正弦形的振荡，原有锯齿波的周期为 ϕ_0，在锯齿波上加进的小振荡周期为 ϕ_0/n；原有锯齿波的振幅为 $\phi_0/2L$，小周期振荡的振幅为 $\phi_0/\pi nL$。图18.17给出了 $L\sim10^{-10}\text{H}$，$n=5$ 时的波形，其中横轴取 $\nu t=\Phi_a/\phi_0$。

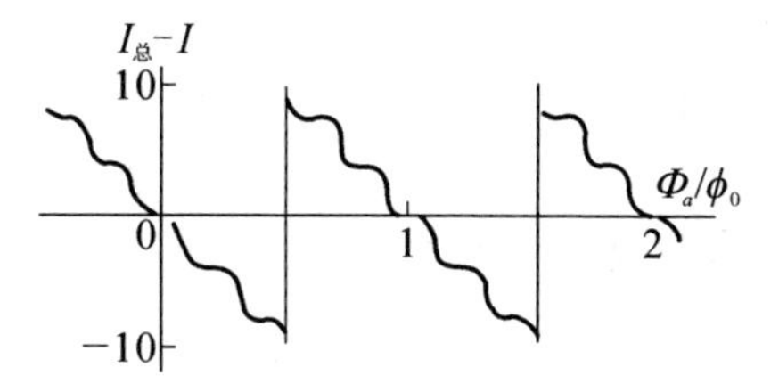

图18.17　超流电流随 Φ_a 的小周期振荡

由此可见，只有在高 Q 值和好的匹配条件下，才可能观察到处于谐振腔中的单结超导环中的超流电流随外磁通的小周期振荡。当 $Q\sim1$，$|j|\sim10^{-3}$，取 $L\sim10^{-10}\text{H}$ 和 $n=5$ 时，小振荡的幅值为 $1.3\times10^{-2}\,\mu\text{A}$，实际上是观测不到的。由(18.5.17)式可知，在匹配很差时，$M_r^2\to0$，同样不可能观测到这种小周期振荡。

与Josephson结的情况类似，当环中的超流电流的频率的 n 次倍频与外空腔发生谐振时，由于谐振腔的驻波电磁场的反馈作用，在高 Q 值情况下，可产生周期小于一个磁通量子的振荡。在 Q 值低或匹配差的情况下，将得不出小周期振荡。

与Josephson结不同的是在超导环中这种小振荡是叠加在原来周期为 ϕ_0、振幅为 $\phi_0/2L$ 的锯齿波振荡上的等周期正弦振荡。其周期是锯齿波周期的 $1/n$，振幅是锯齿波振幅的 $2/n\pi$。

18.6 单结超导环量子干涉的实验结果

在18.4节中我们研究了单结超导环内外磁场的关系。由于环中嵌进了一个超导弱连接,显然当垂直环面加外磁场时,内部磁通量与单纯的超导环不同,这时环内磁通取决于结的临界电流 I_c,因而在线性和非线性模型下得到理论上的关系。我们更关心的是:当环从一个量子态向另一个量子态跃迁时,环路电流的改变不能是无限地快,这是因为环流仅能在环允许的时间常数内变化,而在跃迁时间内环要历经一个正常态。设环的正常态电阻是 R,则环流变化的时间常数 $\tau = L/R$,L 是环电感。因此环中的感应电动势为

$$V_i = -\frac{\mathrm{d}\Phi_i}{\mathrm{d}t} = \frac{\phi_0}{\tau} \tag{18.6.1}$$

τ 约为 2×10^{-12}s 数量级。

假如外加磁通是随时间改变的,例如,

$$\Phi_a = \Phi_z^0 + \Phi_z^1 \sin \omega t \tag{18.6.2}$$

那么感应电动势是

$$V_i(t) = -\frac{\mathrm{d}\Phi_i}{\mathrm{d}\Phi_a}\frac{\mathrm{d}\Phi_a}{\mathrm{d}t} = -\omega\Phi_z^1\frac{\mathrm{d}\Phi_i}{\mathrm{d}\Phi_a}\cos\omega t \tag{18.6.3}$$

假如(18.4.8)式定义的 $\gamma\neq0$,那么 $\mathrm{d}\Phi_i/\mathrm{d}\Phi_a$ 是有限的,因此随时间变化的磁通意味着在环路中电动势随时间改变。除此之外,还有一个与内部磁通突然变化有关的脉冲电动势的基频分量。这个基频分量 V_{i1} 既与 Φ_z^0 有关又与 Φ_z^1 有关。为此,我们要推导出包含着一个Josephson结的超导环,即被磁通

$$\Phi_a = \Phi_z^0 + \Phi_z^1 \sin \omega t$$

激发起的电动势的基频率分量。假设 $LI_c \ll \Phi_a$,由(18.4.26)式

$$\begin{aligned}\Phi_i - LI_c\sin\left[\frac{2e}{\hbar}(\Phi_i - n\phi_0)\right] &= \Phi_i - LI_c\sin\left(\frac{2e}{\hbar}\Phi_i - 2\pi n\right)\\ &= \Phi_i + LI_c\sin\frac{2e}{\hbar}\Phi_i = \Phi_a\end{aligned} \tag{18.6.4}$$

因为环自身产生的磁通远小于一个磁通量子,所以我们可以将(18.6.4)式正弦函数中宗量用 Φ_a 代表 Φ_i,则(18.6.4)式变

$$\Phi_i + LI_c \sin \frac{2e}{\hbar}\Phi_a = \Phi_a \tag{18.6.5}$$

(18.6.5)式两边对 Φ_a 微分,得

$$\frac{\mathrm{d}\Phi_i}{\mathrm{d}\Phi_a} = 1 - LI_c \frac{2e}{\hbar}\cos \frac{2e}{\hbar}\Phi_a \tag{18.6.6}$$

利用(18.6.2)式,将(18.6.6)式代入(18.6.3)式得

$$\begin{aligned} V_i(t) &= -\omega\Phi_z^1 \cos\omega t\left\{1 - \frac{2e}{\hbar}LI_c\cos\left[\frac{2e}{\hbar}(\Phi_z^0 + \Phi_z^1 \sin\omega t)\right]\right\} \\ &= -\omega\Phi_z^1\cos\omega t\left\{1 - \frac{2e}{\hbar}LI_c\cos\left(\frac{2e}{\hbar}\Phi_z^0\right)\right. \\ &\quad\cdot\left[\mathrm{J}_0\left(\frac{2e}{\hbar}\Phi_z^1\right) + 2\sum_{n=1}^{\infty}\mathrm{J}_{2n}\left(\frac{2e}{\hbar}\Phi_z^1\right)\cos 2n\omega t\right] \\ &\quad\left. + 2\frac{2e}{\hbar}LI_c\sin\left(\frac{2e}{\hbar}\Phi_z^0\right)\sum_{n=1}^{\infty}\mathrm{J}_{2n-1}\left(\frac{2e}{\hbar}\Phi_z^1\right)\sin(2n-1)\omega t\right\} \end{aligned} \tag{18.6.7}$$

挑选 ωt 的项可以得到基频分量为

$$V_{i1} = -\omega\Phi_z^1 + 2\omega LI_c\cos\left(\frac{2e}{\hbar}\Phi_z^0\right)\mathrm{J}_1\left(\frac{2e}{\hbar}\Phi_z^1\right) \tag{18.6.8}$$

Nisenoff 用图 18.12 的微桥测量了 $V_{i1} \sim \Phi_z^0$ 和 $V_{i1} \sim \Phi_z^1$,实验结果如图 18.18 所示。

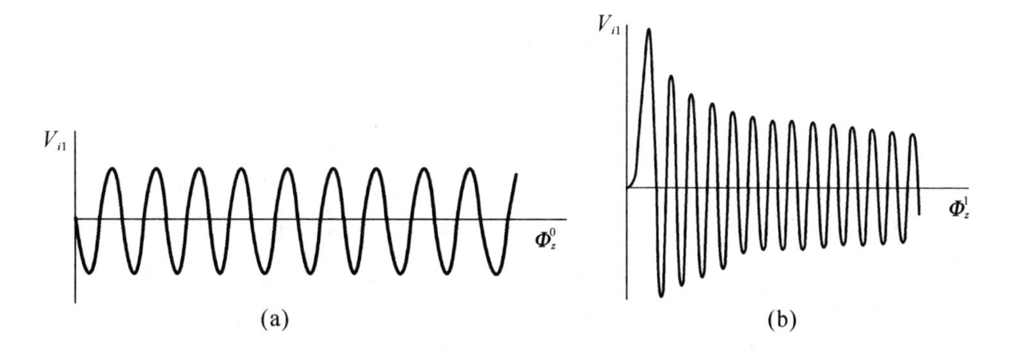

图 18.18

(a) $V_{i1} \sim \Phi_z^0$(Φ_z^1 保持恒量)关系;(b) $V_{i1} \sim \Phi_z^1$(Φ_z^0 保持恒量)关系

从图上可清楚地看到谐波与 Φ_z^0 的关系和 Bessel 函数与 Φ_z^1 的关系。虽然它们坐标值取得不一样,但其周期都是 ϕ_0,当然对于 Φ_z^1 在大的数值时 Bessel 函数才趋于等距。

第19章 超导隧道效应的应用

超导隧道效应自从发现以来得到了科学家们的广泛重视。因为它的出现预示了新的应用领域。首先,我们知道从远红外到亚毫米波段尚属空白区,而 a.c. Josephson 辐射恰是在这个区域中。因此,不仅在无线电技术中有重大意义而且它的发现也将促进其他学科的发展。

19.1 直流和射频超灵敏探测器

19.1.1 磁强计(磁力仪)和磁场梯度计

(1) 直流超导量子干涉器(简称 d.c. SQUID)

它又称为双结量子干涉器,其结构见图 18.7(a)。从(18.4.13)式和图 18.7(b)可以看到回路面积增大时,零压电流变化的周期可以大为减小。因为 $\Phi = H_a \cdot S$(S 是结面积),当 Φ 变化一个磁通量子 ϕ_0 时,零压隧道电流就变化了一个周期。但 S 不能无限增大,现在实际做出的双结干涉器的面积大约是 1 cm^2,则 2×10^{-11} T的磁场变化就能使电流产生一个周期的变化。图 19.1(a)给出了这种直流超导量子干涉器的零压电流随磁通变化的波形。

假如外加磁场的变化只引起部分磁通量子的变化,例如 1%,而这 1%磁通量的变化就可产生可分辨的隧道电流的变化(见图 19.1(a)虚线),那么我们将能够探测到更小的磁场的变化。目前已可以用带宽为 1 Hz 的直流超导量子干涉器来探测到 10^{-13} T 的磁场的变化。这个极限不是被超导器件本身限制,而是受到室温下放大器的输入所产生的噪声的限制。

还有一种“非对称的超导量子干涉器”，即以非对称方式馈给电流进入环中（图19.1(b)），例如电流进入和输出的两个点在一个结的两侧，则图19.1(a)的对称振荡被畸变到图19.1(b)的不对称形式。在振荡较斜的边上，由于磁通变化引起临界电流的变化可以比对称情况提高两个数量级，这就大大地提高了灵敏度，用它可以测到10^{-15}T的磁场变化。

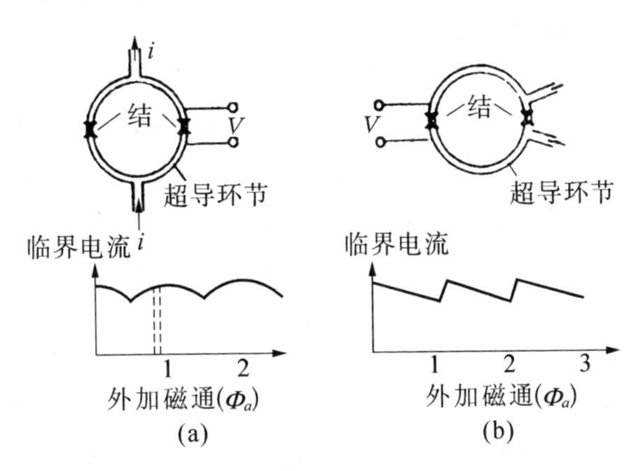

图19.1

(a) 对称馈入电流的直流超导量子干涉器产生的临界电流与外加磁通关系；(b) 非对称馈入电流的直流超导量子干涉器产生的临界电流与外加磁通关系

(2) 射频超导量子干涉器（简称r.f.SQUID）

这是一种单结器件。它是由包含着单结的超导环与LC谐振回路相耦合而起作用的，如图19.2所示。射频电流源供给一个频率为ω_1（约为30 MHz）的交变电流$i(\omega_1/2\pi)$使LC电路谐振，这种振荡通过互感M耦合到超导单结环中去，同时超导环对LC回路也有作用，它的特性也会通过互感M耦合出去。测量时，调整射频电流源使在LC中谐振的射频电流耦合到单结环后，单结环中产生的电流峰值大于结的临界电流。此时LC回路中射频电压的幅值$V(T)$是外加磁场（磁通）的周期函数，周期即为ϕ_0。

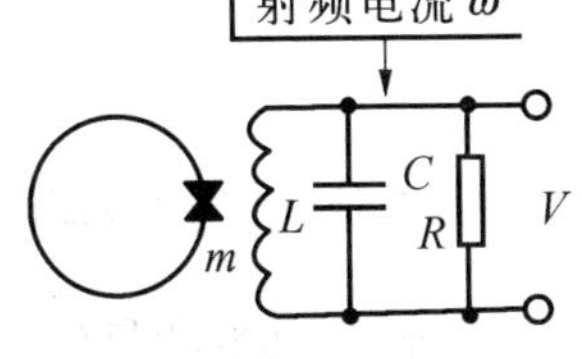

图19.2　射频超导量子干涉器原理图

这种干涉器的优点是讯号在谐振回路中得到放大，而且谐振回路是在液氦中，因此大大地降低了LC回路的噪声。另外它只需要一个结，所以比较容易制备。其磁场灵敏度和直流超导量子干涉器相比稍好一些，可达到或稍高于10^{-15}T。

(3) 磁通变压器[①②]

为了提高超导量子干涉器的分辨率,人们设计了一种磁通变压器,图 19.3 是原理图。它是一个面积为 A_1,电感为 L_1 的大超导环 1 与面积为 A_2、电感为 L_2 的小超导环 2 用超导线连接在一起的。小环线圈与超导量子干涉器紧密耦合。小环 2 称为磁场线圈,大环称为传感线圈。大环 1 放在待测的磁场中,这个外磁场在环路中产生一个持续的超导电流,超导电流在环 2 中产生一个更强的磁场与超导量子干涉器紧密耦合。这个过程类似于变压器的过程,所以叫磁通变压器。只要 A_1 足够大于 A_2,A_1 中微弱的磁场就在 A_2 中得到放大,超导量子干涉器上接收到的是经过放大的 A_1 中的磁场的讯号。虽然超导量子干涉器本身灵敏度并未增加,但整个系统的灵敏度提高了。其提高强度取决于小环中磁场强度与大环中磁场强度之比,这个比叫做放大系数 K,它大约是 $(A_1/A_2)^{1/2}$。通常都能用磁通变压器来增加到 $K>10$,一般磁通变压器的灵敏度是容易做到的。无论是直流还是射频超导量子干涉器的磁场灵敏度都能用磁通变压器来增加,一般磁通变压器的灵敏度可达 10^{-15}T。

这种磁通变压器式的磁强计还有一个优点:即它可以将传感线圈(大环)的超导线放在低温,线圈围绕的空间可以是室温状态,这就大大地增加了它的应用范围。

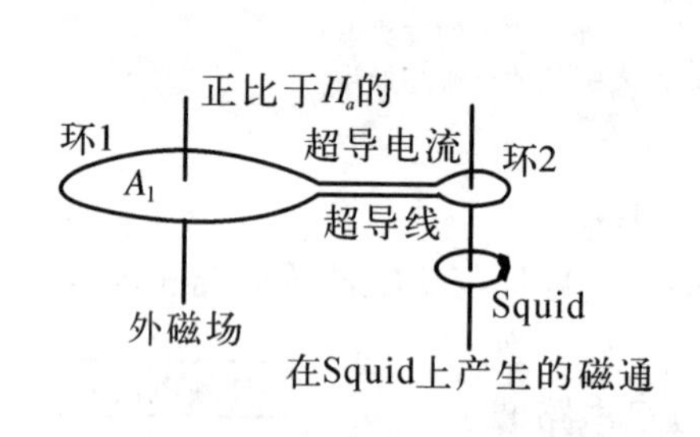

图 19.3 磁通变压器原理图

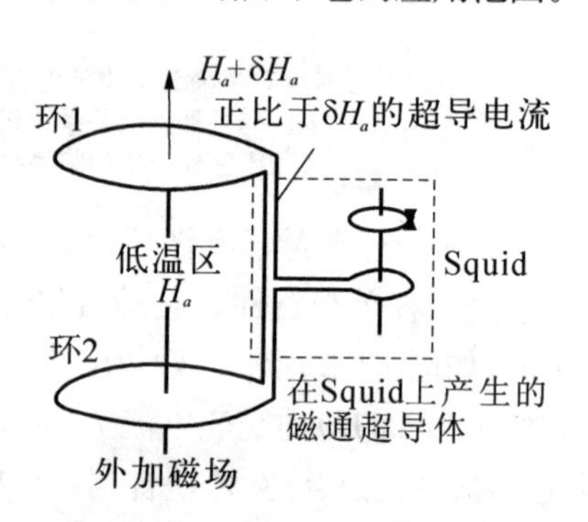

图 19.4 磁场梯度计的原理图

(4) 磁场梯度测量仪[③]

它可用来测量空间两点的磁场差。图 19.4 给出了它的原理图。它是磁通变压器的一个变种,这种磁通变压器的传感线圈是把两个大小及匝数相同,但绕向相反的线圈与磁场线圈连接起来,磁场线圈与超导量子干涉器紧密耦合并装在超导

① J.E. Zimmerman, *Cryogenics*, **10**(1972), 19.
② J.E. Zimmerman, *J. Appl. Phys.*, **42**(1971), 4483.
③ J.E. Zimmerman, *J. Appl. Phys.* **42**(1971), 30.

磁屏盒里。因为两个传感线圈绕向相反，故均匀的外磁场不会在磁通变压器中产生超导电流，仅当两个线圈所在的磁场不相同时才会产生超导电流。因此，地磁场及其涨落不影响测量，测量到的讯号仅是磁场梯度。

这种超高灵敏度的磁场分辨率是其他任何探测磁场的器件所无法比拟的，所以用它们可以完成过去远达不到的精确测量。

19.1.2　军用反潜水艇装置

由于超导磁强计可分辨 $10^{-14} \sim 10^{-15}$ T 的磁场，所以用它可精确地测量出沿海岸线的地磁分布。由于地下有各种各样的矿藏影响地磁分布，所以绘出的地磁图不会是均匀的磁场分布，测出了这些分布可绘出海岸线标准地磁图。当有潜艇靠近海岸时，潜艇破坏了地磁分布，超导量子干涉器上就能立刻指出磁场的变化。这个反潜方法比其他方法优越而准确得多。一是其测量精度高，二是这种方法是被动式的，它能发现潜艇而潜艇上任何仪器也探测不出它已受到监视。

19.1.3　超导重力仪——预报地震

地壳的应力慢慢地集中到一定程度可导致地壳发生断裂，造成大地震。在应力集中的过程中重力会发生变化，故探测到重力的变化情况就可预报地震。因此人们制造出各种各样的重力仪，如用精密的弹簧秤测所称重物的重量变化。但由于重力的变化除了地震时的一刹那，一般不是很大，因此这种机械方法对它的灵敏度不高，超导重力仪是一种灵敏度极高的地震预报仪。

我们知道超导体可以被磁场悬浮起来。如果我们把一个超导体悬浮平衡在磁场中，当重力发生变化时，超导球的重量就发生变化，则球对磁场的压缩也随之改变，以致磁场将发生畸变。其变化虽然很小，但超导磁强计已完全可以将其测出了。

用这种超灵敏的磁强计还可探测重力波，这对研究相对论也是很有用的。

19.1.4　磁强计在地质勘探中的应用

磁强计在地质勘探中首先用在地磁测量上，通过测量可以寻找有价值的矿床和地热区。

1974 年美国用磁强计对 PC_1 类地磁波动（PC_1 类波动是指连续地磁波动①，频率为：0.2 Hz～5 Hz，幅度从几 mγ 到几十 mγ）进行了高精度的磁测，对实验进行了一天的记录，同时把它与一种性能好的通用磁测系统进行了对比。其结果表明

---

① J. L. Buxion, and A. C. Fiasermith, *IEEE Transactions on Geoscience Electronics*, **10**(1974).

这种系统的噪声比性能最好的通用系统的噪声大约要低 20 db,而且频率响应宽。它的测量精度比其他仪器要高 3～4 个数量级。1974 年美国还在加利福尼亚测量了湖和平原的地热①,这两个实验都表明磁强计不仅测量精度高、频带宽、信噪比高,还有动态范围宽、重量轻、安装时间短等优点。除此之外目前尚没有其他合用的多分量磁强计。

世界能源的缺乏,促使人们对海洋的勘探越来越感兴趣。1976 年 4 月美国在加利福尼亚州附近的一个小岛上,把超导磁强计放到 90 米的水下,每天记录 14 个小时,对海底磁场的异常和海洋波涛感应引起的磁场特点进行了精确的测量②。

19.1.5 探索层子(或夸克)

"基本"粒子内部是否还有结构呢？这是当代的重大理论课题之一。"夸克(quack)"是探索基本粒子结构的一种模型,我国的理论工作者称之为"层子"。一个电子电荷是 1.6×10^{-19}C,有没有分数电荷呢？如果有,则 1.6×10^{-19}C 就不是基本单位,那么电子将不是基本单位,而是有组成的。这将会使人类对物质的组成有更深入的了解。

每当讨论到夸克时,人们就想起一段历史:Millikan 在做他著名的油滴实验时就曾偶然地看到分数电荷,但当时的实验重复不出。20 世纪 70 年代在美国 Stanford 大学有人进行了用超导 Nb 球代替油滴希望得到分数电荷的实验。因为发现分数电荷的几率是和球的质量成正比的,Nb 球的质量比油滴大得多,他们用的超导 Nb 球是 7×10^{-8}KGs,而典型的 Millikan 油滴是 3×10^{-14}KGs。他们利用了超导体排磁通的特性,将 Nb 球悬浮在磁场中,再利用超导量子干涉器磁强计精确地测量球的运动。因为悬浮超导 Nb 球是用超导磁场,而超导磁场是很稳定的,这些改进都大大地进高了实验的精度。

实验将 1/4 mm 直径的 Nb 球悬浮在磁场中,并使球在距离为 6 mm 的两个水平的电容器板间(如图 19.5)。在没有加电压之前,用一个小磁场线圈产生的磁场给球一系列反冲使球得到确定的振幅,监测其衰减得出损耗因子 Q,然后把一个恒定的方波电压加到板上,其方波频率精确地与球的谐振频率相同,因此这个强迫振荡将达到最大振幅,振幅正比于电场 E 和球上的电荷 e 的乘积。振幅用超导量子干涉器磁弱计精确地测量,E 用其他方法测出,就可推算出 e。

---

① N. V. Frederer, W. D. Stanllly, J. E. Zimmerman, and R. J. Dinger, *IEEE Transactions on Geoscience Electronics*, 7(1974).

② R. J. Dinger, *IEEE Transactions on Geoscience Electronics*, **10**(1977).

最初放到板之间球带有较高电荷。剩余电荷是用正电子放射源去中和它,使之接近于零而得。

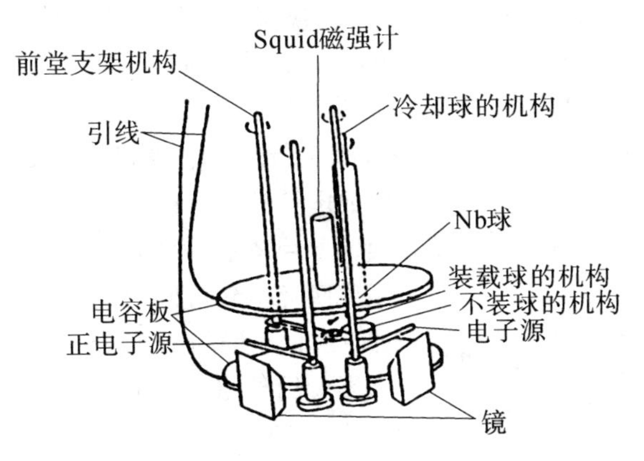

图 19.5 超导悬浮 Nb 球的夸克实验装置

他们在五个超导球上得到三个球有分数电荷。虽然国际上对实验结果尚有争论,但这种改进的 Millikan 油滴实验确是一种高精度的研究夸克的手段。它受到国际上的重视。

19.1.6 在医学上的应用

目前已用"磁场梯度计"得到心磁图。把一个装有梯度计的可携带的低温容器放到一固定台子上,人躺在台子上,由心脏产生的微弱磁场就被梯度计接收到,通过放大显示在示波器上。

这种心磁图的测量,医疗器械不必进入人体,避免了人在治疗过程中的心情紧张,因此测量到的信号是真实可靠的。

19.1.7 其他测磁的应用(宇航等)

美国匹兹堡大学的磁强计具有 6.3 cm 室温孔径,已用其测量了岩石的磁矩。

美国国家航空与宇宙航行局曼德勒飞行中心的磁强计具有 10 cm 的室温孔径,已用来测量了阿波罗飞行器带回的月球样品的磁矩。

美国曾用梯度计测量先驱者 F 号卫星发射前的磁场,确定卫星的磁污染及卫星上电子线路所产生的磁场。

另外,磁强计还可以用在固体物理、生物物理、生物化学及其他学科需要测量弱磁场的场合。

19.1.8 电压表和电流计①

利用上述的磁强计,再经过适当的转换器就可以得到其他各种电测量的超高灵敏度的测量仪器。例如把磁强计耦合到超导回路上,可以制成电流计。此超导回路再与一个电阻串联就组成了电压表。

图 19.6 给出了电流计和电压表的原理示意图。在超导线圈上串联一个电阻,那么这个磁通计就变成了电压表。假如电流计的分辨率是 ΔI,电路中线圈的电感是 L,串联电阻是 R,那么电压灵敏度 $\Delta V = R\Delta I$,时间常数 $\tau = L/R$。我们可以用单匝环得到最低的电感,L 大约是 10^{-8}H,假如 $\tau = 1$,最低的 R 值是 $10^{-8}\,\Omega$,则电流计的分辨率大约是 $10^{-8} \sim 10^{-9}$ A。因此电压的分辨率大约是 $10^{-16} \sim 10^{-17}$ V。当然再降低电阻 R 还可以提高电流和电压的灵敏度,但时间常数增加,这对探测器来说是不合适的,测量一次要等很长时间,当然是无意义的。

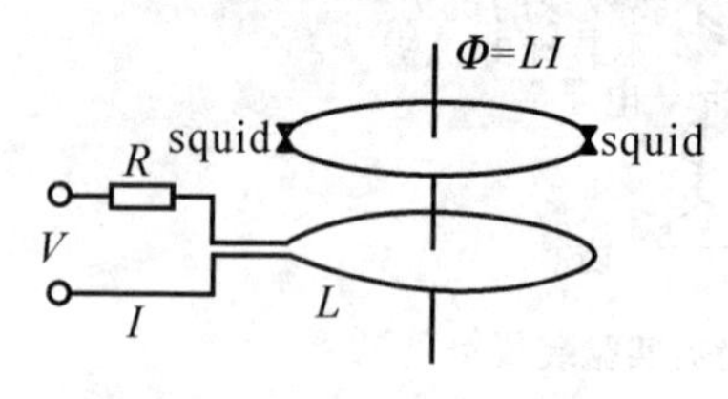

图 19.6 超导电流计和电压计的原理图

这里得到的超导电流计参数不是最高的,但 $10^{-16} \sim 10^{-17}$ V 的电压分辨率是其他任何电压测试仪器所不能比拟的。

这些电压表已经应用到 Hall 效应和在液氦温度条件下的热电测量及检测由于Ⅱ类超导体磁通量流动而引起的电压。

还利用这个电压表来比较在同一频率辐照下两个不同结的 $I \sim V$ 特性上所引起的电压阶梯,发现电压的偏离小于 10^{-17} V②。

这些实验结果证明了用 Josephson 效应监测和保持电压标准是完全可行的。电压标准的保持和监测问题下面还要讨论。

19.2 高频超灵敏电磁探测器

从 a.c. Josephson 效应知道,当结在电压 V 时,就出现频率为 $\nu = 2eV/h$ 的高

---

① J. Clarke, *Phil. Mag.*, **13**(1986), 115.

② J. Clarke, *Phys. Rev. Lett.*, **21**(1966), 1566.

频辐射。当用微波辐照隧道结时,则在直流的 $I \sim V$ 曲线上出现了一系列电流突变,人们把它叫做电流阶梯(图19.7)。电流阶跃处的电压 V_n 与频率关系为

$$n\nu = \frac{2e}{h}V_n \tag{19.2.1}$$

这里 V_n 表示第 n 阶阶跃的电压,n 是整数。

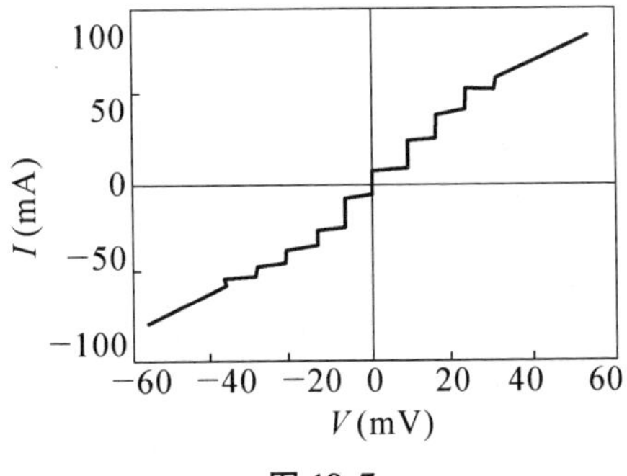

图 19.7

19.2.1 e/h 的测量

我们知道 e/h 是重要的基本物理常数之一,公式 $\nu = 2eV/h$ 提供了测量 e/h 的一个简单而又精确的方法,因为频率 ν 可以测得很准,所以只要能精确地测出电压就可以得到 $2e/h$ 的值。

在美国宾夕法尼亚大学首先做出了 $2e/h$ 的测量①。他们共做出七个高精密的 $2e/h$ 的测定,英国国家物理实验室做了三个,德意志联邦共和国的物理技术研究所和澳大利亚的国家标准实验室各做了一个。假如这些 $2e/h$ 的值用美国国家标准局1969年保持的电压标准,这些结果符合在1 ppm以内。宾夕法尼亚大学在1971年测得的结果②是 $2e/h = 483.593\,718 \pm 0.000\,060$ MHz/μV,这说明 $2e/h$ 的误差在 ± 0.12 ppm 内。这个值大约比1963年用最小二乘法修正给出的值小 (38 ± 10)ppm。

新的 $2e/h$ 的值对许多基本常数都有非常大的影响,例如从 $2e/h$ 人们能够得到精细结构常数 α 的精确值,这个值比量子电动力学效应得到的 α 值(1963年)高20 ppm。而量子电动力学认为 α 值是没有修正的。这个新的 α 值消除了许多量子电动力学实验和理论之间的矛盾。$2e/h$ 新值还使其他基本常数也得到新的校正,例如 h 增加了91 ppm。

19.2.2 电压标准的监视③

电压是各种仪器指示的重要参量,而且是科研和生产中不可缺少的量。它的准确性影响一个国家很多仪表的精度和准度以及科研、生产中的测量结果,因此世界上规定一个电压标准是十分重要的。这个标准已保持在巴黎国际权度局。

---

① D. N. Langenberg, W. H. Parker and B. N. Taylor, *Phys. Rev.*, **150**(1966), 186.

② T. F. Finnegen, A. Denenstein and D. F. Langenberg, *Phys. Rev.*, **134**(1971), 1487.

③ B. N. Taylor, W. H. Parker, D. N. Langenberg and A. Denenstein, *Metrologin*, **3**(1967), 89.

现在世界各国的国家电压标准都是用化学电池保持标准电压，每三年或更多一些时间要把他们的标准电池拿到巴黎国际权度局去比对校正。国际权度局的电池精度可达 10^{-8}，但被校正的电池必须从它们的控制环境中移置出来，因此这样的传递通常要导致某些精密的损失，实际上各国使用的电压的电压标准已是 10^{-6}。

假如我们能用 Josephson 频率来表示各种标准电池的电压，由 $\nu = 2eV/h$ 知道标准电压 V 相应的频率 ν 是一定的，所以 ν 不用校对了。更重要的是 $\nu \sim V$ 关系不取决于制备工艺和 Josephson 结的类型，只要 ν 保持着国际电压标准相应的值即可，所以比对就相当简单，而且不需运送电池到法国去了。

老的运送电池的比对法，在两次比对之间电池电压改变量是无法修正的。而用此方法则可以时时监控电压的变化使之保持标准值。这样将使各国国家电压标准也达到 10^{-8}。目前这个方法已在我国和一些国家成功地使用了。

19.2.3 亚毫米波发生器和探测器

电磁波的发展史展示出：新波段的发现总是带来技术上的新应用。第二次世界大战时发现了微波，立即就用到雷达上去了。目前电磁波向着超短波发展，而在波谱的另一端，光波向波长长的领域延伸，都带来了许多重要的研究和应用课题。激光、红外、远红外在军事和国民经济的各个领域早已显露出它们的能力。因此人们越来越对比毫米波短以及比红外光长的波长领域的探索感兴趣，这个领域就是通常所说的毫米、亚毫米波段。

a.c. Josephson 效应发出的电磁波正好在毫米和亚毫米波段。虽然人们努力制造 Josephson 效应的毫米、亚毫米波发生器①，但由于自由空间(377 Ω)和结(典型的是 1 Ω)不匹配，导致效率太低，不可能作为一个重要的发生器。但用它研究毫米和亚毫米波的性质还是有用的。因为 a.c. Josephson 效应是可逆的，即加电压可产生高频波，而高频波的辐照又可在结上产生电压。当然正是由于自由空间不匹配，入射相当小的辐射就能够转移到结中，目前做出的最好的探测器是用点接触结，它在 1 mm 波上已经可以接收到 $10^{-14}\,\mathrm{W(Hz)^{-1/2}}$ 的微弱讯号②③。

美国 Texas 大学 Mc Donald 观察台用这个探测器对太阳、月亮、金星、木星、类星体 3C273 和 Crab 星云的脉冲星进行观测。

---

① D.N. Langenberg, et al., *Proc IEEE*., **54**(1966), 560.

② B. Ulrich, *in proceedings of the 12th International Conference on Low Temperature Physics*, Kyoto, Japan(1970).

③ P.L. Richards and S.A. Sterling, *Appl. Phys. Lett*., **14**(1966), 394.

19.2.4　混频器

如果除了结上加偏置电压 V_0 外，还有频率为 ω_s 和 ω_L 的辐照，则

$$V = V_0 + V_s\cos(\omega_s t + \theta_1) + V_L\cos(\omega_L + \theta_2) \tag{19.2.2}$$

所以

$$\begin{aligned} j &= j_c\sin\left[\omega_0 t + \varphi_0 + \frac{2eV_s}{\hbar\omega_s}\sin(\omega_s t + \theta_1) + \frac{2eV_L}{\hbar\omega_L}\sin(\omega_L t + \theta_2)\right] \\ &= j_c\sum_{n=-\infty}^{\infty}\sum_{m=-\infty}^{\infty}\mathrm{J}_n\left(\frac{2eV_s}{\hbar\omega_s}\right)\cdot\mathrm{J}_m\left(\frac{2eV_L}{\hbar\omega_L}\right) \\ &\quad\cdot\sin[\omega_0 t + \varphi_0 + n(\omega_s t + \theta_1) + m(\omega_L + \theta_2)] \end{aligned} \tag{19.2.3}$$

当 $n\omega_s + m\omega_L + \omega_0 = 0$ 时有直流分量，$I \sim V$ 出现阶梯，即 $2eV/h = -(n\omega_s + m\omega_L)$时 $I\sim V$ 曲线上有阶跃。因此，对应于 $\omega_L - \omega_s, \omega_s + \omega_L, \cdots$出现新台阶。故引起了混频作用。

在外差振荡探测器中，结已和本基振荡器一起用作混频器，假如 Josephson 频率是 ω_0，讯号频率是 ω_s，本基振荡频率是 ω_L，那么凡是

$$\omega_0 + n\omega_s + m\omega_L = 0, \quad n, m = 0, 1, 2, \cdots \tag{19.2.4}$$

在电流-电压特性上将会出现阶梯，讯号还能与本基振荡器的高谐波混频，因此高频讯号，例如远红外讯号，就能很方便地用低频本基振荡而探测到。

目前已用 Josephson 结成功地使从氢的氰化物激光产生的 891 GHz 讯号与 10.6 GHz(X 带)本基振荡的第 84 个谐波混频①。

19.2.5　Josephson 结温度计

随着深冷的获得，温度的测量有十分重要的意义。Kamper② 提出一个在液氦温度用 a.c.Josephson 结测量绝对噪声温度计的方案。把结连接在一个通过电流的小电阻 R 的两端，用一个低电压加到结上，那么在温度 T，由这个电阻产生的 Josephson 噪声电压调制 a.c.Josephson 频率，其结果使这个频率有一个线宽

$$\Delta\nu = 4\pi k_B TR/\phi_0{}^2$$

因此由结发射的辐射线宽正比于电阻的绝对温度。用这种温度计已测到低于 20 mK。

19.2.6　超导计算机元件

前面我们已经谈到当结电流 I 小于临界电流 I_c 时，电流是零压电流，当 $I > I_c$

---

① D. G. McDonald, A. S. Risley, T. D. Gupp and K. M. Evenson, *Appl, Phys. Lett.*, **18**(1971), 162.

② R. A. Kamper, and J. E. Zimmerman, *J. Appl, Phys.*, **42**(1971), 132.

时出现电压输出，其电压在毫伏量级。显然超导隧道结在不出现任何电阻的情况下有零电压和非零电压两种状态，故它可作为电子计算机元件。

这种计算机元件的优点在于：① 开关时间只取决于结的容抗，可达 10^{-10} s；② 输出电压高，对 Sn 约为 1 mV，对 Pb 约为 2.5 mV；③ 功率损耗小，一次快速开关期间消耗能量小于 10^{-13} J。

世界上科学和工业水平高的国家正在研制这项工作。

第 20 章　高温超导体的电子相图及超导态电子配对的对称性

20.1　电子相图

高温铜氧化物超导体是通过在其反铁磁绝缘母体中引进适度的电子或空穴而得到的。典型的如在 La_2CuO_4 中用适量的 Sr 取代 La 引进空穴，使其变成 $La_{2-x}Sr_xCuO_4$ 空穴型超导体；而在 Nd_2CuO_4 中用适量的 Ce 取代 Nd 引进电子，使其变成 $Nd_{2-x}Ce_xCuO_4$ 电子型超导体。电子型和空穴型超导体的电子相图如图 20.1 所示，它们具有以下共同特征①：

① 当载流子含量达到 $n=10^{20}\sim10^{21}\,cm^{-3}$ 时，反铁磁绝缘体转变成具较好导电性的导体。

② 随着引进的电子或空穴浓度增加到某一临界含量时，体系进入超导态。

③ 超导临界温度随掺杂含量先增加（低掺杂区域，underdoped region），到达某一含量后达到最大值（最佳掺杂，optimal doping），随着更进一步的掺杂超导温度随之减小（过掺杂区域，overdoped region）。

④ 在欠掺杂区，超导现象发生之前存在赝能隙区域，赝能隙打开的温度（即出现赝超导电性的温度 T^*）随掺杂增加而减小。

高温铜氧化物超导体是各向异性很强的准二维材料，都存在由 Cu 和 O 所组成的 CuO_2 平面。在未掺杂的绝缘母体化合物中，CuO_2 平面上，O 处在 -2 价态。O^{2-} 离子最外层电子位形为 $2p^6$，3 个 2p 轨道全部被填满。而 Cu 处在 Cu^{2+} 价态，Cu^{2+} 离子的最外层电子位形为 $3d^9$，5 个 3d 轨道 4 个被填满，而能级最高的轨道

---

① D. N. Basov and T. Timusk, *Rev. Mod. Phys.*, 77(2005).

只有一个电子占据，处于半填满状态，在此状态下，Cu^{2+} 离子带有 1/2 自旋。按照能带理论，处于半满填充的材料应当是金属态，但实验发现 La_2CuO_4 等其他母体化合物实际是绝缘体，并且在一定的温度下具有反铁磁长程有序。实际上，处在 CuO_2 平面上电子之间的相互作用主要是 Cu^{2+} 离子内部电子之间的库仑排斥，而相邻原子之间的库仑相互作用较弱。由于同格点的库仑排斥，向 Cu^{2+} 中增加或减少一个电子，都会导致离子的能量升高，等效于同一个格点上电子存在一个库仑排斥 U，称为 Hubbard 相互作用。在半满的情况下，如果 Hubbard 相互作用足够强，电子将被束缚在格点上，不参与导电。同时，由于 Cu^{2+} 离子与相邻格点上的 Cu^{2+} 离子之间的自旋交换相互作用没有受到库仑屏蔽，导致低温下存在自旋关联的反铁磁长程序。这样的绝缘体被称为莫特绝缘体（Mott insulator），它是由电子库仑排斥所产生的局域化效应导致的，是一种多体关联效应。

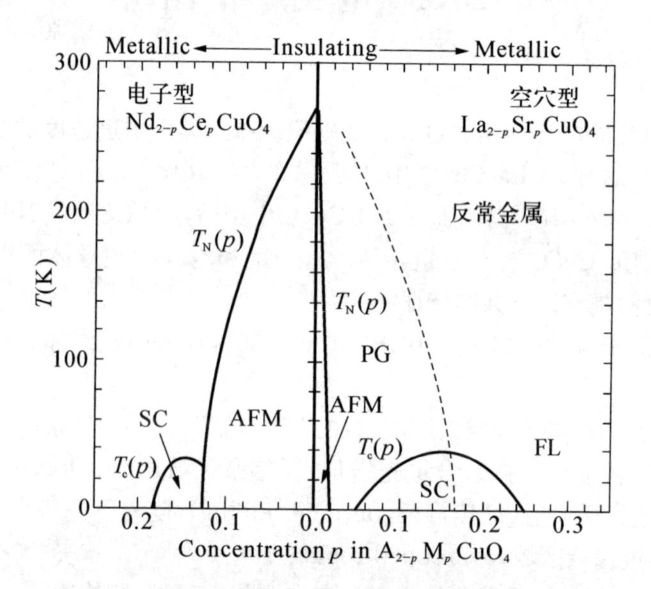

图 20.1　电子型和空穴型高温超导体的相图（其中左图为电子型超导体 $Nd_{2-p}Ce_pCuO_4$，右图为空穴型超导体 $La_{2-p}Sr_pCuO_4$。AFM：反铁磁长程有序，SC：超导态，PG：赝能隙区域，FL：Fermi 液体。T_N，T_c 和 T^* 分别表示 Neel 温度、超导温度和赝能隙温度）

由于高温氧化物超导体其复杂而丰富的形态，物理性质随温度和掺杂会发生很大变化。高温超导相图对于电子和空穴的掺杂是不对称的。如图 20.1 所示，相应于空穴型掺杂，随着掺杂浓度增加，反铁磁 Neel 温度迅速减小，掺杂浓度在 2%

时反铁磁长程有序完全消失。超导相大约出现在掺杂为 5%处，最佳掺杂大约发生在 15%处，整个超导区域发生范围大约为 5%～25%。而相应于电子型掺杂，反铁磁绝缘态要到 13%左右才消失。与空穴型超导体相比，电子型超导体的超导范围很窄。

20.2 赝 能 隙

高温超导体中呈现了神奇而丰富的物理现象，至今为止这些现象仍未得到统一和完整的解释。如在欠掺杂区的高温超导体中观察到的赝能隙现象等。赝能隙是正常相中电子元激发谱的能隙，实验发现赝能隙和超导能隙具有相同的对称性。无论是关于自旋响应，还是关于电荷响应的实验测量均已证实存在一个特征温度 T^*，此即赝能隙打开的温度，它远高于 T_c。赝能隙的边界是模糊的，与所研究的高温超导体系和所使用的实验测试手段有关。如在 $YBa_2Cu_3O_y$（Y - 123）体系中，恰在最佳掺杂处赝能隙的温度和超导能隙的温度合在一起；而在 $Bi_2Sr_2CaCu_2O_8$（Bi - 2212）体系中，赝能隙一直延伸到过掺杂区域。但对于电子型掺杂的超导体 $A_{2-x}Ce_xCuO_4$（A = Nd，La，Sm，Pr）中，仅在与电荷响应的测量如光电导中观察到赝能隙，与自旋响应相关的磁测量中仍未观测到。

赝能隙产生的物理起源目前并不清楚。一种是预配对的物理图像，认为赝能隙是已形成电子配对，但缺少长程相位相干的能隙。此观点被许祝安等的横向热导的能斯特（Nernst）效应实验结果①支持。但最近的角分辨率光电子能谱（ARPES）和扫描隧道谱（STM）实验结果②给出赝能隙和超导能隙是没有关联的两个能隙。此外，角分辨率光电子能谱（ARPES）实验还在双层钙钛矿结构的锰氧化合物中也观察到类似的赝能隙现象③。这些都使其更加扑朔迷离。

---

① Y. Wang, L. Li and N. P. Ong, *Phys. Rev. B* **73**, 024510(2006).

② W. S. Lee, I. M. Vishik, K. Tanaka, D. H. Lu, T. Sasagawa, N. Nagaosa, T. P. Devereaux, Z. Hussain and Z. X. Shen, *Nature*, **450**(2007), 81 - 84;

M. C. Boyer, W. D. Wise, Kamalesh Chatterjee, Ming Yi, Takeshi kondo, T. Takeuchi, H. Ikuta and E. W. Hudson, *Nature Phys*.

③ N. Mannella, W. L. Yang, X. J. Zhou, H. Zheng, J. F. Mitchell, J. Zaanen, T. P. Devereaux, N. Nagaosa, Z. Hussain and Z. X. Shen, *Nature*, **438**(2005), 474 - 478.

20.3 d 波配对

人们发现高温超导体的正常态十分反常，例如电阻率 ρ～温度 T 的关系完全不遵从常规的散射规律，对 Bi－2201 体系甚至从 700 K 到 10 K 的宽广温区 $\rho \sim T$ 都是很好的直线规律。它们的 Fermi 面也不是常规的 Fermi 面，所以人们称其为非 Fermi 液体。

根据量子力学对称性原理，载流子对的波函数的轨道部分只能是动量空间中取向 k 的偶函数，对应于用球谐函数 $Y_{lm}(k)$展开的对波函数轨道部分只能取 $l=0,2$等偶宇称解，其中 $l=0$ 称为 s 波配对的各向同性超导体，而 $l=2$ 则称为 d 波配对的各向异性超导体。传统超导体其能隙函数在 Fermi 面上各方向均取相同的数值 Δ，属于各向同性的 s 波。而在高温超导体中，所有实验证据都表明至少在最佳和欠掺杂的空穴型超导体中超导能隙函数中 d 波配对占据绝对成分。与能隙函数对称性敏感的实验如角分辨光电子能谱(ARPES)，转角热导率以及穿透深度测量等都证实能隙函数存在线节点(1ine nodes)，即零点以及来自零节点的低能准粒子的贡献。与能隙函数相位敏感的试验更加确信无疑地证实了高温超导体中 d 波配对。

上述实验尽管对 d 波配对的存在给予了很好的证明，但实验总是不“干净”的，光电子能谱存在本底，隧道谱信号的取出总要通过 s 导体，即铜线、银线。一个干净的证明 d 波配对的实验为 C. C. Tsuei 和 J. R. Kirtley① 所完成，他们利用分子束外延方法制备了全由高温超导体 YBCO 薄膜构成的三结环中观察到半个磁通量子的俘获，直接证实了 YBCO 中为 $d_{x^2-y^2}$ 波配对。如图 20.2 所示，由于 d 波超导能隙函数改变符号和存在零点，他们构造了结两侧的 YBCO 取向不同，一侧 YBCO 中 $d_{x^2-y^2}$ 波配对的正叶直接面对结另一侧 YBCO 的负叶，形成相移。左图为三晶隧穿结(tricrystal tunneling iunction)实验的构造，厚度为 1 200 Å 的 YBCO 膜被激光沉积在(100)取向的三晶 SrTiO 衬底上，扫描 X 射线衍射和电子背散射实验证实了如图所示的 YBCO 的取向。用标准的离子刻蚀技术得到四个环(每个环内径

① C. C. Tsuei and J. R. Kirtley, *Rev. Mod. Phys*, **72** (2000).

48 μm,外径 68 μm),其中两个两结环,一个三结环和一个无结环。所谓结是指超导体跨越的晶界,晶界形成 Josephson 结。在正常态四个环皆测不到磁通。当温度降到 T_c 以下,两结环和无结环仍然无磁通,如果取逆时针方向,两结环中的 Josephson 电流分别为 $j_c\sin 60° - j_c\sin 120° = 0$ 和 $j_c\sin 30° - j_c\sin 150° = 0$,无结环中 Josephson 电流为 0。而三结环则为 $j_c\sin 150° - j_c\sin 60° - j_c\sin 150° = -\frac{\sqrt{3}}{2}j_c$。显然,仅在 YBCO 超导态为 $d_{x^2-y^2}$ 波配对时,三结环中才应当显示自发产生的磁通。右图为利用高分辨扫描 SQUID 显微镜观测到在三晶点上的三结环中自发产生的磁通,而其他三个环中并没有此现象。此实验直接证实了 YBCO 超导态的 $d_{x^2-y^2}$ 波配对,后来,他们又在其他高温超导体系如 $Ti_2Ba_2CuO_6$,$Bi_2Sr_2CaCu_2O_8$ 中也做了类似的实验。

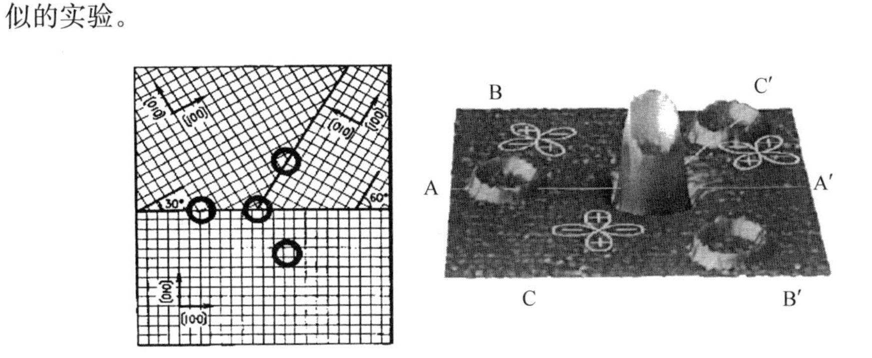

图 20.2　左图为三晶隧穿结(tricrystal tunneling junction)实验的构造,右图为利用高分辨扫描 SQUID 显微镜观测到在三晶点上的三结环中自发产生的半磁通量子,而其他三个环中并没有此现象

高温超导体的超导态仍然是两个电子配对的相干凝聚态,这已由 Little - Parks 振荡,交流 Josephson 效应等实验证实了。因为 d 波只能够取 $l = 2$,它的 m 有 2,1,0,-1,-2 五个状态。因此 Cooper 对是由($k\uparrow$)与($-k\downarrow$)载流子组成的自旋多重态配对。Andreev 反射实验证实了其配对载流子具有相反的动量和自旋,这样,Cooper 对仍然是由($k\uparrow$)与($-k\downarrow$)载流子组成的自旋单重态配对。核磁共振的 Knight 频移和自旋-晶格弛豫测量也都表明在超导温度以下其载流子形成了自旋单重态配对。